U0241266

国家科学技术学术著作出版基金资助出版

动物布鲁氏菌病
Animal Brucellosis

丁家波　董　浩◎主编

中国农业出版社
北　京

编 写 人 员

主　　编：丁家波（中国兽医药品监察所）

　　　　　董　浩（中国食品药品检定研究院）

副 主 编：秦玉明（中国兽医药品监察所）

　　　　　冯　宇（中国兽医药品监察所）

　　　　　杨宏军（山东省农业科学院）

　　　　　蒋　卉（中国兽医药品监察所）

　　　　　王　芳（中国兽医药品监察所）

参编人员：彭小薇（中国兽医药品监察所）

　　　　　朱良全（中国兽医药品监察所）

　　　　　孙石静（兆丰华生物科技集团）

　　　　　柯跃华（解放军疾病预防控制中心）

　　　　　姜　海（中国疾病预防控制中心）

　　　　　范学政（中国兽医药品监察所）

　　　　　沈青春（中国兽医药品监察所）

　　　　　程君生（中国兽医药品监察所）

　　　　　许冠龙（中国兽医药品监察所）

　　　　　张　阁（中国兽医药品监察所）

　　　　　王团结（中国兽医药品监察所）

　　　　　张春燕（中国兽医药品监察所）

　　　　　刘　威（内蒙古自治区农牧业科学院）

　　　　　李巧玲（中国兽医药品监察所）

　　　　　张存瑞（中国动物疫病预防控制中心

　　　　　徐　一（中国动物疫病预防控制中心）

　　　　　徐　琦（中国动物疫病预防控制中心）

　　　　　刘林青（中国动物疫病预防控制中心）

　　　　　池丽娟（中国动物疫病预防控制中心）

　　　　　韩　焘（中国动物疫病预防控制中心）

前　言

布鲁氏菌病（简称"布病"）是一种由布鲁氏菌引起的慢性多器官损伤性人兽共患传染病，世界卫生组织将其视为"世界范围内流行最广泛的人兽共患病，但也是最易被人们所忽视的 7 种重要传染病之一"。布病主要是通过直接或间接接触染病动物或动物产品而感染。家畜感染布病则引起流产和不育，给养殖业造成巨大的经济损失；人患布病后，会引起发热、肌肉和关节疼痛等，严重者完全丧失劳动能力。因此，布病严重威胁人类食品安全和公共卫生安全。

自 1886 年英国军医 David Bruce 首次用显微镜从患病死亡的马耳他驻地士兵脾脏中观察到布病病原后，人类对布病的研究和防控就没有停息过。20 世纪三四十年代，随着人们对布病认知能力和诊断水平的不断提高，全球逐步进入摸索控制甚至是净化、消灭布病的阶段。20 世纪 50 年代初，布病在我国广泛流行，疫情严重地区人兽感染率高达50%，患病母畜大量流产，每年都有大量青壮年劳动力因患布病而不能参加劳动，甚至造成部分地方由于布病暴发致使土地荒芜、麦田无人收割的现象。

党和政府历来都高度重视布病防控工作。1958 年，布病作为重点控制和消灭的疾病之一被纳入《全国农业发展纲要》；1960 年，布病被列入中共中央防治地方病领导小组重点防治的人的 4 种疾病之一，国家建立了专门的布病防治机构，形成了从中央到地方的布病防治机制。人医与兽医密切协作，分工负责，共同研究制定防治规划，颁布了一系列布病防治条例、办法和技术标准。经过 30 多年的不懈努力，我国的布病防控工作取得了很大成效，畜间疫情明显降低，人间布病发病率和感染率均大幅降低。自 20 世纪 80 年代到90 年代中期，布病疫情降至历史最低水平。20 世纪初，布病在我国死灰复燃，畜群和人间布病感染率逐年上升，再次严重威胁着我国畜牧业和公共卫生事业，新的布病流行形势再次引起了党和国家的高度重视。2012 年，国务院发布了《国家中长期动物疫病防治规划（2012—2020 年）》（简称《规划》），将布病作为 16 种优先防治的国内动物疫病之一；2016 年，农业部和国家卫生计生委又联合制定了《国家布鲁氏菌病防治计划（2016—2020 年）》（简称《计划》）。全国布病防控的技术方案也逐步出台，我国进入全面从严防治布病的新阶段。

世界各国人们在与布病斗争的过程中，积累了丰富的知识和经验，初步具备了控制和消灭布病的方法和手段。国外已经有澳大利亚、新西兰、北欧等少数国家和地区实现了布病的净化。但是我国对布病的认识还有待进一步提高，距离控制和净化甚至消灭布病的要求还有一些差距。

为了服务和推进我国布病中长期《规划》和《计划》的实施，进一步增强大家对布病及其防控能力的认识，编者在查阅了大量文献的基础上，结合自身在布病研究和防控中的实际经验编著了本书，力求真实反映国内外布病防控的最新成果，同时兼顾布病的基本知识和防控的一般原则，使其内容既与时俱进，又具有可读性和可参考性。

本书共分十一章，内容包括布病概述、病原学、流行病学、临床症候与鉴别诊断、致病机制、布鲁氏菌免疫学、布鲁氏菌病诊断技术、布鲁氏菌病疫苗、布鲁氏菌病监测与流行病学调查、布鲁氏菌病综合防控、人员防护与生物安全、附录。

本书坚持学术与实用并重的原则，既详细阐述了布病研究与防控的基础理论知识，又全面介绍了该病防控实践中的措施和技术方法，适合于从事布病研究与防控的广大科技人员，以及疫病防治一线的兽医工作者参阅。

由于编者水平有限，不当之处在所难免，敬请广大读者批评指正。

编　者

2020 年 5 月

目　录

第一章 概　　述

布鲁氏菌病（Brucellosis，简称"布病"，又称地中海弛张热、马耳他热、波浪热或波状热），是由布鲁氏菌（*Brucella*）引起的一种变态反应性人兽共患传染病。家畜感染布病后则出现流产和不育，对畜牧业生产造成非常严重的经济损失；人感染布病后，病程长，反复发作，长期不愈，严重者丧失劳动力。布病是《中华人民共和国传染病防治法》规定的 35 种传染病中的乙类传染病，被列为《家畜家禽防疫条例实施细则》二类传染病之首，《国家中长期动物疫病防治规划（2012—2020 年）》中将布病作为 16 种优先防治的国内动物疫病之一，世界动物卫生组织（Office International des Epizooties，OIE）将其列为法定报告动物疫病。

第一节　布鲁氏菌的发现及种型演变

布病是一种古老的疾病，有久远的历史，甚至可以追溯到公元前 1600 年左右的埃及第五次瘟疫。对公元前 750 年左右的古埃及人骨骼进行检查，发现了骶髂炎和其他骨关节病变，以及布病常见的并发症。远在希腊名医 Hippocrates（希波克拉底）所处的时代，即公元前三四世纪就有关于人布病的记载，但是人们真正认识此病也就 100 多年的历史。1814 年，Burnet 首先描述"地中海弛张热"，并与疟疾作了鉴别。1861 年，Morston 对布病作了系统描述，根据其临床特点和尸体解剖所见将本病作为临床上一个独立的传染病而提出，称为"地中海弛张热"，并与伤寒作了鉴别。1897 年，Hughes 根据本病临床热型的特点，建议将此病定名为"波浪热"或"波状热"。

1886 年，David Bruce 在马耳他首先从因"马尔他热"死亡的英国驻军士兵脾脏中观察到该病的病原，并于 1887 年成功分离出这种病原菌的纯培养物，将其命名为马耳他细球菌（*Micrococcus melitensis*），这是布鲁氏菌属中最早发现的病原体，即羊种布鲁氏菌。1897 年，丹麦学者 Bang 和 Stribolt 从流产奶牛的子宫分泌物和胎膜中分离到牛种布鲁氏菌，当时称之为流产杆菌（*Bact abortus*）。1914 年，美国学者 Traum 从流产猪体内也分离到了和牛流产杆菌相似的病原菌，但培养条件并不完全相同，称之为猪流产杆菌（*Bact abortus suis*），即猪种布鲁氏菌。1918 年，Evans 在研究羊种布鲁氏菌和牛种布鲁氏菌的培养物过程中发现，两者在形态、培养特性方面相类似，并在血清反应上有交叉。1920 年，Meyer 和 Feusier 证实了该结果，并把这两种细菌合并为一个属。此后不久，猪流产杆菌也被列入这一属。为了纪念 Bruce 在布鲁氏菌病原发现过程中的伟大贡献，人们将这一组病原菌，即羊种布鲁氏菌、牛种布鲁氏菌和猪种布鲁氏菌，定名为布鲁氏菌属

（*Brucella*），把由这一属细菌引起的疾病称为布鲁氏菌病。1921—1929 年，Huddleson 在鉴别上述 3 种布鲁氏菌的试验方法上作了大量的研究工作。

1952 年，Buddle 从患病绵羊体内分离到绵羊附睾种布鲁氏菌（*B.ovis*）。1957 年，Stoeonnet 从沙漠森林鼠中分离到沙林鼠种布鲁氏菌（*B.neotomae*）。1966 年，Carmichael 从犬体内分离到犬种布鲁氏菌（*B.canis*）。至此，布鲁氏菌属中 6 个经典种均被分离鉴定。

1994 年，Ewalt 从流产的宽吻海豚胎儿中分离到一株布鲁氏菌，后将其命名为鲸种布鲁氏菌（*B.ceti*），这是布鲁氏菌首次从海洋生物中被分离发现。在接下来的几年里，许多海洋哺乳动物布鲁氏菌的分离株从鲸目和齿鲸亚目中被发现。进一步的研究产生了这些分离株的分类学分类，分为鲸种布鲁氏菌（*B.ceti*，主要来自海豚）和鳍种布鲁氏菌（*B.pinnipedialis*，主要来自海豹），每一个都有几个亚群。

2007 年，Hubálek 等从捷克共和国常见田鼠中分离到田鼠种布鲁氏菌（*B.microti*），这是已知的唯一可在土壤中存活的布鲁氏菌。2009 年从 2 只死产的狒狒中分离得到 2 株布鲁氏菌，后被 Whatmore 命名为狒狒种布鲁氏菌（*B.papionis*）。2010 年，Scholz 等从人乳房植入物中分离到人源布鲁氏菌（*B.inopinata*，又名意外布鲁氏菌）。2012 年，Hofer 从赤狐下颌淋巴结中分离到赤狐种布鲁氏菌（*B.vulpis*）。另外，还有 2012 年从非洲牛蛙中得到的分离株等新的尚未命名的布鲁氏菌。我国最早于 1905 年在重庆发现第一例人感染分离布病的病例。

第二节　布鲁氏菌病的主要特征及危害

一、布鲁氏菌病的主要特征

布鲁氏菌经口、皮肤、呼吸道等途径感染发病，牲畜感染后主要有流产、早产、不孕、瘦弱、关节肿大和产奶量减少等特征；人感染布鲁氏菌可表现出多种热型，如低热、波状热或不规则热、间歇热、弛张热等；同时，具有多汗、乏力、头痛与骨关节肌肉疼痛等症状。

布鲁氏菌主要感染巨噬细胞和胎盘滋养层细胞。在急性感染期，布鲁氏菌可侵袭胎盘绒毛膜的滋养层细胞，引起流产；持续性感染时，布鲁氏菌可在生殖器官、乳腺和淋巴结定居；慢性感染时，布鲁氏菌可随乳汁排出。

至今已知有 60 多种家畜、家禽、野生动物是布鲁氏菌的宿主。与人布病有关的传染源主要是患病的羊、牛等动物。感染动物可长期甚至终身带菌，从乳汁、粪便和尿液中排出病原菌，污染草场、畜舍、饮水、饲料及排水沟等从而使病原菌扩散。当患病母畜流产时，大量病菌随着流产胎儿、胎衣和子宫分泌物一起排出，成为最危险的传染源。

二、布鲁氏菌病的危害

布病不但严重影响畜牧业发展，尤其是牛、羊、猪等主要家畜感染布鲁氏菌后，可造成大量流产、不孕、不育、产死胎等，而且还影响人们的健康，摧残劳动力。尽管人们对布鲁氏菌感染造成的损失估计仍局限于特定国家，但所有数据都表明，由布鲁氏菌感染造成的全球经济损失不仅在动物生产方面危害广泛，在公共卫生方面也受到广泛影响。例如，拉丁美洲牛布病造成的年度损失约为 6 亿美元。虽然根除布病的计划花费可能非常昂贵，但据估计每花 1 美元消灭布鲁氏菌就能省下 7 美元。美国国家布病根除计划在 1934—1997 年耗资 35 亿美元，但仅 1952 年由于布病控制所减少的奶牛流产造成的牛奶生产直接损失就高达 4 亿美元。至今，布病仍是世界范围内严重流行的重要人兽共患传染病，一直受到兽医学和医学领域的高度重视。

（一）阻碍畜牧业持续、健康发展

家畜患布病后出现流产、死胎、不孕、乳腺炎、睾丸炎、繁殖成活率低等，养殖数量明显减少。同时，造成役畜役力下降、肉畜产肉量减少和奶畜产奶量下降等，直接影响畜牧业的发展。以四川省为例，2000 年四川省布病疫区具有繁殖力的母畜约 300 万头（只），按平均流产（不孕）率 5％计，每年流产的牛、羊数量约 15 万头（只）。其中，80％以上是由布病导致的，即每年因布病流产的约有 12 万头（只），若每头（只）流产的经济损失按 200 元保守估计，则 1 年损失高达 2 400 万元。按牧区各县具有繁殖力的母畜 300 万头（只）计算，减去平均 5％流产（不孕）畜后尚有能繁殖母畜 285 万头（只）。据历年调查，畜间布病防治前后的成活率之差为 8％～15％，按 10％计算则每年因布病所致幼畜瘦弱而死亡的达 28.5 万头（只），每头（只）牛犊（羊羔）的经济损失平均按 100 元保守计算，则每年损失 2 580 万元，直接损失保守估计达 5 000 万元/年。据农业部门不完全统计，2007 年全国家畜由布病造成的直接经济损失达 150 亿元，间接经济损失更大。

（二）危害人们健康和降低生活质量

人接触病死家畜或者食用被布鲁氏菌污染的牛奶、肉类等都可能感染布病。虽然布病基本上不会在人与人之间传播，但可侵害人体的多个系统，严重者导致患者丧失劳动能力并影响性功能和生育能力，给患者本人和家庭成员心理及经济上带来非常大的影响。急性期患者常因误诊、误治转成慢性布病；而慢性病例无特效治疗方案，反复发作，长期不愈，因病致贫、因病返贫现象时有发生。另外，由于牛奶、牛肉、羊肉等是我国群众消费的重要动物源性食品，消费量大、品种多。因此，一旦被布鲁氏菌污染后流入市场，很可能导致食源性布病感染发生，引发新的食品安全问题，在不同程度上增加人们的恐慌心理。

2015 年，全国共报告人间布病病例 56 989 例，以每例病例急性期治疗费用 2 400 元计算，总治疗费用约为 1.37 亿元，慢性期治疗费用和误工损失还远超过这个数字。

（三）妨碍外贸发展

我国国家牲畜及其产品在进出口外贸中占重要地位，但家畜感染布病后严重影响牲畜及其产品的进出口贸易。1983 年，我国从美国进口了 40 只比格犬，但因感染犬种布鲁氏菌后日本拒绝与中国进行比格犬贸易。1993 年，我国出口到日本的 13 峰骆驼，因布病血清反应呈阳性而被日本拒绝进口。2017 年，国家动物布鲁氏菌病参考实验室对我国西部地区的 164 峰骆驼进行了布病抗体检测，阳性率达 33.3％。

（四）影响旅游业

据英国布病检测报告，该国羊种布鲁氏菌感染病例几乎总是来自于国外。出境游客可能通过食用未经消毒的牛奶或乳制品或其他方式而感染布病，给英国当地旅游业带来严重影响，造成巨大的间接经济损失。据 OIE 报道，通过旅游感染布病的急性病例在北美洲和北欧地区非常常见。

（五）扩大生物武器风险

虽然布鲁氏菌主要感染动物，但仍被认为是一种潜在的生物武器。布鲁氏菌在自然环境中的生存能力较强，且很容易转换成气溶胶形式，这一特性是被恐怖分子加以利用的原因。随着分子生物学、基因工程和遗传学等技术的进一步发展，恐怖分子还可以使布鲁氏菌产生新的致病性特征，使其攻击性更强，从而用于生物恐怖袭击等活动。

据测算，利用生物感染性病菌而导致的经济损失极大。在 10 万人口的城市，利用炭疽、布病和土拉杆菌病等病病原所作的模拟试验表明，利用布鲁氏菌造成的经济损失近 4.77 亿美元。

美国一直进行生物武器的研究，在马里兰州的迪特里克堡和犹他州的杜格韦试验场进行过炭疽病、痢疾、布病等多种疫病病原的研究和试验。在 20 世纪 50 年代，布鲁氏菌就开始被美国当作生物战剂来研究。

综上所述，人类健康、经济发展、社会稳定和国家安全都可能经受布病的威胁，无论在过去还是现在，布病对人类都构成了极其巨大的危胁。因此，全面而深入地研究布鲁氏菌及其致病机制对国民经济发展、社会安全，乃至全人类健康、全球经济发展都具有重大意义。

三、不同布鲁氏菌种的危害

（一）羊种布鲁氏菌的危害

世界上感染羊种布鲁氏菌的国家有 50 多个，主要分布于非洲、地中海周围和南美洲东部的沿海国家。羊患病后可引起生殖器官疾病，常引起流产、不孕、空怀、睾丸炎、繁殖成活率降低等，养殖数量明显减少。同时，造成使役能力下降、产肉量减少、产奶量下降等。有关资料表明，绵羊患布病后流产率为 57.5%。对人的致病力而言，羊种布鲁氏菌的毒力最强。

羊种布鲁氏菌的传播途径很多，如通过体表皮肤、黏膜、消化道、呼吸道等，口腔传染是羊布病的主要传播途径。人受到感染与职业、生活、饮食习惯有关。

患病羊的流产胎儿、胎盘、羊水中含有大量布鲁氏菌。有些患病母羊虽然不流产，但其所产羔羊及胎盘会带菌，亦有传染性。调查证明，在正常产羔的布病羊中约有 10% 的羊乳可检出布鲁氏菌，而因布病流产的母羊乳汁中布鲁氏菌的检出率高达 80%。试验证明，在病羊羊毛夹杂的尘土中也含有大量的布鲁氏菌，它们可生存 4 个月左右，传染期比较长。

（二）牛种布鲁氏菌的危害

牛种布鲁氏菌的自然宿主是牛，但也可感染人、骆驼、绵羊、鹿等，而且马和犬还是此菌的重要贮菌宿主，许多研究者认为这可能与布鲁氏菌的演化模式有关（图 1-1）。在布鲁氏菌的演化模式中，牛种布鲁氏菌被认为是布鲁氏菌的"祖先"，具有衍化的多向性，因而感染的宿主较为广泛。

调查证明，牛患布病 3～7 年后仍可在乳中检出布鲁氏菌。即使是布病血清学检查为

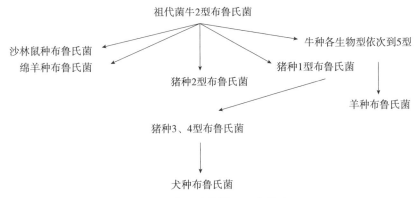

图 1-1 布鲁氏菌的演化模型（尚德秋，2004）

阴性的奶牛，也可在其乳中检出布鲁氏菌。病牛牛肉及内脏中也含菌，尤其在菌血症期传染性更强。病牛的排泄物和分泌物既可直接污染水源，也可污染土壤，尤其是场舍和牧场，给养牛业带来极大的经济损失。

（三）猪种布鲁氏菌的危害

猪种布鲁氏菌可使猪发生全身性感染，并引起繁殖障碍。主要侵害生殖系统，引起母猪流产和不孕；公猪可引起睾丸炎，一般无其他症状，也不会因此而死亡。猪种布鲁氏菌的传染途径也很广泛，主要是通过消化道、生殖器官、皮肤和黏膜。病猪流产时，胎儿、胎衣及子宫分泌物中含有大量病菌，污染饲料、饮水、猪圈及用具后都能传染本病。母猪乳汁中若含有病菌，也可传染给仔猪。病猪粪尿中若有病菌存在，污染饲料或饮水后也可传染本病。种公猪和患病母猪交配，也能感染本病；若再和其他健康母猪交配，便扩大了传染范围。病菌侵入健康猪皮肤伤口处或眼结膜，以及被带有布鲁氏菌的吸血昆虫叮咬后都能传染本病。本病发生后母猪主要表现为流产、产死胎、子宫炎、后躯麻痹和跛行。病猪流产一般发生在妊娠后 2～3 个月。流产前的症状为腹泻，乳房及阴唇肿大，阴道内有分泌物流出，食欲不佳，精神沉郁；流产后胎衣难下，也有少数胎衣不下，发生子宫内膜炎，因而引起母猪不孕症。症状较轻的母猪虽能产出胎儿，但仔猪体质虚弱，多在数天内死亡。病猪流产后，常侵害关节并引起化脓及坏死性关节炎，出现跛行。公猪患病后睾丸两侧或单侧明显肿大，病期长的会引起睾丸萎缩，性欲减退，甚至阳萎。

（四）犬种及其他种布鲁氏菌的危害

犬种布鲁氏菌主要感染犬，目前还没有试验说明在自然条件下可以感染其他动物。曾经有人通过结膜给牛、羊、猪做人工感染，但犬种布鲁氏菌的感染性极低。然而犬种布鲁氏菌可以感染人。自 1967 年报道第一例人感染犬种布鲁氏菌病例以来，世界各国均有相关病例报道。其中，患者大部分为犬的主人，也有少量实验人员。由于犬是人类的亲密伴侣，因此犬种布鲁氏菌对人类健康的危害不容忽视。

成年母犬感染该病后的主要症状是流产，大多数情况下，母犬常常在妊娠 45～60d 发生流产，而无其他临床症状。母犬流产后 6 周内阴道可能有褐色或灰绿色的分泌物流出。在死亡幼犬中发现皮下水肿、充血和出血。成活的幼犬表现出全身的淋巴腺瘤，直到 4～6 个月还可见高球蛋白血症。感染犬布鲁氏菌的成年公犬，通常无明显的临床症状。

除了犬布病外，还有鹿、马等布病的报道。由此可见，布鲁氏菌的感染范围非常广泛，能够引起多种家畜、野生动物等的感染。

（丁家波　王芳　孙石静）

参考文献

陈灏珠，2005. 实用内科学［M］. 12 版. 北京：人民卫生出版社：487-490.

丁丽萍，庞丽霞，2002. 布氏杆菌病 20 例误诊分析［J］. 临床误诊误治，15（5）：355-356.

巨立中，耿秀萍，黄志诚，2011. 布鲁杆菌病 156 例临床特点分析［J］. 临床误诊误治，24（5）：14-16.

李奕，檀国军，朱艳栋，2009. 神经型布氏杆菌病 1 例报告［J］. 临床神经病学杂志，22（3）：239.

尚德秋，2004. 布鲁氏菌病研究进展［J］. 中国地方病防治杂志，19：204-212.

王丽华，王若新，王燕，2010. 就诊于风湿科的布鲁氏菌病 60 例临床分析［J］. 中国人兽共患病学报，26（1）：92-93.

薛梅，李富忠，汪立茂，等，2000. 四川省布鲁氏菌病流行危害的经济指标分析［J］. 地方病通报，1（46）：91.

Buzgan T，Karahocagil M K，Irmak H，et al，2010. Clinical manifestation and complications in 1028 cases of Brucellosis：a retrospective evaluation and review of the literature［J］. Int J Infect Dis，14（6）：469-478.

Gur A，Geyik M F，Dikici B，et al，2003. Complications of brucellosis in different age groups：a study of 283 cases in southeastern Anatolia of turkey［J］. Yonsei Med J，44（1）：33-44.

Hanzelka B L，Greenberg E P，1995. Evidence that the N-terminal region of the *Vibrio fischeri* LuxR protein constitutes an autoinducer-binding domain［J］. J Bacteriol，177：815-817.

Hull N C，Schumaker B A，2018. Epidemiol Infect，8（1）：1-3.

Jahans K L，Foster G，Broughton E S，1997. The characterisation of *Brucella* strains isolated from marine mammals［J］. Vet Microbiol，57（4）：373-382.

Lulu A R，Araj G F，Khateeb M I，et al，1988. Human Brucellosis in Kuwait：a prospective study of 400 cases［J］. Q J Med，66（249）：39-54.

Scholz H C，Nöckler K，Göllner C，et al，2010. *Brucella inopinata* sp. nov. isolated from a breast implantinfection［J］. In J Syst Evol Micr，60（4）：801-808.

Scholz H C，Revilla-Fernández S，Al Dahouk S，et al，2016. *Brucella vulpis* sp. nov. isolated from mandibular lymph nodes of red foxes（*vulpes*）［J］. Int J Syst Evol Micr，66（5）：2090-2098.

Seleem M N，Boyle S M，Sriranganathan N，2010. Brucellosis：a re-emergence of zoonotic diseases［J］. Vet Microorganisms，140（3/4）：392-398.

Whatmore A M，Davison N，Cloeckaert A，et al，2014. *Brucella papionis* sp. nov. isolated from baboons（*Papio* spp.）［J］. In J Syst Evol Micr，64（12）：4120.

第二章 病原学

自 1861 年 Marston 描述布鲁氏菌病（布病）以来，许多研究者就开始重视对该病病原方面的研究。1886 年，英国军医 David Bruce 率先从死亡的英国驻军士兵脾脏中观察到病原，并于 1887 年成功分离出这种病原菌的纯培养物，开创了布鲁氏菌病原学研究的历史。在随后的 100 多年时间内，科学家们对布病病原学的研究从未间断。本章将分别从布鲁氏菌的分类分型、形态及培养特性、抵抗力、抗原种类、毒力、基因组学和蛋白质组学等方面作详细介绍。

第一节 布鲁氏菌的分类和分型

一、分类

布鲁氏菌是一种细胞内寄生的小球杆状菌，革兰氏染色阴性，属于 α 变形菌门、α2 变形菌亚门中的布鲁氏菌科。根据布鲁氏菌属各成员间的代谢特征、对染料的敏感性、与单因子血清的凝集特征可以将布鲁氏菌属划分为不同的种。从 1887 年 David Bruce 发现了羊种布鲁氏菌，到 1966 年 Carmichael 发现犬种布鲁氏菌（*B. canis*），共经历了近 80 年的时间，共有 6 个经典种被分离鉴定，包括羊种布鲁氏菌（*B. melitensis*）、牛种布鲁氏菌（*B. abortus*）、猪种布鲁氏菌（*B. suis*）、绵羊附睾种布鲁氏菌（*B. ovis*）、沙林鼠种布鲁氏菌（*B. neotomae*）和犬种布鲁氏菌（*B. canis*）。

从 1994 年 Ewalt 首次从海洋生物体内鉴定出鲸种布鲁氏菌（*B. ceti*），到 2012 年 Hofer 从赤狐体内分离到赤狐种布鲁氏菌（*B. vulpis*），其间又有新的布鲁氏菌变种被发现，包括鳍种布鲁氏菌（*B. pinnipedialis*）、田鼠种布鲁氏菌（*B. microti*）、人源布鲁氏菌（*B. inopinata*，又名意外布鲁氏菌）和狒狒种布鲁氏菌（*B. papionis*）。

通过对 16S *rRNA* 和 *rec*A 基因进行比对分析发现，所有布鲁氏菌属细菌均具有很高的相关性，但不同种布鲁氏菌的毒力、生物学性状、对宿主嗜性和流行病学有明显区别。表 2-1 列出了不同种布鲁氏菌首次分离时间、自然宿主和流行地区的信息。羊种布鲁氏菌、牛种布鲁氏菌和猪种布鲁氏菌可以导致山羊、绵羊、牛及猪的流产与不育。对于没有监控和净化布病的国家和地区，上述 3 种布鲁氏菌引起的布病严重危害着该地区的畜牧业生产。由于羊种布鲁氏菌、牛种布鲁氏菌和猪种布鲁氏菌可以通过与感染动物及其动物产品接触而感染人，因此上述 3 种布鲁氏菌对于布病流行地区的人类公共卫生造成了严重威胁。值得注意的是，由于布鲁氏菌具有容易形成气溶胶、感染剂量很低而且感染后不易治愈的特点，因此羊种布鲁氏菌、牛种布鲁氏菌、猪种布鲁氏菌成为一种潜在的生物武器病原。

表 2-1　不同种布鲁氏菌首次分离时间、自然宿主和流行地区

不同种布鲁氏菌	首次报道		自然宿主	流行国家或地区
	作者	年代		
羊种布鲁氏菌	David Bruce	1887	绵羊和山羊	地中海沿岸、阿拉伯半岛、拉丁美洲
牛种布鲁氏菌	Bang	1897	牛	亚洲国家
猪种布鲁氏菌	Traum	1914	猪	拉丁美洲、中国南部、东南亚
犬种布鲁氏菌	Carmichal 和 Bruner	1966	犬	阿根廷、巴西、捷克、德国、日本、马达加斯加、墨西哥、巴布亚新几内亚、秘鲁、菲律宾
绵羊附睾种布鲁氏菌	Buddle Boyes 和 Simmons Hall	1953	绵羊	阿根廷、智利、法国、德国、南非、美国、西班牙、苏联
沙林鼠种布鲁氏菌	Stoenner 和 Lackman	1957	沙林鼠	无人间感染病例
鲸种布鲁氏菌	Foster	2007	海洋哺乳动物	1 例实验室感染病例
鳍种布鲁氏菌	Foster	2007	海洋哺乳动物	无人间感染病例
田鼠种布鲁氏菌	Scholz	2008	红狐狸和普通田鼠	无人间感染病例
人源布鲁氏菌	Scholz	2010	未知	乳房假体植入物感染

绵羊附睾种布鲁氏菌和犬种布鲁氏菌也是严重威胁畜牧业发展的病原微生物。绵羊附睾种布鲁氏菌可以导致公羊附睾炎和不育，偶尔也会引起妊娠母羊流产。犬种布鲁氏菌可以引起犬的流产与不育。2010 年，Lucero 等报道了通过与患病犬接触而引起人感染犬种布鲁氏菌的病例，但与感染羊种布鲁氏菌、牛种布鲁氏菌和猪种布鲁氏菌相比，人感染犬种布鲁氏菌的概率和危害性要低很多。截至本书出版，尚无人感染绵羊附睾种布鲁氏菌的病例报道。

鳍种布鲁氏菌和鲸种布鲁氏菌是从海洋哺乳动物体内分离到的布鲁氏菌。但鲸种布鲁氏菌可以引起鲸目动物（如海豚和鼠海豚）生殖系统的病理变化，对于鳍种布鲁氏菌是否可以引起鳍足亚目动物（比如海狮和海豹）发病截至本书出版尚未定论。2003 年，已有人类感染鲸种布鲁氏菌的病例，但其感染源未知。

从野生啮齿类动物体内可分离到沙林鼠种布鲁氏菌。田鼠种布鲁氏菌的研究并不多，其自然宿主及是否可以感染人仍是未知数。

人源布鲁氏菌仅有 1 例人间感染病例，该菌株（BO1）于 2005 年分离自一名 71 岁美国女性的乳房假体植入物中，经 16S rRNA 基因测序和多位点序列分析证明，BO1 是一种不寻常的布鲁氏菌菌株并且与目前发现的任何布鲁氏菌种均没有密切关系。

狒狒种布鲁氏菌分别在 2006 年和 2007 年于美国德克萨斯州的灵长类动物研究中心的 2 例狒狒的死胎和胎盘中分离出来，通过表型和基因型分析证明，这 2 个菌株代表布鲁氏菌属的一个新物种。

赤狐种布鲁氏菌于 2008 年在奥地利东部捕获的 2 只红狐狸下颌淋巴结中分离出来，在进行了菌株表型分析和全基因组测序后证实，该菌株属于新的布鲁氏菌种。

二、分型

鉴定布鲁氏菌种型对于了解和分析疫情，进而判断和预测疫情动态、研究流行特点、探索并掌握流行规律、制定合理有效的防治措施具有重要意义。

（一）生化试验分型技术

在布鲁氏菌属的分种分型鉴定中，除了要有国际标准参考菌株对照外，还应该注意操作技术、培养基种类和质量、菌龄、菌量、培养条件及各种试剂的标准化等。需要利用多种鉴定方法综合判定，有时需要重复数次才能正确鉴定出布鲁氏菌的种或生物型，一般情况下利用其中的几个鉴定方法就能够确定出种型或生物型。

传统的种型鉴定方法主要根据不同种型布鲁氏菌对 CO_2 需求、H_2S 生成、脲酶分解速率、染料抑制性、单因子血清凝集性和噬菌体裂解能力等的差异对布鲁氏菌进行分类，不同种型布鲁氏菌生化反应特性见表 2-2。

1. 初代分离培养对 CO_2 的需求　某些种型的布鲁氏菌初代分离培养时需要一定浓度的 CO_2 才能生长繁殖，这是因为 CO_2 可以通过细胞壁来改变菌体内氢离子浓度，同时还可以合成代谢过程中的某些化合物，生成四碳二羧酸、嘌呤、嘧啶和某些氨基酸等，这些物质都是需要 CO_2 的菌株在生长繁殖时不可缺少的。另外，在 CO_2 增多时能中和胞内氨以调节 pH，使需 CO_2 的菌株能够在所需要的 pH 环境中生长繁殖。

目前已经确定，初代分离牛种布鲁氏菌生物型 1～4、9 的多数菌株和绵羊附睾种布鲁氏菌时，需要一定浓度的 CO_2，浓度为 $5\%～10\%$。初代分离培养是否需要 CO_2，可作为布鲁氏菌属分种分型的一种辅助鉴定方法。

2. 染料抑制试验　不同种型布鲁氏菌菌株对某些染料表现出不同的还原能力，因此可以用不同染料的不同浓度对布鲁氏菌的抑制情况进行分种分型鉴定。在布鲁氏菌属的分种分型鉴定中，染料抑制试验具有广泛的应用。染料抑制试验包括许多种染料，除了阿尼林染料中的硫堇和碱性复红外，还有派洛宁、结晶紫及沙黄等，但目前国际公认的是硫堇和碱性复红。

3. 硫化氢产生量测定　不同种型的布鲁氏菌在新陈代谢过程中所需的各种氨基酸有所不同。培养基中含硫的氨基酸分解时可生成硫化氢、氨和脂肪酸等，当 pH＝7.0 时产生的硫化氢就可以停止游离。由于 CO_2 可以中和氨基，使剩下的硫化氢和醋酸铅发生反应，形成黑色的铅化合物。因此，可根据滤纸条上变黑的深浅和范围来区别不同种型的布鲁氏菌。

4. 单因子血清 A 和 M 凝集试验　不同种型的布鲁氏菌，其表面抗原 A 和 M 的成分及比例各不相同。已知羊种布鲁氏菌生物 1 型的 A 和 M 比例为 1∶20，牛种布鲁氏菌生物 1 型的 A 和 M 比例为 20∶1，而猪种布鲁氏菌几乎不存在 A 和 M 表面抗原成分。由于单因子血清 A 和 M 与不同种型布鲁氏菌所出现的凝集程度各不相同，有的凝集，有的不凝集，因此利用该试验可区分不同种型的布鲁氏菌。

5. 粗糙型血清凝集反应　粗糙型布鲁氏菌血清与不同种、型的光滑型布鲁氏菌不发生凝集，而只能和粗糙型布鲁氏菌或由光滑型布鲁氏菌变异而成的粗糙型菌株发生凝集。因此，可以用粗糙型血清凝集反应来区别光滑型和粗糙型布鲁氏菌，以此作为布鲁氏菌属分类鉴定的一种方法。

表2-2 不同种型布鲁氏菌生化反应特性（王宁，2014）

种	型	CO₂需求	H₂S生成	脲酶利用	硫堇 a	硫堇 b	硫堇 c	碱性品红 a	碱性品红 b	A	M	R	RTD	10000×RTD	主要宿主
羊种	1	-	-	易变	-	+	+	+	+	-	+	-	-	-	山羊、绵羊
	2	-	-	易变	-	+	+	+	+	+	-	-	-	-	
	3	-	-	易变	+	+	+	+	+	+	+	-	-	-	
牛种	1	+（-）[4]	+	1～2h[5]	-	-	+	+	+	+	-	-	+	+	牛
	2[6]	+	+	1～2h	-	-	+	+	+	+	-	-	+	+	
	3	+（-）	+	1～2h	+	+	+	+	+	+	-	-	+	+	
	4	+（-）	+	1～2h	-	-	+	+	+	-	+	-	+	+	
	5	-	-	1～2h	+	+	+	+	+	-	+	-	+	+	
	6	-	-/+	1～2h	+	+	+	+	+	+	-	-	+	+	
	7	-	-/+	1～2h	+	+	+	+	+	+	+	-	+	+	
	9	-/+	+	1～2h	+	+	+	+	+	-	+	-	+	+	
猪种	1	-	++	0～30min	+	+	+	-	-	+	-	-	-	+	猪
	2	-	-	0～30min	+	+	+	-	+	+	-	-	-	+	猪、兔
	3	-	-	0～30min	+	+	+	+	+	+	-	-	-	+	猪
	4	-	-	0～30min	+	+	+	+	+	+	+	-	-	+	鹿
犬种	1	-	-	0～30min	+	+	+	-	±	-	-	+	-	-	犬
附睾种	1[6]	+	-	-	-	+	+	+	+	-	-	+	-	-	绵羊
沙林鼠种	1	-	+	0～30min	+	+	+	+	+	+	-	-	+	+	沙林鼠

注：1 染料抑制试验是在 TSA 培养基中添加不同染料进行的，其中 a 是加入终浓度 1：25 000 的染料配制而成，b 是加入人终浓度 1：50 000 的染料配制而成；c 是加入 1：100 000 的染料配制而成。

2 单因子血清凝集试验中，A 是牛种单因子血清，M 是抗羊种单因子血清；R 是抗粗糙型血清。

3 Tb 是一种种属特异性噬菌体，RTD 是测定的噬菌体常规稀释度。

4 "+（-）" 指大多数情况是阳性，但对于某些菌株可能是阴性，如 B. abortus strain 19；"+" 指阳性；"-" 指阴性；"±" 指可疑；"+/-" 指阴性或阳性。

5 A544 菌株于例外，脲酶阴性。

6 初代分离于例外，脲酶阴性。B. abortus bv. 2 和 B. ovis 需要 5%～10%CO₂。

6. **噬菌体裂解试验** 20 世纪 70 年代以来，对布鲁氏菌噬菌体的研究有了很大进展，为布鲁氏菌分类提供了一种新的方法。布鲁氏菌属中 6 个经典种均有相应的噬菌体，应用噬菌体分种就可以减少操作复杂的氧化代谢试验，噬菌体在种鉴定中与氧化代谢试验结果之间存在一定对应关系（表 2-3）。随着对布鲁氏菌噬菌体研究的不断深入，利用噬菌体对布鲁氏菌进行分类，已成为布鲁氏菌属不同种间及布鲁氏菌与其他细菌间鉴别诊断的重要参考。

表 2-3 应用布鲁氏菌噬菌体分类结果与氧化代谢试验结果比较（Corbel 等，1976）

试验名称		布鲁氏菌种							
		牛种*	羊种*	猪种*(1, 2)	猪种*(3, 4)	非典型株	沙林鼠种	绵羊附睾种	犬种
应用 RTD 噬菌体裂解试验	Tb	+	−	−	−	−	±	−	−
	Wb	+	−	+	+	+	+	−	−
	Fi	+	−	±	±	±	+	−	−
	Bk₂	+	+	+	+	+	+	−	−
	R/O	±	−	−	+	−	−	+	−
	R/C	−	−	−	−	−	−	−	−
氧化代谢试验的基质	L-丙氨酸	+	+	±	±	−	±	±	±
	L-天冬氨酸	+	+	±	−	+	+	+	−
	L-谷氨酸	+	+	±	+	+	+	+	−
	L-阿拉伯糖	+	−	+	−	−	+	−	±
	D-半乳糖	+	−	±	−	−	+	−	±
	D-核糖	+	+	+	+	+	±	−	+
	D-葡萄糖	+	+	+	+	+	+	−	+
	D-木糖	±	+	+	+	+	±	−	+
	L-精氨酸	−	+	+	+	+	−	−	+
	DL-瓜氨酸	−	+	+	+	+	−	−	+
	DL-鸟氨酸	−	+	+	+	+	−	−	+
	L-赖氨酸	−	+	±	+	+	±	−	+
	L-赤藓糖醇	+	+	+	+	+	+	−	±

注：* S 型菌，"＋"指能裂解，"±"部分裂解，"—"不能裂解。

7. **氧化代谢试验** 布鲁氏菌氧化代谢试验，是利用瓦勃氏呼吸技术或薄层层析技术研究布鲁氏菌对某些氨基酸和碳水化合物的氧化代谢活性，以确定布鲁氏菌种型的一种方法。1961 年，美国学者 Meyer 等研究发现，不同种布鲁氏菌其氧化代谢特点不同，它们之间的相互区别具有鉴别意义；牛种和羊种布鲁氏菌不同生物型的氧化代谢特点相似，猪种布鲁氏菌与牛种和羊种布鲁氏菌的特点不同。

8. 布鲁氏菌酶活性检查

（1）尿素酶活性检查　布鲁氏菌属都具有尿素酶的活性，不同种型布鲁氏菌产生尿素酶的量和速度有差别，分解尿素的程度和速度也就不同，从而可以使得培养基中的酸碱度发生相应变化，在指示剂的作用下就会表现出相应的颜色变化，据此可以区别不同种型的布鲁氏菌。尿素酶活性检查是布鲁氏菌属分类鉴定的一种辅助方法。猪种布鲁氏菌尿素酶活力较强，很快就能分解尿素，培养基颜色变红的速度特别快，有的菌株几分钟就可以使培养基变红，多数菌株在 2h 内就可以使培养基完全变红；而羊种布鲁氏菌较猪种布鲁氏菌分解尿素的速度慢；牛种布鲁氏菌分解尿素的速度更慢，有的菌株在培养 1～2d 内都不会使培养基颜色变红；沙林鼠种、犬种布鲁氏菌与猪种布鲁氏菌类似；绵羊附睾种布鲁氏菌几乎没有尿素酶活性。

（2）过氧化氢酶活性检查　布鲁氏菌属具有过氧化氢酶活性，在代谢过程中能够分解过氧化氢产生氧和水，不同种型布鲁氏菌的过氧化氢酶的量和活性有区别。当加入一定量的过氧化氢时，由于不同种型布鲁氏菌分解程度存在差异，因此可通过测定分解过氧化氢后产生的氧或剩余过氧化氢的量区别布鲁氏菌的型。6 个经典种布鲁氏菌过氧化氢酶均可出现阳性反应，但以猪种布鲁氏菌过氧化氢酶活性最高，牛种布鲁氏菌的某些菌株也有较高活性。同一种布鲁氏菌中强毒株的过氧化氢酶高于弱毒株。此法在布鲁氏菌的分类鉴定中仅有一定的参考意义。

（3）脱氢酶活性检查　在布鲁氏菌新陈代谢过程中能催化脱氢反应的酶称为布鲁氏菌脱氢酶。脱氢酶能将相应的底物进行氧化，脱掉的氢离子在遇到合适的氧化还原指示剂时，能使指示剂颜色发生改变，其改变程度因含菌量的多少或者脱氢酶活性的强弱而不同。一般来说，菌量越多或者脱氢酶越多、活性越强，所需要脱氢的时间就越短，因此可以根据脱氢所需时间或测定脱氢酶含量来区别不同种型的布鲁氏菌。猪种布鲁氏菌的琥珀酸脱氢酶和谷氨酸脱氢酶活性高于羊种和牛种布鲁氏菌，牛种布鲁氏菌的部分弱毒株比强毒株具有更高的活性。此法目前不够稳定，尚难准确应用于布鲁氏菌的种型鉴定。

（4）DNA 酶活性　由于 DNA 在琼脂培养基中能和盐酸结合形成不透明的白色沉淀物，钙或镁离子能够活化促进 DNA 酶分解 DNA。如果布鲁氏菌在培养基中产生 DNA 酶，则加入的 DNA 会被酶分解而丧失活性，失去与盐酸结合的能力，因此不形成白色沉淀物，在菌落周围出现透明带，以此表明细菌 DNA 酶的活性。此法在布鲁氏菌属分类鉴定方法中的实际意义尚难以评价。

（二）分子分型技术

根据表型差异建立的生化反应，虽然能够鉴定布鲁氏菌的种型，但是其鉴定步骤繁琐、周期长，需要技能熟练的人员直接操作活菌，存在生物安全风险。在结果判定上，经典种型鉴定方法还存在一定的缺陷，如利用细微的差别来区分某些生物型时存在主观性，对牛种布鲁氏菌某些生物型难以区分，对猪种布鲁氏菌 5 型与其他猪种的生物型难以区分，对新发现的布鲁氏菌种型同样难以准确区分。因此，快速、简便、安全的分子分型方法成为人们鉴定布鲁氏菌种属的重要工具。分子分型不仅能够快速获取布鲁氏菌不同生物型之间的遗传关系，而且能够了解布鲁氏菌与其他细菌的进化关系，从而更加清楚地把握布鲁氏菌的进化和分类。

目前，分子分型的方法主要包括：PCR 种属鉴定方法、DNA 杂交技术、多重 PCR 分型技术、实时荧光定量 PCR、多位点可变数目串联重复序列分析、限制性片段长度多态性和扩增片段长度多态性、全基因组测序分析技术等。

1. PCR 种属鉴定方法　PCR 是一种鉴定 DNA 的方法，不仅快速、简便，而且特异性、敏感性高。1990 年，Fekete 等根据 *B.abortus* strain 19 的 43 ku 外膜蛋白基因设计引物，扩增得到 635 bp 的片段，建立了一种布鲁氏菌属特异性 PCR 检测方法。该方法特异性较好，敏感性也较高，用 100 个细菌即可扩增出片段。1992 年，Herman 等根据 16S *rRNA* 基因设计引物，扩增得到 800bp 的片段，但该方法特异性有待提高。同年，Baily 等根据 *bcsp*31 基因设计引物 B4/B5，扩增长度为 223bp 的片段，该引物一直沿用至今，该方法可从人血液标本中检测到布鲁氏菌。2007 年，Mukherjee 分别以 *bcsp*31、16S *rRNA* 为靶基因序列设计的引物检测布鲁氏菌，并比较这 2 种引物的灵敏度和特异性。结果表明，使用这 2 种引物检测标准菌株时结果完全一致，但对 19 株临床分离样本进行检测时，以 *bcsp*31 为引物进行检测的结果均为阳性，而以 16S *rRNA* 为引物只检出 14 株阳性。综上所述，目前检测布鲁氏菌灵敏度最高的引物仍是 B4/B5。

2. DNA 杂交技术　DNA 杂交技术发展较早，能够区分不同菌株间的遗传相似性和各自的进化关系。1985 年，Verger 等通过杂交技术阐述了不同布鲁氏菌的基因同源性（高达 90% 以上）。虽然杂交技术并没有解决布鲁氏菌分型的难题，但是在布鲁氏菌分型研究中起到了很重要的作用。

3. 多重 PCR 分型技术　1994 年，Bricker 首先提出布鲁氏菌多重 PCR 分型方法。该方法应用布鲁氏菌插入序列 IS711，使用 5 条引物，成功鉴定出了羊种布鲁氏菌、牛种布鲁氏菌、猪种布鲁氏菌、绵羊附睾种布鲁氏菌，此方法被命名为 AMOS PCR。AMOS PCR 灵敏度和特异性均较高，且与传统的生物反应鉴定结果一致。虽然 AMOS PCR 没有鉴定出布鲁氏菌的所有种属，但是它能准确地鉴别出大多数临床分离菌株，这也是布鲁氏菌分型研究的一个突破。2008 年，Lòpez-Goñi 建立了 Bruce-ladder PCR，此方法加入 8 对引物，能鉴别除 *B. microti* 外所有种属的布鲁氏菌，其中包括海洋种属及疫苗株 S19、RB51 和 Rev.1。Bruce-ladder PCR 检测了 625 株野外分离株，包括牛种、羊种、猪种、附睾种、犬种、沙林鼠种、疫苗株 S19、RB51 和 Rev.1，以及海洋种属 *B. pinnipedialis*、*B. ceti*，全部菌株鉴定结果与传统生化分型结果一致，准确性和特异性均较高。但 Bruce-ladder PCR 有时会将犬种布鲁氏菌错误地鉴定成猪种布鲁氏菌。但猪种布鲁氏菌是光滑型菌株，犬种为粗糙型菌种，通过染料抑制性、噬菌体裂解性及宿主特异性的不同，即可以快速地将猪种布鲁氏菌和犬种布鲁氏菌进行区分，因此并不影响其在临床中的应用。Bruce-ladder PCR 只用一个反应就可以鉴定出所有种属的布鲁氏菌，准确性高、安全性好，简便、快速，被 OIE 推荐为布鲁氏菌的分型方法之一。Bruce-ladder PCR 方法使用的引物序列及 PCR 片段大小见表 2-4，对标准菌株的扩增结果见图 2-1。

表 2-4 Bruce-ladder PCR 相关信息

引物名称[1]	引物序列（5′-3′）	扩增序列大小（bp）	目的基因	来　源
BMEI0998f	ATC-CTA-TTG-CCC-CGA-TAA-GG	1 682	糖基转移酶基因 wboA	牛种布鲁氏菌 RB51 的 BME10998 基因中插入 IS711，并且在羊种布鲁氏菌基因组 BMEi0993 和 BMEI1012 之间删除 15 079bp
BMEI0997r	GCT-TCG-CAT-TTT-CAC-TGT-AGC			
BMEI0535f	GCG-CAT-TCT-TCG-GTT-ATG-AA	450 (1 320[2])	免疫显性抗原基因 bp26	从海洋哺乳动物分离的布鲁氏菌基因组中，在 BMEI0535 和 BMEI0536 之间插入 IS711
BMEI0536r	CGC-AGG-CGA-AAA-CAG-CTA-TAA			
BMEII0843f	TTT-ACA-CAG-GCA-ATC-CAG-CA	1 071	外膜蛋白基因 omp31	牛种布鲁氏菌 BMEII826 和 BMEII0850 之间删除 25 061bp
BMEII0844r	GCG-TCC-AGT-TGT-TGT-TGA-TG			
BMEI1436f	ACG-CAG-ACG-ACC-TTC-GGT-AT	794	多糖脱乙酰酶	犬种布鲁氏菌 BMEII1435 基因中删除 976bp
BMEI1435r	TTT-ATC-CAT-CGC-CCT-GTC-AC			
BMEII0428f	GCC-GCT-ATT-ATG-TGG-ACT-GG	587	赤藓糖醇分解代谢基因 eryC（D-丹毒糖-1-磷酸脱氢酶）	牛种布鲁氏菌 S19 的 BMEII0427 和 BMEII0428 之间删除 702bp
BMEII0428r	AAT-GAC-TTC-ACG-GTC-GTT-CG			
BR0953f	GGA-ACA-CTA-CGC-CAC-CTT-GT	272	ABC 转运结合蛋白	羊种和牛种布鲁氏菌基因组 BR0951 和 BR0955 之间删除 2 653bp
BR0953r	GAT-GGA-GCA-AAC-GCT-GAA-G			
BMEI0752f	CAG-GCA-AAC-CCT-CAG-AAG-C	218	核糖体蛋白 S12 基因 rpsL	羊种布鲁氏菌 Rev.1 的 BMEI075 基因点突变
BMEI0752r	GAT-GTG-GTA-ACG-CAC-ACC-AA			
BMEII0987f	CGC-AGA-CAG-TGA-CCA-TCA-AA	52	转录调节子，CRP 家族	沙林鼠布鲁氏菌基因组 BMEII0986 和 BMEII0988 之间删除 2 203bp
BMEII0987r	GTA-TTC-AGC-CCC-CGT-TAC-CT			

注：[1]命名是以羊种布鲁氏菌 B. melitensis（BME）或猪种布鲁氏菌 B. suis（BR）基因组序列为基础；f 指上游，r 指下游。

　　[2]插入 bp26 基因序列，从海洋哺乳动物分离的布鲁氏菌株的扩增子大小是 1 320bp。

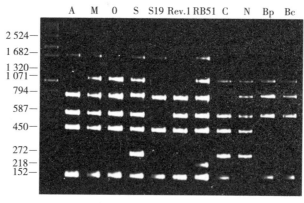

图 2-1　Bruce-ladder PCR 标准扩增结果（López-Goñi，2008）

　　注：A，牛种布鲁氏菌；M，羊种布鲁氏菌；O，绵羊附睾种布鲁氏菌；S，猪种布鲁氏菌；S19，牛种疫苗株 S19；RB51，牛种疫苗株 RB51；Rev. 1，羊种疫苗株 Rev. 1；C，犬种布鲁氏菌；N，沙林鼠种布鲁氏菌；Bp，鳍种布鲁氏菌；Bc，鲸种布鲁氏菌。

4. **实时荧光定量PCR** 实时荧光定量PCR（real-time PCR）技术对布鲁氏菌的分种研究主要包括两种方案：一种是以插入元件 IS711 为基础的 DNA 长度多态性；另一种是以 DNA 单核苷酸多态性（single nucleotide polymorphism，SNP）作为分种基础。

（1）基于 IS711 的实时荧光定量PCR 2001 年，Redkar 等针对布鲁氏菌插入序列 IS711 设计上游引物，在插入基因邻近的单染色体 DNA 上设计下游引物和探针，利用该方法对已知菌株和临床分离株进行鉴定，结果所有 *B. abortus* 和 *B. melitensis* 都能得到有效鉴定，*B. suis* 只能鉴别 1 型。2009 年，Hinic 等利用普通 PCR 和 real-time PCR 对 18 份布鲁氏菌标准株和 47 份布鲁氏菌分离株进行鉴别，结果显示两者均能鉴别 6 种经典布鲁氏菌。荧光定量 PCR 的检测极限为 10 个基因拷贝，可以用于极低细菌含量的临床样本检测。相关研究显示，基于 IS711 的常规 real-time PCR，可以有效进行布鲁氏菌种的鉴定。

（2）基于 SNP 的实时荧光定量PCR 单核苷酸多态性是最普遍的遗传变异形式，利用实时荧光定量 PCR 技术可研究基因单个位点的突变，使细菌种型鉴定成为可能。2010 年，Winchell 等采用 real-time PCR 结合高溶解曲线，应用 7 对引物对 153 份布鲁氏菌分离株进行了鉴定，与传统方法比较，其精确度大于 99%，并成功地将 *B. suis* 从 *B. canis* 种中鉴别了出来。

5. **多位点可变数目串联重复序列分析** 多位点可变数目串联重复序列分析（multiple locus variable number tandem repeat analysis，MLVA）是利用细菌在进化过程中由于错配和重组而不断产生的可变数目串联重复序列（variable number tandem repeat，VNTR）改变，当对多个 VNTR 位点的改变进行分析时，其指纹图具有高度鉴别性，使高度同源性的细菌分型成为可能。2005 年，Bricker 和 Ewalt 利用 HOOF-Print 方法对 113 份从田间分离的 *B. abortus* 菌株进行分析。该方法重复性好，分辨率数显示，所有菌株都能得到有效区分。2006 年，Whatmore 等利用 21 个位点对 121 份来源于世界各地的布鲁氏菌临床分离株进行分型研究，最终把 121 份菌株分成个 119 个基因型。同年，David 等采用 *B. suis* 分离株比较了 MLVA、多重 PCR 和 PCR-RFLP 分型方法，认为 MLVA 可有效区分所有型，也是唯一一种能揭示布病暴发和确定贮存宿主的方法。2008 年，Kattar 等对人布鲁氏菌临床分离株进行分析，结果 42 株布鲁氏菌都被鉴定为 *B. melitensis*。2009 年，Moon 等对 105 个牛场的 177 株布鲁氏菌分离株进行分析，认为 MLVA 技术在布鲁氏菌种属水平上具有强大的鉴别力，并且可以作为 *B. abortus* 流行病学调查的工具。2010 年，Valdezate 等同时利用 MLVA-16、HOOF-Print 和 *rop*B 基因对 108 株来源于人的 *B. melitensis* 进行分型研究，结果显示所有基因型可分为美洲型、西地中海型和东地中海型三大群。其中，MLVA-16 对于所有菌株的 Hunter-Gaston 分辨率指数为 0.99，显示出了强大的分型能力。

MLVA 分型方法因其稳定性好、分辨率高等优点而被国内外学者广泛采用和研究。其优势还表现在可以作为流行病学调查的工具，确定传染源及传播途径；可以找到菌株之间的关联，确定病人是再感染还是复发。目前国际上已有用于布鲁氏菌分型的数据库，网址为 http：//minisatellites. u-psud. fr，研究者可以选择不同的位点对布鲁氏菌菌株进行鉴定和归类。

6. 限制性片段长度多态性和扩增片段长度多态性 限制性片段长度多态性（restriction fragment length polymorphism，RFLP）和扩增片段长度多态性（amplified fragment length polymorphism，AFLP）用于布鲁氏菌种型的区分也多见报道。1995 年，Cloeckaert 等通过 PCR-RFLP 方法对 77 株布鲁氏菌标准株和野毒株进行鉴定，用 9 种限制性内切酶处理 *omp*25 基因，结果显示所有 *B. melitensis* 毒株都缺少 *Eco*RV 酶切位点，*B. ovis* 毒株在该基因的 3′末端缺失了 50 个碱基。另外，用 13 种限制性内切酶分析 *omp*2a 和 *omp*2b 基因，结果比 *omp*25 基因呈现出更丰富的多态性，除了 *B. canis* 与 *B. suis* 3 型和 *B. suis* 4 型无法区分外，6 种经典布鲁氏菌及其生物基本都能得到鉴别。2002 年，Cloeckaert 等又基于疫苗株 Rev. 1 的 *rpsL* 基因有单碱基突变，用 *Nci* Ⅰ酶切该基因，从而将疫苗株 Rev. 1 与其他布鲁氏菌标准株和分离株区分开。

2005 年，Whatmore 等用几种不同的限制性内切酶和选择性引物进行 AFLP 分析，结果可将 *B. ovis*、*B. melitensis*、*B. abortus*、*B. neotomae* 和 *B. maris* 野毒株进行区分，但 *B. canis* 和 *B. suis* 不能进行有效区分。2006 年，骆利敏等采用 AFLP 技术将布鲁氏菌基因组 DNA 经 *Eco*R Ⅰ/*Mse* Ⅰ酶切并与相应的人工接头连接后，使用选择性引物进行 PCR，成功构建了多态性丰富、重复性好的布鲁氏菌 DNA 指纹图谱。

7. **全基因组测序分析技术** 全基因组测序分析技术是近些年快速发展的分型方法，它可以在获得病原菌全基因组序列的基础上，分析不同种型菌株间毒力差异与基因组序列进化的关系。自从 2001 年 Verger 等完成羊种布鲁氏菌标准株 16M 的全基因组序列测定后，其他种属布鲁氏菌序列的测定也陆续完成。全基因组测序发现，布鲁氏菌基因组大小约为 3.3Mbp，除猪种 3 型外，其余布鲁氏菌属均含有 2 条染色体（大小分别为 2.2Mb 与 1.1Mb），无质粒，约含有 3 200 个开放阅读框。当然，不同种属的布鲁氏菌基因组大小也略有不同。比如，猪种生物 2 型与生物 4 型的 2 条染色体大小分别为 1.85Mb 与 1.35Mb；而在猪种生物 3 型中，却只有 1 条染色体，大小为 3.1Mb。这些成果为布鲁氏菌毒力的研究奠定了基础，但是这种方法本身也存在一定的缺陷而在分型研究中未得到广泛使用，如成本较高、测定周期长等。

第二节　布鲁氏菌的形态及培养特性

一、形态

布鲁氏菌属成员是一组球状、球杆状和卵圆形细菌，经一般染色后用普通显微镜观察，其形态特征难与其他相类似的细菌鉴别，特别是布鲁氏菌属中的 6 个经典种更难于区分。但是一般认为，羊种布鲁氏菌比牛种布鲁氏菌和猪种布鲁氏菌小一些，其大小为 0.3～0.6μm，多趋于球状或卵圆形（图 2-2）。布鲁氏菌属其他成员多呈现球杆状或短杆状，其大小为 0.6～2.5μm。在电子显微镜下，各种菌的细胞微细结构也有所不同。在涂布标本上用普通显微镜观察，各种菌的细胞常呈单个排列，极少数呈两个相连或呈短链状、串状排列。布鲁氏菌既没有荚膜，也不形成芽孢。一直以来，人们普遍认为布鲁氏菌基因组中虽然有多个编码细菌鞭毛的相关基因，但是它们并不表达。直到 2005 年 Fretin 等才发现在体外培养时，编码布鲁氏菌鞭毛的基因仅在对数期早期表达（图 2-3）。

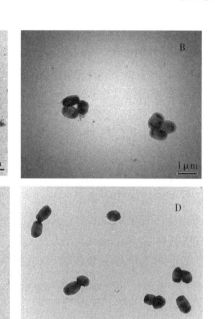

图 2-2 布鲁氏菌在扫描电镜下的形态（国家动物布鲁氏菌病参考实验室，李秋辰）

注：A，猪种布鲁氏菌 S2；B，牛种布鲁氏菌 A19；C，羊种布鲁氏菌 M28；D，犬种布鲁氏菌 RM6/66。

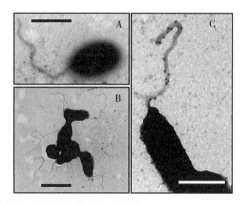

图 2-3 透射电镜下负染色的布鲁氏菌鞭毛（Bars＝1μm）（Fretin，2005）

二、染色特点

布鲁氏菌属可被所有的碱性染料着色，革兰氏染色呈阴性，姬姆萨染色呈紫色。布鲁氏菌属比其他细菌较难染上阿尼林染料的颜色，这是因为布鲁氏菌吸附染料的过程比较缓慢。为此，柯兹洛夫斯基提出延长标本与染料接触的时间，并用加温的方法促进着色。用此种染色方法，布鲁氏菌可以被染成红色，而其他细菌则被染成绿色。

三、变异

（一）影响布鲁氏菌属变异的因素

布鲁氏菌在外界各种理化因素的影响下可发生退行性改变，形态、抗原结构、毒力、凝集原性、免疫原性、新陈代谢类型，以及菌体内某些化学成分的比例都会发生不同程度的改变。由光滑型变为粗糙型是布鲁氏菌的一种常见变异现象。在研究影响变异因素时发现，在培养基中加入布鲁氏菌免疫血清、噬菌体，升高或降低温度，改变酸碱度，用紫外线和其他射线照射，临床上广泛应用抗生素等，均可以引起布鲁氏菌的变异。实验室因长期菌株保存不当而发生变异的现象更为常见。近年来还证实，培养物中粗糙型布鲁氏菌的出现与培养基中丙氨酸的堆积有着密切的关系。

布鲁氏菌由光滑型变成粗糙型的变异过程中，往往出现不同类型的变异，常是由光滑型到中间型或中间过渡型，再变成粗糙型。

（二）光滑型布鲁氏菌和粗糙型布鲁氏菌的区别

光滑型布鲁氏菌和粗糙型布鲁氏菌有某些不同的特点（表 2-5），根据这些特点可以在实际工作中进行区别。结晶紫染色试验（彩图 1）、吖啶橙凝集试验（彩图 2）和热凝集试验（图 2-4）是区别光滑型布鲁氏菌和粗糙型布鲁氏菌的主要表型试验。

表 2-5　光滑型布鲁氏菌和粗糙型布鲁氏菌不同特点的比较

基本特点	光滑型布鲁氏菌	粗糙型布鲁氏菌
在琼脂培养基中的生长	柔软、湿润	粗糙、黏稠、干燥
在肉汤培养基中的生长	均匀、混浊、不透明	絮状沉淀、透明
菌落形态	圆形隆起明显，边缘整齐，均匀，带有极微小的颗粒	圆形隆起不明显，有时边缘不整齐，有较大的颗粒
悬液中的形态	均匀、稳定	不均匀、不稳定
变异试验检查	阴性	阳性
凝集原性	良好	差，但与 R 血清凝集
毒力	有一定毒力	毒力发生改变，毒力常降低或无毒

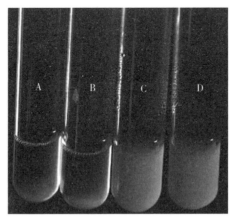

图 2-4　光滑型布鲁氏菌和粗糙型布鲁氏菌的热凝集试验结果
（国家动物布鲁氏菌病参考实验室，程君生）

注：A，牛种布鲁氏菌粗糙型变异株 RA343；B，犬种布鲁氏菌 RM6/66；C，猪种布鲁氏菌 S2；D，羊种布鲁氏菌 M28。

（三）L型布鲁氏菌

多年来，许多研究者已从各种人工培养基上和不同的动物机体内成功获得了羊种布鲁氏菌、牛种布鲁氏菌、猪种布鲁氏菌和犬种布鲁氏菌的L型菌株。这些菌株是在一些诱导剂的诱导下形成的一种变异类型，研究这些变异类型对布鲁氏菌的分类、疾病的临床治疗及流行病学都具有很重要的意义。

1.L型布鲁氏菌的命名　在诱导剂或其他因素的作用下，某种细菌虽然仍保留着细胞膜得以维持生存和繁殖，但其细胞壁受到破坏，各种特性发生了很大的改变，这种改变了原来某些特性、缺乏细胞壁或细胞壁不完整的细菌被称为L型细菌。L型布鲁氏菌的命名由L型细菌衍生而来。

2.L型布鲁氏菌的诱导剂及诱导方法　诱导L型布鲁氏菌的诱导剂有青霉素、链霉素、四环素、利福平、甘氨酸、睾丸酮、孕酮等。噬菌体也可使之形成L型布鲁氏菌。

L型布鲁氏菌多数是在各种诱导剂的作用下，从人工培养基上获得的。其诱导方法，如有人在100mL 0.3% Albimi琼脂甘油葡萄糖的半流体培养基中加入20mL灭活的马血清、15～20g蔗糖、10～15mL 20%的硫酸镁溶液，然后制成含不同浓度的青霉素培养基。用$2×10^9$个/mL浓度的细菌在上述培养基中培养诱导，然后在逐渐加大浓度的青霉素培养基上传代，最后可成功获得2株L型布鲁氏菌。

3.L型布鲁氏菌的检查　主要包括L型布鲁氏菌的形态学特点、对抗生素的敏感性、化学成分、毒力和致病性、致敏作用等方面。

（1）形态学特点　细胞表面和细胞质中可形成大小不等的原生质小体，胞浆膨大，部分致密，部分呈现空泡。多数细胞为球形，但也有杆状和类似肾形的弯曲状。有的球形直径可达$3～7\mu m$。

（2）对抗生素的敏感性　L型布鲁氏菌对多种抗生素的敏感性较低，尤其是原诱导用的抗生素。L型布鲁氏菌的原始菌株只能耐受浓度为0.15～0.75U/mL的青霉素，但形成L形后可以抵抗的青霉素浓度为16 000U/mL。

（3）化学成分　经测定分析，在用机械方法或化学药物破坏L型布鲁氏菌细胞后，其蛋白质和核酸类物质的含量明显减少，尤其是脂多糖的某些成分很少甚至完全消失。

（4）毒力和致病性　L型布鲁氏菌的毒力较原始菌株弱得多，其致病性也非常弱，往往只能引起机体出现轻微的病理学变化或者根本不引起任何变化，布病患者往往不表现临床症状，某些隐性感染的布病患者可能是由于L型布鲁氏菌引起的。

（5）致敏作用　L型布鲁氏菌较光滑型布鲁氏菌的致敏作用明显减低，常呈现很弱的皮内变态反应或者阴性。但是动物试验表明，从机体内获得的L型布鲁氏菌的致敏作用较体外获得的要强些。

第三节　布鲁氏菌的抵抗力

一般认为，布鲁氏菌在宿主体外的生长对于布病的流行病学没有意义，即细菌在体外环境中仅仅是存活而不是增殖。总体来说，布鲁氏菌对外界环境的抵抗力较强，但是由于气温、酸碱度不同，其生存时间各异。在被污染的土壤、水，病畜的分泌物、排泄物及死畜的脏器中能生存 1～4 个月；在食品中约生存 2 个月；在低温下，布鲁氏菌十分稳定，在 4～7℃可存活数月，－20℃以下，特别是－70～－50℃十分稳定，可保存数年之久；但对高温、紫外线、各种消毒药敏感，容易被杀死。

布鲁氏菌属对各种因子的抵抗力与细菌的浓度及外界条件有很大关系，在研究及消毒处理时都应引起注意。

一、对物理因子的敏感性

布鲁氏菌在日光直射和干燥的条件下，抵抗力较弱。一般情况下，日光直射数分钟（最长 4h）、散射日光 7～8d、直射紫外线 5～10min、斜射紫外线 10～30min 就能将布鲁氏菌杀死，但存在光复活作用。布鲁氏菌在腐败的尸体中很快死亡。布鲁氏菌对热敏感，尤其是对湿热更敏感。不同温度下干热和湿热对布鲁氏菌的作用情况详见表 2-6。

电离辐射可使细菌灭活。超声波对布鲁氏菌没有明显的作用，除非大剂量及长时间使用。在自然条件下，布鲁氏菌失活主要是温度和阳光中紫外线共同作用的结果。

表 2-6　不同温度下干热和湿热对布鲁氏菌的作用情况

温度（℃）	生存时间（min）	温度（℃）	生存时间（min）
55（湿热）	60	100（湿热）	1～4
60（湿热）	15～30	60～70（干热）	60～75
70（湿热）	10～24	80（干热）	40～59
80（湿热）	7～19	90（干热）	30～39
90（湿热）	5～14	100（干热）	7～9

二、对消毒剂的敏感性

本菌对消毒剂的抵抗力不强，新洁尔灭（0.1%）30s、来苏儿水（2%）1～3min、漂白粉（0.2%～2.5%）2min、乳酸（0.5%）1min、高锰酸钾溶液（0.1%～0.27%）7～15min、氢氧化钾溶液（2%）3min、肥皂水（2%）20min 均可将其灭活。通常选用 75%酒精和 0.1%新洁尔灭作为实验室内常用消毒剂。

三、在宿主体外的存活能力

布鲁氏菌对外界环境的抵抗力较强，能在水中存活 5h 至 4d，在牛奶中存活 2d 至 18个月，在土壤中存活 4d 至 4 个月，在酸乳中存活 2d 至 1 个月，在尘埃中存活 21～72d，在奶油中存活 25～67d，在粪便中存活 8d 至 4 个月，在奶酪中存活 21～90d，在尿中存活4d 至 5 个月，在冻肉中存活 14～47d，在畜舍中存活 4d 至 5 个月，在腌肉中存活 20～45d，在衣物中存活 30～80d，在干燥的胎膜中存活 120d，在皮毛中存活 1.5～4 个月，在培养基中存活 2～10 个月。

四、对药物的敏感性

多种抗布鲁氏菌药物在体外常规药物敏感试验中都有效，但这与临床治疗效果没有直接关系。β-内酰胺类抗生素（如青霉素和头孢类抗生素）、大环内酯类抗生素（红霉素）用于治疗布病的复发率较高。在人的临床治疗中，四环素、利福平和氨基糖苷类抗生素（链霉素、庆大霉素）的应用比较广泛。除此之外，氟喹诺酮类抗生素和甲氧苄啶/磺胺甲噁唑（TMP/SMZ）也常与多西环素或利福平联合使用。当多西环素与利福喷丁联用时若有必要，可使用三代头孢。

感染布鲁氏菌的动物，一般采取扑杀策略，并不进行抗生素治疗。仅有极少数国外文献报道了犬等伴侣动物采用抗生素治疗布病，但是由于病例背景不清晰、病例数量过少且治疗布病的多数一线药物不适用于犬等原因，目前对于犬布病药物治疗方案尚不明确。

第四节 布鲁氏菌的抗原种类及作用

一、布鲁氏菌的脂多糖

布鲁氏菌细胞膜是一个三层膜的结构，从内到外依次是细胞质膜、外周胞质膜、外膜。外膜与肽聚糖（peptidoglycan，PG）层紧密结合组成细胞壁，外膜含有脂多糖（lipopolysaccharide，LPS）、蛋白质和磷脂层。光滑型布鲁氏菌的 LPS 是血清中产生抗体的主要抗原成分，因此被认为是布鲁氏菌的主要毒力组成。和肠道细菌，如大肠杆菌相比，布鲁氏菌拥有一种特殊的非经典 LPS，因此对 LPS 的结构、功能、免疫学特性及抗原位点的分析，为做好布鲁氏菌病的诊断和防控工作提供至关重要的理论依据。

（一）LPS 结构

LPS 对于革兰氏阴性菌外膜的结构和功能完整至关重要，由 3 个保守的结构域，即类脂 A（内毒素性质）、核心多糖和 O-链多糖组成（彩图 3）。布鲁氏菌 LPS 的类脂 A 骨架由 2，3-二氨基-2，3-双脱氧-D-葡萄糖构成，并在 C16：0 到 C18：0 范围内由饱和脂肪酸修饰，3-OH-C12：0 到 29-OH-C30：0 范围内由羟化脂肪酸修饰。与经典的革兰氏阴性菌 LPS 不同，其葡萄糖胺长链与酰基长链是通过单一酰胺键与核心相连，而不是通过酯和酰胺键相连。布鲁氏菌 LPS 核心寡聚糖与类脂 A 相连，包括甘露糖、葡萄糖、葡糖胺、奎诺糠胺、3-脱氧-D-甘露-2-辛酮糖酸（Kdo）和其他未研究清楚的糖残基。

根据 LPS 是否含有 O-链，将布鲁氏菌的 LPS 分为光滑型（S）和粗糙型（R）。S 型 LPS 含有 O-链，是光滑型布鲁氏菌的主要表面抗原；R 型 LPS 缺少 O-链，毒力比光滑型的弱，外膜蛋白（out membrane proteins，OMPS）上的 R 抗原可以充分暴露出来成为最主要的表面抗原成分。聚丙烯酰胺凝胶电泳分析光滑型 LPS 并进行银染的结果显示，光滑型 LPS 呈现梯级结构，并且 O-链多糖的长度不同显示出 LPS 的异质性。每一级阶梯表明了 O-链多糖增加了一个低聚糖单位，O-链的这种结构决定了菌株的不同血清型。O-链是一个不分支的同聚体，由 1，2-连接 4，6-双脱氧-4-甲酰胺基-α-D-吡喃甘露糖残基组成，平均链长通常为 96~100 个糖基亚单位。它是 S 型布鲁氏菌表面最重要的抗原成分，充分暴露于细胞表面。人们在研究耶尔森氏菌 O：9 LPS O-抗原多糖链结构中发现，*B. abortus* 和耶尔森氏菌 O：9 及霍乱弧菌发生血清交叉凝集反应的原因与它们各自的 O-

抗原多糖链中存在 4，6-双脱氧-4-甲酰胺基-α-D-吡喃甘露糖有关。O-多糖连接于核心多糖，后者由甘露糖、葡萄糖、2-氨基-2，6-双脱氧-D-葡萄糖（奎诺糖胺）、2-氨基-2-脱氧-D-葡萄糖（葡萄糖胺）、3-脱氧-D-甘露糖-2-辛酮糖酸（3-deoxy-D-manno-2-octulosonic acid，Kdo）和一些尚未确认的糖组成。

另外，从 LPS 中分离到的多糖 B（polysaccharide B，polyB）和半抗原多糖（native haptens，NH）也被认为是布鲁氏菌表面的抗原成分。

经典的革兰氏阴性菌 LPS 是病原相关分子模式，可以被先天免疫系统的病原识别受体感知，触发炎症反应，导致内毒素性休克。布鲁氏菌不具备经典的 LPS 结构，这种结构上的差异是其逃避先天性免疫防线，在宿主细胞内生存、复制并造成慢性感染的原因之一。

（二）LPS 免疫学特性

布鲁氏菌的 LPS 属于非胸腺依赖性抗原（TI-Ag），这类抗原的特点是由同一构型重复排列的结构组成，有重复出现的同一抗原表位，降解速度缓慢，且无载体表位，故不能激活 Th 细胞，不参与抗原递呈细胞（antigen presenting cell，APC）的抗原递呈作用，直接刺激 B 细胞活化。因此，B 细胞对这类抗原的抗体应答一般不出现二次回忆反应，也没有抗体的亲和力成熟和类别转化，不易产生细胞免疫。这意味着 TI 抗原激发的抗体主要为 IgM，且易诱导免疫耐受性。

（三）LPS 抗原位点研究

到目前为止，O-链表面有 7 个不同的抗原位点，分别是 A、M、C（M＝A）、C（M＞A）、C/Y（M＞A）、C/Y（M＝A）、C/Y（A＞M）。其中，A、M 表示菌体表面是以 A 抗原或 M 抗原为主，如 *B. abortus* 544 和 *B. melitensis* 16M；C 抗原也称共有抗原，包括 C（M＝A）、C（M＞A），该抗原是 S 型布鲁氏菌表面严格特异性的抗原位点，如 *B. melitensis* 型和 *B. suis* 菌株；C/Y 抗原是布鲁氏菌和耶尔森氏菌 O：9 的共有抗原。O-链表面的 7 种抗原决定簇在所有 S 型布鲁氏菌中的分布具有不均一性，M 抗原和 A 抗原除了在 2 种 R 型布鲁氏菌存在外，在 *B. melitensis*、*B. abortus*、*B. suis*、*B. neotomae* 及它们的生物型变种中均有不同程度的分布，甚至在同一种内不同菌株之间 A 抗原和 M 抗原的分布及数量也都不相同。C 抗原尽管被认为分布于所有 S 型布鲁氏菌中，但是 ELISA 检测显示其在 *B. suis* 菌株中的分布很少，在 *B. suis* 686 和 *B. neotomae* 5K33 菌株中也很少分布。

人们对 S 型布鲁氏菌 O-链抗原不断深入研究的最终目的是要找到各种 S 型布鲁氏菌表面特异性的抗原标志，利用它建立某种特异性的方法，在生产实践中能准确鉴定或诊断不同种生物型的布鲁氏菌病。

二、布鲁氏菌病的诊断性抗原

关于布病诊断抗原的研究，一方面要选出布病检出率较高的抗原，利于布病筛查；另一方面还需寻找区分自然感染和疫苗接种的抗原，进而实现精确筛查。1991 年，尚德秋等用两性离子去污剂从牛、羊、猪 3 种布鲁氏菌不同生物型的光滑型菌株中提取外膜蛋白并进行了 SDS-PAGE 图谱的比较，结果发现三者在＞97.4×10³、（28～31）×10³ 及

$<28\times10^3$ 的 3 个相对分子质量区段内谱带一致；此外，羊种布鲁氏菌和猪种布鲁氏菌的外膜蛋白在 42.7×10^3 附近有共同的谱带，而牛种布鲁氏菌的外膜蛋白没有，可见种间蛋白存在差异。2006 年，张洪丽为了寻找羊种布鲁氏菌Ⅰ型强毒株 16M 和疫苗株 M5 的差异，通过双相电泳（2-DE）对两者蛋白进行了分离，用 Image Master™ 2D Platinum 软件对其结果进行分析发现，强毒株 16M 的蛋白质点为（797±22）个，疫苗株 M5 蛋白质点为（831±29）个，两者匹配上的蛋白质点共有 580 个，而且在表达模式上也非常相似。另外选取了其中的 53 个差异蛋白质点，经过酶切、肽提取，最终采用最新的电子飞行时间质谱进行鉴定（matrix-assisted laser desorption/ionization time of flight mass spectrometry，MALDITOF-MS），其中 4 个无信号，在剩余的 49 个蛋白中，22 个蛋白在疫苗株 M5 中高度表达，27 个在强毒株 16M 中高度表达，共覆盖了 35 个不同的开放性阅读框。可见两者在蛋白种类和表达水平等方面均存在差异，为鉴别诊断奠定了基础。

现已经发现了上千种布鲁氏菌蛋白，其中外膜蛋白、Ⅳ型分泌系统相关蛋白及胞质蛋白等都是近年来研究的热点。尤其是外膜蛋白，由于其处于菌体最外层的外膜上，在布鲁氏菌感染过程中始终与宿主细胞成分接触或相互作用，诱导细胞病理变化或免疫学反应，因此在感染和免疫中发挥了重要的生物学作用。20 世纪 80 年代，布鲁氏菌主要的外膜蛋白（outer membrane proteins，Omps）被首次确定具有免疫原性和抗原保护作用。更为重要的是，目前未曾出现关于外膜蛋白存在交叉反应的报道，这些特点正符合布病检测用靶抗原的要求。

（一）外膜蛋白

1.Omp28 蛋白　Omp28 蛋白，又名 bp26 蛋白，存在于菌体表面和细胞外周浆质中，是一种免疫原性很强的可溶性蛋白。相对于固定的外膜蛋白来说，Omp28 蛋白具有易于检测的优点：Omp28 蛋白包含 250 个氨基酸，在所有已知的布鲁氏菌种中均可以检测到 Omp28 抗原。它有以下特性：①在布鲁氏菌种间高度保守；②虽对布鲁氏菌的毒力不起决定作用，但却是布鲁氏菌的一个优势抗原，能够诱导产生高滴度的抗体；③在现有的疫苗株中有弱化和缺失的迹象。这些特性使 omp28 基因成为构建新型重组疫苗时基因敲除的首选。大量的间接酶联免疫吸附试验（enzyme linked immunosorbent assay，iELISA）和免疫印迹（western blotting，WB）都证明了该蛋白的敏感性强、特异性好，适用于血清学诊断。2010 年，Thavaselvam 等用 Omp28 作为抗原，通过 iELISA 对布鲁氏菌细菌培养阳性、临床诊断阳性和健康 3 组人群进行了评价，结果发现 Omp28 只与细菌培养阳性的血清发生特异性反应。2013 年，侯慧玉用 Omp28 作为抗原检测河南省 100 份牛血清（RBT 和 SAT 检测结果有 56 份为布病阳性，44 份为阴性），其判定为阳性的血清共 45 份，相比较敏感性为 75%、特异性为 93.2%、假阴性率为 25%、假阳性率为 6.8%，在动物布病诊断方面也证明了 Omp28 是一种重要的布鲁氏菌诊断抗原。国外曾有报道 omp28 基因在部分弱毒苗中会出现缺失和弱化现象。研究发现，用减毒活疫苗和致病强毒株免疫动物，前者 Omp28 所引发的免疫反应要远弱于后者。Omp28 在一些目前所使用的疫苗中确实存在这一现象，这也许会成为区分自然感染和疫苗免疫的可行性方法。

王芳等（2015）研究显示，基于 Omp28 的 iELISA 表现出了细菌种属特异性。仅有在 $B.melitensis$16M 感染的绵羊和山羊血清中可以持续检测到 Omp28 抗体，而 $B.suis$S1330 感染的无论是绵羊还是山羊均不能检测到 Omp28 抗体阳性。研究结果同时还表明，Omp28 iELISA 也表现出了宿主动物特异性，$B.abortus$ 2308 感染的绵羊和山羊对 Omp28 的体液免疫应答较弱，仅有感染后的山羊血清可以与 Omp28 反应。此外，感染 $B.melitensis$M28 的绵羊可以产生良好的 Omp28 抗体，但感染山羊后却是 Omp28 抗体阴性。对自然感染动物血清的检测结果进一步证实了基于 Omp28 的 iELISA 不能有效检测到所有被布鲁氏菌感染的动物。

2. Omp31 蛋白　布鲁氏菌 omp31 基因由 723 个核苷酸序列组成。Omp31 蛋白由 240 个氨基酸所组成，作为 omp A 家族的一员，是布鲁氏菌重要的膜孔蛋白，在维持外膜结构稳定性与完整性发挥重要的作用。通过限制性片段长度多态性（PCR-RFLP）和 southern blotting 杂交技术对其多态性进行的研究结果显示，Omp31 存在于除牛种之外所有的布鲁氏菌中，羊种和猪种之间有大约 9 个核苷酸的差异，同时 Omp31 也是猪种和犬种的种属特异性标志。Omp31 能诱导产生保护性免疫反应，而且保护性作用很强。免疫动物后的血清检测和皮试反应结果均为阳性，说明布鲁氏菌的 Omp31 不仅可以引起体液免疫，同时也可以诱导针对布鲁氏菌感染的细胞免疫反应，而且其单抗的保护性作用不受干扰。国外学者也作了大量相关试验，都验证了 Omp31 具有良好的免疫识别效果，可用于血清学诊断和分子分型。由于 Omp31 在牛种布鲁氏菌中缺失，因此牛种布鲁氏菌感染的动物不会产生该蛋白的抗体，而非牛种布鲁氏菌感染的动物其血清中均存在该抗体。因此，Omp31 可作为种间差异的鉴别诊断蛋白，用以鉴别牛种布鲁氏菌和非牛种布鲁氏菌的感染。

3. BCSP31 外膜蛋白　牛种、羊种、猪种布鲁氏菌 Bcsp31 的种间同源性非常高，可达 100%。不同研究者进行的免疫蛋白质组学分析也均显示，该蛋白既有良好的免疫原性，又有较高的特异性。但有学者利用蛋白质芯片对布鲁氏菌蛋白进行免疫学检测时发现，该抗体只存在于感染的山羊血清中，而在被确定的 62 份已感染的患者血清中并未发现其抗体。由于 $bcsp$31 基因具有高度的保守性，因此常常被用于从组织或血液中检测布鲁氏菌核酸的靶基因。

4. P17 蛋白　P17 是由 158 个氨基酸编码的相对分子质量为 17.3ku 的蛋白质。有学者首先克隆表达了 P17，并分别用自然感染的羊血清和牛血清对其抗原性进行了验证，采用 southern blotting 方法，检出率分别为 51% 和 39%；而用竞争酶联免疫吸附试验方法，检测结果分别为 70% 和 61%。因此认为，P17 在布病的血清学诊断方面可能具有应用潜质。

5. 其他　Omp10 是一种具有免疫原性的抗原，有文献报道，其与自然感染的牛不发生血清学反应，但可与自然感染的羊发生血清学反应，由此 Omp10 可能可以作为牛种布鲁氏菌疫苗株与野毒株的鉴别诊断蛋白。此外，还有文章报道，Omp19 蛋白与布鲁氏菌的毒力有关，也可作为布鲁氏菌血清学诊断的候选抗原之一。有研究者对一定数量的牛血清样品进行分析后发现，只有已感染的牛才能产生抗 Omp19 的抗体。国外的研究者也提到，收集的马耳他型布鲁氏菌自然感染的羊血清大部分能与 Omp19 抗原发生抗原抗体特异性结合反应，而流产布鲁氏菌自然感染的牛血清几乎不发生血清学反应。

（二）Ⅳ型分泌系统蛋白

除外膜蛋白外，Hortensia 等（2008）重组表达了 VirB1、VirB5、VirB11 和 VirB12 共 4 个分泌系统蛋白，结果发现 VirB12 可与感染羊的血清发生反应。Tan 等（2012）发现，用以重组的 VirB5 蛋白为抗原建立的 ELISA 方法，对 400 份血清样品检测后的敏感性为 88.2%，特异性为 97.8%，与 SAT 方法的符合率为 94.8%。VirB8 蛋白是布鲁氏菌感染早期分泌的蛋白，在布鲁氏菌感染后 4h 即可检测到 VirB8 抗体，可以用于布病的早期检测。

（三）胞质结合蛋白

P39 是一种布鲁氏菌胞质结合蛋白，同属于胞质结合蛋白的还有 P15 和 P17。Letesson 等（1997）以 P15 及 P39 作为抗原建立的 iELISA 方法具有很强的敏感性，自然感染的绵羊和山羊血清的检出率分别为 80% 和 96%。

（四）其他

Xu 等（2013）通过微矩阵的方法，利用 99 份处于不同年龄及布鲁氏菌不同感染时期的病人血清，从 107 个布鲁氏菌蛋白中筛选出的具有较高敏感性的蛋白 BMEII0318、BMEII0513、BMEI0748 和 BMEII1116 等，可以作为布病血清学诊断的候选抗原。其研究结果提示，在对布鲁氏菌蛋白抗原的研究中，不同感染时期优势抗原的表达量是不一样的，研究不同蛋白抗体的消长规律，利用多个蛋白联合建立布病检测方法，将是布病检测方法研究的重要方向。Ciocchini 等（2013）建立了一种新型的糖蛋白结合物偶联磁珠法，该方法以小肠结肠炎耶尔森 O：9 的多糖和蛋白结合物为抗原，偶联磁珠后对人临床血清样品进行检测。当检测阈值为 13.20% 时，该方法检测的敏感性达 100%，特异性达 98.57%；当阈值为 16.15% 时，检测的敏感性达 93.48%，特异性达 100%。由此看来，这种新型的糖蛋白结合物偶联磁珠法也未尝不是一种有效的布病诊断方法，但需要大量临床样品的验证。

三、疫苗候选抗原

（一）Omp10 蛋白

Omp10 蛋白是布鲁氏菌表面的一种脂蛋白，能编码 126 个氨基酸。omp10 基因由 381bp 的核苷酸序列组成。Omp10 存在于已知所有的种型中，已证实 S2 和 M5 中 Omp10 的同源性为 100%，与牛种 544A 菌株的同源性为 99.7%，且该序列在不同种属间非常保守。Omp10 具有良好的抗原性与免疫保护性，不仅可刺激体液免疫而且对细胞免疫也有刺激作用。Cassataro 等（2004）以羊种布鲁氏菌为模板对 Omp10 进行克隆表达，将纯化后的 Omp10 蛋白进行 iELISA 检测，结果表明所表达的蛋白能被布鲁氏菌免疫小鼠血清所识别。免疫动物后发现，其保护力与完整的细胞表面蛋白极其相似，可见产生了保护性免疫反应。

（二）Omp16 蛋白

Omp16 蛋白存在于布鲁氏菌所有 6 个种的 34 种生物型中，能够编码 166 个氨基酸。2010 年的一项研究表明，由于 Omp16 自身的脂质部分有佐剂活性，因此在无外部佐剂的条件下可诱导小鼠特异性 CD4$^+$ 和 CD8$^+$ T 细胞产生 γ-干扰素，能够达到与减毒活疫苗 S19 相似的保护水平，而且未脂化的 Omp16 的部分蛋白质通过口服途径或全身免疫也能诱导 Th1 细胞发生特异性免疫反应。Omp16 用于口服疫苗将会有一定的应用前景。

（三）Omp25 外膜蛋白

Omp25 是布鲁氏菌的重要外膜蛋白之一，牛种、羊种等 5 种布鲁氏菌都具有高度的同源性，羊种布鲁氏菌缺乏 EcoRV 位点。在 GenBank 中查询可知，omp25 基因序列全长 642bp，序列比较后发现只有绵羊附睾种布鲁氏菌从第 561 个序列开始有 36bp 的缺失序列。有报道显示，omp25 基因在布鲁氏菌不同种型中高度保守，利用该成分制备的新型疫苗有望能够在不同布鲁氏菌中形成交叉保护作用。作为 BvrRS 二元调控系统的靶基因，通过调节，omp25 能抑制 TNF-α 的产生和分泌，对布鲁氏菌的胞内生存有利。Jubier 等（2001）的研究也发现，Omp25 对巨噬细胞分泌 TNF-α 有抑制作用。如果采用 omp25 基因敲除疫苗，就可通过 TNF-α 的释放来刺激吞噬细胞，起到吞噬和杀菌的作用，而且能减弱毒力。有报道显示，羊种和绵羊附睾种布鲁氏菌 omp25 的基因突变株与疫苗株 Rev.1 具有相似或者更强的免疫保护性。如果 omp25 基因敲除疫苗能广泛应用于市场，也能达到区分布鲁氏菌疫苗接种和自然感染的效果。

（四）核蛋白 L7/L12

L7/L12 是一种核糖体蛋白，能刺激 T 细胞，是一种 T 细胞免疫优势抗原。在布鲁氏菌的核糖体亚单位中以 4 个拷贝的形式存在。有研究发现，从布鲁氏菌中提取的 L7/L12 蛋白能特异性地刺激感染动物的单核细胞，激活 T 细胞，而且对 IFN-γ 的转录和表达有上调作用，从而起到保护的作用。Kurar 等（1997）利用 pcDNA3 真核表达载体构建了编码布鲁氏菌核蛋白 L7/L12 的 DNA 疫苗，对小鼠肌内注射后能够诱导细胞免疫，并产生特异性抗体，与对照组相比产生了较高水平的免疫保护力，是目前公认的保护性抗原分子。对 M5、S2、S19 和 104M 共 4 个菌株的保护性基因进行测序发现，L7/L12 序列在核苷酸的第 77、197、200、268 位碱基发生了改变，这为新型疫苗的研发提供了理论支持。曾政等（2004）分别将 L7/L12 构建至 pET32a 和 pCDNA3.1 载体中，重组质粒经转化表达纯化后对小鼠进行肌内注射免疫，最后通过 iELISA 和 western blotting 检测到免疫小鼠体内有特异性抗体产生，说明 L7/L12 可作为潜在的布鲁氏菌新型疫苗抗原。

（五）胞质结合蛋白 P39

胞质结合蛋白 P39 是 T 细胞免疫的优势抗原，既能使布鲁氏菌致敏的豚鼠发生明显的迟发型超敏反应，也能刺激牛外周血单核细胞产生 IFN-γ，能够产生明显的细胞免疫反应和体液免疫反应。P39 作为保护性抗原使人们对它产生了很大的研究兴趣。用重组 P39 蛋白肌内注射免疫小鼠后发现，小鼠体内产生的特异性抗体滴度较高，以 IgG1 和 IgG2a 为主；而用牛种布鲁氏菌 544A 野毒株攻毒后，则产生了长时间的、强烈的免疫记忆反应。

第五节 布鲁氏菌的毒力及测定方法

一、毒力的一般概念

毒力是病原体致病能力的总称，包含侵袭力和毒素两个方面，表现在致死率和侵犯宿主的能力上。与其他细菌病原体相比，布鲁氏菌缺乏经典的毒力因子，如外毒素、荚膜、菌毛、质粒、毒力岛、胞外蛋白酶等。目前虽然没有发现布鲁氏菌具有产生外毒素的能力，但其侵袭力很强，并在宿主细胞内有着非常强的生存能力和繁殖能力。该菌的毒力评价指标主要是通过其在细胞内或体内增殖能力和存活时间判定的，毒力强的菌株能够在细胞内或体内增殖并且长期存活。

布鲁氏菌属多数种型的菌株具有很强的毒力，可以通过各种感染途径破坏各种屏障，几十个细菌乃至几个细菌就能使某些动物感染。布鲁氏菌属不同种型的菌株毒力不同，甚至同一种型的不同菌株，其毒力也有很大差异。在各种因素的影响下，同一菌株培养物内的不同细菌，其毒力强弱也完全不同，但是一般来说，羊种布鲁氏菌、牛种布鲁氏菌和猪种布鲁氏菌各生物型的菌株多为强毒菌株。犬种布鲁氏菌具有一定的毒力，野外和实验室条件下均可侵入机体引起致病，大剂量感染可以引起实验动物死亡。绵羊附睾种布鲁氏菌和沙林鼠种布鲁氏菌毒力较低，绵羊附睾种布鲁氏菌一般需要 20 亿个才能引起豚鼠全身感染。

二、布鲁氏菌常用的毒力测定方法

布鲁氏菌毒力评价的常用方法有实验动物体内测定法和细胞模型体外测定法。

（一）实验动物体内测定法

用于布鲁氏菌毒力测定的实验动物主要是豚鼠和小鼠。

1. 全身最小感染量的测定

（1）选择若干只体重为 350～400g 的健康 Hartley 豚鼠，每 3 只为一组；小鼠一般选择 8 周龄以上的雌性 BALB/c 或 CD-1 品系，每 5 只为一组。

（2）将待测的布鲁氏菌菌株 48h 琼脂斜面培养物，经变异检查合格后（粗糙型布鲁氏菌阳性率低于 5%），用灭菌生理盐水或 PBS 缓冲液冲洗，用标准比浊或分光光度计测定，稀释后使每毫升稀释液含 2 个、5 个、10 个……不同布鲁氏菌数，每个稀释度在腹股沟皮下接种一组动物。豚鼠每只接种 1mL，小鼠每只接种 0.5mL。同时测定活菌数，以确定接种的准确菌量。

（3）接种后，豚鼠经过 30d、小鼠经过 20d 被处死、解剖，取各个脏器进行布鲁氏菌分离培养。如果只从淋巴结分离到布鲁氏菌则为局部感染，从血液、尿液、骨髓、肝脏、脾脏等实质器官中分离到布鲁氏菌则定为全身感染。

（4）全身最小感染剂量是指实验动物发生全身感染的最小菌量，而且这个最小菌量能使某一实验动物组的每只动物都发生全身感染。如果不能使某一组动物全部发生全身感染，而只有部分动物局部感染，则这个最小菌量不能作为全身最小感染量。有时测定全身最小感染量需要多次重复试验。

（5）一般认为，接种 100 个菌以下引起一组豚鼠全身感染为强毒株；100～500 个菌引起一组豚鼠全身感染为毒力不完整，不适宜作攻毒菌株用；500 个菌及以上引起一组豚鼠全身感染为弱毒菌株。羊种布鲁氏菌 16M 对豚鼠的全身最小感染量为 10 个细菌，牛种布鲁氏菌 A544 为 40 个细菌，羊种布鲁氏菌 M28 为 10 个细菌，牛种布鲁氏菌疫苗株 104M 为 500 个细菌。

2. 脏器感染率的测定 这一方法主要是用于测定布鲁氏菌感染动物后细菌在各脏器中的散播情况，但也可以作为毒力测定的辅助指标。其方法是用布鲁氏菌接种动物后，豚鼠经 30d、小鼠经 20d 被处死，取局部、腹后、下颌、颈下淋巴结、肝、脾、骨髓分离培养布鲁氏菌，其脏器感染率按照以下公式进行计算：

$$脏器感染率 = \frac{感染脏器数}{培养脏器数} \times 100\%$$

例如：一组 3 只豚鼠，每只接种 100 个细菌，经 30d 被处死，每只豚鼠取上述 7 个部位分离布鲁氏菌，结果从 16 个脏器中分离到了布鲁氏菌，脏器感染率为 $16/21 \times 100\%$ $= 76.2\%$。

3. 脾脏载菌量的测定

（1）将待测定的布鲁氏菌菌株 48～72h 琼脂斜面培养物，经变异试验检测后用灭菌生理盐水（或 PBS 缓冲液）冲洗，制成浓度为 10^9 个/mL 的菌悬液，经腹股沟皮下接种体重为 350～400g 的健康豚鼠，每组 3 只，每只 1mL。

（2）接种 15d 后处死豚鼠，取每只豚鼠的完整脾脏，在无菌条件下进行称重。

（3）将称重好的 3 个脾脏，分别加入 5mL 灭菌生理盐水（或 PBS 缓冲液），研磨均匀，并进行 10 倍倍比稀释，一般稀释到 10^5 倍。

（4）从 10^3、10^4 和 10^5 稀释度的菌液中各取 $300\mu L$，每 $100\mu L$ 涂布于一块平板培养基上，3 个稀释度共涂布 9 块平板培养基。

（5）将涂布有稀释液的固体培养基置于 37℃温箱中培养，待长出菌落后计算菌落数。取每个稀释度 3 块平板培养基长出菌落数的平均数，计算脾脏载菌数量，即每克脾脏含有的布鲁氏菌数，从而可以确定待测菌株的毒力。一般认为，对豚鼠每克脾脏含布鲁氏菌数在 100 万个以下为弱毒菌，在 100 万个以上为强毒菌。有的强毒布鲁氏菌的每克脾脏载菌数量可以达到几千万个以上，但是弱毒牛种布鲁氏菌疫苗株 104M 和 S19 分别为 50 万～100 万个和 2 万～5 万个。

4. 残余毒力（RT_{50}）的测定 这一方法主要是用于评价布鲁氏菌在感染动物体内的持续存留时间，是布鲁氏菌疫苗株毒力评价的常用方法。

（1）将待测定的布鲁氏菌菌株 48～72h 琼脂斜面培养物，经变异试验检测后用灭菌生理盐水（或 PBS 缓冲液）冲洗，制成浓度为 10^9 个/mL 的菌悬液，经腹股沟皮下接种 5～6 周龄的健康小鼠，每组 8 只，每只 0.1mL。

（2）分别在接种后的 3 周、6 周、9 周、12 周剖杀 1 组小鼠，取每只小鼠的完整脾脏，分别加入 1mL 灭菌生理盐水（或 PBS 缓冲液），研磨均匀；将全部脾脏悬液分别接种平板培养基，每个平皿 0.2mL。

（3）置于 37℃温箱中培养，待长出菌落后计算菌落数。检测的最低限为每个脾脏含 1

个细菌，即从脾脏分离到 1 个细菌就视为感染动物，统计不同剖杀时间点感染小鼠的数量，用 SAS® 统计方法或者 Reed-Muench 方法计算 RT_{50}。国际上使用较多的布病疫苗 S19 株 RT_{50} 通常在（7.0 ± 1.3）周，Rev. 1 株 RT_{50} 在（7.9 ± 1.2）周范围内，国内广泛使用的 S2 株 RT_{50} 在 2.8 周左右。

5. 半数致死量（LD_{50}）的测定　LD_{50} 是指某种因素对全部实验动物引起半数死亡所需要的剂量。LD_{50} 测定必须在试验前有所设计，不能在取得数据后只凭统计处理算出或者把近似值当作 LD_{50} 使用。布鲁氏菌 LD_{50} 测定要预先做好预备试验，在获得布鲁氏菌待测菌株引起小鼠死亡率为 0 和 100% 的两个剂量，然后在此范围内按照等比级数选择 4~6 个剂量，使最小剂量能引起小鼠死亡率大于 0，使最大剂量能使小鼠死亡率为 100%。因此，就会有几个剂量组的小鼠死亡率小于 50%，另几个剂量组大于 50%，这样才能正式进行 LD_{50} 测定。测定 LD_{50} 的方法很多，这里只介绍其中的一种。

（1）将若干只体重为 18~20g 的健康小鼠，随机分组，每组 10 只。

（2）将待测定的布鲁氏菌菌株 48~72h 琼脂斜面培养物，经变异试验检测后用灭菌生理盐水（或 PBS 缓冲液）冲洗，制成细菌悬液，用标准比浊管比浊，然后稀释成所需的各种不同浓度。假如预先测知小鼠腹腔注射 1×10^8 个/mL 剂量的死亡率为 0，8×10^8 个/mL 剂量的死亡率为 100%，那么所需要菌悬液的浓度应为 1×10^8 个/mL、2×10^8 个/mL、3×10^8 个/mL、4×10^8 个/mL、5×10^8 个/mL、6×10^8 个/mL、7×10^8 个/mL、8×10^8 个/mL。

（3）将各剂量分别腹腔注射小鼠 10 只，观察 10d，每天记录各剂量组小鼠的死亡数及存活数。

（4）统计各剂量组小鼠 10d 内的死亡数及存活数，按照以下公式计算：

$$LD_{50}=A+(B-A)\times\frac{50-C}{D-C}$$

式中，A 为仅小于 50% 的一组所用剂量；B 为仅大于 50% 的一组所用剂量；C 为小于 50% 的各组累计死亡率；D 为大于 50% 的各组累计死亡率。

（二）细胞模型体外测定法

随着人们对动物福利的重视，越来越多的研究者开始寻找替代实验动物测定布鲁氏菌毒力的方法。采用传代细胞系作为感染模型测定布鲁氏菌的毒力，具有操作要求低、试验周期短、可重复性高等特点，目前在国内外布鲁氏菌的相关研究方面已经得到越来越广泛的应用，使用较多的细胞系有 RAW264.7、J774A. 1、HeLa、THP-1、Vero 等。

通常情况下，以布鲁氏菌在细胞模型中的增殖能力作为评价其毒力强弱的标准，这里介绍一种用细胞感染模型测定布鲁氏菌毒力的简单方法。

（1）将体外传代生长旺盛的 J774A. 1 细胞（HeLa、RAW264.7 和 THP-1 等其他细胞系也可）传代转移至 24 孔细胞培养板中生长（约 2.5×10^5 个/孔），24 孔板中的细胞培养使用 1% FBS 的维持培养基。

（2）在铺板 6~8h 后，将布鲁氏菌野生株（亲本菌株）和待测菌株采用 MOI 100 感染 24 孔板的细胞。

（3）室温下 1 000r/min 离心 24 孔板，之后于 37℃、5% CO_2 恒温培养箱静置培养 30min。

（4）使用 PBS 洗涤细胞 1 次，加入含有 $50\mu g/mL$ 庆大霉素的维持培养基，用以杀死未侵入胞内的细菌，之后置入培养箱内培养。

（5）分别在 1h、12h、24h、48h 将细胞取出，使用 PBS 洗涤细胞 3 次，以除去残留的庆大霉素，然后每孔加入含有 1mL 0.1％ (V/V) Triton X-100 的 PBS，吹打裂解细胞，使用 PBS 倍比稀释裂解液，进行菌落计数。

（6）对不同时间点细胞内野生株（亲本菌株）和待测菌株的数量进行统计学分析（一般使用 t 检验），当与野生株（亲本菌株）相比出现显著差异时则认为待测菌株毒力降低。

细胞感染模型测定毒力的方法一般需要进行 3 次重复，细胞状态不佳时会对测定结果造成影响。

（三）各种布鲁氏菌毒力测定方法的评价

实验动物毒力测定的方法中，全身最小感染量测定毒力的方法最准确，用豚鼠比用小鼠效果好，是实验室中最常用的一种方法。脾脏载菌量测定也是比较常用的方法，其优点是比全身最小感染量测定需要的时间短，用的动物数量少；其缺点是较为粗略，测定结果不够十分稳定。RT_{50} 测定法主要用于评价布鲁氏菌疫苗株的残余毒力，是 OIE 推荐的毒力评价方法之一。LD_{50} 是一种敏感度较高、稳定性较好的测定毒力指标，但是文中介绍的简易法较复杂法（本文省略）稍差些，不过使用动物数量少，计算简便。脏器感染率一般不用在测定毒力方面，多用于细菌在机体内散播情况的观察上。

通过与免疫荧光、共聚焦显微镜等相结合，细胞感染模型还能够实现对布鲁氏菌突变株文库中毒力降低菌株的高通量筛选，以及对布鲁氏菌在宿主细胞内的转运等方面进行研究。由于宿主机体抵御细菌感染的能力比细胞系强得多，细胞感染的结果与实验动物感染模型测定的毒力结果有时并不一致，因此毒力测定的结果应该以实验动物感染模型为准。

第六节　布鲁氏菌的基因组学

布鲁氏菌是一类重要的人兽共患病病原菌，不仅对人和多种动物致病，也是一种潜在的生物武器。随着测序技术的发展，已有许多布鲁氏菌被测序分析。测序分析发现，不仅同一个种内部不同生物型菌株之间基因组有较大的差异，存在 SNP 缺失和插入，还有基因数目的差异；同时发现，同一种内不同菌株之间基因差异与基因水平转移有关，也就是说某个菌株的独有基因很可能是从别的细菌中水平转移而来，这样就造成了种内基因多样性，而这些差异基因大多和一些特殊的表型有关，如耐药性、毒力等。因此，全基因组学研究不仅可以进行种内、种间的进化关系研究，还可以有助于阐明分子致病机制，筛选、鉴定致病相关基因，为开发研究疫苗、新型抗生素提供新的策略。

一、基因组特征

20 世纪 60 年代末，人们才开始着手于布鲁氏菌基因组的研究，根据 DNA 序列同源性分析不同的布鲁氏菌菌株之间的相关性，随后 Altenbern（1973）开始绘制布鲁氏菌基因的物理图谱。在 DNA 水平上，不同的菌株在 DNA 杂交试验中表现出超过 90％ 的相似性，该结果导致 Verger（1984）等认为所有的布鲁氏菌可以归为一个属的一个种。为了开发出能够快速鉴定菌株的方法，人们开始更加深入地研究布鲁氏菌基因组。脉冲场凝胶电泳（pulsed field gel electrophoresis，PFGE）的应用彻底推动了细菌基因组限制性片段长度多态性（restriction fragment length polymorphism，RFLP）分析方法的发展。1988年，Allardet-Servent 等使用 RFLP 分析了 23 株布鲁氏菌内切酶 *Xba* I 图谱，RFLP 谱图显示布鲁氏菌在种水平各自保守。使用 PFGE 对未消化的布鲁氏菌基因组 DNA 进行测定发现，所有的羊种布鲁氏菌均具有 2 个圆形染色体，其中一个为 1.1Mb，另一个为 2.2Mb。后来又采用同样的方法分析猪种布鲁氏菌的 4 个亚种，意外发现猪种布鲁氏菌 1330 株（生物 1 型）的结果与牛种布鲁氏菌和羊种布鲁氏菌的结果一致，Thomsen 株（猪种生物 2 型）与 40 株（猪种生物 4 型）的 2 条基因组存在大的较小（1.85Mb）、小的较大的情况（1.35Mb），对于 686 株（猪种生物 3 型）则只有 1 条染色体（3.3Mb）。这 3 种基因组结构的出现是布鲁氏菌 rrn 位点的重组结果。

2002 年，羊种 16M 株、猪种 1330 株的全基因组序列得到了测定，不久之后又测定了一株牛种野外分离株的全基因组序列。比较 3 株布鲁氏菌基因组发现，这 3 种菌基因组高度相似。在序列水平上，3 个布鲁氏菌的基因组均显示出了极度的保守，平均每 463 个核苷酸具有 1 个 SNP。要知道幽门螺杆菌进行菌株之间比较时，只有 8/1 500 个基因具有高于 98% 的序列一致性。近些年发布的布鲁氏菌基因组序列在不断增加。布鲁氏菌基因组序列之间的多重比对进一步证实了猪种布鲁氏菌生物 2 型的物理图谱结果，即 1 号染色体 210kb 大小的片段被转移到 2 号染色体上，并且 2 号染色体发生了许多内部重排，包括 700kb 的倒位。对天然粗糙的布鲁氏菌在基因层面上进行分析发现，绵羊附睾种布鲁氏菌和犬种布鲁氏菌的机制相互独立。对绵羊附睾种布鲁氏菌基因组进行分析还发现，其尚处于基因失活与丢失的早期阶段，是 α-变形杆菌为了适应真核宿主而进化时的早期菌种。一些疫苗菌株的基因组序列也逐渐被公布出来，比较牛种布鲁氏菌 S19 疫苗株、牛种布鲁氏菌强毒 2308 株及牛种布鲁氏菌强毒 9-941 株发现，存在着大量的差异都可能导致了毒力的致弱，其中超过 96% 的 ORF 完全一致，值得注意的是编码转运蛋白的基因有部分缺失。

布鲁氏菌的基因组中无质粒、无温和型噬菌体，有插入序列（insertion sequence，IS），但各个种型的拷贝数不同，为 7～30 个。此外，还有较短的重复回文序列存在，而短的重复回文序列、单核苷酸多态性、插入序列则是布鲁氏菌基因组多态性的主要来源。不仅如此，布鲁氏菌基因组中还存在假基因，不同菌株中假基因的数量差别很大。田鼠种布鲁氏菌假基因最少，仅有 63 个；而牛种布鲁氏菌 2308 则多达 316 个，假基因的积累反映了菌株的适应性进化。布鲁氏菌属的基因组成、特征基本相似，但各个种型之间稍有差别，而细微的差异使它们的致病性、毒力、环境适应性等各不相同，这种致病性和毒力差异也是今后研究的立足点。随着测序技术的日趋成熟及布鲁氏菌基因组学领域越来越被重视，未来将会有越来越多的布鲁氏菌被测序分析。截至本书出版为止，已经有大量的布鲁氏菌基因组序列被提交到美国国立生物技术信息中心（National Center for Biotechnology Information，NCBI），其中部分测序数据提供了菌株的全基因组序列（表 2-7），其有很大的科研参考价值。

表 2-7　在 NCBI 可查询的布鲁氏菌基因组信息

菌株名称	大小（M）	CDS	GC（%）	染色体 1 登录号	染色体 2 登录号
Brucella abortus 104M	3.29	3 152	57.24	NZ_CP009625.1	NZ_CP009626.1
Brucella abortus 2308	3.28	3 153	57.24	NC_007618.1	NC_007624.1
Brucella abortus 6375	3.28	3 147	57.24	NZ_CP007663.1	NZ_CP007662.1
Brucella abortus A13334	3.29	3 338	57.24	NC_016795.1	NC_016777.1
Brucella abortus A19	3.29	3 126	57.24	NZ_CP030751.1	NZ_CP030752.1
Brucella abortus BAB8416	3.27	3 121	57.24	NZ_CP008774.1	NZ_CP008775.1
Brucella abortus BD	3.27	3 115	57.24	NZ_CP022877.1	NZ_CP022878.1
Brucella abortus BDW	3.29	3 171	57.17	NZ_CP007681.1	NZ_CP007680.1
Brucella abortus BER	3.29	3 130	57.24	NZ_CP007682.1	NZ_CP007683.1
Brucella abortus BFY	3.29	3 127	57.24	NZ_CP007738.1	NZ_CP007737.1
Brucella abortus bv. 1 str. 9-941	3.29	3 153	57.24	NC_006932.1	NC_006933.1
Brucella abortus bv. 2 str. 86/8/59	3.29	3 159	57.24	NZ_CP007765.1	NZ_CP007764.1
Brucella abortus bv. 6 str. 870	3.28	3 142	57.24	NZ_CP007709.1	NZ_CP007710.1
Brucella abortus bv. 9 str. C68	3.28	3 150	57.24	NZ_CP007705.1	NZ_CP007706.1
Brucella abortus CIIMS-NV-4	3.29	3 124	57.24	NZ_CP025743.1	NZ_CP025744.1
Brucella abortus MC	3.27	3 109	57.24	NZ_CP022879.1	NZ_CP022880.1
Brucella abortus NCTC 10505	3.29	3 140	57.24	NZ_CP007700.1	NZ_CP007701.1
Brucella abortus S19	3.28	3 151	57.24	NC_010742.1	NC_010740.1
Brucella canis 2009004498	3.31	3 133	57.24	NZ_CP016973.1	NZ_CP016974.1
Brucella canis 2010009751	3.28	3 118	57.24	NZ_CP016977.1	NZ_CP016978.1
Brucella canis ATCC 23365	3.31	3 158	57.24	NC_010103.1	NC_010104.1
Brucella canis FDAARGOS_420	3.31	3 126	57.24	NZ_CP023974.1	NZ_CP023973.1
Brucella canis GB1	3.28	3 104	57.24	NZ_CP027643.1	NZ_CP027642.1
Brucella canis HSK A52141	3.28	3 130	57.24	NC_016778.1	NC_016796.1
Brucella canis RM6/66	3.31	3 152	57.24	NZ_CP007758.1	NZ_CP007759.1
Brucella canis SVA13	3.31	3 150	57.24	NZ_CP007629.1	NZ_CP007630.1
Brucella ceti TE10759-12	3.28	3 112	57.27	NC_022905.1	NC_022906.1
Brucella ceti TE28753-12	3.28	2 376	57.17	CP006898.1	CP006899.1
Brucella melitensis ATCC 23457	3.31	3 152	57.24	NC_012441.1	NC_012442.1
Brucella melitensis bv. 1 str. 16M	3.29	3 099	57.24	NC_003317.1	NC_003318.1
Brucella melitensis bv. 1 str. 16M	3.29	3 134	57.24	NZ_CP007763.1	NZ_CP007762.1
Brucella melitensis bv. 3 str. Ether	3.31	3 130	57.24	NZ_CP007760.1	NZ_CP007761.1
Brucella melitensis M28	3.31	3 144	57.24	NC_017244.1	NC_017245.1
Brucella melitensis M5-90	3.31	3 124	57.24	NC_017246.1	NC_017247.1
Brucella melitensis NI	3.29	3 115	57.24	NC_017248.1	NC_017283.1

（续）

菌株名称	大小（M）	CDS	GC（%）	染色体 1 登录号	染色体 2 登录号
Brucella melitensis 1-00	3.30	3 124	57.24	NZ＿LT962910.1	NZ＿LT962911.1
Brucella melitensis 1-01	3.30	3 125	57.24	NZ＿LT962912.1	NZ＿LT962913.1
Brucella melitensis 1-02	3.30	3 123	57.24	NZ＿LT962914.1	NZ＿LT962915.1
Brucella melitensis 1-03	3.30	3 123	57.24	NZ＿LT962916.1	NZ＿LT962917.1
Brucella melitensis 1-04	3.30	3 106	57.24	NZ＿LT962918.1	NZ＿LT962919.1
Brucella melitensis 1-05	3.30	3 116	57.24	NZ＿LT962920.1	NZ＿LT962921.1
Brucella melitensis 1-06	3.30	3 103	57.24	NZ＿LT962922.1	NZ＿LT962923.1
Brucella melitensis 1-07	3.30	3 121	57.24	NZ＿LT962924.1	NZ＿LT962925.1
Brucella melitensis 1-08	3.30	3 122	57.24	NZ＿LT962926.1	NZ＿LT962927.1
Brucella melitensis 1-09	3.30	3 120	57.24	NZ＿LT962928.1	NZ＿LT962929.1
Brucella melitensis 1-10	3.30	3 115	57.24	NZ＿LT962930.1	NZ＿LT962931.1
Brucella melitensis 1-11	3.30	3 120	57.24	NZ＿LT962932.1	NZ＿LT962933.1
Brucella melitensis 1-12	3.30	3 126	57.24	NZ＿LT962934.1	NZ＿LT962935.1
Brucella melitensis 1-13	3.30	3 117	57.24	NZ＿LT962936.1	NZ＿LT962937.1
Brucella melitensis 1-14	3.30	3 103	57.24	NZ＿LT962938.1	NZ＿LT962939.1
Brucella melitensis 1-15	3.30	3 117	57.24	NZ＿LT962940.1	NZ＿LT962941.1
Brucella melitensis 1-16	3.30	3 119	57.24	NZ＿LT962943.1	NZ＿LT962944.1
Brucella melitensis 1-17	3.30	3 120	57.24	NZ＿LT962945.1	NZ＿LT962946.1
Brucella melitensis 1-18	3.30	3 104	57.24	NZ＿LT962947.1	NZ＿LT962948.1
Brucella melitensis 1-19	3.30	3 100	57.24	NZ＿LT962949.1	NZ＿LT962950.1
Brucella melitensis 1-20	3.29	3 109	57.24	NZ＿LT962951.1	NZ＿LT962952.1
Brucella melitensis 1-21	3.30	3 121	57.24	NZ＿LT962953.1	NZ＿LT962954.1
Brucella melitensis 1-22	3.30	3 108	57.24	NZ＿LT963348.1	NZ＿LT963349.1
Brucella melitensis 1-23	3.29	3 112	57.24	NZ＿LT963350.1	NZ＿LT963351.1
Brucella melitensis 2008724259	3.31	3 125	57.17	NZ＿CP016983.1	NZ＿CP016984.1
Brucella melitensis 20236	3.31	3 140	57.24	NZ＿CP008750.1	NZ＿CP008751.1
Brucella melitensis BL	3.31	3 146	57.17	NZ＿CP022875.1	NZ＿CP022876.1
Brucella melitensis BwIM＿AFG＿63	3.31	3 148	57.24	NZ＿CP018478.1	NZ＿CP018479.1
Brucella melitensis BwIM＿IRN＿37	3.31	3 149	57.24	NZ＿CP018486.1	NZ＿CP018487.1
Brucella melitensis BwIM＿IRQ＿32	3.31	3 145	57.24	NZ＿CP018490.1	NZ＿CP018491.1
Brucella melitensis BwIM＿ITA＿45	3.31	3 131	57.24	NZ＿CP018494.1	NZ＿CP018495.1
Brucella melitensis BwIM＿ITA＿55	3.31	3 126	57.24	NZ＿CP018496.1	NZ＿CP018497.1
Brucella melitensis BwIM＿SAU＿09	3.31	3 146	57.24	NZ＿CP018504.1	NZ＿CP018505.1
Brucella melitensis BwIM＿SYR＿04	3.31	3 149	57.24	NZ＿CP018512.1	NZ＿CP018513.1
Brucella melitensis BwIM＿SYR＿26	3.31	3 145	57.24	NZ＿CP018526.1	NZ＿CP018527.1

（续）

菌株名称	大小（M）	CDS	GC（%）	染色体1登录号	染色体2登录号
Brucella melitensis BwIM _ TKM _ 56	3. 31	3 148	57. 24	NZ _ CP018536. 1	NZ _ CP018537. 1
Brucella melitensis BwIM _ TUR _ 03	3. 31	3 145	57. 24	NZ _ CP018540. 1	NZ _ CP018541. 1
Brucella melitensis BwIM _ TUR _ 17	3. 31	3 146	57. 24	NZ _ CP018544. 1	NZ _ CP018545. 1
Brucella melitensis BwIM _ TUR _ 19	3. 31	3 149	57. 24	NZ _ CP018546. 1	NZ _ CP018547. 1
Brucella melitensis BwIM _ TUR _ 39	3. 31	3 144	57. 24	NZ _ CP018554. 1	NZ _ CP018555. 1
Brucella melitensis BwIM _ TUR _ 59	3. 31	3 147	57. 24	NZ _ CP018560. 1	NZ _ CP018561. 1
Brucella melitensis BY38	3. 31	3 141	57. 24	NZ _ CP022827. 1	NZ _ CP022828. 1
Brucella melitensis C-573	3. 31	3 099	57. 24	NZ _ CP019679. 1	NZ _ CP019680. 1
Brucella melitensis CIIMS-BH-2	3. 31	3 130	57. 24	NZ _ CP025680. 1	NZ _ CP025681. 1
Brucella melitensis CIIMS-NV-1	3. 31	3 137	57. 24	NZ _ CP029756. 1	NZ _ CP029757. 1
Brucella melitensis CIIMS-PH-3	3. 31	3 121	57. 24	NZ _ CP026005. 1	NZ _ CP026006. 1
Brucella melitensis QH61	3. 31	3 131	57. 24	NZ _ CP024653. 1	NZ _ CP024654. 1
Brucella melitensis QY1	3. 31	3 058	57. 24	NZ _ CP022204. 1	NZ _ CP022205. 1
Brucella melitensis Rev. 1 passage 101	3. 30	3 111	57. 17	NZ _ CP024715. 1	NZ _ CP024716. 1
Brucella microti CCM 4915	3. 34	3 198	57. 24	NC _ 013119. 1	NC _ 013118. 1
Brucella ovis ATCC 25840	3. 28	3 043	57. 20	NC _ 009505. 1	NC _ 009504. 1
Brucella pinnipedialis 6/566	3. 33	3 205	57. 27	NZ _ CP007743. 1	NZ _ CP007742. 1
Brucella pinnipedialis B2/94	3. 40	3 276	57. 20	NC _ 015857. 1	NC _ 015858. 1
Brucella sp. 09RB8471	3. 43	3 071	57. 06	NZ _ CP019346. 1	NZ _ CP019347. 1
Brucella sp. 09RB8910	3. 59	3 356	57. 10	NZ _ CP019390. 1	NZ _ CP019391. 1
Brucella sp. 141012304	3. 44	3 152	57. 16	NZ _ LT605585. 1	NZ _ LT605586. 1
Brucella sp. 2002734562	3. 28	3 152	57. 24	NZ _ CP016979. 1	NZ _ CP016980. 1
Brucella suis 1330-2002	3. 32	3 161	57. 24	NC _ 004310. 3	NC _ 004311. 2
Brucella suis 1330-2007	3. 32	3 164	57. 24	NC _ 017251. 1	NC _ 017250. 1
Brucella suis 2004000577	3. 32	3 154	57. 24	NZ _ CP016981. 1	NZ _ CP016982. 1
Brucella suis 513UK	3. 32	3 165	57. 27	NZ _ CP007717. 1	NZ _ CP007716. 1
Brucella suis ATCC 23445	3. 32	3 158	57. 18	NC _ 010169. 1	NC _ 010167. 1
Brucella suis BSP	3. 31	3 153	57. 24	NZ _ CP008757. 1	NZ _ CP008756. 1
Brucella suis bv. 1 str. S2	3. 32	3 167	57. 24	NZ _ CP006961. 1	NZ _ CP006962. 1
Brucella suis bv. 2 Bs143CITA	3. 32	3 162	57. 18	NZ _ CP007695. 1	NZ _ CP007696. 1
Brucella suis bv. 2 Bs364CITA	3. 33	3 163	57. 18	NZ _ CP007697. 1	NZ _ CP007698. 1
Brucella suis bv. 2 Bs396CITA	3. 33	3 164	57. 18	NZ _ CP007720. 1	NZ _ CP007721. 1
Brucella suis bv. 2 PT09143	3. 32	3 162	57. 18	NZ _ CP007691. 1	NZ _ CP007692. 1
Brucella suis bv. 2 PT09172	3. 33	3 162	57. 18	NZ _ CP007693. 1	NZ _ CP007694. 1
Brucella suis bv. 3 str. 686	3. 30	3 121	57. 24	NZ _ CP007719. 1	NZ _ CP007718. 1

（续）

菌株名称	大小（M）	CDS	GC（%）	染色体1登录号	染色体2登录号
Brucella suis Human/AR/US/1981	3.32	3 164	57.24	NZ_CP010850.1	NZ_CP010851.1
Brucella suis QH05	3.32	3 151	57.24	NZ_CP024420.1	NZ_CP024421.1
Brucella suis VBI22	3.32	3 167	57.24	NC_016797.1	NC_016775.1
Brucella suis ZW043	3.44	3 090	57.30	CP009094.1	CP009095.1
Brucella suis ZW046	3.49	3 124	57.30	CP009096.1	CP009097.1
Brucella vulpis F60	3.24	2 860	57.13	NZ_LN997863.1	NZ_LN997864.1

二、全基因组测序分析

（一）主要致病布鲁氏菌全基因组测序分析

全基因组测序分析不仅可用于基因遗传特性分析，而且还是一种强有力的基因分析工具，在鉴别和筛选布鲁氏菌差异基因、致病基因中具有重要的作用。

牛种布鲁氏菌 A13334 全基因组长度为 3.3Mb，由 2 条染色体组成，长度分别为 2.1Mb（Chr I）和 1.2Mb（Chr II）。G+C 含量均为 57%，约有 3 338 个编码基因。2 条染色体中 85%～87% 的基因可以编码蛋白，基因组中有 55 个 *tRNA* 基因（其中 41 个位于 I 号染色体，14 个位于 II 号染色体），以及 9 个 *rRNA* 基因（其中 6 个位于 I 号染色体，3 个位于 II 号染色体）。

羊种布鲁氏菌 ADMAS-G1 的基因组全长为 3.3Mb，G+C 含量为 57.3%，编码 3 388 个基因。3 325 个蛋白编码基因中，2 610 个为功能蛋白，715 个为假设蛋白；预测有 *RNA* 基因 63 个，包括 57 个 *tRNA* 和 6 个 *rRNA* 基因。

羊种布鲁氏菌 BmIND1 的基因组有 3 284 360 个碱基，有 3 360 个蛋白编码基因，G+C 含量为 57.2%，包含 49 个 tRNA、3 个 rRNA 和 964 个直系同源基因。另外，研究还发现有 58 个基因具有分泌功能，并可能参与宿主-病原体的相互作用。

多个致病布鲁氏菌株全基因组的测序分析极大地丰富了布鲁氏菌基因组信息，对筛选和识别布鲁氏菌致病基因及毒力岛有重要的意义。

（二）非主要致病布鲁氏菌全基因组测序分析

目前，绝大多数的布病由羊种布鲁氏菌和牛种布鲁氏菌引起，而对猪种布鲁氏菌、犬种布鲁氏菌等非主要致病布鲁氏菌的全基因组测序分析有助于了解布鲁氏菌进化、变异及致病差异等相关信息。

犬种布鲁氏菌 SVA13 的基因组 G+C 含量为 57.24%，2 条环状染色体分别为 2.1Mb 和 1.2Mb。全基因组包含 3 093 个基因，其中 2 950 个为编码基因，有 5S RNA、16S RNA 和 23S RNA 共 3 种核糖体，16 个操纵子、1 个非编码基因、55 个 tRNA 操纵子。在基因组中有 57 个移码突变。I 号染色体包含 60 个长度大于 8 个碱基的重复串联序列，II 号染色体中有 30 个长度为 2～264 个碱基拷贝数的 2～11 碱基的串联重复序列。基因型为 ST26 鲸种布鲁氏菌，TE10759-12 基因组 G+C 含量为 57%，基因组由 2 条染色体组成，分别为 2.1Mb 和 1.2Mb。另外，有 9 个完整的 rRNA、44 个转运操纵子和 2 611 个编码基因。在猪种 4 型布鲁氏菌 NCTC10385、鲸种布鲁氏菌 NCTC12891T、人源布鲁氏菌 CAMP6436T 和沙林鼠种布鲁氏菌 ATCC23459T 的基因组内均检测到了串联重复序列。其中，猪种 4 型布鲁氏菌有 84 个串联重复序列，最大出现串联重复序列数为 4 个，而鲸种布鲁氏菌、沙林鼠种布鲁氏菌和人源布鲁氏菌的串联重复序列数分别为 55 个、49 个和 63 个，串联重复频率分别为 7、10 和 7。基因组序列中的插入/缺失事件可能在不同宿主偏好性上有一定影响，进而与其致病性有一定的关联。非主要致病布鲁氏菌与牛种布鲁氏菌、羊种布鲁氏菌全基因组的特征几乎相似，而致病性却相差甚远。笔者认为筛选两者之间的差异基因或非编码基因是解开致病性差异的候选方法，而布鲁氏菌基因组测序是揭开布鲁氏菌之谜的绝佳路径。

三、比较基因组学

（一）布鲁氏菌野毒株比较基因组学

比较基因组学不仅可以进行全基因组的比较和系统发生的进化关系分析，而且还可进行细菌基因组的多态性研究，从而揭示基因潜在的功能、阐明物种进化关系及基因组的内在结构。牛种野毒株 9-941、猪种 1330 和羊种 16M 的比较基因组学研究表明，它们的基因组十分相似，基因含量和基因组成几乎相同，99％以上的氨基酸序列相同，基因组的开放阅读框个数也极为相近，它们之间的主要区别来自于单独开放阅读框及大的插入和缺失，该发现为确定布鲁氏菌的致病性和毒力表型提供了重要依据。1 株 ST8 型羊种菌的比较基因组学研究结果显示，该菌株共有 182 处小的缺失和 102 处插入，并预测有 2 836 个单核苷酸多态性。对羊种强毒株 M28-12 和羊种疫苗株 M5、M111，以及猪种菌 S2 的比较基因组学研究发现，M5、M28-12 和 M111 共有 1 370 个单核苷酸多态性。其中，89 个来自 M5、M111 及 M28-12，61 个来自猪种 1330 和猪种菌 S2，并指出这些多核苷酸多态性位点可能来自于疫苗株的突变，对设计更加安全的新疫苗具有重要启示。与牛种菌强毒株相比，牛种菌 BCB027 基因组中有 137 个小的缺失，其中有 34 个位于编码区；有 3 507 个多态性位点，其中 2 731 个位于编码区，表明从非主要宿主体分离的菌株在遗传方面有较大的改变。与牛种 9-941 和 RB51 相比，牛种菌 A13334 有 48 个特有基因；与 104M 基因组高度相似，但毒力差异较大，差异可能系由某些基因片段的丢失和水平转移有关。A13334 基因组特有的 37 个基因中绝大多数基因编码涉及维持生命周期的多种酶类，其余则直接或间接与毒力相关，而这些基因的丢失可能是 104M 毒力衰减的原因之一。布鲁氏菌比较基因组学的研究加快了新功能基因和主要致病差异基因的发现，进而为研究布鲁氏菌致病的相关机制提供了参考。

（二）布鲁氏菌疫苗株 S19 比较基因组学

为了揭开 S19 有何种遗传特性使得其可以作为疫苗保护牛群免疫因感染强毒株导致流产的秘密，研究者对 S19 进行了全基因组测序。对新获得的 S19 基因组信息和牛种布鲁氏菌 9～941 及 2308 的基因组进行比对发现，有 24 个基因与布鲁氏菌毒力相关，其中有 4 个基因与毒力直接关联，这 4 个毒力关联基因在强毒株中编码外膜蛋白，以及与赤藓糖醇吸收/代谢相关的蛋白质。该研究不仅对了解布鲁氏菌细胞内脂质转运、蛋白转运和代谢机制的特点有极大的帮助，而且为阐明 S19 作为疫苗候选株具有良好的免疫保护和证实其他菌株具有致病性提供了佐证。布鲁氏菌比较基因组学已经成为研究布鲁氏菌基因组的有力方法，在布鲁氏菌筛选毒力基因、预测重要基因和蛋白方面发挥了重要作用。

（三）布鲁氏菌疫苗株 S2 比较基因组学

S2 疫苗是 1952 年中国兽药监察所从一头进口猪的流产物中分离得到的弱毒株，具有与猪种布鲁氏菌生物 1 型相同的特征，在 20 世纪 60—70 年代为中国布病的防控做出了巨大贡献。目前 S2 疫苗口服接种比较多，此接种方法安全、可靠、操作简便。此外，该疫苗适用的宿主广泛，毒力弱，免疫效果优良，在广大农牧区得到较多应用。

有学者对 S2 疫苗株全基因组进行了测序，结果表明 S2 基因组由 2 条环状染色体组成，一条大小为 2 107 842bp，另一条大小为 1 207 433bp，2 条染色体的平均 G+C 含量为 57%。其中，S2 基因组中第 1 条染色体和第 2 条染色体上分别注释了 2 119 个和 1 139 个开放阅读框。不论是基因组大小还是结构方面，S2 和猪种布鲁氏菌 1330 都高度相似，超过 99.5% 的开放阅读框与猪种布鲁氏菌 1330 一致。

通过单核苷酸多态性分析发现，S2 疫苗株和 1330 共 72 个 SNP 位点，这些 SNP 位点不均匀地分布在 2 个基因组上。其中，42 个 SNP 位点位于第 1 条染色体上，其余 30 个 SNP 位点位于第 2 条染色体上。22 个 SNP 位点位于基因间区域，50 个 SNP 位点位于 48 个不同的开放阅读框中。这些位于开放阅读框的 SNP 位点有 10 个为同义替换，39 个是非同义替换，1 个引起了阅读框的移框或者蛋白翻译的提前终止。

1330 和 S2 基因组的开放阅读框中，共有 59 个开放阅读框存在差异，其中绝大多数的差异是只有 1 个碱基的区别，有 6 个开放阅读框分别出现了 2 个、6 个、8 个、16 个、69 个和 78 个碱基的插入或者缺失。这些出现突变的基因，部分可能与 S2 疫苗株毒力下降密切相关：①S2 疫苗株的第 1 条染色体中 2bp 的缺失，使得外膜自转运蛋白 OmaA 提前终止。早期的研究表明，*oma*A 基因缺失株可以对小鼠产生较好的免疫保护力，而且 OmaA 对布鲁氏菌建立长期感染发挥着关键作用。②S2 疫苗株的基因组中赤藓糖醇操纵子中的 *ery*D 基因存在一处 16bp 的碱基插入，导致该基因的翻译提前终止。在早期研究中，*ery*D 基因编码一个赤藓糖醇操纵子的抑制因子，但是在小鼠感染模型中其与布鲁氏菌毒力无关。③位于 S2 基因组第 2 条染色体中编码磷脂酰胆碱合成酶的基因出现了一个氨基酸的改变（S32L），该基因对于维持布鲁氏菌在小鼠体内的慢性感染是必须的。④在多种链球菌中，磷酸葡萄糖胺变位酶（phosphorglucosamine mutase，PNGM）与细菌的毒力密切相关，与 1330 相比，S2 在 PNGM 蛋白的第 250 个氨基酸发生了突变。⑤S2 基因组的丙酮酸激酶出现了一个氨基酸残基的突变（T462A），但是有研究表明，S2 疫苗株在仅含有葡萄糖的培养基中生存时并不受到影响，说明该突变不是引起 S2 毒力降低的主要原因。⑥羊种布鲁氏菌 *fli*F 基因与其在细胞感染模型中的生存密切相关，在 S2 基因组中 *fli*F 基因发生了一个突变，使得该蛋白的 544 位氨基酸残基由甲硫氨酸变成亮氨酸，但是这一改变是否引起细菌毒力降低目前未知。

四、进化基因组学

进化基因组学是通过研究生物进化过程中基因组的动态变化和基因的变异，从而揭示生物类群的亲缘关系和进化规律。通过进化足迹特征及直系、旁系同源评估等预测布鲁氏菌祖先属于需氧、可自由生活、能运动的异养生物，栖息于根瘤菌植物中。基于近缘菌株的比较分析推测，布鲁氏菌及其祖先是一种能自由生活的生物有机体，之后逐渐进化为动物寄生菌。

目前准确的进化进程仍然是未知的，但研究显示与布鲁氏菌基因组中基因的缺失、获得和修饰等有关。对已有全序列的布鲁氏菌，基于全基因组 SNP 绘制的进化树见彩图 4。

进化分析显示，对人毒力比较强的牛种布鲁氏菌和羊种布鲁氏菌是分化程度较高的种。布鲁氏菌基因组不仅缺乏种内重组的依据，而且基因组中的部分差异区段具有外源 DNA 的特征，且差异区段在不同菌株中的分布也不同，表明这些差异区段是从外部获得的。与基于看家基因的进化树相比，部分差异区段在不同种型间呈现规律性的分布，而另外一些并未随进化关联而呈现获得与缺失的规律性变化表明，基因的获得与缺失可能与布鲁氏菌的适应性进化相关。布鲁氏菌进化基因组不仅对了解布鲁氏菌的种内、种间进化，推测菌种起源有重要作用，而且对阐明布鲁氏菌的微进化及适应性进化机制具有重要意义。

第七节　布鲁氏菌的蛋白质组学

蛋白质组学是指研究细胞或机体内所有蛋白质的组成及其变化规律的学科，其最为突出的特点是通过特定的蛋白质分离手段并结合高通量鉴定分析技术，能够有效研究在特定情况下的蛋白质表达情况。

蛋白质组学的研究主要包含以下三个方面的内容：

第一，组成蛋白质组学。即对某个特定样品内的蛋白质进行系统鉴定并阐述其特性。

第二，比较蛋白质组学。即通过比较不同状态下的不同蛋白质翻译状态，寻找特异性的蛋白质差异。

第三，互作蛋白质组学。指通过研究蛋白质之间的互作机制，描绘一个或多个系统中蛋白质的作用图谱。

一、蛋白质组学在研究致病机制中的应用

不同种属的布鲁氏菌基因序列高度保守，其序列之间的相似性高达 90％以上。但是，不同种属之间布鲁氏菌的特性，如毒力、易感性却不尽相同。因此，在蛋白质水平上揭示不同种属布鲁氏菌的差异成为重要途径之一。对于布鲁氏菌内蛋白质的最早研究可追溯至 20 世纪 70—80 年代，学者通过 SDS-PAGE 和免疫印迹的方法鉴定出了不同种属布鲁氏菌的特异性蛋白。1997 年，Gomes 首次通过双向电泳技术阐述了羊种布鲁氏菌 B115 株的蛋白质组学，此后其又解释了羊种布鲁氏菌标准强毒株 16M 在热应激、酸处理和缺氧压力下的蛋白质组学变化。但是，上述研究所鉴定的蛋白质均建立在 western blotting 或 Edman 测序的基础上，其灵敏度和分辨率均较差。

2002 年，Wagner 将 2-DE 和质谱分析相结合，在羊种 16M 株上共鉴定出了 883 个明确的蛋白质点。与此同时，针对布鲁氏菌 Rev.1 弱毒疫苗株和 16M 强毒株进行对比发现，其中的 17 个蛋白质点存在差异；进行进一步分析发现，这 17 个蛋白质参与铁离子转运、糖类结合及蛋白质合成。说明上述蛋白质的变化与细菌毒力的减弱密切相关。

然而，仅仅通过双向电泳和质谱分析的方法并不能反映布鲁氏菌感染动物后的变化，免疫蛋白质组学的应用使得揭示布鲁氏菌与宿主之间的关系更为准确和方便。最早有研究将 2-DE 结合质谱分析得到的 165 个蛋白质点，使用感染布鲁氏菌的患者血清进行免疫蛋白质组学分析，共发现 42 个免疫蛋白质点，主要包括外膜蛋白 Omp25、Omp31、Omp2b 及 GroEL 伴侣蛋白等。除了上述蛋白质外，该试验还发现了诸如延胡索酸还原酶亚基、F0F1 型 ATP 合成单位和半胱氨酸合成酶 A 等新的蛋白质靶点。随后国内学者也对不同类型的布鲁氏菌进行了蛋白质组学研究，鉴定出的蛋白质多涉及蛋白质转运、能量代谢等途径。Yang 等（2011）通过免疫蛋白质组学鉴定出了 2 个具有良好免疫原性的布鲁氏菌特异性蛋白，即 RS-α 和 LS-2，并使用 RS-α 进行保护性试验，证实 RS-α 能够显著调动小鼠产生免疫应答并抵抗羊种布鲁氏菌的攻击，可以作为潜在的布鲁氏菌亚单位疫苗之一。通过液相色谱技术对羊种布鲁氏菌和牛种布鲁氏菌比较发现了 568 个差异蛋白质点，其中的 402 个存在明显差异。这进一步表明，蛋白质组学技术能够有效鉴定出特异性蛋白靶点。

二、蛋白质组学在布鲁氏菌病鉴别诊断中的作用

蛋白质组学特别是免疫蛋白质组学在布病研究中最为重要的作用则是在鉴别诊断方面。而对于布病鉴别诊断来说，主要包括两方面的研究方向：一方面是布病和其他存在血清学干扰疾病的鉴别诊断，如小肠结肠炎耶尔森氏菌 O：9（Y. enterocolitica O：9）、大肠埃希氏菌 O157：H7 等；另一方面则是布鲁氏菌不同种属之间或者疫苗株与野毒株之间的鉴别诊断。Al Dahouk 在 2006 年通过 2-DE 和质谱分析的方法对布鲁氏菌 1119-3 全菌蛋白进行了鉴定，结合兔种布鲁氏菌高免血清共筛选到了 17 个免疫原性蛋白，应用 MALDI-MS 和 nLC-ESI-MS 方法鉴定出了 2 个布鲁氏菌特异性蛋白，即 BCP31 和 SOD。这 2 个蛋白均可以与小肠结肠炎耶尔森氏菌 O：9、城市沙门氏菌 N 群（S. urbana group N）、霍乱弧菌（V. cholerae）和土拉弗朗西斯 LVS 菌（F. tularensis LVS）进行区分。Kim 等（2014）对布鲁氏菌 RB51 疫苗株与小肠结肠炎耶尔森氏菌 O：9、大肠埃希氏菌 O157：H7 使用免疫蛋白质组学的方法进行区分，共鉴定筛选出了 11 个只与 RB51 株具有反应性的蛋白质点，分别是铜/锌超氧化物歧化酶、组氨醇脱氢酶、DnaK 伴侣蛋白、GroES 伴侣蛋白、辅酶 A 硫解酶、双组分应答调控因子、细胞分裂蛋白 FtsZ、醛脱氢酶、50S 核糖体蛋白 L10 和侵袭蛋白 B。

Munir 等（2010）分别提取布鲁氏菌疫苗株 S19、RB51 和一株野毒株的外膜蛋白后进行分析，使用制备的抗上述 3 个菌株的水牛血清对其进行 western blotting 验证发现，仅在野毒株中存在大小为 151.3ku 的外膜蛋白。Pajuaba 等（2012）分别使用布鲁氏菌感染牛血清、免疫牛血清和阴性血清，对提取的布鲁氏菌 S19 内组分进行鉴定，分别发现大小为 10ku、12ku 和 17ku 的 3 个潜在用于鉴别诊断的蛋白质靶点，并对其中的 56 个蛋白质点进一步筛选发现，27 个蛋白质点对于免疫血清和自然感染血清存在差异；质谱分析发现，布鲁氏菌 S19 株有 5 个蛋白质与自然感染的血清存在特异性反应。Wareth（2016）对分离自田间的 2 株牛种布鲁氏菌和羊种布鲁氏菌进行蛋白质组学鉴定，分别发现 63 个和 103 个蛋白质是牛种布鲁氏菌和羊种布鲁氏菌所特有的；使用不同感染动物（奶牛、水牛、山羊、绵羊）的布鲁氏菌阳性血清进行免疫蛋白质组学分析，其中牛种布鲁氏菌 25

个蛋白质有特异性免疫反应，而羊种布鲁氏菌则有 20 个，牛种布鲁氏菌内的二氢吡啶二羧酸合成酶、3-磷酸甘油醛脱氢酶和乳酸/丙酮酸脱氢酶、羊种布鲁氏菌内的 ABC 氨基酸转运蛋白底物结合蛋白，以及 2 株菌共有的延胡索酰乙酰乙酸水解酶则与所有的阳性血清均存在反应。上述研究对于揭示不同状态下机体对于免疫/感染后的免疫应答和鉴别自然感染与免疫状况均具有重要意义。朱良全（2016）使用布鲁氏菌 S2 疫苗株的膜蛋白对免疫和感染的山羊血清进行免疫蛋白质组学和免疫共沉淀（co-immunoprecipitation）鉴定，共筛选到 10 个候选蛋白，并对这 10 个蛋白通过原核表达系统进行表达纯化，初步建立了基于 iELISA 的鉴别诊断方法。

第八节　布鲁氏菌的噬菌体

噬菌体（bacteriophage，phage）是感染细菌、真菌、藻类、放线菌或螺旋体等微生物的一种病毒的总称，因部分能引起宿主菌的裂解，故称为噬菌体。

噬菌体具有病毒的一些特性，如个体微小、不具有完整细胞结构、只含有单一核酸等。噬菌体基因组含有许多基因，但所有已知的噬菌体都是利用细菌的核糖体、蛋白质合成时所需的各种因子、各种氨基酸和能量产生系统来实现其自身的生长和增殖。一旦离开了宿主细胞，噬菌体既不能生长，也不能复制。

作为细菌的病毒，噬菌体能够特异性地感染和裂解细菌。早在 20 世纪 20 年代，人们就首次引入噬菌体来治疗由细菌造成的感染并取得了良好效果。但随着抗生素时代的来临，这种治疗方法的发展被忽略。近年来各种耐药性菌株的大量出现，使人们再一次把目光集中到了噬菌体上，应用噬菌体治疗细菌性疾病再一次引起了人们的极大关注。

一、简介

（一）分类

因为噬菌体主要由蛋白质外壳和核酸组成，所以可以根据蛋白质外壳或核酸的结构特点对其进行分类。

1. 根据蛋白质结构分类

（1）无尾部结构的二十面体　这种噬菌体为一个二十面体，外表由规律排列的蛋白亚单位——衣壳组成，核酸则被包裹在内部。

（2）有尾部结构的二十面体　这种噬菌体除了有一个二十面体的头部外，还有由一个中空的针状结构及外鞘组成的尾部，以及尾丝和尾针组成的基部。

（3）线状体　这种噬菌体呈线状，没有明显的头部结构，而有由壳粒组成的盘旋状结构。

2. 根据核酸分类　根据所含的核酸种类，可以将噬菌体分为四类：RNA 噬菌体（噬菌体中所含的核酸是单链 RNA）、ds RNA 噬菌体（噬菌体中所含的核酸是双链 RNA）、DNA 噬菌体（噬菌体中所含的核酸是单链 DNA）和 ds DNA 噬菌体（噬菌体中所含的核酸是双链 DNA）。

3. 依据噬菌体的繁殖途径分类　在短时间内不能连续完成吸附、侵入、增殖、成熟和裂解这五个阶段而实现繁殖的噬菌体为温和噬菌体；反之，可连续完成的为烈性噬菌体。

温和噬菌体的基因组能与宿主菌基因组整合，并随细菌分裂传至子代细菌的基因组中，不引起细菌裂解。整合在细菌基因组中的噬菌体基因组称为前噬菌体（prophage），带有前噬菌体基因组的细菌称为溶原性细菌（lysogenic bacterium）。前噬菌体偶尔可自发地或在某些理化和生物因素的诱导下脱离宿主菌基因组而进入溶菌周期，产生成熟的噬菌体，导致细菌裂解。温和噬菌体的这种能产生成熟噬菌体颗粒和溶解宿主菌的潜在能力，称为溶原性（lysogeny）。由此可知，温和噬菌体可有 3 种存在状态：①游离的、具有感染性的噬菌体颗粒；②宿主菌胞质内类似质粒形式的噬菌体核酸；③前噬菌体。另外，温和噬菌体可有溶原性周期和溶菌性周期，而烈性噬菌体只有一个溶菌性周期。

（二）基本特征

噬菌体与宿主特异性结合并将其 DNA 注入宿主细胞后，能整合到宿主基因组中（溶原性），或者合成新的噬菌体颗粒。噬菌体杀死宿主菌的机制与抗生素不同，主要有以下优势：

1. **增殖速度快** 在适当的条件下，每一个噬菌体在每一个裂解周期内，都可以产生 200 个子代，以 $(200)^n$ 方式进行指数增殖，这是噬菌体在治疗细菌感染中的一个显著优势。

2. **无副作用** 噬菌体具有高度的特异性，只会与致病菌特异性结合，不会像抗生素一样在治疗细菌感染的同时又杀死了消化道中的正常菌和有益菌，破坏微生态平衡，引起腹泻、胃肠感染等副作用。

3. **不容易产生抗性** 据报道，细菌对噬菌体产生抗性的突变频率为 10^{-7}，而对抗生素的抗性突变频率为 10^{-6}，而且烈性噬菌体只在一定宿主体内存活，能产生相应的变异以适应细菌的变异。

4. **无残留** 噬菌体必须依赖宿主生存，细菌宿主一旦被消灭，噬菌体也随之消亡，不会残留在动物产品中。

5. **成本低，研发周期短** 噬菌体培育和生产时间短，成本低，不需要特殊的设备，可在常温条件下长期保存，便于运输和应用。

综上所述，噬菌体非常适合作为理想的新型细菌性疾病的治剂。

（三）对宿主菌的影响

噬菌体通常被认为是宿主菌的天敌，但是噬菌体也是细菌的一种复杂的工具，经常被细菌利用和控制，作为遗传信息交换的基础，使宿主菌能够快速适应环境。噬菌体可以通过编码毒力因子、转移细菌毒力基因，作为调节开关或通过施加选择压力使细菌表面的受体发生改变来影响细菌的毒力。

噬菌体有 3 种不同的生命周期，即裂解、溶原化和假溶原性。感染后，裂解性噬菌体立即进入裂解循环，噬菌体基因组被复制并包装成子代噬菌体颗粒，然后通过细菌裂解释放；温和噬菌体可以进入溶原循环，噬菌体基因组整合到细菌染色体中成为前噬菌体，并作为宿主染色体的一部分，在特定情况下，通过诱导细菌发生 SOS 反应（抗生素治疗、氧化应激或 DNA 损伤）而切除噬菌体基因组，随后进入裂解循环。假溶原性是一种不稳定的状态。在营养缺乏的条件下，噬菌体基因组既不像在裂解周期中那样复制，也不发生溶原反应，噬菌体基因组保持非整合和非复制的状态，类似于附加体；在营养条件恢复时，噬菌体进入溶原或裂解生命周期。

（四）治疗细菌性疾病的优势和局限性

1. **优势**　噬菌体最为突出的优点是它具有明确的抑菌谱，大多数噬菌体只会对特定种属的病原菌起到杀伤的作用，对其他细菌及生物细胞不会有伤害；噬菌体的作用机制与抗生素不同，能对很多具有抗生素抗性的细菌起到裂解作用；噬菌体具有指数增殖能力，理论上使用噬菌体治疗只需要一次给药；还有重要一点，噬菌体是宿主依赖性的，只在细菌感染部位发生作用，它会随着宿主菌的清除而死亡，不会残留在体内。

2. **局限性**　噬菌体的裂解谱窄，通常只作用于细菌的某个属、种，有的甚至只作用于某种细菌下的几株菌；不同噬菌体制剂使用的最佳条件不相同，需要较长的时间对使用方案进行探索研究，而目前缺乏科学、有效的方法评价噬菌体的治疗效果；噬菌体对于机体而言属于外来异物，具有抗原性，会刺激机体的免疫系统，不利于噬菌体在体内扩增从而发挥更好的治疗作用；噬菌体虽作用于细菌，理论上对机体无害，但它本质上是一种病毒，可能会释放一些毒力因子，还可能会出现突变，进而对机体造成危害。

（五）应用

在西方国家对于是否应该发展以噬菌体为基础的制剂来治疗和预防细菌感染这一问题仍然存在争议，但是目前已有大量文献证实至少在某些情况下口服噬菌体对于预防和治疗细菌感染是有效的。噬菌体治疗已经成功地应用于多种动物细菌感染的治疗，如鱼、犊牛、羔羊和仔猪等。其敏感性致病菌的范围也相当广泛，如有葡萄球菌属细菌金黄色葡萄球菌、埃希菌属细菌致病性大肠埃希氏菌、克雷伯菌属细菌、变形杆菌属细菌、假单胞菌属细菌绿脓杆菌、弧菌属细菌（创伤性弧菌、霍乱弧菌等）、放线菌属细菌、分枝杆菌属细菌等。Biawas（2002）采用耐受万古霉素的肠道球菌对鼠进行感染后腹腔内注射一定剂量的噬菌体发现，保护力达到100%。即使在鼠处于濒死状态的时候才注射噬菌体，其保护力仍有50%，而没有进行噬菌体治疗的鼠感染肠道球菌后48h几乎全部死亡。Broxmeyer等（2002）发现，以无致病力的 *M. smegmatis* 分枝杆菌作为溶原性噬菌体 TM4 的病原性媒介，可抵抗巨噬细胞中分枝杆菌（鸟分枝杆菌或结核分枝杆菌）的感染。Matsuzaki（2003）对耐受甲氧苯青霉素的金黄色葡萄球菌进行动物试验，也取得了同样好的效果。噬菌体对细胞内感染的病原体同样有治疗作用。在耐药菌株大量增加的情况下，噬菌体治疗的群体效应明显，而成为在食品加工业、医学、兽医学和公共卫生行业上值得研究的有效、可行手段。

二、布鲁氏菌的噬菌体

（一）发现

布鲁氏菌噬菌体的国际标准参考株 Tb 噬菌体是 1955 年苏联学者从第比利斯（Tbilisi）的牛棚稀便中分离得到的，故参照其发现地命名为 Tb 噬菌体。继而 Weybridge（1960）分别在实验室从猪种布鲁氏菌培养物中诱导 Tb 噬菌体后产生了 Wb 噬菌体；Corbel 等（1976）从佛罗伦萨大学的牛种布鲁氏菌中发现 Fi（Firenze）噬菌体；Douglas 等（1976）观察 Wb 噬菌体接种到羊种布鲁氏菌株得到 Bk_0（Berkeley）噬菌体。Bk_0噬菌体经过系列传代后产生了仅保持对 Isfahan 株存在裂解作用的 Bk_1 噬菌体，以及对光滑型羊种布鲁氏菌、牛种布鲁氏菌、沙林鼠种布鲁氏菌、猪种布鲁氏菌存在裂解作用的 Bk_2 噬菌体。将 Tb 噬菌体接种到牛种布鲁氏菌 544 株可分离到 D 噬菌体。利用含 N-甲基-N′-硝基-N-亚硝基胍培养基，将

Wb、MC/75 和 D 噬菌体混合接种于粗糙型牛种布鲁氏菌 45/20 能得到 R 型噬菌体,而 Corbel 等（1976）则在印度的公山羊和绵羊的流产病料中分离出 Iz（Izatnagar）噬菌体。1977 年,Rigby 等从非典型牛种布鲁氏菌生长出现的噬斑上分离得到了 Np（Nepean）,在常规试验稀释度（routine test dilution,RTD）中仅对牛种布鲁氏菌有裂解活性。1995 年,我国崔庆禄等从猪种布鲁氏菌和犬种布鲁氏菌培养物中分离到了 NM 系列噬菌体。

（二）分类

根据宿主特异性,目前将布鲁氏菌噬菌体主要分为以下六群。

第一群以 Tb 株为代表,其宿主范围相近,在 RTD 中能裂解光滑型牛种布鲁氏菌和部分裂解沙林鼠种布鲁氏菌,但不能裂解其余种类的布鲁氏菌。但在高浓度时,对光滑型猪种布鲁氏菌和沙林鼠种布鲁氏菌有裂解作用,而不能复制和噬菌体感染增殖,即"自外裂解效应"。

第二群以 Fi75/13 为代表,在 RTD 中能够裂解 S 型、SI 型和 I 型牛种布鲁氏菌及沙林鼠种布鲁氏菌,部分裂解猪种布鲁氏菌,但不能裂解其余种类的布鲁氏菌。同时,除去 75/13 外其他 Fi 噬菌体属于第一群。

第三群以 Wb 株为代表,在 RTD 中能够裂解光滑型牛种布鲁氏菌、沙林鼠种布鲁氏菌和猪种布鲁氏菌,但不裂解其余种类布鲁氏菌。某些株能够在羊种布鲁氏菌培养物产生孤立的噬斑,但尚不能认为属于大片裂解。

第四群包括 Bk 组噬菌体,在 RTD 中能够裂解全部光滑型布鲁氏菌种,不裂解任何非光滑型布鲁氏菌,并且当菌株解离为 I 型、R 型或 M 型时裂解活性迅速下降。

第五群包括对非光滑型布鲁氏菌培养物存在裂解活性的噬菌体,目前该组所有噬菌体均来源于噬菌体 R。

第六群 Iz 噬菌体,似乎对所有光滑型布鲁氏菌,以及粗糙型羊种布鲁氏菌和猪种布鲁氏菌均表现裂解活性。该噬菌体既可裂解 S 型、SI 型和 I 型的牛种布鲁氏菌、羊种布鲁氏菌、沙林鼠种布鲁氏菌和猪种布鲁氏菌,也可裂解 R 型及 M 型的羊种布鲁氏菌和猪种布鲁氏菌,对于绵羊附睾种布鲁氏菌和 R 型牛种布鲁氏菌表现出十分高的裂解活性,而对犬种布鲁氏菌的活性则较低。

上述所有噬菌体对布鲁氏菌具有很高的特异性,尚未发现对其他与布鲁氏菌具有共同抗原决定簇的细菌不存在吸附、复制或裂解现象。同样,布鲁氏菌也不被其他细菌噬菌体所裂解。

（三）性质

1. 形态、结构和遗传特征　到本书出版为止,所有发现的布鲁氏菌噬菌体均属于有尾噬菌体目、短尾噬菌体科,具有一个头部和尾部结构,无被膜,头部轮廓呈六角形,二十面体对称,直径范围以 55～65nm 居多。尾部长度为 14～33nm,短、直,无收缩性。Tb 噬菌体电镜图见图 2-5。

根据 88.6～89.3℃范围内的值测定 Tb 噬菌

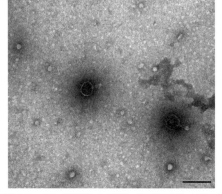

图 2-5　Tb 噬菌体电镜图（国家动物布鲁氏菌病参考实验室,李秋辰）

体和 Np 噬菌体的碱基组成，结果 G＋C 含量为 45.3%～46.7%，完全不同于与其匹配宿主 DNA G＋C 的含量（55%～58%），但并不意味着噬菌体的某些多核苷酸序列与宿主菌不存在同源性。

根据氯化铯密度梯度超速离心发现，大部分感染颗粒沉积在 1.44～1.55g/cm³；在蔗糖梯度溶液中，噬菌体沉降平衡于一个区带，其密度范围为 1.1～1.3g/cm³，其中密度为 1.18～1.22g/cm³ 的噬菌体感染颗粒最多。一个单一的噬菌体制品最常见的是出现 2 条不连续的带，通常低密度带是感染性相当低的颗粒，可能是核酸含量较低的原因。

2. 增殖　噬菌体增殖最重要的是要控制影响最终产物的因素和增殖噬菌体的菌株，为了获得稳定高产、具有一定活性的布鲁氏菌噬菌株，在增殖某一新的噬菌体时，必须选择理想的增殖菌株，这样的菌株应从噬菌体母体产生的后代其特性是稳定的菌株中筛选。选出的种子母株应该冻干或在液氮中保存，并根据不同情况按要求定期进行检测。另外，采取合适的噬菌体和增殖菌的比例也非常重要，在增殖时各种条件应标准化或相对固定，最好应用液体通气培养基，孵育温度适宜，能控制 pH，防止增殖菌代谢产物的积累对增殖的影响，要使用缓冲力强、营养丰富、没有各种抑制因子，以及表面没有过多水滴的培养基。

布鲁氏菌噬菌体在 37℃ 摇床培养 24～48h 后常常浑浊，即发生不完全的细胞裂解，但再经过 1h 培养后培养液将逐渐变得澄清。选择繁殖菌株对噬菌体的潜伏期存在影响，颗粒释放量同样会波动，其范围为 2～30 个噬斑颗粒。噬菌体的增殖和接种效力同样受到繁殖宿主菌培养基成分的影响，pH 在 6.0 以下或 8.0 以上时噬斑的形成能力通常会明显下降，但是却能够耐受幅度变化颇大的 pH 范围而不丧失感染性。

3. 分型　为了减少采用多种宿主菌培养而造成的噬菌体变异，国际生物系统委员会（International Conference on Systems Biology，ICSB）布鲁氏菌属分类学分会建议检查每一种噬菌体时应该使用其特异性宿主菌（表 2-8）。

表 2-8　ICSB 推荐布鲁氏菌噬菌体繁殖菌株

组别	噬菌体株	布鲁氏菌繁殖培养物
1	Tb、A422、22/XIV	牛种 S19（苏联）或牛种 544
2	Fi75/13	牛种 S19（USDA）
3	Wb、M51 或 M85、S708 或 BM29、Mc/75、D	猪种 1330
4	Bk₀、Bk₁、Bk₂	羊种 Isfahan
5	R	牛种 B1119R 或 45/20
	R/O	绵羊附睾种 63/290
	R/C	犬种 Mex、51

4. 裂解谱　根据其宿主特性，Corbel（1987）、Rigby（1988）、李元凯（1985）等对各群布鲁氏菌噬菌体宿主谱进行了分析，为布鲁氏菌噬菌体分型鉴定方法提供了可靠的证据。这些分析结果总结如表 2-9 所示。

其中，对于羊种布鲁氏菌、牛种布鲁氏菌和猪种布鲁氏菌的鉴定，采用 Tb 噬菌体鉴别为最常规和有效的手段，即在 RTD 时 Tb 对牛种布鲁氏菌存在裂解作用，但对羊种布鲁氏菌和猪种布鲁氏菌不存在裂解作用；在 RTD×10⁴ 时，Tb 对猪种布鲁氏菌存在裂解

表 2-9 血清葡萄糖琼脂培养基生长条件下各群布鲁氏菌噬菌体宿主谱

噬菌体株	群别	滴度	牛种 光滑型	牛种 粗糙型	猪种 光滑型	猪种 粗糙型	羊种 光滑型	羊种 粗糙型	沙林鼠种 光滑型	沙林鼠种 粗糙型	犬种 粗糙型	绵羊附睾种 粗糙型
Tb (A422/XI V)	1	RTD	L	—	—	—	—	—	一或PL	—	—	—
		$RTD \times 10^2$	L	—	—	—	—	—	PL	—	—	—
		$RTD \times 10^4$	L	—	L	—	—	—	L	—	—	—
Fi75/13	2	RTD	L	—	PL	—	—	—	L	—	—	—
		$RTD \times 10^2$	L	—	L	—	—	—	L	—	—	—
		$RTD \times 10^4$	L	—	L	—	—	—	L	—	—	—
Wb (M51、S708、Mc/75、D)	3	RTD	L	—	L	—	—*	—	L	—	—	—
		$RTD \times 10^2$	L	—	L	—	—*	—	L	—	—	—
		$RTD \times 10^4$	L	—	L	—	—*	—	L	—	—	—
Bk₂	4	RTD	L	—	—	—	L	—	L	—	—	—
		$RTD \times 10^2$	L	—	—	—	L	—	L	—	—	—
		$RTD \times 10^4$	L	—	L	—	L	—	L	—	—	—
R	5	RTD	—	L	PL	—	—	—	PL	—	—	—
		$RTD \times 10^2$	L	L	PL	—	—	—	PL	—	—	L
		$RTD \times 10^4$	L	L	—	—	—	—	—	—	—	L
R/O	5	RTD	L	—	V	—	—	—	PL	—	—	L
		$RTD \times 10^2$	L	V	V	—	—	—	—	—	—	L
		$RTD \times 10^4$	L	L	V	—	L	—	L	—	L	L
R/C	5	RTD	L	L	—	—	—	—	—	—	L	PL
		$RTD \times 10^2$	L	L	—	—	—	—	L	—	L	L
		$RTD \times 10^4$	L	L	—	—	—	V	—	V	L	L

注：L，完全裂解；PL，部分裂解，单个噬斑或部分抑制；一，不裂解；V，变化不定，有些株裂解；RTD，常规试验浓度；* 在某些株裂解。

作用，但对羊种布鲁氏菌仍然不能裂解。由于 Wb 噬菌体对猪种布鲁氏菌存在假阳性，因此 Wb 其实并不适合作为布鲁氏菌鉴别的标准噬菌体。同时，在布鲁氏菌培养和鉴别营养体系的改进中，布氏琼脂培养基具有营养性好、易于配制并且不会导致细菌变异等优点得到了广泛使用。

（四）应用

噬菌体被发现后，研究人员就以其为模型研究病毒的构造、基因、复制等机制。布鲁氏菌噬菌体的发现和成功分离及明确的宿主谱等为进一步深入探讨其机制、拓展其作用起了良好的奠基作用。

1. 快速诊断与鉴定布鲁氏菌感染 利用噬菌体作为特异因子快速检查诊断感染材料中的布鲁氏菌是噬菌体的另一个使用途径。噬菌体检查一般与非布鲁氏菌没有交叉反应，特异性很强。采用同位素或荧光素对噬菌体进行标记，可很快查明污染材料中的病原菌。有研究者在大肠埃希氏菌和沙门氏菌噬菌体检测试验中，对噬菌体标记荧光素后，噬菌体可与宿主菌细胞中释放出的 ATP 发生反应而放出明显的黄色荧光，从而达到快速、准确诊断和鉴定细菌感染的目的。

2. 选育特定菌苗，制造特定抗体 溶原性噬菌体在遗传学上具有特定功能，是良好的基因工程载体。假如证实布鲁氏菌噬菌体是溶原化的温和的噬菌体，则可利用其作为载体，将特定的遗传信息从一株噬菌体转移至布鲁氏菌基因组上。通过改变培养物性状选育理想菌苗，使细菌为其制造一些噬菌体基因组编码的蛋白质。因此，噬菌体可以被当作载体，使细菌表达外源蛋白质或制造抗体，用于预防布鲁氏菌感染或血清学鉴定。

3. 噬菌体治疗 传统抗生素的使用存在局限性，比如在抗菌过程中由于体内代谢必需持续服用，但噬菌体只有在细菌出现时才存在，并且随着细菌的繁殖而增加，随细菌的消失而消失。传统抗生素存在耐药性的问题，但噬菌体的进化会随着细菌的进化而继续，始终对细菌存在杀灭作用。

其中，对细菌的杀灭作用来源于噬菌体具有宿主特异性的溶菌酶。Fischetti 等（2005）发现，噬菌体溶菌酶对鼻腔和口腔中的肺炎链球菌、化脓链球菌均具有非常良好的灭菌效果。2006 年 8 月，美国食品药品监督局批准了李斯特菌噬菌体作为食品添加剂应用于食品生产，预示了布鲁氏菌噬菌体的开发应用具有良好前景。2009 年，Intralytix 公司将噬菌体及其组分应用于食品、环境和农业生产，并将其用于人类感染性疾病的治疗，取得了一定成效。

但是将布鲁氏菌噬菌体直接用于布病的治疗还为时尚早，需要深入研究噬菌体的分子遗传基础及各种生物学特异性。Corbel 等（1987）观察应用 Tb 噬菌体治疗牛种布鲁氏菌感染的作用发现噬菌体对布鲁氏菌急性感染有暂时抑制作用，而对慢性感染则是无效的。对于因布鲁氏菌感染而处于高度致敏状态的动物，噬菌体治疗可引起超敏反应而导致动物死亡。

不过，布鲁氏菌噬菌体的组分，尤其是水解酶，可能成为环境中消除布鲁氏菌污染，以及体内作为抗布鲁氏菌感染的重要因子。研究布鲁氏菌上的噬菌体酶裂解酶作用位点，从而设计出新型药物；利用现代技术合成与酶具有类似作用的新药，用于布病的治疗。

（董浩　彭小薇　冯宇　张阁）

参考文献

李元凯，曹珏，程尧章，1985. 布鲁氏菌噬菌体不同增殖法的比较及在布鲁氏菌属分类鉴定中的应用（Ⅱ）[J]. 中国地方病学杂志，4（2）：22-26，115.

李长友，李明，2012. 动物布鲁氏菌病防治指导手册 [M]. 北京：中国农业出版社.

刘志国，王妙，崔步云，等，2015. 布鲁氏菌基因组学研究进展 [J]. 中国人兽共患病学报，31（12）：1177-1180.

梅建军，石慧英，王兴龙，2005. 布鲁氏菌表面抗原研究进展 [J]. 动物医学进展，26（10）：13-18.

孙亮，徐凤宇，2019. 噬菌体对细菌毒力影响的研究进展 [J]. 黑龙江畜牧兽医（1）：36-39.

孙岩，杜雅楠，崔步云，2014. 布鲁氏菌的分离、鉴定与分型技术研究进展 [J]. 中国人兽共患病学报，30（5）：511-515.

唐陶，陈冰冰，龙航宇，等，2018. 噬菌体对细菌感染的治疗作用及应用研究 [J]. 中国兽医杂志，54（3）：50-53.

王芳，蒋卉，朱良全，等，2015. 检测 OMP28 抗体不能有效诊断羊布鲁氏菌病 [J]. 微生物学通报，42（8）：1512-1519.

王功民，马世春，2011. 兽医公共卫生 [M]. 北京：中国农业出版社.

王娜，呼和巴特尔，崔步云，2014. 布鲁氏菌免疫相关抗原研究进展 [J]. 疾病监测，29（2）：156-162.

王真，鲁琳，吴清民，2014. 布鲁氏菌病检测技术及检测用靶蛋白抗原筛选的概况 [J]. 中国农业大学学报，19（6）：168-172.

许邹亮，南文龙，陈义平，2012. 分子生物学技术在布鲁菌种型鉴定上的应用 [J]. 动物医学进展，33（1）：98-101.

杨汉春，2003. 动物免疫学 [M]. 2版，北京：中国农业大学出版社.

钟志军，于爽，徐杰，等，2011. 布鲁氏菌比较基因组学研究进展 [J]. 中国人兽共患病学报，27（4）：346-350.

朱才众，2009. 布鲁氏菌噬菌体裂解酶基因表达、生物活性鉴定及裂菌动力学研究 [D]. 重庆：第三军医大学.

朱才众，熊鸿燕，崔步云，等，2009. 裂解型布鲁氏菌噬菌体的分子特征研究 [J]. 现在生物医学进展，9（9）：1609-1611，1604.

朱良全，2016. 布鲁氏菌病活疫苗 S2 株小鼠评价模型构建及其鉴别抗原筛选 [D]. 北京：中国农业大学.

Ariza J，1999. Brucellosis：an update. The perspective from the Mediterranean basin [J]. J Med Microbiol，10（3）：125-135.

Bricker B J，Ewalt D R，2005. Evaluation of the HOOF-Print assay for typing *Brucella abortus* strains isolated from cattle in the United States：results with four performance criteria [J]. BMC Microbiol，5（1）：37.

Cardoso P G，Macedo G C，Azevedo V，et al，2006. *Brucella* spp. noncanonical LPS：structure，biosynthesis，and interaction with host immune system [J]. Microb Cell Fact，5（1）：13.

Cassataro J，Pasquevich K，Bruno L，et al，2004. Antibody reactivity to OMP31 from *Brucella melitensis* in human and animal infections by smooth and rough *Brucellae* [J]. Clin Diagn Lab Immunol，11（1）：111-114.

Celli J，Gorvel J P，2004. Organelle robbery：*Brucella* interactions with the endoplasmic reticulum [J]. Curr Opin in Microbiol，7（1）：93-97.

Cloeckaert A，Grayon M，Grépinet O，2002. Identification of *Brucella melitensis* vaccine strain Rev. 1 by

PCR-RFLP based on a mutation in the rpsL gene [J]. Vaccine, 20 (19/20): 2546-2550.

Cloeckaert A, Verger J M, Grayon M, et al, 1995. Restriction site polymorphism of the genes encoding the major 25 ku and 36 ku outer-membrane proteins of *Brucella* [J]. Microbiology, 141 (9): 2111-2121.

Corbel M J, Weybridge S K, 1987. *Brucella* phages: advances in the development of a reliable phage typing system for smooth and non-smooth *Brucella* isolate [J]. Ann Inst Pasteur Microbiology, 138 (1): 70-75.

Cutler S J, Whatmore A M, Commer N J, 2005. Brucellosis-new aspects of an old disease [J]. J Appl Microbiol, 98 (6): 1270-1281.

Delvecchio V G, Wagner M A, Eschenbrenner M, et al, 2002. *Brucella* proteomes-areview [J]. VetMicrobiol, 90 (1/2/3): 593-603.

Di D, Jiang H, Tian L, et al, 2016. Comparative genomic analysis between newly sequenced *Brucella suis* vaccine strain S2 and the virulent *Brucella suis* Strain 1330 [J]. BMC Genomics, 17 (1): 741.

Feng Y, Peng X, Jiang H, et al, 2017. Rough *Brucella* strain RM57 is attenuated and confers protection against *Brucella melitensis* [J]. Microb Pathog, 107: 270-275.

Fretin D, Fauconnier A, Köhler S, et al, 2005. The sheathed flagellum of *Brucella melitensis* is involved in persistence in a murine model of infection [J]. Cell Microbiol, 7 (5): 687-698.

Garcia M M, Brooks B W, Ruckerbauer G M, et al, 1988. Characterization of an atypical biotype of *Brucella abortus* [J]. Can J Vet Res, 52 (3): 338.

Garin-Bastuji B, Bowden R A, Dubray G, et al, 1990. Sodium dodecyl sulfate-polyacrylamide gel electrophoresis and immunoblotting analysis of smooth-lipopolysaccharide heterogeneity among *Brucella biovars* related to A and M specificities [J]. J clin microbiol, 28 (10): 2169-2174.

Grilló M J, Bosseray N, Blasco J M, 2002. *In vitro* markers and biological activity in mice of seed lot strains and commercial *Brucella melitensis* Rev. 1 and *Brucella abortus* B19 vaccines [J]. Biologicals, 28 (2): 119-127.

Jones L M, 1960. Comparison of phage typing with standard methods of species differentiatin in *Brucellae* [J]. Bull World Health Organ, 23 (1): 130.

Jubier M V, Boigegrain R A, Cloeckaert A et al, 2001. Major outer membrane protein Omp25 of *Brucella suis* inhibition of tumor necrosis factor aipha production during infection of human macrophages [J]. Infect Immun, 69 (8): 4823-4830

Kattar M M, Jaafar R F, Araj G F, et al, 2008, Evaluation of a multiocus variable-number tandem-repeat analysis scheme for typing human *Brucella* isolates in a region of Brucellosis endemicity [J]. J Clin Microbiol, 46 (12): 3935-3940.

Kortepeter M G, Parker G W, 1999. Potential biological weapons threats [J]. Emerg Infect Dis, 5 (4): 523.

Le Flèche P, Jacques I, Grayon M, et al, 2006. Evaluation and selection od tandem repeat loci for a *Brucella* MLVA typing assay [J]. BMC Microbiol, 6 (1): 9.

Letesson J J, Tibor a, van Eynde G, et al, 1997. Humoral immune response of *Brucella*-infected cattle, sheep, and goats to eight purified recombinant *Brucella* proteins in an indirect enzymelinked immunosorbent assay [J]. Clin Diagn Lab Immunol, 4 (5): 556-564.

López-Goñi I, García-Yoldi D, Marín C M, et al, 2008. Evaluation of a multiplex PCR assay (*Bruce-ladder*) for molecular typing of all *Brucella* species, including the vaccine strains [J]. J Clin Mcrobiol, 46 (10): 3484-3487.

Lord V R, Schurig G G, Cherwonogrodzky J W, et al, 1998. Field study of vaccination of cattle with

Brucella abortus strains RB51 and 19 under high and low disease prevalence [J] . Am J Vet Res，59
（8）：1016-1020.

Maquart M，Le Flèche P，Foster G，et al，2009. MLVA-16 typing of 295 marine mammal *Brucella*
isolates from different animal and geographic origins identfies 7 major groups within *Brucella ceti* and
Brucella pinnipedialis [J] . BMC Microbiol，9 (1)：145.

Meikle P J，Perry M B，Cherwonogrodzky J W，et al，1989. Fine structure of A and M antigens from
Brucella biovars [J] . Infect Immun，57 (9)：2820-2828.

Moriyón I，López-Goñi I，1998，Structure and properties of the outer membranes of *Brucella abortus* and
Brucella melitensis [J] . Int Microbiol，1 (1)：19-26.

Parnas J，Feltynowski A，Bulikowski W，1958. Anti-*Brucella* phage [J] . Nature，182 (4649)：
1610-1611.

Percin D，2013. Microbiology of *Brucella* [J] . Recent Pat Antiinfect Drug Discov，8 (1)：13-17.

Rolán H G，Den Hartigh A B，Kahl-McDonagh M，et al，2008. VriB12 is a serological marker of
Brucella infection in experimental and natural hosts [J] . Clin Vaccine Immunol，15 (2)：208-214.

Straughn J M，Oliver P G，Zhou T，et al，2006. Anti-tumor activity of TRA-8 anti-death receptor 5
（DR5）monoclonal antibody in combination with chemotherapy and radiation therapy in a cervical cancer
model [J] . Gynecol Oncol，101 (1)：46-54.

Tan W，Wang X，Nie Y，et al，2012. Recombinant VirB5 protein as a potential serological marker for the
diagnosis of bovine Brucellosis [J] . Mol Cell Probes，26 (3)：127-131.

Van Drimmelen G C，1959. Bacteriphage typing applied to strains of *Brucella* organisms [J] . Nature，
184 (4692)：1079.

Weynants V，Gilson D，Cloeckaert A，et al，1997. Characterization of smooth lipopolysaccharides and O
polysaccharides of *Brucella* species by competition binding assays with monoclonal antibodies [J] . Infect
Immun，65 (5)：1939-1943.

Whatmore A M，Murphy T J，Shankster S，et al，2005. Use of amplifies fragment length polymorphism
to identify and type *Brucella* isolates of medical and veterinaary interest [J] . J Clin Microbiol，43 (2)：
761-769.

Whatmore A M，Shankster S J，Perrett L L，et al，2006. Indetification and characterization of variable-
number tandem-repeat markers for typing of *Brucella* spp. [J] . J Clin Microbiol，44 (6)：1982-1993.

Xu J，Qiu Y，Cui M，et al，2013. Sustained and differential antibody responses to virulence proteins of
Brucella melitensis during acute and chronic infections in human brucellosis [J] . Eur J Clin Mixrobiol
Infect Dis，32 (3)：437-447.

Zhang X，Ren J，Li N，et al，2009. Disruption of the BMEI0066 gene attenuates the virulence of *Brucella*
melitensis and decreases its stress tolerance [J] . Int J Biol Sci，5 (6)：570.

Zhu L，Feng Y，Zhang G，et al，2016. *Brucella suis* strain 2 vaccine is safe and protective against
heterologous *Brucella* spp. infections [J] . Vaccine，34 (3)：395-400.

第三章 流行病学

从 1887 年首次证实布病的病原体以来，迄今已有百余年的历史。20 世纪 30—60 年代，布病在全世界范围内已有较大流行，对人与动物的健康构成了极大危害。人感染布病主要是通过接触受感染的动物或食用未经巴氏灭菌和未经煮沸的牛奶或新鲜奶酪而引起的。对于动物来说，主要通过接触同群患病的动物而感染。世界上大多数国家有过布病流行，如今报道有布病发生的国家和地区达到 160 多个。值得注意的是，布病的地理分布是动态变化的，世界范围内已经出现或重新出现新的疫区。因此，作为一种重要的人兽共患传染病，对人布病的控制需要在更多地区加强监测。

第一节 布鲁氏菌病的传播

一、传染源

传染源是指体内有病原体生长、繁殖并能排出病原体的人和动物。布病的主要传染源是发病及带菌的牛、羊、猪，它们既是动物布病的主要传染源，也是人类布病的主要传染源；其次是鹿、犬、啮齿动物等敏感动物。患病动物的分泌物、子宫排泄物、流产的胎儿、初乳和生育后几周的牛乳中均能排出高浓度的布鲁氏菌，并在后续的生育过程中继续排出布鲁氏菌。感染动物首先在同种动物间传播，造成带菌或发病，随后波及人类。

（一）主要家畜传染源

1. **羊** 羊是我国主要经济动物之一，绵羊主要分布于北方地区，山羊散布全国，奶山羊分布以城市郊区为主。羊的皮、毛、肉、乳、内脏与人的衣着、食品、用品及制药密切相关。羊患布病后无疑对家畜和人类构成了重要威胁。

绵羊、山羊对布鲁氏菌易感，感染率可高达 40% 以上，是人类布病最危险的传染源。就世界范围来说，羊大多感染羊种布鲁氏菌，牛种布鲁氏菌和猪种布鲁氏菌也可以感染羊，绵羊还可以被绵羊附睾种布鲁氏菌感染。根据某地统计，从羊体内分离出的 1 103 株布鲁氏菌中，羊种布鲁氏菌占 91.39%，牛种布鲁氏菌占 8.07%，猪种布鲁氏菌、绵羊附睾种布鲁氏菌和未定种的布鲁氏菌各占 0.18%。

患有布病的绵羊和山羊最突出的临床症状是母羊发生流产，公羊发生睾丸炎、精囊炎。母羊流产前常由阴道排出血样的黏液分泌物，流产中多伴有胎盘滞留，乳腺炎也可持续相当长时间。布病感染的绵羊流产后 1～3 个月经常在乳、尿、阴道分泌物中检出布鲁氏菌，每毫升乳中布鲁氏菌含量可达 3 万个以上；因布病流产的母羊，其每毫升羊水中布鲁氏菌的含量高达万亿个。

绵羊感染布病后 1.5～2 年，约从 23％的羊体内检测出病原体。山羊感染布病后 12～15 个月，脾脏或血培养物中都有阳性结果，可见其体内带菌时间很长。在羊布病疫区，人的感染率可高达 42.12％，患病率达 7.71％或更高。

2. **牛** 世界各国特别是乳牛业发达的国家都存在布鲁氏菌病。黄牛、水牛、奶牛、牦牛均易遭受布病感染，牛布病阳性率可达 23％以上，是人间散在性布病的主要传染源。牛布病通常由牛种布鲁氏菌引起。某地从牛体内检出 249 株布鲁氏菌，其中牛种布鲁氏菌占 61.85％，羊种布鲁氏菌占 2.81％，猪种布鲁氏菌占 0.40％，未定种布鲁氏菌占 34.94％。

感染布病的牛以流产为特征，一般只发生一次流产，流产犊牛、胎膜、羊水和胎盘中均含有大量的布鲁氏菌。

3. **猪** 猪是布鲁氏菌的易感动物，感染率可达 10％以上，通常由猪种布鲁氏菌引起，国外也有羊种布鲁氏菌感染猪的报道。由猪种布鲁氏菌 1 型菌引起的布病多发生在美国的东部和南部；由猪种布鲁氏菌 2 型引起的布病多发生在欧洲（如丹麦）；由猪种布鲁氏菌 3 型引起的布病多发生在美国西部和东南亚。目前，我国已从接触猪的饲养员和屠宰工人体内分离到十几株猪种布鲁氏菌。由此证实，猪是布病不可忽视的传染源。

（二）其他动物传染源

除了羊、牛、猪外，其他动物也可作为布病的传染源，但只引起个别病例发生。

1. **鹿** 鹿对布鲁氏菌易感，感染率可达 35％。公鹿感染后有化脓性睾丸炎、附睾炎等症状；母鹿感染后第一胎几乎全部流产，并有乳腺炎、子宫炎等症状。从鹿血、流产物、分泌物、乳汁、关节液中均可分离到布鲁氏菌。不同种鹿，如马鹿、梅花鹿、白唇鹿、驯鹿等均可被感染；不同种布鲁氏菌，如羊种布鲁氏菌、牛种布鲁氏菌、猪种布鲁氏菌均可以感染鹿。其中，驯鹿多由猪种布鲁氏菌 4 型感染，主要发生在阿拉斯加、西伯利亚和加拿大。人患布病多由接触病鹿或吃了病鹿的生骨髓、生肉而发生，呈散发性。

2. **犬** 犬对各种布鲁氏菌都有感染性。在自然界，犬多因吞食羊、牛、猪的流产胎儿和胎盘而被感染。目前，除了犬种布鲁氏菌外，已从犬的淋巴结、脾脏、肝脏、肾脏等中分离出羊种布鲁氏菌、牛种布鲁氏菌和猪种布鲁氏菌。

3. **马属动物** 马、骡、驴等马属动物也可以感染布鲁氏菌，感染率分别为 5.64％、3.77％和 1.21％。已从马体内检出了牛种布鲁氏菌、羊种布鲁氏菌和猪种布鲁氏菌。马布病的临床特点不是流产而是肩胛隆起，颈部形成化脓性病灶，并可从脓液中培养出布鲁氏菌。

4. **骆驼** 骆驼布病的感染率为 3.96％～11.24％，已从骆驼流产胎儿、阴道分泌物、尿、乳汁中检出羊种布鲁氏菌和牛种布鲁氏菌。我国西部地区人群存在生饮骆驼奶的习惯，有人因解剖病骆驼和喝生骆驼奶而罹患布病。2017 年，国家动物布鲁氏菌病参考实验室对我国青海地区 160 峰骆驼进行了布病抗体检测，结果个体阳性率为 33％。当前骆驼布病是值得关注的问题。

5. **猫** 猫在试验条件下注射各种布鲁氏菌也均有感染性。国外证明猫可以感染布病，并能发生流产，但对人的传染意义不大。

6. **家禽和鸟类** 鸡、鸭、鹅及鸽子虽有试验感染及自然感染的报道，但它们的传染常呈一过性（注射羊种布鲁氏菌强毒株 50 000 个后鸡才可被感染，而 1 个月即自愈），没有感染人的实例，因此流行病学意义不大。

（三）感染动物排菌

多种因素可影响排菌数量。一是疫苗免疫。以牛为例，用 S19 疫苗免疫感染的母牛，其分娩时排出的细菌数要少于未免疫感染的母牛。二是感染动物生产的胎次。疫区内大多数感染牛在第一胎流产后则不再流产。有研究表明，在试验条件下感染母牛，对相继分娩的子宫排泄物进行细菌培养时，细菌的数量呈递减趋势。在攻毒后第二次和第三次分娩时，用从感染母牛采集的子宫样本进行细菌培养，结果大部分是阴性的。

二、传播途径

易感动物与布鲁氏菌接触是传播过程的开始，接触后果取决于被接触动物对布鲁氏菌的易感性和感染细菌的数量。

易感动物主要通过口咽途径接触受感染母畜的流产物或生育物（胎盘、胎儿和羊水），以及被污染的饲料和饮水而感染布病；也可以经过呼吸道和皮肤感染，特别是带有伤口的皮肤，通过结膜等黏膜也能感染；吸血昆虫可以传播本病。

直接接触主要发生在同群动物之间。圈舍、牧场、集贸市场和运输车辆中健康动物与发病动物直接接触可受到感染。

间接接触主要指由媒介物物理性带菌所造成的传播，包括无生命的媒介物和有生命的媒介物。无生命媒介物包括被细菌污染的圈舍、场地、水源和草场，以及设备、器具、草料、垃圾、饲养员的衣物等，如病畜的肉、骨、鲜乳及乳制品、脏器、血、皮、毛等畜产品都是无生命的媒介体；而牧场的工作人员、看管病畜的饲养人员、到牧场参观访问的人员、人工授精技术人员、兽医人员、畜牧人员等均为有生命的媒介物。

在布病疫区、疫点，污染物品上的布鲁氏菌受到外力作用产生的气溶胶被人体吸入后可感染人。由于气溶胶粒子可较长时间漂浮于空气中，故可形成多种途经的感染。

三、易感动物

（一）宿主

已知有 60 多种家畜、驯养动物、野生动物是布鲁氏菌的宿主，家禽及啮齿动物被感染的也不少见。实验动物中，通常使用的是豚鼠、小鼠和家兔，其中以豚鼠为最易感动物。

人也是布鲁氏菌宿主之一，人对羊种布鲁氏菌最易感，其次是牛种布鲁氏菌和猪种布鲁氏菌。根据 Tuon 等（2017）的报道，世界上已有 45 例布鲁氏菌在人与人之间传播的报道，其中 29 例患者年龄小于 1 岁，这些患者是由于布鲁氏菌胎盘传播或者母乳喂养导致患病的。

（二）野生动物在布病传播中的作用

从 20 世纪 40 年代起，人们意识到了野生动物在布病传播过程中也发挥着重要的作用，狐狸、狼、野牛、黄羊、岩羊、野兔、野鼠等均可感染布病。野生动物感染布病有的与接触家畜有关，如狐狸通过取食猪胎儿而被感染，狼通过叼食羊或驯鹿而被感染；有的与家畜接触无关，传染可以在野生动物中相互传播，也可以通过吸血昆虫传播。人可由捕猎、食用野生动物而被感染。

1917年，从美国黄石公园及周边地区的麋鹿（*Cervus elaphus*）和美洲野牛（*Bison*）中就分离到了牛种布鲁氏菌。在亚北极地区，北美驯鹿（*Caribou*）中流行着猪种布鲁氏菌生物4型，但其公共卫生方面的重要性并未被重视。在欧洲地区，从瑞士岩羚羊（*Chamois*）中可以分离到牛种布鲁氏菌，在俄罗斯、保加利亚和威尔士的红狐体内可以分离到猪种布鲁氏菌。

随着布病在美国等发达国家的家畜中被净化，野生动物布病的流行引起了人们的重视。尽管野生动物感染布鲁氏菌对于这些动物自身生存的影响极小，但是这些动物在自然条件下将布病传染给人类和家畜却具有重要的流行病学意义。由于难以对野生动物中的布病进行控制，因此解决这一问题相当棘手。除此之外，在特定的自然条件或试验条件下，布鲁氏菌可以实现在不同种野生动物之间传播。例如，流产的麋鹿在不经意情况下感染了大角羊（*Ovis canadensis*），引起大角羊的大量死亡；野生红狐在捕食了患病的野兔和其他啮齿动物后，可以变成田鼠种布鲁氏菌和猪种布鲁氏菌生物2型的共同宿主。

此外，冷血动物（如蜥蜴、青蛙、乌龟、鱼类），以及节肢动物（如硬蜱、软蜱、壁虱、蚊子等）在试验条件下均可以感染布鲁氏菌。布鲁氏菌在蜱体内比在其他昆虫体内存活的时间长得多，并保持对哺乳动物的毒力，蜱通过叮咬和在分泌液排菌而散播传染。然而，在一个疫源地内采集的蜱，只有在少数蜱内检出布鲁氏菌，它们在传播布病方面起不到重要的流行病学作用。

四、流行特点

（一）年龄

大多数资料认为，犊牛对布鲁氏菌的易感性低于性成熟的成年牛，没有达到性成熟的犊牛与感染牛接触后一般不会被感染或者感染后迅速恢复。有研究表明，人工喂给犊牛病畜乳后，可从犊牛组织或排泄物中找到布鲁氏菌，不过犊牛一般数月内可以摆脱感染。人在各个年龄段都有感染布病的报道，由于青壮年接触病畜较频繁，因而感染布病的概率比其他年龄段的高。

（二）性别

除公牛似有一些抵抗力外，在易感性上并无显著性别差。动物机体的生理状况与布鲁氏菌致病性之间具有密切的关系，幼龄动物由于生殖系统尚未发育健全，故虽可带菌却不发病；老龄动物的易感性也较低；成年动物特别是青年动物处于妊娠期时对该菌的易感性最高。

人感染布鲁氏菌无性别差异，主要取决于接触概率的多少。男性从事畜牧业生产活动较多，接触传染源的机会多，故感染的概率也多。因此，男性布病的感染率高于女性。

（三）季节

本病一年四季均可发生，但以产仔季节多发。我国北方牧区羊群因布病引起的流产高峰发生在2—4月，人发病高峰在4—5月，夏季剪毛和食用奶多，也可出现一个小的发病高峰。牛种布病发生率在夏季稍多，猪种布病发生的季节性不明显。

（四）地区

布病的发生和流行虽然不受地理条件限制，但由于感染概率不同可出现地区差别。一般情况下，牧区和农区家畜饲养密集区布病的发病率较高。我国华北、东北、西北等地区是布病的多发区。人感染布病多见于与家畜接触频繁的牧区和农区，城市病例多集中在一些皮毛、乳、肉加工企业。

老疫区较少广泛流行或大批流行布病，但新疫区该病会突然发生急性病例，并使病原菌的毒力增强，造成布病在羊群或牛群中暴发流行。国内相关报道表明，未发生过布病的羊群由于引种原因而引入布病阳性羊时，在短时间内羊群的感染率可超过 50%。

（五）细菌毒力

在不同种别和生物型，甚至同型细菌的不同菌株之间，布鲁氏菌的毒力差异较大。一般情况下，对豚鼠的致病力是：羊种布鲁氏菌＞猪种布鲁氏菌＞牛种布鲁氏菌＞沙林鼠种布鲁氏菌＞犬种布鲁氏菌＞绵羊附睾种布鲁氏菌。

五、影响因素

影响布病传播和流行的因素很多，可简单分为自然因素、社会因素和人为因素。

（一）自然因素

布病的发生和流行，与气候的关系非常密切。旱涝灾害、暴风大雪、寒流侵袭等因素均会使健康牲畜体质减弱，导致牲畜抵抗力下降，对布鲁氏菌的易感性增加。我国北方牧区，每逢暴风大雪之年，牧草被白雪覆盖或冰层包被，牲畜吃不上草，患病率就会增加。有的畜群被暴风雪驱使，顺风野跑至远处牧场，扩大了疫源地，造成了新的布病流行。

（二）社会因素

社会因素在布病流行过程中起决定性作用，只有重视社会因素的作用，才能有效控制和消灭布病。以下几种社会因素与布病的发生和流行密切相关。

1. **饲养管理** 由于需要对牲畜做分群、合群，以及组合新畜群的变动，因此在有传染源存在或检疫/免疫措施未落实的情况下，易使新畜群发生布病流行。

2. **未经检疫或检疫不彻底** 从外地（疫区）购买或调运牲畜时混有病畜，会使运输/沿途驱赶和到达后发生布病。

3. **集市贸易频繁** 皮、毛、乳、肉大量上市时，布病检疫工作跟不上，染菌物品、食品中未能查出布病，易引起感染和发病。

4. **对布病防治工作的重视程度** 卫生和农业等部门能否协同配合、专业防治力量的强弱、群众卫生知识的普及水平，都与布病的发生和流行关系密切。

（三）人为因素

人为因素在动物布病流行中同样起决定性作用，控制动物布病的发生和流行要严格做到以下几点：

1. **加强饲养管理** 饲养应采用"自繁自养"，规模化养殖场实行封闭管理，控制人员进出；如需引种，引入后要对其采取符合规范要求的消毒、隔离、观察、检测等措施；饲养密度要合适；牲畜的营养状况要良好。

2. **按照要求做好布病的科学免疫** 按照当地兽医部门的要求，制定科学、合理的免疫程序做好免疫，同时做好个人防护。

3. **严格消毒** 做好环境卫生，及时清除圈舍粪便及排泄物，对各种污染物品进行无害化处理。

4. **规范补栏** 要选择从没有布病疫情的地方购进牲畜，检疫合格后混群。

5. **及时报告疫情** 发现病畜后，要立即对其进行隔离，并报告当地动物疫病预防控制机构。

6. **不宰杀、不食用病死畜** 按照有关规定，严禁贩卖病死畜，坚决做到病死畜不流通、不宰杀、不食用。

第二节 人间布鲁氏菌病流行情况

一、全球人间布鲁氏菌病流行情况

人布病是全球流行最广泛的人兽共患病之一，疫情分布广泛，波动性大，各国间疫情差别较大，该病被世界卫生组织（World Health Organization，WHO）列为最容易被忽视的七种疾病之一。世界上约 200 个国家和地区中，报告人兽间有布病疫情的近 170 个。全世界每年大约有 50 万例人布病新发病例的报告，但每年真实的发病病例数应该为 500 万～1 250 万人。根据 WHO 的统计数据显示，叙利亚是世界上人布病发病率最高的国家（1 603.4/100 万人），随后分别是蒙古、伊拉克、塔吉克斯坦、沙特阿拉伯和伊朗。布病虽然是非常普遍的人兽共患病，但被美国国立卫生研究院列为"罕见病"。这种表示适用于发病率较低的大多数发达国家（美国：0.40 例/1 000 人）。目前，美国每年报告的病例通常少于 100 例，其中大多数发生在南部和西南部及来自墨西哥的非法进口软奶酪（未经高温消毒）的人群。然而，在美国，真正的发病率应高出 5～12 倍，多数来自食源性疾病。另值得注意的是，WHO 缺乏对各个国家和地区的监测，以及缺乏相关报道来阐明疾病的发生率，许多已知人类布病流行的国家被报道为"没有数据"，这是由于未向WHO 提供监测报告并且没有相关文章报道。相反，欧盟已经给予许多国家无布病的认可，在欧洲地区发生布病的人间病例可能是通过旅行获得的。

由于卫生、社会经济、政策及国际旅行发展等原因，布病的流行病学在过去十年里发生了巨大变化。一些布病曾经流行的国家（地区）已实现了对该病的控制，如法国和拉丁美洲的大部分的地区。但另外，新的人间布病疫源地出现，如某些中东国家（如叙利亚）的情况在快速恶化。截至 2009 年 6 月，比利时、捷克、丹麦、德国、法国、爱尔兰、卢森堡、荷兰、波兰、挪威、斯洛伐克、斯洛文尼亚、芬兰、瑞典、西班牙、意大利（65 个省）、英国、葡萄牙、澳大利亚、新西兰、加拿大、美国、日本、新加坡等国家及地区都获得了官方无牛布病认可，美国绝大部分州也已经实现布病净化。欧洲的地中海国家、北非和东非、近东国家、印度、中亚、墨西哥、中美洲和南美洲仍然没有摆脱布病的困扰。

二、我国人间布鲁氏菌病流行情况

我国首次发现布病是 1905 年在重庆报告的 2 例布病患者，并自 1950 年开始对布病流行病学特征进行了一系列调查。20 世纪 80 年代以前人布病发病率在动物和人中相当严重。1963 年，人报告新发病例 12 000 例，为 90 年代之前的最高水平。80—90 年代，布病得到了良好控制，1992 年人新发病报告例数最低，为 219 例。2000 年以来，我国人布病报告的发病数和发病率快速增长（图 3-1）。根据中国疾病预防控制中心公布的统计数字，2005 年全国报告新发病例数已突破历史最高水平（近 2 万例）。2015 年我国人布病报告发病数（56 989 例）和发病率（4.18 例/10 万人）均达到历史最高，发病率是 1993 年的 155 倍。2017 年和 2018 年的报告发病数分别为 38 553 例和 37 947 例，仍然处于历史高位，发病率维持在 2.5～3.0 例/10 万人。需要注意的是，人布病的统计数据也仅仅主要是就诊数据统计，实际数据应该远高于统计数据。近几年人布病疫情回升波及新疆、内蒙古、山西、黑龙江、河北、辽宁、吉林、陕西、山东、河南等地区，而全国除台湾地区和澳门特别行政区疫情不详外，其余省（区、市）也都有布病流行或散在病例发生。尤其是海南省 2009 年首次报道猪种布鲁氏菌感染人病例以来，逐年有布病散发的病例出现。香港于 2007 年从当地多位布病患者血液中分离出布鲁氏菌。

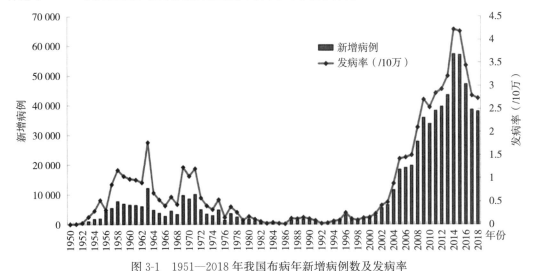

图 3-1　1951—2018 年我国布病年新增病例数及发病率

海南岛曾是我国唯一未发现人兽布病的地区。2009 年发现报告疑似人感染病例，经过深入调查证实是在海南省陵水县由猪种 3 型布鲁氏菌引起的当地人间感染病例。在海南省疾病预防控制中心、海南医学院等的进一步配合下，海南省开展了布病病例的调查研究工作。2010 年、2012 年先后在儋州市、万宁市和海口市又发现新的当地病例。患者多与猪有接触病史，且所分离的猪种 3 型布鲁氏菌与当时全国流行的牛、羊种菌株截然不同。此菌株经 MLVA 分析，与 40 多年前广东、广西地区出现的猪种 3 型布鲁氏菌有较大差别。证实我国在新的地区首次发现了新的流行菌种菌型，并在 *Veterinary Microbiology* 等杂志作了报道。

就总体而言，布病鲜有在人群之间传播的现象，人主要通过与患病家畜及其产品密切接触而感染，未经加工的鲜奶及肉制品等可将布鲁氏菌传递给消费者。由此可见，家畜布病在很大程度上影响着人布病的感染状况。人布病疫情的监测对于动物布病疫情监测具有重要参考价值。

三、空间流行病学与人间布鲁氏菌病传播的影响因素

既往研究结果表明，布病与宿主生存环境、宿主密度、人的职业、社会经济状况、旅游和移民等因素有关，了解宿主密度与传染病传播之间的关系有助于制定控制策略。一旦确定这种关系后，就可以通过减少宿主密度（如扑杀和环境消毒等方式）来控制疫情。布病与易感人群的职业密切相关，农民、牧民、屠宰场工人和兽医工作者被视为主要风险人群，但有越来越多的城镇居民因食用生鲜牛（羊）奶或奶制品而得病。旅游业的迅速发展也给布病传播带来了便利。环境因素（如海拔、植被和水源等）对布病的传播影响更偏重于环境对宿主生存环境的影响。2002年，Pikula等应用地理信息系统技术分析捷克共和国欧洲野兔布病的自然疫源地分布时发现，布病的自然疫源地存在持久；自然疫源地的地理特征为海拔201~400m、年平均气温0~2.0℃、年平均降水量401~1800mm、年平均日照时数1601~1800h，以及欧洲野兔种群密度为每10km^{2}51~100只的区域。在众多气象因素中，除了气温、降水和日照时间对布病的传播有一定影响外，有科学家提出厄尔尼诺现象（El Niño phenomenon）对布病的传播也有影响。分析布病的传播风险因素及特定区域的传播条件有助于疫情控制。3S技术〔遥感（remote sensing，RS）、地理信息系统（geographic information system，GIS）和全球定位系统（global positioning system，GPS）〕结合统计分析方法（如Poisson回归模型、时间序列模型、动力学模型、分布之后模型、生态位模型等）为传染病的研究提供了新的技术和手段，具有十分广阔的应用前景，尤其是在自然疫源性疾病、新发传染病、全球变暖、城市化、全球化疾病和环境污染所致疾病等的本底调查、流行病学分析、疫情监测、预测预警等方面的应用研究取得了不错的效果。利用GIS和RS技术提取影响布病传播的各项环境和社会经济指标，可为布病的空间流行病学调查提供新的思路和方法。

2013年，国内学者黎银军等使用Poisson回归模型探析与人布病相关的环境因素和社会经济因素时发现，人布病的发病率伴随着羊的数量，以及草原覆盖率的升高而升高。在我国北部、东北部和中国西部地区，绵羊和山羊是传播布病的主要宿主动物。对绵羊或山羊集中区域的暴露人群应加强监测和治疗，虽然猪和牛也能将疾病传染给人，但这种危险比羊带来的风险要低得多。分析我国布病传播的风险因素发现，布病主要分布在低海拔（小于1.6km）、羊群密度高且草地覆盖超过20％的地区。减轻我国布病带来的疾病负担，最好的办法是集中当地政府资源改善农村和牧区环境，提高动物暴露人群的诊断和治疗水平；同时，加强肉制品和奶制品的监督及检查。

2017年，国内学者赖圣杰等运用95％置信区间的霍尔特指数平滑法从性别、年龄、职业，以及地理上对1955—2014年发生的布病病例进行了时空分布分析，发现在513 034病例中，实验室确诊病例的比例从2004年的76.9％上升到2014年的93.2％。2004—2014年，大多数病例是男性。我国北方和南方患病的男女比例为2.9∶1。患者中位年龄为44岁（四分位距，又称四分差，interquartile range，IQR，34~54岁），在性别、诊断类型南北地区分布相似。大多数（88.8％）患者是农民或兽医，或是从事畜牧业相关的运输、贸易或粮食生产等职业。1979年之前，人间布病发病率相对稳定（IQR，0.4~1.0例/10万人），并在1957—1963年（0.9~1.8例/10万人）和1969—1971年（1.0~1.2

例/10 万人）达到峰值。从 1979 年开始发病率急剧下降，到 1994 年一直保持较低水平（IQR，0.05～0.10 例/10 万人）。但是，1995—2014 年有所增加（1995—2003 年为 0.2 例/10 万人，IQR，0.1～0.2；2004—2014 年为 2.5 例/10 万人，IQR，1.5～2.9）；2014 年的发病率最高（4.2 例/10 万人）。1955—2014 年，北部报告病例占全部的 99.3％，并且在 1950—1970 年，北方的多数省（区）都有布病的严重流行，而后于 20 世纪 70 年代末到 90 年代初发病率下降。1955—1994 年，中位发病率最高的 5 个省（区）是西藏（14.07）、青海（4.43）、山西（0.87）、新疆（0.35）和内蒙古（0.35）；而 1995—2014 年，发病率最高的地区转移到了内蒙古（25.80）、山西（7.33）、黑龙江（6.07）、吉林（1.79）和河北（1.40）。国内报告人感染病例的县从 1993 年的 87 个增加到 2014 年的 1 723个。中国南部受影响的县占比从 2004 年的 1.1％增加到 2014 年的 20.5％，突显了过去十年的空间分布。

2004—2012 年我国布病发病率全局空间正相关性逐渐加强，表明发病率高和发病率低的地区聚集性都在加强。布病发病率"高高"聚集地区（即本区域属性值高，相邻区域属性值也高）为布病严重流行区和一般流行区，主要在中国北方区域，包括内蒙古、黑龙江、吉林、河北和山西。上述几个区域中，内蒙古自治区布病发病率一直保持最高，且其畜牧业最为发达，其余为农业大省或者是半农半牧区域。布病发病率"低低"聚集地区（即本区域属性值低，相邻区域属性值也低）一般为布病的散发报告区，主要是中国南方区域，包括云南、贵州、广西、广东、湖南、江西和浙江，这些省（区）主要是农林或城镇区域。虽然 2004—2012 年全国各省（区）布病发病率都有很大的升高，但是布病的"高高"和"低低"聚集区域几乎没有发生变化，且无"高低"聚集区域，揭示了相邻区域可能存在最主要的危险因素。李仲来等（2003）对吉林省羊之间与人之间布鲁氏菌病疫情关系进行了研究并预测，结果发现羊阳性率和免疫率的二元直线回归模型对人间布病的疫情预测较好。郑杨等（2011）对内蒙古自治区布病疫情研究后认为，地区类型和牛、羊存栏数量与内蒙古布病流行可能有关。张俊辉等（2011）对 2004—2007 年中国北方 6 省、区（内蒙古、山西、黑龙江、陕西、吉林和辽宁）布病疫情进行探索性空间数据分析，结果显示"高高"聚集地区类型主要是牧区，"低低"聚集地区主要为农区或城镇，"低高"聚集区很少，主要分布在布病高发区（县）周围且地区类型主要是农区或城镇。地区类型可能是影响全国布病发病率的最主要因素，而地区类型可能是通过不同地区的牛、羊存栏数对布病发病率产生影响。采用贝叶斯时空模型绘制的三个时间段布病累积发病率箱式地图表明，北方地区布病的发病率随时间增加而升高的趋势非常明显，疫情加重突出。值得警惕的是宁夏回族自治区 2010—2012 年布病的发病率增长速度很快，应该加强该区布病的防治工作。

第三节 畜间布鲁氏病流行情况

一、世界疫情

根据 OIE 的统计结果，目前世界上布病的高发地区分别为中东地区、地中海沿岸地区、撒哈拉以南的非洲、中国、印度、秘鲁和墨西哥，西欧、北欧、加拿大、日本、澳大利亚和新西兰没有该病的发生。有 50 个国家和地区的绵羊、山羊存在布病流行，主要集中于非洲和南美洲等；有 101 个国家和地区的牛发生布病，主要分布于非洲、中美洲、南美洲、东南亚及欧洲南部等；在 33 个国家和地区的猪有布病感染，主要集中于美洲、非洲北部和欧洲南部等。世界上家畜布病以牛种布鲁氏菌感染牛为主，占家畜布病分布的 1/2 以上。

牛布病通常由牛种布鲁氏菌引起，仅在加拿大、日本、澳大利亚、新西兰等少数几个国家没有牛种布鲁氏菌感染病例；猪种布鲁氏菌也可感染牛，但没有母猪流产的报道；羊种布鲁氏菌主要以感染羊为主，但也存在羊种布鲁氏菌感染牛。鉴于对牛感染羊种布鲁氏菌缺乏有效的免疫措施，而且羊种布鲁氏菌对人具有高度致病性，因而引发的公共卫生问题越来越严重。猪布病主要由猪种布鲁氏菌引起，在南美洲和东南亚较为流行；在欧洲，野猪作为传染源而使猪感染，野兔也是潜在的传染源（表 3-1）。

表 3-1　世界家畜布病分布

布病种	国家和地区（个）	分布地区
牛布病	101	非洲、中美洲、南美洲、东南亚、欧洲南部
绵山羊布病	50	非洲、南美洲
猪布病	33	南美洲、东南亚、欧洲

二、中国疫情

（一）我国布病流行的基本情况

近年来，我国畜间布病疫情范围也在不断扩大，从 2000 年的 160 个县、2 055 个村上升到 2007 年的 279 个县、2 609 个村。同时，随着我国布病监测力度的加大，检出的病畜特别是阳性奶牛迅速增多。据统计，全国奶牛布病阳性率由 2000 年的 0.09％上升到 2007 年的 0.84％；监测阳性病牛由 2000 年的 766 头上升到 2007 年的 23 977 头，增加了 30 多倍。

2013 年上半年，在 14 个省（自治区）及新疆建设兵团的 71 个县、502 个疫点（399 个村、103 个规模场）报告发病，涉及全国大部分地区。疫点易感动物存栏 67.044 2 万头（只），发病动物（主要为羊）6 289 头（只），发病率为 0.94％。

2013 年上半年，全国对羊、奶牛、其他品种牛、猪等不同种动物，在 4.62 万个不同场点开展了布病的非免疫抗体监测，监测羊血清 167.61 万份，平均个体阳性率为 0.58％；奶牛血清 99.55 万份，平均个体阳性率为 0.25％；其他品种牛血清 37.94 万份，平均个体阳性率为 0.14％；猪血清 5.51 万份，平均个体阳性率为 0.09％。

从全国各级疫控机构上报的疫病信息来看，2015 年全国 23 个省（市、区）和新疆兵团报告发生疫情，涉及 250 个县的 3 656 个疫点，发病率为 0.75％；发病省数、县数和疫点数同比分别增加 26.31％、39.66％、50.21％，发病数达到近三年峰值（从 2013 年算起），同比增加 48.42％。2015 年全国布病畜间监测结果显示，全国 27 个省（市、区）和新疆建设兵团发现监测阳性，平均个体阳性率为 1.02％，近三年布病血清阳性率呈逐年上升趋势，同比增加 39.73％。

边增杰等（2018）回顾性地分析了 2013—2017 年国家动物布病参考实验室对布病非免疫流产牛场 23 381 份血清样本流行病学的调查检测结果，5 年间流产牧场整体布鲁氏菌血清抗体阳性率为 44.2%（10 345/23 381）。其中，2013 年的个体阳性率最低，为 33.9%；2015 年最高，达 55.3%。而群体阳性率在 2017 年为最低点，为 81.0%；2014 年的群体阳性率则达到近 5 年峰值，即 93.6%（详细阳性率统计见图 3-2）。一类布病疫区 5 个省（市）的流产畜群间布病阳性率为 13.8%～57.8%；二类布病疫区 4 个省的流产畜群间布病阳性率为 54.4%～86.9%。2013—2017 年，人间、流产畜群间布病发病趋势呈高度正相关（$r = 0.806 > 0$）。

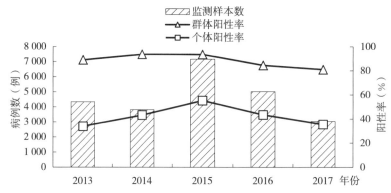

图 3-2 我国 2013—2017 年奶牛布病监测数据统计（边增杰，2018）

（二）我国畜间布病疫情三间分布情况

1. 畜间布病的时间分布 2016 年，在全国 9.51 万个监测场点开展了动物布病监测工作，共监测样品 1 274.85 万份，个体阳性率为 0.78%，群体阳性率为 9.62%。2017 年，在全国 11.200 8 万个监测场点开展了动物布病监测，共监测样品 1 259.531 9 万份，个体阳性率为 0.71%，群体阳性率为 7.85%。2018 年，在全国 10.98 万个监测场点开展了布病监测，共监测样品 1 163.94 万份，个体阳性率为 0.46%，群体阳性率为 6.13%（图 3-3）。

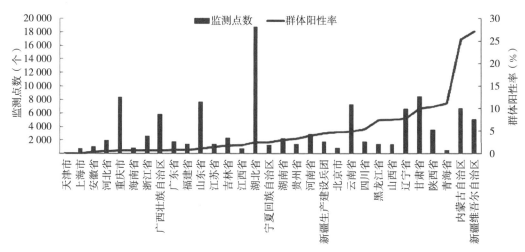

图 3-3 2018 年各省（区）布病监测点数和群体阳性率

2. 畜间分布 从不同畜种感染情况看，奶牛、羊群体阳性率高于其他品种牛、猪群体阳性率；2015—2018 年羊的群体阳性率呈下降趋势，其余群体与往年基本持平；猪的群体阳性率最低（彩图 5）。

3. 场点分布 从不同监测场点看，2015—2018 年各场点之间群体阳性率存在一定差异，商品代饲养场户、散养户呈下降趋势，种畜场相对较为稳定；2018 年群体阳性率最高的为散养户（7.38%），其次为种畜场（6.72%）（彩图 6）。

（董浩 姜海 范学政 刘林青）

参考文献

边增杰，冯宇，朱良全，等，2019.2013—2017 年我国奶牛布鲁氏菌病流行病学趋势与特点 [J]．微生物学通报，46（3）：618-623．

黎银军，2013．我国布鲁氏菌病时空分布及风险预测研究 [D]．北京：中国人民解放军军事医学科学院．

张加勇，徐佳，房莉莉，等，2016．黑龙江省牲畜布鲁氏菌病流行情况调查与分析 [J]．黑龙江畜牧兽医（10）：104-106．

张俊辉，杨超，叶运莉，2011．我国人间布鲁氏菌病流行特征变化及防控策略 [J]．寄生虫病与感染性疾病，9（2）：101-103．

Garofolo G，di Giannatale E，Platone I，et al，2017. Origins and global context of *Brucella abortus* in Italy [J]. BMC Microbiol，17（1）：28.

Lai S J，Zhou H，Xiong W Y，et al，2017. Changing epidemiology of human Brucellosis，China，1955—2014 [J]. Emerg Infect Dis，23（2）：184 – 194.

Njeru J，Wareth G，Melzer F，et al，2016. Systematic review of Brucellosis in Kenya：disease frequency in humans and animals and risk factors for human infection [J]. BMC Public Health，16（1）：853.

Pikula J，Treml F，Beklová M，et al，2002. Geographic information systems in epidemiology-reservoir host ecology and distribution [J]. Acta Vet Brno，71：379-387.

Shevtsova E，Shevtsov A，Mukanov K，et al，2016. Epidemiology of Brucellosis and genetic diversity of *Brucella abortus* in Kazakhstan [J]. PLoS One，11（12）：e0167496.

Tsend S，Baljinnyam Z，Suuri B，et al，2014. Seroprevalence survey of Brucellosis among rural people in Mongolia [J]. Western Pac Surveill Response J，5（4）：13-20.

Wareth G，Hikal A，Refai M，et al，2014. Animal Brucellosis in Egypt [J]. J Infect Dev Ctries，8（11）：1365-1373.

Yumuk Z，O'Callaghan D，2012. Brucellosis in turkey – an overview [J]. Int J Infect Dis，16（4）：228-235.

第四章 临床症候与鉴别诊断

布鲁氏菌侵入机体后首先在巨噬细胞内定殖，并通过阻碍机体先天性免疫受体，抑制溶菌酶、细胞凋亡、抗原递呈等多种方式共同阻滞机体免疫应答；随后在实质脏器的网状内皮细胞中定殖，尤其是在肝脏和肾脏网状内皮细胞大量繁殖后，往往导致肉芽肿形成。在免疫应激等情况下，潜伏的布鲁氏菌会在其定殖部位释放，不断引起慢性感染。布病主要引起妊娠母畜后期自发性流产、波状热及消瘦等症状，对公畜则常常表现为睾丸炎、附睾炎、生育能力下降等，给畜牧业的健康发展带来极大的经济损失。在临床上，需要注意与导致生殖障碍等症候相关的疫病进行鉴别诊断。

第一节 人布鲁氏菌病的临床症候

在我国，布病是近几年发病人数上升速度最快的传染病之一。人患布病后可出现多种临床症状，但是布病感染与感冒、关节炎等疾病引发的临床症状易混淆，需要进行鉴别诊断。

一、临床症候

（一）潜伏期

布病潜伏期一般为 2～3 周，短者 3d，长者数月或更长。发病有急有缓，以渐进性发病者居多。急性发病者前期症状很不明显，早期典型临床症状为发热、多汗、头痛、关节痛，睾丸疼痛、肿大，且多为单侧。慢性感染者则全身不适，疲乏，食欲不振，低热，肌肉和关节疼痛，和感冒症状非常相似。

（二）典型症状

1. **发热** 发热是布病患者最常见的临床表现之一，多见于感染毒力较强菌株的急性期病人，偶见于慢性期病人。不同患者发热的热型不一，有的体温为 37～38℃，持续时间长，属于长期低热型患者；波状热被认为是最典型的热型，高热时患者体温达 38～40℃，然后降低，而后又反复发作。波状热在临床已经少见，多为低热、间歇热和不规则发热。发热程度跟患者感染的菌株毒力和感染量有直接关系，患者感染不同菌种后发热的严重程度有所差异。羊种布鲁氏菌感染者菌血症严重，发热明显，且易出现波状热；牛种布鲁氏菌感染的病人以微热多见，往往伴有寒战、头痛，关节和肌肉疼痛，退热时则大量出汗。布病患者在高热时一般没有特别不适的感觉，但是当体温下降时反而会出现症状恶化。这种发热与病情相左的现象为布病所特有，具有一定的诊断意义。

2. **多汗**　发热患者多汗，体温下降时出汗更明显。大量出汗后，患者则表现疲倦无力甚至虚脱。慢性期患者虽不发热，但也有多汗症状。出汗往往夜间多发，可湿透衣被，汗质黏稠，多出现在头部和胸部。

3. **乏力**　大多数布病患者均有乏力这一症状，严重者丧失劳动能力。各期病人都有乏力感，但慢性期病人的乏力症状比较突出。出现乏力时，患者往往食欲不振，精神倦怠，伴随失眠和头痛等症状。

4. **关节疼痛**　一般在发病最初几天就出现关节疼痛，疼痛部位以膝关节最为多见。关节疼痛的性质与风湿性关节炎相似，急性期病人呈游走性、针刺样疼痛，以非固定性疼痛居多，少数为固定性疼痛；慢性期病人疼痛多固定在某些关节，为持续性钝痛，疼痛的发生往往在发热时变得加重，体温降低后得到缓解。

5. **肝、脾和淋巴结肿大**　肝脏发生病变时，上腹部不适、疼痛，触诊时肝脏肿大，有轻微压痛。淋巴结因炎症而形成单发或多发性淋巴结肿大，严重时化脓破溃。经口感染者多发生颈部、咽后壁和下颌淋巴结肿大。发生肝、脾和淋巴结肿大疼痛的病人，往往处在急性期，白细胞数量往往偏低。

6. **神经系统损伤**　主要表现为神经痛和神经炎。中枢神经损害者占30%，周围神经损害者占60%，植物神经损害者占10%。神经痛经常与关节损害等病灶构成合并症，腰部和双下肢剧痛。中枢神经系统损害者的病情较为严重，多为脑膜炎、脑炎和脊髓炎，表现为头痛、烦躁不安、记忆力减退、颈项强直、瘫痪，甚至最终死亡。

7. **泌尿-生殖系统损伤**　男性病人可发生睾丸炎、附睾丸炎，多为单侧性睾丸肿大，阴囊红肿，疼痛、触痛，步行时疼痛加重。经过药物治疗可完全恢复，对睾丸的功能影响不大。个别病例可以发生化脓或睾丸实质萎缩，性功能低下，尿频和尿血。女性患者可见卵巢炎、输卵管炎、子宫炎、子宫内膜炎，以及特异性的乳房炎，甚至少数患者还可以发生流产。

8. **心脏、血管系统损伤**　慢性布病患者可发生心内膜炎、心肌炎和心包炎。心内膜炎是布病患者死亡的主要原因之一，主要表现为低血压、心脏收缩期杂音、心动过速或过缓、心律不齐、脉管炎等。

9. **呼吸系统损伤**　吸入感染时可出现原发性肺炎、肺脓肿、慢性肉芽瘤及胸膜炎等。患者常见的症状就是咳嗽。

10. **软组织损伤**　主要临床所见是纤维性炎症和脓肿。脓肿一般位于组织浅层，缓慢发生，多位于臀部、腰部和大腿前侧。

（三）人感染布鲁氏菌活菌苗后的临床特点

国外有报道感染布病S19号菌苗的患者，其病程一般较轻，病期较短。我国一些从事布鲁氏菌研究、生产的人员，感染后也出现了类似布病的临床症状。

1. **急性感染**　如果一次大剂量将布鲁氏菌M5株或布鲁氏菌S2株吸/注入机体，也会表现出典型的布病症状。布鲁氏菌M5株苗感染人表现为寒战、高热、全身无力、关节疼痛、卧床不起，并可能反复发作。布鲁氏菌S2株苗经口感染，可引起咽喉炎和发热，有颈部、下颌及腋下淋巴结肿痛，周身无力，关节疼痛等症状。

2. **慢性感染**　多见于从事布鲁氏菌疫苗生产的人。患者一般没有明显的症状，偶尔会表现为低热、乏力、关节酸痛等症状。

二、鉴别诊断

该病的临床表现多种多样，缺少特异性，在很多情况下确诊比较困难，特别是对慢性布病患者的诊断更加困难，需要与感冒、伤寒、副伤寒、风湿热、肺结核、疟疾等相鉴别。鉴别时注意本病的特征性表现，如反复发作的发热，伴有多汗、游走性关节痛、神经痛、高热但神志尚可，退热后体感不适加重，肝、脾及淋巴结肿大，如有睾丸肿大疼痛则基本可确诊，再根据流行病学接触史、临床症状和体征、实验室检查结果进行全面分析和综合诊断。

布病急性期应与下列疾病相鉴别：

（一）感冒

人感染布病的初期症候与感冒类似，表现为全身不适、疲乏无力、头痛肌痛、烦躁或抑郁等，持续 3～5d。但感冒是短时间内发生，并具有局部传染性，症状为鼻塞、流涕、发热、咳嗽、精神倦怠、食欲减退等，经感冒药物治疗会获得良好的效果。

（二）风湿热

布病与风湿热均伴有发热和游走性关节疼痛。但风湿热病人可见特殊的心脏改变、皮下结节、环形红斑及舞蹈症，少见肝和脾肿大、睾丸炎及神经系统损害。实验室检查抗链球菌溶血素"O"试验为阳性，布病特异性化验呈阴性。此外，水杨酸制剂对风湿热有明显疗效，而对布病只能暂时缓解疼痛。

（三）伤寒、副伤寒

有些伤寒病患者持续发热，呈波状热型，肝、脾肿大，白细胞数量减少，淋巴细胞数量增多，这与布病相似。伤寒患者多具有特殊的热型，早期呈阶梯形上升，极期多呈稽留热型，后期呈弛张型缓解。患者呈毒血症状态，表现神经呆滞、意识模糊、兼具消化系统症状。可培养出伤寒杆菌，而布病实验室检查均为阴性。

副伤寒虽也与布病有相似之处，但发病较急，病情较轻，病程较短，少见并发症。副伤寒病常在身体虚弱和慢性疾病的基础上发病，临床表现类似于败血症。因此，与布病鉴别并不困难，血培养结果对两病的鉴别诊断具有重要参考价值。

（四）疟疾

发生布病和疟疾时都可出现发热与大量出汗相交替的病程。患者的肝、脾肿大，白细胞数量减少及淋巴细胞数量增多等。但布病患者没有疟疾发作时那种有规律性的热型，疟疾患者没有布病那样严重的运动器官及性器官损害。疟疾病人周围血涂片中可发现疟原虫，而布病特异性实验室检查则为阴性。

（五）败血症

布病急性期和败血症都可有寒战、发热、出汗、全身不适、关节疼痛、肝脾肿大等症状。败血症常有原发感染病灶，中毒症状严重，发热多为高热，呈弛张热型，严重患者可出现神智障碍、白细胞数量增加，并以中性粒细胞数量增加显著，多数呈进行性贫血，血培养可发现其他病原菌。布病特异性实验室检查均为阴性。布病患者高热时神志清晰，白细胞数量减少，淋巴细胞数量相对增多。

（六）结核

布病和结核病患者均可见长期发热、多汗、疲乏无力、白细胞数量减少、淋巴细胞数量增多、中度贫血、血沉加快等临床特征。因此，很容易将布病误诊为肺结核，将淋巴结肿大的布病患者误诊为淋巴结结核。但肺结核病人全身中毒表现比较严重，消瘦明显、颜面苍白、两颊潮红，很少有肝、脾肿大，血沉加快更为明显。从肺结核活动期病人痰内可查培养出结核杆菌，胸部 X 线检查有肺结核的特异性征象。布病的特异性实验室检查为阴性。

淋巴结结核和具有淋巴结肿大的布病主要区别是：淋巴结结核的特点是肿大的淋巴结相互粘连成"小包囊"，破溃后形成瘘道及瘢痕，布病性淋巴结炎症很少出现破溃。

（七）风湿性关节炎

慢性期布病和风湿性关节炎在牧区都多见，以关节游走性疼痛为特点，且反复发作，阴天加剧。但风湿性关节炎多有风湿热的病史，关节发生病变时腔内少有积液，不发生关节强直和畸形，骶髂关节很少受累，抗链球菌溶血素"O"试验常为阳性，患者服抗风湿药有效。布病特异性实验室检查则为阴性。

（八）类风湿性关节炎

本病多发生在 40 岁以下，女性多见，常侵犯多个小关节，从手、足关节开始，呈对称性肿胀、疼痛、畸形与强直，风湿因子的血清反应为阳性，但不具有发热、多汗、肝脾肿大等临床表现。布病实验室特异性检查则为阴性。

第二节　牛布鲁氏菌病的临床症候与鉴别诊断

牛布病在世界各地养牛地区均有广泛报道，对畜牧业造成巨大的经济损失，并造成严重的公共卫生安全问题，引起了全世界的广泛关注。截至本书出版，仅有西欧、北欧、新西兰、澳大利亚、加拿大等少数国家和地区经长期努力实现了牛布病的净化。

布鲁氏菌首先通过黏膜或是皮肤感染牛，然后通过淋巴液与血液进入牛的多个脏器。如果巨噬细胞及 T 淋巴效应细胞不能够彻底杀灭病菌，则存活的病原菌就会在宿主细胞内大量复制、繁殖，并释放进入血液循环系统，引起菌血症，从而导致带菌牛体温大幅度上升。在病菌重复侵袭以后，牛的病情将会更加严重。布鲁氏菌增殖速度极快，一旦牛胎盘绒毛膜滋养层细胞受到感染，就极易出现胎盘炎症，严重的还可能导致子宫内膜炎。在病菌增殖的过程中，牛胎盘绒毛会出现坏死，并渐进性增强，可致使母体和胎儿胎盘慢慢分离，最终引发流产。

一、临床症状

布鲁氏菌在奶牛体内的潜伏期为 2 周至 6 个月。母牛一旦感染，最显著的症状就是流产。流产可以发生在妊娠的任何时期，但多见于妊娠 5～7 个月。布鲁氏菌感染可导致胎儿死亡，死胎对子宫是一种异物刺激，从而使胎盘失去其正常生理机能，引起流产。奶牛流产前一般体温不高，主要表现为阴唇和阴道黏膜红肿，从阴道内流出灰白色（彩图 7）或浅褐色黏液。荐部与肋部下陷，乳房肿胀，乳量减少，乳汁呈初乳性质，继而发生流产。少数牛只还有生殖道的发炎症状，即阴道黏膜发生粟粒大红色结节，由阴道内流出灰白色或灰色的黏性分泌液。有时看不出任何症状，牛突发流产。

流产时胎水多清亮，但有时混浊（内含有脓样絮片）。感染奶牛流产后从阴道内流出红褐色分泌物，有时有恶露（彩图 8），往往持续 1～2 周，如不伴发子宫炎常可自愈。

病变胎盘的坏死组织因机化而形成肉芽组织，使胎儿胎盘与母体胎盘之间紧密结合，这是流产后胎盘常滞留不下的原因。如流产后胎衣被很快排出，则病牛很快恢复，能正常发情受孕，但也可能发生再次流产。胎衣不下的病牛，如处理不及时可能继发慢性子宫炎，可引发不孕。病菌还会侵袭子宫附近器官，造成感染和慢性炎症，如子宫炎、乳房炎、关节炎、支气管炎、局部脓肿等。

公牛感染布鲁氏菌常发生睾丸炎和附睾炎，其睾丸肿大，有热痛，后逐渐减轻，触之质地坚硬，配种能力降低。病牛逐渐表现出关节肿胀、疼痛、喜卧，其发病关节常为膝关节（彩图 9）或腕关节（彩图 10），有时临床表现为跛行。

初次发病牛群，病情急剧，经过 1～2 次流产的病牛妊娠后一般不再流产。

二、剖检变化

病变主要存在于子宫、胎儿和胎衣。在子宫绒毛膜间隙有污灰色或黄色胶样渗出物，绒毛膜上有坏死灶，并附有黄色坏死物。胎膜水肿而肥厚，呈黄色胶冻样浸润，表面附有纤维素渗出或有出血（彩图 11）。

胎儿皮下及肌间结缔组织有出血性浆液性浸润。黏膜和浆膜有出血斑（点），胸腔和腹腔有微红色液体。肝、脾和淋巴结有不同程度的肿大，有时有坏死灶。肺脏常有支气管肺炎病灶。公牛睾丸、附睾或精囊有炎症、出血、增生性坏死灶或化脓灶。

三、组织学病理变化

患病公牛睾丸内生精细胞坏死、脱落；曲细精管间质内中性粒细胞浸润，并形成大小不等的脓灶，脓灶周围也可见淋巴细胞、巨噬细胞增生或上皮细胞样结节或增生结节形成；成熟的精子和生精细胞减少（彩图 12）；淋巴结、肝脏、脾脏等器官出现水肿及特征性肉芽肿。感染牛的肾脏出现上皮样细胞增多，并形成肉芽肿（彩图 13）；脾脏出现网状纤维和内皮细胞增多（彩图 14）；肝脏肝细胞水肿变性，部分肝细胞崩解，枯否氏细胞数量增多（彩图 15）；肠系膜淋巴结部分区域出血，淋巴细胞数量减少，呈出血性淋巴结炎（彩图 16）。

胎盘绒毛膜滋养层细胞是布鲁氏菌的重要靶细胞，感染布鲁氏菌的母牛其子宫滋养层上皮细胞可见大量布鲁氏菌（彩图 17 和彩图 18），并且会出现中性粒细胞等炎性浸润，伴有坏死、水肿、纤维蛋白沉积，在某些情况下还伴有血管炎。子宫内膜有严重的中性粒细胞、淋巴细胞和浆细胞浸润及少数的嗜酸性粒细胞浸润。这种炎症反应与腔上皮的多灶性糜烂或浅表性溃疡有关。子宫壁和子宫内膜表面的坏死碎片细胞内和细胞外含有大量的布鲁氏菌。感染的子宫内含有纤维蛋白和坏死碎片的恶臭黄色至褐色渗出物。胎盘病变在胎盘中随机分布，有的为正常胎盘，有的有严重坏死和出血。流产后几周，子宫炎性浸润仅限于腺体周围和血管周围。

　　乳腺是布鲁氏菌感染的另一个重要靶器官。流产布鲁氏菌导致多灶性间质性乳腺炎伴随巨噬细胞间质积聚和中性粒细胞腺泡内浸润，这与占主导地位的细胞内生物的适度数量有关。组织病理学变化还包括淋巴结中的淋巴样增生，其可能与中性粒细胞浸润有关，中性粒细胞浸润可能发展为肉芽肿性淋巴结炎。

　　流产的胎儿其皮下及肌间结缔组织有出血性浆液性浸润。黏膜和浆膜有出血斑（点），胸腔和腹腔内有微红色液体。肝、脾和淋巴结有不同程度的肿大，有时有坏死灶。肺脏常有支气管肺炎病灶。流产的胎儿其肺部可能出现肺炎区域，这些区域坚硬，小叶间隔增厚。此外，流产的胎儿可能会出现髂内淋巴结、支气管淋巴结和肝淋巴结肿大，肾上腺肿大，胸腺发育不足，这可能与出血有关。胎儿也可能出现纤维性心包炎，淋巴结和脾中存在淋巴样增生，而胸腺中淋巴细胞减少，在肝脏、脾脏和肾脏最终可发生肉芽肿性炎症过程。

四、鉴别诊断

　　牛感染布鲁氏菌后，最典型的临床表现为流产、早产。临床上可以引起妊娠母牛流产的疾病有很多种，在生产实践中要与其他疾病相区别。

（一）沙门氏菌病

　　沙门氏菌引起的怀孕母牛流产临床上多见于1～3岁的牛，呈散发性或地方流行性。患牛精神沉郁，食欲减少，发热（40～41℃），结膜炎，咳嗽，流鼻液，呼吸困难，持续下痢，粪便带血和纤维素絮片，有恶臭，迅速脱水消瘦。常有跗关节炎，有时表现腹痛，母牛常发生流产。病程一般为1～5d，病死率为30%～56%。病理剖检变化主要是肠炎，多为小肠出血性炎，其肠壁淋巴结肿大，肠黏膜有局部性坏死区。

（二）李氏杆菌病

　　国内偶有报道。该病致死率较高，病牛主要表现为败血症、脑膜炎和妊娠流产。其临床病症表现为病初体温升高1～2℃，不久降至正常体温。原发性败血症多见于幼犊，表现为精神沉郁、呆立、低头垂耳、不随群行动、不听驱使、流泪、流涎、流鼻涕、吞咽困难，有时在口颊一端积聚多量没有嚼烂的草料。患脑膜炎病的牛主要表现为一侧麻痹，头弯向对侧，该侧耳下垂，眼半闭，视力丧失，沿头方向旋转做圆圈运动；头抵墙不动，颈项强硬，有的呈角弓反张，最后卧地，呈昏迷状。流产的妊娠母牛，其病程短的有2～3d，长的有1～3周或更长。

（三）弯曲杆菌病

　　国内偶有报道。患病公牛一般没有明显症状，精液也正常，但可带菌。母牛与之交配感染后，病菌在阴道和子宫颈部繁殖，引起阴道卡他性炎症，阴道黏膜发红，黏膜分泌量增多。妊娠母牛因阴道卡他性炎和子宫内膜炎导致胚胎早期死亡并被吸收，或发生早期流产而不育。病牛不断假发情，发情周期不规则。6个月后大多数母牛可再次受孕，有些被感染的母牛可继续妊娠，直至胎盘出现较重的病损时才发生胎儿死亡和流产。康复母牛能获得免疫，对再次感染具有一定的抵抗力，即使与带菌公牛交配仍可受孕。其病变并无特征性，多局限于子宫。子宫黏膜可能充血、水肿，胎膜水肿，绒毛叶充血，可有坏死区。流产胎儿肉眼可见的主要病变在肝脏，其上可见多量圆形坏死灶，直径为0.5～1.5cm。胎儿腹壁皮下组织常呈红色水肿，体腔含有血染的液体。

（四）牛病毒性腹泻

国内感染率高，刚出生犊牛发病严重，常见牛群持续性感染。牛感染病毒性腹泻病毒（bovine viral diarrhea virus，BVDV）后会出现多种临床症状，包括流产、胎儿先天性缺陷、木乃伊胎、持续性感染、腹泻后突然死亡、脉管炎、免疫抑制、血管炎、淋巴组织和胃肠道鳞状上皮坏死等。易感母牛感染 BVDV 之后，母牛发生流产的时间可以出现在整个妊娠期的任一阶段，不过主要还是出现在妊娠早期。由 BVDV 感染引起的流产胎儿有可能发生自溶或者是木乃伊胎。胎盘病变主要包括血管炎、水肿、充血和出血，以及一些变性和坏死。中枢神经系统的病变主要有小脑发育不良、脑积水等。眼部病变主要有白内障、视网膜变性、视神经炎等。其他症状与病变有胸腺再生障碍性贫血、肺和肾功能发育不全、生长迟缓等。由于胎儿死亡跟发生流产通常会有时间间隔，因此仅观察到流产或者胎盘、胎儿的一些病变并不能确诊。

（五）牛疱疹病毒-1 型病

感染牛疱疹病毒-1 型（bovine herpes virus-1，BHV-1）的大部分母牛在妊娠 5～8 个月之后发生流产，也有部分母牛在病毒感染 3～6 周后就出现流产。BHV-1 感染潜伏期为 15～64d，通常出现在母牛妊娠的任何阶段。由于 BHV-1 感染胎儿后，会使胎儿出现一定程度的自溶，因此给病变描述与观察带来一定困难。多灶性凝固性坏死是流产胎儿肝脏的最常见病变。肝脏和肺脏中出现直径为 1～3mm 的白色至棕褐色病灶，血液浆液性肾周水肿、肾皮质大量坏死及出血是比较常见的病变。核内包含体偶尔可见嗜酸性粒细胞，特别是在坏死的肾上腺组织及肝脏周围。胎盘通常出现水肿和坏死。胎儿感染会导致严重的内脏损害，阻碍胎盘与外界的循环，引起胎盘变性，导致流产。病理剖检是初步诊断的主要方法。由于胎儿很容易自溶，因此需要有一定量的感染性病毒粒子才能成功地进行病毒分离。免疫组化和免疫荧光也是检测病毒抗原常用的方法。

（六）蓝舌病

蓝舌病由蓝舌病病毒（blue tongue virus，BTV）感染引起，牛群中最常见的症状有发热，鼻炎，口腔黏膜及乳头周围出现溃疡和痂皮。此外，还有流涎、流泪、结膜炎、肢体僵硬等症状的报道。犊牛有可能因为摄入感染 BTV 的初乳而感染。BTV 能够通过胎盘屏障感染胎儿，流产通常发生在母牛妊娠的 4～9 个月。奶牛妊娠期间感染 BTV 后所引起的各种后遗症同 BTV 感染时间有关。BTV 的早期感染（妊娠 70d 之前）通常导致胎儿在子宫内死亡或被吸收或者造成流产，妊娠 70～130d 期间感染会引起胎儿畸形或者死亡。

（七）流行性出血热病

由流行性出血热病病毒（epizootic haemorrhagic disease virus，EHDV）感染引起的出血热对牛的影响不是特别严重，主要症状有发热、吞咽困难所导致的厌食等。EHDV 共有 10 个不同的血清型，分别被命名为 EHDV1～8、EHDV-318 和茨城病毒。不过，2009 年有学者曾指出茨城病毒应该属于 EHDV-2。茨城病毒能够引起奶牛死胎或者流产。

（八）赤羽病

该病跟流产、木乃伊胎、死胎、早产及先天性异常有关，是一种通过库蠓和蚊虫传播的疾病，又被称为牛地方流行性关节挛缩与小脑形成不全综合征。流产胎儿病理剖检时，可见脑部畸形、脑积水等。关节挛缩也是常见的症状，一般前肢所受的影响往往要比后肢大。牛在妊娠早期被病毒感染会引起流产；妊娠中期感染会引起关节挛缩与小脑形成不全；妊娠后期感染的结果是新出生的犊牛出现脑脊髓炎。

（九）牛细小病毒病

牛细小病毒感染引起的流产通常是零星发生，并且发生在母牛妊娠的早期阶段，病毒可以从多种胎儿组织及胎盘中分离到。

第三节　猪布鲁氏菌病的临床症候与鉴别诊断

猪布病是猪感染布鲁氏菌引起的一种人兽共患疾病，在全世界多数国家的野生和家养猪中都有发生，主要是由猪种 1 型亚种引起，而中国和新加坡主要由猪种 3 型亚种引起。该病在亚洲（特别是东南亚）有较高的流行性。

猪种布鲁氏菌（1 型亚种和 3 型亚种）对人的致病性似乎高于牛种布鲁氏菌，大量接触过感染猪的人其组织中有较多数量的猪种布鲁氏菌。由于猪不用于生产奶制品，因此人感染猪种布鲁氏菌几乎全部是职业性的，包括农场工人、兽医和屠宰工人。

一、临床症状

母猪和公猪种感染猪种布鲁氏菌均表现出明显的临床症状，母猪多在妊娠后第 3 个月发生流产。流产母猪精神不振，食欲不佳，乳房和阴唇肿胀，有时会排出黏性脓样分泌物，很少出现胎盘停滞。子宫黏膜常出现灰黄色栗粒大结节或卵巢脓肿，导致不孕。正常分娩或早产时，可产生弱仔或死胎、木乃伊胎。病猪发生脊髓炎时，可致后躯麻痹；发生关节炎、滑液囊炎时，则出现跛行。公猪出现一侧或两侧睾丸炎、附睾萎缩，性欲减退甚至消失，失去配种能力。

二、病理变化

发病母猪子宫均有明显病变。可见黏膜上散在分布淡黄色的小结节，其直径多半为 2～3mm。结节质地硬实，切开可挤压出少量干酪样物质。小结节可相互融合成不规则的斑块，从而使子宫壁增厚、内膜狭窄。输卵管也有类似子宫结节的病变，有时会引起输卵管阻塞。在子宫阔韧带上时有散在的扁平状、红色及不规则的肉芽肿。流产或正常生产时胎儿的状态多不相同，这是由于猪胎衣各不相连，胎儿受感染的程度和死亡时间不同。公猪布鲁氏菌性睾丸炎结节中心为坏死灶，外围有上皮细胞区浸润，被白细胞结缔组织包囊，附睾通常呈化脓炎症。

猪种布鲁氏菌病常引起关节病，其主要侵害四肢大关节，病变开始时呈滑膜炎，表现为具有中央坏死灶的增生性结节，有的坏死灶可发生脓性液化。猪种布鲁氏菌病还可引起椎骨和脊髓炎病变，化脓性炎症的蔓延可引起化脓性脊髓炎或椎旁脓肿。

三、鉴别诊断

母猪流产可发生于妊娠的任何阶段，但多见于妊娠早期。隐性流产发生于妊娠早期时，由于胚胎尚小，骨骼还未形成，胚胎被子宫吸收后而不排出体外，不表现出临诊症状。如果胎儿大部分或全部死亡时，母猪很快出现分娩症状，乳房肿大，阴门红肿，从阴门内流出污褐色分泌物，排出死胎或弱仔。

引起母猪流产的原因较多，病原性和非病原性原因都可引起母猪流产。要注意与猪细小病毒病、猪繁殖和呼吸障碍综合征、猪伪狂犬病、猪乙型脑炎、猪衣原体病、猪钩端螺旋体病、猪弓形虫病等相区别。

（一）猪细小病毒病

多发于初产母猪，感染多发生在 4—10 月。母猪流产时，肉眼可见母猪有轻度子宫内膜炎变化，胎盘部分钙化，胎儿在子宫内有被溶解和被吸收的现象。大多数死胎、死仔或弱仔皮下充血或水肿，胸、腹腔积有淡红色或淡黄色渗出液。肝、脾、肾有时肿大脆弱或萎缩发暗，个别死胎、死仔皮肤出血，弱仔生后半小时先在耳尖，后在颈、胸、腹部及四肢上端内侧出现淤血、出血斑，半日内皮肤全变成紫色而死亡。除上述各种变化外，还可见到畸形胎儿、干尸化胎儿（木乃伊胎）及骨质不全的腐败胎儿。

（二）猪繁殖和呼吸障碍综合征

母猪染病后，初期出现厌食、体温升高、呼吸急促、流鼻涕等类似感冒的症状，少部分感染母猪四肢末端、尾、乳头、阴户和耳尖发绀，并以耳尖发绀最为常见，个别母猪腹泻，后期则出现四肢瘫痪等症状，一般持续 1～3 周，最后可能因为衰竭而死亡。妊娠前期母猪流产，妊娠中期母猪出现死胎、木乃伊胎，或者产下弱胎、畸形胎，哺乳母猪产后无乳。

（三）猪伪狂犬病

成年猪一般为隐性感染，若有症状也很轻微，易于恢复。主要表现为发热、精神沉郁，有些病猪呕吐、咳嗽，一般于 4～8d 内完全恢复。妊娠母猪可发生流产、产木乃伊胎儿或死胎，其中以产死胎为主的无论是头胎母猪还是经产母猪都发病，而且没有严格的季节性，但以寒冷季节即冬末春初多发。

（四）猪乙型脑炎

猪感染乙型脑炎时，临床上几乎没有脑炎症状的病例。猪常突然发生，体温升至40～41℃，稽留热；精神萎缩，食欲减少或废绝；粪便干燥，呈球状，表面附着灰白色黏膜；有的猪后肢呈轻度麻痹，步态不稳，关节肿大，跛行。妊娠母猪突然发生流产，产出死胎、木乃伊胎和弱胎，母猪无明显异常表现，同时产出的也有正常胎儿。公猪除有一般症状外，常发生一侧性睾丸肿大，也有两侧性的，患病睾丸阴囊皱襞消失、发亮，有热痛感，经 3～5d 后肿胀消退，有的睾丸变小变硬，失去配种繁殖能力。如公猪仅有一侧睾丸发炎，则仍有配种能力。

（五）猪衣原体病

妊娠母猪感染后引起早产、死胎、流产、胎衣不下、不孕症及产下弱仔或木乃伊胎。初产母猪发病率高，一般可达 40％～90％，早产多发生在临产前几周（妊娠100～104d），妊娠中期（50～80d）的母猪也可发生流产。母猪流产前一般无任何表现，体温正常，也有的表现出体温升高（39.5～41.5℃）。产出的仔猪部分或全部死亡，活仔多体弱，出生重小，拱奶无力，多数在出生后数小时至 1～2d 死亡，死亡率有时高达

70%。公猪生殖系统感染后，可出现睾丸炎、附睾炎、尿道炎等生殖道疾病，有时伴有慢性肺炎。

（六）猪钩端螺旋体病

此病多发于仔猪，母猪一般无明显的临床症状，有时可表现出发热、无乳。但妊娠不足 4～5 周的母猪，受到钩端螺旋体感染后 4～7d 可发生流产和死产，流产率可达 20%～70%。妊娠后期的母猪感染后可产弱仔，出生仔猪不能站立，不会吸乳，1～2d 死亡。

（七）猪弓形虫病

本病在 5—10 月的温暖季节发病较多，以 3～5 月龄的仔猪发病严重。病猪精神沉郁，结膜发绀，皮肤上有紫红色斑块；高热稽留（体温 40～42℃）；呼吸困难、咳嗽；有时出现肠炎及神经症状，妊娠母猪可发生早产或产出发育不全的仔猪或死胎；全身淋巴结肿大，有小点坏死灶；肺高度水肿，小叶间质增宽，其内充满半透明胶冻样渗出物；气管和支气管内有大量黏膜和泡沫，有的并发肺炎；脾脏肿大，呈棕红色；肝脏呈灰红色，有散在小点坏死；肠系膜淋巴结肿大。

第四节　羊布鲁氏菌病的临床症候与鉴别诊断

羊种布鲁氏菌感染的传染源主要是病羊及带菌羊，最危险的是受感染的妊娠母羊，在流产和分娩时，它们会将大量的布鲁氏菌随胎儿、羊水、胎衣排出。健康羊通过采食被污染的饲料、饮水后经消化道感染，经皮肤、黏膜、呼吸道及生殖道也可感染。该病感染羊时不分性别和年龄，一年四季均可发生。相比而言，母羊较公羊更易感，性成熟后比性成熟前更易感。尤其需要注意的是，与病羊密切接触的人员，比如临床兽医、挤奶工人、产房内工人、加工病羊肉的屠宰工人易被感染。

一、临床症状

多数病羊为隐性感染，不表现临床症状（彩图 19）。患病的妊娠母羊流产则是本病的最主要症状，流产常发生在妊娠后的 3～4 个月，流产前阴道往往会流出黄色黏液。严重时患病山羊的流产率可达 50%～90%，患病绵羊流产率也可达 40%。早期流产的胎儿，常在出生前就已经死亡；发育较完全的胎儿出生时很衰弱，不久后可能死亡。流产母羊多数胎衣不下（彩图 20），继发子宫内膜炎，影响下次受胎。有时病羊发生乳房炎、关节炎和滑囊炎而致跛行、后肢麻痹或脊髓炎。

公羊主要表现为睾丸炎、睾丸肿大、阴囊增厚硬化、附睾炎和关节肿胀，性欲降低甚至不能配种，少数病羊发生角膜炎和支气管炎。

二、剖检病变

病变主要发生在生殖器官。胎盘绒毛膜下组织胶样浸润、充血、出血、水肿、糜烂和坏死，胎儿真胃中有淡黄色或白色黏膜絮状物，肝、脾和淋巴结肿大，肝出现坏死灶，肠胃和膀胱的浆膜与黏膜下可见点状或线状出血。

三、组织学病理变化

镜检可发现淋巴结内淋巴细胞增生，表现为淋巴小结数量增多，生发中心明显（彩图21），也可见淋巴结生发中心出血（彩图22）。同时网状细胞和上皮样增生、聚集，形成上皮样细胞结节，有时结节内可见多核巨噬细胞。在肝脏也常常可见肉芽肿（彩图23）和坏死灶（彩图24），最外层由普通肉芽组织和浸润的淋巴细胞组成。在某些急性病例，尚可见渗出性结节，结节中央为核破裂的中性粒细胞坏死灶，外周肺组织充血、出血，中性粒细胞浸润和浆液渗出。在肾脏可见肾小管管腔内有大量蛋白物质渗出，间质炎性细胞浸润（彩图25），严重者可见大量管型（彩图26）。在肺脏所见的结节性病变，多为增生性结节，其中央是由破碎的中性粒细胞形成的坏死灶（小化脓灶），外围是由上皮样细胞、多核巨细胞构成的特殊肉芽组织（彩图27）。附睾主要病变为间质水肿，淋巴细胞、巨噬细胞浸润，病程久的甚至发生间质结缔组织增生和纤维化。附睾管坏死或增生、水泡变性。精子可从损伤的管壁外渗并引起精子性肉芽肿。流产子宫渗出物中含中性粒细胞、脱落的上皮细胞、组织坏死崩解产物。绒毛叶充血、出血、水肿和中性粒细胞浸润，上皮细胞的胞质内含有大量病原菌，并发生坏死，局部组织脓性溶解形成深浅不一的糜烂。有些胎盘病灶中可见肉芽组织增生，使绒毛叶与子宫肉阜粘连。在卵巢组织颗粒层细胞可见布鲁氏菌定殖（彩图28）。

四、鉴别诊断

羊流产的病因复杂，需根据饲养管理情况、流产病史、感染症状、胎儿胎衣等综合判断，确诊同样需要采集内容物、胎衣等做实验室镜检或经血清学检测判断。对流产山羊做好鉴别诊断至关重要。需根据不同的致病因素，采取相应的诊治措施。

（一）羊沙门氏菌病

主要是由鼠伤寒沙门氏菌、羊流产沙门氏菌、都柏林沙门氏菌引起的羊的一种传染病，以羊发生下痢、妊娠母羊流产为特征。通过观察羊群的腹泻情况，并结合虎红平板凝集试验等布鲁氏菌特异性检测方法可与羊流产沙门氏菌病进行区分。

（二）弓形体病

羊感染弓形体后的流产多见产前4～6周。流产的同时伴有胎衣不下、死胎排出。剖检可见绒毛暗红色，胎盘肿胀，有1～2mm的坏死灶。经实验室分离试验，明显可见弓形体，确诊需结合血清学方法。

（三）传染性胸膜肺炎

病羊食欲废绝，精神沉郁，呼吸困难，从鼻腔内流出黏液，眼睑水肿，眼角有脓液流出，听诊胸部明显有摩擦音，胸膜发炎。同时，死亡率较高。此症引起的流产与巴氏杆菌症状类似，鉴别时取病料做涂片镜检可区别开来。

（四）衣原体病

衣原体感染在羊中同样为常见的传染性疾病，可导致母羊流产、产死胎。母羊一旦感染衣原体，可导致胎衣绒毛炎症，致羔羊早产。衣原体病感染常见2—3月，尤其是2岁母羊的发病率更高些。怀孕母羊感染此病后，常常无前兆性流产，为养羊业带来极大的经济损失，地方上常呈散发性流行。

（五）羊肠毒血症

病羊最初精神稍显萎顿，短时后发生急剧下痢，粪便初呈黄棕色或暗绿色之粥状，量多而臭，内含灰渣样的料粒。随后迅速变稀，并混有血液及黏液，继而为黑褐色的稀水状，并混有黑色血块，行走时排稀粪。肛门黏膜极度充血，出现抖毛、张口等表现，大多数病羊有显著的疝痛症状。食欲消失，行动迟缓。后期表现肌肉痉挛，继而卧地不起，头弯向背部，四肢做游泳样运动，大声哀叫而死。妊娠母羊常因腹泻而流产，但流产不是本病的典型症状。

（六）羊链球菌病

病羊精神不振，食欲减少或不食，反刍停止，行走不稳；初期为结膜充血、流泪，之后则是流脓性分泌物；鼻腔初期流浆液性鼻液，随后变为脓性鼻液；病羊口流涎并伴有泡沫，体温升高至41℃以上。下颌淋巴结肿大，咽喉触诊有显性肿胀，舌湿润肿大；粪便松软，带黏液或血液。妊娠母羊流产。濒死期常出现磨牙、抽搐、惊厥等症状，最后因心力衰竭而死亡。

（七）羊李氏杆菌病

初期病羊体温升高，食欲消失，精神沉郁，眼睛发炎，视力减退，眼球常凸出。后期病羊出现步态蹒跚或来回转圈等神经症状。有时表现为头颈偏于一侧，走动时向一侧转圈，不能强迫改变；在行走中遇有障碍物，则以头抵靠而不动。有时表现为头颈上弯，呈角弓反张状。病羊倒地不起、昏迷，四肢呈游泳状，一般2～3d死亡。母羊流产或产弱胎，流产大多发生于妊娠3个月以后，流产率达到15％。与布鲁氏菌病的区别是，患羊李氏杆菌病的病羊其神经症状明显。

（八）羊胎儿弯曲菌病

病羊在潜伏期过后体温升高到40～42℃，经2～3周减退。发热期病原体可在血液中存在，特别是高热期大部分血细胞中均含有病原体。体温减退后，血液中的病原体几乎消失，但仍具有传染性，可维持2年。少数病羊痊愈后仍可复发。患病绵羊表现抑郁，体重明显下降。成年母羊肌肉强直，站立不稳，大约有30％的妊娠母羊流产。患病羔羊很少出现临床症状，但由于白细胞减少而易患其他疾病。

（九）羊钩端螺旋体病

成年母羊表现为流产，多见于妊娠的最后2个月。患病母羊在流产前体温升高到40～41℃，厌食、精神沉郁，部分母羊有腹泻症状，阴道内有分泌物流出。所产羔羊体质衰弱，不吃奶，并有腹泻，一般1～7d死亡。病羊伴发肠炎、胃肠炎和败血症。

（十）羊土拉病

病羊体温高达40.5～41℃，精神萎顿，步态僵硬、不稳，后肢软弱或瘫痪。体表淋巴肿大，2～3d后体温恢复正常，但之后又常回升。妊娠母羊流产或产死胎，羔羊发病较严重。除上述症状外，见有腹泻，有的兴奋不安，有的呈昏睡状态，不久死亡，病死率很高。山羊较少患病，患病后症状与绵羊相似。剖检可见组织贫血明显，在皮下和浆膜下分布着许多出血点，淋巴结肿大，有坏死和化脓灶，肝、脾可能肿大。

第五节　犬布鲁氏菌病的临床症候与鉴别诊断

犬布病是由布鲁氏菌引起的重要的人兽共患传染病之一，广泛分布于世界各地，其特征是生殖器官和胎膜发炎，引起流产、不育及组织器官的局部病变。犬布病在多个国家和地区暴发，已报道的有美国、墨西哥、英国、欧洲、巴西、加拿大、日本、俄罗斯、中国等。传染源主要是病犬和带菌犬，最危险的传染源是受感染的妊娠母犬，在其流产和分娩时随胎儿、胎衣排出大量病原菌，流产后的阴道分泌物和乳汁中也含有病原菌。感染的公犬发生睾丸炎时，精液中含有病原菌，可通过交配传染给母犬。从牧区放养的犬中能经常分离出布鲁氏菌，这些犬大多因偷食流产羊羔和胎衣而感染其他种布鲁氏菌。患病的犬主要来源于异种动物间的直接接触，而不是犬种布鲁氏菌在犬群中引起连续性的广泛传播。

布鲁氏菌感染犬后在脏器细胞内增殖，2～4 周内出现菌血症。犬种布鲁氏菌靶向定居在与繁殖相关的组织内。公犬则主要定居并大量繁殖的组织器官是前列腺、睾丸和附睾；母犬则主要定居并大量繁殖的组织器官是胎儿、妊娠子宫和胎盘。布鲁氏菌在母犬的胎儿胃内容物中也被发现，可能是胎儿在妊娠进程中受羊水中布鲁氏菌感染所致。

一、临床症状

犬感染布鲁氏菌一般多为隐性感染或仅表现为淋巴结炎，有的亦可潜伏 2 周或半年后才出现全身性的临床症状。犬布鲁氏菌病的临床表现有多种，但共同症状是母犬流产和不育，公犬发生睾丸炎、附睾炎、阴囊炎。部分患病母犬在妊娠后 45～55d 就出现流产症状，但也有出现更早的流产现象，但母犬体温反而不升高。患病母犬的阴唇和阴道黏膜红肿，从阴道内流出淡褐色或灰绿色分泌物。流产胎儿有皮下水肿、淤血、出血，部分组织发生自溶。部分感染母犬在妊娠早期，即配种后 10～20d 发生胚胎死亡并被吸收，不出现流产症状，但出现因子宫内膜炎造成屡配不孕的临床表现。感染公犬出现睾丸炎、附睾炎、阴囊水肿及包皮炎等症状。

患病犬除发生生殖器官疾病以外，还可能出现关节炎、腱鞘炎等症状。犬布病的另一个重要特点是菌血症期长，有的犬菌血症期可持续 1～2 年之久。患病犬偶尔出现脑膜炎、非化脓性病灶性脑炎。其他相对常见的症状包括椎间盘炎，伴有脊柱急性疼痛、跛行；如果髓质受压，则出现麻痹和共济失调。对这些症状用抗生素治疗可快速产生效果。

二、剖检变化

患布病的犬一般无明显剖检变化。临床症状明显的病犬剖检可见关节炎、腱鞘炎、骨髓炎、乳腺炎、睾丸炎、淋巴结炎。布鲁氏菌也可集中于椎间盘这样的非生殖组织中，引起椎间盘炎等。

三、组织病理学变化

附睾炎通常在感染后 5 周左右发生。精液中出现中性粒细胞和巨噬细胞，精子畸形的顶体变形、中段肿胀和原生质小滴残留都在此阶段发生。在随后 16 周观察到其他精子异常，包括尾巴盘绕和头部脱落，在 18～27 周检测到头对头的凝集。之后可见炎性细胞聚集，其中包含吞噬精子的巨噬细胞，炎性细胞的外围为中性粒细胞。在患有双侧睾丸萎缩的犬中，无精子症很常见。

布鲁氏菌感染造成全身性淋巴结炎和脾脏滤泡性增生，此时在淋巴结或脾脏中可检测到大量布鲁氏菌（彩图 29）。淋巴结抽吸物或活体检查显示淋巴管增生并伴有大量浆细胞浸润。肝脏可见肉芽肿（彩图 30）。脾脏可见脾小体淋巴细胞增生（彩图 31）。犬感染布鲁氏菌也可以在早期引起眼色素层炎，偶尔也会出现多发性肉芽肿性皮炎、脑膜脑脊髓炎和心内膜炎等单一病例。

四、鉴别诊断

临床症状虽不宜作为犬布病诊断的依据，但母犬有流产史或公、母犬繁殖机能低下时就应考虑本病。因此，患病犬的流行病学、病理学也只能作为诊断布病的参考。唯一可靠的诊断方法是从患病犬的血液中，或是从流产的胎儿、母犬阴道分泌物等材料中分离到布鲁氏菌。

（一）大肠埃希氏菌、金黄色葡萄球菌和 β-溶血性链球菌病

常从母犬阴道分泌物及流产后的胎儿组织培养得到这些细菌，其在引起母犬流产中发挥的作用尚不清楚，可能与母犬持续性排出阴道分泌物和年龄较大的母犬重复性流产有关。

（二）支原体和解脲原体病

致病微生物常见于母犬阴道，当其数量足够多时可引起母犬不孕，早期胎儿死亡、胎儿木乃伊化、早产，幼犬不能成活，母犬流产或分娩衰弱。

（三）犬疱疹病毒病

犬疱疹病毒引起新生幼犬致死性感染，成年犬感染后则出现生殖系统局部病变，如母犬阴道炎等。该病毒主要侵害生殖器官和呼吸道黏膜，被感染的母犬虽无生殖道感染的外部临床症状，但阴道黏膜可发生散在的淤血和出血斑，且病毒能穿过胎盘并感染胎儿，引起胎儿死亡、胎儿木乃伊化，母犬流产或分娩衰弱。1 周龄以内的幼犬往往不能成活，死亡率高达 80%，3 周龄的幼犬死亡率有所下降。

（四）犬瘟热

犬感染犬瘟热病毒的潜伏期与其机体免疫状况和病毒毒力与数量有关，一般为3～6d。发病时多表现为支气管肺炎和上呼吸道炎症等症状，也有以出现神经症状为主，或者侵袭消化道引起消化道炎等症状。妊娠母犬感染后常由于临床应激而引起自发性流产，并伴随胎儿感染。

（五）犬弓形虫病

弓形虫病是一种世界性分布的人兽共患病，在家畜和野生动物中广泛存在。弓形虫的

整个发育过程需要两个宿主，猫为弓形虫的终端宿主，犬只是其中的一种中间宿主。犬误食猫粪便中的感染性卵囊，或吃了含有弓形虫速殖子或包囊的中间宿主的内脏、渗出物、排泄物及乳汁后都可以被感染。速殖子还可以通过胎盘感染胎儿。患病犬的重要临床症状为发热、厌食、精神萎靡、虚弱、黏膜苍白、呼吸困难等，妊娠母犬会发生流产或早产，所产仔犬往往出现排稀便、呼吸困难及运动失调等症状。

（杨宏军　秦玉明　程君生　王团结）

参考文献

毕俊，孙传武，蒋春梅，等，2018.2010—2016 年徐州市人间布鲁氏菌病流行特征分析［J］.现代预防医学，45（11）：1932-1934.

蔡宝祥，1997.家畜传染病学［M］.北京：中国农业出版社.

车雷，王晓丽，张国斌，等，2018.2011—2017 年沈阳市人间布鲁氏菌病流行病学分析［J］.现代预防医学，45（13）：2316-2318.

陈俊，2015.南方羊布鲁氏杆菌病的危害·诊断及防治［J］.安徽农业科学，43（8）：112-113.

陈晓芹，2017.2008—2016 年东海县人间布鲁氏菌病疫情分析［J］.江苏预防医学，28（6）：668-669.

崔步云，姜海，2018.2005—2016 年全国布鲁氏菌病监测数据分析［J］.疾病监测，33（3）：188-192.

邓乐，温志立，李林涛，等，2017.江西省布鲁氏菌病病例临床特征及治疗分析［J］.中国媒介生物学及控制杂志，28（5）：516.

房海，2012.人畜共患细菌病［M］.北京：中国农业科技出版社.

韩国义，郝丽萍，傅宗，等，2018.2012—2017 年河北省张家口市人间布鲁氏菌病疫情特征分析［J］.医学动物防制，34（10）：925-927，931.

贺金华，刘艳慧，崔祥军，2017.2008—2016 年新疆和布克赛尔县人间布鲁氏菌病流行病学分析［J］.疾病预防控制通报，32（4）：50-52.

侯宝华，乔平平，党志喜，2010.奶牛布病防制主要技术措施［J］.中国牛业科学，36（6）：100-101.

贾怀妙，赵效国，师茂林，等，2017.2005—2016 年第八师石河子市人间布鲁氏菌病流行病学特征分析及对策探讨［J］.疾病监测与控制，11（9）：714-716.

蒋华柏，黄艳，余春，等，2017.贵州省 2009—2015 年人间布鲁氏菌病流行病学特征分析［J］.医学动物防制，33（6）：625-627.

罗春花，魏敏，汪立茂，等，2018.2006—2016 年四川省布鲁氏菌病流行特征分析［J］.疾病监测，33（3）：208-211.

马淑一，林亮，刘永华，等，2017.2010—2014 年鄂尔多斯市人间布鲁氏菌病的流行病学分析［J］.包头医学院学报，33（11）：89-90，105.

马西平，谢清梅，张俊杰，等，2018.2007—2016 年平顶山市布鲁氏菌病流行特征分析［J］.现代预防医学，45（7）：1176-1179.

孟祥鹏，2017.2012—2016 年泰安市人间布鲁氏菌病流行特征分析［J］.社区医学杂志，15（16）：13-14，21.

MacMillan A P，2005.细菌性人畜共患病之猪布鲁氏杆菌病［J］.动物科学与动物医学，2005（10）：34-37.

尚德秋，2000.中国布鲁氏菌病防治科研 50 年［J］.中华流行病学杂志（1）：56-58.

魏新梅，崔永彪，李晓梅，等，2018.2005—2016 年德州市人间布鲁氏菌病的流行特征分析［J］.现代预防医学，45（11）：1935-1938.

吴萍，周爱华，李广兵，等，2018.2015—2016 年邵阳市布鲁氏菌病血清学检测结果分析［J］.河南预防医学杂志，29（2）：118-120.

伍忠辉，高立冬，胡世雄，等，2017.2010—2014 年湖南省人间布鲁氏菌病网络直报系统监测数据分析［J］.实用预防医学，24（9）：1117-1119.

夏建民，郭启民，2018.2008—2016 年鲁山县布鲁氏菌病流行特征分析［J］.河南预防医学杂志，29（8）：642-644.

张志芳，王元根，王鹏，等，2017.2011—2016 年布鲁氏菌病流行特征及感染因素分析［J］.安徽预防医学杂志，23（5）：333-334，344.

赵秀英，郭焕金，万文玲，2009.牛布鲁氏菌病的防控［J］.河南畜牧兽医（综合版），30（6）：45-46.

志强，刘莉，张秀英，2016.2010—2014 年内蒙古职业性布鲁氏菌病发病分析［J］.疾病监测与控制，10（5）：399-400.

邹明远，邢智锋，尹世辉，等，2018.黑龙江省 2010—2017 年人间布鲁氏菌病流行特征及防控重点问题分析［J］.中国公共卫生管理，34（1）：71-73，76.

Ackermann M，Engels M，2006.Pro and contra IBR eradication［J］.Vet Microbiol，113（3/4）：293-302.

Allison A B，Goekjian V H，Potgieter A C，et al，2010.Detection of a novel reassortant Epizootic hemorrhagic disease virus（EHDV）in the USA containing RNA segments derived from both exotic（EHDV-6）and endemic（EHDV-2）serotypes［J］.J Gen Virol，91：430-439.

Anderson M L，2007.Infectious causes of bovine abortion during mid-to late-gestation［J］.Theriogenology，68（3）：474-486.

Bhudevi B，Weinstock D，2003.Detection of Bovine viral diarrhea virus in formalin fixed paraffin embedded tissue sections by real time RT-PCR（Taqman）［J］.J Virol Methods，2003，109（1）：25-30.

Bird B H，Bawiec D A，Ksiazek T G，et al，2007.Highly sensitive and broadly reactive quantitative reverse transcription-PCR assay for highthroughput detection of Rift valley fever virus［J］.J Clin Microbiol，45（11）：3506-3513.

Blanchard P C，Ridpath J F，Walker J B，et al，2011.An outbreak of late-termabortions，premature births，and congenital deformities associated with a Bovineviral diarrhea virus 1 subtype b that induces thrombocytopenia［J］.J Vet Diagn Invest，22（1）：128-131.

Bonneau K R，DeMaula C D，Mullens B A，et al，2002.Duration of viraemia infectious to *Culicoides sonorensis* in Bluetongue virus-infected cattle and sheep［J］.Vet Microbiol，88（2）：115-125.

Brower A，Homb K M，Bochsler P，et al，2008.Encephalitis in aborted bovinefetuses associated with Bovine herpesvirus 1 infection［J］.J Vet Diagn Invest，20（3）：297-303.

Chevalier V，Pépin M，Plee L，et al，2010.Rift valley fever-a threat for Europe?［J］.Euro Surveill，15（10）：18-28.

Claus M P，Alfieri A F，Folgueras-Flatschart A V，et al，2005.Rapid detection and differentiation of Bovine herpesvirus 1 and 5 glycoprotein C gene in clinical specimens by multiplex-PCR［J］.J Virol Methods，128（1/2）：183-188.

De Giuli L，Magnino S，Vigo P G，et al，2002.Development of a polymerasechain reaction and restriction typing assay for the diagnosis of Bovine herpesvirus 1，Bovine herpesvirus 2，and Bovine herpesvirus 4 infections［J］.J Vet Diagn Invest，14（4）：353-356.

Fichtelova V，Kovarcik K，2010.Characterization of two BHV-4 strains isolated in the Czech Republic［J］.Vet Med Czech，55（3）：106-112.

Grooms D L, 2006. Reproductive losses caused by bovine viral diarrhea virus and leptospirosis [J] . Theriogenology, 66 (3): 624-628.

Hurtado A, Sanchez I, Bastida F, et al, 2009. Detection and quantification of pestivirus in experimentally infected pregnant ewes and their progeny [J] . Virol J, 6 (1): 189.

Izumi Y, Tsuduku S, Murakami K, et al, 2006. Characterisation of bovine herpesvirus type 4 isolated from cattle with mastitis and subclinical infection by the virus among cattle [J] . J Vet Med Sci, 68 (2): 189-193.

Kamata H, Inai K, Maeda K, et al, 2009. Encephalomyelitis of cattle caused by Akabane virus in southern Japan in 2006 [J] . J Comp Pathol, 140 (2/3): 187-193.

Lamien C E, Lelenta M, Goger W, et al, 2011. Real time PCR method forsimultaneous detection, quantitation and differentiation of capripoxviruses [J] . J Virol Methods, 171 (1): 134-140.

Leblanc N, Rasmussen T B, Fernández J, et al, 2010. Development of a real-time RT-PCR assay based on primer-probe energy transfer for the detection of all serotypes of bluetongue virus [J] . J Virol Methods, 167 (2): 165-171.

MacLachlan N J, 2010. Global implications of the recent emergence of bluetongue virus in Europe [J] . Vet Clin North Am Food Anim Pract, 26 (1): 163-17.

MacLachlan N J, Drew C P, Darpel K E, et al, 2009. The pathology and pathogenesis of bluetongue [J] . J Comp Pathol, 141 (1): 1-16.

Mayo C E, Crossley B M, Hietala S K, et al, 2010. Colostral transmission of bluetongue virus nucleic acid among newborn dairy calves in California [J] . Transbound Emerg Dis, 57 (4): 277-281.

Miller J M, Whetstone C A, Bello L J, et al, 1995. Abortion in heifers inoculated with a thymidine kinase-negative recombinant of bovine herpesvirus1 [J] . Am J Vet Res, 56 (7): 870-874.

Muylkens B, Thiry J, Kirten P, et al, 2007. Bovine herpesvirus 1 infectionand infectious bovine rhinotracheitis [J] . Vet Res, 38 (2): 181-209.

Otter A, Welchman D B, Sandvik T, et al, 2009. Congenital tremor and hypomyelination associated with bovine viral diarrhoea virus in 23 British cattle herds [J] . Vet Rec, 164 (25): 771-778.

Reitt K, Hilbe M, Voegtlin A, et al, 2007. Aetiology of bovine abortion in Switzerland from 1986 to 1995- a retrospective study with emphasis on detection of *Neospora caninum* and *Toxoplasma gondii* by PCR [J] . J Vet Med APhysiol Pathol Clin Med, 54 (1): 15-22.

Rodger S M, Murray J, Underwood C, et al, 2007. Microscopical lesions and antigen distribution in bovine fetal tissues and placentae following experimental infection with bovine herpesvirus 1 during pregnancy [J] . J Comp Pathol, 137 (2/3): 94-101.

Rüfenacht J, Schaller P, Audige L, et al, 2001. The effect of infection with bovine viral diarrhea virus on the fertility of Swiss dairy cattle [J] . Theriogenology, 56 (2): 199-210.

Sánchez-Cordón P J, Rodríguez-Sánchez B, Risalde M A, et al, 2010. Immunohistochemical detection of bluetongue virus in fixed tissue [J] . J Comp Pathol, 143 (1): 20-28.

Santman-Berends I M, van Schaik G, Bartels C J, et al, 2011. Mortality attributable to bluetongue virus serotype 8 infection in Dutch dairy cows [J] . Vet Microbiol, 148 (2/3/4): 83-188.

Schiefer B, 1974. Bovine abortion associated with cytomegalovirus infection [J] . Zentralbl Veterinarmed, 21 (1/2): 145-151.

Schlafer H, Miller R B, 2007. Pathology of domestic animals [M] . 5th ed. Elsevier Saunders, New York: 474-537.

Smith D R，Steele K E，Shamblin J，et al，2010. The pathogenesis of rift valley fever virus in the mouse model [J] . Virology，407 (2)：256-267.

Smith K C，1997. *Herpesviral* abortion in domestic animals [J] . Vet J，153 (3)：253-268.

Underdahl N R，Grace O D，Hoerlein A B，1957. Hoerlein cultivation in tissue culture of cytopathogenic agent from bovine mucosal disease [J] . Proc Soc Biol Med，94 (4)：795-797.

Wouda W，Peperkamp N H，Roumen M P，et al，2009. Epizootic congenital hydranencephaly and abortion in cattle due to bluetongue virus serotype 8 inthe Netherlands [J] . Tijdschr Diergeneeskd，134 (10)：422-427.

Yamakawa M，Yanase T，Kato T，et al，2008. Molecular epidemiological analyses of the teratogenic aino virus based on the sequences of a small RNA segment [J] . Vet Microbiol，129 (1/2)：40-47.

Zajac M P D M，Ladelfa M F，Kotsias F，et al，2010. Biology of bovine herpesvirus 5 [J] . Vet J，184 (2)：138-145.

第五章　致病机制

从布鲁氏菌首次被分离距今已经有超过 130 年的历史，但直到 2002 年，DelVecchio 等才完成了羊种布鲁氏菌 16M 全基因序列测定和注释工作。通过基因组分析比较发现，与其他细菌病原体相比，布鲁氏菌缺乏经典的毒力因子，如外毒素、荚膜、菌毛、质粒、毒力岛、胞外蛋白酶等。目前虽然没有发现布鲁氏菌具有产生外毒素的能力，但其侵袭力很强，能够逃避宿主的免疫杀伤作用，并在宿主细胞内具有很强的生存和繁殖能力。

随着对布鲁氏菌致病机制研究的深入，越来越多的毒力因子被筛选出来，但大部分毒力因子的作用机制尚未研究清楚。在本章内容中，将着重对布鲁氏菌中几种重要的毒力因子、布鲁氏菌的基因表达调控机制、布鲁氏菌在宿主细胞内的生存机制、布鲁氏菌病慢性化的机制、布鲁氏菌的抗肿瘤机制进行阐述。

第一节　布鲁氏菌的毒力因子

比较基因组分析、转座子突变技术是筛选布鲁氏菌毒力因子的主要方法。在鉴定布鲁氏菌毒力因子的相关研究中，在细胞模型内的增殖能力和在动物模型中的存活能力是评价布鲁氏菌毒力的重要指标。到目前为止，已发现的布鲁氏菌毒力因子有脂多糖、二元调控系统、群体感应系统、Ⅳ型分泌系统、鞭毛、环 β-1，2-葡聚糖、*ery* 操纵子（赤藓糖醇代谢相关蛋白）、HtrA（耐受高温环境相关蛋白）、Lon（压力耐受相关蛋白）、CptA（布鲁氏菌外形调控蛋白）等。在本节内容中，将着重介绍布鲁氏菌的脂多糖、二元调控系统、群体感应系统、Ⅳ型分泌系统 4 个重要的毒力因子。

一、脂多糖

布鲁氏菌脂多糖（lipopolysaccharide，LPS）位于外膜的外侧，由类脂 A、核心寡聚糖和 O-链组成。根据 LPS 是否含有 O-链，将布鲁氏菌分为光滑型（含有 O-链）和粗糙型（缺少 O-链）2 种。LPS 作为布鲁氏菌最重要的表面抗原在本书第二章第四节已经进行了详细介绍（结构见彩图 3），同时 LPS 是布鲁氏菌重要的毒力因子，在感染细胞或机体内的增殖能力和持续生存时间是布鲁氏菌毒力判定的依据，胞壁表面 LPS 的缺损会严重影响布鲁氏菌在体内外的增殖和生存能力。

（一）布鲁氏菌脂多糖的生物合成及相关基因

布鲁氏菌 LPS 的合成过程与经典的革兰氏阴性菌相似。类脂 A 由相关酶类催化在细胞内膜的胞质侧合成，随后糖类在各种糖基转移酶的连续作用下连接到类脂 A 的骨架上形成类脂 A-核，然后该部分被转运到细胞内膜的周质侧。O-链在细胞内膜的胞质侧合成，通过 ABC 转运系统至周质间隙并连接到类脂 A-核部分的受体糖上，最后完整的 LPS 分子被转运到外膜外侧。布鲁氏菌 LPS 的合成涉及一系列的酶，一般通过对粗糙型突变株的鉴定、与其他微生物的同源比较和蛋白质功能预测进行研究。

1. O-链合成的相关基因 大部分布鲁氏菌含有 2 条染色体（Ⅰ号染色体和Ⅱ号染色体），参与 O-链合成的大部分基因位于Ⅰ号染色体上的 wbk 区域，包括 GDP-甘露糖脱水酶（gmd）、过骨胺合成酶（per）、甲酰基转移酶（wbkC）、甘露糖转移酶（wbkA、wbkE）、异构酶/脱水酶（wbkD）、十一异戊烯-糖基转移酶（wbkF）和 ABC 转运系统蛋白（wzm、wzt）等。另有 2 个编码假定甘露糖转移酶的基因位于Ⅰ号染色体的 wbo 区域（wboA 和 wboB）。上述基因的敲除或破坏均可使布鲁氏菌呈现粗糙型。另外，在 wbk 区域内还存在功能尚未明确、缺失后不影响 O-链合成的 wbkB 基因，以及编码甘露糖-6-磷酸异构酶（manA）、甘露糖-1-磷酸鸟苷酸转移酶（manC）和磷酸甘露糖酶（manB）的基因。3 个 man 基因串联排列，在基因组中所处的位置显示它们可能参与了甘露糖的合成，而 GDP-甘露糖是过骨胺的前体物质。但是缺失 manB 的突变株仍为光滑型，这似乎排除了 3 个 man 基因在过骨胺合成中的功能。

2. 类脂 A-核部分合成的相关基因 参与合成 LPS 核心部分的基因分布于布鲁氏菌的 2 条染色体上。2 个提供核心寡聚糖所需甘露糖的酶，其编码基因（manBcore 和 manCcore）位于Ⅱ号染色体，而参与核心寡聚糖合成的糖基转移酶编码基因 wa** （包含 wadA、wadB、wadC）、葡萄糖磷酸变位酶（pgm）基因位于Ⅰ号染色体。manBcore、manCcore 与 manA、manB、manC（又表示为 manAO-Ag、manBO-Ag、manCO-Ag）编码的蛋白功能相同，但缺失 manBcore 会产生外核不完整且缺失 O-链的 LPS，菌株为粗糙型。这种差异可能与基因来源有关。wbk 区域的 G＋C 含量（44％～49％）低于羊种布鲁氏菌基因组整体的 G＋C 含量（56％～58％），且基因片段内有数个插入序列，提示该基因片段可能是经基因水平转移获得的。manBcore 和 manCcore 的 G＋C 含量与布鲁氏菌基因组的其他部分相似，说明基因经长期进化得到，其在基因组中的存在先于水平转移获得的 wbk 基因，在 LPS 合成过程中为核心寡聚糖和 O-链提供甘露糖，而水平转移获得的位于 wbk 区域的 manBO-Ag、manCO-Ag 只负责为 O-链提供甘露糖，故缺失后其功能可由 manBcore 和 manCcore 补偿，但 manBcore 和 manCcore 缺失后 manBO-Ag、manCO-Ag 无法补偿在核心寡聚糖合成中的作用。wadA、wadB、wadC 同为编码糖基转移酶，缺失 wadA 会影响核心寡聚糖内核的形成并使突变株呈现粗糙型，而缺失 wadB 或 wadC 则仍为光滑型。这可能与核心寡聚糖的分支结构相关。wadC、wadB 负责分支的糖基转运，不影响核心寡聚糖与 O-链的连接。pgm 缺失会导致截短的核心寡聚糖及 O-链缺失而呈现粗糙型。由此可见，除 O-链合成及转运受影响外，核心寡聚糖的不完整也与粗糙型有关。

大肠埃希氏菌中 Kdo2-lipid A 的合成先后需要由 9 个酶催化的 9 步反应，主要的几步反应有：首先由可溶性蛋白酶 LpxA、LpxC 和 LpxD，在起始底物可溶性小分子尿苷二磷酸氨基葡萄糖乙酸酐（uridine diphosphate glucosamine acetic anhydride，UDP-GLcAc）分子加上 2 条脂肪酸链；接着膜外周蛋白酶 LpxH 将 UDP-GLcAc 的 UDP 分解，形成

lipid X 分子；之后由膜外周蛋白酶 LpxB 将 lipid X 及其前体聚合；接着磷酸激酶 LpxK 在 4′ 位加上 1 个磷酸集团，形成 lipid IV$_A$ 分子；最后由膜蛋白 KdtA 在 lipid IV$_A$ 分子的 6′ 位连续加上 2 个 Kdo 基团，由膜蛋白 LpxL 和 LpxM 先后在 2′ 和 3′ 位加上 1 个二级脂肪酸链，形成 Kdo2-lipid A 分子。与大肠埃希氏菌的合成途径相比，布鲁氏菌缺少 LpxH 及其重复 LpxH2 和 LpxM 的同源蛋白。豌豆根瘤菌中，长链脂肪酸 27-OH-C28 经特定的羟十四酰基载体蛋白 AcpXL 和酰基转移酶 LpxXL 整合至 Kdo2-lipid A。同源比对发现，羊种布鲁氏菌含有 1 个假定酰基转移酶（BMEI1115）参与类脂 A 的合成，与 LpxXL 有显著的相似性（68%），且基因组中存在与 *acp*XL 同源性分别为 95% 和 66% 的 2 个基因 BMEI1111 和 BMEI1475。

目前，布鲁氏菌 LPS 的生物合成过程并没有完全清楚。何种机制调控 O-链延伸和终止，同为糖基转移酶的 *wad*A、*wad*B、*wad*C 作用的底物是否有特异性，O-链的不同糖苷键如何形成等，仍有多个问题等待解答。

3. LPS 合成基因的多态性　对各种型布鲁氏菌 *wbk* 区域内的 7 个基因（*gmd*、*per*、*wbk*C、*wbk*A、*wzm*、*wzt*、*wbk*B）进行多态性分析发现，各种型布鲁氏菌间这 7 个基因高度保守，其至在犬种布鲁氏菌和绵羊附睾种布鲁氏菌，以及牛种布鲁氏菌和羊种布鲁氏菌粗糙型菌株之间也是如此。对其他 LPS 合成相关基因（*wbk*E、*man*AO-Ag、*man*BO-Ag、*man*CO-Ag、*wbk*F、*wbk*D、*wbo*A、*wbo*B、*man*Bcore、*wa***）进行多态性分析发现，大部分基因是保守的，但犬种布鲁氏菌和绵羊附睾种布鲁氏菌与其他光滑型布鲁氏菌在 *wbk*F 和 *wbk*D 基因存在显著差异：绵羊附睾种布鲁氏菌的 *wbk*F 基因存在单核苷酸缺失造成移码，而犬种布鲁氏菌的 *wbk*D 基因有 351bp 片段的缺失并影响到相邻 *wbk*F 基因的 3′ 端。此外，在鳍种布鲁氏菌和鲸种布鲁氏菌（均为光滑型）中发现，*man*BO-Ag 基因被插入 IS711 序列，证实该基因对过骨胺合成是非必需的。

目前只发现 4 个与 O-链合成有关的糖基转移酶基因（*wbk*A、*wbk*E、*wbo*A、*wbo*B），布鲁氏菌的 O-链含有 α-1，3-糖苷键和 α-1，2-糖苷键，人们猜想是否由特定的糖基转移酶来形成不同的糖苷键。但 DNA 分析显示，编码这 4 个糖基转移酶的基因在不同血清型的布鲁氏菌基因组上均存在，不存在 α-1，3-糖苷键特定的转移酶。A、M 抗原的结构形成或许是相应的糖基转移酶在基因表达或活性上的微妙变化。

研究者发现，新变种人源布鲁氏菌的一株分离株尽管缺少许多 *wbk* 区域合成 O-链的基因，但是仍然呈光滑型，该菌株含有 4 个鼠李糖型 O-链的相关基因。这一现象显示，进化早期成为单独分支的布鲁氏菌有新型的 LPS 合成途径。

4. 从光滑型到粗糙型的自发突变　光滑型布鲁氏菌会发生从光滑型到粗糙型的变异，在培养物及动物感染过程中均有出现。这一现象与噬菌体整合酶相关的基因岛剪切致使 *wbo*A 和 *wbo*B 丢失，以及 *wbk*A 侧翼的 ISBm1 插入序列发生同源重组导致 *wbk*A 缺失有关。粗糙型自发突变的频率比布鲁氏菌出现嘧啶营养缺陷型突变的频率高 100～1 000 倍，而粗糙型布鲁氏菌更易被机体清除，因此研究这种突变机制的存在意义十分有必要。Pei 等（2006）认为，布鲁氏菌脂多糖光滑型与粗糙型之间的突变与布鲁氏菌的感染传播机制有关。因为粗糙型菌株具有细胞毒性，而细胞毒性引起细胞裂解是布鲁氏菌从巨噬细胞中释放出来并在细胞间传播的关键。

（二）布鲁氏菌 LPS 的生物学功能

1. 表面抗原　1932 年，Wilson 和 Miles 提出牛种布鲁氏菌和羊种布鲁氏菌引起的不同血清学反应，主要归因于 2 个表面抗原（A 抗原和 M 抗原）的数量不同：牛种布鲁氏菌中 A 抗原占优势，而羊种布鲁氏菌中 M 抗原占优势。1939 年，Miles 和 Pirie 发现 A 抗原和 M 抗原与光滑型 LPS 的 O-链相关。此后，引起布鲁氏菌与小肠结肠炎耶尔森氏菌 O：9 发生交叉反应，以及光滑型布鲁氏菌间发生交叉反应的共同抗原被证实，分别为 C/Y 和 C 抗原，推翻了 Wilson 和 Miles 提出的"交叉反应是由于 LPS 分子中 A 抗原和 M 抗原的分布比例不同"的观点。应用单克隆抗体、ELISA 和流式细胞术等技术，O-链抗原被进一步细分为 7 个表位，分别为 A、M、C（M＝A）、C（M＞A）、C/Y（M＞A）、C/Y（M＝A）、C/Y（A＞M）。一直以来将布鲁氏菌的血清型分为 R（粗糙型）、A⁺M⁻（光滑型，以 A 抗原为主）、A⁻M⁺（光滑型，以 M 抗原为主）和 A⁺M⁺（光滑型，以 C 抗原为主）。然而，对猪种布鲁氏菌生物 2 型的研究显示，猪种布鲁氏菌生物 2 型的 O-链缺少此前认为的光滑型布鲁氏菌的共同抗原，由此呈现出一种新的血清型，即不与 C、M 表位的单克隆抗体结合，但与 A 和 C/Y 表位的单克隆抗体结合。从海洋哺乳动物分离到的布鲁氏菌为 A 抗原占优势，但 C 抗原则呈现异质性，部分从海豚得到的分离株与猪种布鲁氏菌生物 2 型相似。

核心寡聚糖及类脂 A 上的抗原表位包括分别位于核心寡聚糖外核和内核的 2 个抗原表位（R1、R2）和位于类脂 A 的 3 个表位（LA1、LA2、LA3）。此外，与类脂 A 紧密结合的外膜蛋白鉴定出 2 个抗原表位（LAOmp3-1、LAOmp3-2）。

LPS 位于布鲁氏菌外膜的外侧，O-链充分暴露，布鲁氏菌侵入机体后诱导产生的抗体主要针对 LPS 尤其是 O-链，因此 LPS 是布病的重要诊断抗原，现有的血清学检测方法主要是检测 LPS 抗体。早期研究认为主要是 Th1 型免疫对感染后的机体有保护作用，但至少在部分动物，如小鼠中 O-链抗体能对牛种布鲁氏菌 2308 的感染提供保护。新的研究也表明，体液免疫参与布鲁氏菌再次感染时的免疫保护。核心寡聚糖合成相关基因 *wa**和 *manB*core 的转座子插入突变株对注射光滑型牛种布鲁氏菌或绵羊附睾种布鲁氏菌的小鼠无免疫保护力，而仅影响 O-链的 *per* 和 *wbk*A 粗糙型突变株则对小鼠产生明显的保护力，表明完整的类脂 A-核对产生高效的免疫保护作用十分重要。

2. 免疫逃逸　LPS 是许多细菌感染机体时被先天性免疫系统识别的重要分子，能触发强烈的免疫反应。LPS 被免疫系统的 TLR4/MD2 复合物识别，该复合物结合类脂 A，通过招募其他因子启动先天性免疫反应，释放大量促炎因子。光滑型布鲁氏菌 LPS 引发先天性免疫应答的能力比大肠埃希氏菌 LPS 弱很多，因为布鲁氏菌的类脂 A 存在极长链脂肪酸，虽与 TLR4 结合，但几乎不引起促炎因子的产生。这对布鲁氏菌逃避免疫监视并形成持续性胞内感染有重要作用。*bac*A 是与极长链脂肪酸形成相关的基因，该基因缺失后布鲁氏菌会引起明显的炎症反应并在小鼠中的毒力下降。O-链或许能够阻碍 LPS 被免疫系统识别，因为与光滑型布鲁氏菌相比，粗糙型布鲁氏菌能够引起更强烈的细胞因子反应。核心寡聚糖部分也参与抵抗先天性免疫识别。*wad*C 缺失株的核心寡聚糖结构受突变影响，但 O-链不改变，菌株与 TLR4 的辅助受体 MD2 结合加强，诱导强烈的促炎反应，在 BALB/c 小鼠和 DC 细胞上毒力减弱，证明布鲁氏菌 LPS 的核心寡聚糖起到抵抗先天免疫识别的屏障作用。

布鲁氏菌的 LPS 干扰巨噬细胞 MHCⅡ分子依赖的抗原递呈途径，通过与 MHCⅡ分子聚集成簇阻碍信号传递而下调特异性 $CD4^+T$ 细胞活化。因此，LPS 在逃避宿主先天性免疫和获得性免疫中均具有重要作用。

布鲁氏菌的 O-链对补体杀伤有抵抗作用，O-链缺失会增加对补体的敏感性。但同为光滑型，羊种布鲁氏菌与牛种布鲁氏菌对补体的抵抗力不同，牛种布鲁氏菌表现得更敏感。由于 O-链的空间位阻作用和类脂 A-核部分缺少负电荷，因此布鲁氏菌对阳离子肽具有抵抗作用。

3. 细胞侵入及胞内生存 O-链完整的光滑型 LPS 对羊种布鲁氏菌、猪种布鲁氏菌和牛种布鲁氏菌的毒力非常重要，这几种布鲁氏菌的粗糙型突变株在细胞或小鼠感染模型中的毒力明显减弱。不过导致粗糙型突变株在巨噬细胞内的存活能力降低是由于菌株的细胞毒性作用破坏了菌株的复制生存环境，在体内试验中则是因为细胞毒性及其他感染特性发生了改变。

O-链对布鲁氏菌入侵细胞及胞内生存起关键作用。光滑型菌株依靠脂筏进入宿主细胞，完整的 LPS 可阻止含猪种布鲁氏菌的吞噬体与溶酶体的早期融合；粗糙型突变株则通过普通吞噬作用进入细胞，并迅速与溶酶体融合而被清除，不能形成有效的复制生存环境。此外，光滑型羊种布鲁氏菌感染人单核细胞后，O-链可以抑制细胞凋亡，而粗糙型突变株则加速感染细胞的凋亡。尽管光滑型 LPS 似乎是布鲁氏菌胞内生存的重要决定因素，但天然粗糙型的犬种布鲁氏菌和绵羊附睾种布鲁氏菌对相应的宿主（犬和山羊）也具有毒力，可在动物及细胞模型中增殖。含有犬种布鲁氏菌和绵羊附睾种布鲁氏菌的吞噬体与溶酶体融合的频率比含有光滑型菌株的吞噬体更频繁，但不及人工突变的粗糙型菌株。以上表明，LPS 不是影响布鲁氏菌胞内生存的唯一因素，其他因素，如Ⅳ型分泌系统、外膜蛋白等影响布鲁氏菌胞内生存的研究也已有报道。

二、二元调控系统

二元调控系统（two-component regulatory system，TCS）是一种可以对环境信号进行感应、传递并作出相应适应的调控机制。典型的二元调控系统通常是由与细胞膜结合的组氨酸激酶（histidine kinases，HK）和含有天冬氨酸残基的反应蛋白（response regulator，RR）组成，通过磷酸化的方式完成信号传递。磷酸信号传递过程由 3 个依次进行的酶促磷酰基团转移反应组成：组氨酸激酶与三磷酸腺苷（ATP）中的磷酰基团结合，使组氨酸激酶磷酸化（自磷酸化）；组氨酸激酶将磷酰基团传递给反应蛋白的天冬氨酸残基，使反应蛋白构象发生改变（转移磷酸化）；磷酸化的反应蛋白与水反应失去磷酰基团（去磷酸化）（彩图 32）。

（一）7 组二元调控系统

布鲁氏菌被吞噬细胞吞噬后，需要应对酸性 pH、缺氧、活性氧介质（reactive oxygen species，ROS）、活性氮介质（reactive nitrogen species，RNS）、营养匮乏等多种不利环境。迅速感应相应的环境信号并做出反应，对于布鲁氏菌在巨噬细胞内的生存是至关重要的。根据布鲁氏菌基因组测序结果发现，在布鲁氏菌中存在 21 个基因假定编码二元调控系统相关蛋白，目前在布鲁氏菌中研究比较清楚的二元调控系统共有 7 组。

1. BvrR/BvrS 二元调控系统　　1998 年，Sola-Landa 等通过转座子突变技术筛选到 bvrR 和 bvrS 两个基因的突变株毒力降低，且这两个突变株对聚合阳离子和表面活性剂敏感性增强。同源性比对发现，BvrR/BvrS 与土癌农杆菌（Agrobacterium tumefaciens）的 ChvI/ChvG，以及苜蓿根瘤菌（Sinorhizobium meliloti）的 ChvI-ExoS 二元调控系统具有极高的同源性（87%～89% 和 70%～80%）。在牛种布鲁氏菌中，bvrR 和 bvrS 基因缺失后在小鼠体内的毒力显著降低，在 HeLa 和鼠源巨噬细胞内的入侵能力也是显著降低且无法在胞内增殖。

bvrR/bvrS 缺失株中外膜蛋白 Omp25 和 Omp22 在转录和翻译水平上均显著降低，并且类脂 A 的酰基化程度和疏水性都发生了改变。然而，在 omp22 缺失株和 omp25 缺失株中，天然半抗原多糖成分、LPS 和外膜蛋白的表达水平，对于补体杀伤和多黏菌素 B 的敏感性，以及在细胞模型和动物模型中的生存能力均与野生菌株无显著差异。说明外膜蛋白表达水平的差异并不是 BvrR/BvrS 二元调控系统被破坏后毒力降低的主要原因。

转录组学和蛋白质组学的发展极大地推动了基因功能方面的研究。Viadas 等（2010）通过基因芯片的方法对 bvrR 缺失株进行转录组分析时发现，与野生株相比，bvrR 缺失株有 127 个基因差异表达（83 个基因表达上调，44 个基因表达下调）。编码磷酸转移酶操纵子和麦芽糖转运系统的操纵子表达水平下调，多个与细菌外膜成分、应激反应、代谢相关基因及转录调控因子差异表达。BvrR 蛋白可以直接结合到 virB 操纵子的启动子序列上，且影响着群体感应系统 vjbR 基因的表达。以上发现充分阐明了 BvrR/BvrS 二元调控系统与细菌毒力之间的关联。值得注意的是，这种二元调控系统调节细菌分泌系统表达的机制在土癌农杆菌（Agrobacterium tumefaciens）、巴尔通氏体（Bartonella henselae）等其他 α-变形杆菌中普遍存在，说明这种保守的调节模式在这些细菌与宿主相互作用过程中发挥着重要作用。

2. OtpR 二元调控系统　　羊种布鲁氏菌 otpR 基因编码产物具有二元调控系统高度保守的结构域，它与下游基因 cpk（cAMP 依赖的蛋白激酶调控亚单位）共同构成了一个操纵子。OtpR 与新月柄杆菌（Caulobacter crescentus）中的 CenR 蛋白有较高的同源性。通过转座子突变技术筛选布鲁氏菌毒力相关基因时发现，otpR 基因突变株在细胞和小鼠模型中均致弱。进一步研究表明，otpR 缺失株在高温、高渗和低 pH 环境中的生存能力均显著降低。除此之外，otpR 基因还对维持细菌正常细胞形态，以及耐受 β-内酰胺类抗生素起到关键作用。然而，OtpR 作为一个调节蛋白不具有接受信号分子的功能区，其对应的感应蛋白目前仍是未知的。

3. LOV-组氨酸激酶　　LOV 功能区在新月柄杆菌（Caulobacter crescentus）、枯草芽孢杆菌（Bacillis subtilis）和丁香假单胞菌（Pseudomonas syringae）等细菌中与光信号的感应相关。在布鲁氏菌基因组中，有一个含有 LOV 功能区的组氨酸激酶（LOV-HK），光照可以增强该激酶的活性，说明该激酶很可能与细菌感应光信号密切相关。Swartz 等（2007）发现，布鲁氏菌在黑暗环境中培养时，其在细胞模型和小鼠模型中的毒力低于见光培养的布鲁氏菌。而当牛种布鲁氏菌中编码 LOV-组氨酸激酶的基因缺失后，无论将缺失株在光照环境还是黑暗环境下培养，其在 J774A.1 巨噬细胞中的生存和增殖能力均显著降低，且光照中和黑暗中培养布鲁氏菌的毒力类似。这充分阐明了 LOV-组氨酸激酶在介导光照与布鲁氏菌毒力的关联中发挥着重要作用。由于布鲁氏菌的生活史与其宿主紧密联系，因此布鲁氏菌在何时感应光信号就难以解释。有一种可能是，当布鲁氏菌随着被感染的胎盘一起排出体外时，暴露在光源下，LOV-组氨酸激酶调节相应基因的表达以准备对新宿主的感染。

4. NtrY/NtrX 二元调控系统 NtrY/NtrX 二元调控系统在 α-变形菌中广泛存在，田菁茎瘤固氮根瘤菌（*Azorhizobium caulinodans*）、巴西固氮螺菌（*Azospirillum brasilense*）及荚膜红细菌（*Rhodobacter capsulatus*）中的 *ntr*Y 基因与细菌的氮代谢及生物固氮相关。Foulongne 等（2002）通过转座子方法突变猪种布鲁氏菌的 *ntr*Y 基因时发现，该基因的突变株在人类巨噬细胞中无法生存。Carrica 等（2012）发现，NtrY 蛋白以血红素为辅因子，可与 NO 和 CO 形成复合物，且在氧气存在的情况下极易被氧化为三价铁的稳定状态，由此解释了 NtrY 组氨酸激酶感应环境中氧化水平的机制。细菌双杂交技术验证了在布鲁氏菌中 NtrY 与其下游的 NtrX 相互作用，即 NtrY/NtrX 二元调控系统在布鲁氏菌中也是保守的。进一步的研究表明，*ntr*Y 基因缺失后在正常条件下和微氧条件下都影响了反硝化途径中 4 个操纵子的表达水平，这说明 NtrY/X 二元调控系统很可能与布鲁氏菌在微氧条件下的生存相关。

5. FeuP/FeuQ 二元调控系统 FeuP/FeuQ 是布鲁氏菌中第一个被发现的二元调控系统，它与豌豆根瘤菌（*Rhizobium leguminosarum*）中调控铁摄取的二元调控系统 FeuP/FeuQ 的同源性高达 96%。猪种布鲁氏菌 *feu*P 基因缺失后在动物模型和细胞模型中均不致弱，而且在缺铁环境中的生存能力和野生株也没有显著差异。然而，Lestrate 等（2003）却发现，在羊种布鲁氏菌中 *feu*Q 突变株在动物模型和细胞模型中均致弱，这种差异很可能是由于细菌生物型不同而引起的。

6. NtrB/NtrC Dorrell 等（1999）通过同源性比对发现，布鲁氏菌中存在一个与 NtrC 转录调控因子家族同源性高达 90% 的基因。NtrC 与感应蛋白 NtrB 组成一个二元调控系统 NtrB/NtrC。在其他多种细菌中，NtrB/NtrC 二元调控系统与细菌的氮代谢及毒力相关。猪种布鲁氏菌 *ntr*C 基因缺失株在不同温度条件下的生长速度没有差别，然而当存在多种氨基酸时，缺失株的代谢活性降低。和亲本菌株相比，*ntr*C 基因缺失株在巨噬细胞内的生存和增殖能力没有差别；但是在小鼠感染过程中，*ntr*C 基因缺失株在小鼠脾脏内增殖的速度要低于亲本菌株。

7. PrlS/PrlR PrlS/PrlR 二元调控系统是由含有 N 端钠离子/溶质共转运功能区的组氨酸激酶（PrlS）和属于 LuxR 家族的转录调控因子（PrlR）组成的。在体外环境中，PrlS/PrlR 二元调控系统缺失的菌株无法在高渗环境中出现凝集现象。进一步的试验表明，这个二元调控系统感应的信号与离子强度相关，而且 PrlS/PrlR 二元调控系统的缺失株在小鼠模型中的生存能力显著降低。

（二）二元调控系统在布病防控中的应用

编码组氨酸激酶（HK）和反应蛋白（RR）的基因只存在于原核生物及少数低等真核生物的基因组中，这使得病原菌的二元调控系统成为理想的抗菌药物靶点。此外，与传统的抗菌药物不同，二元调控系统抑制物阻断了二元调控系统对毒力因子的调控，从而降低了病原菌的毒力，而并非杀死病原菌，极大地降低了细菌耐药性的产生。目前，在致病性大肠埃希氏菌、结核分枝杆菌及土癌农杆菌等细菌中已经鉴定出多种二元调控系统的抑制物。尽管现在尚无布鲁氏菌二元调控系统抑制物方面的报道，但是这种方法可以很好地解决传统布病治疗过程中长期服用抗生素易产生耐药性的问题，因此在治疗人布病方面具有广阔的应用前景。

虽然目前已有 S19、RB51 和 Rev.1 等多个布鲁氏菌疫苗株，但其安全性和免疫保护力仍无法令人满意，因此寻找更安全、更有效的布鲁氏菌疫苗的研究从未停止。鉴于 *bvr*R/*bvr*S 缺失株具有毒力弱、光滑型 LPS 表型，且在常规细菌培养基中生长良好等特性，人们尝试着使用 *bvr*R/*bvr*S 缺失株去开发新型布鲁氏菌病疫苗。用 *bvr*R/*bvr*S 缺失株免疫小鼠后用牛种布鲁氏菌 2308 攻毒，能够产生一定的免疫保护力。更重要的是，在 *bvr*R/*bvr*S 缺失株中不产生 Omp3b 蛋白，可以用于血清学鉴别。由于基因缺失疫苗菌株需要在宿主体内存活足够长的时间才能建立起持久有效的免疫力，因此在这方面 *bvr*R/*bvr*S 缺失株还存在不足。将 *bvr*S 缺失株与粗糙型 *wbk*A 缺失株共同接种 BALB/c 小鼠可以显著地延长细菌在小鼠体内的存在时间，而且在使用牛种布鲁氏菌攻毒时能产生比 S19 更好的免疫保护力。除了 *bvr*R/*bvr*S 缺失株外，研究者们也尝试使用 *otp*R 缺失株开发新型布鲁氏菌疫苗。然而和 *bvr*R/*bvr*S 缺失株类似，由于 *otp*R 缺失株在动物模型中很快即被清除，因此无法建立起有效的免疫保护力。

三、群体感应系统

（一）简介

群体感应（quorum sensing，QS）系统是一种根据细菌密度调控基因表达的信号传递系统。革兰氏阳性菌和革兰氏阴性菌都通过群体感应系统与周围环境进行信息交流。第一个群体感应系统是在费氏弧菌中被发现的。Nealson 等于 1970 年第一次报道了海洋费氏弧菌的菌体密度与生物发光呈正相关，而这种发光现象正是受到细菌自身群体感应系统调控的。群体感应系统参与许多生物学过程，如生物发光、抗生素合成、细菌胞外酶和毒素的产生、生物膜的形成等。根据信号素的不同，将细菌群体感应系统分为 3 种类型：一类是以酰基高丝氨酸内酯（acyl-homoserine lactone，AHL）类物质为信号素的群体感应系统，存在于革兰氏阴性菌中；一类是以寡肽类物质为信号素的群体感应系统，存在于革兰氏阳性菌中；另外一类是以呋喃酰硼酸二酯为信号素的群体感应系统，存在于革兰氏阴性菌和革兰氏阳性菌中（彩图 33）。

（二）布鲁氏菌的群体感应系统

2002 年，Taminiau 等首次从培养布鲁氏菌的上清液中发现了布鲁氏菌的信号素——N-十二酰基高丝氨酸内酯（N-dodecanoyl homoserine lactones，C12-HSL），但直到 2005 年，Delrue 等才通过同源序列比对的方法发现了布鲁氏菌群体感应相关基因 *vjb*R。2008 年，Rambow-Larsen 等通过同源比对发现了在羊种布鲁氏菌基因组中存在一个与 *lux*R 转录调控因子家族具有极高同源性的基因 *blx*R（*Brucella* LuxR-like regulator）。虽然对 *vjb*R 和 *blx*R 基因功能有了比较全面的研究，但布鲁氏菌信号素合成相关的基因目前仍然未知。

(三) 布鲁氏菌群体感应系统的调控网络

细菌的群体感应系统通常调控一些与毒力相关基因的表达, 布鲁氏菌的群体感应系统也与很多毒力相关基因有密切的联系。布鲁氏菌 vjbR 基因缺失后, 该菌在细胞模型和小鼠模型中致弱, 而 blxR 基因缺失虽然也会降低细菌在巨噬细胞内的生存和增殖能力, 但仍然引起 IRF-1-/-小鼠死亡, 仅仅是延长了小鼠存活的天数。进一步的研究表明, vjbR 基因与布鲁氏菌的Ⅳ型分泌系统 (virB 操纵子), 以及鞭毛相关基因的表达相关。VjbR 对于Ⅳ型分泌系统的调控是通过直接结合到 virB 操纵子的启动子, 以及 virB1 与 virB2 之间 18bp 的回文序列上来实现的。除此之外, VjbR 还直接调控着Ⅳ型分泌系统分泌蛋白 VceC 的表达。VjbR 对于鞭毛表达的调控则是通过调控一个二元调控系统相关基因 ftcR 介导的。

除了影响Ⅳ型分泌系统和鞭毛相关基因的表达外, VjbR 还与布鲁氏菌细胞外膜成分有密切的联系。Uzureau 等 (2007) 发现, 布鲁氏菌群体感应系统和细菌胞外多糖的产生相关。将羊种布鲁氏菌 vjbR 基因的信号素结合序列缺失后, 细菌在液体培养基中生长时出现凝集现象。进一步研究表明, 这种凝集现象是由细菌分泌大量胞外多糖引起的, 说明布鲁氏菌 vjbR 基因与细菌胞外多糖的产生密切相关。与此同时也发现, 布鲁氏菌群体感应系统也影响细菌 Omp10、Omp19、Omp89、Omp25、Omp36 及 Omp31 等外膜蛋白的表达。尽管后来研究证明布鲁氏菌胞外多糖与其毒力不相关, 但细菌出现凝集现象和胞外多糖的大量分泌是生物膜 (biofilm) 形成的第一步, 证明布鲁氏菌群体感应系统与生物膜的形成之间是关联的。

转录组、蛋白组及生物信息学的飞速发展为基因功能的研究带来了极大的便利, 布鲁氏菌群体感应系统调控网络的研究也取得了众多突破。Rambow-Larsen 等 (2008) 通过基因芯片研究 blxR 基因功能时发现, BlxR 可调控Ⅳ型分泌系统、鞭毛、转录调控因子、转运蛋白、外膜蛋白、铁元素获取, 以及反硝化途径等多达 289 个基因。Uzureau 等 (2010) 通过基因芯片和 2D 电泳方法对布鲁氏菌群体感应系统 VjbR 和 BlxR 的调控靶点进行了研究, 结果显示在羊种布鲁氏菌中群体感应系统能调控细菌编码氧化应激、分子伴侣、厌氧呼吸、氮代谢和糖代谢等约占布鲁氏菌基因组 5% 的基因表达。通过染色质免疫共沉淀试验发现, VjbR 蛋白直接结合在 BMEII0734、BMEII0590、BMEI0030、BMEI1305、BMEI0668 和 BMEI1007 共 6 个基因的启动子上。

除了群体感应相关基因, 研究者们对信号素的功能也进行了深入研究。Taminiau 等 (2002) 发现, 在羊布鲁氏菌和猪种布鲁氏菌对数生长期的培养物中加入信号素会降低 virB 操纵子的转录水平。Delrue 等 (2005) 发现, 群体感应信号素对于Ⅳ型分泌系统和鞭毛基因的调控是依靠 VjbR 介导的。Jenni 等 (2010) 采用基因芯片的方法对信号素调控的基因进行了研究, 发现当 VjbR 蛋白正常表达时, 信号素对细菌基因的调控主要由 VjbR 介导 (127 个基因调控模式一致, 3 个基因的调控模式相反)。除此之外, 当缺失 vjbR 基因后, 信号素仍可以引起多达 48 个基因的表达水平上调 (如蛋白酶、生物膜合成、黏附素、氨基酸转运、转录调控、鞭毛基因和Ⅳ型分泌系统), 说明信号素对细菌基因表达的调控并非完全依赖 VjbR 的介导。

（四）布鲁氏菌群体感应系统的表达调控

通常群体感应系统 $luxR$ 家族成员都存在自调控和交叉调控的特点。Larsen 等（2008）通过报告基因分别检测了布鲁氏菌 $vjbR$ 和 $blxR$ 缺失株中 $vjbR$ 和 $blxR$ 基因的表达水平，结果表明布鲁氏菌群体感应相关基因 $vjbR$ 和 $blxR$ 均是自身正调控，且这两个基因间还彼此影响着对方的表达。Viadas 等（2010）通过基因芯片研究二元调控系统 BvrR/S 调控靶点时发现，$bvrR$ 基因缺失后 $vjbR$ 基因的转录水平下降。Martínez-Núñez 等（2010）证明，在 $bvrS$ 缺失株和 $bvrR$ 缺失株中 VjbR 蛋白的表达水平显著降低。

和几乎所有群体感应系统 LuxR 家族成员不同，布鲁氏菌 VjbR 在缺少信号素时仍可以调控靶基因的表达。表明除了信号素还有其他信号分子影响 VjbR 对其靶基因的调控。Arocena 等（2012）假设，这些信号分子是通过影响 VjbR 的表达水平而改变 $vjbR$ 靶基因的表达的。通过模拟布鲁氏菌侵入巨噬细胞后遇到的各种应激环境，他们发现当布鲁氏菌处于 pH5.5 和存在尿苷酸环境时，VjbR 蛋白的表达水平显著增高，而 $vjbR$ 基因的转录水平却没有改变。说明 $vjbR$ 基因的表达受到 pH5.5 的酸性环境和尿苷酸两种信号的转录后调控，而布鲁氏菌接受这两种信号刺激后通过改变 VjbR 蛋白的表达量来实现对靶基因的特异性调控。尿苷酸是一种组氨酸代谢的中间产物，前人已证明其可激活 $virB$ 操纵子的表达，而尿苷酸也可激活 $vjbR$ 的表达，说明尿苷酸在联系布鲁氏菌毒力和代谢之间发挥着重要的作用。

（五）群体感应在布病防治方面的应用

布鲁氏菌病作为一种全球性的人兽共患病，对畜牧业发展及人类健康都构成了巨大威胁。虽然目前已有 S19、RB51 及 Rev. 1 等疫苗菌株，但它们的安全性和免疫保护力仍无法令人满意。研究发现，将 S19 疫苗株 $vjbR$ 基因敲除后，经腹腔注入小鼠，该突变株会使小鼠维持较长时间的抗布鲁氏菌 IgG 滴度，且不会引起脾脏肿大。此外，将细菌注入藻朊酸盐微球使其在小鼠体内缓慢释放则会产生更为持久的免疫保护力。王玉飞等（2008）将羊种布鲁氏菌 16M $vjbR$ 基因缺失后发现，其能产生与 Rev. 1 相当的免疫保护力。接种羊种布鲁氏菌 16M $vjbR$ 缺失株的小鼠会激发抗布鲁氏菌 IgG、γ-干扰素及 IL-10 的产生。Angela 等（2012）用 IRF-1 小鼠作为感染动物模型，进一步检测 16MΔ$vjbR$ 和 S19Δ$vjbR$ 两个缺失株的效果时发现，这两个菌株不引起小鼠死亡，而且对 IRF-1 小鼠腹腔注射羊种布鲁氏菌 16M 后，细菌在小鼠体内多个器官的定殖水平和病理变化都显著降低。说明 $vjbR$ 缺失株在小鼠模型中具有较高的安全性和保护效果。

干扰信号素合成、降解信号素，以及阻止其与受体蛋白结合等多种方法，可使细菌群体感应系统无法正常调控相关基因的表达，也是防治细菌危害的重要手段。在植物中采用淬灭细菌群体感应系统达到防治细菌病害已经取得了较大的进展。在人感染布病治疗过程中，长期服用抗生素是常用的手段。由于抗生素长期服用易产生耐药性，因此替代抗生素的新型布病治疗药物的研发也将成为一个新的热点。以群体感应系统为靶点的方法完全不同于以前抗生素治疗的机制，它不以杀死细菌或者抑制细菌生长为目的，而是干扰细菌毒力基因的正常表达。理论上，这种方法可降低耐药性产生的可能，因此以布鲁氏菌群体感应系统为靶点的药物可作为一个良好的选择。

四、Ⅳ型分泌系统

(一) 细菌的分泌系统

细菌的分泌系统能将部分蛋白质转运到胞质外环境，这些被分泌的蛋白质成为细菌获得营养的重要手段。对于致病性细菌而言，这些分泌性的蛋白质不仅帮助细菌发挥定殖、吸附等作用，还可以调理宿主细胞、逃逸宿主的免疫机制等。根据革兰氏阴性细菌分泌蛋白途径的不同，可以将分泌系统分为六类：Ⅰ型分泌系统、Ⅱ型分泌系统、Ⅲ型分泌系统、Ⅳ型分泌系统、自转运分泌系统（autotransporter secretion）和两步转运分泌系统（two-partner secretionsecretion，TPS），有时又将后两个分泌系统统称为Ⅴ型分泌系统。

(二) 布鲁氏菌的Ⅳ型分泌系统

布鲁氏菌Ⅳ型分泌系统是在猪种布鲁氏菌中首次被发现的，由位于染色体Ⅱ上的 *vir*B 操纵子编码。*vir*B 操纵子由 12 个基因（*vir*B1 至 *vir*B12）组成，受到 *vir*B1 上游的启动子调控，在不同种布鲁氏菌中 *vir*B 操纵子高度保守。除了 *vir*B1、*vir*B7 和 *vir*B12 基因，该操纵子的其他基因与布鲁氏菌的毒力（通过小鼠感染模型测定）都密切相关。

(三) Ⅳ型分泌系统与布鲁氏菌的毒力

从布鲁氏菌的Ⅳ型分泌系统被发现起，研究者们对该系统在布鲁氏菌致病机制中发挥的作用进行了多方面的研究，其中研究最多的是集中于对感染动物的生存能力、在细胞内的增殖能力、利用宿主细胞的转运途径、调节宿主的炎症反应 4 个方面。

在动物模型中（以小鼠和山羊模型为主），研究者们采用信号介导的诱变（signature-tagged mutagenesis，STM）筛选布鲁氏菌在宿主体内生存的必需基因时发现，Ⅳ型分泌系统在急性感染期不是至关重要的，但是对细菌维持在宿主体内的慢性感染是必需的。随后，研究者们采用小鼠和犊牛模型对布鲁氏菌在宿主体内定殖的动力学进行了研究，结果表明Ⅳ型分泌系统对于细菌在脾脏、肝脏、肾脏和肺的早期定殖没有必然联系，但是与维持细菌的慢性感染关系密切。采用缺失了 *vir*B2 基因的布鲁氏菌感染妊娠山羊，不会引起山羊流产，该缺失菌株也不会在胎儿组织中定殖。在绵羊附睾种布鲁氏菌和田鼠种布鲁氏菌中，Ⅳ型分泌系统缺陷的菌株在感染早期和晚期均显著弱于野生株。

在多种细胞系（THP1、J774A.1、树突状细胞、鼠源骨髓巨噬细胞、HeLa 等）的感染模型中，Ⅳ型分泌系统对于布鲁氏菌在胞内的增殖至关重要。在早期，研究者们采用 HeLa 和 THP1 细胞系寻找与布鲁氏菌在细胞内增殖相关的毒力因子时筛选到了Ⅳ型分泌系统。在编码Ⅳ型分泌系统的操纵子中，*vir*B2～6 和 *vir*B8～11 基因对于布鲁氏菌在细胞内的生存和增殖发挥着重要作用。

为了研究Ⅳ型分泌系统对布鲁氏菌在宿主细胞内增殖所发挥的作用，研究者们通过 *vir*B10 基因缺失株进行了相关的研究。结果表明，Ⅳ型分泌系统缺陷的菌株可以侵入宿主细胞，并且和野生株一样与早期内体和晚期内体相互作用。上述结论的依据是，在 *vir*B10 缺失株和野生株分别形成的布氏小体上均检测到早期内体（EEA1）和晚期内体（LAMP1）的分子标志。但是和野生株不同，随着时间的推移，*vir*B10 缺失株所形成的布氏小体无法将 LAMP1 分子排出，始终保持 LAMP1 阳性的状态。说明这些缺失株形成的布氏小体被溶酶体包围，最终被降解。相比之下，野生株形成的布氏小体在与晚期内体短暂接触后便与之脱离，随后布氏小体抵达内质网，在内质网上建立起复制泡进行增殖。因此，布氏小体与晚期内体/溶酶体相互作用的过程决定了入侵宿主细胞内布鲁氏菌的命运。以上结果预示，布鲁氏菌的Ⅳ型分泌系统很可能是在布氏小体与晚期内体相互作用时被某种环境信号激活（如与晚期内体/溶酶体接触后引起布氏小体的酸化），继而向细胞中分泌某些因子。

和其他细菌不同，布鲁氏菌可以避免被宿主的免疫系统识别，并且引起较低水平的免疫反应，Ⅳ型分泌系统在此过程中发挥着一定的作用。一方面，Ⅳ型分泌系统缺陷的菌株，在感染宿主细胞后很快会被溶酶体降解，因此可以很快激发宿主的免疫反应。相比之下，野生株只在宿主细胞增殖周期的后期才激发宿主的免疫反应。另一方面，可能是Ⅳ型分泌系统分泌的某些效应因子具有抑制炎症反应的作用。

布鲁氏菌Ⅳ型分泌系统的毒力相关机制可能包括操纵胞内转运途径，以及影响宿主的先天性免疫和获得性免疫。Ⅳ型分泌系统将效应因子分泌至宿主细胞内，这些效应因子靶向干扰宿主的某些途径，从而维持布鲁氏菌在宿主细胞内的持续增殖。因此，对布鲁氏菌分泌的效应因子及其干扰的宿主途径进行研究，对于揭示布鲁氏菌的致病机制至关重要。

（四）Ⅳ型分泌系统的效应因子

到 2015 年，已经发现了 15 个Ⅳ型分泌系统的效应因子（表 5-1）。根据Ⅳ型分泌系统表现出的表型，以及其他细菌中已经被研究的Ⅳ型分泌系统效应因子可以初步预测，布鲁氏菌的这些效应因子可能参与到下列与建立感染相关的生理过程：①排出晚期内体或溶酶体的分子标志；②获得内质网的分子标记；③与分泌途径相互作用；④获得自噬体的分子标记；⑤抵御宿主细胞内的恶劣环境；⑥调节重要免疫途径的激活。目前，Ⅳ型分泌系统的效应因子影响上述途径的机制尚未清楚，可能每一个途径受到一个或多个效应因子的调控，也可能一个效应因子在一个或多个途径中发挥着重要作用。

表 5-1　已经鉴定出的Ⅳ型分泌系统的效应因子

效应因子	编码基因	功　能	鉴定方法
RicA	BAB1 _ 1279	调节布氏小体转运	TEM1
VceA	BAB1 _ 1652	未知	CyaA，TEM1
VceC	BAB1 _ 1058	激活未折叠蛋白反应	CyaA，TEM1
BPE005	BAB1 _ 2005	未知	CyaA
BPE043	BAB1 _ 1043	未知	CyaA
BPE275	BAB1 _ 1275	未知	CyaA
BPE123	BAB2 _ 0123	未知	CyaA
BtpA/TcpB/Btp1	BAB1 _ 0279	抑制 Toll 样受体信号通路	CyaA
BtpB	BAB1 _ 0756	抑制 Toll 样受体信号通路	CyaA，TEM1
BspA	BAB1 _ 0678	抑制宿主分泌途径	CyaA，TEM1
BspB	BAB1 _ 0712	抑制宿主分泌途径	CyaA，TEM1

（续）

效应因子	编码基因	功　能	鉴定方法
BspC	BAB1＿0847	未知	CyaA，TEM1
BspE	BAB1＿1671	未知	CyaA，TEM1
BspF	BAB1＿1948	抑制宿主分泌途径	CyaA，TEM1
SepA	BAB1＿1492	抑制布氏小体与溶酶体融合	TEM1

注：TEM1 指 TEM-1β-内酰胺酶系统，CyaA 指钙调蛋白依赖的腺苷酸环化酶系统。

一个候选蛋白是否是Ⅳ型分泌系统的效应因子必须满足两个条件：一是该蛋白可以被分泌到宿主细胞内；二是这个蛋白分泌是通过Ⅳ型分泌系统实现的。候选蛋白是否能被分泌到宿主细胞内，可以通过 TEM-1β-内酰胺酶系统或者钙调蛋白依赖的腺苷酸环化酶系统进行检测。检测候选蛋白是否由Ⅳ型分泌系统分泌，可以通过使用相应的缺失株来验证。

尽管早在 1999 年左右，就已经开始了对布鲁氏菌Ⅳ型分泌系统的相关研究，但是对其效应因子方面的研究在 2008 年之后才逐步开展。首先鉴定出的 2 个效应因子是 VceA 和 VceC，它们是在筛选调控因子 VjbR（VjbR 同时也调控 virB 操纵子的表达）的调控靶点时被发现的。通过酵母双杂技术筛选可能与宿主蛋白互作的布鲁氏菌蛋白发现，布鲁氏菌的 RicA 蛋白可以与宿主的 Rab2 蛋白相互作用，进一步研究证实了 RicA 蛋白是Ⅳ型分泌系统的效应蛋白。通过全基因组范围内的生物信息学预测，有 9 个效应蛋白被鉴定出来。在布鲁氏菌中，含有 Toll 样白细胞介素受体功能区的蛋白质被认为与细菌的毒力密切相关。通过对这些具有 Toll 样白细胞介素受体功能区蛋白质的研究发现，BtpA 和 BtpB 蛋白是被Ⅳ型分泌系统分泌到宿主细胞内的 2 个效应因子。在 2014 年，发现了一个位于水平转移区域内编码的 SepA 蛋白，其是Ⅳ型分泌系统的效应因子。

1. VceA 蛋白和 VceC 蛋白　VceA 蛋白和 VceC 蛋白分别由 105 个和 418 个氨基酸组成，在不同种布鲁氏菌中，这两个蛋白高度保守。在它们启动子的上游区域有一段长度为 18 个碱基的 VjbR 转录调控蛋白结合位点。在体外环境中，通过凝胶阻滞试验已经证明 VjbR 蛋白可以与 vceC 基因的启动子相互作用。在牛种布鲁氏菌的 vjbR 基因缺失株中，virB 和 vceC 基因的表达水平均降低。

通过构建突变株表明，VceC 蛋白 C 端 20 个氨基酸与该蛋白的分泌密切相关，其 N 端由 38 个氨基酸组成的疏水跨膜结构域对 VceC 蛋白在内质网上的定位发挥着重要作用。通过免疫沉淀-质谱的方法鉴定出了内质网伴侣蛋白 Bip/Grp78 与 VceC 蛋白的脯氨酸富集区相结合。进一步研究发现，VceC 蛋白在感染过程中发挥着激活未折叠蛋白反应、引起内质网应激、诱导促炎症反应的作用。VceC 蛋白的 N 端与内质网相互作用的区域对 VceC 蛋白发挥上述作用至关重要。

2. RicA 蛋白　RicA 蛋白含有 175 个氨基酸，只有 1 个功能区。突变分析发现，在 RicA 蛋白中有 2 个关键的元件，一个是 β-折叠，另一个是异亮氨酸-苯丙氨酸-脯氨酸-甘氨酸环。上述 2 个元件被认为在蛋白折叠与 Rab2 蛋白互作过程中发挥着重要作用。RicA 蛋白的晶体结构显示，该蛋白与 γ-碳酸酐酶家族蛋白具有高度的相似性。该家族成员的一个典型特征是都具有一个被束缚的锌原子，然而 RicA 蛋白并不具有碳酸酐酶活性。

RicA 蛋白在体内和体外环境下均可以与结合 GDP 或未结合 GDP 的 Rab2 蛋白相互作用，但却不能与 GTP 结合的 Rab2 蛋白相互作用，这预示着 RicA 不是一个 GTP 酶激活蛋白。进一步研究表明，RicA 也不是 Rab2 蛋白的鸟嘌呤核苷酸交换因子。RicA 的真实功能是作为 GDP 解离抑制因子还是 Rab 的伴侣蛋白仍需进一步研究。*ric*A 基因缺失后并不影响布鲁氏菌的毒力，但是和野生株相比，缺失株能以更快的速度排出 LAMP1 标记分子，预示 *ric*A 缺失株形成的布氏小体可以更快速地与晚期内体解离。

3. BtpA 蛋白和 BtpB 蛋白　BtpA（也被称为 Btp1 或 TcpB）蛋白和 BtpB 蛋白都具有保守的 TIR 功能区，而 TIR 功能区在哺乳动物中普遍存在，与调节先天性免疫的信号通路密切相关。这 2 个蛋白质都是通过钙调蛋白依赖的腺苷酸环化酶系统鉴定出来，但是使用 TEM-1β-内酰胺酶系统检测时，BtpB 蛋白的分泌效率要远低于其他已发现Ⅳ型分泌系统的效应因子。造成这一结果的原因可能是 TEM-1β-内酰胺酶系统检测的敏感性要低于钙调蛋白依赖的腺苷酸环化酶系统。在蛋白质功能方面，这 2 个蛋白质都可以抑制树突状细胞的成熟，并且与布鲁氏菌的毒力密切相关。BtpA 蛋白和 BtpB 蛋白对 NF-κB 的影响却截然相反，BtpA 蛋白抑制 NF-κB 的活化，而 BtpB 蛋白可以诱导 NF-κB 的活化。

目前，对 BtpA 蛋白的作用机制研究得比较透彻。对 BtpA 的晶体结构分析发现，该蛋白与哺乳动物 Toll/IL-1 受体（TIR）区域呈现出高度的同源性，其通过 TIR 功能区的 BB 环结构特异性地与宿主适配体蛋白 MyD88 adapter-like（MAL）/TIRAP 相互作用。研究表明，BtpA 能够阻碍人 HEK 细胞 TLR2 和 TLR4 介导的信号传导，从而阻断 MyD88 活化 NF-κB。更精确来讲，BtpA 蛋白可以干扰 TLR2/TLR4 调节器 MAL/TIRAP 的活性，MAL/TIRAP 代表的是一个来自于病原的小分子，它能够通过特异性的靶向 TLR 信号通道抑制宿主天然免疫反应。因此说，BtpA 可以通过降低依赖于 TLR 的天然免疫反应对布鲁氏菌的识别而逃避天然免疫反应。

4. BspA 蛋白、BspB 蛋白和 BspF 蛋白　BspA、BspB、BspC、BspE 和 BspF 是通过信息学方法先被预测出来，后通过 TEM-1β-内酰胺酶系统验证。BspA、BspB 和 BspF 这 3 个蛋白分别由 191 个、187 个和 428 个氨基酸组成，并且都含有一个 DUF2062 功能区。通过对 BspA 蛋白和 BspB 蛋白的异位表达发现，二者定位在宿主细胞的内质网上，而 BspF 蛋白则自始至终定位在细胞质和质膜上。这 3 个蛋白在宿主细胞内过表达时，可以抑制细胞自身蛋白的分泌途径。尽管缺失编码这 3 个蛋白的任一个基因并不影响布鲁氏菌在骨髓源巨噬细胞内的增殖能力，但是同时缺失这 3 个蛋白的编码基因缺失株在细胞感染模型中的增殖能力显著降低。在小鼠感染模型中的生存能力，与细胞感染模型的结果是一致的。值得注意的是，不论是单基因缺失还是三基因缺失都影响细菌对宿主系统性感染的建立。说明这 3 个蛋白在感染的后期发挥作用，并且相互之间具有功能代偿。

5. SepA 蛋白　SepA 蛋白是一个由 130 个氨基酸组成的蛋白，其分泌发生在感染早期（大约感染后 30min）。与其他Ⅳ型分泌系统的效应因子不同，SepA 蛋白不是直接被分泌到宿主细胞内的，而是经过一个周质聚集的中间过程后才被分泌到细菌外的。与布鲁氏菌野生株相比，*sep*A 缺失株在细胞感染模型 48h 后的增殖能力并无差异，但是感染后 4～24h 缺失株的增殖能力低于野生株。说明该蛋白在感染早期发挥着重要的作用，这也与其在感染早期被分泌到宿主细胞内相对应。值得注意的是，过表达 *sep*A 基因却引起细菌毒力降低，暗示 *sep*A 基因的表达是受到严密调控的。由于其他发现的效应因子都在感染后期发挥作用，SepA 蛋白成为目前唯一发现的在感染早期分泌的蛋白，因此 *sep*A 基因缺失株可以用于布鲁氏菌感染早期阶段的研究。

6. 其他的效应因子　BspC、BspE、BPE123、BPE005、BPE275 和 BPE043 也是被鉴定出来的Ⅳ型分泌系统效应因子，尽管在不同种布鲁氏菌中这些蛋白都高度保守，但是它们的功能至今尚未知晓。当进行异位表达时，BspC 蛋白和 BspE 蛋白都定位于宿主细胞核附近，BspC 蛋白可能与高尔基体共定位，而 BspE 蛋白可以形成离散的囊泡。BspC 蛋白 N 端含有 Sec 依赖性的信号肽，并且可以引起内质网应激而不影响蛋白分泌途径。BPE005、BPE275 和 BPE043 的同源蛋白在其他种细菌广泛存在，BPE123 同源蛋白在巴尔通体（*Bartonella bacilliformis*）和人苍白杆菌（*Ochrobactrum anthropi*）中也被发现。当布鲁氏菌入侵细胞内形成布氏小体时，BPE123 蛋白定位于布氏小体的表面。BPE123 蛋白 N 端的 25 个氨基酸可能在该蛋白的分泌过程中发挥信号序列的作用。用细胞感染模型和小鼠感染模型的研究表明，BPE123 蛋白与布鲁氏菌的毒力并无关联。

第二节　布鲁氏菌的基因表达调控机制

对于任何细菌来说，适应所处环境的通用规则是表达那些促进其生存或者增殖的基因，而抑制非必需或者有害基因的表达。布鲁氏菌是一种胞内寄生菌，可以入侵专业吞噬细胞和非专业吞噬细胞。布鲁氏菌入侵宿主细胞后，面临着宿主细胞内各种恶劣生存环境和免疫系统的杀伤作用。它们必须迅速调整相应毒力因子的表达，从而避免被宿主消灭，顺利到达复制环境开始增殖。布鲁氏菌可以通过转录、转录后和翻译后等不同阶段调控毒力因子的表达，目前研究最多的是通过经典转录调控因子、二元调控系统、全局调控因子完成的转录水平调控。在本节中将分别对布鲁氏菌转录、转录后和翻译后三个阶段的基因表达调控进行阐述。

一、转录水平的基因表达调控机制

随着越来越多的布鲁氏菌基因组被测序，研究者们可以在基因组水平对调控基因进行预测和鉴定。以羊种布鲁氏菌为例，其基因组中共存在 146 个转录调控因子，其中超过 55% 的转录调控因子位于第 2 染色体上；在二元调控系统方面，羊种布鲁氏菌中编码 19 个组氨酸激酶和 21 个假定的反应蛋白；在全局调控因子方面，羊种布鲁氏菌拥有 2 个群体感应相关蛋白、1 个严谨反应相关蛋白及 6 个 sigma 因子（包括 sigma 70 因子）。

（一）经典的转录调控因子

原核生物经典转录调控因子的重要标志是具有与 DNA 结合必需的 Helix-Turn-Helix（HTH）基序（motif），根据其 HTH 基序在数量、位置等方面的差异可以将原核生物经典转录调控因子划分为不同的转录调控因子家族。HTH 基序在调控因子中的相对位置通常决定它是一个抑制性调控因子还是激活性调控因子。当该基序位于 C 末端时，该蛋白往往是激活因子；而其位于 N 末端时，通常预示着这个调控因子发挥着抑制作用。在原核生物中大约有 20 个转录调控因子家族，其中 LysR、AraC/XylS、Cold、EBP、GalR/LaI 和 GntR 家族的成员在基因组中的分布数量较多，而 AraC、ArsR、Crp/Fnr、DeoR、GntR、IclR、LysR、MerR、RpiR 和 TetR 转录调控因子家族的成员通常与细菌和宿主之间的互作密切相关。

根据对基因组预测的结果发现，在羊种布鲁氏菌中共有 146 个经典转录调控因子（68 个分布在第 1 条染色体，78 个分布在第 2 条染色体），大部分转录调控因子集中在 GntR（20 个）、LysR（20 个）和 AraC（13 个）3 个家族。目前发现的与布鲁氏菌毒力相关的经典转录调控因子也主要分布在这几个家族，如 GntR 家族的 BMEⅡ0475、BMEⅠ0169、BMEⅠ0881、BMEⅡ0116、BMEⅡ1066 和 HutC，LysR 家族的 BMEⅡ0390、BMEⅠ1913、BMEⅠ1573 和 BMEⅠ0513。

Haine 等（2005）利用系统定向突变技术（systematic targeted mutagenesis）将羊种布鲁氏菌 16M 的 88 个转录调控因子进行了突变，发现了 10 个与毒力相关的转录调控因子（其中有 6 个属于 GntR 家族，3 个属于 LysR 家族）。除此之外，他们还发现了 4 个转录调控因子（GntR4、DeoR1、AraC8、ArsR6）与 *vir*B 操纵子的表达密切相关。

（二）二元调控系统

在本章已经介绍了二元调控系统的基本组成及磷酸信号传递过程。在真核生物中，只有在酵母和拟南芥中发现过少量二元调控系统，而在原核生物基因组中平均有约 1% 的基因编码不同的二元调控系统。在细菌中，二元调控系统不仅参与感应 pH、养分、渗透压、抗生素、氧化还原状态等环境信号，还控制着对细菌生长、毒力、生物膜、趋化性、趋光性和群体感应等有重要作用的基因簇。在布鲁氏菌中存在 21 个基因假定编码二元调控系统，目前研究得比较清楚的二元调控系统共有 7 组，前一部分已作了详细介绍。

（三）全局调控因子

1. 群体感应系统　2002 年，Taminiau 等首次鉴定出羊种布鲁氏菌群体感应信号分子——N-十二酰基高丝氨酸内酯（N-dodecanoyl homoserine lactones，C_{12}-HSL）。2005 年，Delrue 等发现了布鲁氏菌的群体感应相关基因 *vjb*R。2008 年，Rambow-Larsen 等发现了羊种布鲁氏菌的群体感应调节因子 *blx*R（*Brucella* LuxR-like regulator），可调节包括Ⅳ型分泌系统和鞭毛在内的毒力因子。

2. 严谨反应　严谨反应是细菌处于氨基酸饥饿、脂肪酸缺乏、铁缺乏、热应激等不利环境时发生的一种应激反应。(p) ppGpp 是严谨反应的信号分子，可以与 RNA 聚合酶结合从而改变多达 1/3 基因的表达水平。在发生严谨反应时，编码 *tRNA* 基因及核糖体蛋白基因的转录受到抑制，细菌质粒的拷贝数控制在几个拷贝，而生物合成相关基因的表达水平显著增强。除此之外，细菌的复制过程会受到抑制，细胞周期也会发生停滞，直到营养环境得到改善。

在大肠埃希氏菌中，核糖体结合蛋白 RelA 催化 ATP 的焦磷酸根基团转移到 GTP 或者 GDP 核糖的 3′羟基合成 pppGpp 或 ppGpp；胞质蛋白 SpoT 在 Mn^{2+} 离子存在的条件下，具有 (p) ppGpp 水解酶活性和微弱的合成酶活性，可以水解 (p) ppGpp 分子 3′位置的二磷酸基团。在其他一些革兰氏阳性菌和蓝细菌中，含有单一的 *rel*A/*spo*T 同源基因，编码具有（p）ppGpp 合成酶和水解酶双重功能的 RelA/SpoT 同源蛋白，控制（p）ppGpp 的代谢。

在布鲁氏菌基因组中存在一个 *relA/spoT* 同源基因，被命名为 *rsh*。羊种布鲁氏菌和猪种布鲁氏菌的 *rsh* 基因缺失株在正常培养基中培养时，通过扫描电镜可以发现细菌细胞的形态变得肿胀或者具有分支，这往往由于细胞周期停滞引起。*rsh* 基因缺失株无法在营养缺乏的环境中生存，且和亲本菌株相比，缺失株进入稳定期后迅速死亡。除此之外，Rsh 可以直接调控着Ⅳ型分泌系统的表达，并且与布鲁氏菌在细胞和小鼠感染模型中的生存密切相关。

2013 年，Hanna 等利用基因芯片分析了 *rsh* 缺失株和野生株在营养缺乏环境下的表达差异，结果显示 379 个基因的表达水平在 *rsh* 基因缺失后会发生改变，其中包括转录调控因子、细胞外膜蛋白、应激因子、转运系统、反硝化途径、超氧化物歧化酶和能量代谢相关的基因。蛋氨酸合成基因是唯一完全依赖于 Rsh 调控的氨基酸合成基因，当在基础培养基中加入蛋氨酸则可以恢复 *rsh* 缺失株的生长缺陷。除此之外，*rsh* 基因的缺失还会引起细菌在强氧化环境中生存能力的降低。说明 *rsh* 不仅介导着营养缺乏相关的严谨反应，还参与了布鲁氏菌对于强氧化应激的耐受。

3. sigma 因子　细菌的 sigma 因子与 RNA 聚合酶的核心酶组成一个复合体，使得 RNA 聚合酶可以特异性地结合到细菌基因的启动子上。sigma 因子参与了转录起始的各个过程，包括启动子的定位、启动子的解链、起始 RNA 的合成、脱离启动子等过程。sigma 因子是根据其分子质量的不同而进行分类的，如 σ^{70} 是指分子质量为 70ku 的 simga 因子。

sigma 因子从结构上可以分为 σ_1、σ_2、σ_3、σ_4 共 4 个区域，并且可以进一步划分 4 个保守区域，即 1.1、1.2~2.4、3.0~3.1 及 4.1~4.2 这 4 个区域。在 1.2~2.1 处存在一个非保守的 σ^{NCR}，这个非保守区的大小、序列和结构与 sigma 因子的功能并无关联性（彩图 34）。当 sigma 因子与核心酶结合形成全酶时，其各个结构域之间的相对位置发生改变，因而其生化作用也发生了极大改变。

根据序列的相似性，可以将 sigma 因子分为 σ^{70} 家族和 σ^{54} 家族。σ^{70} 家族可以分为 4 个亚家族：初级 sigma 因子、类初级 sigma 因子、可替代 sigma 因子，以及孢子形成相关 sigma 因子。初级 sigma 因子存在于所有已知的细菌中，负责细菌在指数生长期中大多数基因的表达，对细菌的生存必不可少；类初级 sigma 因子对于指数生长期的细菌并不是必须的，其内与 DNA 结合的氨基酸序列和初级 sigma 因子十分相似，说明这两类 sigma 因子可以识别相同的 DNA 启动子序列；可替代 sigma 因子在特殊的生理条件下，如应激环境和生长过渡阶段等调节相关基因转录；孢子形成相关 sigma 因子主要是在细菌遭遇恶劣环境时参与转录调控，使细菌变成结构坚固、代谢减慢的孢子状态。σ^{54} 家族成员在结构和功能上都不同于 σ^{70} 家族成员。含有 σ^{70} 的全酶起始转录时不需要增强子，而含有 σ^{54} 的全酶起始转录时需要相应的增强子及能量。σ^{54} 形成的全酶可与启动子结合形成封闭式的启动子复合物，而形成开放式的转录起始复合物需要转录激活因子才能进行。转录激活因子可以与 DNA 上的增强子结合，增强子位于转录起始位点上游大约 100bp，具有核苷酸三磷酸酶的活性，只有与 RNA 聚合酶相互作用才可催化开放式转录起始复合物的形成。

可替代 sigma 因子会在不同环境下被激活，这些可替代的 sigma 因子可与 RNA 聚合酶的核心酶竞争性结合。已经有研究表明，细菌的可替代 sigma 因子与细菌耐受高温、氧化应激、碳源缺乏、低 pH 环境密切相关。在一些病原菌中，可替代 sigma 因子与细菌的毒力密切相关，如调节鞭毛基因表达的鞭毛 sigma 因子 σ^{28}、调节环境应激的 sigma 因子（σ^B 和 σ^S）、周质外的 sigma 因子（RpoE 和 AlgU）及 σ^{54}。

在羊种布鲁氏菌的基因组中，共存在 6 个假定的 sigma 因子：1 个初级 sigma 因子（σ^{70}，由 rpoD 基因编码）、2 个 σ^{32}（σ^{H1} 和 σ^{H2}）、2 个周质外 sigma 因子（σ^{E1} 和 σ^{E2}）和 1 个 σ^{54}（σ^N）。与其他肠道菌和假单胞菌不同，布鲁氏菌不存在全局 sigma 因子（σ^S）。在羊种布鲁氏菌中，σ^{H2} 基因缺失后细菌在低温和高温环境中的生长速度减慢，对强氧化环境的敏感性增强，影响Ⅳ型分泌系统和鞭毛蛋白的表达水平，在细胞和小鼠感染模型中毒力降低。当羊种布鲁氏菌编码 σ^{E1} 的基因缺失时，会引起鞭毛相关基因（fliF、flgE、fliC、flaF 和 flbT）的表达水平上调，并且可以使细菌形成更长的鞭毛，说明 σ^{E1} 在布鲁氏菌中是发挥着抑制鞭毛形成的功能；除此之外，缺失编码 σ^{E1} 的基因还会增强鞭毛调控因子 FtcR 的启动子活性，说明 σ^{E1} 是一种比 FtcR 更高层次的鞭毛调控因子。

在牛种布鲁氏菌中，缺失了编码 σ^{E1} 的基因使得细菌在强酸性和强氧化性环境中的生存能力降低。在感染小鼠模型中，σ^{E1} 缺失株自感染 1 月开始，脾脏载菌量显著低于亲本菌株。说明在牛种布鲁氏菌中，σ^{E1} 影响细菌对极端应激环境的耐受能力，并且与细菌在小鼠模型中的持续性感染密切相关。

二、转录后水平的基因调控机制

（一）细菌 SRNAs

生物体中存在大量的非编码 RNA（non-coding RNA，也叫 small RNA，sRNA），它们隐藏在基因组内，有学者称之为基因组内的"暗物质"，虽不可见却发挥着调控基因表达的重要功能。sRNA 在细菌、古生菌和真核生物体中广泛存在。起初对 sRNA 的研究主要集中于真核生物，后来才渐渐把注意力转移到原核生物，尤其是病原细菌。

1. **细菌 sRNA 发现的历史** 由于非编码 RNA 在转录后通常并不翻译为蛋白质，因此许多年来一直被认为其不具备生物学功能。直到 1967 年，通过标记大肠埃希氏菌体内所有的 RNA，在聚丙烯酰胺凝胶上探测到由大肠埃希氏菌基因 ssrS 所编码的一种新的数量较多的 RNA 分子，才发现了细菌的首个非编码 RNA-6SRNA。1984 年，在大肠埃希氏菌中鉴定了第 1 个染色体编码的 sRNA，即 MicF，其可以抑制 OmpF mRNA 的转录。到 2000 年，通过传统方法（如聚丙烯酰胺凝胶电泳分离）已经发现了 13 个 sRNA。其中，RprA、MicF、DicF 及 DsrA 是被发现的基因片段，GcvB 和 OxyS 是在探查基因时被偶然发现的，而 Spot42、10Sa（tmRNA）和 10Sb 等则是通过磷酸化标记所有 RNA 后发现的，但是它们的生理功能直到 30 年后才被阐明。到 2001 年，应用生物信息学方法分析基因组基因间区域及研发了一些新的试验技术，如比较基因组学、基因芯片、RNA 组学和深度测序，在全基因组水平上验证出了许多细菌的新 sRNA，包括大肠埃希氏菌、枯草芽胞杆菌、绿脓假单胞菌、金黄色酿脓葡萄球菌和单核细胞增多性李斯特菌。2011 年，一个反式编码的 sRNA-tracrRNA 被鉴定出来，其通过 24 个核苷酸序列与 CRISPR RNAs（crRNA）前体转录单元的重复序列配对，从而促进 crRNA 的成熟，首次揭示了 sRNA 参与细菌 RNA 介导的免疫反应。时至 2019 年，已发现在大肠埃希氏菌和其他相关细菌中均存在 200 个左右的 sRNA。

2.sRNA 主要特征　细菌的 sRNA 具有以下特征：①长度一般为 40～500nt，长于真核生物中成熟的 miRNA；②大部分位于间隔区（intergenic region，IGR）中，少部分位于 3′UTR 或 5′UTR（如 RyeB 和 SraC/RyeA）；③通过多种试验方法和生物信息学方法发现，sRNA 除了分布在核心基因组中外，有些 sRNA 甚至位于插入序列、质粒、噬菌体和致病岛上；④1 个 sRNA 可调节多个靶 mRNA，1 个靶 mRNA 也可能受多个 sRNA 调节；⑤大多数 sRNA 通过与蛋白质结合，以复合物的形式发挥作用。

3.sRNA 分类　基于在基因组上的位置，sRNA 可以分为顺式编码 sRNA（cis-acting sRNA）及反式编码 sRNA（trans-encoded sRNA）。顺式编码 sRNA 位于靶 mRNA 的 DNA 互补链上，通过直接与靶序列的互补配对发挥作用，而反式编码 sRNA 与配对靶 mRNA 有一定的距离（彩图 35）。

大多数顺式编码的反义 RNA 位于质粒、噬菌体和转座子中，之后也在细菌染色体中发现一部分顺式编码的 RNA。在细菌里，顺式编码的 sRNA 与它们互作的靶 mRNA 进行碱基反向配对，通常导致了对靶 mRNA 的负调控作用，包括复制起始、接合效率、自杀、转座子、mRNA 降解及翻译起始。

反式编码的 sRNA 则位于细菌染色体上，对它们的靶 mRNA 则有可能起正调控或负调控的作用。大部分反式编码的 sRNA 可以同时调控多个靶点，有些甚至类似全局调控子对许多细胞生理活动作出反应。

根据 sRNA 的生物学及作用机制，可以将其分为以下三类。

（1）具有特殊活性的 sRNA　行使管家功能的 sRNA，它们的表达水平通常是很高的。目前发现这一类型的 sRNA 有 3 种，包括转移信使 RNA（transfer messenger RNA 或 10sRNA）、具有酶催化活性且形成 RNase P 的催化亚单位 MIRNA，以及组成核糖核蛋白（ribonueleoprotein，RNP）复合物 4.5sRNA。

（2）与蛋白质相互作用从而影响蛋白质功能的 sRNA　这类 sRNA 主要通过与蛋白质互作从而影响蛋白质的生物学功能。比如，大肠埃希氏菌中第 1 个被鉴定出来的 6S RNA，可以直接与 σ^{70}-RNA 聚合酶互作并改变 RNA 聚合酶的活性，从而抑制启动子区域－10bp 上游含 TGn 序列（TGnTATAAT）基因的转录；又如，sRNA CsrB 和 CsrC 可以与全局转录后调控因子 CsrA 蛋白互作形成调控反应回路。在此回路中，这 2 个 sRNA 作为 CsrA 蛋白的颉颃物，通过与 CsrA 结合严格调控 CsrA 蛋白的活性。

（3）与目的 mRNA 配对结合调控基因表达的 sRNA　这种调控模式是细菌 sRNA 发挥调控功能最普遍的形式之一，目前发现的细菌 sRNA 大部分都属于这种类型。sRNA 同靶 mRNA 结合后，要么促进或抑制靶点 mRNA 的翻译，如 sRNA 分子 Spot42 和 OxyS 可以封闭靶 mRNA 的核糖体结合位点从而抑制靶基因的表达，DsrA 和 RprA 同靶 mRNA 配对结合后能够暴露其核糖体结合位点从而促进目的基因翻译；要么减缓或加速靶 mRNA 的降解，如 RyhB 主要作为转录后抑制子影响靶基因 *sod*B、*sdh*C、*fum*A 的稳定性从而调节铁代谢。

4. 布鲁氏菌 sRNA 的研究进展 对布鲁氏菌 sRNA 的相关研究起步较晚。王同坤等 (2010) 通过生物信息学方法对羊种布鲁氏菌 16M 的 sRNA 进行了预测，共预测出 22 个假定编码 sRNA 的序列，并从中鉴定出一个 sRNA BSR-2。通过荧光定量 PCR 检测该 sRNA 在 $virB$ 基因缺失株和 $vjbR$ 基因缺失株中的转录水平发现，在上述 2 种缺失株中 BSR-2 的转录水平均明显下降。VirB 和 VjbR 是布鲁氏菌Ⅳ型分泌系统和布鲁氏菌群体感应系统中的 2 个重要毒力因子，提示其可能与布鲁氏菌胞内生存相关。

Caswell 等 (2012) 比较牛种布鲁氏菌 2308 hfq 缺失株和野生株的转录谱，发现了 2 个与土壤农杆菌同源的 sRNA AbcR1 和 AbcR2。这 2 个 sRNA 存在功能上的冗余，在牛种布鲁氏菌 2308 中单独缺失任意一个 sRNA 都不影响细菌毒力，只有同时缺失 2 个 sRNA 才会引起细菌在巨噬细胞及小鼠体内的毒力下降。进一步研究表明，AbcR 可能通过加速靶 mRNA 的降解影响氨基酸和聚胺的转运及代谢过程，从而影响细菌的致病性。

随着生物信息学的发展，根据已经发现的细菌 sRNA 的特征，出现了多种预测 sRNA 的生物信息学方法。董浩等 (2014) 综合了 SIPHT 和 NAPP 两个预测 sRNA 的生物信息学方法，在牛种布鲁氏菌 2308 株中预测出 129 个假定的 sRNA，通过反转录 PCR 对其中 20 个假定的 sRNA 进行验证，成功鉴定出了 7 个 sRNA。在进一步的研究中，董浩等 (2014) 采用 Starpicker 软件对经过验证的 7 个 sRNA 靶点进行了预测，并通过大肠埃希氏菌双质粒系统对预测结果进行验证。结果显示，Starpicker 软件对 7 个 sRNA 的预测靶点中 4 个正确。表明通过这种生物信息学方法对细菌 sRNA 的预测确实可行，并具有较高的准确性。除此之外，彭小薇等 (2014) 对上述预测结果进行了进一步分析，成功发现了一个顺式表达的 sRNA-BsrH。该 sRNA 直接调控布鲁氏菌铁代谢相关基因 $hemH$ 的表达，并且与布鲁氏菌耐受缺铁环境密切相关。

王玉飞等 (2015) 结合生物信息学和试验方法在羊种布鲁氏菌 16M 中验证了 8 个新的 sRNA，并发现其中一个 sRNA BSR0602 在稳定期、应激环境、感染巨噬细胞及小鼠上的表达水平显著上升，过表达 BSR0602 菌株在细胞模型和小鼠模型中的毒力降低，故认为 BSR0602 可能与细菌适应应激环境和毒力机制相关。

高通量测序技术发展，使得在全基因组范围内鉴定细菌的 sRNA 成为可能。Saadeh 等 (2015) 采用转录组测序技术对布鲁氏菌 sRNA 进行了研究，其鉴定出 33 个可以与 Hfq 蛋白相互结合的 sRNA。通过 northern blotting 和反转录 PCR 技术对转录组测序结果进行验证，确证了 10 个在稳定期早期表达的 sRNA。

（二）Hfq 蛋白

Hfq 蛋白最早源于大肠埃希氏菌中鉴定的一个 RNA 噬菌体 Qβ 有效复制所需要的宿主因子。随后由于 hfq 基因缺失后会引起大肠埃希氏菌对紫外线、氧化剂、渗透压的耐受能力降低，并且生长速度也减慢，因此引起了研究者们的极大兴趣。现在普遍认为在细菌中其作为一个 RNA 伴侣分子，可以促进 RNA 互作从而催化快速且特异的调控反应。Hfq 分子除了作为 RNA 伴侣分子外，还可以与 DNA 分子形成复合体，改变 DNA 分子双螺旋结构的力学特性，从而使 DNA 分子固缩。

1. 布鲁氏菌的 Hfq 蛋白 Gregory 等 (1999) 发现，牛种布鲁氏菌中 hfq 基因缺失后，会引起缺失株对于强氧化环境（H_2O_2）、酸性环境（pH4.0）、营养缺陷环境的耐受能力降低。崔明全等（2013）还发现，与亲本菌株相比，羊种布鲁氏菌 16M 的 hfq 基因缺失株对高渗透压环境（1.5mol/L NaCl）、高温（50℃）、多黏菌素 B 的敏感性都增加。除此之外，与亲本菌株相比，hfq 基因缺失株在巨噬细胞和小鼠感染模型中的生存和增殖能力均显著降低。Roop 等（2002）证实，与羊种布鲁氏菌 16M 的野生株相比，hfq 基因缺失株对妊娠母羊的毒力显著下降。

随着分子生物学的发展，Hfq 蛋白在布鲁氏菌毒力中所发挥的重要作用逐步被揭开。Caswell（2011）指出，在牛种布鲁氏菌 2308 中，重要毒力因子Ⅳ型分泌系统（由 virB 操纵子编码）的表达受到 Hfq 的影响。在 hfq 缺失株中，virB 操纵子的转录和翻译水平均降低。进一步研究发现，Hfq 可能通过依赖于 BabR（布鲁氏菌群体感应调控子，也称 BlxR）和不依赖于 BabR 两种不同的途径对 virB 操纵子的表达进行调控。而在此前的研究中还发现，牛种布鲁氏菌 2308 hfq 缺失株中许多布鲁氏菌的毒力基因表达水平异常，包括编码周质超氧化物歧化酶的 sodC 基因、编码酸性环境耐受相关蛋白的 hdeA 基因，以及编码 LuxR 型转录调控子的 babR 基因。

崔明全等（2013）采用基因芯片对羊种布鲁氏菌 16M 和 hfq 基因缺失株在酸性基础培养基中的转录谱进行研究，结果发现在该培养条件下，羊种布鲁氏菌 16M 中 Hfq 蛋白直接或间接影响着多达 359 个基因（约占布鲁氏菌总基因数目的 11％）的表达。与亲本菌株相比，在 hfq 基因缺失株中 194 个基因的表达水平下降，而 165 个基因的表达水平升高。对差异表达基因的 KEGG 聚类显示，多达 104 个基因是功能未知或者不参与到功能聚类中的，而在有功能注释的基因中，大部分与蛋白质和酶类的转运途径、代谢途径密切相关。通过进一步对相同培养条件下 hfq 基因缺失株和亲本菌株的蛋白质组学研究表明，在羊种布鲁氏菌 16M 的 hfq 基因缺失株中，有 55 个蛋白的表达水平发生改变，其中 18 个表达水平上调，37 个表达水平下调。对这些蛋白功能的分析表明，有 36 个蛋白与转运和代谢相关，这一结果也与基因芯片的结果相吻合。以上研究表明，布鲁氏菌 Hfq 蛋白的主要功能是影响与细菌转运和代谢等相关的生物途径。

作为一个 RNA 伴侣分子，Hfq 的功能主要是通过介导 sRNAs 与其靶点 mRNA 之间的相互作用来进行转录后调控的。Caswell 等（2012）在牛种布鲁氏菌 2308 中发现，Hfq 蛋白可以直接结合 2 个与布鲁氏菌毒力相关的 sRNAs（AbcR1 和 AbcR2），而且当 hfq 基因缺失后，这 2 个 sRNAs 无法表达。此外，王玉飞等（2015）也发现，羊种布鲁氏菌中有 3 个 sRNAs 在 hfq 基因缺失株中的转录水平显著降低，这意味着布鲁氏菌 Hfq 蛋白对 sRNAs 的转录或者稳定性发挥着重要作用。

2. 布鲁氏菌 Hfq 的应用　张俊波等（2013）使用羊种布鲁氏菌 16M 的 hfq 基因缺失株免疫 BALB/c 小鼠的攻毒结果显示，hfq 基因缺失株可以产生与现有的 M5-90 和 Rev. 1 疫苗株类似的保护力。与此同时，由于 Hfq 蛋白具有良好的免疫原性，因此可以通过检测血清中 Hfq 蛋白的抗体来区分 hfq 基因缺失疫苗免疫和野生株感染。

在大肠埃希氏菌和沙门氏菌中约有一半的 sRNAs 与 Hfq 蛋白密切相关。在大肠埃希氏菌中，已经有研究通过将 Hfq 蛋白的多克隆抗体与大肠埃希氏菌胞内提取物共同孵育，通过免疫共沉淀能成功富集约 1/3 已知的 sRNAs。因此，在布鲁氏菌中同样可以制备

Hfq 蛋白的抗体，通过免疫共沉淀的方法鉴定与 Hfq 蛋白结合的 sRNAs。

三、翻译后水平的基因表达调控机制

蛋白质翻译后调控在生物体生命活动中发挥着重要作用，当 mRNA 被翻译后，如果细菌需要，该蛋白质会被糖基化、磷酸化或乙酰化等修饰；如果细菌不需要，该蛋白质会被细菌的蛋白酶降解。蛋白质的修饰可能会改变蛋白质的物理及化学性质，如折叠、构象、稳定性及活性，从而改变蛋白质的功能。

（一）细菌蛋白质的翻译后修饰

1. **糖基化修饰**　蛋白质的糖基化是低聚糖以糖苷的形式与蛋白质上特定的氨基酸残基共价结合的过程。根据氨基酸和糖链连接方式的不同，细菌蛋白质的糖基化主要分为两类，即 O-糖基化和 N-糖基化。细菌 O-糖基化修饰系统主要作用于鞭毛蛋白，而 N-糖基化修饰系统则参与脂多糖（LPS）的合成及周间质蛋白的糖基化，属于通用糖基化修饰系统。

细菌中的 O-糖基化蛋白大都是表面附属物（鞭毛和菌毛），这些被修饰的蛋白质都暴露在表面，可能和细菌的致病性有关。另外，蛋白质的糖基化在细菌的黏附、蛋白质组装、抗原变异和保护性免疫中发挥了很大的作用。N-糖基化蛋白可以提高蛋白质的稳定性，并且是细胞分选的信号。

在 N-糖基化系统中，低聚糖多与天冬酰胺残基相连。在空肠弯曲杆菌（*Campylobacter jejuni*）中，对 N-糖基化的研究较多。在 O-糖基化中，低聚糖多与丝氨酸、苏氨酸和酪氨酸残基相连。细菌的 O-糖基化修饰通常发生在细胞质或细胞质与表面附属物（如鞭毛和菌毛）之间的交界处。在脑膜炎奈瑟球菌（*Neisseria meningitidis*）、淋病奈瑟球菌（*N. gonorrhoeae*）和铜绿假单胞菌（*Pseudomonas aeruginosa*）中，对 N-糖基化修饰的蛋白质研究得较多。在布鲁氏菌中，目前还没有细菌蛋白质糖基化修饰的相关研究。

2. **磷酸化修饰**　磷酸化是蛋白质翻译后修饰中最广泛的共价修饰形式，也是原核生物最重要的调控修饰形式。磷酸化的过程是通过蛋白质磷酸化激酶将 ATP 的磷酸基转移到蛋白质特定位点上的过程。蛋白质的磷酸化和去磷酸化这一可逆过程，调节着包括细胞增殖、发育、分化、骨架调控、凋亡、新陈代谢等几乎所有的生命活动过程，并且可逆的蛋白质磷酸化是目前所知最主要的信号传导方式。在细菌中，有 3 种蛋白磷酸化系统，即二元调控系统、磷酸烯醇丙酮酸-糖磷酸转移酶系统，以及细菌中的丝氨酸、苏氨酸和酪氨酸的磷酸化系统。

二元调控系统在细菌中广泛存在，并且调节着很多细胞功能的发挥。布鲁氏菌的二元调控系统相关内容详见本章第一节。

磷酸化系统是磷酸烯醇丙酮酸-糖磷酸转移酶系统最初由 1 分子磷酸烯醇丙酮酸提供磷酰基基团，然后在可逆的磷酸化蛋白链上依次传递，最后磷酰基转移到 1 分子糖类物质上。在这个系统中，一般包含 5 个蛋白质或 5 个蛋白质结构域，除了磷酸转移蛋白（HPr 蛋白）在组氨酸和丝氨酸位点发生磷酸化外，大部分蛋白质都是在组氨酸上发生磷酸化。细菌的磷酸烯醇丙酮酸-糖磷酸转移酶系统除了在碳源的转运和磷酸化方面发挥着重要作用外，还与碳分解代谢物阻遏作用等多种生理学过程密切相关。由于该系统关注的只是磷酸转移事件，因此它只是一个短暂的功能媒介。这些事件最终的目的并不是修饰蛋白质，

所以严格意义上讲，它并不能算是蛋白磷酸化系统。

在布鲁氏菌中，只有 4 个磷酸烯醇丙酮酸-糖磷酸转移酶系统相关蛋白（EI^{Ntr}、NPr、EIIA^{Ntr} 和 1 个甘露糖家族的 EIIA 蛋白），缺少 PTS 通透酶。Dozot 等（2010）研究发现，在体外条件下，NPr 蛋白上保守的丝氨酸位点可以被 HprK/P 蛋白激酶磷酸化。通过对布鲁氏菌在内的多种 α 变形菌的基因组分析发现，在这一类细菌中编码 HprK/P、NPr 及 BvrRS 二元调控系统的基因都位于同一个基因簇中。当缺失 EI^{Ntr} 或 NPr 时，布鲁氏菌Ⅳ型分泌系统的表达水平显著降低，这也预示着在布鲁氏菌中磷酸烯醇丙酮酸-糖磷酸转移酶系统与细菌毒力存在一定的相关性。

细菌的丝氨酸、苏氨酸和酪氨酸的磷酸化系统，与真核生物中 ATP/GTP 依赖的磷酸化系统类似。在这个系统中，特定的 O-蛋白激酶催化蛋白底物中的丝氨酸、苏氨酸和酪氨酸残基的羟基基团发生磷酸化，从而形成相应的磷酸单酯。因为蛋白质磷酸化是一个可逆的修饰，所以磷酸化蛋白质可以通过特定的 O-蛋白磷酸酯酶脱去磷酸，一般会水解丝氨酸和苏氨酸烷基磷酸单酯，或者是酪氨酸芳基磷酸单酯。有时 2 种磷酸化残基都会发生水解反应。对于酪氨酸的磷酸化，以前很长一段时间都认为是真核生物中特有的，后来发现在原核生物中也普遍存在。在布鲁氏菌中，对这一类型磷酸化修饰的研究很少。

3. **乙酰化修饰** 乙酰化修饰是一个动态的、可逆的蛋白质翻译后修饰形式。在真核生物中进行的乙酰化修饰的研究较多，尤其是组蛋白的乙酰化，可逆的组蛋白乙酰化发生在核心组蛋白 N 端的赖氨酸上。在原核生物中，赖氨酸乙酰化的蛋白质包括乙酰辅酶 A 合成酶、CheY 蛋白、Alba 蛋白，而乙酰辅酶 A 合成酶的赖氨酸乙酰化通过去乙酰化酶 CobB 控制。研究表明，在细菌中有不同类别的蛋白质都是赖氨酸乙酰化的底物，包括参与新陈代谢的酶、压力应激蛋白、转录和翻译因子。在大肠埃希氏菌中，这些赖氨酸乙酰化的底物中参与代谢的酶占 53%，而与翻译相关的蛋白占 22%，这两类底物蛋白所参与的生物过程都和细胞的能量代谢相关联，这些数据说明赖氨酸乙酰化在调节原核生物生化途径中的重要作用。在布鲁氏菌中，蛋白质乙酰化修饰的研究非常有限。

（二）细菌蛋白酶解机制

细菌的蛋白酶解作用主要由消耗能量的蛋白酶完成，这些酶通常位于细胞质中。通过蛋白酶解作用，细菌可以将一些重要的调控蛋白维持在非常低的水平，并且在不需要它们时能迅速将它们降解掉。被降解的底物蛋白首先被蛋白酶的 ATP 酶结构域识别与结合，然后蛋白折叠被打开并运送至一个游离的蛋白降解酶小体。细菌底物蛋白的识别并不依赖于泛素，而是依赖于存在底物蛋白自身的降解标签，这种降解标签常常存在于底物蛋白的 C 端或者 N 端。

1. **蛋白酶家族** 在大肠埃希氏菌中，消耗能量的蛋白酶可以分为 4 个家族。其中，ClpAP/XP 家族和 ClpYQ（也叫 HslUV）家族成员 ATPase 功能区及蛋白酶功能区分别位于 2 个不同的亚基，而 Lon 家族和 FtsH 家族成员的这 2 个功能区彼此相连。在大肠埃希氏菌中，FtsH 蛋白酶对于细菌是必须的，但是在其他细菌中 ClpXP 和 Lon 发挥着关键的作用。

这 4 个家族的蛋白酶具有很多共同点：①降解底物蛋白需要水解 ATP；②均含有

ATPase 功能区和蛋白酶功能区，底物的特异性决定于 ATPase 功能区；③蛋白酶复合体中蛋白酶活性位点被 ATPase 功能区环绕；④底物蛋白被降解成长度为 10～15 个氨基酸的短肽。

（1）ClpAP/XP 家族　ClpAP 蛋白酶是第 1 个被发现的二元蛋白酶，可分为两个功能区，ClpA 和 ClpX 是一个 ATPase 功能区，ClpP 是蛋白酶功能区。除了能和 ClpA 结合外，ClpP 还可以与一个可替代的 ATPase 功能区 ClpX 相互作用，形成 ClpXP 蛋白酶复合体。ClpP 无论是在真核生物还是在原核生物中都是非常保守的，而 ATPase 功能区的同源蛋白在绝大多数生物体内都广泛存在。在某些生物中，ClpA-like 蛋白被进一步划分为 ClpC 和 ClpE。

ClpP 蛋白酶体在体内会形成 2 个七聚体构成的空腔结构，这个空腔结构的中央线性排列着 14 个蛋白酶的活性位点（丝氨酸蛋白酶）。由这 14 个 ClpP 组成的复合体足够容纳一个 51ku 的蛋白，但是其入口的直径无法使绝大多数的折叠蛋白进入，只能允许未折叠的多肽链通过。

ClpX 和 ClpA 各自形成一个环状六聚体，ClpX 和 ClpA 环聚体位于 ClpP 组成的空腔的入口处。ClpX 和 ClpA 可以作为一种伴侣蛋白，将底物蛋白伸展，并使其进入蛋白酶小体进行降解（彩图 36）。研究表明，即使在没有 ClpP 蛋白时，ClpA 和 ClpX 也可以将底物蛋白伸展。

（2）ClpYQ（HslUV）家族　这个蛋白酶家族成员的 ATPase 功能区（HslU 或 ClpY）与 ClpX 很相似，其蛋白酶功能区（ClpQ 或 HslV）具有苏氨酸蛋白酶活性位点。ClpQ 蛋白酶功能区在体内组成一种双环结构，每个环具有独立的单体，其活性位点位于环的内部。与 ClpAP 和 ClpXP 不同，蛋白酶功能区与 ATPase 功能区是一一对应的。

（3）Lon 家族　Lon 蛋白酶是第 1 个被发现的 ATP 依赖性的蛋白酶。在大肠埃希氏菌中，*lon* 基因缺失后会显著降低错误折叠蛋白的降解速度，几乎一半的大肠埃希氏菌蛋白可以被 Lon 蛋白所降解。Lon 蛋白酶降解底物蛋白的方式和 Clp 蛋白酶相似，利用 ATPase 功能区使底物蛋白伸展并将其转运到蛋白酶结构域进行降解。

（4）FtsH 家族　大肠埃希氏菌的 FtsH 蛋白酶是一种依赖于 ATP 的锌离子金属蛋白酶，该酶含有 2 个跨膜区，因此它定位于内膜上。大肠埃希氏菌的 FtsH 蛋白酶既可以降解可溶性蛋白也可以降解膜蛋白。通过蛋白结晶分析表明，FtsH 蛋白酶的 ATPase 功能区与可以形成六聚体环的 AAA 蛋白酶非常相似。预示 FtsH 蛋白酶可能也和其他 3 个家族的 ATP 依赖性的蛋白酶一样，形成一个由蛋白酶功能区组成的空腔用于蛋白质的降解。

2. 其他参与蛋白酶降解的重要组分

（1）降解标签　如果底物蛋白的一段氨基酸序列足以有效介导蛋白降解，那么这样的序列就被称为降解标签（degradation tags），也叫降解决定子（degrons）。许多降解标签位于蛋白的 N 端或者 C 端，尽管不一定是末端位置的氨基酸。很多蛋白质都是依赖于 N 端降解标签而被蛋白酶识别的，即便是单独的一个 N 末端氨基酸也可以驱使蛋白质被降解。除此之外，其他 N 末端附近的氨基酸对于蛋白酶降解同样发挥着重要作用。可以被 ClpAP 降解的 RepA 蛋白，其 N 端 1～15 个氨基酸对于蛋白酶降解都至关重要。lambda

O 蛋白的前 18 个氨基酸对于其被 ClpXP 降解是必须的。UmuD 蛋白 N 端的前 30 个氨基酸对于 Lon 蛋白的降解也是必不可少的。

蛋白降解标签位于 C 端的例子也非常多，如 MuA 蛋白被 ClpXP 的识别降解依赖于其 C 端最后 4 个氨基酸，SulA 被 Lon 蛋白酶降解则依赖于其 C 末端的组氨酸。研究表明，将蛋白质的降解标签添加到其氨基酸序列的对侧末端或者插入到蛋白质内部仍然可以被特定的蛋白酶识别。

（2）蛋白质降解的标记系统　在真核生物中，需要被降解的蛋白质会被泛素所标记，通过对泛素标记蛋白质的识别来介导蛋白质的降解作用。在细菌中，目前尚没有发现泛素，研究最多的是由 tmRNA 或者 SsrA 在蛋白 C 末端添加的 11 氨基酸（大肠埃希氏菌中为 AANDENYALAA）标记（SsrA tag）作为蛋白质降解的标记。该过程通常伴随着 mRNA 的破坏或者蛋白质翻译受阻而发生，是细菌控制自身蛋白质正确合成的一种手段。对于 SsrA 标记蛋白质的降解主要是依赖于 ClpXP 蛋白酶，ClpAP 和 FtsH 也参与降解这类标记蛋白质的过程。

（3）调节子蛋白　调节子蛋白对于蛋白酶的底物偏好性发挥着重要的作用。FstH 蛋白酶的调节子蛋白 HflC 和 HflK 可以影响蛋白酶选择性地降解膜蛋白和胞质蛋白；与 ClpA 共同转录的 ClpS 蛋白可以抑制 ClpA 依赖性的 SsrA 标记蛋白的降解，从而促进对聚合苹果酸酶的降解作用；蛋白 SspB 能够通过分别与 SsrA 标记序列和 ClpX 结合，促进标记蛋白质被蛋白酶识别的效率，从而加速 ClpXP 对于 SsrA 标记蛋白质的降解。

3. 布鲁氏菌中蛋白酶的研究进展　在布鲁氏菌中，Lon 蛋白是最先被研究的蛋白酶。布鲁氏菌 Lon 蛋白与大肠埃希氏菌 Lon 蛋白的氨基酸同源性超过 60%，而且布鲁氏菌 Lon 蛋白可以回复大肠埃希氏菌 *lon* 基因缺失后引起的对紫外线敏感及 *cps*B 基因表达水平的降低。在牛种布鲁氏菌中，*lon* 基因缺失株对 41℃ 的高温环境、嘌呤霉素和过氧化氢应激敏感，并且在巨噬细胞内的增殖能力显著降低。在小鼠感染模型的初期阶段（感染后1 周），*lon* 缺失株的侵入剂量显著低于亲本菌株，但是在感染 2 周后，*lon* 缺失株和亲本菌株的脾脏载菌量没有明显差异。

在猪种布鲁氏菌中，*clp*A 基因缺失后会引起布鲁氏菌在 37℃ 和 42℃ 下的生长速度减慢，然而过表达 ClpA 蛋白会加剧布鲁氏菌在 37℃ 和 42℃ 下的生长抑制。不论是 *clp*A 基因缺失株还是 ClpA 蛋白过表达菌株，它们在 THP-1 和 J774A.1 细胞系中的增殖能力都没有显著变化。当感染小鼠模型时，*clp*A 基因缺失后显著增加了猪种布鲁氏菌在小鼠体内的存活时间。

猪种布鲁氏菌的 ClpB 蛋白，在高温条件下的表达水平增高。当缺失了 *clp*B 基因后，布鲁氏菌对于高温环境、酸性环境和乙醇应激的敏感性增强。同时缺失 *clp*A 和 *clp*B 基因后，缺失株对于过氧化氢的敏感性增强。

在牛种布鲁氏菌中，当细菌处于对数生长期时，ClpXP 蛋白酶会降解 PhyR 蛋白，使得 σ^{E1} 蛋白和对应的 anti-σ^{E1} 蛋白紧密结合。当细菌进入稳定期，受到酸性环境刺激和过氧化氢刺激时，ClpXP 蛋白酶的降解作用就会被抑制，从而使得 PhyR 蛋白与 anti-σ^{E1} 蛋白相结合，使得 σ^{E1} 被释放（彩图 37）。

第三节　布鲁氏菌在宿主细胞内的生存机制

长期以来，布鲁氏菌都是人们了解细菌胞内感染的一个重要模型，并经常用来与分枝杆菌和李斯特菌进行对比。在经典的荷兰和皮克特的研究中，证实布鲁氏菌能够在巨噬细胞内大量复制长达数日而并不会产生毒性效应，因为这种毒性效应会杀死细菌，对于布鲁氏菌细胞内的生存没有任何促进作用。布鲁氏菌能够在宿主网状内皮系统的巨噬细胞内存活很长一段时间并繁殖从而引起慢性甚至终生感染。在此过程中，布鲁氏菌产生了大量各种各样的毒力因子来改变吞噬作用、吞噬溶酶体融合、抗原递呈、细胞因子分泌及细胞凋亡等生理过程。

一、侵入宿主细胞

小鼠模型是研究布鲁氏菌毒力最广泛使用的试验模型。在这个模型中，布鲁氏菌可在多个组织中存在，如脾脏和肝脏。用生物发光的布鲁氏菌研究发现，布鲁氏菌可以侵染唾液腺，这可能与摄入受污染的食物而发生感染有关。布鲁氏菌侵入人体的主要途径是呼吸道和消化道黏膜，在其他自然宿主中，同时还包括结膜和性器官的覆膜，然而布鲁氏菌进入细胞位点的研究仍不是很清楚。布鲁氏菌最终被吞噬细胞吞噬，到达区域淋巴结，导致后续全身性播散。布鲁氏菌可以有效地聚集单核细胞/巨噬细胞并在肝、脾中大量复制。布鲁氏菌也会在动物乳腺和生殖器官中繁殖，而在人体中，任何器官都可以被感染。布鲁氏菌感染不同阶段靶细胞是否发生变化还有待进一步研究，但在感染细胞内的复制能力与布鲁氏菌的致病性有明显的关系。布病的病情进展与布鲁氏菌在动物或人等宿主细胞内的停留时间和抵御宿主免疫反应的能力有关。

牛种布鲁氏菌和羊种布鲁氏菌主要通过消化系统或呼吸道进入宿主，但也可以通过损伤的皮肤感染宿主。在小鼠模型中，通过呼吸道感染的羊种布鲁氏菌是消化道途径感染的10 000倍。尽管与布鲁氏菌穿过黏膜表面相关的毒力因子知之甚少，但是有关通过消化道途径感染的研究已经揭示了细菌和宿主的一些因子与这个过程相关。牛种布鲁氏菌、羊种布鲁氏菌和猪种布鲁氏菌可以编码 UreⅠ尿素酶，该酶对布鲁氏菌穿透小鼠的胃必不可少。缺乏 UreⅠ尿素酶的突变株，通过消化道途径的细菌大大减少。而经由腹膜途径进入的细菌并未减少，提示 UreⅠ尿素酶对于细菌经消化道途径感染非常重要，而对于其他感染途径则非必须。尿素酶可能通过产生 CO_2 中和胃酸，提高胃液的 pH，从而增强布鲁氏菌在胃液中的存活能力。有趣的是，缺乏尿素酶的羊种布鲁氏菌，可以从羊奶中分泌出来但是并不会引起人类食源性的感染，这提示尿素酶可能对人的感染很重要。彩图 38 描绘了布鲁氏菌通过消化道途径入侵宿主，进而感染巨噬细胞的过程。

布鲁氏菌属一旦穿过胃到达小肠，就会迅速突破肠上皮屏障到达全身各个系统。对小鼠和小牛的研究结果显示，牛种布鲁氏菌主要聚集在肠道集合淋巴结下方的黏膜固有层，表明肠道集合淋巴结很可能是细菌的一个入口。在体外试验中，羊种布鲁氏菌聚集在人肠囊肿单层细胞中，其中包含 M 样细胞，但是肠囊肿单层细胞中本身没有 M 样细胞，说明 M 样细胞很可能是作为细菌从黏膜表面传播的一个途径。牛种布鲁氏菌聚集在小鼠回肠连接环的 CD11c⁺ 黏膜固有层树突状细胞，这进一步肯定了黏膜固有层树突状细胞参与布鲁氏菌跨越黏膜表面的可能性，树突状细胞延伸其树突到相邻的上皮细胞以此来捕获小肠内的细菌。在呼吸道感染途径中，肺泡巨噬细胞是牛种布鲁氏菌在肺脏中的主要繁殖场所。肺泡巨噬细胞和游走型树突状细胞可以将牛种布鲁氏菌从肺脏转移到纵隔淋巴结，最终实现全身传播。

二、在宿主细胞内的生存机制

（一）巨噬细胞

巨噬细胞已被证明是组织细胞内布鲁氏菌的主要复制场所。尽管 90％ 布鲁氏菌被巨噬细胞吞噬后死亡，但是仍然有少数细菌可以逃逸巨噬细胞的杀菌作用，并进行细胞内复制，而不会影响这些吞噬细胞的存活。活化的巨噬细胞可以更有效地杀死细胞内的布鲁氏菌，然而野生型菌株仍然能够进行胞内复制。牛种布鲁氏菌、猪种布鲁氏菌和羊种布鲁氏菌在人的巨噬细胞中都可以有效复制。一些海洋型布鲁氏菌在人巨噬细胞内中的复制能力甚至与羊种布鲁氏菌相近，这暗示了新发现的布鲁氏菌对人类的致病性不容忽视。

布鲁氏菌感染巨噬细胞后在其中繁殖，也影响了巨噬细胞的功能。在人单核细胞/巨噬细胞的试验中，牛种布鲁氏菌可以抑制 IFN-γ 介导的吞噬功能。另外，布鲁氏菌可以抑制吞噬细胞 TNF-α 的表达。巨噬细胞在机体对抗布鲁氏菌等胞内寄生菌的细胞免疫过程中发挥着关键作用。活化的巨噬细胞可以做出一系列噬菌性和可诱导的杀菌性变化，以杀死布鲁氏菌，如溶酶体内聚集了大量的可降解水解酶，吞噬小体酸化，产生阳离子抗菌肽（防御素类），营养匮乏及发生突发性氧化作用（活性氧和氮类）。此外，感染的巨噬细胞可以产生促炎症因子（TNF-α、IL-6、IL-12）和炎症趋化因子（GRO-α、IL-8、MCP-1、RANTES、MIP1α/MIP1β）。其中，TNF-α 和 IL-12 最为重要。TNF-α 能够显著增强巨噬细胞的杀菌能力，IL-12 能够诱导 Th1 免疫反应并产生 IFN-γ，IFN-γ 在对抗布鲁氏菌的细胞因子中发挥着首要作用。

对人源单核巨噬细胞及细胞系的研究表明，布鲁氏菌可通过利用各种各样的受体被宿主细胞吞噬。一旦被摄取，最初的几个小时就可以消灭 80％～90％ 的细菌，然而有些细菌可以通过改变它们的吞噬体并阻止其融合而存活下来并在胞内繁殖。在人外周血单核细胞上的研究表明，大多数普通布氏小体都是消灭细菌的场所，只有极个别的才为布鲁氏菌的胞内生存提供了空间。尽管关于布氏小体内 pH 也有相互矛盾的报道，在原代培养的人单核细胞内布鲁氏菌的胞内生存依赖于吞噬体内的酸性环境，然而在 THP-1 细胞系中调理素化的布鲁氏菌也能够在非酸性的吞噬体内复制。由此为了能够在胞内存活和复制，布鲁氏菌很可能扮演着双重角色：同时诱导和抵抗布氏小体的酸化。Ⅳ型分泌系统是由布鲁氏菌 virB 操纵子编码的一个薄膜转运装置，可以将底物分子转运到目标细胞。Ⅳ型分泌系统对于宿主细胞内布氏小体的生长至关重要，因为它可以改变细胞内细菌的运输。有趣的是，宿主巨噬细胞内处于寄生状态的布鲁氏菌在环境应激条件下（酸性环境、营养缺乏）能够诱导 virB 操纵子的表达。Ⅳ型分泌系统转运的效应蛋白如何影响人巨噬细胞内布氏小体的运输模式仍未知，不过其重要性很明确。因为 virB 突变株在人原代培养细胞和 THP-1 巨噬细胞中均不能够复制，而互补株则可以实现复制。

布鲁氏菌外膜成分也被认为是毒力因子，其中脂多糖对于布鲁氏菌在宿主内的存活和复制至关重要。相较于大肠埃希氏菌等肠道菌，布鲁氏菌 LPS 是一种非典型的、非内毒素的 LPS。相较于大肠埃希氏菌 LPS，人单核细胞受到布鲁氏菌 LPS 刺激时还会释放少量 IL-1β 和 TNF-α。鉴于光滑型 LPS（野生型）相较于粗糙型突变株能够诱导人单核细胞减少 IL-6 和 TNF-α 的分泌，因此推测这可能与布鲁氏菌 LPS 中 OPS 的表达有关（相反，也有人假想 OPS 的不表达应该会使得细菌暴露更多的像促炎症外膜蛋白这样的内毒素分子）。从临床角度来看，布鲁氏菌病病人不会发展成重度败血症或者感染性休克，而被其他携带大量内毒素 LPS 的革兰氏阴性菌感染的病人则会出现全身性感染。同时，为了减弱内毒素反应，布鲁氏菌光滑型 LPS 充当着有效的免疫调节因子。有趣的是，在人单核细胞/巨噬细胞中，只有光滑型布鲁氏菌菌株能够抑制吞噬、杀菌和组织宿主细胞凋亡的作用，最终形成适宜的可供布鲁氏菌生存和繁殖的环境。而且光滑型 LPS 还能够保护布鲁氏菌免受补体的攻击，并且能降低人外周血单核细胞 IL-10（一种重要的抗 Th1 细胞因子）的分泌。这些结果都表明，布鲁氏菌光滑型 LPS 是一个病原相关的分子模型（pathogen-associated molecular pattern，PAMP），在感染早期可以诱导低程度的免疫刺激，从而保护其免受天然免疫系统的伤害，接下来调整天然免疫系统从而促进病原体在胞内定位和复制。

除了光滑型 LPS 外，其他 PAMPs，如布鲁氏菌外膜蛋白/磷脂蛋白也被认为对于人抗布鲁氏菌的免疫至关重要，其发挥着诱导单核细胞/巨噬细胞的活化、诱导促炎症反应等作用。研究表明，相较于小鼠，活的布鲁氏菌感染人巨噬细胞后不能够诱导 TNF-α 的释放，布鲁氏菌 Omp25 膜孔蛋白也不能够调控 TNF-α 的产生。研究表明，布鲁氏菌磷脂蛋白 Omp19 能够下调 IFN-γ 并诱导人单核细胞 MHC-Ⅱ 表达和抗原递呈。

感染布鲁氏菌的巨噬细胞 IFN-γ 活化减少，然而具体的 PAMPs 和致病机制尚不清楚。Bouhet 等（2009）研究表明，在人 VD3 分化型 THP-1 细胞模型中布鲁氏菌能够逃避 IFN-γ 诱导的杀菌作用，这一过程主要是通过减弱 IFN-γ 介导的 STAT1 蛋白与 CBP/P300 反式激活因子之间的联系，从而实现对被感染巨噬细胞内 IFN-γ 信号转导的干扰。基于布鲁氏菌感染巨噬细胞过程中引起的各种变化进行推断，是由于布鲁氏菌激活了宿主巨噬细胞 cAMP/PKA 的信号传导通路。cAMP 是细胞内一种很重要的第二信使，在细胞内的含量增加时会引起抗炎症和抗凋亡效应。THP-1 源巨噬细胞内的布鲁氏菌对 cAMP/PKA 信号通路的活化，对布鲁氏菌的生存和繁殖是必须采取的步骤。这么看来，cAMP/PKA 通路的活化可能导致了各种机制的改变，如 TNF-α/IFN-γ 的产生和凋亡以保证布鲁氏菌对人体巨噬细胞的感染。

（二）树突状细胞

布鲁氏菌攻击的另一个目标是树突状细胞（dendritic cell，DC）。在体外，树突状细胞内布鲁氏菌的复制导致树突状细胞对免疫信号的敏感性降低，影响它们诱导适当的免疫反应，促进了慢性感染的进程。布鲁氏菌在这些细胞中可以诱导低水平的促炎细胞因子，增加 MHCⅡ型分子的表达。由于这些细胞具有迁移特性，因此 DCs 可能会促进布鲁氏菌在全身传播。在小鼠试验中，通过鼻内接种可以在肺纵隔淋巴结内发现感染的 DCs。人为减少接种细菌前肺泡巨噬细胞的数量，会导致更多的肺 DCs 被感染，以及肝、脾细胞的感染。这些结果表明，DCs 确实是一个重要的细胞内复制场所，并且肺泡巨噬细胞与肺内的带菌量相关。肺泡巨噬细胞有助于遏制炎症反应和减少布鲁氏菌在肺内感染时对肺组织的损伤。进一步研究表明，吞噬细胞和 DCs 之间的相互作用决定了布鲁氏菌感染的结果。

普遍存在的髓样 DCs 充当着免疫系统哨兵的作用。机体细胞一旦被感染，DCs 就能够吞噬病原体并将其转移到二级淋巴器官，进而将病原体的肽分子传递给 T 淋巴细胞，以此激发获得性免疫反应。目前的研究发现，布鲁氏菌能够快速入侵人单核细胞源的巨噬细胞，并在其中快速繁殖，同时还可以阻止人 DCs 的成熟和抗原递呈。与人巨噬细胞一致，这种现象要归功于布鲁氏菌 Omp25 蛋白与感染的 DCs 诱导 TNF-α 下调有关。除此之外，感染的人 DCs 可以抑制 IL-12（对于诱导 Th1 免疫反应是必需的）的产生，继而不能刺激 T 淋巴细胞的大量激增。在上述模型中，光滑型菌株比粗糙突变体更能够抑制 DCs 的成熟。然而，纯化后的光滑型 LPS 并没有表现出这种作用。

另有研究表明，布鲁氏菌 Omp19 磷脂蛋白能够迅速刺激单核细胞来源的 DCs 表型和功能上的成熟，这种刺激依赖于 TLR2 和 TLR4，从而刺激 Th1 型免疫反应。可能这种相互矛盾的结果与体外系统环境的变化有关，相似的差异在结核分枝杆菌的研究中也有报道。推测可能存在这样一种现象：在感染初期布鲁氏菌能够激活 DCs 并诱导 Th1 反应，但是之后会通过各种逃避机制，如下调巨噬细胞 MHC-Ⅱ 表达或者抑制 DCs 成熟来抑制 Th1 反应以建立慢性感染。布鲁氏菌 *vir*B 操纵子尽管对于感染巨噬细胞很重要，但是在控制 DCs 成熟和建立特异性的 Th1 免疫反应中似乎并未参与。

（三）滋养层细胞

布病引起动物流产与胎盘内布鲁氏菌的快速增殖有关。胎盘内高含量的细菌载量导致胎盘被破坏和胎儿感染，滋养层细胞是布鲁氏菌在胎盘感染的主要靶细胞。然而，对这些细胞感染过程的研究还不清楚。在反刍动物中，胎盘滋养层细胞产生大量的赤藓糖醇，这对于布鲁氏菌是一个优势碳源。赤藓糖醇有助于进一步增强布鲁氏菌的复制，引起胎儿流产或死胎，这一过程主要发生在动物妊娠的第 3 个月。研究表明，牛种布鲁氏菌在牛滋养层细胞系内的复制能力与其他情况不同，复制一般发生在妊娠中期和妊娠晚期，而不是妊娠早期，这符合流产主要发生在第 3 个月这一情况。对人而言，虽然因布鲁氏菌导致的流产并不常见，但同样是医疗关注的一个重要问题。关于滋养层细胞内布鲁氏菌的移动，体外研究还比较缺乏。

在小鼠模型中相关的研究报道比较少。在小鼠中，高剂量接种布鲁氏菌可导致胎儿感染或细菌在胎盘的大量定殖，并且布鲁氏菌以胎盘滋养层细胞为目标引起胎盘损伤。然而，由于这些实验动物的胎盘与人的胎盘存在很多解剖学上的差异，因此将相关研究结果应用于对人情况的推测还应谨慎。

（四）其他细胞

关于其他类型的细胞感染布鲁氏菌的研究并不多，布鲁氏菌在非吞噬细胞，如成纤维细胞和上皮细胞的感染试验有一些报道。人上皮细胞系（如肺泡和支气管上皮细胞系）通常用于布鲁氏菌与宿主细胞相互作用的体外研究。还有研究表明，布鲁氏菌可感染妊娠山羊子宫上皮细胞。入侵上皮细胞可能是非吞噬细胞被侵染的一个关键步骤，但这仍然有待证明。

布鲁氏菌甚至可以感染人的成骨细胞，这可能是发生骨与关节并发症的原因。对小鼠星形胶质细胞和小胶质细胞的原代细胞感染试验表明，布鲁氏菌可以影响这些细胞所在的神经系统。除此之外，布鲁氏菌还能抑制中性粒细胞脱颗粒，阻止具有抗菌作用的过氧化氢衍生物的释放。类似的研究证明，布鲁氏菌在抑制细胞强氧化及脱粒作用后有更强的生存和抵抗能力。在小鼠模型中，多形核白细胞（polymorphonuclear neutrophil，PMN）的消耗对布鲁氏菌病的进程无明显影响。

三、在宿主细胞内的生活史

布鲁氏菌是一种细胞内寄生菌，然而它在细胞外的生长过程中也可以导致相关疾病。感染后 21d 的 C57BL/6 小鼠，约 1/3 发生流产时，布鲁氏菌并不存在细胞中，而是在脾细胞外。在缺乏功能性 B 细胞的小鼠（igh6$^{-/-}$）中发现，只有 1/3 的布鲁氏菌存在于细胞内，但两品系小鼠脾脏中细菌负荷是非常相似的。出现这些高比例的胞外菌表明，细菌在细胞外存在时对感染的某阶段很重要，至少在小鼠模型中是这样。然而，采用胞内复制能力降低的突变株进行的相关试验表明，胞内寄生是建立并维持感染的关键。

（一）早期阶段

对布鲁氏菌进入宿主细胞的机制还有很多争议，目前较为公认的胞内转运模型如彩图 39 所示。与宿主早期相互作用是布鲁氏菌在细胞内生存的决定性因素。经抗体或补体调理素作用的布鲁氏菌与没有相关处理的布鲁氏菌都可以在吞噬细胞内复制和生存，但不同的入侵机制会有不同的细胞内存活机制。

没经调理素作用的布鲁氏菌被认为是从脂筏进入细胞，这个过程依赖于 PI3 激酶和 TLR4，并且不会导致细胞的显著激活。人树突状细胞对布鲁氏菌的摄取也部分依赖脂筏。这种进入模式似乎有助于它们在吞噬细胞内存活。突变体（缺乏 LPS 的 O-链多糖）进入脂筏后不能降低巨噬细胞的激活，并随后被杀死。布鲁氏菌抗原介导的细胞表面受体的相互作用，也决定了含有布鲁氏菌吞噬泡（Brucella-containing vacuoles，BCVs）的成熟。另外，O-链多糖还可以改变早期 BCV 的融合性能。然而，在 LPS 和外膜蛋白的突变体中，高度多效性和多种表面成分使得解释这些突变体的表型特异性变得非常困难。例如，O-抗原的损失可能导致外膜其他成分暴露，将其他表面分子当作病原体相关分子模式（PAMPs），引发细胞信号传导和诱导细胞死亡。布鲁氏菌进入宿主细胞也依赖于双组分系统 BvrR/BvrS，这个系统影响众多基因的表达，如 LPS 脂质 A 的酰化状态及许多外膜蛋白（Omp3a 和 Omp3b）。

两种受体参与介导布鲁氏菌通过脂筏入侵细胞：A 类清道夫受体和朊蛋白（PrPc）受体。PrPc 是公认的受体，绑定在布鲁氏菌热休克蛋白 HSP60 上，然而对于这种受体在布鲁氏菌感染的具体作用仍有争议。在巨噬细胞和上皮细胞的黏附过程中，布鲁氏菌由表面蛋白 41（sp41）和包含唾液酸残基的真核受体相互作用，该受体由 ugpB 基因编码。此外，布鲁氏菌还被证明会结合细胞外基质蛋白、纤维连接蛋白和玻连蛋白（又称 S-蛋白或血清扩散因子），这可能有助于它在组织中定殖。另外有研究发现一个编码布鲁氏菌黏合素的致病基因岛 Bab1_2009-2012，它的缺失会导致布鲁氏菌在 HeLa 细胞和巨噬细胞中的内化减少。在体外试验中，细菌对宿主细胞的黏附能力与细菌的毒力密切相关。

在吞噬细胞和非吞噬细胞中，布鲁氏菌的入侵依赖肌动蛋白骨架和部分微管网络。小 GTPase Cdc42、Rac 和 Rho 蛋白与布鲁氏菌的入侵密切相关，其中 Cdc42 直接激活了入侵的细胞位点。在小鼠的试验中，布鲁氏菌的侵入也需要 ezrin 参与。一旦进入细胞，布鲁氏菌就生活在囊泡当中，与内膜系统及分泌系统相互作用，以保证自身存活。布氏小体最早与内体的相互作用需要一些宿主标记分子的参与，如 EEA1 和 Rab5。早期的布氏小体中富含胆固醇和 flotilin-1，布鲁氏菌体内的环化 β-1，2-葡聚糖被认为在富含胆固醇的脂筏上起修饰作用，并与布氏小体在吞噬细胞和上皮细胞中的成熟发挥作用，但未发现其在树突状细胞中存在这种作用。

布氏小体在细胞内的早期转运非常重要，尤其是在巨噬细胞中，大部分的布氏小体与溶酶体结合或者被降解掉，剩余约 10% 的细菌仍然可以成功复制。

（二）中间时期

随着布氏小体失去早期的内体标记，它们会获得晚期的内体或溶酶体标记 LAMP1。很多研究表明，布氏小体不会获得大部分的内体或溶酶体标记，但是成像试验发现，大量布氏小体在获得溶酶体标记前会带有流体状态标记。另有研究发现，内体标记 Rab7 和 RILP 对布氏小体的运输非常必要。成熟的布氏小体能够控制和限制与晚期内体和溶酶体融合，其对实现细菌在胞内的复制很重要。

布氏小体的酸化是其成熟过程中的一个重要阶段，早期抑制这种酸化可以阻断细菌在细胞内的复制，推测酸性环境有助于布鲁氏菌致病基因的表达，如 *vir*B 操纵子调控的 IV 型分泌系统对于细菌在胞内生存非常必要。

（三）内质网囊泡：细菌的避难所

上皮细胞中的布氏小体可以与细胞内膜系统互动获得自噬体的特点，形成具有很多层膜的过渡态自噬体类似体，该复合物是布氏小体形成初期与细胞中已经存在的自噬体融合的结果。有很强毒力的布鲁氏菌可以逃避自噬体而通过形成囊泡直接到达内质网。

通过对内质网介导的 RNAi 检测发现，在果蝇的 S2 细胞中有 52 个宿主因子抑制或者促进布鲁氏菌在细胞中的复制，其中就有 1 个与自噬有关。另有 29 个基因在 RNAi 检测之前从未与细菌毒力建立起关联，这些因子包括 SNAREs、激酶、细胞骨架相关蛋白、伴侣蛋白，以及与生物合成和代谢相关的酶。IRE1α 是一个重要的调节未折叠蛋白响应酶，同时也控制着自噬体的形成，它的抑制可以大大降低布鲁氏菌在昆虫和哺乳动物细胞中的存活率。IRE1α 被布鲁氏菌激活后可以使得自噬体从光面内质网形成，与布氏小体作用，调控与溶酶体的结合。

布鲁氏菌在内质网小泡中的复制可见于除单核细胞外的各种细胞中，在单核细胞中布鲁氏菌的复制在 LAMP1 阳性的大型囊泡中进行。在电镜下可以看到这些囊泡的膜中有大量的核糖体存在，内质网腔的酶、葡萄糖-6-磷酸酶也可以被找到。在这个阶段，布鲁氏菌在细胞中以这样一个安全的环境下存在。从这个角度看，内质网不仅给布鲁氏菌的增殖提供了材料，也为它们的复制提供了良好的场所。在小鼠巨噬细胞系中，骨髓来源的巨噬细胞和树突状细胞及上皮细胞系中，布氏小体需要大量的内质网蛋白，如凝集素分子伴侣、内质网蛋白 Sec61 等。这些晚期布氏小体的行为作为内质网的延伸在后来的研究中被证实。

　　布鲁氏菌启动内质网融合的分子机制还不是很清楚。最开始的接触可能是在内质网的开口端，布氏小体在这里与 Sar1/COPII 复合物结合，抑制 Sar1 的活性，导致开口端的破裂，中断了布鲁氏菌在细胞内繁殖。相关研究表明，由 virB 操纵子编码的Ⅳ型分泌系统在与内质网的互作中发挥了必不可少的作用。

　　用蛋白质组学分析布氏小体发现，小 GTPase Rab2 对布鲁氏菌胞内复制起重要作用。Rab2 会被招募到布氏小体附近，抑制其与内质网小泡融合。Rab2 可与 GAPDH 相互作用，COPI 复合物与蛋白激酶 C（protein kinase C，PKC）能控制囊泡从高尔基体转移到内质网。所有 GAPDH/COPI/Rab2/PKC 复合物对布鲁氏菌在胞内复制都是必须的，这意味着成熟的布氏小体与囊泡微管系统存在相互作用。布氏小体的成熟，以及和内质网的相互作用与膜上的布鲁氏菌效应分子有关，这在 Rab2 的相关研究中得到证实。

　　已有很多研究涉及布鲁氏菌常见亚种的胞内转运，但是对于一些新发现的亚种的相关分析还很少。在田鼠种布鲁氏菌的研究中，有 3 个过程与常见的布鲁氏菌一致，它们是：①依靠Ⅳ型分泌系统的胞内复制；②virB 操纵子需要在酸性环境下诱导；③早期阻断酸性环境会抑制布鲁氏菌后期的复制。但是田鼠布鲁氏菌的其他特性还不清楚，对于这些新发现的布鲁氏菌胞内生存机制的研究将同样很有意义。

　　一旦布鲁氏菌到达宿主细胞的复制环境，它们就可以在不破坏细胞完整性的情况下进行复制，这与细胞试验和动物试验结论一致。但是如果细菌负荷达到一定程度会发生什么，以及它们如何实现细胞间的转移还不是很清楚。一种可能的假设是在一些细胞中，这些细菌复制速度很慢，作为一个细菌库存在。

四、胞内生存研究面临的问题

　　布鲁氏菌侵染细胞过程中，已经被杀死的布鲁氏菌被很快送到了溶酶体，这使得对于各种突变株的研究变得困难。一般认为，突变体被溶酶体捕获的原因是没能顺利与内膜系统融合。然而，因为早期布氏小体存在酸化和蛋白水解酶，它们可能对于外界的这种压力更加敏感，细菌需要在这种情况下找到一个合适的区域用于复制。野生型菌株和已经死亡的菌株的区别是，死亡的菌株没有进一步关于转运的活动发生。比如，布鲁氏菌的细胞膜组分磷脂酰胆碱和磷脂酰乙醇胺与胞内生存有关，缺失相关组分的突变株会获得更多的溶酶体相关膜蛋白（lysosome-associated membrane proteins，LAMP）标记，并会携带这种标记很长时间，而这些标记与胞内细菌的存活率下降密切相关。同时，磷脂酰胆碱和磷脂酰乙醇胺途径缺失的细菌对于胞内应激环境也更加敏感，如阴离子洗涤剂会导致巨大的细胞膜特性变化，也会导致对吞噬细胞杀菌作用更加敏感，从而导致更多的细菌被杀死。此外，虽然布鲁氏菌在溶酶体中一般不复制，但并不意味着这些细菌不能抵抗溶酶体的降解。比如，一个在 HeLa 细胞中的试验发现，一种失去细胞内复制能力的突变株可以在外界补加酸性环境后重新防止其与溶酶体融合。

　　一个值得思考的重要问题是，胞内运输与疾病之间的联系。关于毒力因子这一概念存在一些问题，比如布鲁氏菌等已经在与宿主的相互作用中进化了非常漫长的时间，在形态和代谢上已经相互适应。虽然在培养基可以对布鲁氏菌进行培养，但是很少可以发现它们毒力降低的情况。这使得人们很难去区分哪些是存活必须的基因，哪些是毒力必须的基因。通过传统的筛选和检测方法（如 STM），人们定义了一些与毒力可能相关的代谢、营养、细胞膜组分，以及内膜系统的基因，把它们称为毒力基因。人们又把布鲁氏菌称为"没有经典毒力因子"的病原体。虽然很多开放阅读框在病原体与宿主之间起很关键的作用，但是它们很多与已知的细菌蛋白存在同源性。在这些蛋白质中，比较重要的细胞外膜蛋白基因，以及氨基酸代谢基因看起来似乎和无致病性细菌的基因相似，但是它们对于布鲁氏菌的侵染却很重要。进化中的适应使得它们的形态、生理等特征变成了不可分割的整体。

第四节　布鲁氏菌病的慢性化机制

感染慢性化是布病的一个显著特点。出现临床症状后，即使经过抗生素治疗，布鲁氏菌也可能隐藏在网状内皮系统长达数十年，而不能被检测出。在自然宿主中，免疫系统很可能"看不见"细菌，直到动物妊娠后细菌被唤醒并入侵胎盘，胎儿继续该循环。在感染开始时，布鲁氏菌首先打开一个允许细菌入侵宿主细胞的"窗口"，而且并不明显激活靶器官的天然免疫系统。一旦达到这个先决条件，细菌就能够调节适应性免疫反应以获得广泛复制和传输。之后，部分宿主可以将布鲁氏菌清除，而在有些宿主布鲁氏菌可能会维持很长时间。

一、慢性化进程

根据不同的细菌学资料、临床资料及病原学资料，布病的感染过程可以分为以下三个阶段：

第一阶段：潜伏期（又被称为感染初始阶段）　指从布鲁氏菌入侵体内开始到第一波临床症状表现出来。

第二阶段：急性期　布鲁氏菌在不同器官和生殖系统的细胞内质网中复制活跃，血液学、病理学特征也是首次被发现。

第三阶段：慢性期　主要特征是强烈的迟发型变态反应（delayed type hypersensitivity，DTH）、间歇性临床症状、几个器官明显的病理表现。例如，布鲁氏菌感染实验小鼠，潜伏期持续 2～3d，急性期持续 2～3 周，慢性阶段可迁延 6 个月至 1 年甚至更长。在小鼠模型中，最后一个阶段可以分为两个部分：①稳定慢性阶段，此阶段脾脏和肝脏（布鲁氏菌在小鼠体内的定殖器官）中的细菌数量达到一个平稳高度（7～12周）；②衰退慢性阶段，此阶段中细菌抗体效价减少和靶器官炎症消失。

对牛、羊等动物的人工感染试验结果表明，布鲁氏菌首先在注射区域附近的淋巴结区域进行定殖，之后被传播到整个网状内皮系统。在妊娠动物中，尤其是妊娠后期，细菌侵犯胎盘继而感染胎儿最终引起流产。然而如果没有妊娠，则携带布鲁氏菌的牛可能会继续保持没有明显的临床表现或者病理症状，并且布鲁氏菌数量逐渐减少。在雄性动物中，布鲁氏菌可能侵犯睾丸，引起睾丸炎和附睾炎。

在自然宿主中，布鲁氏菌感染的潜伏期可能长达数天甚至数周。对于人这样的偶然宿主，感染的潜伏期也可能持续数天甚至数周，然而急性和慢性阶段都表现出明显的症状。与自然宿主相比，人不会活跃地释放布鲁氏菌。在海豚等其他动物，慢性期的症状表现与在人上观察到的类似。有可能是整个布病病程中免疫反应的一些特殊表现在不同感染宿主之间会有不同。

布鲁氏菌感染动物模型的过程中并没有引起促炎症反应与白细胞增多、中性粒细胞增多、凝血病等现象，这与布鲁氏菌隐身策略是相称的，其主要发生在感染早期。一般是长时间的潜伏期与低活化的天然免疫相符合（缺乏明显的临床症状），使得布鲁氏菌得以在网状内皮系统内散布并在吞噬细胞内建立复制的生存环境。潜伏期过后强有力的获得性免疫开始展开，临床症状也越来越显著。之后，Th1 型免疫反应开始奋力消除布鲁氏菌并建立了慢性感染。布鲁氏菌感染动物的慢性化分子机制示意图见彩图 40。

二、慢性化机制

人原代培养细胞和细胞系的体外试验表明，布鲁氏菌能够改变专职抗原递呈细胞的功能，减弱天然免疫反应以保证布鲁氏菌的生存。研究发现，在布病患者多形核白细胞和单核巨噬细胞内，趋化作用和杀菌作用均被布鲁氏菌抗原显著下调。噬菌细胞的这种功能在菌血症患者中发生的改变尤其明显，可以呈现局部体征或者更长的病程。在急性布病患者外周血单核细胞的吞噬活性降低，体内抗氧化剂的防御能力也被削弱，白细胞过氧化物歧化酶（superoxide dismutase，SOD）含量明显减少。成功治愈的急性患者，体内噬菌活性部分或完全得到逆转，SOD 酶的活性也有所增加。慢性患者体内单核细胞主要是通过调节噬菌作用，随机或者定向性迁移以抵抗非特异性或者特异性的病原体。

体外试验研究表明，布鲁氏菌感染期间有潜在的抗凋亡因子存在，因为其能够自发抑制被入侵和未被入侵人单核细胞的凋亡。布病患者单核细胞和淋巴细胞更是高度抑制自发的或者由 Fas 蛋白介导的凋亡。相对于急性患者，慢性感染患者即使接受合理的抗微生物治疗，其单核细胞和淋巴细胞仍能够对抗细胞凋亡。

抗布鲁氏菌的 Th1 免疫反应可以导致 CD4$^+$ 和 CD8$^+$ T 细胞分泌 IFN-γ 和 IL-2。IFN-γ 能够有效激活巨噬细胞杀菌作用，刺激 CD8$^+$ T 淋巴细胞介导的细胞毒性作用，并使被感染的巨噬细胞死亡。另外，IFN-γ 和 IL-2 能够促进树突状细胞和巨噬细胞抗原递呈及共刺激分子的表达。IL-2 可以促进抗原刺激 T 细胞，并参与 Th1 的克隆增生。鉴于天然免疫系统控制着 Th1 获得性免疫的活性，而布鲁氏菌可以摧毁天然免疫机制，因此慢性布病患者的 Th1 免疫反应和 T 细胞杀伤力很可能也会大打折扣。慢性布病患者 T 淋巴细胞的反应会被削减。研究发现，布鲁氏菌慢性病患者外周血 T 淋巴细胞不管是数量上还是质量上都发生了很大的改变。总体来说，布病患者发病及复发期间，细胞毒性 CD8$^+$ T 细胞数量大大增加，这可能是对于 CD4$^+$ T 细胞低反应状态的补偿机制。

不管是对非特异性还是特异性的布鲁氏菌抗原，慢性布病患者相对于急性患者的外周血单核细胞都表现为较低的增殖活性。相较于慢性布病患者的植物血凝素（phytohemagglutinin，PHA）和 PPD 培养的外周血单核细胞对布鲁氏菌提取抗原也表现出较低的增殖活性。更具体来说，慢性布病患者 PHA 诱导的低 T 细胞增殖活性与 CD4$^+$ 小分子团有关。在另一个研究中，尽管没有发现慢性布病患者的 T 细胞出现增殖减少，但是具有早期激活标记的 CD69 表达减少。也有研究发现，人布病患者外周血单核细胞 PHA 培养能够促进高度亲和的 IL-2 受体（CD25）和 CD80/CD28 共调解分子的表达。有趣的是，与急性患者相比，慢性复发布病患者外周血中表达 CD25 的 CD4$^+$T 细胞的数量有所减少，即便是在体外用 PHA 和大肠埃希氏菌 LPS 刺激外周血单核细胞后，CD4$^+$/CD25$^+$ 和 CD4$^+$/CD28$^+$ 细胞数量仍保持在较低水平。这可能与布鲁氏菌抗原对病人外周血单核细胞的免疫抑制有关，因为 HKBA 刺激 PHA 培养的人布病患者外周血单核细胞出现明显的 CD4$^+$/CD25$^+$ T 细胞和 CD80$^+$ 单核细胞减少，并呈剂量相关性。

多项研究都表明急性布病患者经过适当抗菌治疗后，血清和胞质内 Th1 细胞因子（主要是 IFN-γ）产生增加的现象都得到了逆转甚至减少。布病的慢性状态很可能与 Th1 反应缺乏相关，因为对于预治疗后没反应的病人，其 CD3$^+$ IFN-γ$^+$ T 细胞均显著减少。值得注意的是，体外试验中慢性患者 T 淋巴细胞活化减少，很可能与细胞因子网络失衡有关。更确切地说，慢性布病患者的外周血单核细胞在被布鲁氏菌蛋白刺激时 IFN-γ 水平很低。此外，HKBA 培养的慢性布病患者的全血表现为 IFN-γ 减少，尤其明显的是 CD3$^+$ IFN-γ$^+$ T 细胞数量减少，而 CD3$^+$ IL-13$^+$ T 细胞数量表现为增加。研究表明，慢性布病患者的这种无应答状态由 TGFβ 介导。这些结果表明在发病之初，Th1 反应居于主导地位，但是随着病情的迁延，由于 Th2 发挥作用或者免疫调节细胞因子（如 TGFβ）的释放，Th1 反应逐渐消失。除了 αβTCR CD4$^+$ 和 CD8$^+$ T 细胞外，自然杀伤细胞（NK 细胞）和 T 淋巴细胞其他型，如 Vγ9Vδ2T 细胞和 CD4$^+$ 惰性 NKT 细胞（iNKT）也参与对抗布鲁氏菌，只是比较少见。另外，在人体外的研究表明，它们能够以接触或者不接触的机制破坏布鲁氏菌巨噬细胞内的增殖，这些机制包括颗粒样细胞（NK 细胞、Vγ9Vδ2T 细胞、CD4$^+$ iNKT 细胞）和 fas 连接蛋白介导的细胞毒性，IFN-γ 诱导的巨噬细胞激活，以及分泌杀菌因子 LL-37 抗菌肽。有趣的是，急性布病患者体内外周血中 Vγ9Vδ2T 细胞数量大量增加，但经过成功治疗后便下降。另外，急性布病患者 NK 细胞的细胞毒性也有所降低，经抗菌治疗后也得到扭转，提示 NK 细胞的杀伤力对于布病病情的发展非常重要。

宿主基因对于传染病的易感性和转归很重要。人们进行了一系列基因学研究，以明确布病的易感性及其转归与免疫反应中参与的分子间多态性和变异之间的关系。考虑到慢性无反应/复发布病患者的细胞免疫被抑制，左旋咪唑、抗坏血酸、IFN-α、细菌提取物等对免疫刺激的效果是对传统抗生素治疗的一个补充，而这对于重塑细胞免疫反应是有利的，最终治愈了很多慢性患者。

三、慢性感染的普遍科学意义

还有其他细菌通过采用与布鲁氏菌近似的策略实现其慢性感染。其中一个便是人苍白杆菌，这是一种条件致病菌病，一般从免疫功能低下的个体或者接受透析、插管、手术或移植的患者中被分离出来。另外一个是人粒细胞无形体病的元凶——嗜吞噬细胞无形体，它是一种公认的专性细胞内病原体，在中性粒细胞内复制。表型分析表明，人苍白杆菌显示包膜分子在布鲁氏菌毒力很关键，如 cbG、PC、鸟氨酸脂质、非经典脂多糖（Oα-LPS）、长脂肪酸取代膜分子，以及类似于 *vir*B 操纵子和 BvrR/BvrS 二元调控系统的调控。然而，这种细菌也有额外的布鲁氏菌没有的结构，如功能性鞭毛、荚膜、细菌表面的电荷分布及更加广泛的新陈代谢。这些变化使人苍白杆菌对宿主的杀菌物质更加敏感，如补体、阳离子杀菌肽，因此更加容易被吞噬细胞杀灭。此外，苍白杆菌在感染发生时可以导致更强的炎症反应和更强的先天免疫系统的激活。中性粒细胞（PMNs）在人苍白杆菌感染期间所发挥的主要作用就是最好的证明：相较于流产型布鲁氏菌感染，PMNs 可以杀灭人苍白杆菌，PMNs 缺少时则可以将本来无害的微生物变成致命的病原体。引人注目的是，通过追踪免疫系统中由苍白杆菌引起的不同成分发现，这个机会性致病菌的脂多糖和布鲁氏菌的脂多糖相比发生了很小但是很重要的变化。

虽然两种脂多糖都拥有非常相似或相同的脂质 A，但是这两个关系密切的细菌核心低聚糖仍有小的差异：苍白杆菌的 Oα-LPS 核心具有半乳糖醛酸，而布鲁氏菌 LPS 核心不具备这种负酸性糖。这使得苍白杆菌膜表面 zeta 电位较布鲁氏菌表面负性更强，从而对阳离子杀菌物质更加敏感。此外，这种小的电荷差使 Oα-LPS 能够以更高的效率结合 TLR4 受体分子 MD-2，结果苍白杆菌的脂多糖比布鲁氏菌的脂多糖具有更强的生物学活性和更强的诱导 NF-κB 活性。当然，人苍白杆菌感染可以在免疫功能正常的宿主（促进入侵细菌的消除）诱发早期和明显的炎性反应。因此，人苍白杆菌无法执行布鲁氏菌寄生时遵循的准则，也说明病原相关分子模式（PAMP）即使发生了很少的改变，没有重大的结构性变化，但也会导致出现不同的生活方式。

另一种人胞内病原体——嗜吞噬细胞无形体则是逃避宿主免疫反应的冠军。这种细菌具有独一无二的逃避策略，并有两个关键属性：①嗜吞噬细胞无形体是能够入侵并在先天免疫系统的关键细胞，如中性粒细胞内复制；②嗜吞噬细胞无形体缺乏 PAMPs 中的一些分子。事实上，这种专性细胞内的病原体能够入侵中性粒细胞，通过篡夺脂筏及其糖基磷脂酰肌醇（glycosylphatidylinositol，GPI）锚定蛋白质，诱导一系列信号事件，导致细菌内化。一旦进入宿主细胞，嗜吞噬细胞无形体改变了小泡运输创建一个独特的细胞内膜结合室，阻碍了溶酶体的杀菌作用，允许其复制。与布鲁氏菌类似，它保存了Ⅳ型分泌系统和二元调控系统，调节细胞内寄生，这有助于细菌感知和控制其细胞内环境。为了在先天免疫系统杀伤细胞的"机器"中生存，嗜吞噬细胞无形体抑制了 NADPH 氧化酶的激活和随后的中性粒细胞脱颗粒。此外，巨噬细胞活化、成熟和凋亡，以及 IFN-γ 信号通路均被嗜吞噬细胞无形体抑制。由于基因组很小，嗜吞噬细胞无形体没有合成 LPS、CβG、肽聚糖、鞭毛和菌毛的必要基因，它缺乏一些最基本的、通过 TLR 和 NOD 样受体来激活天然免疫反应的基因。因此，像 iNOS、TNF-α、TLR2/TLR4 和 MyD88 等重要的诱发有效天然免疫反应以消除各种胞内病原体的机制和信号通路与嗜吞噬细胞无形体完全无关。

在控制机体免疫反应、促进自身长期繁殖方面，布鲁氏菌采用的策略也具有代表性，包括控制和激活 APC 的成熟度、借助非典型的布鲁氏菌 LPS 干扰装载 MHC Ⅱ类的脂质筏，以及其他尚未发现的机制。首先，Btp1/TcpB 系统的分子机制还有待进一步证实。研究认为，Btp1/TcpB 可能调节 T 淋巴细胞抗原递呈过程中信号传导和抑制获得性免疫所必需的细胞因子的分泌。其次，慢性期调节性 T 细胞的诱导与发展，可能使细菌隐藏和长期耐受。再次，感染细胞对布鲁氏菌的"豁免权"由人苍白杆菌和嗜吞噬细胞无形体诱发的不同免疫反应阐明。令人惊讶的是，人类感染由人苍白杆菌而引起的适应性免疫也存在典型的细胞外和细胞内病原菌。尽管布鲁氏菌感染的特征是保护性的 Th1 免疫反应，而人苍白杆菌感染刺激 Th1 和 Th2 型混合反应，但是这些反应并不会保护布鲁氏菌。然而当机体偏向 Th1 的反应时，人苍白杆菌也可以诱导一些保护布鲁氏菌的措施，说明反应具有相关性。对于专性细胞内的嗜吞噬细胞无形体，诱发其适应性免疫严格依赖于 $CD4^+$ T 细胞和穿孔蛋白 Fas/FasL，以及主要的 Th1 细胞因子（如 IL-12、IFN-γ 和 MCP-1）而取得。这与布鲁氏菌感染观察到的现象形成了鲜明对比。对于布鲁氏菌的感染，有效的适应性免疫取决于 Tc、IL-12 和 IFN-γ 细胞因子的产生。但是，在重度联合免疫缺陷病（severe combined immunodeficiency disease，SCID）小鼠体内，还是清晰地观察到了嗜吞噬细胞无形体感染的致命过程，这种现象强调了适应性免疫在控制该菌过程中发挥了关键作用。

最后，在很多布病病例中观察到的现象只在活菌感染的模型中才能被重现，死亡的布鲁氏菌无法在免疫动物体内逃避溶酶体菌融合，也无法唤起非同寻常的适应性免疫反应。一方面是由于死的布鲁氏菌无法调节宿主细胞内的胞内运输，另一方面是所有不同的 PAMPs 分子成分（如 DNA 和肽聚糖）很容易因暴露而被识别。因此，基于死菌得出的结论尽管有用，但是必须谨慎使用，而且必须使用活菌模型与之对照。

第五节　布鲁氏菌的抗肿瘤机制

恶性肿瘤亦称癌症，是威胁人类健康的第一大疾病。据估计，我国每年有 429 万新发癌症病例，其中 281 万人死于癌症。但是目前尚无有效的手段预防和治疗癌症，传统的手术切除、化疗、放射疗法等具有治愈率低、复发率高、对机体损伤大等缺点，且低氧条件下化疗的细胞毒作用，手术操作的过程都有可能选择出恶性程度更高、更容易转移的癌细胞，以及对化疗放射疗法抵抗力更强的癌细胞，并且有使癌细胞扩散转移的可能。而微生物具有化学结构多样、生物活性多样、类药性强和再生性强等优点，可作为抗肿瘤创新药物的重要来源，利用微生物开发肿瘤生物疗法具有广阔的应用前景。

一、细菌的抗肿瘤机制

细菌抗肿瘤有其特殊的优势，因为实体肿瘤组织生长迅速，内部血管分布不均，致使肿瘤内多属低氧代谢环境，而细菌本身对乏氧肿瘤组织有很强的选择性，能够在肿瘤组织中聚集并繁殖，而且有的有直接抗肿瘤的作用，有的可作为抗肿瘤药物载体运输或在肿瘤组织合成肿瘤细胞毒性分子，另外细菌可以被有效的抗生素清除，其不良反应明确并可控。细菌可以向肿瘤组织中心部位运动，可以刺激机体产生抗肿瘤效应分子，细菌毒素同样显示出抗肿瘤的作用。尽管细菌及其制剂在抗肿瘤的历史中遭受过挫折，但现在细菌抗肿瘤的作用正在重新引起人们的重视。Hoffman（2011）在实验室培育的亮氨酸缺陷型伤寒沙门菌（A1-R）被证实是一种对活的癌组织有效的细菌，对肿瘤组织有很高的毒力。在体外，A1-R 突变株可以感染人肿瘤细胞导致细胞核碎裂。A1-R 突变株用来治疗转移性前列腺癌、乳腺癌和胰腺癌的裸鼠模型有很高的疗效，尤其对转移瘤的疗效更好；一种基因改造的精氨酸和亮氨酸营养缺陷性沙门菌在多个研究中表现出了强烈的肿瘤组织定殖特点，而在肝脏和脾脏中很快被清除，这种细菌还表现出在多种肿瘤坏死组织和存活肿瘤组织中都能定殖并引起肿瘤萎缩坏死；一种从铜绿假单胞菌（pseudomonas aeruginosa，PA）外膜蛋白来源的疫苗表现出免疫调节能力；一种失活的甘露糖敏感性红血球凝集菌毛的铜绿假单胞菌突变系（PA-MSHA）已经作为恶性肿瘤的辅助疗法来应用。研究证实，PA 能明显抑制人肝癌细胞株 MHCC97L 细胞的增殖和克隆形成，呈良好的剂量效应关系。

二、布鲁氏菌的抗肿瘤机制

布鲁氏菌可通过激活非特异性免疫系统发挥抗肿瘤的作用。Glasgow 等（1979）利用小鼠骨肉瘤模型发现，Bru-Pel 能激活网状内皮系统的巨噬细胞。Bru-Pel 免疫小鼠的外周巨噬细胞比空白小鼠对肺癌细胞具有更强的细胞毒性，能提高小鼠的存活率。布鲁氏菌二氧四氢喋啶合酶（*Brucella* lumazine synthase，BLS）和 Omp19 通过 TLR4 信号通路可以促进 DC 细胞成熟和 CD8$^+$ T 细胞的细胞毒性作用，调节机体天然和获得性免疫应答。BLS 免疫组能显著抑制肿瘤的生长，50% 的高剂量免疫组小鼠不形成肉眼可见的实体瘤，并且这种抑制作用依赖于 TLR4 信号通路的激活。

尽管有多篇文献报道了布鲁氏菌的抗肿瘤作用，但是发表时间集中在 20 世纪 70 年代。受限于当时的认识水平和试验技术，人们对布鲁氏菌的抗肿瘤作用机制知之甚少。在布鲁氏菌体外感染黑色素瘤 B16 细胞的研究中发现，布鲁氏菌可感染 B16 细胞，能在细胞中持续增殖。细菌对肿瘤细胞的感染效率与对巨噬细胞的感染效率相差不大，并且布鲁氏菌在小鼠体内可抑制肿瘤细胞的生长。

三、存在的问题

安全性问题仍然是细菌抗肿瘤疗法的首要问题。虽然大多数报道证实细菌制剂是安全的，但是在控制活体细菌的毒性、减少不良反应方面还要进一步研究评估测试。另有报道，细菌抗肿瘤研究中系统感染仍然存在，即使剔除毒性基因，如在 COBALT 疗法中仍有 15%～45% 实验小鼠死亡；另外是不完全的肿瘤细胞死亡，细菌并不引起完全的肿瘤组织细胞坏死，必须联合应用化疗或进一步研究；最后是在缺氧的肿瘤坏死组织生长繁殖的细菌对无坏死的转移性肿瘤病灶作用效果不佳，而转移灶常常是因肿瘤致死的元凶。由于这些转移灶很小，细菌定殖困难，难以完全浸润肿瘤组织，因此可能需要肿瘤内注射。其他的涉及细菌疗法的问题，还包括潜在基因突变，因突变导致抗肿瘤功能丧失或导致多种问题，如治疗失败、感染加重等。

（董浩　柯跃华　冯宇　许冠龙）

参考文献

崔明全，2013. Hfq 蛋白在布鲁氏菌胞内生存中作用的研究［D］. 雅安：四川农业大学.

刘尚龙，戴梦华，由磊，等，2013. 单纯疱疹病毒治疗肿瘤的研究新进展［J］. 中国科学：生命科学（4）：283-90.

刘文娟，2010. 羊布鲁氏菌 otpR 和 cpK 基因功能的研究［D］. 北京：中国农业大学.

王小蕾，吴清民，2016. 布鲁菌脂多糖的研究进展［J］. 中国预防兽医学报，38（1）：82-86.

王玉飞，乔凤，钟志军，等，2008. 布鲁菌重要毒力调控基因在环境刺激和细胞侵染过程中的转录研究［J］. 中华微生物学和免疫学杂志，28（10）：919-924.

杨旭光，杨志奇，孙振纲，2012. 细菌抗肿瘤作用的研究［J］. 医学综述，18（10）：2002-2003.

周建炜，李涛，任正刚，等，2010. 绿脓杆菌制剂对人肝癌 MHCC97L 细胞增殖和侵袭能力的影响［J］. 中华肝胆外科杂志，16（16）：455-459.

Arenas-Gamboa A M，Rice-Ficht A C，Fan Y，et al，2012. Extended safety and efficacy studies of the attenuated *Brucella* vaccine candidates 16M（Delta）*vjb*R and S19（Delta）*vjb*R in the immunocompromised IRF-1$^{-/-}$ mouse model［J］. Clin Vaccine Immun，19（2）：249-260.

Arocena G M，Zorreguieta A，Sieira R，2012. Expression of VjbR under nutrient limitation conditions is regulated at the post-transcriptional level by specific acidic pH values and urocanic acid［J］. PLoS One，7（4）：e35394.

Atkinson S，Williams P，2009. Quorum sensing and social networking in the microbial world［J］. J R Soc Interface，6（40）：959-78.

Brennan R G，Link T M，2007. Hfq structure，function and ligand binding［J］. Curr Opin Microbiol，10（2）：125-133.

Buzgan T，Karahocagil M K，Irmak H，et al，2010. Clinical manifestation and complications in 1028 cases of brucellosis：a retrospective evaluation and review of the literature［J］. Int J Infect Dis，14（6）：469-478.

Carmeliet P，Jain R K，2000. Angiogenesis in cancer and other diseases［J］. Nature，407（6801）：249-257.

Carrica M C，Fernandez I，Marti M，et al，2012. The NtrY/X two-component system of *Brucella* spp. acts as a redox sensor and regulates the expression of nitrogen respiration enzymes［J］. Mol Microbiol，85（1）：39-50.

Caswell C C，Gaines J M，Ciborowski P，et al，2012. Identification of two small regulatory RNAs linked to virulence in *Brucella abortus* 2308［J］. Mol Microbiol，85（2）：345-60.

Chao Y，Vogel J，2010. The role of Hfq in bacterial pathogens［J］. Curr Opin Microbiol，13（1）：24-33.

Chirigos M A，Stylos W A，Schultz R M，et al，1978. Chemical and biological adjuvants capable of potentiating tumor cell vaccine［J］. Cancer Res，38（4）：1085-1091.

Cui M，Wang T，Xu J，et al，2013. Impact of Hfq on global gene expression and intracellular survival in *Brucella melitensis*［J］. PLoS One，8（8）：e71933.

Dang L H，Bettegowda C，Huso D L，et al，2001. Combination bacteriolytictherapy for the treatment of experimental tumors［J］. Proc Natl Acad Sci USA，98（26）：15155-15160.

Dazord L，Le Garrec Y，David C，et al，1978. Resistance to transplanted cancer in mice increased by live *Brucella* vaccine［J］. Br J Cancer，38（3）：464-467.

Dazord L，Le Garrec Y，Florentin I，1983. Antitumor activity of living or killed *Brucella*：modification of the non-specific cytotoxic effector cells［J］. Cancer Immunol Immunother，15（1）：63-67.

de Jong M F，Sun Y H，den Hartigh A B，et al，2008. Identification of VceA and VceC，two members of the VjbR regulon that are translocated into macrophages by the *Brucella* type IV secretion system［J］. Mol Microbiol，70（6）：1378-1396.

de Lay N，Schu D J，Gottesman S，2013. Bacterial small RNA-based negative regulation: Hfq and its accomplices［J］. J Biol Chem，288（12）：7996-8003.

Delory M，Hallez R，Letesson J J，et al，2006. An RpoH-like heat shock sigma factor is involved in stress response and virulence in *Brucella melitensis* 16M［J］. J Bacteriol，188（21）：7707-7710.

Delrue R M，Deschamps C，Leonard S，et al，2005. A quorum-sensing regulator controls expression of both the type IV secretion system and the flagellar apparatus of *Brucella melitensis*［J］. Cell Microbiol，7（8）：1151-1161.

DelVecchio V G，Kapatral V，Redkar R J，et al，2002. The genome sequence of the facultative intracellular pathogen *Brucella melitensis*［J］. Proc Natl Acad Sci USA，99（1）：443-448.

Dong H，Peng X W，Wang N，et al，2014. Identification of novel sRNAs in *Brucella abortus* 2308［J］. FEMS Microbiol Lett，354（2）：119-125.

Dong Y H，Xu J L，Li X Z，et al，2000. AiiA，an enzyme that inactivates the acylhomoserine lactone quorum-sensing signal and attenuates the virulence of *Erwinia carotovora*［J］. Proc Natl Acad Sci USA，97（7）：3526-3531.

Dorrell N，Guigue-Talet P，Spencer S，et al，1999. Investigation into the role of the response regulator NtrC in the metabolism and virulence of *Brucella suis*［J］. Microb Pathog，27（1）：1-11.

Dozot M，Boigegrain R A，Delrue R M，et al，2006. The stringent response mediator Rsh is required for *Brucella melitensis* and *Brucella suis* virulence，and for expression of the type IV secretion system *vir*B［J］. Cell Microbiol，8（11）：1791-1802.

Ekaza E，Teyssier J，Ouahrani-Bettache S，et al，2001. Characterization of *Brucella suis clp*B and *clp*AB mutants and participation of the genes in stress responses［J］. J Bacteriol，183（8）：2677-2681.

Fisher B，Gebhardt M，Linta J，et al，1978. Comparison of the inhibition of tumor growth following local or systemic administration of *Corynebacterium parvum* or other immunostimulating agents with or without cyclophosphamide［J］. Cancer Res，1978，38（9）：2679-2687.

Glasgow L A，Crane J J，Schleupner C J，et al，1979. Enhancement of resistance to murine osteogenic sarcoma in vivo by an extract of *Brucella abortus*（Bru-Pel）：association with activation of reticuloendothelial system macrophages［J］. Infect Immun，23（1）：19-26.

Godefroid M，Svensson M V，Cambier P，et al，2010. *Brucella melitensis* 16M produces a mannan and other extracellular matrix components typical of a biofilm［J］. FEMS Immunol Med Microbiol，59（3）：364-377.

Grillo M J，Manterola L，deMiguel M J，et al，2006. Increases of efficacy as vaccine against *Brucella abortus* infection in mice by simultaneous inoculation with avirulent smooth *bvr*S/*bvr*R and rough *wbk*A mutants［J］. Vaccine，15（24）：2910-2916.

Guzman-Verri C，Manterola L，Sola-Landa A，et al，2002. The two-component system BvrR/BvrS essential for *Brucella abortus* virulence regulates the expression of outer membrane proteins with counterparts in members of the Rhizobiaceae［J］. Proc Natl Acad Sci USA，99（19）：12375-12380.

Haine V，Sinon A，van Steen F，et al，2005. Systematic targeted mutagenesis of *Brucella melitensis* 16M reveals a major role for GntR regulators in the control of virulence［J］. Infect Immun，73（9）：5578-5586.

Hanna N，Ouahrani-Bettache S，Drake K L，et al，2013. Global Rsh-dependent transcription profile of *Brucella suis* during stringent response unravels adaptation to nutrient starvation and cross-talk with other stress responses［J］. BMC Genomics，14（1）：459.

Hatefi A，Canine B F，2009. Perspectives in vector development for systemic cancer gene therapy [J]．Gene Ther Mol Biol，13（A）：15-19.

Hirnle Z，1960. The effect of *Brucella abortus* infection on transmissible Crocker's sarcoma in mice [J]．Acta Med Pol，1（3/4）：219-41.

Hoe C H，Raabe C A，Rozhdestvensky T S，et al，2013. Bacterial sRNAs：regulation in stress [J]．Int J Med Microbiol，303（5）：217-229.

Ishida M L，Assumpcao M C，Machado H B，et al，2002. Identification and characterization of the two-component NtrY/NtrX regulatory system in *Azospirillum brasilense* [J]．Braz J Med Biol Res，35（6）：651-661.

Jiang H，Dong H，Peng X，et al，2018. Transcriptome analysis of gene expression profiling of infected macrophages between *Brucella suis* 1330 and live attenuated vaccine strain S2 displays mechanistic implication for regulation of virulence [J]．Microb Pathog，119：241-247.

Kang Z，Zhang C，Zhang J，et al，2014. Small RNA regulators in bacteria：powerful tools for metabolic engineering and synthetic biology [J]．Appl Microbiol Biotechnol，98（8）：3413-3424.

Kazmierczak M J，Wiedmann M，Boor K J，2005. Alternative sigma factors and their roles in bacterial virulence [J]．Microbiol Mol Biol Rev，69（4）：527-543.

Ke Y，Wang Y，Li W，et al，2015. Type Ⅳ secretion system of *Brucella* spp. and its effectors [J]．Front Cell Infect Microbiol，5：72.

Keleti G，Feingold D S，Youngner J S，1977. Antitumor activity of a *Brucella abortus* preparation [J]．Infect Immun，15（3）：846-849.

Kienle G S，2012. Fever in cancer treatment：Coley's therapy and epidemiologic observations [J]．Glob Adv Health Med，1（1）：92-100.

Kim H S，Caswell C C，Foreman R，et al，2013. The *Brucella abortus* general stress response system regulates chronic mammalian infection and is controlled by phosphorylation and proteolysis [J]．J Biol Chem，288（19）：13906-13916.

Kohler S，Foulongne V，Ouahrani-Bettache S，et al，2002. The analysis of the intramacrophagic virulome of *Brucella suis* deciphers the environment encountered by the pathogen inside the macrophage host cell [J]．Proc Natl Acad Sci USA，2002，99（24）：15711-15716.

Leonard S，Ferooz J，Haine V，et al，2007. FtcR is a new master regulator of the flagellar system of *Brucella melitensis* 16M with homologs in Rhizobiaceae [J]．J Bacteriol，2007，189（1）：131-141.

Lestrate P，Dricot A，Delrue R M，et al，2003. Attenuated signature-tagged mutagenesis mutants of *Brucella melitensis* identified during the acute phase of infection in mice [J]．Infect Immun，71（12）：7053-7060.

Li W，Ying X，Lu Q，et al，2012. Predicting sRNAs and their targets in bacteria [J]．Genomics Proteomics Bioinformatics，10（5）：276-284.

Liu W，Dong H，Liu W，et al，2012. OtpR regulated the growth，cell morphology of *B. melitensis* and tolerance to β-lactam agents [J]．Vet Microbiol，159（1/2）：90-98.

Manterola L，Moriyón I，Moreno E，et al，2005. The lipopolysaccharide of *Brucella abortus* BvrS/BvrR mutants contains lipid a modifications and has Higher affinity for bactericidal cationic peptides [J]．J Bacteriol，187（16）：5631-5639.

Martínez-Núñez C，Altamirano-Silva P，Alvarado-Guillén F，et al，2010. The two-component system BvrR/BvrS regulates the expression of the type Ⅳ secretion system VirB in *Brucella abortus* [J]．J

Bacteriol，192（21）：5603-5608.

Martirosyan A，Gorvel J P，2013. *Brucella* evasion of adaptive immunity［J］. Future Microbiol，8（2）：147-154.

Matsumoto Y，Miwa S，Zhang Y，et al，2014. Efficacy of tumor-targeting *Salmonella typhimurium* A1-R on nude mouse models of metastatic and disseminated human ovarian cancer［J］. J Cell Biochem，115（11）：1996-2003.

Mirabella A，Yanez V R M，Delrue R M，et al，2012. The two-component system PrlS/PrlR of *Brucella melitensis* is required for persistence in mice and appears to respond to ionic strength［J］. Microbiology，158（10）：2642-2651.

Mizuno T，Chou M Y，Inouye M，1984. A unique mechanism regulating gene expression：translational inhibition by a complementary RNA transcript（micRNA）［J］. Proc Natl Acad Sci USA，81（7）：1966-1970.

Møller T，Franch T，Højrup P，et al，2002. Hfq：a bacterial Sm-like protein that mediates RNA-RNA interaction［J］. Mol Cell，9（1）：23-30.

Oddens J，Brausi M，Sylvester R，et al，2013. Final results of an EORTC-GU cancers group randomized study of *Maintenance bacillus* Calmette-Guerin in intermediate- and high-risk Ta，T1 papillarycarcinoma of the urinary bladder：one-third dose versus full dose and 1 year versus 3 years of maintenance［J］. Eur Urol，63（3）：462-472.

Patyar S，Joshi R，Byrav D S，et al，2010. Bacteria in cancer therapy：a novel experimental strategy［J］. J Biomed Sci，17（1）：21.

Peng X，Dong H，Wu Q，2015. A new cis-encoded sRNA，BsrH，regulating the expression of *hem*H gene in *Brucella abortus* 2308.［J］. FEMS Microbiology Letters，362（2）：1-7.

Rambow-Larsen A A，Rajashekara G，Petersen E，et al，2008. Putative quorum-sensing regulator BlxR of *Brucella melitensis* regulates virulence factors including the type IV secretion system and flagella［J］. J Bacteriol，190（9）：3274-3282.

Richards G R，Vanderpool C K，2011. Molecular call and response：the physiology of bacterial small RNAs［J］. Biochim Biophys Acta，1809（10）：525-531.

Rossi A H，Farias A，Fernandez J E，et al，2015. *Brucella* spp. lumazine synthase induces a TLR4-mediated protective response against B16 melanoma in mice［J］. PLoS One，10（5）：e0126827.

Saadeh B，Caswell C C，Chao Y，et al，2015. Transcriptome-wide identification of Hfq-associated RNAs in *Brucella suis* by deep sequencing［J］. J Bacteriol，198（3）：427-435.

Santos E V，Silva G，Cardozo G P，et al，2012. In silico characterization of three two-component systems of *Ehrlichia canis* and evaluation of a natural plant-derived inhibitor［J］. Genet Mol Res，11（4）：3576-3584.

Schultz R M，Pavlidis N A，Chirigos M A，1978. Macrophage involvement in the antitumor activity of *Brucella abortus* ether extract against experimental lung carcinoma metastases［J］. Cancer Res，38（10）：3427-3431.

Sivan A，Corrales L，Hubert N，et al，2015. Commensal Bifidobacterium promotes antitumor immunity and facilitates anti-PD-L1 efficacy［J］. Science，350（6264）：1084-1089.

Sola-Landa A，Pizarro-Cerdá J，Grilló M J，et al，1998. A two-component regulatory system playing a critical role in plant pathogens endosymbionts is present in *Brucella abortus* and controls cell invasion and virulence［J］. Mol Microbiol，29（1）：125-138.

Swartz T E，Tseng T S，Frederickson M A，et al，2007. Blue-light-activated histidine kinases：two-component sensors in bacteria ［J］. Science，317（5841）：1090-1093.

Taminiau B，Daykin M，Swift S，et al，2002. Identification of a quorum-sensing signal molecule in the facultative intracellular pathogen *Brucella melitensis* ［J］. Infect Immun，70（6）：3004-3011.

Traxler M F，Summers S M，Nguyen H T，et al，2008. The global，ppGpp-mediated stringent response to amino acid starvation in *Escherichia coli* ［J］. Mol Microbiol，68（5）：1128-1148.

Utsumi R，Igarashi M，2012. Two-component signal transduction as attractive drug targets in pathogenic bacteria ［J］. Yakugaku Zasshi，132（1）：51-58.

Uzureau S，Godefroid M，Deschamps C，et al，2007. Mutations of the quorum sensing-dependent regulator VjbR lead to drastic surface modifications in *Brucella melitensis* ［J］. J Bacteriol，189（16）：6035-6047.

Uzureau S，Lemaire J，Delaive E，et al，2010. Global analysis of quorum sensing targets in the intracellular pathogen *Brucella melitensis* 16 M ［J］. J Proteome Res，9（6）：3200-3217.

Valderas M W，Alcantara R B，Baumgartner J E，et al，2005. Role of HdeA in acid resistance and virulence in *Brucella abortus* 2308 ［J］. Vet Microbiol，107（3/4）：307-312.

Van Melderen L，Gottesman S，1999. Substrate sequestration by a proteolytically inactive Lon mutant ［J］. Proc Natl Acad Sci USA，96（11）：6064-6071.

Veskova T K，Chimishkyan K L，Sver-Moldavsky G J，1974. Effect of *Brucella abortus* infection （vaccine strain 19BA）on Rauscher leukemia virus and L1210 leukemia in mice ［J］. J Natl Cancer Inst，52（5）：1651-1653.

Vétizou M，Pitt J M，Daillère R，et al，2015. Anticancer immunotherapy by CTLA-4 blockade relies on the gut microbiota ［J］. Science，350（6264）：1079.

Viadas C，Rodriguez M C，Sangari F J，et al，2010. Transcriptome analysis of the *Brucella abortus* BvrR/BvrS two-component regulatory system ［J］. PLoS One，5（4）：e10216.

Vogel J，Luisi B F，2011. Hfq and its constellation of RNA ［J］. Nat Rev Microbiol，9（8）：578-589.

Wang Y，Ke Y，Xu J，et al，2015. Identification of a novel small non-coding RNA modulating the intracellular survival of *Brucella melitensis* ［J］. Front Microbiol，6：164.

Wu Q，Pei J，Turse C，et al，2006. Mariner mutagenesis of *Brucella melitensis* reveals genes with previously uncharacterized roles in virulence and survival ［J］. BMC Microbiol，6（1）：102.

Zhang J，Guo F，Chen C，et al，2013. *Brucella melitensis* 16MΔhfq attenuation confers protection against wild-type challenge in BALB/c mice ［J］. Microbiol Immunol，57（7）：502-510.

Zhou P，Long Q，Zhou Y，et al，2012. *Mycobacterium tuberculosis* two-component systems and implications in novel vaccines and drugs ［J］. Crit Rev Eukaryot Gene Expr，22（1）：37-52.

第六章　布鲁氏菌免疫学

　　布鲁氏菌侵入机体后首先在巨噬细胞内存活，并激发机体的先天性免疫反应，但研究表明先天性免疫应答并不能阻止布鲁氏菌在体内的存活和复制。获得性细胞免疫应答主要是通过 IL-12、TNF-α 和 IFN-γ 等细胞因子在抵抗布鲁氏菌感染中发挥作用。体液免疫对于免疫应答和机体防御的影响暂不清楚，但研究发现，在动物免疫后期体液免疫应答会持续下降，但疫苗免疫保护力却保持不变，说明宿主抵御布鲁氏菌的免疫应答主要以细胞免疫为主。

　　现有研究多以小鼠模型为基础，反刍动物等其他易感动物的免疫机制是否相同还需进一步研究。除此之外，布鲁氏菌为胞内寄生菌，布鲁氏菌病的发生发展及其与宿主的关系错综复杂，具体应答反应仍不太清楚。本章主要根据现有研究结果对机体免疫或感染布鲁氏菌后应答过程进行总结和阐述，以揭示布鲁氏菌感染的免疫学机制。

第一节　先天性免疫应答

　　与其他疾病发生过程相同，布鲁氏菌侵入机体后，先天性免疫反应会首先阻止病原微生物的复制、消减其数量并逐渐将其清除，为激活获得性免疫反应提供准备。感染早期对病原菌发挥抗感染作用的细胞和因子有中性粒细胞、巨噬细胞、树突状细胞、自然杀伤细胞、细胞因子及趋化因子等，机体通过模式识别受体（pattern recognition receptors，PRRs）发挥作用，并伴随补体系统的激活。

一、参与先天性免疫应答的细胞

　　在抵抗感染过程中，巨噬细胞、树突状细胞首先激活免疫应答，巨噬细胞在抵御布鲁氏菌感染过程中起到非常重要的作用。在宿主获得性免疫激发前，巨噬细胞是病原微生物存活和复制的场所；而在感染后期，巨噬细胞能有效清除在组织中定殖的病原菌。布鲁氏菌进入巨噬细胞后，可改变巨噬细胞的吞噬体运转模式。侵入巨噬细胞的布鲁氏菌，被包裹在一个个称为布氏小体的膜结构小泡中，这一结构可避免菌体被核内体和溶菌酶杀伤。在巨噬细胞里内化之后，布氏小体与内质网相互作用并通过上调编码Ⅳ型分泌系统的 virB 操纵子的表达水平，最终形成复制体。此机制成为探索新型布病疫苗的切入点。此外，在小鼠模型的相关研究表明，感染早期布鲁氏菌能诱导机体产生低水平的促炎细胞因子和高水平的抗炎细胞因子。总之，布鲁氏菌通过上述机制保证了其在巨噬细胞内的存活。一旦进入巨噬细胞，布鲁氏菌会大量增殖，并通过淋巴循环和血液循环传播到实质器官（淋巴结、脾脏、肝脏和骨髓）中，但不会对细胞产生毒性作用。巨噬细胞的杀菌活性主要通过活性氮介质（reactive nitrogen intermediates，RNIs）和活性氧介质（reactive oxygen intermediates，ROIs）发挥的，两者均是由 IFN-γ 和 TNF-α 刺激产生。但在布病复发或者慢性感染时，少量病原菌在巨噬细胞内仍会持续存在。

树突状细胞在先天性免疫和获得性免疫中发挥着重要的连接作用。布鲁氏菌通过阻碍 TLR2 受体通路从而影响树突状细胞的成熟。相关研究表明，不同种宿主的树突状细胞对布鲁氏菌的敏感性存在差异，其中人和小鼠树突状细胞的敏感性非常高。树突状细胞的敏感性差异也与布鲁氏菌在不同宿主中感染进程的差异相关。牛树突状细胞的抵抗力较强，其感染后的临床表现相对于人和某些品系小鼠不明显。此外，与光滑型菌株相比，粗糙型菌株能够促进小鼠或人树突状细胞表型和功能的成熟。这主要因为与光滑型菌株相比，粗糙型菌株脂多糖不完整，更多的外膜蛋白能够暴露于细菌表面，因此具有更强地促进树突状细胞成熟的能力。布鲁氏菌感染后树突状细胞的成熟主要依靠Ⅱ型半胱氨酸天冬氨酸酶及 TLR6 的表达。Ⅱ型半胱氨酸天冬氨酸酶在布鲁氏菌感染中起到非常重要的作用，尤其是对于粗糙型菌株感染后小鼠树突状细胞的成熟和细胞因子的产生，而 TLR6 是树突状细胞诱导产生 TNF-α 和 IL-12 的前提。研究指出，用 RB51 粗糙型疫苗株免疫小鼠后表现出 MHCⅡ类分子表达水平的上调，以及 CD40、CD80 和 CD86 分子的协同刺激，而且 RB51 疫苗株能够显著刺激机体产生先天性免疫应答。

自然杀伤细胞被布鲁氏菌及其抗原成分激活是激活 B 淋巴细胞和产生抗体的重要过程。尽管自然杀伤细胞在感染后被激活，但研究发现其并不会影响布鲁氏菌对小鼠的感染。人的自然杀伤细胞在布鲁氏菌急性感染时并不会转录 IFN-γ 的 mRNA 或分泌 IFN-γ，与此同时对布鲁氏菌的细胞毒性作用也受到抑制。这些结果说明，自然杀伤细胞对抵抗布鲁氏菌感染的免疫应答过程是非必需的。

中性粒细胞是先天性免疫反应中产生数量最多的淋巴细胞，但是当布鲁氏菌感染后，其并没有出现有效的脱粒过程（degranulation）。研究证实，中性粒细胞在小鼠感染过程中并没有发挥主要作用。然而在感染后期（感染 15d 以后），中性粒细胞对布鲁氏菌的杀伤作用更加明显，表明中性粒细胞在布鲁氏菌感染后影响 T 淋巴细胞的增殖和获得性免疫应答的激活。人中性粒细胞 CD35、CD11b、IL-8 表达量的增加和 CD62 的降低，与病原菌对机体的组织损伤和炎症反应相一致，表明免疫应答与激活效应保持一致。而且有证据表明，人中性粒细胞与组织损伤有潜在的关联。例如，用因布鲁氏菌感染而导致肝炎的患者中性粒细胞的上清液刺激肝脏细胞，可以显著促进细胞凋亡。因此，虽然中性粒细胞的激活与免疫保护没有明显关联，但却与炎症反应和获得性免疫反应密切相关。

二、细胞因子、趋化因子和模式识别受体/病原体相关分子模式

机体受到感染之后，巨噬细胞的抗菌活性受到持续产生的细胞因子的调节。这些细胞因子有的分泌自巨噬细胞本身（如 TNF-α 和 IL-12），有的来源于临近细胞（IFN-γ）。TNF-α 是布鲁氏菌感染后最早释放的细胞因子之一。试验证明，由 TNF-α 激活的人巨噬细胞能明显限制细胞内布鲁氏菌的增殖。在小鼠感染模型的研究数据表明，TNF-α 和 IL-12 与限制布病的发生发展直接相关。然而，布鲁氏菌在感染期间会明显抑制人和小鼠巨

噬细胞释放 TNF-α，揭示 TNF-α 的释放是先天性免疫系统发挥抗菌作用的重要机制。TNF-α 受到抑制与感染早期细菌在巨噬细胞内高水平的复制有关，布鲁氏菌依靠此机制抵御宿主的先天性免疫反应并实现感染。宿主细胞 TNF-α 的低水平表达甚至缺乏为布鲁氏菌在巨噬细胞内形成布氏小体创造了条件。除了上述机制外，布鲁氏菌会促使病原相关分子模式的表达量降低或改变，这使得机体对于体内微生物的排斥作用受到抑制。

模式识别受体（PRRs）对于病原体相关分子模式的识别是宿主抵抗感染的重要方式。Toll 样受体（如 Btp1 和 TcpB）与抵抗布鲁氏菌感染有关并介导促炎细胞因子的产生。布鲁氏菌 PAMPs 促进 PRRs 的激活，是机体内有效清除布鲁氏菌的重要步骤。由于布鲁氏菌缺乏典型的细菌表面结构（如荚膜、菌毛等），且布鲁氏菌 LPS 只在高浓度的情况下才能激活 TLR4，因此机体无法对布鲁氏菌进行有效的识别。这导致机体对于布鲁氏菌难以产生有效的免疫应答反应，从而引起布鲁氏菌慢性感染。此外，由布鲁氏菌产生的 Toll 样受体或白介素 I 型受体蛋白干扰先天性免疫系统正常功能的发挥，降低了依靠 Toll 样受体的免疫应答反应，从而提高了布鲁氏菌在细胞内存活的概率和产生组织损伤。

除了细胞因子外，被感染的巨噬细胞和树突状细胞还会产生趋化因子、趋化蛋白和化学诱导多肽。上述物质可以启动炎症反应，是宿主防御的重要部分。灭活的布鲁氏菌抗原或者 LPS 既可刺激人单核细胞产生高水平的 MIP-1α 和 MIP-1β，也可以刺激巨噬细胞数量的增加。单核细胞在布鲁氏菌感染后会表达多种趋化因子（如 GRO-α 和 IL-8）。研究表明，粗糙型菌株感染单核细胞后可产生比光滑型菌株更高水平的趋化因子。除此之外，在布鲁氏菌感染过程中，中性粒细胞的产生和聚集也依赖于趋化因子的作用。

三、先天性免疫应答信号在抗布鲁氏菌感染中的作用

TLR 家族最初是在果蝇中被发现的，其触发了果蝇必要的发育和免疫信号。这些 PRRs 后来被广泛研究，最终证实了 TLR 家族成员在先天免疫系统中发挥着重要作用。截至本书出版，在哺乳动物中已经发现了 12 个 TLR 家族成员，在人中已鉴定出来 10 个（TLR1～10）。TLR11～13 在小鼠中虽然被鉴定出来，但其功能没有完全阐述。TLR10 在这些动物中没有表达。

TLRs 是 I 型跨膜蛋白，包含 3 个结构域：一是胞外域，包含富含亮氨酸重复序列（leucine rich repeat，LRR），与 PAMPs 结合；二是跨膜域，跨越细胞质或内体膜；三是细胞内的 Toll-白细胞介素（IL）-1 受体域（toll/interleukin-1 receptor domain，TIR），与下游的适配器蛋白相互作用。TLRs 的一个共同特征是在与 PAMPs 的交互作用下形成同型或异二聚体。

基于细胞定位，TLRs 可分为两类。第一类包括在细胞表面表达的 TLR 家族成员，如 TLR1、TLR2 和 TLR6，识别细菌脂蛋白和脂肽。其他在细胞表面表达的成员分别是 TLR4 和 TLR5，它们分别对细菌 LPS 和鞭毛蛋白进行识别，TLR4 要求适配器分子 MD-2 识别其配体。事实上，MD-2 与 TLR4 分子相互作用提供了主要的 LPS 结合位点，诱导形成 TLR4-MD-2 聚合物。与 TLR4 相似，在与同源配体的相互作用下，TLR5 也会形成二聚体。第二类 TLR 存在于内腔内，与病毒或细菌病原体的核酸相互作用。这一组包括

识别双链 RNA（dsRNA）的 TLR3。TLR7、TLR8 和 TLR9 高度同源，与其他 TLR 不同，它们在细胞内含体中起作用，吞噬和包膜溶解后结合它们的配体，可识别微生物的核酸。TLR9 主要结合未甲基化的 CpG DNA。

在 TLR 激活时，免疫介质的产生依赖于丝裂原活化蛋白激酶（mitogen-activated protein kinases，MAPKs）的细胞内信号，包括细胞外信号调节激酶 1 和 2（extracellular signal-regulated kinases 1 and 2，ERK1/2），C-Jun 氨基末端激酶（C-Jun N-terminal kinases，JNKs）和 p38。此前研究表明，粗糙型布鲁氏菌 RB51 株和光滑型 2308 菌株对于诱导 ERK1/2 和 p38 磷酸化存在差异。当使用粗糙型菌株刺激时，MAPKs 的激活更为显著。此外，研究显示，ERK1/2、p38 及 p65 NF-κB 磷酸化在 IRAK-4/和 MyD88/巨噬细胞中均受到严重的抑制。显然，在 MAPKs 激活中，MyD88 和 IRAK-4 的变化表明 TLRs 参与了布鲁氏菌感染的细胞通路。事实上，在 DCs 中，HKBA 通过激活 TLR2 而激活 ERK1/2 和 p38 磷酸化。在这种情况下，p38 与 HKBA 吞噬作用和 IL-12 的产生有关。综上所述，布鲁氏菌可能会激活几个先天受体，最终达到细胞信号激活和细胞因子的产生的目的。

NOD like receptors（NLRs）是 PAMPs 的一个重要成员，表达于免疫细胞和非免疫细胞的 NLRs 能够识别胞内危险信号分子，包括对胞内菌的识别。人有 23 个 NLR 家族成员，小鼠至少有 34 个相关基因。NLRs 包含一个核苷酸结合功能区（nucleotide binding domdin，NBD）和一个富含亮氨酸重复序列（leucine rich repeat，LRR）的功能区，其中 NBD 结合核苷酸后会产生构象变化，而 LRR 功能区的主要作用是感知不同的微生物和内源性损伤刺激。NLRs 还含有其他重要的结构域，其中包括脱天蛋白酶招募结构域（caspaserecruitment domain，CARD）、热蛋白结构域和酸性反式激活域或杆状病毒抑制剂重复序列，介导下游蛋白之间的相互作用。

最早鉴定出的 NLRs、NOD1 和 NOD2 能够识别革兰氏阴性和革兰氏阳性细菌细胞壁上的肽聚糖片段。NOD1 能够识别由大多数革兰氏阴性和部分革兰氏阳性细菌产生的含有二氨基阿苯胺酸（diarminopimelic acid，DAP）的 PGN 片段，而 NOD2 是由胞壁酰二肽（muramyl dipeptide，MDP）所激活。MOP 几乎是所有类型 PGN 的保守结构域。细菌中的调控分子（如 MDP 通过 RIP2 介导与 NOD1 和 NOD2 结合，进一步通过 CARD-CARD 互动，从而激活 NF-κB、MAPKs 等诱导激活的炎症过程。机体感染布鲁氏菌后激活先天性免疫系统的免疫反应机制见彩图 41。

尽管先天性免疫系统在布鲁氏菌感染后会发生复杂的反应，但是其抗感染效果有限，布鲁氏菌可在获得性免疫抗菌机制发挥之前通过潜伏感染侵入机体免疫系统并在细胞内进行复制，因此尽快激发获得性免疫反应是控制布鲁氏菌感染的关键。

第二节　获得性细胞免疫反应

细胞介导的免疫反应主要由 Th1 型细胞产生，包括 $\alpha\beta$T 细胞产生的 IFN-γ、B 细胞，以及细胞毒性 CD8$^+$ T 细胞产生的 IgG2。另外，Th2 型细胞反应以 CD4$^+$ 亚群产生 IL-4、IL-5 和 IL-10 为特点，刺激免疫反应产生抗体分泌细胞（IgG1 和 IgE）和嗜酸性粒细胞增多，但这些均不能有效抵御布鲁氏菌在细胞内寄生引起的感染。

一、参与获得性免疫反应的细胞

布鲁氏菌抗原经过吞噬加工后，与主要组织相容性复合体（major histocompatibility complex，MHC）Ⅰ、Ⅱ形成复合物，分别通过 $CD8^+$ 和 $CD4^+$ 进行抗原递呈。$CD4^+$ 细胞对细胞因子的分泌起到辅助作用，而细胞因子能够调节其他细胞的免疫响应或者产生细胞自分泌反应（autocrine action）。IFN-γ 是发生布鲁氏菌感染时 T 细胞 $CD4^+$ 亚群分泌的主要细胞因子，而且对于小鼠抵抗感染发挥重要作用。人的 $CD4^+$ 和 $CD8^+$ T 细胞在布鲁氏菌刺激后也会产生 IFN-γ。Dorneles 等（2015）证实，牛群免疫后 $CD4^+$ 细胞是 IFN-γ 的主要来源。

布鲁氏菌感染后会明显促进 Th1 细胞反应，并通过限制 IL-4 的产生抑制 Th2 细胞的反应。微生物引起免疫反应的重要机制之一是通过 T 细胞辅助刺激分子降低 CD28 和提高 CD86 的表达。CD86 引起 Th2 型细胞因子的释放，CD28 是强烈的协同刺激信号，引起 CD152 的下调。CD86 的上调伴随着抗原递呈细胞内 CD28 的下降，从而抑制 Th2 型细胞反应。

与先天性免疫应答一样，布鲁氏菌也可以在一定程度上干扰获得性免疫功能的正常发挥。研究显示，布鲁氏菌影响小鼠 Th1 型细胞活性从而下调 B4 脂质三烯和 A4 脂氧素。前者能够促进促炎细胞因子的表达，如在感染期间 IFN-γ 和 IL-12 的表达。尽管在小鼠和牛的感染过程中 $CD4^+$ 分泌的 IFN-γ 在对抗布鲁氏菌感染中起主要作用，但其实是 $CD4^+$ 和 $CD8^+$ T 细胞亚群共同作用的结果。事实上，$CD4^+$ 和 $CD8^+$ 的被动转移作用在抵抗 S19 感染中效果相同。甚至通过感染 $CD4^+$ 和 $CD8^+$ 缺陷小鼠后发现，$CD8^+$ T 细胞与 $CD4^+$ 相比更加重要，而且 MHC Ⅰ 缺失小鼠对布鲁氏菌更为敏感，而 MHC Ⅱ 缺失小鼠更容易消除布鲁氏菌。当 $CD4^+$ 和 $CD8^+$ T 细胞缺失时，IFN-γ 的分泌量会代偿性增加。

IFN-γ 的产生受上述多种因素的影响，布鲁氏菌感染小鼠后，$CD4^+$ 和 $CD8^+$ 亚群细胞 IFN-γ 的表达量明显增加。然而，$CD8^+$ T 细胞亚群最重要的功能是对被感染宿主细胞的杀伤作用。其主要是通过穿孔蛋白/颗粒酶或者 Fas-Fas 配体介导产生的细胞溶解活性发挥生物学功能。除了 $CD8^+$ 亚群 T 细胞外，小鼠 $CD4^+$ T 细胞在体内感染布鲁氏菌后也发挥细胞毒性作用。在小鼠巨噬细胞感染后，T 细胞亚群的增殖伴随颗粒酶 B、IFN-γ 表达量的增加和特定细胞毒性能力的增强。与 $CD4^+$ 细胞配合后，$CD8^+$ 细胞在抵抗感染过程中发挥重要作用，其诱导被感染的细胞凋亡或死亡。总之，上述结果表明在感染后需要 $CD4^+$ 和 $CD8^+$ T 细胞的协调配合，并主要发挥两种生物学功能，即 IFN-γ 的释放和细胞毒性作用（彩图 42）。

二、细胞因子

IFN-γ 缺陷小鼠感染布鲁氏菌后会很快发生死亡，这证实了 IFN-γ 在机体抗布鲁氏菌感染中的重要性。$CD4^+$ T 细胞产生的 IFN-γ 能够有效抵抗布鲁氏菌对小鼠的侵袭。当感染布鲁氏菌时，IFN-γ 缺陷小鼠的临床症状更加严重。事实上，在布鲁氏菌感染过程中，由 IFN-γ 的缺陷带来的损伤远比 $CD8^+$ T 细胞和 IL-12 缺陷更大，尽管 IL-12 和 $CD8^+$ 被认为在机体免疫应答中十分关键。小鼠敲除试验表明，机体对于抵抗感染最早产生的免疫应答是 IFN-γ 的产生，其次是 CD8$^+$，最后是 CD4$^+$ 细胞的免疫应答。

IFN-γ 抵抗布鲁氏菌的感染是通过对巨噬细胞等先天性免疫细胞的激活进而杀伤布鲁氏菌或阻止其复制，该机制对于消灭某些需要在巨噬细胞内存活的病原体来说尤其重要。巨噬细胞的杀菌作用和 IFN-γ 的分泌主要依赖于 IL-12，而不是巨噬细胞产生的 TNF-α。IL-12 表达水平的降低或缺陷会引起 IFN-γ 和一氧化氮（NO）减少，并导致感染加剧。IL-12 主要通过 IFN-γ 依赖途径抵御感染，换而言之，布鲁氏菌诱导巨噬细胞产生 IL-12 并且调控免疫应答，即诱导 Th0 细胞向 Th1 效应细胞转化及产生记忆细胞。另外，被感染细胞诱导 IL-12 产生，很可能是由于 IL-12 是促进 T 细胞成熟和转化的必需因子之一。IL-4 在感染之后并没有明显产生，CD4$^+$ 细胞产生的 IL-4 不能抵抗布鲁氏菌的感染。IL-10 发挥抗炎细胞因子作用，在布鲁氏菌感染后分泌并下调巨噬细胞效应功能和 IFN-γ 产生。IL-10 由巨噬细胞和 CD4$^+$ 细胞在感染早期产生，由于抑制了促炎细胞因子的产生，因此帮助了细菌在细胞内复制和促进持续感染。促炎细胞因子和抗炎细胞因子的复杂平衡预示了宿主和病原体之间错综复杂的相互作用。

第三节　获得性体液免疫反应

体液免疫对抵抗布鲁氏菌感染的作用机制仍不十分清楚，IgG、IgM 或 IgA 类抗体可能在抵抗感染过程中发挥一定作用。大多数反应性抗体是由脂多糖（LPS）引起的，而不是细胞质蛋白。事实上，针对布鲁氏菌的 IgM 抗体是在急性感染过程中首先出现并逐渐上升的抗体亚型。与此相反，IgG 抗体在感染一段时间后才开始出现，很可能是由布鲁氏菌细胞质蛋白引起的。在此基础上，大多数可用的血清学测试都是基于 LPS 来区分感染和未受感染的宿主。脂多糖 O-抗原多糖（O-polysaccharid，OPS）被认为是光滑型菌株最重要的抗原，对抗体的产生也最关键。给动物免疫光滑型疫苗，也是主要产生针对 OPS 的抗体。LPS 通常通过非胸腺依赖性模式激活 B 淋巴细胞。但是研究发现，布鲁氏菌 LPS 也能够结合在 II 型 MHC 分子上，从而最终传递到 T 淋巴细胞上。因此，OPS 会激发强烈的体液免疫反应，这是牛布病血清学检测的主要原理，而且这一过程与 B 细胞反应和辅助 T 细胞的参与有关。与细胞免疫相比，体液免疫在抵抗布鲁氏菌感染过程中只发挥辅助作用。与光滑型菌株相比，粗糙型菌株具有更强的免疫反应和诱导促炎细胞因子产生，缺失 OPS 的粗糙型弱毒株是布病疫苗研发的一种重要思路。粗糙型疫苗对宿主免疫系统的破坏能力较弱，从而诱发机体产生较强的免疫反应，而且用光滑型疫苗免疫动物后产生的针对 LPS 的抗体会对临床检测产生干扰。目前研究表明，对细胞质蛋白来说，没有一个单独的抗原决定因子能有效区分疫苗免疫与感染。然而人作为布鲁氏菌的天然宿主，其感染布鲁氏菌后的体液反应似乎不同于其他动物。使用蛋白质微阵列的研究支持了这一观点，并强调了某些抗原作为某种宿主反应和疾病发病机制潜在标志物的重要性。

对小鼠来说，可以确定针对 OPS 的抗体与保护力密切相关。使用布鲁氏菌野毒株攻毒注射针对 OPS 单克隆抗体的小鼠后，与对照组相比，免疫 OPS 单克隆抗体组的小鼠其脾脏和肝脏中含菌量明显减少。同样，注射脂多糖类脂 A、外膜蛋白（outer membrane proteins，OMPs）和表面多糖抗原的抗体在攻毒后其脾脏细菌指数也明显降低。而且通过对免疫 S19 疫苗或者感染 2308 的血清进行被动转移试验后，机体均产生保护力，而注射 RB51 血清的小鼠无任何保护力。这些结果均证实，OPS 抗体可能在机体防御中发挥作用。另外，体液免疫与慢性感染的形成有关。布鲁氏菌在合适的条件下入侵后，刺激 B 淋巴细胞从而阻止复制，但会通过形成内吞小体引起慢性感染。

众所周知，布鲁氏菌抗体有可能与异源布鲁氏菌菌株或对某些肠道细菌的抗原发生交叉反应。在一些肠道细菌引起的感染中，血清也会出现凝集反应。这种交叉反应影响了许多用于诊断布鲁氏菌病的血清学检查的结果判断。给家畜接种布病弱毒疫苗后，情况变得更加复杂，这使得人们很难区分接种疫苗和受感染的动物。使用血清学方法分析病人使急性、亚急性或慢性持续形态的临床分化变得复杂。因此，确定不与其他细菌发生交叉反应的布鲁氏菌菌群中鉴定关键抗原决定因素对准确诊断至关重要。

第四节　布鲁氏菌感染牛的抗体消长规律

布鲁氏菌感染宿主后，宿主机体可以产生 IgG、IgM 或 IgA 等多种亚型的抗体，并发挥相关免疫应答功能。尽管目前大多数研究均将焦点放在 IgG 亚型抗体上，但 IgM 抗体虽然持续时间短但却是机体初次免疫反应最早产生的免疫球蛋白，可通过检测 IgM 抗体进行疫病的早期诊断。值得注意的是，IgM 因其特殊的五聚体结构，对于抗原的结合能力更强，更容易激活补体系统，因此其对布鲁氏菌血清学检测的干扰更高，可导致对血清中真实凝集效价的误判。有学者报道指出，单独检测 IgG 的 ELISA 方法与试管凝集试验的符合率仅有 56%，这表明血清中的 IgM 对布鲁氏菌血清学检测的重要性。Gomez 等（2002）也研究发现，单一建立在 IgG 的 ELISA 诊断方法其敏感性只有 84%。另外，在医学传染病学研究中，通常将检测布鲁氏菌特异性 IgM 抗体作为诊断布鲁氏菌急性感染期的重要指标之一。

一、A19 疫苗免疫的抗体消长规律

A19 注射免疫牛的抗体消长规律具有产生速度快、效价高、下降速度快等特点。相关研究结果表明，大部分被免疫牛的 IgG 和 IgM 抗体 7d 开始出现，并同时在免疫 15d 后达到顶峰，之后开始逐步下降。双高峰期是 A19 疫苗免疫特有的现象。高峰期个别牛的 IgM 水平 P% 值达到阳性判定的临界值 4 倍以上，其 IgG 水平也能达到 5 倍以上，说明 A19 免疫后机体调动了较强的体液免疫应答反应。对于 IgG 来说，在免疫 15d 后 A19 免疫组抗体水平明显下降，到 90d 时 IgG 的平均数已接近临界值，其群体内不同时间段阳性率分别为 61.96%（第 7 天）、84.78%（第 15 天）、78.26%（第 30 天）、75%（第 60 天）、36.95%（第 90 天）、27.17%（第 120 天）和 14.22%（第 150 天）（表 6-1）。而且不同时间段之间也存在着统计学差异，其中第 60~90 天差异显著（$P<0.01$）（图 6-1）。说明牛在免疫 60d 之后，体内 IgG 含量明显下降。与 IgG 相比，A19 免疫组 IgM 变化更加明显，免疫后 7d 出现，15d 后达到高峰，之后快速下降，在 60d 时平均值已接近临界

值，到 120d 后布鲁氏菌特异 IgM 抗体基本检测不出。A19 免疫牛后的不同时间段内 IgM 含量变化明显，第 15 与 30 天、第 30 与 60 天、第 90 与 120 天均有显著性差异（$P<$ 0.01）。比较不同亚型抗体阳性率变化发现，免疫早期（15d 前）IgM 阳性率高于 IgG 阳性率；30d 之后 IgG 阳性率已经高于 IgM 阳性率；免疫后 90d IgM 阳性率已经降至 5% 左右，而 IgG 阳性率仍超过 35%；免疫 120d 以后所有免疫牛体内 IgM 均检测为阴性，此时 IgG 抗体阳性牛的比例仍超过 25%，达 27.1%。

表 6-1　A19 免疫后 IgG、IgM 阳性率统计结果（冯宇，2017）

抗体亚型	免疫后天数（d）						
	7	15	30	60	90	120	150
IgG	61.96%	84.78%	78.26%	75%	36.96%	27.17%	14.13%
	(57/92)	(78/92)	(72/92)	(69/92)	(34/92)	(25/92)	(13/92)
IgM	76.09%	94.57%	69.57%	36.96%	5.43%	0	0
	(70/92)	(87/92)	(64/92)	(34/92)	(5/92)	(0/92)	(0/92)

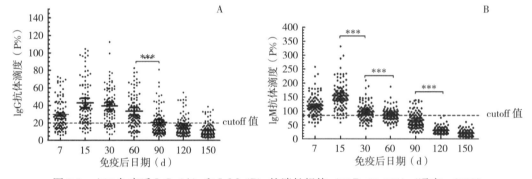

图 6-1　A19 免疫后 IgG（A）和 IgM（B）的消长规律（*** $P<0.001$）（冯宇，2017）

二、S2 疫苗免疫的抗体消长规律

研究表明，大部分免疫牛个体 IgM 亚型抗体在免疫后 7d 开始产生，到 15d 时达到高峰。在高峰期，IgM 亚型抗体峰值为临界值的 3 倍左右，且出现强烈体液免疫应答反应的个体很少（1/56），大部分样本其 P% 值为 100～200。15d 后体内抗体水平迅速下降，到第 60 天时群体平均值已处于临界值以下，到第 90 天时群体中大部分个体 IgM 抗体滴度（55/56）已低于临界值（图 6-2A）。与 A19 明显不同的是，S2 免疫群体其 IgG 亚型抗体含量很低，除在免疫后 30d 个别个体（4/56）抗体水平稍高于临界值之外，大部分在整个监测周期内均低于临界值，这是 S2 免疫与其他疫苗免疫区分最重要的标志之一（图 6-2B）。相较于 A19 免疫组，S2 组不同时间段抗体水平变化更加剧烈。S2 免疫后 IgM 抗体在 7～15d、15～30d、30～60d、60～90d、90～120d 均有差异显著（$P<0.05$）；S2 免疫的大部分个体其 IgG 在整个监测期内均低于阳性判定的临界值，但在 30～60d、60～90d 也存在差异（$P<0.05$）（图 6-2）。另一个显著的特点表现为 S2 免疫动物后群体阳性率要低于 A19 免疫动物，且抗体下降速度更快。表明猪种布鲁氏菌 S2 疫苗对于刺激机体产生

体液免疫的反应强度要明显低于牛种布鲁氏菌 A19 疫苗。由于 S2 免疫牛的途径是口服免疫，而 A19 是注射免疫，因此二者形成的抗体水平及消长规律差异也可能与免疫途径相关。

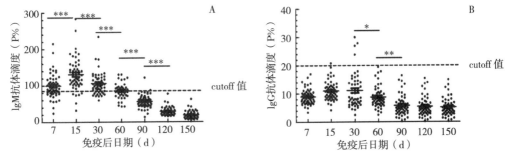

图 6-2　S2 免疫后 IgM（A）和 IgG（B）的消长规律（*** $P<0.001$，
** $P<0.01$，* $P<0.05$）（冯宇，2017）

表 6-2　S2 免疫后 IgG、IgM 阳性率统计结果（冯宇，2017）

抗体亚型	免疫后天数（d）						
	7	15	30	60	90	120	150
IgG	0	0	7.14%	0	0	0	0
	(0/56)	(0/56)	(4/56)	(0/56)	(0/56)	(0/56)	(0/56)
IgM	66.07%	89.29%	71.43%	39.29%	0	0	0
	(37/56)	(50/56)	(40/56)	(22/56)	(0/56)	(0/56)	(0/56)

三、人工感染布鲁氏菌强毒 2308 株的抗体消长规律

冯宇（2017）曾对 5 头牛进行了布鲁氏菌强毒 2308 株的人工感染试验，与免疫组相比，人工感染组具有抗体产生晚、持续时间长等特点，而且 IgG 和 IgM 的变化具有明显的滞后性和互补性。感染牛 IgM 亚型抗体均在感染后 2 周开始出现，到 30d 时达到高峰，之后迅速下降，90d 时就低于阳性临界值。IgM 抗体效价峰值约为阳性临界值的 2 倍，样本之间的一致性较好，差别小。试验的 5 头感染牛，其 IgG 亚型产生的时间较晚，在感染 30d 后才达到临界值，之后一直持续上升，至 120d 后保持相对稳定水平。IgG 在不同牛之间，抗体水平差异较大（彩图 43）。

（冯宇　张春燕）

参考文献

冯宇，2017. 牛布鲁氏菌病诊断技术研究 [D]. 泰安：山东农业大学.

李建玲，李爱巧，杨启元，等，2013. 乌鲁木齐牛羊布鲁氏菌疫苗免疫效果对比试验 [J]. 中国动物检疫，2013（4）：47-49.

Barquero-Calvo E，Chaves-Olarte E，Weiss D S，et al，2007. *Brucella abortus* uses a stealthy strategy to avoid activation of the innate immune system during the onset of infection [J]. PLoS One，2 (7)：e631.

Celli J，2006. Surviving inside a macrophage：the many ways of *Brucella* ［J］. Res Microbiol，157（2）：93-98.

Corbel M J，1997. Brucellosis：an overview ［J］. Emerg Infect Dis，3（2）：213.

Dorneles E M，Lima G K，Teixeira-Carvalho A，et al，2015. Immune Response of Calves Vaccinated with *Brucella abortus* S19 or RB51 and Revaccinated with RB51 ［J］. PLos One，10（9）：1-25.

Ficht T，2010. *Brucella* taxonomy and evolution ［J］. Future Microbiol，5（6）：859-866.

Franco M P，Mulder M，Gilman R H，et al，2007. Human Brucellosis ［J］. Lancet Infect Dis，7（12）：775-786.

Godfroid J，Nielsen K，Saegerman C，2010. Diagnosis of Brucellosis in livestock and wildlife ［J］. Croat Med J，51（4）：296-305.

Golding B，Scott D E，Scharf O，et al，2001. Immunity and protection against *Brucella abortus* ［J］. Microbes Infect，3：43-48.

Olsen S C，Stoffregen W S，2005. Essential role of vaccines in Brucellosis control and eradication programs for livestock ［J］. Expert Rev Vaccines，4（6）：915-928.

Smith L D，Ficht T A，1990. Pathogenesis of *Brucella* ［J］. Crit Rev Microbiol，17：209-230.

Zhu L，Feng Y，Zhang G，et al，2016. *Brucella suis* strain 2 vaccine is safe and protective against heterologous *Brucella* spp. infections ［J］. Vaccine，34（3）：395-400.

Zwerdling A，Delpino M V，Pasquevich K A，et al，2009. *Brucella abortus* activates human neutrophils ［J］. Microbes Infect，11（6/7）：689-697.

第七章 布鲁氏菌病诊断技术

布病的诊断主要依靠细菌学检查和血清学检查。当牛群、羊群或猪群出现流产、睾丸炎的个体时，首先应该怀疑是否为布鲁氏菌感染，并结合畜群病史和实验室样本检测进行疾病诊断与调查。布鲁氏菌的分离鉴定可作为布鲁氏菌感染的确诊依据。如果细菌学检查行不通，则必须依靠分子和免疫学方法进行诊断。可用于细菌分离的样本有子宫排泄物、流产胎儿、乳房分泌物或淋巴结、卵巢、睾丸、脾脏等，样本经前期处理后接种选择性培养基进行布鲁氏菌的分离。病原分离后可用噬菌体溶解试验、培养特性、生化试验、血清学试验或者 PCR 方法作生物型鉴定。

血清学检查比细菌学检查简便、快捷，实用性强，但不能代替布鲁氏菌的分离鉴定。常用的布病血清学检查方法有虎红平板凝集试验（rose bengal test，RBT）、试管凝集试验（serum agglutination test，SAT）、补体结合试验（complement fixation test，CFT）、酶联免疫吸附试验（enzyme-linked immunosorbent assay，ELISA）、荧光偏振试验（fluorescence polarisation assay，FPA）等，然而没有一种血清学方法能够适合所有的流行病学情况，并覆盖所有的动物种类。当开展动物个体布病筛查时，所有的血清学方法都具有局限性。虎红平板凝集试验适用于现场或牧区群体检疫筛查，《动物布鲁氏菌病诊断技术》（GB/T 18646—2018）规定了用试管凝集试验和补体结合试验进行实验室确诊。与补体结合试验（CFT）相比，试管凝集试验（SAT）特异性较差，因此世界动物卫生组织（World Organization for Animal Health，OIE）不推荐在国际贸易中使用试管凝集试验（SAT）检测布鲁氏菌抗体。酶联免疫吸附试验、荧光偏振试验在敏感性上与补体结合试验相当，其试验操作简单、稳定性好，适合大规模样本的实验室检测。

第一节 病原分离与鉴定

疑似病例的样本在采集后必须马上冷藏，并以最快速度送至实验室。如果运送时间超过 12h，则除了阴道拭子之外的样品必须冷冻。到达实验室后，不能马上培养的样本应该冷冻保存。通常来说，运输和储存的时间越短，布鲁氏菌分离成功的可能性越大；时间越长，样本中存活的布鲁氏菌初始量越小，分离成功的可能性也就越小。目前尚没有报道有特殊的培养介质可提高布鲁氏菌在动物样品中的存活率。

一、样本采集与处理

用于细菌分离的样本包括流产的胎儿（胃内容物、脾、肺）、胎膜、阴道分泌物（阴道冲洗物)、奶、精液、关节液和水囊瘤液。死后首选采集样本的组织为网状内皮组织（如乳腺、生殖器淋巴结及脾）、妊娠后期或生产后早期的子宫、乳房。样本经处理后接种选择性培养基，通常 3～4d 即可见菌落生长；即使无细菌生长，也要培养 7～10d 才能认为是阴性时弃去。为了提高布鲁氏菌的分离成功率，建议在细菌分离时同时接种 2 块选择性培养基，一份在普通 37℃ 培养箱中培养，另一份置于 5% CO_2 培养箱中培养。样品的采集环境对布鲁氏菌的分离十分重要，虽然使用选择性培养基能够有效抑制杂菌的生长，然而在实际操作中，样本采集应尽量保持洁净。另外，在运输时应注意防止样本腐败或破裂，以免影响分离效率。

（一）组织

样本采集应选用无菌器具，剔除脂肪后剪成小块，加入少量 PBS 用匀浆器或组织研磨器制成组织悬液，接种选择性培养基。

（二）阴道排泄物

采集流产或分娩后的阴道棉拭子，然后将棉拭子划线接种选择性培养基，是分离布鲁氏菌的快捷途径，该方法对人的危险性比流产物小。

（三）乳汁

采集的奶液离心后，将乳脂和沉淀分别接种选择性固体培养基。如果大罐奶样中含有布鲁氏菌，则细菌的数量一般是比较少的，从这样的样品中分离出布鲁氏菌的可能性较小。

（四）乳制品

乳制品如奶酪，也可以用选择性培养基进行培养，但这类样品通常含菌量较少，应先进行增菌培养。样品的不同部位应分别取样，加入适量的无菌 PBS，用组织研磨器或匀浆机将样品进行均质，用双相培养基进行增菌培养。

（五）关节液/囊液-脓肿内容物/血液等

这种样本必须无菌采集，直接涂布在选择性固体培养基上。值得注意的是犬布病菌血症持续期长，因此通过血液分离到布鲁氏菌的可能性大大提高。此外，尿液可能是自然传播中易被忽视的，膀胱因与前列腺、附睾位置相邻，所以容易成为受污染的部位。

所有样本采集后应立即冷藏（4～10℃）并用最快的方式运送到实验室，否则样本应该冷冻保存以避免细菌丧失活性。样本送到实验室后，奶、组织样品和其他生物液体如不能马上进行分离培养应冷冻保存。

无特殊情况应尽量避免使用实验动物。除非是污染严重或含菌量少的组织样品，接种实验动物是检测布鲁氏菌存在的唯一方法。可通过静脉或腹腔注射接种小鼠，或者肌内、皮下、腹腔接种豚鼠，试验必须严格控制在生物安全三级条件下进行。在接种后 7d 采集小鼠脾脏，接种后 3～6 周采集豚鼠脾脏进行细菌分离培养。在剖检豚鼠之前可以通过心脏穿刺采集并分离血清，然后进行布鲁氏菌抗原凝集试验，血清学反应为阳性的动物提示有布鲁氏菌感染。程君生等（2010）研究发现，布鲁氏菌强毒株对豚鼠的最小感染量仅为 9～10 个。由于豚鼠对布鲁氏菌的易感性高于小鼠，因而选择接种豚鼠更易于分离到布鲁氏菌。但感染豚鼠的试验成本高于小鼠，且生物安全控制条件也相对较高。

二、染色方法

布鲁氏菌是长 $0.6\sim1.5\mu m$、宽 $0.5\sim0.7\mu m$ 的球杆菌或短杆菌。多单在，很少成对或成团。该菌形态稳定，但在培养时间较久的菌落中可有多种形态存在。布鲁氏菌无鞭毛，不运动，无芽孢，不形成真正的荚膜。革兰氏染色呈阴性，一般不发生两极着染。该菌抗酸性不强，可以抵抗弱酸的脱色作用而被染成红色。

布鲁氏菌染色的一般程序是：将组织或生物液体进行涂片，加热或用酒精固定后用改良的 Zilehl-Neelsen 方法染色，布鲁氏菌菌体被染成红色，背景蓝色。也可用荧光素或过氧化物酶标记的抗体结合物染色，当细胞内出现弱酸性布鲁氏菌形态的细菌或具有免疫特异性着色的细菌时则可初步推断为布鲁氏菌。然而，染色方法对奶、乳制品的检测不敏感。因为这些样品含菌量较少，并且乳脂肪球的存在干扰了试验结果的判断。同时，要考虑其他 Zilehl-Neelsen 染色阳性菌的干扰。由于其他病原也可引起流产（如羊流产衣原体、伯纳特氏立克次氏体），从这些微生物中可能很难区分布鲁氏菌。因此，无论染色结果是阳性还是阴性，都需通过细菌分离培养确认。

三、细菌分离培养

为最终确诊布病和确定布鲁氏菌的种和生物型，需采用细菌分离的方法。尽管该方法耗时、操作繁琐，且被认为不够敏感，但如果在使用最佳样品数量和种类、适当的存储方式、充足的种子量、合适的培养基等条件下，细菌分离培养仍十分有效。临床采集样本在实验室分离培养时，培养时间通常需要 $3\sim5d$ 甚至更长。因此在培养时，应注意保持培养箱的相对湿度，防止因水分蒸发而导致分离失败。

（一）基础培养基

直接分离培养布鲁氏菌一般在固体培养基上进行。由于可以清楚地观察菌落形态，并可对菌落进行分离鉴定，因而该法是最合适的分离方法。这种培养基也有局限性，非光滑型突变异种不容易生长，且容易污染，推荐使用液体培养基进行增菌培养或对大体积样品进行检测。许多商业干粉基础培养基可供选择，如布鲁氏菌基础培养基、胰化酪蛋白大豆胨琼脂（tryptic soy agar，TSA）。许多实验室在基础培养基（如血琼脂基础、哥伦比亚琼脂）中加入血清以促进某些布鲁氏菌菌株的生长，如加入 $2\%\sim5\%$ 的牛血清或马血清是牛种布鲁氏菌 2 型生长所必需的。其他合适的培养基还有血清葡萄糖琼脂（sabouraud dextrose agar，SDA）、甘油葡萄糖琼脂。SDA 常用于细菌形态观察。从血液、其他体液、奶中分离布鲁氏菌时，如果需要增菌，建议选用一种非选择性、双相培养基——Castañeda 氏培养基。因为布鲁氏菌在肉汤培养基中生长时易发生变异，从而影响常规细菌生物学方法对分离菌进行分型鉴定。

（二）选择性培养基

上面所提到的基础培养基都可用于选择培养基的制备，为了抑制外源微生物生长需加入合适的抗生素。

最常用的选择性培养基是改良的 Farrell 氏培养基。以下所列抗生素量为 1L 琼脂所需的量：多黏菌素 B（5mg＝5 000IU）、杆菌肽（25 000IU）、游霉素（50mg）、萘啶酸

（5mg）、制霉菌素（100 000IU）、万古霉素（20mg）。然而，由于改良的 Farrell 氏培养基（fibroblast medium，FM）中萘啶酸、杆菌肽的浓度可抑制某些牛种布鲁氏菌、羊种布鲁氏菌和猪种布鲁氏菌的生长，因此同时使用 FM 培养基和选择性更小的改良的 Thayer-Martin 氏培养基（modified Thayer-Martin medium，mTM）被认为是从临床样本中初筛布鲁氏菌的最佳选择。由于 mTM 培养基中含有作为基础成分的血红素，制成的培养基是不透明的，因此不适于单菌落形态的直接观察，但可作为筛检布鲁氏菌最实用的程序。现有市售冻干抗菌添加剂，也有成品布鲁氏菌选择性培养基。现成的选择性培养基保存期较短，需要在有效期内尽快使用。

近年来报道了一种新型、透明的选择性培养基，即 CITA 培养基。它的制备过程是：以血琼脂培养基为基础成分，添加 5% 无菌犊牛血清、万古霉素（20μg/mL）、黏菌素甲磺酸盐（7.5μg/mL）、呋喃妥英（10μg/mL）、制霉菌素（100U/mL）和两性霉素 B（4μg/mL）。抗生素混合物的制备方法如下：称量万古霉素、黏菌素、制霉菌素在 50mL 无菌容器内，加入 10mL 以 1:1 比例混合的无水甲醇和灭菌水；然后称量呋喃妥英，在无菌管中用 1mL 0.1mol/L 的 NaOH 溶液（0.22μm 滤器过滤处理）使其溶解；最后称 10mg 的两性霉素 B 于 20mL 无菌管中，以 1mL 二甲基亚砜溶解，待完全溶解后（5～10min）加入 9mL 10mmol/L 的磷酸盐缓冲液（PBS，pH=7.2），两性霉素 B 的终浓度为 1mg/mL，向每升培养基中加入 4mL 两性霉素 B 溶液，剩余的两性霉素 B 可在 5℃±1℃温度下保存数日。新型的 CITA 培养基既可以抑制大多数微生物污染，又可以使所有种属的布鲁氏菌生长。从临床样本中分离所有光滑型布鲁氏菌，CITA 培养基比 mTM 培养基和 FM 培养基更敏感，是所有布鲁氏菌分离的最佳选择性培养基，同时使用 FM 培养基和 CITA 也可获得最高的诊断敏感性。

与其他牛种布鲁氏菌生物型和绵羊附睾种布鲁氏菌不同，羊种布鲁氏菌和猪种布鲁氏菌的培养不需要 5%～10% CO_2，但是 CO_2 环境是所有布鲁氏菌培养的最佳环境。

乳、初乳和某种组织样品中的布鲁氏菌数目可能会比流产物中的少。从此类样本中进行病原分离时，建议首先进行集菌处理及增菌培养以提高分离的成功率。对于乳样，可通过离心从乳脂和沉淀中分别培养布鲁氏菌并分离，但要采取严格的安全措施应避免气溶胶。增加每份牛奶检品 FM、CITA 培养基涂板数（每份奶样至少两块板）可以提高牛奶培养的敏感性，同时避免离心带来的风险，每块培养基可接种 0.5mL 牛奶。离心集菌可用于液体培养基，包括加有两性霉素 B（1μg/mL）和万古霉素（20μg/mL）（均为终浓度）混合物的血清葡萄糖肉汤、胰蛋白胨大豆肉汤或布氏肉汤。增菌培养要在 37℃含 5%～10%（V/V）的 CO_2 中培养 6 周，每周用 FM 和 CITA 固体选择性培养基进行分离培养。也可采用同一个瓶子的固体和液体双相培养基（Castañeda 技术），以减少继代培养次数。分离牛奶中布鲁氏菌建议用双相选择 Castañeda 氏培养基，基础培养基中加入以下抗生素（每升加入量）：多黏菌素 B（6mg=6 000IU）、杆菌肽（25mg=25 000IU）、那他霉素（50mg）、萘啶酸（5mg）、两性霉素 B（1mg）、万古霉素（20mg）、D-环丝氨酸（100mg）。

所有培养基都必须经过严格的质量控制，且必须支持营养要求高的参考菌株的生长。例如，少量接种牛种布鲁氏菌生物 2 型、绵羊附睾种布鲁氏菌和猪种布鲁氏菌生物 2 型，应能够在培养基上正常生长。

在合适的培养基上，接种 3～4d 后可见布鲁氏菌单菌落。4d 后可见菌落呈圆形，直径 1～2mm，边缘光滑。透射光下，菌落呈光泽、半透明的浅黄色；从上面看，菌落微隆起，呈灰白色。随时间的推移，菌落变大，颜色变暗。

四、鉴定与分型

对具有布鲁氏菌形态的菌落应作革兰氏染色抹片检查。由于血清学特性、染色特性、抗生素敏感性在非光滑型状态时易发生改变，因此在以下介绍的分型试验中首先应注意菌落形态的符合性。推荐的菌落形态观察方法有：Henry 氏折光反射法、吖啶橙凝集试验、结晶紫染色试验。

对布鲁氏菌的鉴定可采用以下几种方式联合进行：菌体形态、菌落形态、生长特性、革兰氏或 Stamp 氏染色、生化特性（脲酶、氧化酶、过氧化氢酶活性等），以及抗布鲁氏菌多抗血清凝集试验。对于种和生物型的鉴定需更详细的检验，如噬菌体裂解试验及 A、M 或 R 特异性因子抗血清的凝集试验等，这些操作需在布病参考实验室由专门技术人员进行。几种噬菌体，如 Tbilissi（Tb）、Weybridge（Wb）、Izatnagar（Iz）和 R/C 同时应用，可提供一个噬菌体分型系统，经验丰富的人员可以区分不同种布鲁氏菌。然而，在有合适装备的非专业实验室，其他几种特征也作为常规试验，如细菌生长对 CO_2 的需求情况、硫化氢的产生（用醋酸铅试纸测定）、细菌在碱性品红和硫堇（最终浓度为 $20\mu g/mL$）中的生长情况（表 7-1 和表 7-2）。

表 7-1　布鲁氏菌属不同种之间的特征

（Alton 等，1988；Joint FAD/WHO Expert Committee on Brucellosis，1986；Whatmore，2009；Whatmore 等，2014）

种属	菌落形态[b]	血清要求	噬菌体[a] Tb RTD[c]	Tb 10⁴RTD	Wb RTD	Iz₁ RTD	R/C RTD	氧化酶	脲酶活性	易感宿主
牛种布鲁氏菌	S	—[d]	+	+	+	+	—	(+)[e]	(+)[f]	牛和其他牛科动物
羊种布鲁氏菌	S		—	—	(—)[g]	+	—	+	+[h]	绵羊和山羊
猪种布鲁氏菌	S		—	+	(+)[i]	(+)[i]	—	+	+[j]	生物 1 型：猪；生物 2 型：猪、野兔；生物 3 型：猪；生物 4 型：驯鹿；生物 5 型：啮齿动物
沙林鼠种布鲁氏菌	S		—[k]	+	+	+			+[j]	沙林鼠[l]
绵羊种布鲁氏菌	R	+	—	—	—		+	—	—	绵羊
犬种布鲁氏菌	R		—	—	—		+	+	+[j]	犬
鲸种布鲁氏菌	S	ND	(—)		(+)	(+)		(+)		鲸类
鳍脚目布鲁氏菌	S	ND	(—)		(+)	(+)	—	(+)	+[h]	鳍足类动物
田鼠种布鲁氏菌	S	—	—	+	+	+	ND	+	+[h]	普通田鼠

（续）

种属	菌落形态[b]	血清要求	噬菌体[a] Tb RTD[c]	Tb 10⁴RTD	Wb RTD	Iz₁ RTD	R/C RTD	氧化酶	脲酶活性	易感宿主
B. inopinata	S	ND	—	PL^m	ND	ND	ND	ND	+^j	未知

注：（＋）/（—）大多数分离株为阳性/阴性。

[a] 噬菌体：Tbilisi（Tb）、Weybridge（Wb）、Izatnagar1（Iz₁）和 R/C。

[b] 正常菌相：S，光滑型；R，粗糙型。

[c] RTD，常规试验稀释度。

[d] 牛种布鲁氏菌生物 2 型初次分离时需要血清。

[e] 部分非洲分离牛种布鲁氏菌生物 3 型是阴性。

[f] 中间速率，除 544 株型和部分田间株外是阴性。

[g] 部分分离株可被噬菌体 Wb 溶菌。

[h] 除部分反应快速，剩余为慢速反应。

[i] 部分牛种布鲁氏菌生物 2 型不能溶菌或只能被噬菌体 Wb 及 Iz₁ 部分溶菌。

[j] 快速反应。

[k] 分钟斑块。

[l] *Neotoma lepida*。

[m] 部分溶菌。

[ND] 未确定。

表 7-2　布鲁氏菌种不同生物型之间的特征

种属	生物型	CO₂需求	产生H₂S	染料存在时的生长[a] 硫堇	碱性品红	与单因子血清的凝集 A	M	R	参考菌株 株型	ATCC	NCTC
牛种布鲁氏菌	1	（＋）[b]	＋	—	＋	＋	—	—	544	23448	10093
	2	（＋）[b]	＋	—	—	＋	—	—	86/8/59	23449	10501
	3[c]	（＋）[b]	＋	＋	＋	＋	—	—	Tulya	23450	10502
	4	（＋）[b]	＋	—	（＋）	—	＋	—	292	23451	10503
	5	—	—	＋	＋	—	＋	—	B3196	23452	10504
	6[c]	—	（—）	＋	＋	＋	—	—	870	23453	10505
	9	＋/—	＋	＋	＋	—	＋	—	C68	23455	10507
羊种布鲁氏菌	1	—	—	＋	＋	—	＋	—	16M	23456	10094
	2	—	—	＋	＋	＋	—	—	Sep-63	23457	10508
	3	—	—	＋	＋	＋	＋	—	其他	23458	10509
猪种布鲁氏菌	1	—	＋	＋	（—）	＋	—	—	1 330	23444	10316
	2	—	—	＋	—	＋	—	—	Thomsen	23445	10510
	3	—	—	＋	＋	＋	—	—	686	23446	10511
	4	—	—	＋	（—）	＋	＋	—	40	23447	11364
	5	—	—	＋	—	—	＋	—	513	/	11996
沙林鼠种布鲁氏菌		—	＋	—^d	＋	＋	—	—	5K33	23459	10084

（续）

种属	生物型	CO₂需求	产生H₂S	染料存在时的生长ᵃ		与单因子血清的凝集			参考菌株		
				硫堇	碱性品红	A	M	R	株型	ATCC	NCTC
绵羊种布鲁氏菌		+	—	+	（—）	—	—	+	63/290	25840	10512
犬种布鲁氏菌		—	—	+	（—）	—	—	+	RM6/66	23365	10854
鲸种布鲁氏菌		（—）	—	（+）	（+）	+	（—）	—	B1/94 BCCN94-74	/ND	12891
鳍种布鲁氏菌		（+）	—	+	（+）	（+）	（—）	—	B2/94 BCCN94-73	/	12890
田鼠种布鲁氏菌		—	—	+	+	—	+	—	CCM4915 BCCN07-01 CAPM6434	/	/
人源布鲁氏菌 B. inopinata		—	+	+	+	—	+ᵉ	—	BO1 BCCN09-01 CAPM6436	/	/
狒狒种布鲁氏菌 B. papionis		—	—			+			F8/08-60 CIRMBP0958	/	13660

注："（＋）／（—）"大多数分离株为阳性/阴性；
ᵃ染料在血清葡萄糖培养基中的浓度为20μg/mL；
ᵇ初步分离通常为阳性；
ᶜ对于大多数生物3型和生物2型的区分，需要添加硫堇浓度至40μg/mL，生物型3＝阳性，生物型6＝阴性；
ᵈ在10μg/mL硫堇中生长；
ᵉ弱凝集；
ND不确定。

　　光滑型布鲁氏菌的培养特别是在继代培养时易发生变异而形成粗糙型布鲁氏菌，菌落透明度降低，边缘粗糙，表面干燥，在折射光下呈暗白色或黄色。变异检查操作简单，如用结晶紫染色，粗糙型菌落则被染成紫色，而光滑型菌落则不着色。如果菌落是光滑型，则应用光滑型牛种布鲁氏菌抗血清或用A和M表面抗原特异单价血清进行测试。若为非光滑型菌落，则应用布鲁氏菌R抗原的抗血清进行测试。菌落形态与细菌的毒力、血清学特征和对抗菌素的敏感性有关。典型的菌落形态、与布鲁氏菌抗血清凝集反应阳性结果、氧化酶和脲酶试验（表7-1和表7-2），即可判断该分离物为布鲁氏菌，然而仍需进行后续确诊和进一步细菌分型工作。

　　PCR方法（包括荧光定量PCR）提供了另外一种检测和鉴定布鲁氏菌属的方法。尽管布鲁氏菌属内的DNA同源性较高，但包括PCR、限制性片段长度多态性（restriction fragment length polymorphism，RELP）和southern blotting杂交已经被开发，并在一定程度下可以区分不同种布鲁氏菌和生物型。脉冲场凝胶电泳分析（pulsed field gel electrophoresis，PFGE）也可用于区分几种布鲁氏菌。PCR能令人满意地鉴别出不同种布鲁氏菌，并能区分疫苗株，但用PCR方法直接诊断布病尚未达到100％的有效性。

1994 年，Bricker 建立了第一种能用于检测布鲁氏菌的特异性多重 PCR 检测方法，这种方法命名为 AMOS-PCR 方法。该方法是基于插入序列 IS711 在不同种布鲁氏菌染色体中位置差异设计开发的。按照设计，牛种布鲁氏菌（1 型、2 型和 4 型）可扩增 498bp 产物，羊种布鲁氏菌（所有生物型）可扩增 731bp 的产物，绵羊附睾种可扩增 976bp 的产物，猪种布鲁氏菌（生物 1 型）可扩增 285bp 的产物。该方法包括 5 条寡核苷酸引物，可以检测到牛种布鲁氏菌 1 型、2 型、4 型，但不能具体区分。不能检测到牛种布鲁氏菌 3 型、5 型、6 型、9 型。AMOS 方法的一个缺点是不能区分疫苗株（S19 和 RB51）和野毒株。

随着时间的推移，PCR 检测方法已经得到了优化，加入菌株特异性引物提高了对牛种布鲁氏菌疫苗株和其他生物种型的检测能力。一种新的多重 PCR 检测方法，即 Bruce-ladder PCR 可实现一步鉴定布鲁氏菌，相较于前述 PCR 方法，Bruce-ladder 可以在一步操作中对大部分布鲁氏菌作检测和区分，如牛种布鲁氏菌 19（S19）疫苗株、牛种布鲁氏菌 RB51 株和羊种布鲁氏菌 Rev.1 株。另外，Bruce-ladder PCR 还能检测沙林鼠种布鲁氏菌、鳍种布鲁氏菌和鲸种布鲁氏菌。Bruce-ladder PCR 能检测出牛种布鲁氏菌 3 型、5 型、6 型、9 型和猪种 2 型、3 型、4 型、5 型。目前，报道了一个升级版 Bruce-ladder PCR（Bruce-ladder v2.0）的方法，并已在数个实验室得到验证，它能检测出猪种布鲁氏菌、犬种布鲁氏菌和田鼠种布鲁氏菌。此外，研究者已经开发出一种新的多重 PCR 检测方法（Suis-ladder），该法能对猪种布鲁氏菌在生物型水平上作出快速和准确的检测。

另一种多重 PCR 方法，通过一步操作可完成猪种布鲁氏菌和犬种布鲁氏菌之间、猪种布鲁氏菌和田鼠种布鲁氏菌之间、牛种布鲁氏菌 19（S19）、牛种布鲁氏菌 RB51 和羊种布鲁氏菌 Rev.1 之间的鉴别诊断。这个方法也可以区分两个海洋哺乳动物亚种，但需要在野毒株上进一步验证。

其他检测方法，如 omp25、2a PCR/RELP 和 2b PCR/RELP 都是有价值的，可能对某些种属布鲁氏菌的检测具有良好作用。基于单核苷酸多态性（single nucleotide polymorphism，SNP）识别，通过引物延伸或实时荧光定量 PCR 或连接酶链反应（ligase chain reaction，LCR），鉴别检测所有种属布鲁氏菌、猪种布鲁氏菌生物型、疫苗株的方法已经有报道。这些方法具有快速、简单、特异性高的特点，且基于大量的群体遗传分析，有助于确保种属或生物型特异性标记的应用。

一些结合流行病学分析的检查方法也已经建立，其中包括多位点测序和几种基于多位点可变数目串联重复序列分析（multiple locus variable-number tandem repeat analysis，MLVA）的分型方法。MLVA 分析方法包括两套引物，其中 panel1 由 8 个位点（重复单元：12～134）组成，为布鲁氏菌种的鉴定指标，其串联重复序列可变重复数目可通过 2%琼脂糖凝胶电泳判定；panel2 也由 8 个位点（重复单元：6～8）组成，为高变异度指标，其串联重复序列可变重复数目可通过毛细血管电泳判定。选取了 15 株羊种菌、22 株牛种菌、21 株猪种菌和 11 株犬种菌，通过聚类分析显示，4 个种分别聚在一个簇，说明 MLVA 的分型方法可以用于布鲁氏菌不同种之间的区分。其中一株猪种 3 型菌株 bru1018 与犬种菌聚为一簇，暗示猪种 3 型菌株与犬种菌在进化关系上十分接近。将 VNTR 位点重复数输入数据库中，可以确定 panel1、panel2A 和 panel2B 的类型，不仅可以用于分型研究，还可用于菌株间基因型的比较，从而分析布鲁氏菌优势菌株及追溯传染源。根据所选择的特定标记，这些方法可以在物种水平鉴定分离株，并能在亚种水平上提供流行病学信息。

五、疫苗株的鉴定

牛种布鲁氏菌 S19 疫苗株、羊种布鲁氏菌 Rev.1 疫苗株和牛种布鲁氏菌 RB51 疫苗株可以通过特殊的 PCR 方法或者根据其在培养基上的生长特性来鉴定。

牛种布鲁氏菌 S19 疫苗株具有牛种布鲁氏菌 1 型的典型特征，但是不需要 CO_2，当存在青霉素（3μg/mL＝5IU/mL）或硫堇（2μg/mL）或赤藓糖醇（1mg）时不生长并产生 L-谷氨酸。羊种布鲁氏菌 Rev.1 株具有羊种布鲁氏菌 1 型的典型特征，但是在固体培养基上长出的菌落比较小，当存在碱性品红（20μg/mL）或硫堇（20μg/mL）或青霉素（3μg/mL）时不生长，但是当链霉素浓度为 2.5μg/mL 或者 5μg/mL（5IU/mL）时生长良好。

牛种布鲁氏菌 RB51 株可以在有利福平（250μg/mL）的培养基上生长，而且可以通过其粗糙型细菌形态来实现与光滑型牛种布鲁氏菌 1 型的鉴别。

第二节　凝集类试验

凝集类试验是颗粒性抗原与相应血清中的抗体结合后发生凝集的血清学试验。抗原与抗体复合物在电解质作用下，经过一定时间，形成肉眼可见的凝集物。目前，常见的布病凝集类试验有虎红平板凝集试验、试管凝集试验、乳环凝集试验等，主要用于细菌的鉴定和抗体定性检测及效价测定等。凝集类试验操作简便，直到现在仍是人兽布病诊断的常用方法。

一、虎红平板凝集试验

按标准虎红平板凝集试验（rose bengal test，RBT）步骤使用抗原时，RBT 抗原应与用 0.5％苯酚生理盐水 1/45 稀释的标准阳性血清（1 000IU/mL）出现明确的阳性反应，而不与 1/55 稀释的血清反应。虎红平板凝集试验的敏感性受温度的影响较大，如果抗原和血清从冰箱中取出后立即试验，则会导致试验的敏感性降低。正确的做法是将抗原和血清恢复至室温后使用。抗原如果不在低温保存可能会变质，因此实验室应按规定的温度储存虎红凝集试验抗原。RBT 用于筛查检测时，阳性反应的样本应该用其他确诊方法进行重新检测。

Allan 等（1976）对 RBT、SAT、CFT 反应的一系列定量研究指出，RBT 不仅能检测出 IgG，也能检出 IgM。而殷善达等（1985）研究表明，在酸性条件下，IgM 型抗体凝集活性被抑制，能特异性检出的主要是 IgG 类抗体，近似 CFT。国家动物布鲁氏菌病参考实验室的研究人员采用利凡诺尔沉淀处理血清前后的凝集价证明，RBT 同样能检测出血清中布鲁氏菌特异性 IgG 和 IgM。这里要特别指出的是，RBT 用于犬种布鲁氏菌抗体检测时采用的是碱性抗原，用 Tris-马来酸缓冲液体系能有效改善粗糙型布鲁氏菌的自凝现象。

(一) 原理

血清中存在的布鲁氏菌抗体效价不低于室温 22.2（1 000/45）IU/mL 时，血清与布鲁氏菌虎红平板凝集试验抗原等量（30μL）混合后，室温 4min 内血清中抗体与抗原发生反应，会出现肉眼可见的凝集颗粒。这种凝集现象可判定被检血清中是否存在布鲁氏菌病抗体。

(二) 材料

1. 诊断抗原制备

（1）诊断抗原灭活　收获培养的布鲁氏菌 S2 株菌液，80℃ 加热 60min 灭活，然后 12 000r/min 离心 20min 沉淀菌体，再悬于 0.5% 苯酚生理盐水中，存于 2～8℃。菌体在苯酚生理盐水溶液中必须呈稳定的悬液，无自凝集现象。

（2）菌液压积测定　将悬液装于离心管中 750r/min 离心 75min，此时下沉的菌液为悬液压积。

（3）缓冲液的配制　称取 120g 氢氧化钠溶于 2 000mL 的 0.5% 苯酚生理盐水溶液中，溶解后再加入 540mL 乳酸，最后用 0.5% 苯酚生理盐水定容至 6 000mL，接着以 121℃ 灭活 30min。

（4）虎红染液的配制　称取虎红染料（四氯四碘荧光素钠盐）4g 加灭菌蒸馏水 396mL，充分振荡使其溶解，在 2～8℃ 保存备用。

（5）抗原标化　将灭活的布鲁氏菌菌体以 4℃、12 000r/min 离心 20min，收集菌体，按 1g 菌体加 22.5mL 0.5% 苯酚生理盐水的比例制备虎红平板凝集试验抗原悬液（注意：菌体浓缩时如果使用羧甲基纤维素钠盐作为沉淀剂，则染色前必须用滤器去掉菌体悬液中中的不溶性残渣）。按每 35mL 菌悬液加 1% 虎红溶液 1mL，室温搅拌 2h 后，12 000r/min 离心 20min 沉淀染色菌体，按 1g 菌体加 7mL 缓冲液的比例均匀地悬浮菌体，获得的悬浮液应为紫红色。样品离心后的上清液应无染色剂。经脱脂棉过滤后，将悬液压积调整到 3%。而后用布病阳性参考血清国家标准品（1 000IU/mL）作最后标化，抗原应与用 0.5% 苯酚生理盐水进行 1/45 稀释的国家标准阳性血清出现清晰的阳性反应，而与 1/55 稀释的国家标准阳性血清不反应。抗原制备好后置 2～8℃ 保存备用，不能冻结。

2. 血清样品的采集与处理　见本章第一节。

(三) 操作方法

（1）首先将血清样品和抗原从 2～8℃ 冰箱取出，恢复至室温（25℃）。

（2）从每份血清样品中取 30μL 放在白瓷板、玻璃板或血凝反应板上。

（3）轻轻晃动抗原瓶，在每份血清旁边加 30μL 抗原。

（4）待最后一滴抗原加完后，立即混合血清和抗原（每次试验使用一个干净的牙签或塑料棒），使其形成直径约 2cm 的区域。

（5）室温轻微摇晃 4min。

（6）4min 后立即读取凝集结果，凡出现可见凝集反应者判为阳性。

(四) 结果判定

阴性（"－"）：无凝集，呈均匀的粉红色；

阳性（"＋"）：出现凝集，液体内出现大量片状或沙粒样凝集颗粒（彩图44）。

二、试管凝集试验

在试管凝集试验（serum agglutination test，SAT）中，被检血清中的布鲁氏菌抗体与布病试管凝集试验抗原结合后，在适量的电解质和一定温度下，经过一定时间会出现抗原抗体复合物并沉于试管底部，致使混合液清亮程度（透光率）发生变化。通过溶液清亮程度（透光率）的变化情况，判定被检血清中是否存在布鲁氏菌病抗体及其效价。

有报道认为，SAT可以检测人兽血清中的抗布鲁氏菌IgG、IgM、IgA，但主要检测的是IgM和IgG2型抗体，且SAT检测IgM的敏感性较高，因此可作为布病的早期诊断。而当感染或免疫机体产生的抗体以IgG1型抗体为主时，SAT很难被检出。这可能是导致SAT特异性不强、敏感性较差的原因。因此，单纯靠SAT来诊断布病不能获得满意的结果，应采用综合试验进行布病诊断。

（一）原理

被检血清中的布鲁氏菌抗体与已知布病试管凝集试验抗原（灭活的布鲁氏菌）相结合后，在适量的电解质和一定温度下，经过一定时间会出现抗原抗体复合物并沉于试管底部，致使混合清亮程度（透光率）发生变化。通过溶液清亮程度（透光率）的变化情况，可判定被检血清中是否存在布鲁氏菌抗体及其效价。

（二）材料

1. 布病试管凝集试验抗原

（1）抗原制备　用布鲁氏菌S2株在适宜的培养基中培养，收获的菌液在70～80℃加热灭活1h，然后以10 000r/min离心沉淀菌体，弃去上清液，将菌体重新悬浮于含有0.5％苯酚生理盐水中，用纱布脱脂棉过滤，滤液即为原始浓菌液。

（2）抗原标定　用比浊管测定菌液浓度，使其浓度略高于参照抗原浓度（400亿个/mL），取其22、24、26、28、30倍不同稀释度抗原，与布病阳性血清国家标准品的5种不同稀释度（300、400、500、600、700倍）的稀释血清作凝集试验，并以参照抗原作对照，两者结果应相符，即凝集价均应为1∶1 000"＋＋"时。当凝集价均达50％凝集时的稀释度抗原为最佳稀释度抗原。成品抗原液浓度是比标定液浓度的20倍。

2. 血清样品　有标准阳性血清、标准阴性血清、被检血清样品（采集与处理见本章第一节）。

（三）操作方法

1. 被检血清的稀释　以猪、山羊、绵羊和狗血清检测为例，一般情况下，每份血清用5支小试管，第1管加入2.3mL、0.5％苯酚生理盐水（检测羊血清时应使用含10％氯化钠的0.5％苯酚盐水，下同），第2管不加，第3、4、5管各加入0.5mL。用1mL吸管吸取被检血清0.2mL，加入第1管中混匀后，以该吸管吸取第1管中血清加入第2、3管中各0.5mL，以该吸管将第3管混匀，并吸取0.5mL加入第4管，依次稀释到第5管，混匀后从第5管中吸出0.5mL弃去。如此稀释后，从第2管起血清稀释度分别为1∶12.5、1∶25、1∶50、1∶100。

2. **加入抗原** 先以0.5%苯酚生理盐水将抗原原液作适当稀释（一般是作1：20稀释），稀释后的抗原加入各稀释的血清管（第1管不加，作为血清对照），每管0.5mL，混匀。加入抗原后，第2～5管每管总量为1mL，从第2管起血清稀释度分别为1：25、1：50、1：100、1：200。

3. **对照管的制作** 用适当0.5%苯酚生理盐水稀释的抗原作为抗原对照，阴性血清经适当稀释后加入对照抗原即为试验用阴性对照，阳性血清稀释到原滴度后加入抗原阳性对照即为试验用阳性对照。

试验管和对照管均经充分混匀后，放于37℃温箱中孵育18～24h，以比浊管为标准判定结果。

4. **判定比浊管的制备** 每次试验须配制比浊管作为判定的标准依据。配制方法是：取本次试验用的抗原稀释液（一般1：20稀释）5～10mL，加入等量的0.5%苯酚生理盐水作倍比稀释（1：40倍稀释），按表7-3配制比浊管。

表7-3 比浊管的配制

管号	抗原稀释液（mL）	0.5%苯酚生理盐水（mL）	透明度（%）	标记
1	0.00	1.00	100	＋＋＋＋
2	0.25	0.75	75	＋＋＋
3	0.50	0.50	50	＋＋
4	0.75	0.25	25	＋
5	1.00	0.00	0	－

（四）结果判定

根据各管中上层液体的清亮程度，并与比浊管对比记录结果。在50%清亮度（＋＋）对照管（清亮透明无沉淀）和抗原对照管（均匀混浊）都成立的情况下，才可对试验结果进行判定，否则应重做。

牛、马、鹿、骆驼等大家畜血清为1：100（＋＋）及以上者为阳性，1：50（＋＋）为可疑。猪、羊（绵羊、山羊）、犬等小动物血清在1：50（＋＋）及以上者为阳性，1：25（＋＋）为可疑。对可疑反应的动物应在10～25d内重复检查，以便进一步确诊。

附：判定标准

"＋＋＋＋"完全凝集，上清液100%清亮；

"＋＋＋"：几乎完全凝集，上清液75%清亮；

"＋＋"：显著凝集，上清液50%清亮；

"＋"：微量凝集，液体25%清亮；

"－"：无凝集，液体不清亮。

三、乳环凝集试验

对泌乳动物，乳环状反应试验（milk ring test，MRT）可用来筛查牛群的布病。避免了因采血难而带来的诸多弊端，同时省去分离血清所需的时间，大大提高了奶牛布病监测工作进度。而对新近免疫的牛（免疫后不超过4个月），含有异常乳（如初乳）或因患乳房炎而产的乳液样品，可能会发生假阳性反应，降低了本试验的可靠性。但 MRT 简便、经济、特异性强，仍具有较大的适用性。

（一）原理

全乳中布鲁氏菌抗体与布鲁氏菌染色抗原（红色或蓝色）混合发生反应，生成抗原抗体复合凝集物，在试管中含有乳脂的复合凝集物浮于奶液上层，试管周围形成红色（蓝色）乳环。通过环状现象和乳柱颜色的深浅，可判定被检牛奶中是否存在布鲁氏菌抗体。

（二）材料

1. **诊断抗原**　用布鲁氏菌 A99 株或 S2 株菌悬液制造 MRT 抗原，收集培养的活菌菌液浓度大致与布病试管凝集试验抗原原液浓度相同（约 400 亿个/mL）。活菌液中加入四氮唑，加入量为每 500mL 菌液加入 2，3，5-氯化三苯基四氮唑粉末 1g，或 3，5-氯化二苯基四氮唑粉末 0.8g。最好先将粉末溶解于少量水中（如 1g 加水 10mL），然后加入菌液后充分振摇 10min，在 36～37℃放置 2～4h，使菌体染成深红色。染色完毕，于 65～70℃加热灭活 1h，离心沉淀，弃去上清液，将菌体重新悬浮于含有 1%甘油和 1%苯酚的生理盐水中（简称甘油苯酚盐水），用纱布脱脂棉滤过，滤液即为染色的原始浓菌液。测定菌体压积，并配成 4%的悬液。

抗原必须用布病阳性血清国家标准品（1 000IU/mL）进行标化。采用不同反应程度的稀释阳性血清测定生产抗原的敏感性，并与以前标化的抗原进行比较，1/500 稀释的阳性血清标准品在全乳环状反应试验中应呈阳性反应，而 1/1 000 稀释的血清则为阴性。制备的抗原置 2～8℃保存，不得冻结。

全乳环状反应试验抗原的颜色为枣红色。用布鲁氏菌抗体阴性动物全乳稀释时，在乳层抗原颜色均一，无沉淀，乳脂层中无色。

2. **全乳样品**　乳样品采集与处理见本章第一节。

（三）操作方法

检测样品使用前可用 0.1%福尔马林溶液作为防腐剂，以抑制大多数细菌的生长，尤其是对革兰氏阴性菌的抑制效果更佳，处理后 2～8℃放置 2～3d。试验时将 50μL 标准牛种布鲁氏菌全乳环状反应试验抗原加到 1mL 全乳中。全乳-抗原混合物与阳性对照和阴性对照一同在 37℃作用 1h 后判定结果。

（四）结果判定

当乳柱顶部形成一个枣红色环带、乳柱呈白色且临界分明时，则判为强阳性。对于乳脂层环带颜色，乳柱不褪色，应视作弱阳性。特别对于大群动物乳样，如果下部乳的颜色超过乳脂层的颜色，则判为阴性（彩图 45）。

附：判断标准

强阳性反应（＋＋＋）：乳柱顶部形成一个枣红色环带时，乳柱白色，临界分明；

阳性反应（＋＋）：乳脂层呈红色，但不显著，乳柱略带颜色；

弱阳性反应（＋）：乳脂层环带颜色，乳柱不褪色；

疑似反应（±）：乳脂层环带颜色不明显，分界不清，乳柱不褪色；

阴性反应（－）：乳柱上层无任何变化，乳柱颜色均匀。

（五）注意事项

（1）采集奶液样品在 2～8℃放置 12h 以上，从冰箱取出的样品应恢复室温后使用。

（2）乳样品不应冻结、加热或剧烈振荡。

（3）不适于初乳或患有乳房炎的牛产的乳的检测。

（4）不适于腐败、变酸、冻结的牛乳检测。

（5）羊乳环试验阳性反应多数表现为抗原沉淀试管底部，与白色的乳柱分离。

（六）应用

用于全乳环状反应试验诊断家畜布鲁氏菌病。

四、影响凝集反应的因素

（一）诊断抗原

一般来说，抗原浓度越高，诊断敏感性越低；抗原浓度越低，其敏感性就越高。但是过低的抗原浓度，容易导致检测结果呈假阳性，特别是能够与耶尔森氏菌 O：9 等其他革兰氏阴性菌感染血清发生阳性反应。

（二）电解质浓度

即缓冲液的盐浓度。盐浓度增加会使凝集反应加快和增强，以提高检出率，同时可以克服凝集反应常出现的前带现象；但是盐浓度过高时，即使不加血清，细菌抗原也会出现自凝现象，因此凝集试验的缓冲液盐浓度一般不应超过 10%。

（三）被检血清

正常人兽血清中的非特异性凝集素或正常牛血清中 IgM 的 Fc 片段可与布鲁氏菌发生凝集现象，其中犬血清在凝集类试验检测时凝集现象更为明显，在实际操作中应注意区分。这类非特异性凝集会干扰诊断。为了排除这类凝集的发生，可采用巯基化物或利凡诺尔处理血清后再进行凝集反应。另外，血清应无溶血现象，溶血中的血清会影响凝集类试验的结果及判定。

第三节　补体结合试验

补体结合试验（complement fixation test，CFT）用于诊断布病已有百余年的历史，虽然其操作复杂，但是特异性强、敏感性高，仍在世界范围内被广泛使用，而且还是公认的布病血清学确诊方法。该方法不仅适用于人、牛、羊、猪的布病诊断，还适用于牦牛、鹿、骆驼、马等多种动物的布病诊断。大量试验证明，CFT 在特异性和敏感性都优于 SAT。

CFT 的基本原理是：血清中存在的布鲁氏菌抗体与抗原结合后，会与补体结合。再加入溶血素和红细胞这对特异性抗原抗体时，由于补体已与布鲁氏菌抗原抗体复合物结合，因此从而无法再与溶血素和红细胞这对抗原抗体复合物结合，就不会出现补体破坏红细胞而产生的溶血现象。如果血清中不存在布鲁氏菌抗体，则补体就会结合到溶血素和红细胞这对抗原抗体复合物上，导致红细胞破坏而溶血。以此可通过是否溶血检测血清中是否存在布鲁氏菌抗体。

一、主要组分

补体结合试验有多种方式，用等量兔抗绵羊红细胞的血清可致敏不同浓度的新鲜或保存的绵羊红细胞悬液（通常推荐使用 2%、2.5% 或 3%）。兔抗绵羊红细胞的血清是预先稀释成含有几倍最小溶血浓度的工作血清，通常为 2～5 倍。最小溶血浓度是指在有一定滴度豚鼠补体存在的情况下，能够使绵羊红细胞 100% 溶解的溶血素的量。豚鼠补体需要单独被滴定（根据该方法中抗原存在或不存在的情况），以确定在单位体积的标准化悬浮液中产生 50% 或 100% 致敏绵羊红细胞溶解所需的补体量，分别命名为 50% 或 100% 补体溶血剂量（$C'H_{50}$ 或 MHD_{50} 或 $C'H_{100}$ 或 MHD_{100}）。通常认为每批试验之前都要对补体滴度进行滴定，一般通过 $C'H_{50}$ 来选择最佳浓度，试验中一般选择 $1.25～2MHD_{100}$ 或 $5～6C'H_{50}$。

巴比妥缓冲液是补体结合试验的标准稀释液。现有商品化的片剂可以选用，也可以按以下方法自行配制。缓冲盐水母液：1L 蒸馏水加有氯化钠（42.5g）、巴比妥酸（2.875g）、二乙基巴比妥酸钠（1.875g）、硫酸镁（1.018g）和氯化钙（0.147g），使用前加入 4 倍体积的 0.04% 明胶溶液进行稀释。由于该缓冲液中包含国家无法获取的巴比妥衍生物，因此将 1mL 1mol/L 氯化镁和 0.3mol/L 氯化钙（无水氯化镁：9.5g；氯化钙：3.7g；用纯化水加至 100mL）储液加入 1L 生理盐水中制备含有 0.85% 的钙和镁的氯化钠溶液也可以获得令人满意的结果。配制时 pH 至关重要，必须严格调整为 7.35（±0.05）。这种非巴比妥缓冲液替代巴比妥缓冲液的方法已经在法国布鲁氏菌病参考实验室得到验证。

绵羊红细胞作为补体结合试验的指示剂，其敏感性与保存时间密切相关。蒋卉等（2016）研究表明，在补体结合试验中，绵羊红细胞在阿氏液中置于 2～8℃ 中保存 7d 其敏感性和特异性最好。

国际上通常使用由光滑型牛种布鲁氏菌 S99 号株或 S1119-3 株制备且用 OIE 标准血清标化的抗原，在我国通常使用 S2 株制备并标化抗原。

二、与免疫球蛋白的关系

前文中提到对 RBT、SAT、CFT 反应的一系列定量研究指出，RBT 不仅能检测出 IgG，也能检出 IgM。该研究同时表明 IgG1 和 IgM 都有 CFT 反应活性，且 IgM 活性比 IgG1 强，而 IgG2 几乎无 CFT 反应活性。IgM 分子结构在 CH4 区亦有 C1q 受体点，1 个 IgM 分子有 10 个受体点，由此推论可认为 1 个 IgM 分子结合补体的能力应该是 IgG 分子的 5 倍。然而事实并非如此，其原因可能有两点：一是 IgM 分子不耐热，在 CFT 反应时血清要经加热处理，部分 IgM 分子受到了加热的影响；二是 IgM 分子较大，空间结构复杂，空间位阻使补体结合点很难结合补体，所以 IgM 分子在 CFT 反应中不能显示应有的活性。

三、在鉴别诊断上的应用

在布鲁氏菌感染或免疫机体早期产生的抗体以 IgM 为主，随后 IgG 类抗体逐渐增加。

大量研究表明，CFT 主要检测 IgG 类抗体，利用该方法可对一定条件下的感染与免疫进行鉴别诊断。《OIE 陆生动物诊断试验与疫苗手册》规定，当 CFT 滴定等于或大于 20 个国际补体结合试验单位（international complement fixation test units，ICFTU）时判为阳性。

CFT 特异性好，但敏感性低于 ELISA。CFT 用于猪血清样本检测时，敏感性会进一步下降，主要是由于猪补体与豚鼠补体可以相互作用产生互补活性，从而降低了方法的敏感性，且不能消除假阳性反应，因此 CFT 只能作为猪布病的补充检测方法而使用。此外，与大多数血清学检测方法一样，S19 疫苗或 Rev.1 疫苗免疫反刍动物后均产生阳性反应，并且不能特异性地区分假阳性反应，对于阳性反应样本应使用适当的确认或补充策略进行复查。

四、操作中的注意事项

（一）对于反刍动物

CFT 对接种牛种布鲁氏菌 S19 或 A19、羊种布鲁氏菌 Rev.1 弱毒疫苗所产生的抗体相对不敏感，而对布病自然感染的抗体有很高的敏感性和特异性。主要原因是补体结合抗体为免疫球蛋白 IgG1，IgG2 不结合豚鼠补体而且能够阻止其他的免疫球蛋白结合补体从而产生前带现象，IgM 可结合补体但其结合能力可因血清灭活时加热而受到影响。在 56℃灭活时几乎没有影响，而温度升高到 65℃时，IgM 结合补体的能力则被完全破坏。

（二）前带现象

当前带现象发生时，即含有血清抗体较高的孔呈现溶血。当然也有前带现象完全掩盖阳性反应的情况，这种血清在凝集反应中通常为强阳性。基于此，凡在虎红平板反应中呈现"＋＋＋"及以上而在补体结合试验中为阴性的，在判为阴性前需用试管凝集及其他试验进一步确证。

（三）对于绵羊红细胞的具体使用

通常采集公绵羊红细胞，采集时可用含灭菌玻璃珠的采血瓶，一边采集一边摇动，以脱去纤维，或者直接用等体积阿氏液保存绵羊全血。国家动物布鲁氏菌病参考实验室的研究人员曾发现，分别用 2～8℃保存 6d 公绵羊脱纤血和阿氏液保存全血两种方式制备的2.5％绵羊红细胞，标定同样溶血素效价，前者标定效价为 1∶1 000，而后者为 1∶2 000。将 2～8℃保存 6d 和 12d 的阿氏液保存全血制备 2.5％绵羊红细胞，测定同样溶血素的效价，前者为 1∶2 000，后者为 1∶3 500；而标定同样冻干补体的效价，前者为 1∶17.5，后者为 1∶9。上述结果说明，阿氏液保存全血较玻璃珠脱纤血敏感，2～8℃保存时间长的红细胞较敏感。为了使绵羊红细胞敏感性处于实用性较好的状态，建议采用阿氏液保存全血，置 2～8℃保存 1～2 周后用于补体结合试验。另外，配制标准红细胞悬液，需将红细胞洗涤至上清液完全清亮，并除去上层的白细胞层。

（四）对于溶血素

它是用绵羊红细胞多次免疫家兔，提取血清，加入等量甘油制成。通常在－20℃以下保存，长期保存须每隔 3 个月测定一次效价。因为商品溶血素均为血清与等量甘油制成，因而进行 1∶100 稀释时，吸取 0.2mL 溶血素溶解于 9.8mL 生理盐水。另外，进行溶血素效价测定时，试验结束立即判定结果很重要。以溶血素标定为例，试验结束后立即判定，观察结果为第 7 管完全溶血（效价为 1∶3 500），6h 后观察则为第 9 管完全溶血（效价为 1∶4 500）。

（五）补体

通常使用豚鼠血清或商品化冻干补体。采集的新鲜豚鼠血清，分装后－20℃以下低温保存，一般可维持活性 3 个月，而冻干补体 2～8℃可保存 1 年。因补体性质极不稳定，所以容易失去活力，在冻干补体时中加入 Richardson's 保护剂的效果较好。其具体做法如下：首先将 8 份豚鼠血清与 1 份保护剂 B 液混合（保护剂 B 溶液：硼酸钠 0.57g，叠氮钠 0.81g，用饱和氯化钠溶液加至 100mL），然后再加入 1 份保护剂 A 溶液（保护剂 A 溶液：硼酸 0.93g，硼酸钠 2.29g，山梨醇 11.74g，用饱和氯化钠溶液加至 100mL）。另外补体效价需当日标定，当日使用。测定补体时，也需立即判定结果，剩余的补体需随时注意低温保存。因在操作过程中效价会降低，故使用浓度比原效价多 10%（即如测定补体效价 1∶40，使用时应作 1∶36 稀释）。

第四节 酶联免疫吸附试验

酶联免疫吸附试验（enzyme-linked immunosorbent assay，ELISA）是应用于疫病诊断和相关检测中的一种成熟、稳定的试验，具有方便快捷、特异性敏感性高、高通量和条件限制要求低等优点且其对相关试验人员的要求较低，适合临床样本的快速检测。这一方法的基本原理是：①使抗原或抗体结合到某种固相载体表面，并保持其免疫活性。②使抗原或抗体与某种酶连接成酶标抗原或抗体，这种酶标抗原或抗体既保留了其免疫活性，又保留了酶的活性。在测定时，把受检样本（测定其中的抗体或抗原）和酶标抗原或抗体按不同的步骤与固相载体表面的抗原或抗体起反应。用洗涤的方法使固相载体上形成的抗原抗体复合物与其他物质分开，最后结合在固相载体上的酶量与样本中受检物质的量成一定的比例。加入酶反应的底物后，底物被酶催化变为有色产物。产物的量与样本中受检物质的量直接相关，故可根据颜色反应的深浅定性或定量分析（彩图 46）。由于酶的催化效率很高，故此试验可极大地放大反应效果，从而使测定方法达到很高的敏感度。

1976 年，Carlsson 首次通过 ELISA 对布病进行诊断。随着 ELISA 技术的逐渐成熟和分子生物学技术的发展，现已有相当多的研究通过各种方法建立了针对布鲁氏菌病的检测方法。ELISA 方法的效果取决于对抗体的选择。总体来说，建立的方法中应用的抗原主要有以下两个途径：一种途径是通过提取布鲁氏菌的 LPS 用于方法建立，已有通过抗原制备、结合抗体选择，以及底物或显色系统的优化成功建立多种间接 ELISA 方法，用于牛、小型反刍动物、猪等多种动物布病的诊断。牛种布鲁氏菌 99 株（S99）和 1119-3（USDA）（S1119-3）通常被应用于制备抗原，而羊种布鲁氏菌 16M 在特定目的下也用于抗原制备。现有商品化间接 ELISA 试剂盒通常使用全菌、光滑型 LPS 或者 OPS 作为包被抗原，且有效性通过田间试验及在临床动物上得到了证实。除此之外，还有通过筛选抗布鲁氏菌 LPS 的单克隆抗体建立竞争 ELISA 的抗体检测方法。相关学者也对此方法进行研究，取得了良好的效果。另一个途径则是通过对布鲁氏菌外膜蛋白（outer membrane proteins，Omps）进行表达纯化后作为诊断抗原使用，现在研究比较多的外膜蛋白主要有 Omp28、Omp31 等。其中，Omp28 因为在多个种属的布鲁氏菌中同源性高，其作为抗原时建立的方法灵敏性和特异性均较好。但也有报道指出，仅仅通过检测单个外膜蛋白产生的特异性抗体无法准确检测布鲁氏菌病。

虽然 ELISA 试验是目前布病检测中较为方便、成熟的检测方法，也得到了临床上广泛的使用，但是与传统方法相比，因为其未在《中华人民共和国兽用生物制品规程》（2000 年版）和《中华人民共和国兽药典（三部）》（2015 年版）中明确规定相关技术参数，所以导致不同厂家、不同批次之间的灵敏性、特异性等技术指标差异很大。国家动物布鲁氏菌病参考实验室曾比对国外某知名厂家相关试剂盒，发现其灵敏性过高，检测结果出现很高比例的假阳性。另外，同一厂家不同批次之间的试剂盒质量也有很大问题，某厂家试剂盒在国家布病参考实验室检测过程中其质控阴、阳性血清均不成立。更有甚者，同一试剂盒不同包被板之间的差异也非常大。上述问题严重阻碍了 ELISA 试验在布病检测中的推广，影响了布病诊断的准确性。因此，在研发和评价时，均应采用布病参考血清盘对各类布病的血清学诊断方法的特异性和敏感性进行科学评价，该血清盘可从国家动物布鲁氏菌病参考实验室获取。

国家动物布病参考实验室以牛布病间接 ELISA 方法为基础，分别构建了针对牛种布鲁氏菌 IgG 和 IgM 抗体亚型的检测方法，通过构建易感动物（奶牛）模型，获得了我国常用疫苗（猪种布鲁氏菌 S2 弱毒苗和牛种布鲁氏菌 A19 弱毒苗），以及标准强毒株（牛种布鲁氏菌 2308 株）在动物体内的抗体规律。通过检测发现，S2 疫苗口服后在整个检测期内（0～150d）其 IgG 的含量均低于临界值；而 IgM 则在免疫 15d 后达到最高，之后逐步下降，并在免疫后 60d 后低于临界值。皮下注射 A19 免疫组，其 IgG 和 IgM 则在 15d 后即达到高峰，之后均迅速下降，IgG 在感染 90d 后、IgM 则在感染 60d 后均低于临界值；与 S2 组和 A19 组不同，攻毒对照组其 IgG 在 21～30d 时出现后则一直保持稳定水平，而 IgM 亚型抗体出现时间也比免疫组延迟，迅速达到高峰后持续下降。表明不同疫苗之间及与野毒株之间其抗体亚型有明显的差别，这些区别可以通过检测抗体亚型的方法来对牛群不同状态进行鉴别。对背景清晰的 50 份样本用上述建立的鉴别诊断方法进行检测的结果是，除个别处于交叉范围的样本外，其他样本（46/50）均可实施鉴别诊断，准确度为 92%。

相对于间接 ELISA（indirect enzyme-linked immunosorbent assay，iELISA），竞争 ELISA（competitive enzyme-linked immunosorbent assay，cELISA）具有更好的敏感性，适合于动物布病的初筛。这主要是由于 cELISA 是利用特异性单克隆抗体竞争待检血清中的布鲁氏菌抗体，由于单抗同时竞争了待检血清中针对布鲁氏菌的各种亚型抗体（包括 IgG、IgM 和 IgA），因此敏感性明显提升。尤其是动物在布病感染的早期，当 IgM 类抗体已经产生而 IgG 类抗体尚未形成时，如果采用 iELISA 检测，结果往往会出现阴性。但实践中，部分试剂盒生产企业未能将 iELISA 和 cELISA 诊断的临界值确定在同一水平，往往人为地提高了 cELISA 检测的临界值，结果反而会出现 cELISA 的敏感性低于

iELISA 的现象，并错误地将 cELISA 作为确诊的方法之一。

第五节　荧光偏振试验

1926 年，Perrin 首先描述了荧光偏振理论。他观察到溶液中的荧光分子在受到偏振光的激发时，如果在激发时分子保持静止，则该分子将发出固定偏振平面的发射光（发射光仍保持偏振性）。然而，如果荧光分子旋转或翻转，则发射光的偏振平面将不同于初始激发光的偏振平面。分子的偏振性与分子旋转驰豫时间成比例，分子旋转驰豫时间是分子转过 68.5°角时所用的时间。分子旋转驰豫时间与黏度、绝对温度、分子体积和气体常数有关。基于荧光偏振理论应运而生的荧光偏振试验（FPA）的基本原理是：某一分子在液体介质中的自旋速度与其分子质量有关，分子质量越小其自旋速度越快，偏振光束去极化越高；而分子质量越大自旋速度越慢，偏振光越弱。FPA 以 mP（milliPolarisation unit）为单位测定分子的去极化程度。用异硫氰酸盐标记（fluorescein isothicyanate，FITC）某种特异性抗原/抗体。若检测样本中存在该病抗体/抗原，抗原抗体结合后立即观察结果，则可通过相关仪器检测到产生的大量荧光复合物。在阴性样本中，抗原/抗体呈现非复合状态，由于该单体物质的分子质量较小，自旋速度较快，因此产生的去极化光较阳性复合物强。通过 FPA 检测动物血清中的布鲁氏菌抗体是 OIE 规定的国际贸易指定布病血清学检测方法之一。在北美洲和欧洲的布病根除计划中均使用了该方法。与其他布病血清学诊断方法（如 RBT、CFT、ELISA 等）均不同，FPA 在试验操作过程中需要先读取每个样品的空白/背景值，然后加入标记抗原后再进行一次读数。因此，这是一个两步测定法（彩图 47）。

一、FPA 试验程序

FPA 试验操作简单，所需试验材料少，其中最为重要的成分为异硫氰酸荧光素（fluorescein isothiocyanate，FITC）标记抗原。FPA 试验抗原通常为牛种布鲁氏菌 1119-3S-LPS 的小分子质量片段 OPS（平均 22ku），标记上 FITC 制成。国家动物布鲁氏菌病参考实验室运用猪种布鲁氏菌疫苗株 S2 LPS 的小分子质量片段 OPS 标记 FITC 作为抗原也取得了良好的效果。

FPA 可以在玻璃试管或 96 孔板上操作。牛血清稀释 1/10 进行 96 孔板试验或稀释 1/100 进行玻璃试管试验；绵羊和山羊血清稀释 1/10 进行 96 孔板试验，或者稀释 1/25（山羊血清）和稀释 1/40（绵羊血清）进行玻璃试管试验。

使用的稀释剂为 0.01mol/L 的 pH 7.2 Tris 缓冲液，每升该缓冲液含有 0.15mol/L 氯化钠（8.5g）、0.05% 表面活性剂 CA630（50063）、10mmol/L EDTA（3.73g）、1.21g Tris-Cl。混合均匀后用 FPM 读取初始值，随后加入标记抗原，再次混合均匀，大约 2min 后进行第二次读数，读数用微偏振单位（mP）表示。当读数结果超出设定的临界水平表明是阳性反应。

FPA 诊断牛布鲁氏菌病的敏感性和特异性几乎和竞争 ELISA 相同。用于诊断小反刍动物和猪布病抗体的 FPA 与对牛的基本相同，但是需要使用适当的验证技术，为这些物种确定适当临界值，并按照相应的国际标准进行标准化。在假阳性血清学反应条件下，针对牛和小反刍动物的布病抗体检测，FPA 的特异性是未知的，但已经清楚地表明它不能解决猪布病的假阳性血清学反应问题。

二、FPA 的应用

FPA 作为一种检测抗原/抗体相互作用的简便技术，因其不受溶液颜色、仪器灵敏度变化的影响，且操作简单、检测时间短，因此适用于高通量样本筛选，被广泛地应用于农药和兽药残留分析、食品真菌毒素污染检测、单核苷酸多态性筛选、实时荧光定量 PCR-FP 技术、核酸结构变化、蛋白激酶活性、体外细胞损伤、受体-配体和多态-配基等方面的研究。该方法应用于病原微生物的抗体检测也有许多报道，如人乳头瘤病毒、乙型肝炎病毒、异烟肼抗性结核分枝杆菌、肺炎支原体、肺炎衣原体、牛分枝杆菌等。

自 1996 年起，国外就开始用 FPA 结合其他血清学方法检测牛布病，对 9 480 份经 BPAT、CFT、iELISA、cELISA 检测过的血清进行了 FPA 试验。当临界值为 90mP 时，FPA 的敏感性和特异性分别是 99.02%、99.96%，高于其他方法。2010 年进行的一项针对野牛的布病检测项目，对采集的美国黄石国家公园和一个野生动物场地共 379 份样品进行了检测，同时采用了 FPA、SAT、BPAT、CFT、cELISA 等多种方法。结果表明，FPA 的敏感性为 97.7%~98.8%，特异性为 97.5%~98.1%。

用于诊断小反刍动物和猪的布鲁氏菌抗体的 FPA 方法与检测牛种布鲁氏菌抗体的方法基本相同，但是需要采用其他验证方法确定相应的临界值。用 FPA 对 166 份阳性绵羊血清样品和 851 份阴性绵羊血清样品进行的检测结果显示，当临界值为 87mP 时，FPA 的敏感性和特异性分别为 97.6% 和 98.9%。为了评价的客观性，又重新选择了 587 份样品进行检测。这些样品均为 2 种以上其他血清学方法确定为阳性的样品，结果发现在临界值不变的情况下，FPA 的敏感性为 95.9%，高于其他方法。

虽然与 ELISA 技术生物学的反应原理相似，但 FPA 的操作更简便、用时更短。大量的研究结果表明，在布病的抗体检测方法中，FPA 的特异性和敏感性均高于其他血清学方法，在高通量布病快速检测中的应用前景广阔。

第六节　胶体金试纸条

胶体金免疫层析法（gold-immunochromatography assay，GICA）是 20 世纪 90 年代初期发展起来的一种以胶体金为标记物的检测方法。该方法是把免疫亲和技术、印渍术和斑点薄层层析技术组合在一起的新技术。由于用该层析条检测时，所有样品均会经过较窄的纤维素膜的持续性反应，因此实际上对被测的物质起到了浓缩、聚集作用，提高了反应的灵敏度，加快了反应速度，整个操作时间仅需 3~15min。

胶体金在弱碱环境下带负电荷，可与蛋白质分子的正电荷基团形成牢固的结合。由于这种结合是静电结合，因此不影响蛋白质的生物特性。除了与蛋白质结合以外，胶体金还可以与许多其他生物大分子结合，如葡萄球菌 A 蛋白（Staphylococcal protein A，SPA）、凝集素 PHA、刀豆蛋白 A（Concanavalin A，ConA）等。胶体金的一些物理性状，如高电子密度、颗粒大小、形状及颜色反应，加上结合物的免疫和生物学特性，使得胶体金广泛地应用于免疫学、组织学、病理学和细胞生物学等领域。胶体金标记实质上是蛋白质等高分子被吸附到胶体金颗粒表面的包被过程。吸附机理可能是胶体金颗粒表面负电荷，与蛋白质的正电荷基团因静电吸附而形成牢固结合。用还原法可以方便地用氯金酸制备各种不同粒径，也就是不同颜色的胶体金颗粒。这种球形的粒子对蛋白质有很强的吸附功能，可以与葡萄球菌 A 蛋白、免疫球蛋白、毒素、糖蛋白、酶、抗生素、激素、牛血清白蛋白多肽缀合物等非共价结合，因而在基础研究和临床试验中成为非常有用的工具。免疫金标记技术（immunogold labelling technique）主要利用了金颗粒具有高电子密度的特性，显微镜下在金标蛋白结合处可见黑褐色颗粒，当这些标记物在相应的配体处大量聚集时，肉眼可见红色或粉红色斑点，因而用于定性或半定量的快速免疫检测方法中，这一反应也可以通过银颗粒的沉积被放大，称之为免疫金银染色。

　　胶体金免疫层析技术的原理是，将特异的抗体或抗原先固定于硝酸纤维素膜的某一区带，胶体金标记试剂（抗体或单克隆抗体）吸附在结合垫上。当待检样品加到试纸条一端的样本垫上后，在毛细管的作用下，样品将沿着该膜向前移动，当移动至固定有抗体或抗原的区域时，样品中相应的抗原即与该抗体发生特异性结合而被截留，聚集在检测带上，可通过肉眼观察到显色结果。免疫胶体金试纸条的组装见彩图 48。胶体金免疫层析技术具有方便快捷、特异敏感、稳定性强、不需要特殊设备和试剂、结果判断直观等优点，广泛应用于多种疾病的快速诊断。

　　应用免疫层析技术制备胶体金试纸条用于布鲁氏菌抗体检测，在短时间就能够判断结果，操作简便，不需要特殊的试验仪器及专业的操作人员，适合基层医疗单位使用，也为多种疾病联检试纸条的研制和多标本快速定量检测方法的建立奠定了基础。

　　程婷婷等（2014）以大肠埃希氏菌表达、纯化的 Omp31 与 Bp26 重组蛋白作为检测抗原，采用金黄葡萄球菌 A 蛋白（Staphylococcal protein A，SPA）作为胶体金标记物质，制备胶体金免疫层析试纸条。特异性试验证明，该试纸条不与其他非相关疾病感染血清反应，且检测结果与虎红平板试验方法的符合率为 92%。张付贤等（2009）用 SPA 标记胶体金技术制作金标垫，以亲和层析法纯化的 Bp26 蛋白作为检测抗原（T 线），建立了检测小鼠布鲁氏菌感染血清的胶体金试纸条，该试纸条成功鉴别了牛种布鲁氏菌 S19 疫苗免疫和 Bp26 缺失疫苗株 YZ2 免疫的小鼠。试纸条检测与布鲁氏菌属同源性较近的几株细菌的阳性血清，结果无交叉反应，且敏感性高于虎红平板凝集试验检测方法，近似于ELISA 方法，准确性同 ELISA 方法。Ismail 等（2002）建立了胶体金试纸条检测方法，对分离培养结果为阳性所对应的动物体内采集的 25 份布鲁氏菌阳性血清进行了检测，结果 23 份为阳性，2 份为阴性，符合率为 92%。Clavijo 等（2003）对比了胶体金试纸条与传统血清学方法检测布病 IgM 抗体的试验，感染布鲁氏菌的 133 份病人血清中，SAT 试验检测阳性率为 92%，ELISA 检测阳性率为 80.5%，胶体金试纸条检测的阳性率为93.1%。Kim 等（2007）用犬种布鲁氏菌的抽提物作为检测抗原建立了检测犬布病抗体胶体金免疫层析技术，分别用血液培养、2-巯基乙醇快速筛选凝集试验（rapid slide agglutination test with 2-mercaptoethanol，2-ME-RSAT）和胶体金免疫层析法（GICA）对 10 个不同圈舍的犬进行检测，阳性率分别为 24.8%、39.5%、39.1%，2-ME-RSAT

和 GICA 的 k 值为 0.89，结果证明 GICA 与传统的试管凝集试验和细菌学检查有同样的敏感性和特异性。朱明东等（2006）研制了一种快速诊断布鲁氏菌病的新方法，即以硝酸纤维素膜为载体、胶体金标记 SPA 为显示剂的胶体金免疫渗滤法。用该方法检测人布病的敏感性和特异性分别达到 96.3% 和 99.1%，检测牛布病的敏感性和特异性分别达到 98.5% 和 99.2%，二者无明显差异。在 2008 年，朱明东等又建立了胶体金免疫层析法用于快速检测牛布病，敏感性和特异性分别为 91.3% 和 97.3%，Youden 指数为 0.886；GICA、斑点免疫金渗滤法（dotimmuogold filtration assay，DIGFA）及 SAT 检测结果比较三者差异不显著（$P>0.05$）。结果表明，GICA 诊断牛布病，不仅敏感、特异，而且血清用量少，操作简便、快速，适合于布病诊断、流行病学调查及现场检测。唐景峰（2007）研制了牛种、羊种布鲁氏菌胶体金免疫检测试纸，最低检测限为 $(3\sim5)\times10^3$ 个，与小肠结肠炎耶尔森氏菌 O∶9、大肠埃希氏菌 O157∶H7、沙门氏菌和胸膜肺炎放线杆菌均不发生交叉反应。利用纯化的 LPS 作为包被抗原，用重组 SPA 作为金标蛋白，组装成牛种、羊种布鲁氏菌抗体试纸。结果其最低检测蛋白量分别为 $1\mu g/mL$、$2\mu g/mL$，不与大肠埃希氏菌 O157∶H7、小肠结肠炎耶尔森氏菌 O∶9、沙门氏菌、胸膜肺炎放线菌的阳性血清交叉反应，4℃保质期为 12 个月。20 份牛种布鲁氏菌阳性血清用 PBS 按 1∶1 稀释之后，用组装的试纸进行检测，结果 19 份为阳性，符合率为 95%。18 份牛种布鲁氏菌样本血清经过处理以后，分别用平板凝集试验（PAT）和试纸进行检测，结果与 PAT 的符合率为 100%。

2017 年，中国兽医药品监察所研发的布鲁氏菌胶体金试纸条获得了国家一类新兽药注册证书，并已实现商品化生产和临床应用。该试纸条采用一株特异性布鲁氏菌单克隆单抗，竞争待检血清中的特异性抗体，具有极高的灵敏性和特异性（均高于 99%），与金标补体结合方法的符合率高于 95%，可实现有效检测。由于该试纸条是基于竞争法建立的，因此可用于对多种动物的布病抗体检测，适用范围广。

胶体金免疫层析技术自诞生以来便以其简便、快速、敏感、特异、成本低、无需设备及仪器、适用范围广、结果易于观察判断等优点被广泛应用于兽医临床快速检测和现场诊断上，显示出了巨大的发展潜力和广阔的应用前景。目前，该技术已成为多领域研究与应用的热点。然而，当前的免疫胶体金层析技术还有一些不足之处，如定量问题、质控指标不一、检测的灵敏度有待于提高等。随着该技术的临床应用，进一步提高免疫胶体金层析试验的敏感性、特异性，实现多元检测、定量或半定量检测是未来胶体金免疫层析技术发展的方向。

第七节　细胞免疫反应

现有布病常用检测方法大多是基于体液免疫建立起来的，对于布鲁氏菌来说，由于其属于胞内寄生菌，细胞免疫占主导地位，因此检测机体的细胞免疫反应对于揭示布鲁氏菌真实感染情况具有重要意义。

相较于血清学方法，通过细胞免疫反应检测布病感染情况的方法较少报道。现阶段大多数细胞免疫检测方法仅仅停留在实验室阶段，其原因大致有几个方面：一是细胞免疫状态受多种因素影响，难以找到合适的检测方法或特异性指标进行衡量；二是相对于实验动物来说，易感动物（牛、羊）等个体差异较大，容易引起误差；三是细胞免疫检测方法相较于血清学检测操作更为复杂，成本较高；四是相关研究仍不成熟，且难度较大。

一、皮肤变态反应

临床上作为细胞免疫检测方法最为常用的就是皮肤迟发型变态反应实验（skin delayed-type hypersensitivity，SDTH）。该方法是通过将提纯制备的布鲁氏菌水解素（brucellin）皮内接种于待检动物，48h 后依皮肤的肿胀程度判断动物是否受到感染。此方法已被列入《OIE 陆生动物诊断试验与疫苗手册》之中。研究指出，SDTH 与 SAT 和 CFT 的符合率分别为 88％和 95％，表明其有良好的实用性。该方法简单，有效，不需要其他仪器设备即可完成检测，而且对早期感染布鲁氏菌的动物，其检测的敏感性高于常规血清学方法。但是，该试验存在明显的缺点：一是判定标准较为模糊，皮肤厚度的测量受实验者主观的影响较大；二是该试验容易受到其他产生变态反应的疾病，如牛结核病或其他寄生虫疾病的影响，误差较大；三是布鲁氏菌水解素的标准不统一，批次之间差异较大。因此在临床布病检测之中，已经被较少使用。

该试验具有极高的特异性，皮试试验呈阳性而血清学呈阴性的动物可视作感染动物。但是不能单独依据畜群中少数动物出现阳性反应而做出判断，而应有可靠的血清学试验进一步证实；另外，机体可能在注射布鲁氏菌水解素后暂时性无法诱导细胞反应，因此同一动物两次检查时间间隔 6 周以上。由于存在上述问题，因此该方法在国际贸易中不能单独作为正式的诊断试验。

二、γ-干扰素释放试验

作为重要细胞因子之一，γ-干扰素（IFN-γ）在宿主免疫反应中发挥着重要作用。γ-干扰素释放试验的原理是通过检测经特定刺激源刺激后外周血内的 IFN-γ 变化情况来诊断某种疾病的发生。由于免疫细胞具有记忆性，因此当机体感染某种疾病后再次受到该病原的刺激时就会引起 IFN-γ 的持续分泌。该方法最为普遍的应用是在牛结核病的诊断上。牛结核病是由牛结核分枝杆菌引起的慢性、消耗性疾病，结核分枝杆菌作为胞内寄生菌，当受感染机体的外周血受到结核菌素（tuberculin）的刺激后会引起淋巴细胞持续分泌 IFN-γ。基于该原理，通过检测体外 IFN-γ 的变化即可对牛结核病实现快速、准确的诊断。现在国内外已有相关多个 γ-干扰素释放试验（interferon-γ release assay，IGRA）检测试剂盒用以检测牛结核病。

与结核分枝杆菌相同，布鲁氏菌作为一种严格的胞内寄生菌，IFN-γ 在机体抗布鲁氏菌感染时发挥了重要作用。之前已有研究证实在布鲁氏菌早期感染后会引起机体 CD4$^+$ 细胞亚群数量增加和 IFN-γ 的持续分泌。另外，当动物免疫布鲁氏菌疫苗后，如使用特定抗原刺激也会引起血液中 CD4$^+$、CD8$^+$ 和 CD21$^+$ 等亚群细胞的升高，同时伴有 IFN-γ 的分泌。

IFN-γ 对于机体免疫应答反应的影响是多样化的，而且是先天性免疫的重要细胞因子。一定量 IFN-γ 并不会直接引起免疫系统产生反应，而是通过持续刺激免疫细胞对可能发生的感染调动机体产生免疫保护作用。表明 IFN-γ 作为刺激物与机体抵抗外来病原，如病毒、细菌和寄生虫等的抗感染过程密切相关。对于布病来说，IFN-γ 的抗感染作用已经有许多报道。研究证实，敲除 IFN-γ 相关基因的缺陷小鼠对布鲁氏菌的抵抗力远远低于正常小鼠；另外，IFN-γ 在整个感染过程中持续分泌，这都揭示了 IFN-γ 在抗感染中的重要作用。

虽然《OIE 陆生动物诊断试验与疫苗手册》已将 IFN-γ 检测收录在内，但并没有提供具体的检测方法。冯宇等（2017）用灭活后的布鲁氏菌 2308、M28、1330 和 S2 等抗原刺激牛外周血，对 IGRA 的最佳刺激抗原、最佳刺激浓度等参数进行了验证，并分别检测了布鲁氏菌感染、疫苗免疫及布病阴性牛外周血抗凝血，建立了一种针对布鲁氏菌的 IGRA 方法。该方法可将布病的有效检测时间提前到感染后 3～5d，比传统血清学检测方法提前 1 周以上。当然，IFN-γ 的检测方法也存在一定缺陷，如其有效检测时间相较于血清学试验来说较短，而且要求的试验环境和试验时间较为严格等，因此在一定程度上影响了在基层检测中的推广。

第八节　现有布病诊断方法的主要问题

如前文所述，现在常用的诊断方法主要分为病原学、血清学和细胞免疫反应等方法，但不同方法之间也存在着一定的缺点和不足。

一、病原学检测

在本章中病原学检测指布鲁氏菌的分离与鉴定。该方法主要存在的问题有：一是操作繁琐，通常需要及时采集和运输样品，并需要对样品进行预处理，然后进行分离培养，工作量巨大；二是布病的分离鉴定试验通常要求在生物安全三级实验室内进行，在一般的研究机构或者临床一线实验室内无法进行，而且本检测方法存在一定的生物安全风险，即使具备相关试验条件，对于试验人员的整体要求也较高；三是分离率较低，即使对抗体阳性动物进行病原分离也往往分离不到布鲁氏菌，对具有典型临床症状的动物剖杀后进行分离鉴定，其分离率也仅有 10%～20%。

二、血清学检测

现有常用的布病检测方法主要是血清学检测，即通过检测动物血清中的特异性布鲁氏菌抗体来实现诊断。但是布病血清学检测也存在几个需要突出的问题：一是 CFT 作为血清学诊断的金标准，操作繁琐，不易于标准化。在 CFT 试验中，溶血素效价、补体效价均需在试验前滴定，而效价的多少又与绵羊红细胞的制备和保存时间存在较大关联。二是现有诊断试剂的诊断标准参差不齐，有时对于同一份样本的检测结果也会截然不同。不同检测方法之间的灵敏性各不相同，有的试剂盒设定的灵敏性过高，特异性下降，检出了更多的假阳性样本。部分间接 ELISA 检测试剂盒其灵敏性能达到虎红平板凝集试验的 11 000 倍，导致与其他方法的吻合性差。三是布病诊断试剂质量不稳定，如不同厂家生产的虎红平板凝集试验抗原和试管凝集试验抗原，以及同一厂家不同批次生产的抗原制品存在不稳定性。对于已经商品化生产的布病 ELISA 抗体检测试剂盒，也会由于采用不同批次的标准血清作为对照，导致因标准血清自身的非标准化造成试剂盒检测结果不稳定。

三、细胞免疫反应检测

此检测方法目前应用不多，其中皮试试验仅在一些特定场合使用，对于其敏感性、特异性等的研究和报道也较少，在此不再赘述。对于 IGRA 来说，如何在感染后期有效检测其含量，并在提高敏感性的基础上不影响准确诊断，仍是需要解决的问题。

总之，病原的分离鉴定对于布病确诊来说是最为准确的，而在临床检测上，虎红平板凝集试验因其方法简单、成本低廉、检测快速等优点适用于大量临床样本的初筛。随着技术的逐渐成熟，ELISA、FPA 等方法的应用也逐步广泛，但也存在着一些不可忽略的问题。目前现有的血清学方法还存着疫苗免疫和自然感染无法区分等问题。总之，基于血清学的布病确诊是一个具有挑战性的问题。

（蒋卉　朱良全　彭小薇　程君生　张春燕）

参考文献

曾瑞霞，苏玉虹，2007. 布鲁氏杆菌各类检测方法的比较 [J]. 中国畜牧兽医文摘，2007 (1)：65-70.

程君生，彭小兵，毛开荣，等，2010. 2308、M28、S1330 三株不同种布鲁氏菌的毒力测定 [J]. 中国兽药杂志，44 (12)：29-31.

程婷婷，石峰，陈创夫，等，2014. 布鲁氏菌抗体胶体金免疫层析法快速检测技术的建立 [J]. 中国病原生物学杂志，9 (2)：122-130.

高正琴，邢进，冯育芳，等，2011. TaqMan MGB 探针实时荧光定量 PCR 快速检测布鲁氏菌 [J]. 中国人兽共患病学报，27 (11)：995-1000.

黄海波，周齐，支海兵，等，1992. 布鲁氏菌病实验室技术 [M]. 3 版. 北京：气象出版社.

蒋卉，彭小薇，张阁，等，2016. 绵羊红细胞敏感性对补体结合试验的最佳反应时间 [J]. 微生物学通报，43 (9)：2012-2014.

刘秉阳，1989. 布鲁氏菌病学 [M]. 北京：人民卫生出版社：233-243.

陆承平，2006. 兽医微生物学 [M]. 4 版. 北京：中国农业出版社：38-39.

毛开荣，等，2014. 动物布鲁氏菌病诊断技术 [M]. 北京：中国农业出版社，2014.

史新涛，古少鹏，郑明学，等，2010. 布鲁氏菌病的流行及防控研究概况 [J]. 中国畜牧兽医，37 (3)：204-207.

世界动物卫生组织，2012. 陆生动物卫生法典 [M]. 北京：中国农业出版社.

唐景锋，2007. 布鲁氏菌种特异性抗原抗体免疫胶体金试纸条的研制及初步应用 [D]. 长春：吉林大学.

王芳，冯宇，张阁，等，2016. 牛布鲁氏菌间接 ELISA 抗体检测方法的建立 [J]. 中国农业科学，49 (9)：1818-1825.

王秀丽，蒋玉文，毛开荣，等，2011. 布鲁氏菌病实验室诊断方法的研究进展 [J]. 中国兽药杂志，45 (11)：37-42.

王玉玲，李丙文，刘红梅，2012. 牛布鲁菌病荧光偏振检测方法敏感性和特异性评估 [J]. 中国兽医杂志，48 (11)：25-26.

许邹亮，南文龙，周洁，等，2011. 布鲁氏菌环介导等温扩增（LAMP）可视化检测方法的建立 [J].

中国动物检疫，28（8）：37-40.

张付贤，李晓艳，闫广谋，等，2009. 鉴别布鲁菌病自然感染动物与疫苗免疫动物胶体金检测试纸条的研制［J］. 中国畜牧兽医，36（7）：79-82.

朱明东，洪林娣，2006. 快速免疫诊断布鲁氏菌病新方法的研究［J］. 浙江省医学科学院学报，67：14-17.

朱明东，徐卫民，洪林娣，等，2006. 斑点金免疫渗滤法快速诊断布鲁杆菌病的研究［J］. 中国地方病学杂志，25（3）：326-327.

朱明东，洪林娣，2008. 胶体金免疫层析法快速诊断牛布鲁氏菌病的研究［J］. 中国人兽共患病学报，24（8）：755-759.

訾占超，亢文华，马英，等，2014. 荧光偏振技术在布鲁氏菌病检测中的应用［J］. 中国人兽共患病学报，30（10）：1057-1061.

Bercovich Z，2000. The use of skin delayed-type hypersensitivity as an adjunct test to diagnose Brucellosis in cattle：a review［J］. Vet Quart，22（3）：123-130.

Bercovich Z，Ter L E A，1990. An evaluation of the delayed-type hypersensitivity test for diagnosing brucellosis in individual cattle：a field study［J］. Vet Microbiol，22（2/3）：241-248.

Cardoso P G，Macedo G C，Azevedo V，et al，2006. *Brucella* spp. noncanonical LPS：structure，biosynthesis，and interaction with host immune system［J］. Microb Cell Fact，5（1）：13.

Carlsson H E，Hurvell B，Lindberg A A，1976. Enzyme-linked immunosorbent assay（ELISA）for titration of antibodies against *Brucella abortus* and *Yersinia enterocolitica*［J］. Acta Pathol Microbiol Scand，84（3）：168-176.

Clavijo E，Diaz R，Anguita A，et al，2003. Comparison of a dipstick assay for detection of *Brucella*-specific immunoglobulin M anti-bodies with other tests for serodiagnosis of human brucellosis［J］. Clin Diagn Lab Immunol，10（4）：612-615.

Ducrotoy M J，Conde-Álvarez R，Blasco J M，et al，2016. Review of the basis of the immunological diagnosis of ruminant brucellosis［J］. Vet Immunol Immunop，171：81-102.

Feng Y，Zhu L，Peng X，et al，2017. Development of an interferon-γ release assay（IGRA）for detection of *Brucella abortus* and clinical diagnosis of brucellosis［J］. JIDC，11（11）：847-853.

Gilmore S A，Schelle M W，Holsclaw C M，et al，2012. Sulfolipid-1 biosynthesis restricts *Mycobacterium tuberculosis* growth in human macrophages［J］. ACS Chem Biol，7（5）：863-870.

Ismail T F，Smits H，Wasfy M O，et al，2002. Evaluation of dipstick serologic tests for diagnosis of Brucellosis and typhoid fever in Egypt［J］. J Clin Microbiol，40（9）：3509-3511.

Kim J W，Lee Y J，Han M Y，et al，2007. Evaluation of immunochromatographic assay for serodiagnosis of *Brucella canis*［J］. J Vet Med Sci，69（11）：1103 -1107.

Pouillot R，Garin-Bastuji B，Gerbier G，et al，1997. The Brucellin skin test as a tool to discriminate false positive serological reactions in bovine Brucellosis［J］. Vet Res，28（4）：365.

Zagoskina T，Markov E，Kalinovskii A I，et al，1998. Use of specific antibodies，labeled with colloidal gold particles，for the detection of *Brucella* antigens using dot-Immunoassay［J］. Zhurnal Milkrobiologii，Epide-miologii，Iimunobiologii，（6）：64-68.

第八章 布鲁氏菌病疫苗

布鲁氏菌是胞内寄生菌，大多数抗生素对其抑制的效果不理想。目前人间布病诊断和治疗还很不完善，诊断中常有漏检或误检现象，对慢性病人还没有很好的救治办法。因此，在当前畜间布病流行情况比较严重的大背景下，对高流行率地区的家畜使用疫苗免疫是控制人间和畜间布病最直接、有效的办法。自 1887 年，David Bruce 从患波浪热病人脾脏分离出布鲁氏菌后，布病疫苗研究工作即已展开，至今经历了从灭活疫苗、弱毒活疫苗、粗糙型弱毒活疫苗到基因工程疫苗的发展过程。传统的布病疫苗主要有牛种布鲁氏苗 S19 和 RB51、羊种布鲁氏菌 Rev.1 等。正在研发中的新型疫苗有基因工程技术构建重组弱毒疫苗、分子标记疫苗、DNA 疫苗及亚单位疫苗等。

第一节 布鲁氏菌病疫苗种类及应用

理想的布鲁氏菌疫苗应该具有以下特点：能诱导产生大量的有利细胞因子；能激发足够的保护性细胞介导的免疫反应；对诊断干扰小；产品长期稳定，并易于保存；对动物的毒副作用小，对人无害。

由于动物的种类、数量与年龄，攻击菌株和剂量，免疫途径和群体免疫状况，临床症状和感染的其他标志不同，因此不同疫苗的效果也不同，现在还没有一个统一标准来评价菌苗的有效性。普遍认为，使用活疫苗是控制动物布病的有效方法，因为活疫苗具有较完全的抗原性和持久的免疫保护力。疫苗接种后，细菌通常在宿主体内持续存在一段时间，产生以细胞免疫为主、体液免疫为辅的免疫。

鉴于涉及感染布病的家畜种类较多，布病疫苗种类多样，因此不同家畜和人群适用不同的菌苗（国内、外在人畜中应用的菌苗见表 8-1）。

表 8-1 国内外在人畜中使用的布鲁氏菌疫苗种类

使用对象	地区	制剂		
		活菌疫苗	死菌疫苗	组分苗
人	国内	104M	—	
	国外	19-BA，104M	—	PI、BIIA
牛	国内	S2、A19	—	
	国外	S19	*B. abortus* 45/20	

（续）

使用对象	地区	制 剂		
		活菌疫苗	死菌疫苗	组分苗
羊	国内	S2、M5	*B. abortus* 45/20	
	国外	Rev. 1	*B. melit* H38	
猪	国内	S2	—	AEE（水醚提取物）
	国外	—	—	

一、人布病疫苗

在世界上只有少数国家主张给人预防接种布病疫苗，我国是其中之一。至今尚未有国际认可的人用布病疫苗，许多国家对人群实施布病免疫也有异议。最初曾用灭活布鲁氏菌给人免疫，但是效果不理想。目前使用的菌苗保护力有限，持续时间较短，连续使用可产生一定的不良反应。广泛用于动物布病免疫的疫苗，如 S19、Rev. 1、RB51 等均对人有一定毒力，能引起人致敏等不良反应，因此不适用对人群免疫。法国曾用牛种布鲁氏菌免疫人群，在免疫的 11 人中有 1 人发病。以色列用牛种布鲁氏菌 19D 苗免疫人群，免疫后人间布病大幅度下降，但在应用此菌苗的同时也采取了其他措施，所以难以确认此菌苗的免疫效果。美国曾用 Rev. 1 苗免疫少数人群，但免疫者出现急性布病过程。俄罗斯和我国分别使用 19-BA 疫苗和 104M 疫苗进行人群免疫。两者均为弱毒活疫苗，这两种疫苗的主要缺点是：一定比例的接种对象出现不同程度的副反应或者出现急性布病症状，干扰常规血清学方法等。因此，不提倡大范围使用菌苗，只是在有布病暴发或流行时，对严重受威胁人群；或在紧急状态时，如受生物恐怖袭击时使用菌苗进行预防接种。尽管如此，19-BA 疫苗和 104M 疫苗对保护高危职业人群、布病疫情流行严重地区的人群仍然具有重要意义。

（一）19-BA 疫苗

19-BA 疫苗菌株是在 1945 年由苏联学者 Bepmn Noba 从牛种布鲁氏菌 S19 中通过挑选菌落培育出的毒力更低、菌落更为均一的人用牛种 1 型弱毒菌株，1946 年首次用于人的免疫。1952—1958 年苏联使用 19-BA 疫苗应用于人群，使人间布病病例数降低了约60%，目前主要在俄罗斯使用。以 10 亿个每人皮下接种该疫苗，保护率为 60%～80%，免疫保护期为 6～9 个月。我国从苏联引进该疫苗后，于 1957 年小规模地用于人的免疫，但由于皮下接种引起严重反应，后改为大剂量皮上划痕免疫，此疫苗除皮上划痕外还可以用滴鼻法免疫，但不提倡用气雾法免疫人群。由于 19-BA 疫苗稳定性差，残余毒力逐年下降，菌落并非均一，提供的免疫保护力降低，故我国于 1965 年开始使用 104M 疫苗取代 19-BA 疫苗。

（二）104M 疫苗

104M 疫苗菌株是 1950 年苏联学者 Kotnrpoba 从苏联地区的母牛流产胎儿中分离到的牛种 1 型布鲁氏菌，并将其研制为布病弱毒活疫苗。我国经过试验证明，104M 菌株是一株弱毒株，皮上接种后全身和局部反应较 19-BA 疫苗轻，通过实验动物亦证明 104M

疫苗免疫效果要优于 19-BA 疫苗，因此于 1965 年正式启用至今。虽然 104M 疫苗的免疫力较 19-BA 的强，且毒力更低、更稳定，但仍对人有一定的毒性反应，如果接种途径不当或者剂量过大仍可能引起局部或者全身反应，因此接种前需进行皮肤变态试验。104M 疫苗可以使用皮上、滴鼻、气雾、口服等多种免疫途径，其中以气雾法为佳，其次是滴鼻，皮上和口服糖丸法虽然安全性最高但免疫效果最差。综合考虑免疫效果和操作简便性，目前一般采用皮上划痕法以 50 亿个每人接种 104M 疫苗，保护率约 90％，免疫保护期为 12 个月，很多地方也采用滴鼻法。104M 疫苗对重点职业人群进行免疫可以显著降低发病率，而且在疫情暴发流行时可以作为应急控制措施。

（三）其他疫苗

酚非溶性（phenol-insoluble，PI）成分苗是用乙醇-乙醚、氯仿处理羊种布鲁氏菌后再用饱和酚溶液提取的含有布鲁氏菌抗原的混合物。该疫苗成分复杂，含有蛋白质、糖、类脂、核酸等，具有一定的免疫原性和保护力，皮下免疫小鼠和豚鼠都有较好的效果。PI 成分苗用于人免疫时，接种人群出现了较强的血清反应，约 1/4 人群发生不同程度的副反应，因此不适用于人的布病免疫。

此外，还有一些学者研究了其他的成分疫苗，如苏联学者用化学方法处理 19-BA 疫苗提取的 BIIA 成分疫苗；尚德秋等（1982）从 104M 菌株中提取的 104M A、E 组分苗，虽然证实都对小鼠和豚鼠具有一定的保护力，但均缺乏在人群中的安全性、反应性和流行病学效果观察，因此均尚未用于人的布病免疫。

二、动物布病疫苗

（一）常规光滑型布病疫苗

由于活疫苗可以激起有效的细胞免疫，产生良好的保护效果，因此迄今为止，绝大多数成功应用的疫苗都是弱毒活疫苗。光滑型布鲁氏菌疫苗株由于其结构中存在 LPS，能激活机体产生良好的体液免疫和细胞免疫反应，因此目前仍是被广泛使用的疫苗。以下将对该种疫苗作详细介绍。

1. 牛种布鲁氏菌 19 疫苗

（1）S19 疫苗概述　S19 疫苗是世界上第一个有效且被广泛使用的疫苗株。该疫苗菌株最初是 1923 年从新泽西一个牛场中分离的毒力菌株，经实验室传代 1 年以上，使其毒力变弱而获得。早期使用的 strain 19 疫苗尽管对牛的毒力很低，但仍然可以引起 1％～2.5％的妊娠母牛流产，并能够传染人，因其安全性遭受质疑而被美国农业部（United States Department of Agriculture，USDA）禁止使用。随后美国科学家筛选了一株对赤藓糖醇敏感的 strain 19，并证实该菌株基因组中编码赤藓糖醇代谢的 *ery*ABCD 4 个阅读框（open reading frame，ORF）中有一个 702bp 的缺失，从而导致 *ery*C 和 *ery*D 基因被破坏。1956 年，USDA 开始使用安全性更高的 strain 19 疫苗株，并将其改名为 US19 或 S19，目前世界上大多数使用的 S19 疫苗株均是 *ery* 基因缺失株。近年来，国家动物布病参考实验室曾对我国保存的不同时期、不同国家来源的 S19 菌株即《中华人民共和国兽药典（三部）》（2015 年版）中的 A19 株进行过鉴定，均未检测到 *ery* 基因的缺失。可能由于历史的原因，我国当时未及时引进 *ery* 基因缺失的 S19 株，目前实际使用的 A19 株应该是 1956 年前被广泛使用的 strain 19。同时，使用小鼠和豚鼠对 A19 株进行比较系统的毒力测定，并未发现其毒力返强。S19 疫苗可以为牛提供较好的保护力，但其保护效果与接种牛的年龄、剂量、免疫途径、牛场群体免疫情况有关。另外，该菌株是光滑型，其 LPS 含有 O-链，能持续刺激机体产生抗体，对牛有一定的保护力，但这也使得常规血清学检测方法无法区分免疫牛和自然感染牛。到目前为止，该 S19 仍为 OIE 认可的布病疫苗的参考疫苗。自 2001 年起，巴西为了降低国内布病患病率和感染率，已开始对犊牛实行强制免疫 S19 疫苗。在苏丹等非洲国家，S19 疫苗株仍然是布病防控使用的主要疫苗。可见，S19 疫苗在世界布病防控工作中被广泛使用，且一直发挥巨大作用。

（2）S19 疫苗的应用　美国国家动物疫病实验室关于 S19 疫苗的总结报告指出，65%～75% 的免疫动物不被感染，25%～35% 的免疫动物虽然感染，但没有流产等明显临床症状。

我国河北省某奶牛场应用 A19 疫苗，能有效防控因布鲁氏菌引起的流产；给内蒙古地区的黄牛群接种免疫 A19 后，布鲁氏菌的抗体检出率由免疫前的 86.7% 降低到免疫后的 29.4%；在青海地区对母牦牛免疫后，流产率由免疫前的 28.48% 下降到 1.26%；在新疆地区的 5 个奶牛养殖小区联合使用 S2 和 A19 疫苗，经过连续 2 年防控监测，各个养殖小区能繁母牛流产率明显下降，流产率最高的小区从超过 10% 下降至 1% 以下。

S19（A19）疫苗的临床效果明显，能有效防控布鲁氏菌感染，降低畜群死胎率和流产率，同时还减少因母牛死胎、流产所导致的经济损失。

（3）影响 S19 疫苗效果的因素　S19 疫苗的免疫效力与免疫剂量、免疫途径、动物年龄、动物群体免疫情况等因素有相关。

使用不同免疫剂量，S19 疫苗能对动物提供不同程度的流产保护力。国外使用强毒 2308 株攻毒试验的研究表明，疫苗有效注射量越高，其保护效果越好；使用低剂量多次免疫，也能得到较好的保护力。临床应用中，应注意根据免疫动物的实际情况，选用合适的免疫剂量。免疫途径也是影响疫苗效果的重要因素之一。以我国 A19 疫苗临床使用为例，接种对象为育成牛和产后母牛，不对妊娠母牛使用。妊娠母牛皮下注射免疫剂量 S19 疫苗，可导致约 3.2% 的流产率；当给孕牛静脉注射相同剂量时，流产率可达 100%。犊牛 3～8 月龄时进行第一次皮下注射接种，必要时在第一次配种前进行第二次免疫接种，疫苗产生的免疫有效保护期为 72 个月。一般不免疫 3 月龄以下犊牛，一是犊牛的免疫系统不健全，二是犊牛对布鲁氏菌感染不敏感。用该疫苗免疫公畜时，能导致睾丸炎。采取正确的免疫途径，能更好地发挥疫苗的效果，同时能避免不必要的意外和损失。

布鲁氏菌是一种细胞内寄生感染菌，如果牛只在接种疫苗前就已经感染布鲁氏菌，即使接种疫苗，表面上是抗体阳性，但是牛机体的免疫机能一旦降低，布鲁氏菌便从细胞内释放进入体液循环，机体启动记忆反应，发挥细胞免疫和体液免疫，将体液中的病原菌清除，这一过程伴随着动物的发热等体征，随后退热，牛只看似恢复，但在细胞内的病原菌并不能被清除，这样就导致反复发热，对牛群构成潜在的风险。因此，在免疫接种前必须保证牛只健康，要对牛群进行检疫，对血清学阳性或出现发热、流产等临床指标阳性的可疑奶牛必须隔离，只接种健康牛群，否则会造成牛群长期隐性带菌。

（4）S19 疫苗存在的缺陷　S19 疫苗有一定的残存毒力，对人有致病力，大剂量接触疫苗细菌可能会感染。临床使用时若操作或使用方法不当，会导致严重的后果。该疫苗使用过程中，应加强自身防护并防止出现环境扩散，使用过的用具、疫苗瓶和未完全用完的疫苗必须及时消毒处理。

另外，由于 S19 疫苗是光滑型布鲁氏菌，一方面能长效刺激动物机体产生抗体；另一方面其 LPS 含有 O-链，目前常用的血清学检测方法还不能区分疫苗诱导产生的抗体与野毒诱导的抗体，会直接干扰对感染动物的血清学诊断。

（5）S19 疫苗改良　在血清学方法上，S19 疫苗株是光滑型布鲁氏菌，其 LPS 含有 O-链，其诱导产生的抗体类型与野毒株诱导的抗体相似，这使得常规血清学检测方法无法区分免疫动物和自然感染动物。分子生物学方法上，目前国际上广泛使用的 S19 存在 ery 基因缺失，OIE 将这一特点作为 S19 与野毒株的鉴别诊断依据。但我国广泛使用的 A19 疫苗株不存在缺失情况，因此该方法不适用于 A19 株。寻求可鉴别诊断方法、保持良好的免疫原性是 S19 疫苗两个重要的研究方向。

在疫苗鉴别方面，谭鹏飞等（2014）研究发现，virB8 基因上 108 位碱基的 G-T 突变，可作为 A19 疫苗株与野生菌株的鉴别依据之一。有人利用 A19 赤藓糖醇代谢基因序列差异，区分了我国疫苗株 A19 和牛Ⅰ型强毒株 2308。但是上述两种方法还未能明确区分出 A19 疫苗株与野毒株。利用聚合酶链反应-单链构象多态性（polymerase chain reaction-single-strand conformation polymorphism analysis，PCR-SSCP）分析方法，可鉴别 A19 与野生菌株，但操作复杂。通过检测比对 SNP 位点可较快速、简便区分 S19 和其他野毒株。Gopaul 等（2010）建立的 S19 鉴别检测荧光定量 PCR 方法，目前同样适用于我国布鲁氏菌 A19 疫苗株的鉴别诊断。

除对传统 S19 疫苗的差异性进行研究外，新型疫苗的研究一直在进行。对于 S19（A19）疫苗的改进，在保持其良好免疫源性和遗传稳定性的基础上，可通过加入标记基因等方式，提高鉴别诊断的有效性和简便性。目前，多个候选物可用作标记基因，如 bp26 基因、P39 基因和绿色/红色荧光蛋白（GFP/RFP）基因。Bp26 蛋白是有效的免疫原，但试验证明尽管缺乏了 Bp26 蛋白的表达，但并不影响 S19 疫苗在小鼠或妊娠母牛中的保护能力。在小鼠模型中，蛋白 P39 的表达缺失不影响 S19 疫苗的保护功效，也可以作为标记基因。具有标记基因 A19-ΔvirB12 突变株和缺失 wboA 基因的 RB6 株，其保护力和稳定性与 A19 株相当，且可以有效区别野毒感染。

2. 羊种布鲁氏菌 Rev.1 疫苗

（1）Rev.1 疫苗概述　Rev.1 来源于羊种布鲁氏菌分离株，为光滑型羊种布鲁氏菌弱毒活菌株。不同于羊种布鲁氏菌的是，Rev.1 疫苗菌株对高浓度的品红及硫堇敏感，这一特点常被用于其特性鉴别。同时由于 Rev.1 疫苗菌株是通过链霉素筛选获得，因此其对链霉素具有一定的抗性。目前 Rev.1 疫苗毒株的致弱机制仍未完全阐明，分子鉴别方法尚未确立。上述特性的存在使得可以通过常规细菌培养方法对 Rev.1 和其他羊种布鲁氏菌菌株进行鉴别，这在疫苗生产和评价中有着重要作用。

Rev.1 疫苗对牛种布鲁氏菌、羊种布鲁氏菌和猪种布鲁氏菌均具有免疫保护力，但此菌株作为疫苗仍具有一定的毒力，并且在适当的条件下，毒力可以完全恢复。由 Rev.1 引起的流产率比 S19 高，而对于某些毒力变异株，其致流产率可能更高；另有一些研究数据表明，Rev.1 对预防牛感染羊种布鲁氏菌具有比 S19 更好的保护力。临床上常配合使用链霉素和四环素来治疗布病。由于 Rev.1 对链霉素具有抗性，因此对由 Rev.1 引起的人的感染的治疗效果往往较差。虽然以 Rev.1 作为疫苗，还需要更多的数据证实其安全性和效率问题，但作为羊种布病疫苗株的代表，Rev.1 目前仍被不少亚洲国家用于预防羊种布鲁氏菌。Rev.1 同样属于光滑型菌株，其诱导机体产生的抗体也会干扰后期的血清学检测。

（2）Rev.1 疫苗的应用

①在小反刍动物中的应用　Rev.1 疫苗研制成功后，在许多国家进行了试验性应用，试验的主要对象包括不同年龄、妊娠情况的山羊、绵羊、奶牛等。结果表明，Rev.1 疫苗可以显著保护被免疫动物，并减少乳汁中布鲁氏菌的排出量。在随后的试验中，不同国家地区的科研人员对 Rev.1 与 RB51 及 S19 疫苗的保护力进行了系统的评价，证明 Rev.1 对于小反刍动物的保护力优于 RB51 和 S19 活疫苗。随着 Rev.1 疫苗在越来越多的试验中表现出了良好的保护作用，Rev.1 疫苗开始在多个国家和地区广泛应用于小反刍动物布病的防控，但是不同国家使用 Rev.1 疫苗对布病的防控效果却不尽相同。

在意大利，通过与强制淘汰政策的配合，1967—1978 年约有 1 200 万份 Rev.1 疫苗被用于羊场净化和羊种布鲁氏菌的防控，意大利畜间和人间布病发病率在此期间大大降低。土耳其前期单纯通过检测淘汰策略控制布病无效后，采用免疫 Rev.1 疫苗和检测淘汰并行的办法，成功地降低了布病的发病率。南非也曾经在反刍动物中大规模使用 Rev.1 疫苗来抵抗羊种布鲁氏菌的侵袭。各国的统计数据表明，在大规模免疫 Rev.1 疫苗后，免疫动物的流产率大大下降，人间布鲁氏菌的感染率也同期下降。这在一定程度上也可以说明，动物布病的防控对人间布病的预防有积极意义。

Rev.1 疫苗在意大利、土耳其等国家控制布病取得成功的同时，对以色列、西班牙等国家布病的防控效果却不尽如人意。1963—1978 年，以色列使用 Rev.1 疫苗免疫绵羊和山羊总数达到 30 万只，但以色列境内布病的发病率并未显著下降。最重要的是，在以色列使用 Rev.1 疫苗控制本国布病的同时，其境内出现了免疫牧场场主感染布鲁氏菌 Rev.1 疫苗菌株而感染布病的案例。同时，研究人员从免疫动物的奶制品中也分离到 Rev.1 菌株，表明 Rev.1 疫苗免疫动物存在向分泌物中排菌的风险（表 8-2）。

表 8-2　以色列 Rev.1 疑似菌株分离及来源（Benkirane 等，2014；Ebrahimi 等，2012）

分离菌株	表型	分离样本	样本来源	流行病学情况
5000-Ⅰ	光滑型	血液	人	Rev.1 菌株感染
58151	光滑型	乳汁	免疫母羊	Rev.1 菌株感染
64945/6	光滑型	乳汁	未免疫母羊	Rev.1 菌株水平传播感染
94/54805	光滑型	乳汁	免疫母羊	Rev.1 菌株及野毒感染
96/118295/1	光滑型	乳汁	免疫母羊	Rev.1 菌株及野毒感染
93/44457	粗糙型	乳汁	未免疫母羊	Rev.1 菌株水平传播感染
71036	粗糙型	乳汁	免疫母羊	Rev.1 菌株感染

同样，强制性使用 Rev.1 疫苗防控布病长达 6 年时间后，西班牙境内羊种布鲁氏菌的流行率仍然高达 6.5%。在这期间，西班牙人间布病新增感染数量高达8 000人，这也意味着西班牙政府使用 Rev.1 疫苗防控本国布病的计划宣告失败。

②在其他动物上的应用　Rev.1 疫苗在牛群中的试验结果表明，其对牛的保护力低于 S19 疫苗，在牛群中大规模免疫使用的案例较少。OIE 在 20 世纪 70 年代曾在蒙古国大规模组织使用 Rev.1 疫苗代替 S19 疫苗对牛群进行免疫，但是因 Rev.1 疫苗存在接种后从免疫牛的乳中出现排菌现象，而最终放弃使用。在其他经济动物上，非洲及中东地区使用 Rev.1 疫苗免疫骆驼后有着良好的保护力。

（3）Rev.1 疫苗存在的缺陷　在 Rev.1 疫苗大规模应用的同时也出现了多种安全性问题。第一，临床上用 Rev.1 疫苗接种母羊后，研究人员从母羊的阴道分泌物中分离出 Rev.1 菌株，而这可能导致种群间布病的水平传播；同时，研究人员还证实无论通过皮下还是黏膜接种 Rev.1 疫苗，母羊阴道分泌物带菌状况始终存在。第二，Rev.1 疫苗虽然是弱毒疫苗，但是其相较于其他布鲁氏菌弱毒疫苗来说，毒力还是过强。虽然一定的毒力可以对羊产生相当的保护力，但在使用过程中易导致妊娠母羊流产。使用标准剂量（1×10^9 个）接种后，母羊流产状况严重；减毒剂量（$10^5 \sim 10^7$ 个）接种妊娠 2～3 个月的母羊时，流产状况仍然存在；减毒半剂量（5×10^4 个）接种免疫虽可降低母羊的流产概率，但却不能为免疫母羊提供足够的保护力。第三，Rev.1 疫苗毒株存在严重的毒力不稳定现象，对密切接触菌株的人员有一定的潜在安全威胁。同时，Rev.1 疫苗毒株是光滑型菌株，动物在免疫接种后产生的抗体会干扰临床上对自然感染和疫苗免疫的区分，给布病防控造成极大的困难。

最重要的是，Rev.1 疫苗在使用过程中多采用黏膜免疫接种的方法，显然此法已在试验及实践中证明其比皮下免疫接种动物有更好的效果（提供充足保护力的同时降低流产概率）。但黏膜免疫接种对操作人员具有较大的危险性，同时免疫成功率较皮下接种的也略低。

此外，不同国家生产 Rev.1 疫苗时所用的菌株并不是来源于同一菌株，这也导致疫苗有严重的不均一性，并使得对 Rev.1 疫苗的评价变得困难重重。不仅如此，临床上使用虎红凝集试验方法检测 Rev.1 免疫羊群较其他疫苗有更高概率的假阳性现象。由于 Rev.1 使用过程中出现的多种问题，因此在许多羊种布病已被消灭的国家，Rev.1 疫苗已经被禁止使用。

（4）Rev.1 疫苗改良　科研人员曾尝试通过突变 Rev.1 菌株来改进 Rev.1 疫苗的安全性，目前尚未取得良好效果。现在科学家通过阻断布鲁氏菌 *LPS* 基因的表达来获得无血清学诊断干扰的突变菌株。通过突变 *wbk*F、*per*、*wa*** 这 3 个不同的基因位点均能获得无诊断干扰的突变菌株，但是三者在保护效力上均低于 Rev.1 疫苗原始菌株。同时在试验中，保护效力最强的 *wbk*F 突变株在免疫接种时，引起母羊流产的概率高达 38%。

除通过突变获得粗糙型菌株外，科研人员曾尝试以 Rev.1 菌株为模板，突变布鲁氏菌外膜蛋白 *bp*26 及 *omp*31 基因，获得 2 个突变菌株：GGV26（不表达 Bp26 外膜蛋白）和 GGV2631（不表达 Bp26 及 Omp31 两种蛋白）。在保护性试验中，GGV26 突变菌株表现出了与 Rev.1 等同的保护力，不仅强于 GGV2631 菌株，而且在遗传稳定性上优于

Rev.1 菌株，表明其可作为 Rev.1 的替代菌株。

3. 猪种布鲁氏菌 S2 疫苗

（1）S2 疫苗概述　猪种 S2 疫苗株是中国兽医药品监察所于 1952 年从猪的流产胎儿中分离到的，在 20 世纪 60 年代末进行了小规模临床试验，70 年代开始用于山羊和绵羊的免疫，80 年代中期被引入其他国家，如西班牙、土耳其、利比亚、英国、法国、德国和赞比亚。小鼠、豚鼠、山羊、绵羊通过口服或结膜免疫与 Rev.1 和 H38 灭活疫苗的免疫效果进行比对，结果表明结膜免疫时 S2 可以提供与 Rev.1 相当的免疫保护力。对于羊种布鲁氏菌的感染，S2 则提供了更好的保护力。该疫苗的毒力比 S19 和 Rev.1 的弱，对猪、牛、羊均能产生良好的免疫，其突出的优点还在于通过口服方式免疫妊娠母畜不会引起流产。该疫苗可以投入饮水中给药，1×10^9 个免疫剂量对山羊和绵羊可以提供 2～3 年的保护。丁家波等（2012）用实验动物（小鼠和豚鼠）系统比较了 S2、M5 和 A19 这 3 种疫苗株的安全性和免疫保护效果，结果发现 1×10^5 个/只剂量免疫 18～20g 的 BALB/c 小鼠后，S2 株在小鼠体内的存活时间为 6 周，A19 为 14 周，M5 超过 35 周。用这 3 种疫苗免疫小鼠 6 个月后，对同等剂量（1×10^5 个/只）强毒 2308 株的攻击均能提供 90％以上的保护；以 1×10^9 个/只剂量免疫 350～400g 的豚鼠，15d 后 S2 免疫组在豚鼠脾脏中的含菌量明显低于 A19 和 M5 试验组。研究结果证实了 S2 疫苗具有良好的免疫保护效果和优越的安全性（表 8-3）。

表 8-3　不同疫苗株免疫的豚鼠其脾脏含菌量的测定结果

疫苗种类	脾脏重量（g）	稀释倍数	菌落数（个）	克脾脏含菌量（个）
A19	0.98	2 000	68、90、87	1.7×10^5
	0.83	100	111、123、118	2.8×10^4
	0.99	200	234、206、231	4.5×10^4
M5	1.20	2 000	＞400	＞6.7×10^5
	0.81	2 000	＞400	＞9.8×10^5
	1.07	2 000	＞400	＞7.5×10^5
S2	1.16	200	39、42、52	7.6×10^3
	1.02	200	76、76、72	1.5×10^4
	1.01	0	227、164、187	3.8×10^3

鲁志平（2016）通过山羊口服免疫 S2 株、M5 株布鲁氏菌减毒活疫苗后对血液中布鲁氏菌抗体进行了检测，结果显示 S2 株布鲁氏菌减毒活疫苗既适用于不同日龄、不同性别的本地杂交山羊，也适用于妊娠期间山羊；M5 株布鲁氏菌减毒活疫苗可引起妊娠母羊免疫副反应和严重的流产症状。较 M5 布鲁氏菌活疫苗，S2 布鲁氏菌活疫苗更具有安全性。

Mustafa 等（1993）在利比亚选用 446 头成年母羊、5 头母绵羔羊和 20 头成年山羊对 S2 的安全性进行了评价。结果发现，口服 2 倍推荐剂量并未观察到任何不良反应，羊无论是在妊娠前或妊娠后免疫均未发生流产现象，在奶、阴道分泌物和胎儿体内都没有分离出布鲁氏菌，同群饲养的非免疫羊直接接触也未能检出布鲁氏菌血清抗体。表明 S2 疫苗通过正确方式接种后，对妊娠母羊的毒力弱，不会引起妊娠母羊流产，且向外排菌的可能性很小或没有，临床安全性相对可靠。

（2）S2疫苗的应用 S2疫苗可为猪、牛、牦牛、山羊和绵羊多种动物免疫，可进行皮下注射、肌内注射、气雾和口服等多种方法接种。大量的动物试验表明，S2疫苗能够提供令人满意的保护效果，其对超强毒羊种布鲁氏菌的攻击能提供60%～80%的保护，对猪、牛和羊均能产生良好的免疫保护。当公羊受到绵羊附睾型布鲁氏菌的攻击时，S2疫苗的免疫保护率能达到78.6%。

临床试验有力地证明了S2的安全性与有效性。在比利时通过口服或灌服的方式对24.7万只羊进行免疫的结果显示，S2疫苗安全、可靠，没有因疫苗导致的羊群流产或患病，也未见任何操作者感染；在布病流行地区连续2年对畜群进行S2口服免疫，布病已基本消除。我国内蒙古哲里木盟从1983年开始对55多万头犊牛仅进行S2口服免疫，该地区布病感染率在免疫前为2.15%，在1985年已降为0。通过饮水，以标准剂量给药，该疫苗对绵羊的保护期为半年到1年，而对牛、山羊和猪的保护期为1～3年。

小鼠、豚鼠、山羊、绵羊通过口服或结膜免疫S2活疫苗与Rev.1活疫苗效果进行比较，结果表明结膜免疫时S2可以提供与Rev.1相当的免疫保护力；对于B.ovis的感染，S2则提供了更强的保护力。王天齐等（2010）发现，奶牛口服接种S2株活疫苗后15d，即可检出疫苗诱导的布鲁氏菌抗体，30d抗体水平达到高峰（36%），45～90d抗体阳性率呈现缓慢下降趋势。

S2疫苗具有低毒力，能够引发良好的体液免疫和细胞免疫，可用于布鲁氏菌病的预防。如今该疫苗已在我国使用近50余年，对布病的防控起了重要作用。据2015—2018年中国兽医药品监察所批签发统计数据，我国每年使用该苗超过2.7亿头份，其占整个动物布病疫苗使用量的98%以上。长期应用实践证明，S2疫苗具有良好的免疫保护效果，能有效控制畜群流产、死胎率，并减少由此导致的经济损失。

（3）S2疫苗存在的缺陷及改良 目前，困扰布鲁氏菌S2疫苗使用的主要原因就是疫苗免疫后会诱导动物产生大量的抗LPS抗体，无法实现自然感染与疫苗接种感染的鉴别诊断。

为了克服血清学诊断上的困难，利用不同菌株之间基因序列的差异可作为鉴别诊断的切入点。张岩等（2015）通过NCBI发表的布鲁氏菌株基因序列比对发现，只有S2疫苗株在IclR基因存在25bp的缺失，根据缺失部分设计核酸探针可用以检测S2疫苗株。谭鹏飞等（2012）根据NCBI上发表的猪种布鲁氏菌疫苗株基因序列，经比对发现，在其基因上存在25bp序列缺失，以该特征性缺失片段设计特异性引物，并结合布鲁氏菌经典检测方法AMOS中猪种1型特异性引物，建立了双重PCR检测方法。该双重PCR方法的判定标准为：同时出现500bp和285bp两条带，判为疫苗株阳性；没带均判为疫苗株S2阴性，即非疫苗株S2；若出现285bp单一条带，则判为猪种布鲁氏菌1型菌株。用此方法可以实现对S2疫苗的鉴别诊断。

功能基因组学的全基因测序有利于发现特异性基因，可用于S2疫苗株的鉴别诊断。对S2疫苗株的基因组进行分析，预测出了3 243个编码基因，总长度为2 860 383bp，平均长度为882bp，占基因组全长的85.85%。串联重复序列共79个，总长度为8 488bp，占基因组全长的0.25%。小卫星序列52个，微卫星序列14个。有58个tRNA、12个

rRNA。3 243个编码基因中氨基酸运输代谢，共 373 个基因；糖类运输代谢，共 198 个基因；糖类代谢，共 398 个基因；氨基酸代谢，共 397 个基因。大多数基因主要与糖代谢、氨基酸代谢、氨基酸转运和膜转运有关。GL-0002181 和 GL-0002189 两种抗原的特异性高，灵敏性高，检出的阳性率差异不显著，可用于布鲁氏菌 S2 疫苗免疫的抗体检测。

通过现代分子生物学技术对布鲁氏菌进行分子鉴别是一种有效的途径。武宁等（2014）通过 BLAST 比对分析牛种、羊种、猪种、犬种、沙林鼠种和绵羊种 6 种布鲁氏菌全基因序列时发现，猪种、犬种、沙林鼠种布鲁氏菌基因组中均存在 *rep*A-related 基因，而牛种、羊种、绵羊种布鲁氏菌缺失该基因。*rep*A-related 基因与布鲁氏菌的复制有关，是猪种布鲁氏菌与牛种及羊种布鲁氏菌的差异基因。用 RepA-related 蛋白建立的间接 ELISA 检测方法，可以从免疫布鲁氏菌 S2 疫苗株的血清中检测到抗体，而在自然感染牛种、羊种布鲁氏菌的血清中检测不到抗体。RepA-related 蛋白间接 ELISA 检测方法可用于布鲁氏菌 S2 疫苗株免疫牛与牛种或羊种布鲁氏菌自然感染牛的鉴别诊断。丁家波等（2007）通过基因同源重组技术，用氯霉素抗性基因替代布鲁氏菌弱毒 S2 株的 *wbo*A 基因，筛选获得了重组布鲁氏菌 rS2-*wbo*A 株。该株与 S2 疫苗株有相似的保护性，但比 S2 疫苗株具有更高的安全性，其抗血清可通过平板凝集试验与 S2 免疫的血清相区分。

此外，通过蛋白质组学技术与免疫印迹结合，对 S2 疫苗株和野毒株的膜蛋白进行筛选后，初步发现了糖苷水解酶、Omp31 等 10 个差异表达的候选靶蛋白。这些免疫性抗原有望成为实现布鲁氏菌自然感染与疫苗免疫鉴别诊断的生物学标记，有助于高敏感性和高特异性免疫学诊断方法的开发。

4. 羊种布鲁氏菌 M5 疫苗

（1）M5 疫苗概述 M5 疫苗是 1962 年中国农业科学院哈尔滨兽医研究所将从羊体内分离到的羊种 1 型布鲁氏菌强毒株 M28 传代致弱而获得的。5×10^9 个/mL 气雾免疫是其最佳的免疫方式，可以提供 1 年的保护。1970 年，我国首次大规模用 M5 疫苗免疫山羊和绵羊，结果显示 M5 疫苗可以为接种动物提供很好的保护力，为我国动物布病的防控发挥了积极的作用，目前仍在我国新疆局部地区应用于山羊的免疫。该疫苗的优点为免疫原性好，对牛、羊、鹿均有很好的免疫力，但对猪免疫无效。该疫苗最大的缺点是菌株不稳定，经常会出现从 S 型到 R 型的变异，菌落大小也不均匀，它是我国目前使用的疫苗中毒力最强的菌株，在小鼠体内的存活时间可以超过 35 周。

（2）M5 疫苗的应用 我国在 1970 年开始大规模使用 M5 疫苗，以每只 50 亿个采取皮下注射或气雾法免疫羊、牛和鹿，使用方便，保护期 1 年，效果良好。

（3）M5 疫苗改良 M5 疫苗对牛、绵羊、山羊和鹿布鲁氏菌病的预防效果较好，但缺点是可引起妊娠动物流产，对接触气雾的人员会引起严重的不良反应，通过豚鼠连续传代后毒力明显回升。后来，中国农业科学院哈尔滨兽医研究所的研究人员又将 M5 疫苗在鸡成纤维细胞中传代 90 次，培育出了 M5-90 疫苗。该菌株毒力相对降低，免疫原性良好。其缺点是可引起部分妊娠动物流产，用常规血清学方法无法区分疫苗免疫和自然感染，因此 M5-90 疫苗仍需要进一步改造。

张红星（2009）通过敲除布鲁氏菌 M5-90 外膜蛋白 *omp*31 基因和Ⅳ型分泌系统家族

蛋白 *vir*B2 基因，使疫苗毒力降低，遗传稳定，为新型疫苗的研制奠定了基础。李臻等（2011）以羊种布鲁氏菌 M5-90 疫苗株为模板，克隆编码 *bp*26 部分功能区域序列 EP261、EP262 的上下游侧翼序列，通过同源重组的方法获得基因突变株 M5-90Δ*bp*261 和 M5-90Δ*bp*262。之后用布鲁氏菌 M5-90 疫苗株、M5-90Δ*bp*261 和 M5-90Δ*bp*262 突变株分别免疫 SPF 级 BALB/c 小鼠，通过虎红平板凝集试验和试管凝集试验初步验证了小鼠体内的抗体水平，采用间接 ELISA 的方法测定了小鼠体内总 IgG 水平，以及细胞因子 IFN-γ 的水平；用流式细胞术检测了小鼠 CD4$^+$ 和 CD8$^+$ T 细胞的含量；采用脾脏指数法确定了基因突变株与亲本株之间的毒力差异；用攻毒试验检测了各菌株的保护力。研究结果显示，两个基因突变株均可诱导机体产生与亲本株接近甚至略高于亲本株的抗体水平，同时可诱导机体产生特异性的细胞免疫应答；毒力试验结果表明，两基因突变株毒力均减弱，M5-90Δ*bp*262 的毒力下降显著；攻毒试验结果显示，突变株 M5-90Δ*bp*261、M5-90Δ*bp*262 在保护机体抵御 16M 强毒株感染方面的效果与亲本株 M5-90 相当。以上结果表明，布鲁氏菌基因突变株 M5-90Δ*bp*261 和 M5-90Δ*bp*262 具有良好的疫苗应用前景，同时也为建立用于鉴别诊断的血清学检测方法奠定了基础。张艳（2011）成功构建并筛选了遗传稳定的布鲁氏菌疫苗株 M5-90Δ*wbo*A 缺失株和 Δ*pgm* 缺失株，15 代内未发生回复突变。布鲁氏菌 M5-90Δ*wbo*A 基因缺失株的毒力比亲本株 M5-90 的明显减弱，免疫保护性略低于亲本株；Δ*pgm* 基因缺失株与亲本株毒力相当但免疫保护性高于亲本株。胡森等（2009）以 *bp*26 基因作为重组靶位点、以疫苗株 M5-90 为亲本，通过同源重组将卡那霉素抗性基因整合到 M5-90 布鲁氏菌基因组中，完全取代 *bp*26 基因的 ORF，筛选获得了双交叉重组阳性菌株 M5-90-26。小鼠攻毒保护试验证明，M5-90-26 与 M5-90 在短期内诱导产生的免疫保护力一致，M5-90-26 与亲本株 M5-90 一样可以引发高水平的抗光滑型 LPS 的体液免疫应答。

（二）粗糙型布病疫苗

由于粗糙型布鲁氏菌毒力较弱，能够在一定程度上提供对光滑型布鲁氏菌的免疫保护，而又不干扰临床检测，因此可以通过体外或体内连续传代的方法，得到粗糙型的变异菌株作为疫苗菌株，牛种布鲁氏菌 45/20 和 RB51 就是通过这种方式获得的。人们还通过分子生物学的方法突变或删除与光滑型 LPS 合成相关的基因来获得粗糙型突变株。光滑型 LPS 主要由三部分构成：O-链多糖、核心多糖和类脂 A。O-链是主要的抗原成分，它在细胞质中被单独合成好后，由 ABC 转运蛋白将其转移到周质空间，连接酶将 O-链多糖连接到类脂 A-核心多糖上。因此，如果核心多糖的合成被阻断，则合成的 O-链将不能被添加到 LPS 表面，此外还有一些与糖苷前体合成通路相关的蛋白/酶也会影响 LPS 的合成。目前，布鲁氏菌 LPS 的合成过程还不完全清楚，但是基因方面的证据表明其合成过程应该与革兰氏阴性菌类似。通常认为有四类基因参与了 LPS 的合成：①*lpx**基因主要参与类脂 A 的早期合成；②*wa***基因参与类脂 A 的后期合成；③*wb***基因参与 O-链的合成；④*wz***基因参与 O-链的加工（如 *wzm*/*wzt* 基因负责编码将 O-链展示到布鲁氏菌表面的 ABC 转运蛋白）。文献报道的 *B. menlitensis*、*B. abortus*、*B. suis* 的粗糙型突变菌株，与部分 *wa*** 基因、*wb*** 基因、*wzm*/*wzt* 基因，以及一些与核心多糖、O-链多糖前体合成通路相关的基因（如 *man*B core 和 *per* 基因）发生突变有关系。

O-链的缺失原因不同，导致 LPS 剩余结构也不相同，因此粗糙型菌株可以大致分为3 种：第 1 种粗糙型菌株具有完整的类脂 A，其细胞质也含有 O-链，但是 O-链和核心多糖之间的连接被阻断（如 *wzm*/*wzt* 基因和 *waa*L 基因突变），其 O-链不能展示在 LPS上；第 2 种粗糙型菌株具有完整的类脂 A，但是没有 O 链（如 *wb*** 基因、*wec*A 基因及*man* BOAg，*gmd* 基因突变）；第 3 种粗糙型菌株的核心多糖存在缺陷，其细胞中有或无O-链（如 *wa*** 基因和 *man*B core 基因突变）。这 3 种粗糙型菌株的减毒水平及其免疫保护力是否一样还有待进一步研究。

1. 牛种布鲁氏菌 45/20 疫苗　制造该疫苗用的菌株 *B. abortus* strain 45/20 是 1922年从病牛体中分离，后经豚鼠 20 次传代后获得的粗糙型减毒株，命名为 45/20。该疫苗可以对豚鼠和牛提供较好的保护。菌株灭活后加以佐剂免疫成年奶牛，一方面可以防止疫苗株在体内转变为强毒株；另一方面产生的抗体不会干扰血清学诊断。该疫苗的缺点是菌株不稳定，容易变异。其优点是 LPS 结构中无 O-链，因此免疫动物后在其体内检测不到针对 O-链的抗体，从而可以避免干扰血清学诊断，另外该菌株不会引起妊娠母畜流产。45/20 株基因缺陷和其作为疫苗的免疫机制仍不清楚，推断是 LPS 中残留的少量 O-链在起作用，也有人认为菌体的一些其他有效蛋白刺激了机体的细胞免疫，但是这些猜测都缺乏直接的试验证据。粗糙型 45/20 疫苗株最严重的问题是该疫苗生产菌株极不稳定，经常会出现从 R 型到 S 型的变异，恢复为强毒，不同批次之间的疫苗也存在变异。1988 年，Alton 报道不同来源 45/20 原始菌株在豚鼠上连续传代后，会出现半光滑型和粗糙型表型，表明原始菌种可能含有半光滑型克隆。现在没有有效方法可以控制其变异，不同实验室保存的该菌株均存在变异现象。原始保存菌株虽然较稳定但是也产生少量的 O-链多糖，推测可能是由于 O-链糖基数目减少且聚合异常造成的。一些欧洲国家曾用该疫苗免疫奶牛，并且有一定效果。但由于该疫苗本身的安全性和稳定性存在问题，因此目前市场上没有该疫苗产品。

2. 牛种布鲁氏菌 RB51 疫苗　RB51 疫苗株是由美国 Gerhardt 等研究者于 20 世纪 80年代末研制，最初由光滑型牛种布鲁氏菌 2308 株经体外反复传代，并经利福平和青霉素的筛选，最后使用结晶紫和吖啶橙等试验筛选到的粗糙型突变株。大量试验表明，RB51是非常稳定的 R 型菌株。具有利福平抗性的 RB51 是当前北美洲应用最为广泛的疫苗，已被美国、墨西哥、智利等国家作为替代 S19 的官方疫苗，使用于野生动物。RB51 的安全性与剂量和免疫途径相关，以全剂量［（1～3.4）×10^10 个］静脉注射试验奶牛，会导致严重的胎盘感染，引发胎盘炎，并能从牛奶中分离到苗菌；免疫妊娠奶牛，会导致部分奶牛流产。但皮下免疫低剂量（1×10^9 个）RB51 对妊娠后期的奶牛是安全的。随后更多试验证实了 RB51 以不同免疫方式对野牛和奶牛的安全性和保护效果，并且认为该疫苗免疫后能产生良好的粗糙型抗体和较高水平的 IFN-γ。也有研究表明，RB51 不能有效预防羊种和猪种布鲁氏菌的传染。动物模型研究表明，RB51 免疫引起的主要是 B 细胞介导的体液免疫应答，产生的抗体虽不能直接杀死病菌，但机体产生的各种细胞因子却具有这样的功能，良好的抗体水平能有效抵制野毒感染。基因水平研究发现，相对于 2308 株，RB51在其基因组 *wbo*A 基因（编码糖基转移酶）中插入了一段 IS711 序列（大小为 842bp 的插入序列，该序列比较保守，经常出现在布鲁氏菌基因组中，具体功能未知）。在 2308 株

*wbo*A 基因中插入其他转座基因获得光滑型突变株，能够提供比 RB51 更好的免疫保护效果，但毒力比 RB51 强。当 RB51 菌株加入 *wbo*A 基因后，O-链的表达水平会增加，但菌株并未变回为光滑型，表明 RB51 菌株还存在除 *wbo*A 基因外其他的基因变异。在目前公布的 *B. melitensis*、*B. suis* 和 *B. abortus* 全基因序列中，*wbo*A 基因位于 *wbk* * 基因群外侧。RB51 菌株可以产生少量 M 样 O-链，并不会刺激机体产生能够达到血清学检测水平的 O-链抗体，因此不会干扰虎红平板凝集试验、试管凝集试验和补体结合试验等血清学诊断，但有研究表明 RB51 严重影响 iELISA 或者 cELISA 检测结果。该疫苗可以提供与 S19 相当的保护力，相比之下，又可鉴别免疫牛和自然感染牛，但其对羊的免疫保护效果并不令人满意。RB51 菌株具有利福平抗性，容易通过选择性培养基进行分离鉴定，但也不利于布病患者的常规治疗。

2000 年，美国学者 Vemulapalli 等构建了超量表达 Cu/Zn 超氧化物歧化酶的重组布鲁氏菌 RB51 SOD 株，结果显示其比 RB51 更好的免疫保护能力。由于知识产权等方面的原因，因此至今为止我国尚未引进 RB51 疫苗株。

3. 羊种布鲁氏菌 M111 疫苗　M111 疫苗是我国自行研制的粗糙型羊种布鲁氏菌疫苗，主要用于羊的免疫，是国际上首次适用于羊的粗糙型布鲁氏菌疫苗。毛开荣等（2003）研究证实，M111 疫苗不仅对羊具有良好的安全性和免疫效力，而且具有不诱导产生布病常规血清学试验（包括平板凝集试验、试管凝集试验和补体结合试验）阳性反应的特点，对以羊布病疫情为主的布病防治有着重要意义。

M111 具有很好的安全性，其毒力低于 S19、Rev. 1、M5 和 S2。在绵羊和山羊体内的存活期为 20d 左右，不会引起免疫羊的不可逆病理性损伤，亦不会引起局部或全身性的不良反应。对适龄母羊的发情、配种、受孕和分娩无不良影响。妊娠母羊采用口服免疫，不会导致流产。

对近万头羊（包括绵羊、山羊和奶山羊）免疫后的血清学检查结果表明，M111 疫苗免疫不会诱导被免疫羊产生布病常规血清学诊断（包括试管凝集试验、平板凝集试验、虎红平板凝集试验、补体结合试验）抗体，对实施布病检疫不会产生任何干扰。而布鲁氏菌病 S2、M5 疫苗免疫后，被免疫羊产生难以与自然感染相区别的抗体，从而干扰布病检疫。M111 疫苗的上述血清学特性，有利于疫区结合检疫措施，更快地控制布鲁氏菌病的流行，还为布鲁氏菌病控制地区提供了一种有效的预防措施，以保护本地区羊免受外来布鲁氏菌病感染的威胁，巩固布鲁氏菌病的防治成果。

豚鼠连续传代试验证明，M111 在变异性、抗原性和毒力上均没有变化，仍保持 R 型特性。连续通过妊娠绵羊和非妊娠绵羊的试验证明，M111 菌株通过羊体 4 代后毒力不发生变化。通过羊体繁殖后的各代培养物接种家兔，兔血清不产生 SAT、CFT 和 RBPT 抗体反应。以通过羊体的培养物作为抗原进行 SAT 试验，对 R 血清出现阳性反应，对 S 血清为阴性反应。

M111 菌对 340 多头羊（包括绵羊、山羊、奶山羊）的攻毒试验表明，口服免疫保护率可达 75% 以上，注射免疫保护率可达 78% 以上，其免疫力与 S2、M5 疫苗接近或相当。国家动物布鲁氏菌病参考实验室用豚鼠和羊对 M111 疫苗进行了保护效力评价，结果发现其保护力不尽令人满意。

4. 牛种布鲁氏菌 RA343 疫苗　2007—2012 年，国家动物布鲁氏菌病参考实验室陆续从不同省份和地区的牛、羊、犬、鹿等动物体内分离到牛种布鲁氏菌 41 株、羊种布鲁氏菌 74 株、犬种布鲁氏菌 9 株。研究过程中发现了一株牛种布鲁氏菌，其毒力介于强毒和疫苗毒之间，将其命名为 $B.abortus\,343$。为了全面鉴定该毒株，丁家波等（2014）进一步对其进行了全面的生化检定，并分别用小鼠和豚鼠测定了其毒力。结果表明，$B.abortus\,343$ 在小鼠体内的持续期为 29 周，对照组 A19 仍为 14 周，其在小鼠体内的持续时间介于疫苗株和强毒株之间。由于一定量（1×10^5 个）的 $B.abortus\,343$ 感染小鼠后，最终能被机体清除，也可认为其毒力不属于强毒范畴。《中华人民共和国兽医生物制品规程》中对布病疫苗种毒的毒力规定，豚鼠每克脾脏含菌量应不超过 2×10^5 个。本研究测定的 $B.abortus\,343$ 为（$0.24\sim1.2$）$\times10^6$ 个，接近《中华人民共和国兽医生物制品规程》对疫苗毒力规定的上限。A19 对照测定值为（$2.8\sim5.9$）$\times10^4$ 个，在规定范围之内。因此判断该株牛种布鲁氏菌为中等毒力株，为研发布鲁氏菌基因缺失疫苗和布鲁氏菌载体疫苗提供了具有现实意义的候选株。

丁家波等（2014）以 $B.abortus\,343$ 株为原始菌，采用粗糙型抗体血清和光滑型抗体血清交叉诱导的方法，筛选获得了一株遗传稳定的粗糙型布鲁氏菌，将其命名为 RA343。RA343 株在靶动物体内连续传 6 代后毒力不会返强，且各生物学特性稳定。以 1×10^9 个感染 6～8 周龄 BALB/c 小鼠，连续观察 6d，未见不良反应；该剂量感染小鼠 7 周后，从所有试验小鼠脾脏中分离不到 RA343 株。经豚鼠攻毒试验证明，经 RA343 单次免疫后，有 60% 的豚鼠能抵抗 M28 和 2308 强毒株的攻击；二次免疫的豚鼠，80% 能抵抗 M28 的攻击，70% 能抵抗 2308 的攻击。RA343 免疫黄牛攻毒试验证明，单次免疫黄牛提供的保护率为 60%，加强免疫能提供 80% 的保护力，且所有试验牛无精神抑郁、采食量无下降、体温无明显变化、注射部位无明显肿胀等不良反应。研究同时发现，免疫黄牛在攻毒之前，体内一直未检测到光滑型布鲁氏菌抗体，说明 RA343 疫苗免疫后不干扰布鲁氏菌病的正常血清学诊断。用 RA343 疫苗株分别免疫绵羊和山羊并进行攻毒评价的结果表明，单次免疫组经 M28 强毒攻击后，对绵羊的保护力为 83.3%，对山羊的保护力为 66.7%；加强免疫组经 M28 攻击后，对绵羊保护力仍为 83.3%，而对山羊的保护力明显提高至 83.3%，且所有试验绵羊和山羊除免疫后第 2 天出现体温一过性升高及采食量下降外，其余观测期未见明显不良反应，注射部位无明显肿胀，攻毒前在免疫羊体内一直未检测到光滑型布鲁氏菌抗体。以上试验证明，RA343 疫苗株对试验牛和羊均表现出了良好的免疫效力和安全性，且不干扰布病正常的血清学诊断。

5. 其他粗糙型突变疫苗株　目前报道的利用 $wboA$ 基因突变获得的粗糙型菌株还有 $wbkA$ 和 per 基因插入了 Tn5 元件，它们都不表达 O-链。$B.abortus$ B2211 pgm 源于 $B.abortus\,2308$ 菌株，具有庆大霉素抗性。还有基于 wa^{**} 基因构建的 $B.abortus$ 80.16 菌株和基于 $manB$core 基因构建的 55.30 菌株，其疫苗保护效果有待进一步的研究。

我国学者在粗糙型布病疫苗株研究方面也取得了一定的成果。丁家波等（2008）以氯霉素抗性基因替代 $wbkC$ 基因和 $wboA$ 基因，分别获得了粗糙型布鲁氏菌 rS2-$wbkC$ 和 rS2-$wboA$ 株，并显示出了良好的安全性和免疫保护性。随后，丁家波等又通过自杀性质粒介导的非抗性筛选技术，构建获得了 $wboA$ 基因缺失的 rS2-$\Delta wboA$ 粗糙型重组菌，并成功将口蹄疫病毒（foot-and-mouth disease virus，FMDV）$vp1$ 基因替换了 S2 基因组中的 wboA 基因，获得了能表达 AsiaⅠ型 FMDV $vp1$ 基因的 rS2-JS 株，以及能表达 O 型 FMDV $vp1$ 基因的 rS2-Mya 株。以上 3 个粗糙型菌株均已获得专利保护，并有望开发成为口蹄疫-布病重组疫苗。

当然，粗糙型疫苗株也有一些缺陷。一般粗糙型布鲁氏菌可能过度弱化，不能产生足够的保护力。另外，有些粗糙型疫苗株免疫动物后，仍能产生微弱的针对 O-链的抗体，从而干扰用 ELISA 方法对布病的检测，使粗糙型布病的实际应用价值遭受质疑。随着布鲁氏菌全基因序列测序的完成，越来越多的基因功能将被发现，会有更多可以修饰或改造的基因被利用，为构建具有应用前景的重组布鲁氏菌株提供了更广泛的资源。

目前世界范围内被广泛使用的疫苗其主要优缺点见表 8-4。

表 8-4　世界范围内各种疫苗的优缺点

疫苗名称	优　点	缺　点	使用国家（地区）
S19	安全性高，免疫力持久，免疫效果好，是被 OIE 认可的布病参考疫苗	毒力稍偏强，种公畜慎用。光滑型，可干扰临床诊断	中国、印度、巴西等
Rev. 1	用于牛和羊，对羊种布病的免疫效果好	毒力偏强，安全性和免疫效果有争议。光滑型，干扰临床诊断	希腊、约旦、塔吉克斯坦等
RB51	具有与 S19 相似的保护效果，粗糙型，不干扰临床诊断	安全性有争议	美国、墨西哥、智利等
S2	安全性高，可用于猪、牛和羊，口服免疫可用于妊娠母畜和种公畜	免疫原性相对偏弱，口服免疫操作相对繁琐	中国、苏丹、赞比亚等
RA343	粗糙型疫苗株，安全性和免疫效力高，不干扰临床诊断，能用于妊娠母牛和羊及种公畜	无	尚未投入临床使用

（三）半光滑-半粗糙型疫苗

20 世纪 50 年代，在苏联有 200 万～300 万头牛使用 S19 疫苗进行免疫。但由于 S19 疫苗能长期产生高滴度的凝集抗体，从而干扰临床诊断，因此在 1970 年停止使用。苏联科学家开始研制一种能产生高效免疫效力，同时不产生或者产生较弱的凝集反应和较低的致病性疫苗，作为大规模预防牛布鲁氏菌病的基础。SR82 号疫苗是 1974 年苏联科学家从牛身上分离到的一株牛种布鲁氏菌，并用常规布鲁氏菌病凝集试验检测呈阴性。经牛种布鲁氏菌强毒攻击后，SR82 疫苗能提供与 S19 疫苗株相似的保护力，且被证实对野外感染有效。经过大量的豚鼠和牛的试验证明，SR82 菌株既能对布鲁氏菌产生高效的免疫力，同时产生的凝集反应又很微弱。1974 年，在大规模推广使用该疫苗前，俄罗斯境内超过 5 300 个牛场感染了布病，但推广 SR82 疫苗后感染布病的农场数量降低至原来的 1/80。截至 2008 年，俄罗斯境内的 18 个区域内只有约 68 个牛场受到牛种布鲁氏菌的感染。SR82 疫苗不仅可以用于牛，还可以用于野生动物，如野牛、鹿、麋鹿等的免疫。俄罗斯曾经在 38 个布病危害地区推广使用 SR82 号疫苗并取得了显著成效。目前，SR82 疫苗仍然在俄罗斯、阿塞拜疆共和国、塔吉克斯坦共和国和中亚地区的其他国家被广泛使用。

SR82 疫苗株无论经过豚鼠或牛（包括妊娠牛）体内传代还是体外传代，都保持稳定且残留毒力较低。由于布鲁氏菌在免疫动物淋巴组织内可长期存在，而且可能引起免疫动物流产，因此从遗传学角度鉴定从免疫动物体内分离到的布鲁氏菌很有必要。2013 年，Alexander Shevtsov 等绘制了 SR82 疫苗株的基因序列草图，基因组 DNA 提取自哈萨克斯坦的阿斯塔纳国家参考中心，利用离子流测序平台获得全基因组鸟枪法 85% 的基因组序列。利用 Newbler 序列拼接软件组装成 N50 长度含有 107 330bp 长度的重叠序列。使用 NCBI 的基因组注释功能软件进行测序基因组的注释。SR82 疫苗株的全基因组序列草图含有 3 250 206 个碱基，其中包含 2 880 个预测的编码序列（coding sequences，CDS），3 个 rRNA 和 49 个 tRNA 基因，G+C 含量为 57.2%。对比 SR82 疫苗株和其他疫苗株及致病株的基因组序列可能从遗传学上解释其表型特征和致病性的改变，更进一步的分析和试验验证有待研究。

（四）新型疫苗

20 世纪 70 年代以来，迅速发展的基因工程技术和生物信息技术为疫苗的研究提供了新的手段。目前针对布病研发的基因工程疫苗有基因工程弱毒活疫苗、基因工程活载体疫苗、DNA 疫苗等，现简单介绍如下。

1. 基因工程弱毒活疫苗　布病基因工程弱毒活疫苗是利用分子生物学技术敲除布鲁氏菌一个或多个毒力基因或者使布鲁氏菌过表达某些保护性抗原而得到的重组布鲁氏菌。这类疫苗的优点是安全性更高，而且遗传背景清楚，可以建立相应的血清学方法和/或病原学方法以区分野毒株造成的感染，是目前布病疫苗研究的热点。已鉴定出的布鲁氏菌毒力基因超过 180 个，一些小 RNA 也被证实与布鲁氏菌的毒力相关，这些研究为布病基因缺失疫苗的研发奠定了基础。大量试验结果表明，疫苗株毒力越弱，提供的保护力也越弱，因此布病疫苗的研发要综合考虑毒力和保护力。

在确定布鲁氏菌毒力基因后，可以通过优化现有弱毒活疫苗或者在强毒株和分离株上进行基因缺失开发新的布病疫苗。例如，通过缺失 LPS 合成必需基因得到的粗糙型突变株是理想的候选疫苗，其优点是不干扰常规血清学诊断而且毒力明显降低，如 *per*、*wbk*F、*wa***、*pgm*、*wbo*A、*wbk*C、*man*BA 等基因缺失疫苗株在小鼠、山羊、绵羊等动物上都具有一定的保护力。缺失 Omp25 和 Omp31 等外膜蛋白、Bp26 和 p39 等免疫原性蛋白相应编码基因构建的分子标记疫苗可以鉴别诊断野毒感染，同时有较好的免疫效果。VjbR、MucR 等转录调控因子、不同代谢通路的必需基因等毒力因子编码基因突变后的致弱株也可以作为布病候选疫苗。

2. 基因工程活载体疫苗　布病基因工程活载体疫苗主要是通过将布鲁氏菌保护性免疫抗原整合到另一种载体病毒或细菌基因组而实现的，牛腺病毒 3 型、沙门氏菌等均可以作为活载体。活载体疫苗免疫效力高、安全性可控，免疫动物后会诱导机体产生广泛的免疫应答，而且通过插入多个外源基因可以实现防控多种传染病的目的。Tabynov 等（2014）发现，将布鲁氏菌保护性抗原 Omp16 和 L7/L12 整合至 A 型流感病毒构建而成的新型疫苗在妊娠母牛上可以提供与 S19 和 RB51 相近的保护力，说明活载体疫苗在布病防控上具有良好的应用前景。目前已开展的布病活载体疫苗的保护力评价研究见表 8-5。

表 8-5　布病活载体疫苗的保护力评价研究

抗　原	载　体	实验动物	攻毒菌株	免疫方式	保护力
SOD	人苍白杆菌 （Ochrobactrum anthropi）	小鼠	牛种布鲁氏菌 2308	$5×10^8$ 个＋ CpG-ODN, i. p.	3.01
L7/L12	牛痘病毒（vaccinia virus）	小鼠	牛种布鲁氏菌 2308	$1×10^{6.5}$个，i. p.	N
SOD	乳酸乳球菌（Lactococcus lactis）	小鼠	牛种布鲁氏菌 2308	10^8 个，oral	1.35
SOD	利克森林病毒 （SemLiki Forest virus）	小鼠	牛种利克森林病毒 布鲁氏菌 2308	$1×10^6$IU，i. p.，twice	1.52
Omp16	甲型流感病毒 H5N1 或 H1N1 （influenza A viruses H5N1 or H1N1）	豚鼠	牛种布鲁氏菌 544	$1×10^{5.51}$ IU（H5N1），i. n $1×10^{5.64}$ IU（H1N1），i. n	3.78
L7/L12	甲型流感病毒 H5N1 或 H1N1 （influenza A viruses H5N1 or H1N1）	豚鼠	牛种布鲁氏菌 544	$1×10^{6.28}$ IU（H5N1），i. n $1×10^{6.70}$ IU（H1N1），i. n	3.32
IF3	利克森林病毒 （Semliki Forest virus）	小鼠	牛种布鲁氏菌 2308	$1×10^6$个，i. p.，twice	1.09
L7/L12	乳酸乳球菌（Lactococcus lactis）	小鼠	牛种布鲁氏菌 2308	$1×10^9$个，oral	0.53
Omp16	大肠埃希氏菌（Escherichia coli）	小鼠	羊种布鲁氏菌 16M	$2×10^7$个，i. p.，twice	NA
Omp31	大肠埃希氏菌（Escherichia coli）	小鼠	羊种布鲁氏菌 16M	$2×10^7$个，i. p.，twice	NA
bp26	大肠埃希氏菌（Escherichia coli）	小鼠	羊种布鲁氏菌 16M	$2×10^7$个，i. p.，twice	NA

注：1. SOD 指 Cu/Zn 超氧化物歧化酶；L7/L12 指核糖体蛋白 L7/L12；Omp 指外膜蛋白；IF3 指翻译起始因子 3。

2. "i. p." 表示腹腔注射，"i. n." 表示鼻内接种，"oral"表示口服，未标明"twice"的均免疫一次。

3. 保护力指与对照组相比，脾脏菌落数降低的 Log10 值，N 表示与对照组相比无显著差异，NA 表示文中未给出具体数据；统计学结果表明，与对照组相比活载体疫苗可以提供显著保护力。

3. DNA 疫苗　鉴于人兽共患病活疫苗在运输、存储及使用安全性等方面的因素，以及可能出现的毒力返强等缺点，因此开发亚单位疫苗将是解决上述问题的有效途径。布病 DNA 疫苗（基因疫苗，核酸疫苗）一般是含有布鲁氏菌保护性抗原的重组质粒，也可能同时含有一些细胞因子编码基因以增强免疫反应。DNA 疫苗在安全性及稳定性上有明显优势，而且容易生产、保存和运输，使用方便。此外，多种质粒混合或者结合多种不同抗原构建的质粒有可能诱导机体产生针对多个抗原表位的免疫保护作用，从而使 DNA 疫苗具有很大的灵活性。由于机体的细胞免疫是控制布鲁氏菌感染的关键，因此作为研究布鲁氏菌 DNA 疫苗的候选分子主要集中在刺激 T 细胞引起的细胞免疫的几个分子：细胞周质蛋白 p39、L7/L12 核糖体蛋白、Cu-Zn 超氧化物歧化酶、热休克蛋白 GroEL 及外膜蛋白 Omp31、Omp25 等。这些蛋白都可以激活 T 细胞反应，包括活化巨噬细胞和 CD8 细胞毒性 T 细胞。虽然清除细胞内布鲁氏菌的具体机制仍然不是很清楚，但是穿孔素、IFN-γ、TNF-α 起着重要的作用，因此有效的疫苗株也必须激活这些因子。近年来又鉴定出一些新的保护性抗原用于布病 DNA 疫苗研究，如表面蛋白 SP41、核糖体蛋白 L9 及位于基因岛 3 的 ORF 编码产物等。DNA 疫苗用于人和动物的免疫效果还有待验证。

（1）P39　P39 是一种良好的 T 细胞抗原，主要诱导 Th1 型细胞免疫，在动物体内能诱发强烈的迟发型超敏反应，并产生大量的 IFN-γ，但对动物的保护效果远低于 S19 疫苗。P39 单独免疫，用牛种布鲁氏菌野生型菌株 544 攻毒时，P39 可以产生中等程度保护效果；但是如果在 P39 亚单位疫苗中加入佐剂 CpG，则其免疫原性和保护性均显著提高。

（2）L7/L12　L7/L12 是布鲁氏菌重要的免疫优势抗原，以其为基础构建的 DNA 疫苗对布鲁氏菌感染具有显著的抵抗作用。Olieria 等（1996）研究发现，从布鲁氏菌提取的 L7/L12 蛋白，能特异性地刺激感染动物的单核细胞，并上调 IFN-γ 的转录和表达，从而起保护作用。1997 年，美国学者 Kurar 首次将 L7/L12 克隆进 pcDNA3 和 p6 载体中制备成 DNA 疫苗。在小鼠上的试验表明，两种亚单位疫苗都可以刺激体液免疫和细胞免疫，只有 pCDNA3-L7/L12 可以引起高水平的针对 L7/L12 蛋白的抗体，引起强烈的免疫反应，然而抗体的维持时间只有大约 4 周。

（3）Omp31　根据分子质量的大小，布鲁氏菌外膜蛋白可分为 3 个组，Omp31 属于 31～34ku 组成员，被认为是粗糙型布鲁氏菌最重要的保护性抗原蛋白。Gupta 等（2007）构建了表达 Omp31 蛋白的真核表达载体 pTargeTomp31，其将重组质粒肌内注射免疫 6 周龄小鼠，每隔 3 周免疫一次。该重组质粒可以刺激机体产生针对 Omp31 蛋白的抗体，并且刺激 T 细胞增殖。当用 Omp31 蛋白或羊种布鲁氏菌 16M 提取物再刺激时，可以释放大量的 IFN-γ。另外，该质粒可以刺激机体产生良好、持久的免疫记忆。通过 IgG 亚型分析发现，该质粒主要激起 Th1 型免疫反应，且在攻毒时有一定的保护作用。Grillo 等（2012）将 omp31 克隆进大肠埃希氏菌载体中，用构成的质粒免疫小鼠发现，其能抵抗羊种强毒布鲁氏菌的攻击，显示了良好的应用前景。

Leclercq 等（2002）利用 pCMV 真核表达载体构建了编码布鲁氏菌热休克蛋白的 DNA 疫苗。同年，Velikovsky 等利用 pcDNA3 真核表达载体构建了能表达 18ku 蛋白的亚单位疫苗，将其标记为 pcDNA-BLS。另外，groES、yajC、uvrA、ba14 等编码的蛋白都具有良好的刺激 T 细胞、激发细胞免疫活性的能力，也都是用作布鲁氏菌 DNA 疫苗的候选。研究 DNA 疫苗虽然取得了一些有意义的成果，但至今尚未发现一种 DNA 疫苗能完全替代灭活疫苗或弱毒疫苗。另外，不同 DNA 疫苗可能需要采用不同的免疫途径才能获得理想的效果，目前通过 DNA 疫苗控制布病仍有很多复杂的工作有待完成。

从已发表的关于布鲁氏菌亚单位疫苗的文章可以看出，还没有一种 DNA 疫苗可以较好地保护动物免受致病菌株的攻击，从而代替现有弱毒苗。除 DNA 疫苗共同的安全性问题外，主要是其所诱导的保护性免疫反应不够高。由于基因工程疫苗多为单一分子免疫，其免疫效果始终不如成分完整的死苗，因此有必要研究带有两种或两种以上保护性抗原基因的多价疫苗，以融合蛋白的表达形式在体内表达来激发机体的免疫系统。

4. 其他新型布病疫苗

（1）外膜囊泡疫苗　外膜囊泡（outer membrane vesicles，OMVs）是指革兰氏阴性菌在正常生长或者感染宿主等的各个阶段自发地、持续地分泌或者释放的一类直径为10～300nm 的球状颗粒物质。OMVs 通常含有某些蛋白质、LPS、磷脂质及一些位于细胞周质的菌体组分，因此可以作为多抗原复合物刺激机体产生免疫应答反应。通过对 OMVs 提取的标准化，OMVs 疫苗已经作为脑膜炎奈瑟氏菌病的官方许可疫苗，充分说明 OMVs 疫苗具有很好的实际应用价值。试验结果表明，布鲁氏菌 OMVs 在小鼠模型上可以提供与 Rev.1 相似的免疫保护力，使用佐剂可以进一步提高其保护力。利用基因工程技术使布鲁氏菌过表达一些保护性抗原后提取 OMVs 也许可以优化 OMVs 的免疫效果。目前针对布鲁氏菌 OMVs 的研究较少，OMVs 用于人和动物免疫的可行性尚待论证。

（2）菌壳疫苗　革兰氏阴性菌通过表达噬菌体裂解基因 E 造成细胞壁形成跨膜孔道，从而引起菌体内容物外流而形成菌壳（bacterial ghost）。菌壳无传染风险，很好地保留了与活菌相似的细胞膜结构及抗原蛋白等，因此可以作为载体递呈药物、多肽或者疫苗等。粗糙型布鲁氏菌菌壳疫苗在小鼠动物模型上可以有效地激发体液免疫和细胞免疫，但菌壳疫苗对靶动物产生的保护力仍需要大量研究来评价。

（3）纳米颗粒疫苗　DNA、蛋白质、多糖等生物分子均为纳米级大小。1～1 000nm 不同直径的纳米颗粒可以运输不同的生物活性物质进入机体，达到预防和治疗疾病的目的。乙肝病毒重组疫苗、人乳头瘤病毒疫苗等纳米颗粒疫苗已获得官方许可，证明纳米颗粒疫苗具有一定的实用价值。布病纳米颗粒疫苗相关的研究很少。初步研究表明用于布病免疫的纳米颗粒疫苗，以及用于布病治疗的纳米颗粒抗生素有一定效果。

（4）生物信息技术设计开新型布病疫苗　反向疫苗学是一种新兴的革命性的疫苗开发方法，通过对基因组序列进行生物信息学分析来筛选重要保守抗原序列，从而能鉴定具有一定免疫原性特征的蛋白质。反向疫苗学首先应用于开发抗血清 B 型脑膜炎奈瑟菌的疫苗。有研究筛选了完整的 men B 基因组，并对假定的外膜蛋白和分泌蛋白进行基因编码。在 600 种新的候选疫苗中，350 种能够在大肠埃希氏菌中表达，28 个被发现具有免疫保护性。反向疫苗学也已成功地应用于其他病原体，如肺炎链球菌、牙龈卟啉单胞菌和肺炎衣原体。

Oliver He 的实验室开发的 Vaxign 2 系统是基于反向疫苗学的第一个基于网络的疫苗设计程序。Vaxign 系统的预测功能包括蛋白质亚细胞定居、跨膜螺旋、黏附概率、致病菌株基因组序列保护、非致病菌株序列的排除、宿主（如人、鼠、猪）蛋白的排除，以及对 MHC I 类和 II 类的表位结合。目前，已有 200 多个基因组用 Vaxign 系统进行预计算，结果可在 Vaxign 网站查询。Vaxign 还可以根据用户提供的蛋白序列进行动态疫苗靶标预测，用户可以注册一个个人帐户，并保存预测结果以供进一步分析。

基于 Vaxign 反向疫苗学方法，测序的布鲁氏菌基因组被用于预测布鲁氏菌的疫苗靶点。一种邻唾液酸糖蛋白内膜肽酶被预测为分泌的布鲁氏菌蛋白。在布鲁氏菌 3 034 个蛋白质中，布鲁氏菌 2308 株的 32 个蛋白被鉴定为外膜蛋白。32 个外膜蛋白中有 2 个包含 1 个以上的跨膜螺旋，剩下的 30 种蛋白质中有 20 种被预测为黏附或类黏附蛋白。这 20 个外膜蛋白中有 15 个存在于牛种、羊种和猪种布鲁氏菌中，这 15 个蛋白质中有 1 个与人类蛋白同源，剩下的 14 个蛋白中有 2 个已知与布鲁氏菌抗原性相关（Omp25 和 Omp31-1），2 个鞭毛钩蛋白 FlgE 和 FlgK，1 个孔蛋白 Omp2b，2 个 Tonb 依赖性受体蛋白。绵羊附睾种布鲁氏菌基因组缺失了 Omp2b 和 Omp31-1，其对人无非致病性。这些蛋白质可以对开发安全、有效的人类布病疫苗提供借鉴。

第二节　布鲁氏菌病疫苗的研制方法

目前，布病疫苗主要分为弱毒活疫苗、灭活疫苗和混合疫苗三大类，其研制原理及方法主要分为以下几种：

一、弱毒活疫苗

自然强毒株通过物理的（温度、射线等）、化学的（醋酸铊等）和生物的（非易感动物、细胞、鸡胚等连续传代）操作，使其对原宿主动物失去致病能力或只引起亚临床感染，但仍保存良好的免疫原性；或从自然界中直接筛选弱毒株，用该毒株制备疫苗，称为弱毒（减毒）活疫苗。由于弱毒活疫苗能在宿主体内短暂生长和增殖，延长了免疫系统对抗原的识别时间，有利于提高免疫能力和记忆型免疫细胞生成，因此具有免疫效果好、免疫力持久等优点。但由于弱毒活疫苗致弱的遗传基础不清楚，对此类疫苗的安全性没有一个科学的评价，因此弱毒活疫苗也存在毒力返强的潜在危险。

（一）自然致弱活疫苗

从自然界的野毒株中筛选出毒力较弱的毒株，作为疫苗株制备的疫苗就属于自然致弱的活疫苗。自然致弱的活疫苗形态比较稳定，不易出现返祖现象。这类疫苗中最具代表性的是 S19、104M 和 S2，它们均具有良好的免疫效果。

牛型减毒活疫苗菌株 S19 是从牛奶中分离获得，并且在实验室进行培养致弱的，对牛种具有一定的保护力，曾经被广泛用于免疫接种。但是该疫苗菌株能感染人，且可引起妊娠母畜流产，在公畜中也限制使用。104M 疫苗菌株是苏联研究者 Kotnrpoba 从母牛流产胎儿中分离到的牛种 1 型布鲁氏菌，1950 年将其研制为布病弱毒活疫苗。我国学者经过多年观察研究，证实 104M 疫苗对人的免疫效果较好，优于 19-BA 疫苗。因此，我国于1965 年正式生产该疫苗，至今仍在使用。104M 疫苗虽然毒力低、稳定、免疫力强，但仍对人有一定毒性反应，接种途径不当或者剂量过大可能引起局部或者全身反应，因此接种前需进行皮肤变态试验。猪种布鲁氏菌疫苗 S2 株是中国兽医药品监察所于 1952 年利用从猪胚中分离出的布鲁氏菌自然减毒的变种研制而成的。此外，曾经试验和试用的自然致弱活疫苗还有：牛种布鲁氏菌 82 号（SR82 疫苗）、猪种布鲁氏菌 61 号、牛种布鲁氏菌B112 号（在法国曾作为菌苗应用，接种山羊后可从乳中排菌）。

（二）人工致弱活疫苗

1. 物理方法致弱

（1）紫外线照射减毒　有人用 15 株布鲁氏菌（包括牛种 7 株、羊种 5 株、猪种 3 株）进行培育，将培养物用生理盐水制成菌悬液涂布于琼脂平板上，在距离 25cm 处用功率为375BT 的射线照射 45～90s，获得几株弱毒菌。其中，56 号菌株性状稳定，传豚鼠 4 代、绵羊 2 代后绵羊出现滴度不高的抗体。56 号菌种对豚鼠的免疫保护力达到 94%～100%，绵羊注射 2 次可获得 80% 的免疫保护力，牛注射后 5 个月时免疫保护力为 20%。此外，通过紫外线照射得到的牛种布鲁氏菌 K5 号菌种，多种动物都能产生弱凝集抗体，曾在牛群中使用，据称有一定保护作用。通过紫外线获得的 4001/1 号菌种，对绵羊可产生弱凝集抗体，对豚鼠有保护作用。

（2）高温减毒　经高温培育获得的羊种布鲁氏菌 Nevski12 号菌种，对妊娠绵羊不引起流产，不产生凝集抗体，但引起皮肤过敏反应，绵羊 2 次注射的保护力略低于 S19菌苗。

（3）胆汁减毒 在加入牛胆汁的培养基中连续移植 100 代获得的羊种布鲁氏菌 899B 菌种，经小鼠免疫试验证明能够抗强毒羊种布鲁氏菌 1 000 个最小感染量的攻击。

2. **通过动物机体致弱** 例如，羊种布鲁氏菌 M5 菌苗，是由哈尔滨兽医研究所于 1962 年将羊种布鲁氏菌 M28 强毒菌株，连续通过鸡减毒制成的弱毒株。该疫苗的特点是免疫性好，残余毒力低，被免疫动物的血清抗体消失速度快，对非妊娠牛、羊、鹿接种都很安全，对泌乳牛接种可引起产奶量下降，对孕畜接种能引起部分流产，对非孕畜毒力稳定。

3. **通过鸡胚致弱** 将羊种布鲁氏菌多次通过鸡胚传代获得变异株 89 号和 25 号菌株，经豚鼠免疫试验证明保护力比 S19 稍高。

4. **通过抗生素致弱** 粗糙型牛种布鲁氏菌 RB51 疫苗株最初是由光滑型牛种布鲁氏菌 2308 株经体外反复传代，并经利福平和青霉素筛选获得的。具有利福平抗性的 RB51 是当前应用最为广泛的粗糙型布病疫苗。

布病活疫苗 Rev.1 株是 1957 年由 Elberg 和 Faunce 将羊种布鲁氏菌 6056 野毒株在链霉素及不含链霉素培养基上不断传代筛选出的返祖菌株，是带有链霉素抗性的光滑型突变株，其毒力较强、较稳定。对牛种、羊种布鲁氏菌均具有免疫保护力，且对牛的保护力要优于 S19。

二、灭活疫苗

灭活疫苗制造工艺简单，直接用人工繁殖获得病原微生物经灭活后可作为抗原；能杀灭任何可能成为污染物的其他生物性因子；可以制成多联多价的疫苗；性质比较稳定，易于保存和运输。但在灭活过程中有可能损害或改变有效的抗原决定簇；产生的免疫效果维持时间短，不产生局部抗体；可能产生毒性或潜在的对机体不利的免疫反应；需要多次注射，需要抗原量比较大，成本比较高。

这类疫苗已经应用于生产实际的有牛种布鲁氏菌 45/20 和羊种布鲁氏菌 H38 菌苗。45/20 疫苗是 1955 年由英国 Mc.Ewow 从牛体内分离得到的一株中等毒力光滑型牛种布鲁氏菌 45，后经豚鼠传代 20 次后获得的粗糙型弱毒株。制苗时用生理盐水洗掉 45/20 号菌株琼脂培养物，稀释成一定浓度的菌液。该菌株灭活后加以佐剂免疫成年奶牛，一方面可以防止疫苗株在体内转变为强毒株；另一方面产生的抗体不会干扰血清学诊断。该疫苗的缺点是菌株不稳定，容易变异，不同实验室保存的菌株均存在变异现象。

H38 疫苗是将羊种布鲁氏菌 H38 强毒株的培养液经福尔马林灭活后与 mayoline（一种轻质石蜡油）和 rlace A（一种经特别处理的甘露醇单油酸酯）混合制成的乳化剂疫苗，主要用于羊的免疫。疫苗注射动物后，可能导致肌肉的轻度炎症，皮下结缔组织形成蜂窝组织炎。也有人认为，本菌苗不易被吸收，常引起局部化脓。虽然刺激机体产生抗体的持续期较长但产生的保护力较差，而且可能干扰血清学诊断。该疫苗曾在法国用于山羊和绵羊布鲁氏菌病的预防及控制，针对该疫苗开展的研究较少。

三、混合疫苗

1961 年，Cedro 提出用牛种布鲁氏菌 Viejo 活菌和加热灭活的猪种布鲁氏菌制成混合菌苗。此菌苗曾在阿根廷接种猪，可产生高滴度的凝集抗体，保护力持续时间不超过 2 年。Cedro 后来又提出用牛种布鲁氏菌 Viejo 活菌和加热灭活的羊种布鲁氏菌制成混合菌苗，据称对绵羊有保护作用。有人提出用牛种布鲁氏菌 112 号菌苗加福尔马林灭活的羊种布鲁氏菌制成的混合菌苗免疫绵羊和山羊，但效果欠佳；用牛种布鲁氏菌 112 号菌苗加羊种布鲁氏菌糖酯提取物制成的混合菌苗，经豚鼠试验证明对 1 个最小感染量的羊种布鲁氏菌攻击有 80％的保护力，可产生凝集抗体。牛种布鲁氏菌 S19 加福尔马林灭活的羊种布鲁氏菌，对豚鼠能提供保护力，但接种山羊后由乳向外排菌。Roux 提出用乙醇-乙醚、氯仿处理羊种布鲁氏菌后再经饱和酚溶液提取的不溶于酚的组分制成 PI 组分苗，但对绵羊的试验发现其免疫保护力不佳。

第三节 布鲁氏菌病疫苗的免疫保护机制

疫苗免疫是防控布病最为有效的方式之一。从历史上看，灭活布病疫苗的保护效果很差，包括从热处理、X 线照射的布鲁氏菌，再到亚单位和 DNA 疫苗。与弱毒活疫苗相比，保护效果低的主要原因是由于未能引起有效的 Th1 反应。相比之下，弱毒活疫苗在实验动物模型和易感动物（如反刍动物）中，已经成功地应用于布病和其他细胞内病原体的免疫防控。国内广泛使用的布病疫苗有牛种布鲁氏菌 A19 疫苗、猪种 S2 疫苗和羊种 M5 疫苗。其中，最为常用的为猪种 S2 疫苗，其能对多种动物产生良好的保护性。关于布鲁氏菌疫苗株和野毒株如何影响机体免疫应答已有大量研究。然而，考虑到与人使用有关的安全性问题，包括持续存在感染或疫苗株毒力返强的风险，在医学研究中必须谨慎发展和使用弱毒活疫苗。

针对牛布病的疫苗接种已经进行了几十年的研究，主要集中在两种成功的弱毒株 S19 和 RB51 上。然而，到目前为止这些疫苗毒株的保护作用机制仍然不是十分清楚。在小鼠试验中发现，RB51 疫苗可以通过产生 IFN-γ 和 CD8$^+$ 特异性细胞毒性 T 细胞，而不是 IL-4 诱导 Th1 细胞的免疫应答。用布鲁氏菌强毒株 2308 感染已免疫 RB51 疫苗的小鼠，其体内也会产生高水平的 IL-10。这可能是为了避免过度的前期反应，而不仅仅是抵消 Th1 细胞因子的产生。此外，接种 RB51 的小鼠表现出了强烈的细胞溶解反应，细胞毒性反应主要是 CD8$^+$ T 细胞发挥作用，而不是 NK 细胞；而 CD4$^+$ T 细胞主要负责高水平 IFN-γ 的分泌，并表现出一定程度的细胞溶解活性。关于布病疫苗保护牛体免疫机制的研究较为有限，S19 或 RB51 疫苗诱导的 T 细胞和 B 细胞亚群或特征细胞因子在牛上的变化并不完全清楚。疫苗接种或感染后评价细胞反应的指标大多通过淋巴细胞反应增殖效果进行评价。

从简单的点突变到复杂的基因重组，包括基因删除可造成疫苗株毒力降低。虽然一个突变体的基因缺失可能性很低，但通过引入二次突变或通过基因改造可以显著性降低菌株的毒力。菌株毒力致减的一种常用方法是通过将菌株在体外不断传代以降低毒力，并通过使用高度衰减的弱毒活疫苗提高保护效果和安全性。细胞生物学研究揭示了布鲁氏菌感染对于非编码区域的依赖性，特别是 IRE1a，这种依赖可以被用来开发增强免疫保护的弱毒活疫苗。内质网应激和 TLR 信号对炎症反应提供协同刺激。理想的布病弱毒活疫苗开发关键是筛选出不受先天免疫反应限制的候选疫苗株，并因此产生一种有效的适应性免疫反应，而且没有安全性或毒力返强的风险。

第四节　布鲁氏菌病疫苗研究展望

最大限度地降低生物安全风险，提高疫苗的免疫保护效果，针对现有人兽布病疫苗的合理使用，包括最适免疫对象、免疫年龄、免疫途径、免疫剂量和免疫间隔，是今后进行疫苗探索的一个重要内容。

另外，动物布病疫苗存在毒力强、易变异、干扰血清学鉴别诊断、免疫过程中造成人员感染等问题，而人用疫苗 19-BA 和 104M 也存在可能引起副反应及干扰血清学诊断等问题。因此，针对上述不足，有必要研发更为安全、有效的新型布病疫苗。理想的布病疫苗应当具备以下特点：安全性高，不引起人感染或者动物流产等不良反应，提供持久保护力，能与野毒感染鉴别诊断，性价比高等。鉴于此，未来布病疫苗的发展趋势和热点有以下几方面：

一、布鲁氏菌组分疫苗

布鲁氏菌组分疫苗是布病疫苗研制的新热点，利用布鲁氏菌蛋白或者核酸组分免疫动物可产生一定的保护作用。组分疫苗具有无菌体毒力增强和致敏原性弱等优点。但是由于组分疫苗保护期短，被免疫动物需要在 1 年内免疫多次才能达到满意的效果，而且该疫苗的生产工艺相对复杂、生产成本较高，因此很难在日常畜牧业生产中得到大规模的推广。

二、基因工程弱毒疫苗

通过宿主对布鲁氏菌免疫应答的特点研究，一般认为基因工程弱毒活疫苗是最佳候选疫苗，也是当前布病疫苗研究的趋势和热点。新型疫苗的研发方向主要有：①通过缺失参与 LPS 合成所需的基因构建粗糙型突变株，筛选保护力强的疫苗候选株；②通过缺失Ⅳ型分泌系统、二元调控系统等布鲁氏菌毒力因子编码基因，研发安全、有效的新型分子标记疫苗；③通过缺失优势免疫原性抗原编码基因，改造现有疫苗菌株，以使其带有免疫学标记，方便使用血清学方法区分野毒感染和疫苗免疫；④插入布鲁氏菌或者其他病原体的保护性抗原编码基因，过表达某些保护性抗原，提高现有疫苗的保护力。随着对布病疫苗研究工作的不断深入，相信会有更完善的新型疫苗取代现有疫苗。

三、联合疫苗

联合疫苗可以减少免疫剂量，简化免疫程序，是国内外疫苗研究的一个趋势，其研发已经进入了实质阶段。由不同细菌的多种抗原和佐剂制成的多价疫苗，不仅可以一次预防多种疾病，而且免疫后实验动物的免疫原性和免疫保护力都有提高。在联合疫苗中加入包裹剂和佐剂，增强了抗原递呈细胞对目的抗原的摄取、加工和处理能力，提高了抗原递呈细胞对抗原肽的递呈能力。同时还减少了核酸酶对抗原基因的降解，并通过缓释作用延长抗原表达期。2008 年，余大海等进行了结核杆菌和布鲁氏菌多价 DNA 疫苗的研究，证明采用治疗型多价 DNA 疫苗和传统药物相结合治疗时，药物促进了免疫反应。在 DNA 疫苗的作用下，细胞免疫得到加强，并迅速向有利于杀伤感染结核杆菌细胞的 Th1 型反应进行，治疗时间缩短到原来的一半，减少了耐药性的产生，提高了治疗效果。2007 年，Cassatara 等用 pCIOmp31 和 rOmp31 联合免疫 BALB/c 小鼠，再用绵羊附睾种和羊种布鲁氏菌攻击，与仅用 pCIOmp31 或 rOmp31 单独免疫小鼠相比，联合免疫小鼠血清中产生的 IgG1 和 IgG2a 更高，脾细胞产生的 IFN-γ 也更高。2010 年，Sabioy 等用 Omp19-MPB83 联合重组疫苗免疫后，BALB/c 小鼠产生了针对 MPB83（牛型结核杆菌抗原）的 IFN-γ，为未来研制病和结核杆菌联合疫苗提供了依据。

四、DNA 疫苗

布病属于人兽共患病，近年来又有上升趋势，严重影响着我国畜牧业发展和人们的健康。DNA 疫苗以其独特的优势成为目前研究的热点。但由于其在临床试验中的效果并不如意，因此在未来的研究中应该对 DNA 疫苗进行改造，包括对其载体、接种方式（基因枪技术、电穿孔技术）及佐剂的改造，使其成为布鲁氏菌基因工程疫苗的下一个研究方向。

当前布病在全球再次肆虐的一个重要原因就是尚无有效的医用疫苗来预防人类布病。伴随布鲁氏菌基因组测序工作的相继完成，利用功能基因组和功能蛋白组，极有可能筛选出具有免疫原性的蛋白质和候选疫苗靶点，从而使我们有希望实现这个目标。

（丁家波　冯宇　张春燕　李巧玲）

参考文献

程君生，吴梅花，赵丽霞，等，2012. 3 种布鲁氏菌病疫苗株的毒力比较 [J]. 中国兽药杂志，46（9）：1-3.

丁家波，程君生，牟巍，等，2008. 布鲁氏菌 S2 WboA 基因缺失株的构建及免疫效果 [J]. 中国农业科学，2008（8）：2448-2453.

丁家波，冯忠武，2013. 动物布鲁氏菌病疫苗应用现状及研究进展 [J]. 生命科学，25（1）：91-99.

丁家波，毛开荣，陈小云，等，2006. 8 株布氏杆菌 BCSP31 基因的序列分析 [J]. 中国兽药杂志，40（3）：13-16.

丁家波，王芳，杨宏军，等，2014. 一株中等毒力牛种布鲁氏菌的鉴定和毒力测定 [J]. 中国农业科学，47（13）：2652-2658.

段小宇，2007. 布鲁氏菌分子标记疫苗株的构建及鉴别诊断方法的建立 [D]. 长春：吉林大学.

高淑芬，冯静兰，1991. 中国布鲁氏菌病及其防治（1982—1991）[M]. 北京：中国科技出版社.

谷文喜，吴冬玲，范伟兴，等，2009. 布鲁氏菌病 VirB8-PCR 诊断试剂盒的特异性评价 [J]. 中国动物检疫，26（7）：48-49.

红梅，冯陈晨，岳建伟，等，2016. 布鲁氏菌疫苗株 S2 全基因组测序及功能分析 [J]. 中国兽医学报，2016（8）：1358-1362.

胡森，2009. 马耳他布鲁氏菌 M5-90bp26 基因缺失疫苗株的构建及安全性和免疫原性评估 [D]. 黑龙江：东北农业大学.

胡森，郑孝辉，王加兰，等，2009. 马耳它布氏杆菌 bp26 基因缺失株的构建及鉴定 [J]. 中国预防兽医学报，31（8）：583-586.

李臻，2011. 羊种布鲁氏菌 M5-90 疫苗株 bp26 基因突变株的构建及其免疫原性研究 [D]. 石河子：石河子大学.

刘秉阳, 孙玺, 尚德秋, 等, 1989. 布鲁氏菌病学 [M]. 北京: 人民出版社.

刘文兴, 2011. 布鲁氏菌标记疫苗 (M5-90-26) 的鉴别诊断及其 bp26 蛋白的免疫原性分析 [D]. 南京: 南京农业大学.

鲁志平, 2016. S2 株、M5 株布鲁氏菌减毒活疫苗对山羊免疫效果的比较试验 [J]. 黑龙江畜牧兽医, 2016 (16): 160-162.

毛开荣, 丁家波, 程君生, 等, 2007. 带有氯霉素抗性基因标记的重组布氏杆菌 S2 的构建及其生物学特性 [J]. 微生物学报, 47 (6): 978-981.

蒲敬伟, 袁立岗, 冉多良, 等, 2013. 奶牛及犊牛接种布氏杆菌 S2 和 A19 株活疫苗的效果初探 [J]. 畜牧与兽医, 45 (12): 91-93.

孙承恩, 1985. 布鲁氏菌 104M 活菌苗不同免疫途径的探讨 [J]. 宁夏医学杂志, 39 (1): 28-32.

谭鹏飞, 2012. 基于 PCR 方法布鲁氏菌疫苗株与野生菌株鉴别诊断方法的建立 [D]. 扬州: 扬州大学.

谭鹏飞, 南文龙, 彭大新, 等, 2014. 中国牛种布鲁氏菌疫苗株 A19 位点的研究 [J]. 中国兽药杂志, 48 (7): 1-5.

汪舟佳, 2008. 布鲁氏菌基因标记疫苗株的构建及鉴别 PCR 方法研究 [D]. 北京: 中国人民解放军军事医学科学院.

王楠, 程君生, 丁家波, 等, 2013. 布鲁氏菌病活疫苗的生产现状与质量分析 [J]. 中国兽药杂志, 47 (4): 49-50.

王天齐, 史开志, 肖硕, 等, 2011. S2 株布氏杆菌减毒活疫苗免疫效果观察 [J]. 中国奶牛 (6): 44-47.

王真, 吕艳丽, 吴清民, 2012. 流产布鲁氏菌疫苗候选株 RB6 生物学特性研究 [J]. 中国畜牧兽医, 39 (4): 174-177.

吴冬玲, 钟旗, 谷文喜, 等, 2008. 3 株牛布鲁氏菌 19 疫苗株赤藓醇代谢基因的克隆与序列分析 [J]. 新疆农业大学学报, 31 (2): 59-62.

武宁, 王晶钰, 刘万华, 等, 2014. 布鲁氏菌 S2 疫苗株免疫牛与牛种、羊种布鲁氏菌自然感染牛 ELISA 鉴别诊断方法的建立 [J]. 中国兽医学报 (2): 243-247.

易新萍, 谷文喜, 吴冬玲, 等, 2013. 流产布鲁氏菌疫苗 A19-ΔVirB12 突变株生物学特性研究 [J]. 中国人兽共患病学报, 29 (9): 836-840.

殷善述, 毛开荣, 杨培豫, 等, 1990. 畜用布鲁氏菌有免疫力无凝集原性菌株 M-111 的选育和鉴定 [J]. 中国人兽共患病杂志, 1990 (6): 37-39.

余要勇, 张栓虎, 李宝贵, 1999. 布鲁氏菌 104M 菌苗滴鼻免疫后抗体水平观察 [J]. 中国地方病防治杂志, 14 (1): 42-3.

张红星, 2009. 羊种布鲁氏菌疫苗株 M5-90 OMP31 VIRB2 基因缺失株的构建和检验 [D]. 石河子: 石河子大学.

张俊敏, 韩文瑜, 雷连成, 等, 2009. 布鲁氏菌强毒株与弱毒株基因组 DNA 差异基因筛选与鉴定 [J]. 中国预防兽医学报, 31 (7): 513-8.

张岩, 李建, 宫利娜, 等, 2015. 布鲁氏菌 S2 疫苗株的核酸探针检测方法的建立 [J]. 动物医学进展, 2015 (8): 51-54.

张艳, 2011. 布鲁氏菌疫苗株 M5-90 WboA、pgm 缺失株的构建及免疫效果的初步评价 [D]. 石河子: 石河子大学.

钟旗, 易新萍, 李博, 等, 2011. 布鲁氏菌 PCR 鉴定方法的研究与应用 [J]. 中国人兽共患病学报, 27 (3): 241-245.

钟志军, 徐杰, 于爽, 等, 2011. 布鲁氏菌全基因组 DNA 芯片研制及比较基因组杂交方法的建立 [J]. 中国兽医科学, 41 (12): 1215-1222.

钟志军，徐杰，于爽，等，2012. 布鲁氏菌减毒活疫苗株的比较基因组学研究 ［J］. 中国人兽共患病学报，28（6）：555-560.

Acevedo R，Fernandez S，Zayas C，et al，2014. Bacterial outer membrane vesicles and vaccine applications ［J］. Front Immunol，5（121）：1-6.

Al-Mariri A，Tibor A，Mertens P，et al，2001. Protection of BALB/c mice against Brucella abortus 544 challenge by vaccination with bacterioferritin or P39 recombinant proteins with CpG oligodeoxynucleotides as adjuvant ［J］. Infect Immun，69（8）：4816-4822.

Atluri V L，Xavier M N，Jong M F D，et al，2011. Interactions of the human pathogenic ［19］. Brucella species with their hosts ［J］. Microbiology，65（65）：523-541.

Avila-Calderón E D，Lopez-Merino A，Jain N，et al，2012. Characterization of outer membrane vesicles from Brucella melitensis and protection induced in mice ［J］. Clin Dev Immunol，2012（2）：1-13.

Bagüés M P J D，Barberán M，Marín C M，et al，1995. The Brucella abortus，RB51 vaccine does not confer protection against Brucella ovis，in rams ［J］. Vaccine，13（3）：301-304.

Baloglu S，Boyle S M，Vemulapalli R，et al，2005. Immune responses of mice to vaccinia virus recombinants expressing either Listeria monocytogenes partial listeriolysin or Brucella abortus ribosomal L7/L12 protein ［J］. Vet Microbiol，109（1/2）：11-17.

Banai M，Mayer I，Cohen A，1990. Isolation，identification，and characterization in israel of Brucella melitensis biovar 1 atypical strains susceptible to dyes and penicillin，indicating the evolution of a new variant ［J］. J Clin Microbiol，28（5）：1057-1059.

Barrio M B，Grillo M J，Munoz P M，et al，2009. Rough mutants defective in core and O-polysaccharide synthesis and export induce antibodies reacting in an indirect ELISA with smooth lipopolysaccharide and are less effective than Rev. 1 vaccine against Brucella melitensis infection of sheep ［J］. Vaccine，27（11）：1741-1749.

Benkirane A，el-Idrissi A H，Doumbia A，et al，2014. Innocuity and immune response to Brucella melitensis Rev. 1 vaccine in camels（Camelus dromedaries）［J］. Open Veterinary Journal，4（2）：96-102.

Blasco J M，1997. A review of the use of Brucella melitensis，Rev. 1 vaccine in adult sheep and goats ［J］. Prev Vet Med，31（3/4）：275-283.

Blasco J M，Marin C，Jimenz de Bagues M P，et al，1993. Efficacy of Brucella suis strains 2 vaccine against Brucella ovis in rams ［J］. Vaccine，11（13）：1291-1294.

Bosseray N，1978. Immunity to Brucella in mice vaccinated with a fraction（F8）or a killed vaccine（H38）with or without adjuvant. Level and duration of immunity in relation to dose of vaccine，recall injection and age of mice ［J］. Br J Exp Pathol，59（4）：354.

Cabrera A，Saez D，Cespedes S，et al，2009. Vaccination with recombinant Semliki forest virus particles expressing translation initiation factor 3 of Brucella abortus induces protective immunity in BALB/c mice ［J］. Immunobiology，214（6）：467-474.

Caswell C C，Gaines J M，Ciborowski P，et al，2012. Identification of two small regulatory RNAs linked to virulence in Brucella abortus 2308 ［J］. Mol Microbiol，85（2）：345-360.

Conde-Álvarez R，Arce-Gorvel V，Gil-Ramírez Y，et al，2013. Lipopolysaccharide as a target for brucellosis vaccine design ［J］. Microb Pathog，58（1）：29-34.

Confer A W，Hall S M，Faulkner C B，et al，1985. Effects of challenge dose on the clinical and immune responses of cattle vaccinated with reduced doses of Brucella abortus，strain 19 ［J］. Veterinary Microbiology，10（6）：561-575.

Copaul K K，Sells J，Bricker B J，et al，2010. Rapid and reliable single nucleotid polymorphism-based differentiation of *Brucella* live vaccine strains from field strains［J］. J Clin Micro，48（4）：1461-1464.

Corbel M J，Bracewell C D，1976. The serological response to rough and smooth *Brucella* antigens in cattle vaccinated with *Brucella abortus* strain 45/20 adjuvant vaccine［J］. Dev Biol Stand，31：351-357.

del Vecchio V G，Kapatral V，Redkar R J，et al，2002. The genome sequence of the facultative intracellular pathogen *Brucella melitensis*［J］. Proc Natl Acad Sci USA，99（1）：443-448.

Dieterich R A，Morton-Dieterich K，Deyoe B L，et al，1980. Observations on *reindeer* vaccinated with *Brucella melitensis* strain H-38 vaccine and challenged with *Brucella suis* type 4［C］. Proceedings of the Second International *Reindeer/Caribou* Symposium，17th-21st September 1979，Roro，Norway，Part B，Direktorat for Vilt og Ferskvannsfisk：442-448.

Ding J，Pan Y，Jiang H，et al，2011. Whole genome sequences of four *Brucella* strains［J］. J Bacteriol，193（14）：3674-3675.

Dorneles E M，Sriranganathan N，2015. Recent advances in *Brucella abortus* vaccines［J］，Vet Res，46（1）：76.

Ebrahimi M，Nejad R B，Alamian S，et al，2012. Safety and efficacy of reduced doses of *Brucella melitensis* strain Rev. 1 vaccine in pregnant Iranian fat-tailed ewes［J］. Veterinaria Italiana，48（4）：405-12.

Elberg S S，Faunce Jr W K，1964. Immunization against *Brucella* infection：10. The relative immunogenicity of *Brucella abortus* strain 19-BA and *Brucella melitensis* strain Rev I in *Cynomolgus philippinensis*［J］. Bull WHO，30（5）：693.

Fiorentino M A，Campos E，Cravero S，et al，2008. Protection levels in vaccinated heifers with experimental vaccines *Brucella abortus*，M1-luc，and INTA 2［J］. Vet Microbiol，132（3/4）：302-311.

Freer E，Pizarro-Cerda J，Weintraub A，et al，1999. The outer membrane of *Brucella ovis* shows increased permeability to hydrophobic probes and is more susceptible to cationic peptides than are the outer membranes of mutant rough *Brucella abortus* strains［J］. Infect Immun，67（11）：6181-6186.

Garofolo G，2015. Multiple-locus variable-number tandem repeat（VNTR）analysis（MLVA）using multiplex PCR and multicolor capillary electrophoresis：application to the genotyping of *Brucella*，species［J］. Methods in Molecular Biology，1247：335-347.

Gopaul K K，Sells J，Bricker B J，et al，2010. Rapid and reliable single nucleotide polymorphism-based differentiation of *Brucella* live vaccine strains from field strains［J］. J Clin Microbiol，48（4）：1461-1464.

Grilló M J，Marín C M，Barberán M，et al，2009. Efficacy of bp26 and bp26/omp31 *Brucella melitensis* Rev. 1 deletion mutants against *Brucella ovis* in rams［J］. Vaccine，27（2）：187-191.

Gupta V K，Radhakrishnan G，Harms J，et al，2012. Invasive *Escherichia coli* vaccines expressing *Brucella melitensis* outer membrane proteins 31 or 16 or periplasmic protein BP26 confer protection in mice challenged with *Brucella melitensis*［J］. Vaccine，30（27）：4017-4022.

Gupta V K，Rout P K，Vihan V S，2007. Induction of immune response in mice with a DNA vaccine encoding outer membrane protein（omp31）of *Brucella melitensis* 16M［J］. Res Vet Sci，82（3）：305-313.

Hadjichristodoulou C，Voulgaris P，Toulieres L，et al，1994. Tolerance of the human brucellosis vaccine and the intradermal reaction test for Brucellosis［J］. Eur J Clin Microbiol Infect Dis，13（2）：129-134.

He Y，2002. Recombinant ochrobactrum anthropi expressing *Brucella abortus* Cu，Zn superoxide dismutase protects mice against *Brucella abortus* infection only after switching of immune responses to

Th1 type [J] . Infect Immun, 70 (5): 2535-2543.

He Y, 2012. Analyses of *Brucella* pathogenesis, host immunity, and vaccine targets using systems biology and bioinformatics [J] . Front Cell Infect Microbiol, 2 (2): 1-17.

Herzberg M, Elberg S, 1953. Immunization against *Brucella* infection. I. Isolation and characterization of a streptomycin-dependent mutant [J] . Journal of Bacteriology, 66 (5): 585-599.

Imbuluzqueta E, Gamazo C, Lana H, et al, 2013. Hydrophobic gentamicin-loaded nanoparticles are effective against *Brucella melitensis* infection in mice [J] . Antimicrob Agents Chemother, 57 (7): 3326-3333.

Ivanov A V, Salmakov K M, Olsen S C, et al, 2011. A live vaccine from *Brucella abortus* strain 82 for control of cattle brucellosis in the Russian Federation [J] . Anim Health Res Rev, 12 (1): 113-121.

Kurar E, Splitter G A, 1997. Nucleic acid vaccination of *Brucella abortus* ribosomal L7/L12 gene elicits immune response [J] . Vaccine, 15 (17/18): 1851-1857.

Lopez-Merino A, Asselineau J, Serre A, et al, 1976. Immunization by an insoluble fraction extracted from *Brucella melitensis*: immunological and chemical characterization of the active substances [J] . Infect Immun, 13 (2): 311-321.

Miranda K L, Poester F P, Minharro S, et al, 2013. Evaluation of *Brucella abortus* S19 vaccines commercialized in Brazil: immunogenicity, residual virulence and MLVA15 genotyping [J] . Vaccine, 31 (29): 3014-3018.

Monreal D, Grillo M J, Gonzalez D, et al, 2003. Characterization of *Brucella abortus* O-polysaccharide and core lipopolysaccharide mutants and demonstration that a complete core is required for rough vaccines to be efficient against *Brucella abortus* and *Brucella ovis* in the mouse model [J] . Infect Immun, 2003, 71 (6): 3261-3271.

Moriyón I, Grilló M J, Monreal D, et al, 2004. Rough vaccines in animal brucellosis: structural and genetic basis and present status [J] . Vet Res, 35 (1): 1-38.

Mp J D B, Marin C M, Barberán M, et al, 1989. Responses of ewes to *Brucella melitensis* Rev. 1 vaccine administered by subcutaneous or conjunctival routes at different stages of pregnancy [J] . Annales de Recherches Vétérinaires Annals of Veterinary Research, 20 (2): 205-213.

Mustafa A A, Abusowa M, 1993. Field-oriented trial of the Chinese *Brucella suis* strain 2 vaccine on sheep and goats in Libya [J] . Veterinary Research, 24 (5): 422-429.

Nielsen K, 2002. Diagnosis of brucellosis by serology [J] . Vet Microbiol, 90 (1/2/3/4): 447-459.

Oliveira S C, Zhu Y, Splitter G A, 1994. Recombinant L7/L12 ribosomal protein and gamma-irradiated *Brucella abortus* induce a T-helper 1 subset response from murine CD4$^+$ T cells [J] . Immunology, 83 (4): 659-664.

Olsen S, Tatum F, 2010. Bovine Brucellosis [J] . Vet Clin N Am Food A, 26 (1): 1-5.

Onate A A, Donoso G, Moraga-Cid G, et al, 2005. An RNA vaccine based on recombinant *Semliki Forest virus* particles expressing the Cu, Zn superoxide dismutase protein of *Brucella abortus* induces protective immunity in BALB/c mice [J] . Infect Immun, 73 (6): 3294-3300.

Osman A E F, Hassan A N, Ali A E, et al, 2015. *Brucella melitensis Biovar* 1 and *Brucella abortus* S19 vaccine strain infections in milkers working at cattle farms in the Khartoum area, Sudan [J] . PLoS One, 10 (5): e0123374.

Palmer M V, Cheville N F, Jensen A E, 1996. Experimental infection of pregnant cattle with vaccine candidate *Brucella abortus* strain RB51: pathologic, bacteriologic and serologic findings [J] . Vet Pathol, 33 (6): 682-691.

Paulsen I T, Seshadri R, Nelson K E, et al, 2002. The *Brucella suis* genome reveals fundamental similarities between animal and plant pathogens and symbionts [J]. Proc Natl Acad Sci USA, 99 (20): 13148-13153.

Perkins S D, Smither S J, Atkins H S, 2010. Towards a *Brucella* vaccine for humans [J]. FEMS Microbiol Rev, 34 (3): 379-394.

Pontes D S, Dorella F A, Ribeiro L A, et al, 2003. Induction of partial protection in mice after oral administration of Lactococcus lactis producing *Brucella abortus* L7/L12 antigen [J]. J Drug Targeting, 11 (8/9/10): 489-493.

Rhyan J C, Gidlewski T, Ewalt D R, et al, 2001. Seroconversion and abortion in cattle experimentally infected with *Brucella* sp. isolated from a *Pacific harbor seal* (*Phoca vitulina* richardsi) [J]. J Vet Diagn Invest, 13 (5): 379-382.

Saez D, Fernandez P, Rivera A, et al, 2012. Oral immunization of mice with recombinant Lactococcus lactis expressing Cu, Zn superoxide dismutase of *Brucella abortus* triggers protective immunity [J]. Vaccine, 30 (7): 1283-1290.

Salmakov K M, Fomin A M, Plotnikova E M, et al, 2010. Comparative study of the immunobiological properties of live Brucellosis vaccines [J]. Vaccine, 28 (5): 35-40.

Sangari F J, Aguero J, 1994. Ideentification of *Brucella abortus* B19 vaccine strain in by the detection of DNA polymorphism at the erylocus [J]. Vaccine, 12 (5): 435-438.

Sangari F J, Grilló M J, de Bagüés M J, et al, 1998. The defect in the metabolism of erythritol of the *Brucella abortus* B19 vaccine strain is unrelatd with its attenuated virulence in mice [J]. Vaccine, 16 (17): 1640-1645.

Schurig G G, Sriranganathan N, Corbel M J, 2002. Brucellosis vaccines: past, present and future [J]. Vet Microbiol, 90 (1/2/3/4): 479-496.

Spink W W, Hall III J W, Finstad J, et al, 1962. Immunization with viable *Brucella* organisms. Results of a safety test in humans [J]. Bull World Health Organ, 26 (3): 409.

Tabynov K, Sansyzbay A, Kydyrbayev Z, et al, 2014. *Influenza viral* vectors expressing the *Brucella* OMP16 or L7/L12 proteins as vaccines against *B. abortus* infection [J]. Virol J, 11 (1): 69.

Tabynov K, Yespembetov B, Sansyzbay A, 2014. Novel vector vaccine against *Brucella abortus* based on *influenza A viruses* expressing Brucella L7/L12 or Omp16 proteins: evaluation of protection in pregnant heifers [J]. Vaccine, 32 (45): 5889-5892.

Tibor A, Jacques I, Guilloteau L, et al, 1998. Effect of P39 gene deletion in live *Brucella* vaccine strains on residual virulence and protective activity in mice [J]. Infect Immun, 66 (11): 5561-5564.

Velikovsky C A, Cassataro J, Giambartolomei G H, et al, 2002. A DNA vaccine encoding lumazinesynthase from *Brucella abortus* induces protective immunity in Balb/c mice [J]. Infect Immun, 70 (5): 2507-2511.

Vemulapalli R, He Y, Buccolo L S, et al, 2000. Complementation of *Brucella abortus* RB51 with a functional *wbo*A gene results in O-antigen synthesis and enhanced vaccine efficacy but no change in rough phenotype and attenuation [J]. Infection & Immunity, 68 (7): 3927-3932.

Vemulapalli R, He Y, Cravero S, et al, 2000. Overexpression of protective antigen as a novel approach to enhance vaccine efficacy of *Brucella abortus* strain RB51 [J]. Infect Immun, 68 (6): 3286-3289.

Vemulapalli R, McQuiston J R, Schurig G G, et al, 1999. Identification of an IS711 element interrupting the *wbo*A gene of *Brucella abortus* vaccine strain RB51 and a PCR assay to distinguish strain RB51 from other *Brucella* species and strains [J]. Clin Diagn Lab Immunol, 6 (5): 760-764.

Verger J M, Grayon M, Zundel E, et al, 1995. Comparison of the efficacy of *Brucella suis*, strain 2 and *Brucella melitensis*, Rev. 1 live vaccines against a *Brucella melitensis*, experimental infection in pregnant ewes [J] . Vaccine，13 (2)：191-196.

Vershilova P A，1961. The use of live vaccine for vaccination of human beings against brucellosis in the USSR [J] . Bull WHO，24 (1)：85.

Wang F，Hu S，Gao Y，et al，2011. Complete genome sequences of *Brucella melitensis* strains M28 and M5-90，with different virulence backgrounds [J] . J Bacteriol，193 (11)：2904-2905.

Wang Z，Wu Q，2013. Research progress in live attenuated *Brucella* vaccine development [J] . Curr Pharm Biotechnol，14 (10)：887-896.

Winter A J，Schurig G G，Boyle S M，et al，1996. Protection of BALB/c mice against homologous and heterologous species of *Brucella* by rough strain vaccines derived from *Brucella melitensis* and *Brucella suis biovar* 4 [J] . Am J Vet Res，79 (5)：677-683.

García J V S，Bigi F，Rossetti O，et al，2010. Expression of Mpb83 from *Mycobacterium bovis* in *Brucella abortus* S19 induces against th recombinant antigen in BALB/c mice [J] . Microbes Infect，12 (14/15)：1236-1243.

Yang X，Skyberg J A，Cao L，et al，2013. Progress in *Brucella* vaccine development [J] . Front Biol，8 (1)：60-77.

Yang Y，Wang L，Yin J，et al，2011. Immunoproteomic analysis of *Brucella melitensis*，and identification of a new immunogenic candidate protein for the development of brucellosis subunit vaccine [J] . Mol Immunol，49 (1/2)：175-184.

第九章　布鲁氏菌病监测与流行病学调查

疫病监测是指跟踪疫病的发生、分布和变化趋势，研究病因、宿主与环境诸因素之间的关系，并将信息及时上报和反馈，以便进一步开展调查研究，对疫病进行预测预报，提出有效防控对策和措施，并了解其执行情况和效果，从而达到控制和消灭疫病的目的。因此，动物疫病监测既是防控规划的重要部分，也是兽医部门尤其是兽医政府机构必不可少的日常性工作。

流行病学调查是动物疫病监测的一种重要手段，对动物疫病疫情的流行病学调查，了解疫情的基本情况，分析疫情发生的原因，追溯疫源，追查可能造成疫情传播扩散的隐患，能为动物疫情的确认、控制和扑灭及后续防控措施的制定提供重要依据。

第一节　布鲁氏菌病监测

一、监测目的和意义

布鲁氏菌病监测是为保证动物、动物产品符合国家规定的动物防疫标准，由法定机构和人员，依照法定的检验程序、方法和标准，对动物、动物产品及有关物品进行定期或不定期的布病感染情况检查和检测，并依据结果进行处理的一种措施。

监测目的是为了掌握牛、羊、猪等动物的布病感染和发病情况，追踪人与动物布病的疫源，评价疫病风险、发展趋势和防控效果，提出防控规划和措施建议。

布病监测是防控布病的重要组成部分，可以为国家制定动物疫病控制规划和疫病预警提供科学依据，同时保证输出动物及其产品的无害状态具有非常重要的意义。具体意义表现为以下几点：一是掌握布病分布特征和发展趋势的重要方法；二是掌握动物群体特性和影响疫病流行社会因素的重要手段；三是评价布病控制措施效果，制定科学免疫程序的重要依据；四是国家调整防疫策略和计划，制定布病消灭方案的基础；五是能及时发现疫病，及早扑灭疫情；六是保证动物产品质量的重要措施之一；七是有利于提高生产经营者的市场竞争力；八是有利于扩大出口。

二、监测内容

在我国，由省级兽医行政主管部门组织开展本省布病血清学监测。根据监测目的和作用不同，可将布鲁氏菌病监测分为常规监测和紧急监测。

（一）常规监测

常规监测是指为了解动物疫病发生分布的状况、掌握动物病原微生物感染或污染情况、净化动物疫病和评估动物免疫效果等目的，按照事先制订的方案进行有计划、有规律和有相对固定模式的动物疫病监测。常规监测一般在相对固定的区域内实施，根据区域内的畜禽品种、数量和动物疫病防控的总体规划等情况，确定监测对象、监测方法、监测数量和监测时间等。布鲁氏菌病的常规监测包括以下内容：

1. 监测对象和方法

（1）监测对象　牛、羊、猪、鹿等动物。

（2）监测方法　采用流行病学调查、血清学诊断，结合病原学诊断进行监测。

2. 监测范围和数量　每年春、秋季节选取一定数量和一定类型的牛、羊、猪等养殖场和屠宰场，开展流行病学调查和抽样检测，每个县每年至少开展一次布病监测。免疫地区和非免疫地区，按照当地动物饲养分布和当地布病具体监测方案执行。所有的奶牛、奶山羊和种畜每年应进行两次血清学监测。

3. 监测时间　对成年未免疫动物监测，猪、羊在 5 月龄以上，牛在 8 月龄以上，妊娠动物则在第 1 胎产后半个月至 1 个月间进行监测；对 M5 疫苗免疫接种过的动物，在接种后 18 个月（猪接种后 6 个月）监测；S2 口服免疫后 6 个月监测、A19 注射免疫犊牛后 6 个月监测。

4. 监测结果的处理　按要求填写监测结果报告，并及时上报。对没有免疫的且结果为阳性的家畜，应进行扑杀并作无害化处理。

（二）紧急监测

紧急监测是指在本地区发生布病疫情时，为及时了解疫情的发生情况，进行疫情追踪和追溯，掌握疫点周边有关动物病原的感染情况和该病的免疫保护水平，评估疫情发展趋势；或本地受到疫情威胁时，进行该疫情风险评估而开展的动物疫病监测。紧急监测同常规监测一样需要进行流行病学调查和实验室检测。

紧急监测是根据区域内的易感畜禽品种、数量和疫病种类等情况，确定监测范围、监测方法、监测数量和监测时间。对监测结果要及时收集、整理、统计、分析，写出详细报告，逐级向上一级动物疫病预防控制机构报告。在疫情控制工作结束后 7d 内报至中国动物疫病预防控制中心。报告的主要内容包括：疫情概况、流行基本特征、暴发原因、实验室检测结果、病原种型、控制措施和效果评估等。

布病是国家重点防控的重要人兽共患传染病。依据《中华人民共和国动物防疫法》和《布鲁氏菌病防治技术规范》等有关法律法规规定，任何单位和个人发现疑似布病动物时，都应及时向当地动物疫病预防控制机构报告。当地动物疫病预防控制机构接到报告后，应及时派员到现场进行调查确认，并按照《动物疫情报告管理办法》《国家动物疫情测报体系管理规范》及有关规定及时上报，同时开展布病的紧急监测。

三、监测方法

布病监测方法主要包括疫情报告、流行病学调查和实验室检测等。

（一）疫情报告

疫情报告主要来源于国家动物疫情测报系统。异地调运、屠宰、种用牛及销售的牛奶等，都必须进行布鲁氏菌病检查检疫。由于检查和检疫结果具有重要的参考价值，因此很多国家动物布鲁氏菌病的监测和控制都重视收集整理动物检疫和监督数据。按照我国法律规定，任何单位和个人发现疑似布病疫情都应当及时向当地动物疫病预防控制机构报告。

（二）流行病学调查

把动物流行病学调查作为布病监测的一种方法，主要目的是通过流行病学调查，了解畜禽饲养的基本情况，掌握布病以往和当前一个时期的发生状况，了解布病防控政策和防控措施的落实情况，从而对动物疫病的总体状况做出基本评价，对布病的发生、发展趋势做出判断。通过对布病疫情的流行病学调查，了解疫情的基本情况，分析疫情发生的原因，追溯疫源，追查可能造成疫情传播扩散的隐患，为动物疫情的确认、控制和扑灭及后续防控措施的制定提供重要依据。

（三）实验室检测

实验室检测是布病监测的重要手段。对抽检样品进行血清学和病原学检测，目的是了解布病的病原感染状况，分析病原感染的原因、感染程度及变化趋势，常用的实验室检测方法有：

1. **显微镜检查**　方便快捷，直观明了，但如要确诊还需做进一步的实验室检验。

2. **病原分离和鉴定**　这是诊断布病最可靠的方法，但存在繁琐、耗费时间较长、试验条件要求高，只能在指定的具备相应生物安全级别的实验室进行等局限性。

3. **分子生物学检测方法**　这是针对动物血液、乳汁、分泌物中病原菌的检测，耗时较短，敏感性较高。但存在对试验条件的要求较高，需要在规范的分子实验室内进行等局限性。

4. **血清学检测方法**

（1）虎红平板凝集试验　这是我国目前布病血清学检测的常用初筛方法，用于检测血清抗体。

（2）全乳环状试验　适用于泌乳母牛布病的初筛。

（3）试管凝集试验　这是我国目前布病血清学检测的常用确诊方法之一，用于检测血清抗体。

（4）补体结合试验　本试验至今仍是布病的重要诊断方法，是国际贸易指定的用于牛、羊、绵羊附睾种布病诊断的确诊试验。但是本方法不适合作为猪的个体诊断，因为猪的补体会干扰豚鼠补体而使补体结合试验的敏感性降低。

（5）酶联免疫吸附试验　本方法较传统的试管凝集试验和补体结合试验敏感，且特异性也高，适用于高通量检测。

（四）监测点的选择和布局

监测点的选择和布局对整个动物疫病监测工作十分重要。只有科学、规范并结合实际的选择监测点，才能得到正确且具有指导意义的监测结果。监测点的设定由国家相关机构负责执行，其选定原则有：

（1）根据全国（或当地）动物布病疫情形势，在近年来有动物或人间布病疫情暴发和流行的地区设立监测点。

（2）根据布病疫区类型和流行优势菌型的地理分布情况，在布病羊种菌疫区，羊、牛种菌混合疫区及猪种菌疫区等分别设监测点。

（3）在历史上布病疫情不清的省（市、县、乡）设立监测点。

（4）各监测点要保持相对稳定，至少连续监测 3～5 年，然后根据疫情等情况对监测点进行调整。

（5）各监测点的监测方案可因监测目的、监测动物种类和布病感染状况的差异而有所不同。

布病在监测点布局上最终要形成以省、市、县、乡防控机构为主干，以防检疫人员为支点，以村级动物疫情报告观察员为基础，以动物防疫信息网为平台，以布病流行地区为重点，纵到底、横到边、反应敏捷的监测网络。

四、监测结果分析与反馈

（一）监测数据处理

监测数据有狭义监测数据和广义监测数据之分。狭义监测数据是指实验室监测的数据，广义监测数据包括采用流行病学调查、临床诊断和采样检测等方法获得的数据。由于监测数据是采用相同的监测方法连续观察，因而可以从多个角度对数据进行分析。

1. **监测数据的分类**　监测数据与监测的分类有直接关系，目前主要是根据监测类型来进行划分，可分为主动监测数据和被动监测数据。

（1）主动监测数据　根据特殊需要，上级单位亲自调查收集数据，或者要求下级单位尽力去收集某方面的数据，称为主动监测数据。我国动物疫病预防控制机构开展动物疫病流行病学调查，以及按照农业农村部动物疫病监测方案要求对主要动物疫病进行监测收集的数据，称为主动监测数据。

（2）被动监测数据　下级单位按常规向上级机构报告监测数据，而上级单位被动接受的监测数据，称为被动监测数据。国际上常规法定动物传染病报告数据都属于被动监测数据。

2. **监测数据的收集**　布病监测数据的收集是整理分析和应用的基础，是保证监测系统准确、及时报告疫情的基本条件。监测数据不全面、不准确往往造成分析无效和决策支持的失败。监测数据收集是一项复杂的工作，要确定目标，限定一个高质量收集范围，否则收集到的信息将有失精准。全面、系统的监测资料数据应包括该项疫病临床症状的资料数据、发病资料数据、传播媒介数据、病原资料数据、免疫方面数据、环境监测数据、现场流行病学资料数据等方面的资料。

（二）监测数据分析

监测数据分析是指从所收集的众多监测数据中，选择合理的统计学指标，采用相应的统计分析方法，从中得出有价值的结论。目前国内外对布病疫病监测的数据分析，主要是通过 SAS 系统、SPSS 系统、Epi Info 等统计分析软件对以下主要内容进行分析。

1. **发病情况**　根据发病数、发病率、死亡数、死亡率和病死率分析各地布病的发病、死亡趋势。

2. **疫病趋势性分析**　疫病趋势性分析是对布病发生或死亡情况作时间上的纵向观察，运用自身对照的方式，每隔一定时间作前后对比，借此观察疫病的动态变化和发展趋势，从中分析这种变化与某种因素之间的关系。

3. **"三间分布"规律**　"三间分布"规律是布病在时间、空间和动物群体间的分布规律，是将流行病学调查资料、实验室检查结果等资料按时间、地区、动物群等不同特征分组，计算其感染率、发病率、死亡率等，然后通过分析比较发现该病的流行规律。

4. **流行因素分析**　综合监测结果及当地收集到的相关信息对布病的流行因素进行综合分析时，其影响因素主要包括发病动物的品种、性别、年龄、营养、免疫等情况，以及动物疫病发生期间的季节、气候、地理特点、畜牧制度、饲养管理等环境条件。

（三）监测数据信息反馈

1. **反馈内容**　监测系统的监测内容均属信息反馈内容。另外，监测工作中遇到的问题、解决的措施及效果评价、工作经验、教训及上级对下级的指导等也都是信息反馈的内容，而监测系统的信息如何反馈则因信息的性质而异。

（1）原始资料　各监测点收集的原始资料需向上一级的动物疫病预防控制机构报告。基层动物疫病监测机构将监测数据进行汇总后上报到市级动物疫病预防控制机构，再上报省级直至中国动物疫病预防控制中心及国家动物卫生和流行病学中心。

（2）分析结果　各级动物疫病预防控制机构将监测数据资料总结分析后，形成表格、图像，并写出报告，将分析结果逐级上报至国家动物疫病预防控制机构及有关部门。

（3）其他信息　其他信息包括对某项疫病开展的专题调查、对某地区开展动物疫病的现状调查等。在调查与信息反馈过程中，应遵守由信息源（发出信息者）传递到接受信息者，后者则应将结果再反馈给前者。

2. **反馈原则**

（1）及时性　及时性是指监测数据信息反馈的速度要快。信息如果不及时提供给管理决策部门即疫病监测系统的实施人员就会失去其使用价值。各监测点应按要求，每月及时报告动物疫情监测数据及其他有关数据。

（2）准确性　一是指按照常规相应的标准，诊断动物传染病，处理疫情。二是指实事求是地反映情况，既不扩大，也不缩小，更不能掩盖问题。只有有了可靠的原始数据后，才能从中分析加工出准确的信息，保证决策管理部门作出正确判断，进行科学决策；才能使疫病监测部门认识到问题的存在及其严重性，并采取相应措施加以解决。假信息的反馈将比无信息反馈带来更大的损失。

（3）适用性　根据不同监测数据信息使用对象，提供不同的信息，使沟通对象尽量少看一些重复的无关信息，迅速找出他们所关心的问题，及时采取相应的行动。不同的对象将从不同的角度看待传递的信息，兽医行政部门感兴趣的主要是疫情状况，以及采取干预措施后的效果。疫情监测系统的工作人员不但要了解疫情状况，更重要的是要通过对原始数据的分析，发现监测系统运转中存在的问题，针对某些环节，采取切实可行的措施提高监测系统的数据质量，确定影响疫情的主要因素，采取干预措施加以评价。

（4）全面性　针对反馈对象感兴趣的问题，提供适用、详尽的信息，使反馈对象对问题有一个完整的认识，但也要避免向反馈对象提供繁杂而又无关紧要的信息。引用的数据应注明出处。

总之，信息沟通在现有条件下，应根据不同的对象，努力做到及时、准确、适用、全面。

3. **反馈形式**　监测数据信息反馈有许多种形式，但只要能做到及时、准确、适用和全面，任何形式的信息传递都可采用。由于每一种信息的反馈形式都有其优、缺点，因此在实际工作中应根据工作要求，利用多种沟通形式来达到信息反馈与交流的目的。目前监测数据信息反馈的形式有以下几种：

（1）报表　疫病监测的大量信息传递，都是通过报表来完成的。报表有月报表、半年报表和全年报表，其中月报表能及时反映一个区（县）、一个省（市）及全国的疫病发病及动物死亡情况；能作简单的对比分析，为专门调查提供依据。月报表的最大优点是形式简单，能及时、全面地提供信息。

（2）专题报告　专题报告是针对某一问题而进行的较准确和全面的调查报告。因为专题调查有较完整的设计，所以能提供更详细的信息。专题报告是信息沟通很重要的一种方式，特别是在作出重大决策之前，更需专题调查了解某一问题的现状、严重程度、决策的可行性和实施决策后的效果。没有这些较为准确、全面的信息沟通，就不可能作出正确的决策。但专题报告往往需要一定的时间和经费。

（3）简报、通讯、专刊（辑）　定期或不定期地发行疫病监测简报是信息反馈的另一种形式。简报、通讯信息量不大，但涉及内容广、反馈速度快。疫病监测的任何信息都可用简报或通讯的形式进行交流。它的最大优点是能及时、全面地了解疫病监测工作。有时为了就某些问题进行深入探讨，往往需要发行专刊（辑）。专刊（辑）涉及的问题专一，信息集中、详细，便于专业人员查询。

（4）会议交流　全国动物疫病监测统计会议和其他会议也是监测信息沟通的一种形式。这种形式灵活，信息反馈速度快。通过会议交流可以相互沟通、相互启发，并产生新的工作意见。尤其是参加一些重大的国际会议，往往可以了解有关工作的研究前沿及动态，找出差距，明确今后的工作方向。

（5）通报　上级疫控部门接到报告后，应及时对分析结果进行通报。各监测点应定期将监测结果向邻近的地区及相关部门（如卫生部门）进行通报，各地相关部门应根据通报结果及时采取相应的布鲁氏菌病防控措施。

第二节　布鲁氏菌病流行病学调查

一、调查概述

流行病学调查是通过询问、访问、问卷填写、现场查看、测量和检测等多种手段，全面、系统地收集与疫病事件有关的各种资料和数据，并进行综合分析，得出合乎逻辑的病因结论或病因假设的线索，提出疫病防控策略和措施建议的行为。流行病学调查是研究疫病流行规律、评价防控措施实施效果的重要方法，广泛应用于传染病、非传染病和原因不明疾病的研究。流行病学调查过程是一项复杂的系统工程，主要包括明确调查目的和类型、研究制定科学可行的调查方案、组织开展调查、进行数据整理分析、完成调查报告并提出措施建议等基本过程（图9-1）。

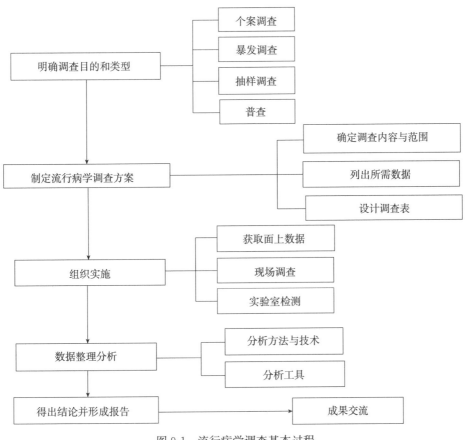

图 9-1　流行病学调查基本过程

二、调查方法

布鲁氏菌病常用的流行病学调查方法有暴发调查（紧急流行病学调查）和定点调查两种。

（一）暴发调查

对某养殖场或某一地区在较短时间内突然发生多例病例事件的调查，称为暴发调查。暴发调查的最终目的是防控或消灭流行的疫病，并从中总结经验教训。

1. **调查目的**　主要有：①探寻病因及风险因素；②确定疫病可能扩散的范围；③预测疫病暴发或流行趋势，提出控制措施建议；④评价控制措施效果。

2. **调查内容**　调查内容不仅涉及发病场户，还涉及周围的生态环境，一般包括：①调查疫点、疫区、受威胁区及当地畜禽养殖情况；②发生动物疫情后，需要对发病动物种类、发病数量、死亡数量、发病动物免疫情况、发病过程、诊断、附近野生易感动物发病及死亡情况、疫点周边地理特征、本地布鲁氏菌病疫病史、近期牛羊调运情况等进行调查；③疫病来源与扩散传播范围调查；④疫情处置情况，包括扑杀、消毒、无害化处理、封锁、免疫、监测等，对疫点、疫区、受威胁区所采取的措施有所不同。疫情处置措施实施情况是评估疫情处置效果的关键，调查人员可根据调查中发现的问题，提出防控措施的优化建议。

表 9-1　动物布鲁氏菌病紧急流行病学调查表

[刘秀梵,《兽医流行病学》(第三版),2012]

序号：　　　　　　　　　　　　　　　　　　　　　　　　填表日期：　年　月　日

一、基础信息

1　场/户/养殖小区概况

名称		启用时间	
场/户主名		电话	
地址	省（自治区）　　　县（市）　　　乡（镇）　　　村（场）		

2　调查简要信息

调查原因	□畜主/村疫情报告员发现□监测发现可疑病例□其他		
调查人员姓名		单位	
调查日期	发现第一例可疑病例日期		
报告日期			

3　养殖概况

畜种		畜龄	品种	
购入时间			发病畜原籍	

4　疫苗接种情况

接种时间			菌苗种类	
接种途径			其他（请描述）	

二、主要症状

过去两年是否有类似症状发病情况：□是□否

根据临床表现和病理变化，您怀疑是何种疫病？

三、传染源与传播途径调查

可能传染来源：		可能感染方式：	
在本疫点病例发病时间顺序：第例			

四、采样检测情况

样品类型	采样时间	采样人	
送往地点	寄送方式		
检测结果			

五、疫情处置情况

措施（请填写）	封锁：
	扑杀：
	尸体处理：
	消毒：
	其他：

六、调查结论和建议

调查结论			
有关建议			
填表人姓名		联系电话	
填表单位（签章处）：			

3. **调查步骤**　暴发调查可按照以下步骤进行：

（1）组织准备　包括组成调查组、明确调查目的和任务、准备防护设施、准备药品及调查表（表9-1）等，并及时通知专业实验室做好必要的准备工作，实行24h待命，做好病料及有关样品的接收和检测工作。

（2）确定暴发存在　一般认为，布病的发生在空间和时间上均比较集中，即病例数超过预期。暴发时间通常为从发病高峰时间向前推一个常见潜伏期。

（3）核实诊断　核实诊断的目的是纠正错误的判断。首先从流行病学角度判断疫病发生的时间、地点和群间分布是否与布病的一般规律相符合；其次是对症状、病变和实验室检测进行核实。

（4）建立病例定义　暴发调查中的病例定义不完全等同于病例诊断，是根据病畜的主要临床症状、病理变化、分布特征和实验室检测指标4项内容确立标准，根据标准，定义可疑病例、疑似病例、确诊病例。在调查早期，建立使用敏感性较高、较为宽松的病例定义，以免漏掉病例。

（5）核实病历并记录　核实病例的目的在于根据病例定义尽可能发现所有可能的病例，并排除非病例。

（6）描述性分析　对所有资料进行综合整理分析并描述，目的是描述布病是否正在暴发，在何时何地何种畜群中发生流行，探求病因，判断暴发的同源性等。

（7）建立假设并验证　建立假设是利用已获得信息来说明或推测暴发的来源。一个假设中应包括风险因素的来源、传播方式和传播媒介、引起暴发的特殊暴露因素、高危畜群等因素；并应具备以下特征：合理性、被调查的事实所支持、能够解释大多数病例。验证假设就是推敲暴露与发病之间的关系，其标准包括：关联性强度、与其他研究的一致性、暴露在前发病在后、生物学上言之有理、存在剂量-反应效应。

（8）提出预防控制措施建议并分析评价效果　在假设形成的同时，调查者还应能够提出合理的防控措施建议，以保护未感染动物和防止病例继续出现，通过评价措施实施后的效果，又反过来验证调查分析结论是否正确。

（9）调查结果交流　根据受众的不同，将调查结果或发现归纳总结，采用不同的形式形成流行病学调查报告、业务总结报告、行政汇报材料、学术论文、新闻媒体的稿件等，及时进行交流和沟通。

（二）定点调查

1. **调查目的**　了解动物布病的感染和发病情况，分析流行特点和风险因素。

2. **调查范围**　国家动物疫情测报站和边境动物疫情监测站要按照每年国家下发的流行病学调查方案的要求，做好指定地区的动物布病流行病学调查与分析工作。

3. **调查方式与内容**

（1）现场调查与抽样　对定点县进行抽样检测，随机选择一定数量的散养户、规模养殖场和屠宰场进行现场流行病学调查和采样检测，并填写好采样登记表（表9-2）；所有牛、羊血清均用虎红平板凝集试验或荧光偏振试验进行初筛，对初筛阳性样品使用试管凝集试验、ELISA或补体结合试验进行确诊。

（2）病料收集　采集牛、羊血清或流产胎儿的肝脏、脾脏，−20℃保存，送到指定实验室检测。

（3）报告撰写 及时汇总相关数据，撰写报告。

表 9-2 布鲁氏菌病现场调查与采样登记表

［参考刘秀梵，《兽医流行病学》（第三版），略作修改］

编号：_____ 年度：_____年

动物种类		样品名称		采样日期	
采样数量		样品编号		采样人	
场（畜）主姓名		联系电话		邮政编码	
联系地址	省（区、市）		县（旗）	乡（镇）	村
年度饲养量		布病检疫数		阳性数		扑杀数	淘汰数
年度的畜群孕育数			流产数		流产率		
年度购入与检疫情况	购入数		年度售出与检疫情况	售出数		年度屠宰与检疫情况	屠宰数
	检疫数			检疫数			检疫数
该场（户）近3年人的发病情况		布病发病人数			可能的感染途径		
布病免疫情况		疫苗种类		免疫数			初免日龄
备注							

三、调查结果分析

（一）调查资料整理

调查资料整理是根据调查目的，对调查所得的原始资料进行科学分类、分组、汇总和初步加工，有利于进一步的分析研究。此外，整理的调查资料积累起来，可为多项研究提供重要的素材。

1. **整理要求**

（1）系统性 整理后的资料应尽可能条理化、系统化，有一定的顺序，容易检索和查找。

（2）便利性 资料可能有多种整理顺序，应选择便于对结果进行分析的顺序。

（3）真实性 检查所有项目是否准确填写，整理后的资料必须是实实在在发生过的客观事实，不能弄虚作假。

（4）完整性 检查原始记录是否有遗漏和重复，整理原始调查表，核对各项目的有关资料是否齐全，重新找到调查对象，核实漏填、误填项目，删除缺项太多的调查表格。

2. **整理步骤** 资料整理工作大体可分为四个步骤：①设计整理方案；②进行完整性和真实性审核；③对资料进行分类或分组；④对分类或分组的资料进行汇总。

（二）调查资料分析

分析布病流行病学调查结果时，需要考虑以下两个方面的问题：一是调查结果是否达到预设目的；二是如何提炼出调查结果中包含的重要信息。

1. 调查结果的分析　调查结果内容分析通常包括三个方面：一是揭示布病在时间、地理和宿主群体中的分布情况；二是推断病因、危险因素、发展态势和防控效果；三是提出布病防控措施和建议。

2. 调查结果常用的分析方法

（1）样品检测结果分析　样品检测能为布病流行病学调查提供重要信息，是判断动物群体感染和免疫情况，确定何种病原，以及某种病原是否发生变异和开展血清流行病学或分子流行病学研究的基础。

（2）空间信息分析　空间信息，包括地理位置、地形特点、地理分布、与某些地理要素的相关性等，这类信息的分析通常需要专门的分析平台或软件。

（3）统计分析　统计分析通常是各类调查结果分析的基础方法。

（4）综合分析　综合分析往往能对所要调查的问题做出更为全面的回答，一般可以分为两类：一是同一次调查，获得多种信息，进行综合分析；二是多次调查，反复获得同一个层面的大量信息，进行汇总分析。

（三）调查报告撰写

撰写调查报告是流行病学调查工作的重要环节。布病调查报告可以记录调查者的工作内容和工作结果，也可以作为工作评价的依据。

1. 撰写基本框架　因调查内容、读者对象等方面的不同，所以各种报告的框架有所不同。一般包括：题目，前言，调查范围、内容和方法，调查结果和结果分析。简要说明如下：

（1）题目　题目应该简练明了，一般只需要指明调查的主要内容或重要结果，有时可以加上调查的时间和地点。题目的拟定要避免太大、太长，避免读起来拗口，如《2017年我国二类及三类地区布鲁氏菌病流行情况调查报告》。

（2）前言　前言部分通常介绍调查的背景信息，包括任务来源、调查目的和意义、调查单位，简略介绍调查的时间和地点，有时可以简述一下调查的基本结论。

（3）调查范围、内容和方法　调查范围、内容和方法可以分开写，也可以一起写。用尽可能少的文字，把调查范围、调查内容或项目、调查方法说清楚，让别人能够理解。如果采用国家标准或行业标准的方法，可以引用而简述。例如，可以如此撰写："按照国家标准《动物布鲁氏菌病诊断技术》（GB/T 18646—2018）进行试管凝集试验。"不必具体讲解如何进行试管凝集试验。

（4）调查结果　一般是统计性和总结性描述，是重要信息的描述，不是原始数据的堆集，也不是所有信息的罗列。所谓重要信息，简单来说，就是上级领导下达调查任务时，指出需要调查的一些信息，以及在调查过程中发现的有意义的新信息。疫情发生的时间、地理状况、宿主的分布情况、主要症状、发病率、病死率、检测与诊断结果、疫情处置情况和处置结果等，也都是重要信息。

（5）结果分析　需要对调查结果用统计学方法进行分析，挖掘这些信息之间的关联，利用这些信息，能推导出哪些是有价值的结论，如某个省或某个动物群体发病率与去年相比为什么上升很快？调查结果对布病防控有什么指导作用等。结果分析往往需要对比，如对比历年的调查结果等。

2. 撰写要求

（1）及时撰写 在调查结束后，应尽早撰写调查报告。否则，一方面有些调查结果难以回忆清晰，另一方面可能使调查结果失去时效性。

（2）有效沟通 在流行病学调查报告的撰写过程中，需要向有关人员，特别是与其他调查人员、上级领导和相关部门进行有效沟通，以确定报告中需要重点关注的问题、确定报告的基本结论及其依据、确定报告中敏感信息的表述方法。在有些情况下，撰写前或撰写过程中需要集体讨论，分析调查过程中遇到的一些问题。

（3）依序撰写 前言中不要用大量文字阐述结果，也不要在结果部分对结论进行讨论。通常将主要的结论放在前面，而将次要结论、不容易理解的结论、有争议的结论放在后面。

（4）条理顺畅 按照一定的逻辑顺序说明调查目的、过程、结果和建议，重点、亮点要突出，有时也需要说明存在的问题。

（5）有逻辑性 论述应有理有据，避免猜测、夸大其词、高谈阔论。

（6）格式正确 规范的格式能够反映出报告撰写部门的工作态度和业务水平。

（7）优化图表 图和表一般传达的是最为重要的信息，因此要高度重视图和表的优化工作，最基本的要求是清楚地表达所要表达的信息。常见的错误是图和表没有给予适当的标识与说明，使读者看不懂图和表所表示的信息。

（8）前后对应 方法中先讲述的，在结果中应该先描述其结果。

（9）避免细节错误 书写时，不能混淆"病死率"与"死亡率"、"流行率"与"发病率"等概念。

（10）避免生搬硬套 每次调查都有其特殊之处，撰写调查报告时，要根据调查目的进行相应的表述，而不应完全套用其他某个报告的格式和分析程序。即使是两个相似的调查，也应尽可能避免生搬硬套。

（刘林青　沈青春　徐琦）

参考文献

黄保续，2010. 兽医流行病学［M］. 北京：中国农业出版社.

李长友，李明，2012. 动物布鲁氏菌病防治指导手册［M］. 北京：中国农业出版社.

刘秉阳，1989. 布鲁氏菌病学［M］. 北京：人民卫生出版社.

刘秀梵，2012. 兽医流行病学［M］. 3 版. 北京：中国农业出版社.

农业部兽医局，2012. 动物布鲁氏菌病防治指导手册［M］. 北京：中国农业出版社.

第十章 布鲁氏菌病综合防控

布鲁氏菌病作为一种重要的人兽共患病，对人类健康构成了严重威胁，最大限度地控制及最终消除布鲁氏菌病几乎是所有国家的梦想。近80年来相继有多个国家（主要是发达国家）宣布根除了家畜布病。截至2009年6月，比利时、捷克、丹麦、德国、法国、爱尔兰、卢森堡、荷兰、波兰、挪威、斯洛伐克、斯洛文尼亚、芬兰、瑞典、西班牙、意大利（65个省）、英国、葡萄牙、澳大利亚、新西兰、加拿大、美国、日本、新加坡等国家及地区都获得了官方无牛布病的认可，美国绝大部分州也已经实现了布病净化。

第一节 国外布病防控实践

根据全球布病防控实际执行状况和成功经验，可将全球净化布病的国家分成三种不同类型。第一种类型为成功净化甚至根除布病经验的加拿大、新西兰和澳大利亚等国家。这些国家地广人稀，经济发达，畜牧业经济在国民经济中占重要地位，但养殖业分散，政府重视布病的控制，通过检疫-扑杀-补偿等相关防控方案先后净化或根除了布病。第二种类型为近年来被欧盟确认为无布病的国家，如瑞典、丹麦、芬兰、德国、奥地利、荷兰、比利时、卢森堡、挪威等。这些国家资源密集，经济发达，通过免疫检疫-扑杀-补偿等防控方案根除了布病。第三种类型是亚洲的日本、新加坡等经济发达国家，这些国家利用地理上的优势，很早就通过综合防控措施净化了布病。

一、成功防控布病的国家/地区的基本做法

（一）欧盟

在牛布病根除过程中，欧盟主要采取免疫、移动控制、检疫和评估补偿机制的综合防控措施。

1. **免疫**　针对不同流行情况，欧盟制定了不同的免疫策略。高风险地区（如个体阳性率＞5％），对后备母牛采用S19或RB51活疫苗进行免疫，同时配合检疫和扑杀政策。如果需要大规模免疫，则只能采用RB51活疫苗以排除检测过程中的干扰，必要时可免疫两次。中度风险牛群（如个体阳性率＜5％）则利用S19活疫苗对青年后备母牛进行免疫，同时对成年牛实行检疫和扑杀。

2. **移动控制**　为保证对感染牛群扑杀的有效执行，欧盟在兽医服务、诊断实验室及牧场主利益相关方之间进行了良好的协调，同时实施牛个体识别和牛群移动控制，并建立相应的数据库。国家对数据库进行良好的维护，并保证充足的预算用于扑杀补偿。感染牛

群扑杀后，必须空栏 2 个月。

3. 检疫 欧盟非常注重检疫的准确性，经常对牛群进行多次或重复检疫，并采取联合使用多种方法，以提高检测样本的准确性，减少由于误检导致病牛不能及时淘汰出群，以及因假阳性被误杀的损失。

4. 评估补偿机制 补偿机制与农户的合作水平及根除计划执行进度相关联。合理的补偿机制既激发了农户对根除计划的热情，同时也有力推进了根除计划的有效实施。

（二）澳大利亚

澳大利亚对牛布病的根除过程可以分为三个阶段。

1. 检疫-认可阶段 20 世纪 30 年代，部分州开始通过血样检测来评定牛群，以执行牛群认可计划，但早期仅有塔斯马尼亚州获得成功。其原因在于仅这个州的农户在扑杀阳性牛的过程中获得了政府的赔偿，这为后期采取综合防控的扑杀补偿机制积累了经验。

2. 疫苗免疫阶段 1943 年，联邦和州兽医大会批准 S19 活疫苗在澳大利亚推广使用，虽然免疫服务的费用由农场主承担，但政府也给予了很高的补贴。当各州和地区的首席兽医官命令对辖区内的牛进行强制免疫时，不向畜主收取任何费用，同时政府还给农户提供技术支持。农业部同私人兽医签订合同，提供免疫服务，使免疫牛数量逐年迅速上升。自 S19 活疫苗研制成功后，很多州包括要求对牛群进行强制免疫或自愿免疫的州都开始使用该疫苗进行布病预防。尽管由于该疫苗对牛只有 70% 的保护效力，仅通过免疫无法来根除该病，但是 S19 活疫苗的应用确实将牛布病的发生率降到了一个较低水平。

3. 综合防控阶段 20 世纪 70 年代，澳大利亚开始实行《国家布病及结核病根除计划运动（BTEC）》。该运动的核心在于将 S19 活疫苗免疫和检疫-扑杀策略配合使用。首先对大部分牛群进行了血清学检测，并对阳性牛进行了扑杀。起初阳性牛的补偿是由州政府承担，但到 20 世纪 70 年代中期，随着补偿费用支出的逐渐增加，赔偿机制逐渐过渡到了由联邦政府和州政府共同分担。补偿标准通常参考市场价值，范围包括阳性牛和清群牛价值、运输费用和屠宰费用等。此外，政府还对奶样及屠宰场进行了监测，费用由政府承担。为提高检测效率，很多州通过签约兽医或雇佣临时工来完成强制检疫-扑杀工作，政府承担相关费用，支付私人兽医相应报酬。移动控制是 BTEC 计划的另一个重要组成部分，70 年代中期澳大利亚开始对牛进行尾部标记，第一次开始对牛进行溯源追踪。

1980 年，为减少农场主的损失并缓解农场主对根除计划的抵触情绪，澳大利亚政府先后出台了一系列税收减免政策和贷款优惠政策，包括对《所得税法》进行修改。农场主与农业部达成协议，对根除运动中用于改进农场设施的支出实行了税收减免。在政府补贴、疫苗免疫、检疫扑杀及严格溯源等多因素的作用下，澳大利亚政府于 1992 年对外宣称成为无牛布病国家。

（三）美国

经济发达、科技水平高的美国，经过近百年的努力刚刚实现牛群净化，即将根除布病。

美国的布病根除计划开始于 1934 年，该计划的主要目的是恢复美国国内牛群的数量，也是美国经济恢复计划的一部分。当时布病在美国是一种严重的家畜疫病，很多州抓住了这个机会，开始实施布病净化根除。1934—1935 年，布病在美国成年牛群中的平均检出率是 11.5%。1954 年，由于牛养殖在贸易中的比例加大，以及布病对公共卫生安全的影响，政府及各种公共卫生组织开始对布病根除计划加大资金支持力度。同时，布病根除计划受到了社会的广泛关注与支持，在联邦政府、州政府与牛养殖者之间形成了一个良好的合作体系。各个方面通力合作，共同实施完成布病根除计划。随着布病研究的发展及各种技术的应用，根除计划进行了多次修改和完善。2000 年 12 月 31 日，美国宣布全国境内没有感染的牛群，这是在美国执行布病根除计划历史上首次在全国境内没有牛群感染该病。虽然美国在布病根除计划方面已经取得了巨大的进步，但美国联邦政府也意识到要彻底实现布病根除计划，最关键的是建立一套有效的监控措施。这套措施不仅可以及时发现疫病并消灭它，而且可以在它开始向易感动物传播之前就彻底消灭传染源。

1. 病畜处理　1934 年美国开始实施布病根除计划。1954 年联邦政府、州政府与养殖者合作，特别是养殖者对该计划的支持，该计划取得了很大的成功。但在 1957 年，布病的发病率还是很高，大约有 124 000 个动物群发生感染。由于监测体系没有建立，因此当时的布病防控还仅仅停留在疫病发生后的处理阶段。

2. 检疫及病畜转移　随着科学和技术的发展，布病的研究不断进步，美国布病的根除计划开始进行修改和完善，监测系统也开始逐步建立起来。从 20 世纪 70 年代中期起，美国开始对布病高发区的动物血液进行收集和检测。一旦检测出布病阳性动物，则整个家畜群将进行检测，及时将阳性动物进行转移，并对阳性群进行为期 30～180d 的定期检测直到家畜群抗体转阴。通过流行病学调查，并对家畜群邻近环境进行实时检测，能及时发现疫病，确保易感动物安全。完善的监测体系是任何疫病根除计划中的关键要素，对布病建立的完善监测系统更是如此。对布病有效的监测必须运用多种有效方法，一种是监测市场上销售的家畜或牛奶，另外一种是通过流行病学调查对发病动物群体进行溯源。与此同时，准确诊断也是开展根除计划的必要因素。

3. 疫苗免疫　早在 1959 年之前，S19 活疫苗就被应用于免疫动物。但由于该疫苗易造成动物流产因此被停用，而且 S19 活疫苗能产生持续的布病抗体，易干扰血清学诊断。到 20 世纪 70 年代，对于扑杀不适用的情况可以使用低剂量的 S19 活疫苗免疫家畜，但仍存在干扰血清学诊断的问题。1996 年，不干扰布病临床诊断的粗糙型布病活疫苗 RB51 开始有条件地应用于牛群，使这一问题得到了解决。RB51 活疫苗不仅可以产生与 S19 活疫苗一样的保护力，而且不干扰免疫动物的血清学诊断。这些措施的应用，使得实施布病根除计划的国家取得了巨大成就。

4. 布病紧急行动计划　进入 20 世纪 90 年代后，美国每年还是有少量的新发病例。1997 年，美国开始启动布病紧急行动计划（Brucellosis Emergency Action Plan，BEAP），将布病作为紧急事件进行处理，具有一切的优先权。这个计划将重点放在第一时间进行发病地区的调查、监控、家畜群处理、扑杀等。BEAP 开始实行的这一年，全国仅出现 85 起感染家畜群。到 2000 年 12 月 31 日，美国境内没有发病的家畜群。但在 2001 年有 3 起感染发生，分别发生在阿肯色州、堪萨斯州和密苏里州，这些发病的畜群很快被扑杀。

在美国的人间布病病例中，发病人群大多是与感染动物接触的从业人员，也有一些感染是由于接触了被布鲁氏菌污染的食物及未灭菌的乳制品而引起的。20 世纪 70 年代中期，患病的牛和猪是人布病的主要感染源。随着布病根除计划的实施，人间布病疫情也随之稳定地下滑，每年疾控部门报告人数在 100 例左右。20 世纪初 70 年代末至 20 年代初美国人间布病病例由职业病向食物源性疾病发展，大部分是与食用未灭菌的牛奶和污染了羊种布鲁氏菌的乳制品有关。这些感染羊种布病的病人大多是出国的旅行者，他们在国外食用了污染羊种布鲁氏菌的食物回国后而发病。

5. **布鲁氏菌监测行动** 2007 年，美国境内发生了一起畜群感染，该畜群是通过州际间畜群运输检疫被发现的。当年家畜牛种布病的发病率为 0.000 1%，根据布鲁氏菌病紧急行动计划，对布病感染牛群进行了有偿扑杀，并对周围畜群进行了彻底的流行病学调查，最终对暴露于感染群的阴性牛也进行了有偿扑杀。美国当前布病根除计划主要致力于持续的监测措施。现有两种主要针对牛种布病的监测措施，分别是市场屠宰牛检测和布病牛奶检测。

开展市场检测的牛包括所有 2 周龄以上在指定屠宰点屠宰的奶牛和公牛，以及流通于家畜市场或畜栏的所有应该检测的牛或野牛，也包括集中在农场或牧场准备送往市场、畜栏、屠宰点，通过发送或零售等方式出售的所有应该检测的牛或野牛。这些牛在移动之前或在进入市场交易的第一个集中地（如牲畜市场或屠宰点）时，通过耳标和/或背标来鉴别其来源群。市场检测要求被检牛群数量必须占具有检测资格的用于宰杀牛数量的 95% 以上。在布病 A 类地区的家畜市场要进行首点检测，而在某些无疫病区，由于州际动物的运输，也会进行首点检测。根据布病监测程序要求至少 90% 的阳性牛要追溯到源头，至少 95% 的病例要完全扑灭。到 2007 年年底，大约 97.87% 的市场检测阳性牛被成功追溯到源头，并进行了调查，最后发病牛全部都被扑杀。2007 年，美国共对 8 831 000 头牛进行了市场检测。

布病牛奶检测主要用于商业乳制品的检测。在 A 类疫区与无疫病区的检测频率是不相同的，分别是 1 年至少 4 次和 1 年至少 2 次。如果布病牛奶检测的结果可疑，则随后要开展流行病学跟踪调查。2007 年，美国对所有可疑布病牛奶检测的结果都通过流行病学调查及原始群检测，全部结果都为阴性。

（四）加拿大

加拿大是较早完成布病净化的国家，在布病防控方面常常被作为成功的典范。该国的布病防控可以简单划分为以下四个阶段。

第一阶段：免疫期。从 20 世纪 50 年代开始，发病率为 9%，犊牛全面用 S19 活疫苗免疫。

第二阶段：检疫隔离期。20 世纪 60 年代，发病率降到 4%，采取强制性检测和病牛屠宰，包括所有活牛交易市场和屠宰场病牛，并控制移动。检测方法分成两部分：筛选检测采用虎红平板、试管凝集试验或全乳环试验方法，确诊检测采用补体结合试验或细菌分离培养。

第三阶段：反弹期。1966 年发病率降到 0.2%，到 1975 年，由于停止免疫，造成隐性或潜伏期的布病暴露，发病率出现回升。为巩固防控成果，加拿大专门成立由国家、省、肉牛企业和兽医协会组成的咨询代表委员会，制订下一步消灭计划。在此计划中，更强调检疫队伍建设、耳标鉴别系统、实验室检测、对兽医人员培训、对农民的宣传教育、控制病牛在省内的移动等多方面的防控措施。

第四阶段：消灭期。从 20 世纪 80 年代开始，加拿大牛布病发病率显著下降。1985 年，加拿大宣布消灭了牛群布病。随后，继续开展高比例的检测，并扩大到鹿、野牛等野生动物。1990 年，开始降低检疫比例，停止市场检疫，加强屠宰场样品检测和严格的进口条件审核。2000 年，设立全国肉牛标识项目，禁止布病活疫苗免疫，并开始定期检测鹿、野牛等野生动物，建立全国定期血清学监测系统。

二、发达国家防控布病的成功经验

综合发达国家成功控制布病的经验，虽各有特色，但仍有很多相似之处值得总结。

（一）多部门和区域开展联防联控合作，建立了完善的疫病控制服务网络

我国动物疫病防控主要是由动物卫生监督部门监管，各级畜牧兽医局组织实施。但在很多发达国家，动物疫病防控是在国家＋公司＋科研院所共同参与下完成的。以荷兰为例，荷兰的兽医机构有三个层次，包括：①基础层级，指私营兽医，向农场主或综合企业提供服务；②第二层级，指私人实验室、动物健康服务、饲料和兽药公司的技术服务部门；③第三层级，指兽医大学、政府、国家参考实验室。第一和二层次在动物疫病防控中起了非常重要的作用。例如，位于德凡特的荷兰动物健康服务中心（Genondheidsdienst voor Dieren，GD）是世界上最大的兽医实验室之一，建立了 400 种不同的实验室测试方法，其中 150 种通过 ISO17025 验证，12 种通过了 ISO17043 验证。GD 公司每年可以开展 430 万头份的检测量，同时还从事实验室诊断分析、流行病学调查与新发疫病鉴定、研究与开发新型诊断产品、实验室能力验证、农场疾病状况认证、诊断产品销售、兽医监测、培训和咨询服务等多方面的工作。其客户 62％为农民，16％为政府，18％为企业，另外的 4％为兽医。客户项目是指一种系统的动物健康计划，包括进行连续的测试和评估过程，以便于对农场环境和健康状况变化做出实时反应。另外，该公司还承担包括来自于政府委托的强制性疫病根除计划或农场主自愿进行的疫病监测或根除计划。该公司与农民之间没有合同或协约，完全依靠其优质的服务赢得客户和市场。无论是监测计划的实行，还是防控措施的制定，都能够以最专业的手段在最短的时间内获得最佳效果。

（二）稳定的资金投入

开展成本效益研究，以获得政府在经济上的支持；建立独立的评估队伍，保证对强制性扑杀获得按市场价格 100％的补偿。发达国家对重大人兽共患病的发病动物进行扑杀时的补偿费用完全由政府负担，执行市价补偿标准，可以最大限度地保护养殖业者的利益，有利于疫情的迅速扑灭。澳大利亚在防控牛结核病和布病过程中，采取的是补偿与惩罚并举的机制。自 1970 年到 1992 年，用于牛结核病和布病防控的经费约为 7.39 亿美元。

（三）科学可行的防控计划

掌握人和家畜的感染情况，以广泛而可靠的检疫数据为基础，制定根除疫病的最优策略和根除计划。欧洲、美洲、澳大利亚等对威胁动物养殖和人类健康的动物疫病和人兽共患病，均制定了国家层面的中长期防控规划。其中，阶段性目标、中期目标和最终控制目标都非常明确。作为国家层面动物疫病防控的纲领性文件，防控计划的执行势必得到国家政府及各部门的支持和配合。更为重要的是，除了中长期规划外，发达国家均有针对重要人兽共患病和重大动物疫病等系统完整的、可具体执行的防控计划、实施方案和紧急疫情

应对措施。特别值得借鉴的是，这些国家防控计划和方案中涉及的技术、方法及措施可根据技术发展、产品更新、实践中发现的问题作定期调整和规范，使其更符合疫病防控工作的性质和实际需求。进一步研究还发现，更新调整的计划方案是在原来基础上的完善，保留原计划的目标，总结分析经验教训，优化相关实施步骤。国家配套法律法规及财政经费支持是疫病控制和扑灭的前提。

（四）落实到位的防控措施

首先是根据流行状况进行分区，不同区采取免疫、检疫、扑杀相结合的防控措施，用疫苗免疫来控制疫病和检疫扑杀措施来根除疫病。其次是建立完善的检疫监督体系和动物标识追踪体系，不同布病风险区之间的动物流动必须经过严密的监测。再次是根据感染率或分区不同，确立检疫的不同间隔时间，提高实验室的检测能力，采取多种检测方法相结合的方式进行最后的确诊。

（五）注重科技在疫病防控计划中的应用

发达国家已先后对布病实施了控制和扑灭计划，且成效显著。经过多年的不懈努力，布病在其国内少见流行或已被消灭。目前已将科研重点放在动物源人兽共患病的防控技术领域，每年投入大量的科研经费用于病原学基础研究、监测与诊断技术研究、新型疫苗研究、流行病学调查和建立疫病净化体系。自 20 世纪 60 年代以来，发达国家广泛致力于病原体核酸与蛋白组成的研究，取得了多项重要进展和成果，在分子水平上阐明了部分病原体在宿主细胞内的复制过程及其致病机理和免疫机理。在疫情监测预报、疫病净化、环境卫生监测和消毒及各种防疫卫生配套措施方面，逐步建立了生物安全体系和方便、快速的高通量检测技术，建立了病原检测、感染抗体或免疫抗体检测技术，并逐渐完善快速、敏感、特异、简便地针对多种疫病的高通量诊断方法，为疫病的快速诊断和防控决策奠定了基础。

（六）养殖者的广泛参与

让养殖者在疫病防控计划启动之前就了解这项工作的利益和社会责任所在，并能够积极予以配合。

三、发达国家布病防控对我国的启示

（一）立法保障，依法防控

从国家层面有必要进一步制定和完善针对布病防控的法律和法规，制定针对布病防控的具体目标、实现途径和具体措施。为有效实现动物疫病的控制和根除，大部分国家都会出台制定疫病防控的相关法律法规并依法实行，做到有的放矢。澳大利亚为配合《国家布病及结核病根除计划运动（BTEC）》的严格实施，在联邦和州政府层面上均制定了一系列法律法规赋予辖区根除疫病运动所必须的权利，如《牛群疫病控制法案》《奶牛场监管法》《奶制品监督法案》《患病动物和肉制品法案》《牛补偿法案》等。欧盟本身在布病防控过程中除了出台《欧盟牛、绵羊、山羊布病根除计划》外，也制定了一系列法案，如《关于动物健康问题影响牛和猪的共同体内贸易措施》（理事会指令 64/432/EEC）、《推行根除牛布病、结核病和牛流行性白血病的共同体措施》（理事会指令 77/391/EEC）、《建立用于加快牛布病、结核病和牛流行性白血病根除国家计划的共同体标准》（理事会指令 78/52/EEC）等共 24 条规章制度等来保障根除计划的有序进行。

（二）完善的经费投入机制

以澳大利亚 BTEC 运动为例，整个根除计划过程中的经费投入包括扑杀赔偿、检疫和免疫费用的补偿、滞留补贴及减免税收。除了 S19 活疫苗在推广应用期间的免疫服务费用由农场主自行承担外（但政府也给予了很高的补贴），其他费用的支出都是由政府承担，甚至监测过程中的人工费用及集合牲畜的费用也都是由政府承担。1968 年签约兽医支出总额就高达 110.05 万澳元，滞留补贴也由 3 澳元/头涨到 10 澳元/头。

我国目前针对布病防控的经费投入不足，而且执行的布病扑杀补偿政策中补偿标准明显低于市场价格，不利于调动养殖业者配合疫情防控工作的积极性，不利于按照"早、快、严、小"的原则尽快扑灭疫情。因此，我国应完善布病防控的经费投入机制，尽快改变现行的扑杀补偿政策，按照市场价对扑杀的家畜进行补偿。

（三）高效监测，早期预警，疫情信息共享

纵观国外所有疫病控制和根除计划成功的案例发现，监测在其中起着不可忽视的作用。无论是计划实施初期，还是在成功根除后，监测都起着十分重要的作用。我国应加强布病防控的早期监测、应急准备和风险评估，并且卫生部门和农业部门疫情监测报告与信息交流系统应常态化、规范化。一旦发生疑似紧急疫情应尽快确诊，可能时立即启动紧急重大疫情应急处理预案，将疫情控制在最小范围内并扑灭。英国每年的布病防控总结报告中几乎都引入了新的方法对疫病进行监测，方法的不断更新和效率的不断提升，大大减少了由错杀和漏杀造成的损失，同时也对疫病进行了早期预警。

（四）建立完善的可追溯体系，控制动物移动得力

严格控制动物移动在动物疫病控制方面也是极为重要的。澳大利亚是溯源和动物移动控制做得非常好的国家，目前采用分子印迹方式将身份信息植入牛体内，做到每头牛可以溯源，并严格控制疑似病牛的移动。

由于牛属于大动物，养殖成本较高，在发生疑似病例时，为避免扑杀，很多农户处于经济原因考虑并没有对疑似患病牛或羊实行移动控制，反而采取尽早违法贩卖等形式进行处理，导致疫病扩散。

（五）流行病学家底清晰，疫病根除计划科学合理

英国在开始进行布病根除以来，政府每年都要对前一年的防控结果进行分析讨论并出具报告。报告的第一部分就是进行流行病学分析，其次是对前一年根除计划的实施情况进行概述，以及实施结果和下一步计划。在流行病学分析过程中，英国官方会出具权威数据，包括个体阳性率、群阳性率、各地区流行情况分布图等。然后根据流行病学的调查结果，分析防控方案的成熟度。例如，在 2014 年，英国 DEFRA 出具的《2013 年英国布病防控报告》就指出，2013 年布病防控的重点定位在引入新型的平行检测实验室方法，对私人执业兽医、兽医官员、动物健康和福利人员的持续性培训，对相关人员的操作进行不断的改进，保持布病项目的高检测水平等。随后英国政府会根据当年计划实施后布病的流行情况，对下一年的防控方案进行更新。英国政府提出的 2014 年防控策略主要为：继续对疫病检测和管理进行关注；依据工作组的检疫情况增加"附加方法"（如引入新型诊断方法）；加强交流，包括强调流产报告和生物安全意识等；增大财政支持等。由此可见，在动物疫病根除计划过程中，摸清流行病学家底是制订根除计划的基础，各个国家都应该根据自

己的实际情况制定合适的防控策略，并及时回顾总结经验教训，不断更新改进。

（六）畜禽养殖业生产方式的转变

与发达国家的现代化、集约化养殖模式不同，我国目前的家畜养殖业规模大小不一。虽然有一些少数现代化、集约化的养殖企业，但仍以小规模的养殖场（户）为主。这些小规模的养殖场主疫病防控观念和技术落后，不利于布病的防控。为此，必须改变我国家畜养殖业生产模式，将小规模的养殖场向现代化、集约化方向发展。

第二节　我国布病综合防控

布病在我国流行已久，20 世纪 50 年代曾在我国广泛流行，疫情严重地区人兽感染率高达 50％以上。我国畜间布病的发生经历了以下几个阶段：第一阶段是 20 世纪 50—70 年代的高发期。北方地区疫情流行严重，布病的监测、净化必须投入大量资金和人力。部分牧区人兽感染率达到 60％～70％。第二阶段是 80—90 年代的基本控制期。国家因为增加了一定的投入，采取"免、检、杀、消、处"等综合防治措施，所以布病疫情得到了基本控制。据统计，家畜布病总的阳性率控制在 0.09％～0.28％，奶牛布病个体阳性率由 1987 年的 0.46％下降到 1999 年的 0.09％。1992 年，我国人间布病新发病例仅 219 例，为历史最低水平。第三阶段是 2000 年以后的反弹期。近年来，随着我国家畜饲养量的不断增加，动物及其产品流通频繁，部分地区布病等人兽共患病呈持续上升势头，不仅严重影响畜牧业生产，也严重危及人民身体健康和公共卫生安全。2015 年，全国报告人间布病 56 989 例，仍处于历史高位。

自《国家中长期动物疫病防治规划（2012—2020 年）》颁布以来，各级畜牧兽医、卫生计生等有关部门在当地党委、政府的领导下，进一步加大工作力度，密切合作，认真落实监测、检疫、消毒、扑杀和无害化处理等综合防治措施，大力推广布病防治试点经验，防治工作初步取得积极成效，对迅速遏制疫情上升态势起到了积极作用。但是受布病疫源广泛存在、防治经费投入不足，以及基层防疫体系薄弱等因素的影响，我国人兽间布病疫情仍较严重，防治任务依然艰巨，防治工作仍面临严峻挑战。

一、综合防控措施

（一）防控政策

世界动物卫生组织（OIE）将布病列为 B 类动物疫病，我国将其列为二类动物疫病。国家对布病防控实施分区管理，具体防控措施按《布鲁氏菌病防治技术规范》实施。根据布病流行程度，把全国布病分为三个区，即严重流行区、一般流行区和散发流行区。针对不同疫区，采取不同的防控政策。对严重流行区，采取免疫-检疫-扑杀和移动控制的综合防控措施；对一般流行区，主要实施检疫-扑杀和移动控制措施，在部分流行较严重的地区可考虑免疫；而散发流行区则实施检疫-扑杀措施。动物仅允许从低流行区向高流行区流动。国家每年都发布并实施布病监测计划。扑杀对象为患病动物，扑杀后的尸体实施无害化处理。一般情况下无害化处理采取深埋法，也可化制或焚烧。由于我国现在扑杀后的政府财政补偿额度与牛、羊市场价格差距太大，因此一些地方逃避检疫和扑杀阳性动物的现象时有发生。

（二）净化计划

《国家中长期动物疫病防治规划（2012—2020 年）》中，将布病列入国内 16 种优先控制的疫病之一，并制定了 2015 年和 2020 年的控制目标。为了进一步做好全国布病防治工作，2016 年 9 月农业部和国家卫生计生委组织制定了《国家布鲁氏菌病防治计划（2016—2020）》。2016 年发布的《农业部、财政部关于调整完善动物疫病防控支持政策的通知》中，在布病重疫区省（区）（一类地区）将布病纳入强制免疫范围，同时将布病、结核病强制扑杀的畜种范围由奶牛扩大到所有牛和羊。局部地区，如内蒙古自治区已经启动了布病净化计划。

（三）诊断方法

布病的诊断方法包括临床症状、病理剖检和实验室诊断，根据临床症状和病理变化，判定为疑似患病动物，如确诊应当进一步采样送实验室检测。实验室诊断方法主要包括血清学诊断方法和病原学诊断方法。目前应用最广泛的方法是血清学诊断方法。

在血清学诊断方法中，初筛采用虎红平板凝集试验（RBT，GB/T 18646—2018），也可采用荧光偏振试验（FPA）、全乳环状试验（MRT，GB/T 18646—2018）和竞争酶联免疫吸附试验（cELISA）。确诊可采用试管凝集试验（SAT）（GB/T 18646—2018），最好采用补体结合试验（CFT，GB/T 18646—2018）和间接酶联免疫吸附试验（iELISA）。需要强调说明的是，在统一诊断标准的情况下，cELISA 由于同时检测了 IgM 和 IgG 类抗体，因此具有更高的敏感性，适合于布病初筛；而 iELISA 由于只检测 IgG 类抗体，对布病的诊断具有更好的特异性，其诊断结果与 CFT 基本一致，因此可用于动物布病的确诊。

对于未免疫动物而血清学确诊为阳性的，则判定为患病动物；若初筛诊断为阳性而确诊诊断为阴性的，应在 15～30d 后重新采样检测。复检结果为阳性的判定为患病动物，结果为阴性的判定为健康动物。对于免疫动物，在免疫抗体消失后血清学确诊为阳性的，或病原学检测方法结果为阳性的，则判断为患病动物。

（四）免疫与鉴别诊断

在全国范围内，种畜禁止免疫，实施监测净化；奶畜原则上不免疫，实施以检测和扑杀为主的措施。在人间报告发病率超过 1/10 万或畜间疫情未控制的县数占总县数 30％以上的省（区），包括北京、天津、河北、山西、内蒙古、辽宁、吉林、黑龙江、山东、河南、陕西、甘肃、青海、宁夏、新疆（主要指新疆生产建设兵团），采取以免疫接种为主的防控策略。目前国内批准使用的疫苗有猪种 S2 株活疫苗、羊种 M5 株活疫苗、牛种 A19 株活疫苗。这些均为弱毒疫苗，以 S2 株毒力最弱，口服接种可用于妊娠牛、羊的免疫；M5 株毒力最强，主要用于羊的免疫；A19 株主要用于犊牛的免疫，毒力介于 S2 和 M5 之间，必要时可在配种的前 2 个月低剂量加强免疫，但不能用于妊娠母畜，以免导致流产。最近有研究表明，M5 疫苗株在用豚鼠脾脏含菌量和小鼠体内持续期试验测定毒力时，已超出《兽用生物制品规程》（二〇〇版）规定的毒力范围，显示了较强的毒力，提示其毒力已返强。我国目前使用的布病疫苗菌株均为光滑型菌株，而目前血清学检测方法主要检测针对光滑型菌株的脂多糖抗体，因此面临的最大难题是无法区分免疫抗体和自然感染抗体。新型疫苗（粗糙型菌株或基因缺失标记菌株）正在研发之中。也有研究认为，用现有疫苗免疫动物6～8个月后，免疫抗体已经明显下降，此时可进行正常检疫。需要注意的是，布鲁氏菌抗体水平与免疫保护不呈相关性，免疫效果主要依靠临床症状观察，如通过观察群体流产率明显下降等指标来判断。

国家/OIE动物布病参考实验室的科技人员，建立了检测布鲁氏菌特异性 IgG 和 IgM 抗体亚型的 ELISA 方法，并在此基础上追踪了 S2 活疫苗、A19 活疫苗免疫，以及强毒 2308 株感染牛的不同阶段抗体亚型消长规律，据此建立了布鲁氏菌疫苗免疫与自然感染鉴别诊断的方法。该方法能在一定程度上解决布病疫苗免疫与自然感染的鉴别诊断难题。

另外，现在批准使用的家畜弱毒疫苗对人都具有一定的残余毒力。因此，在家畜免疫接种活疫苗时应注意加强操作人员的生物安全防护。

（五）综合防控措施

综合布病诊断技术和免疫防控技术的最新成果，建立有针对性的防控模式可提高防控成效。对于场群的布病防控，可综合运用多种检测方法代替单一检测方法进行全群检测，并基于检测结果进行分群管理。对高风险牛、羊场实施疫苗免疫及效果评估；对低风险牛、羊场采取鉴别诊断，并对阳性动物实施"精准拔牙"。对于区域布病的防控，则需要首先采用可靠的诊断方法摸清本底，在此基础上建立养殖档案，对每头（只）牛（羊）建立终身标识并能追踪，同时加强日常生物安全培训和监管。

二、防控成本与社会收益分析

防控成本包括直接成本、间接成本和无形成本。直接成本是指具体实施防控方案时，由组织或实施单位所投入的成本，包括人力（工作人员薪金）、物资供应（药物、疫苗）、检疫隔离、扑杀补偿、交通运输、人员培训等。该成本具体明确，易于测量，常规分析中所指的成本基本上是直接成本。间接成本是指由疫病所带来的损失。无形成本则是包括由疫病防控不利所带来的动物福利影响、社会影响（市场供应、食品安全、社会恐慌）和生态影响等。

布病防控需要必要的经费支撑，以确保免疫、监测、扑杀、补偿、培训等防控措施的落实，避免疫情暴发对畜牧养殖业带来的巨大损失，降低引起人感染和大规模流行的风险。我国对动物布病防控中目前能够直接进行估算的成本包括免疫成本、扑杀成本及监测成本，每年分别为 0.6 亿元、1 080.8 亿元和 8.3 亿元，合计 1 089.7 亿元。除免疫、扑杀及监测所需的成本外，牛、羊感染布病后导致的直接经济损失还包括流产引起的数量减少、产奶量下降，以及利用胎次减少等。按照我国 2019 年国家统计局公布的牛、羊养殖数量，结合当前牛、羊价格及奶价，测算我国牛、羊养殖业每年因布病导致的直接经济损失为 800 亿元。

据巴西的相关文献报道，每一头 24 月龄以上的奶牛感染布病后所造成的经济损失约为 9.96 万元，感染一头 24 月龄以上的肉牛造成的经济损失约为 5.37 万元。每年因布病给巴西养牛业带来的经济损失总计约为 4.48 亿美元，而每降低或增长 1% 的发病率就会带来约 0.59 亿美元的收益或者是经济损失。经对内蒙古布病防控计划进行经济效益分析发现，在进行规模化免疫后，整个防控过程所耗费的成本约为 830 万美元，而所带来的收益约为 2 660 万美元，净现值约为 1 830 万美元，社会范围内带来的收益与成本比为 3.2：1。

三、典型案例

（一）内蒙古自治区布病防控情况

我国内蒙古自治区总面积 118.3 万 km²，与 8 省区毗邻，横跨东北、华北、西北，同蒙古国和俄罗斯接壤，国境线长达 4 221km，是严防外来疫病传入的重要屏障。内蒙古自治区是我国布病的老疫区，所辖 12 个盟（市）的 103 个旗（县、市、区）中，有 94 个旗为布病历史疫区。20 世纪 50—60 年代，布病疫情较为严重，畜间布病阳性率平均在 20% 以上；80 年代到 90 年代初，通过采取 S2 活疫苗饮水免疫的防治措施，全区布病疫情得到了有效控制，阳性率大幅度下降，81 个旗（县）达到了控制标准，其中 60% 达到稳定控制标准。牛、羊布病阳性率分别控制在 1% 和 0.5% 以下。进入 21 世纪以来，内蒙古自治区的布病疫情出现严重反弹，特别是 2005 年以来，人畜布病疫情呈现逐年上升态势。2011 年内蒙古地区人间布病报告发病数和报告发病率也快速增加，在全国报告的 42 654 例新发病例中，内蒙古地区报告 20 845 例，发病率 84.37/10 万，是全国布病平均发病率的 26.53 倍。面对新的布病防控的严峻形势，内蒙古自治区重点从以下三方面入手，探索出了一条行之有效的布病防控方式。

1. 政府重视，完善制度，明确责任　畜牧业是内蒙古自治区重要的经济支柱产业，布病疫情上升导致越来越严重的经济损失，内蒙古自治区人民政府越来越重视布病的防控工作。2008 年 12 月，内蒙古自治区将布病列为自治区地方重大动物疫病病种，并将布病防控工作纳入各级人民政府的重要议事日程。

2011 年 7 月，自治区人民政府专门召开全区布病防控形势分析暨工作调度会议。针对布病流行病学监测结果，自治区人民政府认真研判疫情形势，查找工作薄弱环节，及时完善调整防控策略。自治区各级地方政府签订了畜间布病防控目标责任状，明确落实了各级人民政府负总责、主要领导是第一责任人的工作责任制。新机制将机构队伍建设、经费投入、防控目标、物资保障等列入政府责任状内容，并层层分解，任务落实到户，并具体到每个防疫员，确保免疫、消毒、扑杀、监测、检疫监管、溯源灭点、疫点处置等关键环节的执行扎实有效。

2012 年 5 月，自治区党委和政府再次召开全区布病防控工作会议，针对人间和畜间疫病现状和实际，对全区布病防控工作进行了再部署、再安排。先后印发了《内蒙古自治区"十二五"布病防控实施方案》《畜间溯源灭点行动方案》《畜间布病疫点处置规范》《内蒙古自治区动物布病检疫监督实施办法》（试行）和《畜间动物布病疫情报告管理的通知》，明确了布病年度和阶段性防控目标、具体措施及各级、各部门的职责任务。另外，内蒙古自治区还成立了由自治区主席任组长，自治区党委副书记、自治区副主席为副组长的"自治区布病防控工作领导小组"，对布病防控进展进行严格监督。

2. 科学指导，措施有效

（1）加强检测，开展溯源灭点工作　自治区动物疫病防控部门通过人间新发布病患者及畜间流产可疑畜群，针对性地开展了流行病学调查，从人间卫生系统网报布病病例进行畜群溯源，并对溯源动物群体进行全群检测。对检测到的阳性动物进行扑杀和无害化处理，清除疫源和疫情扩散传播的隐患。通过病人追溯畜间疫情，发现疫点，消灭疫点。

（2）注重诊断方法比较，减少误诊风险　内蒙古自治区动物疫病预防控制中心能充分认识到准确诊断的重要性，并积极组织相关单位开展诊断方法比较，指导大型养殖企业科学诊断布病。内蒙古自治区农牧业科学院兽医研究所的布病防控技术专家在传授布病诊断方法方面做了深入、仔细的工作，对区内使用诊断试剂进行比对，科学、规范地培训当地多个大型养羊企业应用间接 ELISA、竞争 ELISA 和试纸条等方法对牛、羊布病进行高通量检测或现场快速检测，提高了诊断的准确性，有效降低了由于诊断试剂不稳定导致的误判风险，对于以"检验-淘汰"为主要防控模式的养殖场防控效果提升明显。

（3）合理选择疫苗与科学应用　内蒙古属于我国布病防控的一类地区，疫苗免疫是防控布病的重要措施之一。2002 年 12 月，自治区就开始对羊布病实施强制免疫。布病免疫采取小组组合的形式，由村防疫员、乡村干部组成。免疫方式为灌服 S2 活疫苗，局部地区也有采用注射免疫的方法。2012 年开始在自治区使用全封闭式投药枪代替口服灌注，并在疫点等重点地区实行二次强制免疫。

3. 联防联控，经费保障　在内蒙古布病防控工作中，多部门协作和群策群力的积极作用也得到了很好的体现。自治区兽医与卫生部门联合下发了《2010—2014 年内蒙古自治区卫生、兽医部门布病防控工作合作机制》《关于进一步做好布病疫情报告及分析工作的通知》；与卫生部门建立工作协调机制和信息通报机制，定期互通信息、分析疫情和研究防控策略，认真调查分析人间疫情和畜间疫点，形成布病防控工作的合力。

2010 年年底，内蒙古自治区启动畜间溯源灭点工作。为控制该病的流行，自治区财政厅和卫生厅联合制定了"四补两免两调整"的政策，采用政府购买服务和以奖代补的新机制，对牛结核病和布病进行严格防控。"四补两免两调整"政策中的"四补"，是指设立布病和结核病发现报病补助、规范治疗补助、防控管理补助及工作进步补助；"两免"是对全程规范治疗的患者免交通费和营养费，对布病重点人群免费发放健康行为服务包。经费保障也是自治区布病防控过程中必不可少的关键因素，布病疫苗和诊断液购置经费全部由自治区财政承担；疫苗免疫防控过程中，为确保防疫人员的安全，自治区政府积极给防疫人员进行生物安全操作培训，并提供必要的防护口罩等。此外，自治区还投入了大量的经费用于布病防控，并确保财政资金落实到位。

2012 年自治区财政安排年度防控经费 5 080 万元，并特批 4 380 万元用于布病防控，并保证资金落实到位。同时，为加强资金管理，内蒙古自治区印发了《关于进一步加强畜间布病防控工作补助经费使用管理的通知》，明确了资金用途、配套比例、使用管理要求等。其中，布病免疫每头（只）动物自治区财政给予防疫员 0.2 元专项补贴，并由地方配套补贴 0.3 元，首次解决了 1 200 万元检疫监管工作经费，对检疫监管工作起到了很好的促进作用。

在这种有效的监督机制下，内蒙古地区人畜间布病疫情在 2008 年同比增加 37％、2009 年同比增加 52％的高增长态势下，2010 年同比下降了 3％，布病疫情持续高发的态势得到了初步遏制，疫情形势趋缓。根据 2016 年《兽医公报》的相关数据显示，2016 年内蒙古自治区家畜布病的个体阳性率为 0.36％，布病的流行已经得到较好的控制。

但值得注意的是，在布病传染源没有根除的情况下，放松警惕会导致疫情的再次反弹。随着自治区局部地区牛、羊养殖数量的迅速增加，家畜布病呈反弹趋势。人间布病也明显反弹，2017—2018 年，连续 2 年人间布病疫情在全国排名第一。根据梁晗玮等（2019）对内蒙古自治区人间布鲁氏菌病流行时空分布研究，从空间分布图上看，2009—2013 年、2016－2018 年全区布病发病率呈空间聚集性，2014—2015 年发病率呈随机分布。分析原因是：2014 年和 2015 年是全区布病上一阶段防控工作结束、下一阶段防治计划还未开始之际，全区布病防控工作有所松懈，疫情监测和报告病例数有所遗漏。由此看来，内蒙古地区人畜间的布病防控工作依然任重道远。

（二）上海市奶牛布病防控情况

上海市奶牛布病在中华人民共和国成立后也曾呈地方性流行。据 1974 年统计，全市健康牛群仅占 69％。1982 年，市政府下达了《奶牛生产"六五"规划》，要求到 1988 年郊县实现奶牛群健康化。1983 年，市农业局、卫生局、农场管理局联合下达《上海市乳牛结核病、布氏杆菌病检疫暂行补充规定》，要求每年举办奶牛布病和结核病检疫培训班，培养奶牛"两病"检疫专职队伍，坚持每年全群检测两次，严格淘汰阳性病牛，使奶牛群健康化逐步走上良性循环。同时，为加快奶牛群健康化步伐，构建长效牧场管理和经济效益挂钩的竞争机制。20 世纪 80 年代初期，上海建立了特级奶牛场制度，特级奶牛场申报的必备条件之一是奶牛"两病"阳性率≤1％，申报成功后其牛奶收购价格高于普通奶牛场。严格的检测淘汰和特级奶牛场制度的实施，极大地推动了上海奶牛业的健康、稳定发展，上海奶牛"两病"阳性率已达到低于 0.1％的稳定控制区标准，奶牛布病连续多年全群监测呈阴性。

为落实《国家中长期动物疫病防治规划（2012—2020 年）》，根据国家统一部署和安排，上海市从 2013 年开始开展规模场主要动物疫病净化创建工作，取得了明显成效。2016 年 3 月，上海市崇明区奶牛"两病"区域净化模式正式被确定为全国两个区域净化模式的试点之一。2017 年 6 月，中国动物疫病预防控制中心与上海市农业委员会签订合作框架协议，建立上海崇明奶牛"两病"净化示范区，逐步开展奶牛结核病和奶牛布病的净化，达到我国和 OIE 规定的"两病"区域净化标准，并形成一套可复制、可推广的奶牛"两病"区域净化模式，推广至上海地区全部奶牛场，使上海地区所有奶牛场均达到"两病"区域净化标准。

为推进上海市崇明区奶牛"两病"区域净化示范区的建设，中国动物疫病预防控制中心和上海市农业委员会明确了双方责任分工，建立健全了协调联络机制，重点落实研究制定奶牛"两病"区域净化实施方案和区域净化评估验收标准，组织区域净化示范区评估验收、评价认定和信息发布，"两病"净化场生鲜乳收购价格奖惩机制等。

目前，上海崇明奶牛"两病"区域净化示范区已成为我国首批试点的两个动物疫病区域净化试点示范区之一，同时列入中国动物疫病预防控制中心和上海市农业委员会的重点工作，具体采取以下具体措施。

1. 开展奶牛场布病本底调查　指在分析历史资料的基础上加强现场调查，摸清辖区内奶牛养殖分布、奶牛布病历史流行情况、检测检疫监管和淘汰牛无害化处置等关键防控措施的开展情况和存在的难点问题，掌握布病检测队伍及相关政策法规支持和经费保障等情况，为开展布病区域净化提供基本参考。

2. 开展牛场风险评估，实施分级、分类管理　参照 OIE 风险评估的原则和步骤，建立布病输入奶牛场风险评估模型，结合布病流行史，建立奶牛场布病风险评估分级标准，对奶牛场逐场开展评估分级，将现有奶牛场划分为高、中、低风险场，为实施奶牛场分类管理奠定基础。

在风险评估分级的基础上，对奶牛场实施一场一策管理制度，制定针对性的奶牛场净化和监测方案，持续开展风险交流，通过整改、跟踪和反馈等手段进行风险管理，有效降低奶牛场的布病风险。

3. **强化全面检测，建立监测和预警体系**　对奶牛场适龄奶牛实施 1 年 2 次布病全群监测。选用 RBPT 进行初筛，可疑和阳性牛只采用 SAT 和竞争 ELISA 方法进行确认。SAT 或竞争 ELISA 阳性牛只均判为阳性淘汰；RBPT 初筛阳性但对 SAT、竞争 ELISA 阴性的牛只，增加监测频次。

在全面检测的基础上，以奶牛场及乡镇兽医站为疫病预警测报点，及时提供相关疫病信息。乡镇兽医站每月收集牛、羊、猪等的养殖数量、群体流动情况，以及发病、死亡等信息；奶牛场每月收集牛群精液、胚胎使用、健康巡查、疫病诊疗和用药、流产奶牛隔离监测、牛群流动、人员流动、产奶量、牛奶体细胞和细菌总数等信息；定期上报布病区域净化预警分析平台，发现异常情况及时进行追溯监测，分析其潜在流行趋势，建立针对性的且行之有效的综合防控措施。

4. **强化流动性监管**　指实施牛只流动信息化管理，完善奶牛身份档案管理制度，强化流动管理。实行"一牛一档""一档三份"的档案管理模式，对奶牛的出生、调运、销售、检疫、淘汰、死亡进行全程监控，严控奶牛跨区域调运。强化牛只入场、调运出场、淘汰和无害化处理的监督管理。形成一整套布病区域净化流动性监管工作机制，确保布病净化工作取得成效。

5. **制定布病区域净化标准、技术规范，开展奶牛场布病净化认证制度**　根据《国家规模化奶牛场布病净化工作指导意见》，结合实际，制定实施奶牛布病区域净化工作方案。在先行先试的基础上形成一套奶牛布病区域净化考核标准、技术规范及评价体系，开展奶牛布病区域净化评估认证，建立奶牛布病区域净化模式。然后逐步推广，全面指导全市奶牛布病区域的净化工作。

为此，上海市还建立奶牛布病净化企业认证制度，根据制定的净化技术规范和考核标准，强化定期监测和评估，组织开展奶牛场布病净化达标验收、评价和认定，定期发布奶牛布病净化企业信息。

6. **激发奶牛场对净化工作的积极性**　将奶牛布病净化结果纳入本市生鲜乳按质论价指标体系，凡是检出奶牛布病阳性的本市奶牛场，适当降低生鲜乳收购单价，直至再次检出呈现阴性为止，以激励奶牛场开展布病净化工作的积极性。加大对奶牛场布病净化工作的宣传和培训指导力度，提高奶牛场对布病净化工作的意识和技术能力。建立奶牛布病净化企业认证制度，定期发布奶牛布病净化企业信息。建立奶牛场动物防疫合格证年审制度，将奶牛布病净化工作与动物防疫条件合格证年审机制挂钩。

7. **建立稳定的经费和科技保障机制**　各级农业部门在年度财政预算中，足额安排奶牛布病净化工作所需的检测、监督、评估、培训、宣传和人员生物安全防护等工作经费。在年度都市现代农业发展专项、生态与安全专项等财政资金中，优先安排奶牛场标准化养殖场改造、防疫基础设施建设、粪污处理设施提升等建设经费。在政策性保险、政府强制性免疫、新型农民培训等财政补贴性资金安排时，向奶牛布病净化工作倾斜。同时，积极开展奶牛疫病防控技术特别是奶牛布病区域净化关键技术和重要标准的研究攻关，形成行之有效的奶牛布病净化综合配套技术。

四、问题与挑战

尽管我国针对布病的防控做出了极大的努力，但整体说来，布病流行尚未得到有效控制，依然严重影响着食品安全和人类健康。

（一）法律法规有待健全

只有健全的法律法规，才能有力地保障防控行动的合法性、防控机构和队伍的稳定性、防控措施实施的强制性和防控经费的充足与持续性。

1. 配套法规、计划和措施不全　我国于 1997 年颁布了《动物防疫法》，随后又出台了《布鲁氏菌病防治技术规范》，初步形成了以《动物防疫法》为核心的法律法规体系。《国家中长期动物疫病防治规划（2012—2020 年）》进一步确定了优先控制的国内 16 种动物疫病，为进一步做好全国布病防治工作绘制了蓝图。2016 年农业部会同国家卫生计生委组织制定了《国家布鲁氏菌病防治计划（2016—2020）》，明确了目标、方案和整体计划，但还缺少配套实施法规、经费保障措施，因而缺少可操作性。

2. 现有法律条文与生产实际脱节　虽然农业部、财政部联合印发的《关于调整完善动物疫病防控支持政策的通知》（农医发〔2016〕35 号）提高了家畜布病强制扑杀补偿的额度，但仍然明显低于牛、羊的市场价格。自"中央八项规定、六项禁令、反四风"实施之后，政府的财务管理更加规范和严格，经费拨付必须有政策依据、有预算支撑。由于国家现有强制扑杀补偿额度与市场价格差距甚远，差额部分的补偿经费无法落实，因此疫情处理人为延误或疫情隐瞒现象时有发生。又如，《布鲁氏菌病防治技术规范》规定："病死和扑杀的病畜，要按照《畜禽病害肉尸及其产品无害化处理规程》（GB 16548—2006）进行无害化处理。"但实际操作时，各地一般采取深埋处理，而《畜禽病害肉尸及其产品无害化处理规程》中却无深埋处理方法的描述。

（二）疫情监测方法和试剂需要统一，布病流行本底亟待阐明

准确诊断对于布病防控至关重要。假阳性检测结果会导致健康动物被淘汰，假阴性检测结果往往使潜在的传染源不能被及时淘汰出群，增加同群动物被感染的风险。目前我国用于布病诊断和流调的方法较多，同一方法的诊断试剂有多个不同生产厂家，产品质量千差万别，各地动物疫病预防控制中心和基层兽医很难挑选出准确的诊断试剂。对布病个体阳性率超 5% 的群体，一般会有 20% 的动物因诊断试剂制备/标定问题或诊断操作不规范等原因被误诊，严重情况下会有接近 50% 的动物被误诊。

在规范诊断方法和筛选诊断试剂的前提下，开展布病流行本底调查是布病防控的首要环节。随着牛、羊全国性交易的广泛开展，布病流行的区域界限日益模糊，《兽医公报》上的布病报告数目，可能与实际流行情况相距甚远。同时，家畜布病监测密度严重不足。根据《国家布鲁氏菌病防治计划（2016—2020 年）》对非免疫的乳用和种用动物每年应至少开展一次检测，而 2016 年各省上报的监测数据显示奶牛检测比例仅约有 25%，种牛

的检测比例则更低。不能反映牛、羊布病实际情况的偏低流行率可能导致政府和老百姓产生误解，政府可能降低财政支持，企业和老百姓则可能忽视有效的生物安全防护措施而造成布病的传播。

（三）动物疫病防控投入急需提高

从财政投入总量看，虽然我国动物防疫财政支持总量逐年增加，但仍难以满足需要：一是动物疫情每年波动很大，二是地方和基层防疫经费原本就十分紧张。

从财政投入结构看，现在财政投入远远不能满足疫病防控形势发展的需要。现行的扑杀补偿标准低于市价，严重制约了扑杀处置和消灭传染源工作的开展。根据农业部、财政部联合印发的《关于调整完善动物疫病防控支持政策的通知》（农医发〔2016〕35 号），肉牛、奶牛扑杀补助标准分别为 3 000 元/头和 6 000 元/头，而目前肉牛或母牛市价为 10 000元/头以上，奶牛市价高达 20 000 元/头以上。同时，项目建设与运行经费不匹配。目前项目投入多关注建设期投入，运行经费由地方自行解决，而许多地区基本上吃财政饭，没有运行经费。此外，牛等属于高价值的大动物，防控技术和产品研究成本高，科研经费严重不足，导致技术贮备不足。

虽然不少地区在积极开拓重大疫病扑杀补贴资金渠道，如母牛保险、建立疫病专项基金与风险基金等，但实施效果差异很大。由于项目资金来源机制尚不完善，因此大部分地区的费用来源仍是依靠中央和地方政府。而各地方政府的财力有限，且补偿标准过低，导致地方政府和养殖企业共同抵触扑杀策略，严重妨碍了布病净化措施的有效实施。

（四）疫病防控网络运行效率有待提高

受多种原因，如扑杀补偿过少、疫情问责、产业和经济发展指标过高等影响，重大疫情常不能实时上报，瞒报虚报现象时有发生。这就客观上导致疫情不能在早期被发现和尽快就地扑灭，从而人为增加扩散风险。此外，产地检疫和市场检疫手段不多、缺少可追溯系统（群追溯系统或个体追溯系统），移动控制不能严格实施，因而常不能有效切断疫情传播。

（五）社会化服务体系有待完善

我国动物养殖数量多，养殖模式多样，涉及面广，疫病情况复杂，动物疫病预防控制中心和畜牧推广总站的资源不能完全满足疫病防控的需要，基层缺医少药的现象时有发生，"繁得少、长得慢、死得多"的现象长期存在。养殖生产成本高、效率低，有病得不到准确诊断和有效治疗，影响了疫情的早期报告和主动防病。为此，亟待需要建立一个政府部门协调更加完善的社会化服务体系，该体系涉及政府所属部门管大病防控规划，大专院校和科研院所管疫病科研、私人执业兽医、第三方诊疗机构和行业协会管常发病诊治和饲养技术推广等。

（六）"同一个健康"体系有待完善

布病的防控涉及兽医部门和卫生部门，有效防控布病需要在"同一个健康"的前提下，实现兽医和卫生部门间的合作，共享信息资源、实行联防联控，才能切实保障人类健康、食品安全，以及牛、羊产业的发展。内蒙古自治区布病防控的实践充分体现了兽医部门与卫生部门合作的重要性。

（七）对布病防控的认识有待提高

当今牛、羊源食品安全主要表现为两类：一类是非法添加所致，另一类是人兽共患病所致。各级政府和各界人士一般对非法添加给予了高度重视，在完善法律法规、加强执法监督、严惩违法行为、调整养殖模式等各方面采取了相应措施，有效遏制了该类食品安全事件的发生。同时，经历过多次事件，如"三聚氰胺奶粉"事件、"瘦肉精猪肉"事件后，媒体和民众对非法添加的认知度和警觉度均得到了极大提高，牛、羊养殖和加工行业的社会监督力明显提高。

与非法添加导致的食品安全问题相比，由布病等人兽共患病导致的食品安全与公共卫生问题涉及从养殖源头到餐桌的全产业链各个环节，情况更复杂、影响更大、危害更深、隐蔽性更强，控制难度远远大于非法添加。如果不加大防控力度，可能会将我国多年来好不容易建立的民众对奶业的信任毁于一旦。但从政府到民众对这类疫病的认识远落后于对非法添加的认识。因此，必须加大宣传、培训布病防控知识的力度，提高社会对布病防控的认识，使养殖者自觉主动地配合各项疫病防控措施，从而实现有效防控的目的。

（八）疫病防控技术支撑体系有待进一步完善

我国动物疫病防控所采取的技术支持体系包括中国动物疫病预防控制中心、中国动物卫生与流行病学中心、各级政府动物疫病预防控制机构或动物卫生监督机构、国家动物布病参考实验室、国家布病专业实验室、大专院校科研院所。目前国家级兽医技术支持机构主要包括：中国动物疫病预防控制中心、中国动物卫生与流行病学中心、中国兽医药品监察所这三家农业农村部直属事业单位；全国各省、市、县设有动物疫病预防控制中心，负责辖区内的动物疫病预防、诊断、控制和扑灭等工作。除此之外，还设立了一些行业协会和学会等组织，包括中国兽医协会、中国畜牧兽医学会、中国兽药协会、中国奶业协会等非政府组织，以及全国动物防疫专家委员会、全国动物卫生风险评估专家委员会、全国动物防疫标准化技术委员会等技术支持组织，为动物疫病防控提供技术咨询和技术支持。然而，这种涉及不同单位、不同协会构成的技术支撑体系的运转，其有效性和科学衔接还有待加强。各级单位的兽医资源存在分配不均和利用效率低下的问题，不能满足我国各地动物疫病防控的实际需求。大专院校和科研院所科研人员的经费不能得到稳定支持，导致研究成果产生缓慢和成果转化缓慢。另外，全国众多的相关大专院校和科研院所的人才队伍和实验室设施设备平台也未纳入国家动物疫病防控体系，其中的研究成果很难发挥实际应用价值，这事实上造成了我国兽医资源的巨大浪费。

（九）养殖门槛需要提高

目前国家对养殖场建设有一定规定和必要要求。比如，场址选择必须符合《中华人民共和国畜牧法》《中华人民共和国防疫法》的有关规定，要求获得《动物防疫条件许可证》；具有县级以上畜牧兽医行政主管部门的备案登记证明，并按农业部《畜禽标识和养殖档案管理办法》要求建立养殖档案等。但是目前的养殖场门槛仍然过低，如养殖业主无需具备必要的疫病防控知识；不必持证上岗；养殖场专业的疫病防控技术人员缺少，获执业兽医资格证书的兽医更少；不认同养殖业主是重大动物疫病防控的主体；动物疫病防控的设备设施投入少等。这就形成了"平时不设防，应急无预案，反应无措施"的疫病防控的被动局面。

五、布病防控启示

布病防控是一项艰巨的任务，事关畜牧业的健康发展和人类健康。由于我国地域广阔，养殖方式多样，养殖规模庞大，因此布病整体疫情形势比较严峻。在布病防控的实践中，逐步探索出了一些适合我国养殖特点的布病防控经验和启示：①必须依靠党和政府的领导、多部门联防联控、群策群力，这是快速确定布病疫情性质、快速扑灭疫情的基础；②及时制定和宣传相关防疫法规、条例，这是布病防控过程中的必需法律保障；③必须依据制定的应急预案，采取综合性防控措施；④必须坚持预防为主的方针，充分发挥疫苗免疫在疫病防控中的作用；⑤必须加强疫病日常监测，建立和实施疫情垂直上报制度，为疫情防控争取时间；⑥必须依赖于广大动物疫病防控部门对各项防控措施的落实，尤其是应大力提高基层布病防控部门和人员素质及业务水平；⑦必须依靠科学，充分发挥科学技术在布病诊断、监测、防控、风险预警等方面的重要作用；⑧必须保证疫情信息的公开、透明，做好疫情防控知识的宣传和培训；⑨必须坚持长期性、艰巨性和复杂性的理念，树立长期作战的指导思想。

第三节　布病防控规则及联防联控情况研究

一、动物疫病防控国际规则

联合国粮食和农业组织（Food and Agriculture Organization of the United Nations，FAO）第 106 届理事会确定了在全球构建涵盖各种动物疫病的紧急预防系统（Emergency Prevention System，EMPRES）。EMPRES 牲畜项目设在位于意大利罗马的 FAO 总部，由家畜生产及卫生处具体负责，其有以下四类主要功能。

（一）快速预警
主要是指以流行病学检测为基础的疫病控制计划，旨在提高对疫病或感染分布的了解，并预测疫病的演化。

（二）早期反应
通过采取迅速、有效的疫情遏制和根除行动，防止疫病的严重流行，包括制订应急计划和准备应急措施。

（三）组织协调
协调全球消灭牛瘟等已确认的疫病，或者鼓励采取区域措施消灭某种特定跨境疫病。

（四）合作研究
FAO 与优秀的科技中心合作，共同指导研究并解决跨境动物疫病相关问题。

目前，EMPRES 优先考虑具有重要战略意义的跨境动物疫病，如牛瘟、口蹄疫和牛传染性胸膜肺炎等可以列入全球或区域消灭计划。另外，EMPRES 还优先考虑具有战略意义的疫病，包括裂谷热、结节性皮肤病、小反刍兽疫、非洲猪瘟和新城疫等。这些疫病会呈现从零星出现到严重流行的情况，但现阶段尚未纳入全球或区域消灭计划。EMPRES 同时也把疯牛病等新发疫病放在优先考虑的范畴。EMPRES 有定期出版物，即

《跨境动物疫病紧急预防系统跨境动物疫病报告》，可以通过与FAO跨境动物疫病紧急预防系统联系或通过访问网站获得该出版物。

2007年12月，世界银行（World Bank，WB）、世界动物卫生组织（OIE）与联合国粮食和农业组织（FAO）工作组会议在巴黎召开，会议进一步讨论了有关动物疫病的防控合作事宜。各国际组织一致认为，国家之间（特别是邻国或在同一地理区域内的国家）在规划动物疫病应急准备工作时开展合作，客观上可以获得共同利益。这些国家在规划动物疫病应急工作时，可以考虑通过非正式的网络渠道或正式的地区组织（如拉丁美洲的泛美口蹄疫中心、非洲统一组织/非洲动物资源局、亚洲亚太家畜生产及卫生委员会、东南亚国家联盟、欧盟兽医委员会及欧洲口蹄疫控制委员会）整合兽医资源，这将缓解所有国家的相关负担。更重要的是，还将使各国制订出协调统一的预防和应对动物疫病紧急事件的计划。对于跨境动物疫病防控，这一点尤其重要。

二、主要国际组织在布鲁氏菌病防控方面的作用

随着动物饲养规模的不断扩大，集约化程度进一步提高，动物和动物产品的贸易运输日益频繁，现代化畜牧业在提高人们生活水平的同时，也给人们生活带来了一些新的问题。动物疫病流行特点不断发生改变，食品安全和环境保护问题日益突出，兽医公共卫生问题越来越受到国际社会的关注。"同一个世界，同一个健康（One world，One health）"的理念逐渐得到了FAO、OIE、WHO等国际组织和许多国家的广泛认可，成为开展全球动物疫病防控的主要理念。布病作为一种全球范围流行、严重危害畜牧业发展和人类公共卫生的人兽共患病，已经引起上述国际组织越来越多的重视。

（一）世界动物卫生组织

OIE成立于1924年1月25日，目前成员已经达到180个。该组织是改善全球动物卫生状况的政府间组织，主要负责动物疫病通报、动物及动物产品国际贸易规则制定和动物疫病无疫国际认证等工作。牛的布病（由牛种布鲁氏菌、羊种布鲁氏菌、猪种布鲁氏菌感染引起）是2017年OIE规定必须上报的多种人兽共患病之一。OIE在全球范围内布病防控中发挥着非常重要的作用，主要体现在以下几个方面：

1. **通报布病疫情**　OIE的一个重要使命就是加强对全球动物卫生情况的认识，并保证其透明度。为完成这一使命，OIE专门公布了一份必须通报的陆生动物和水生动物疫病名单，并要求OIE成员及时、如实通报动物疫病（包括人兽共患病）的流行情况。各成员提交的115种必须通报的动物疫病信息经过OIE确认后会在世界动物卫生信息系统（WAHIS）中展示出来。

牛布病、羊布病和猪布病属于OIE必须通报的动物疫病。通过WAHIS系统可以随时查询到这3种动物布病在全球各地的流行情况，以及在不同国家的具体发病情况。

2. **规范布病标准**　OIE的动物疫病防控规则主要体现在其制定和出版的动物和动物产品的国际卫生标准中。目前，OIE制定和出版的动物和动物产品国际卫生标准主要有两类，分别是贸易标准和生物学标准。其中，与动物布病相关的是《陆生动物诊断试验和疫苗手册》和《陆生动物卫生法典》。

《陆生动物诊断试验和疫苗手册》主要提供国际认可的实验室诊断方法和推荐使用的

疫苗，以及其他生物制品的生产与质量控制方面的要求。在《陆生动物诊断试验和疫苗手册》中，分别对布鲁氏菌感染动物后的临床症状、生物安全风险与防护、诊断方法（包括病原学诊断方法、血清学诊断方法和细胞免疫学诊断方法）、疫苗的生产和检验要求等内容进行了十分详细的论述。该手册具有权威性和科学性，其中的诊断方法和疫苗生产的相关内容已被许多国家广泛采用。

《陆生动物卫生法典》中的动物卫生条款用于进出口国双方的兽医部门对动物及动物产品进行早期检测、报告，预防对人或动物的病原感染，并防止病原通过国际贸易而发生传播。为减轻布病传播的风险及对人类公共卫生的危害，《陆生动物卫生法典》中分别规定了牛科动物、绵羊和山羊布病免疫无疫和非免疫无疫国家、地区及场群资质获得和维持的要求，骆驼和鹿无布鲁氏菌感染的资质获得和维持的要求，猪无布鲁氏菌感染场资质获得和维持的要求，恢复无布鲁氏菌感染状态的相关要求，以及进口不同用途的家畜和家畜制品的相关建议。

3. 促进 OIE 布病参考实验室认证 为了开展某些重要动物疫病科学和技术方面的研究，OIE 成立了许多参考实验室。OIE 参考实验室集中了该种疫病研究领域的专家，在提供疫病标准化的诊断技术方面发挥着重要作用。参考实验室的主要责任是对所在参考实验室负责区域内动物疫病的监测和控制提出技术上的支持和专业方面的建议，开展科学技术方面的人员培训，协调与其他实验室或组织共同开展科学研究。截至 2019 年，在全世界范围内已经有来自 39 个国家的针对 119 种疫病的 260 多个参考实验室。其中，OIE 牛种布病参考实验室有 9 个，OIE 羊种布病参考实验室有 8 个，OIE 猪种布病参考实验室有 6 个（表 10-1）。这些布病参考实验室在布病流行病学调查、新型诊断技术研发、技术人员培训、协助相关国家和地区开展布病防控等方面做出了巨大的贡献。

表 10-1　全世界范围内的 OIE 布病参考实验室

所在国家	OIE 布病专家	挂靠单位	_B. abortus_	_B. melitensis_	_B. suis_
阿根廷	Ana Maria Nicola	Servicio Nacional de Sanidady Calidad Agroalimentaria 全国农业委员会	√	√	√
法国	Bruno Garin-Bastuji	Agence Nationale de Sécurité de l'Alimentation, de l'Environnement et du Travail（Anses）国家食品、安全、环境和生产安全署	√	√	√
德国	Heinrich Neubauer	Federal Research Institute for Animal Health 联邦动物健康研究所	√	√	√
以色列	Menachem Banai	Kimron Veterinary Institute 兽医研究所	√	√	
意大利	Fabrizio de Massis	Istituto Zooprofilattico Sperimentale 动物预防实验研究所	√	√	√
韩国	Moon Her	Animal and Plant Quarantine Agency（QIA），Ministry of Agriculture，Food and Rural Affairs（MAFRA）农业、粮食和农村事务部动植物检疫署	√		
泰国	Monaya Ekgatat	National Institute of Animal Health 国家动物健康研究所	√	√	

（续）

所在国家	OIE 布病专家	挂靠单位	*B. abortus*	*B. melitensis*	*B. suis*
英国	Adrian Whatmore	Animal and Plant Health Agency 动植物健康署	√	√	√
中国	Ding Jiabo	China Institute of Veterinary Drug Control（IVDC） 中国兽医药品监察所	√	√	√

4. 推动区域间布病防控合作

（1）FAO-APHCA/OIE 亚太地区布鲁氏菌病诊断和控制研讨会　2009—2014 年，在泰国举办了第一至四届 FAO-APHCA/OIE 亚太地区布病诊断和控制研讨会。由于羊种布鲁氏菌是亚太地区流行菌株，因此在前两届研讨会中重点开展了羊种布鲁氏菌的诊断技术培训。除此之外，会议的主要内容还包括增强区域间布病的诊断和控制合作，交流不同国家布病的流行水平、监测和防控措施等方面。在第四届研讨会中（彩图 49），还公布了 2013 年举行的首次亚太地区牛布病检测能力水平测试的结果。总体上看，各国的测试结果均比较理想。

该研讨会得到了亚太地区国家的热烈支持。每一届研讨会都有十几个国家参加，我国也在 2014 年的第四届研讨会中以观察员的身份参加了会议。这项活动增进了成员之间布病诊断与控制方面的协作能力，使各个成员的实验室诊断能力得到了显著提高。

（2）第一届布鲁氏菌病国际学术交流会　2018 年 11 月，中国兽医药品监察所国家动物布鲁氏菌病参考实验室和中国微生物学会在北京主办了我国第一届布鲁氏菌病国际学术交流会（彩图 50）。会议邀请了法国、以色列、美国、德国、埃塞俄比亚等国家 FAO/OIE 参考实验室或布病研究领域的专家，以及中国国内布病研究知名专家和学者，探讨了当前布病研究状况，聚焦热点和难点问题及关键技术，推动科技成果转化，为在全球范围内消除布病贡献智慧。这次会议取得了一系列的成果，为世界布病的防控起到了积极的推动作用。

除了布病诊断和控制研讨会这类专门的布病研讨会，OIE 组织的其他许多会议也会把提高布病诊断能力、促进区域间布病防控合作作为会议的重要内容。例如，2000 年在哥伦比亚举行的第十五次美洲地区 OIE 区域委员会会议，2009 年在乍得召开的第十八届非洲地区 OIE 区域委员会会议，2009 年在卡塔尔召开的第十次中东地区 OIE 区域委员会会议，2012 年在日本召开的关于国家重点关注的动物性食品安全的 OIE 区域研讨会，2015 年在日本召开的 AO-APHCA/OIE/USDA 亚洲地区人兽共患病研讨会等。

（二）联合国粮食与农业组织

FAO 是联合国系统内最早的常设专门机构，目前共有 189 个成员和 1 个成员组织（欧盟），其宗旨是提高人民的营养水平和生活标准，改进农产品的生产和分配，改善农村和农民的经济状况，促进世界经济的发展并保证人类免于饥饿的威胁。

布病作为一种严重影响动物生产性能和人类公共卫生的人兽共患病，也是 FAO 关注的重要疾病之一。早在 20 世纪 50 年代以前，FAO 就与 WHO 和 OIE 开展了密切合作，为许多国家的布病防控和相关领域的研究提供了卓有成效的支持和帮助。自 2010 年 FAO

宣布全球范围内消灭牛瘟后，FAO 和 OIE 共同将布病和口蹄疫、狂犬病、小反刍兽疫一起列为下一步重点消灭的动物疫病。

中亚和高加索地区是人兽布病流行率较高的区域。在全球人间布病流行最严重的 25 个国家中有 7 个位于该地区。为了控制塔吉克斯坦的布病疫情，防止其向整个中亚和高加索地区蔓延，FAO 实施了成功之路——"塔吉克斯坦布病控制计划"。该计划主要包括举办区域研讨会，推进能力建设，提供前沿的技术知识和实践经验，建立针对布病和其他跨境动物疫病的切实可行的防控策略。自 2003 年以来，在 8 个布病高发地区实施每年 2 次对羊滴眼接种 Rev.1 疫苗的免疫策略，在免疫实施 6 年以后，这些地区山羊和绵羊的布病流行率降低了 83%。在这一计划的带动下，中亚和高加索地区的其他几个布病高发国家也逐渐意识到该病的严重危害，并共同致力于本地区内的布病防控。

（三）世界卫生组织

WHO 是联合国下属的一个专门机构，是国际上最大的政府间卫生组织，截至 2018 年共有 194 个成员。WHO 通过提供技术标准和人兽间布病相关信息的方式对其成员给予技术方面的支持。同时，它协同 FAO、OIE 地中海地区人兽共患病控制计划（the Mediterranean Zoonoses Control Programme）支持世界各国对布病的预防和控制。

1948 年，在首届世界卫生大会（World Health Assembly）上，墨西哥代表团提出了关于组建世界布病中心的提案，并受到了大会的高度重视。1950 年至 1951 年初，在希腊、丹麦、意大利、法国、南斯拉夫、阿根廷、美国、墨西哥、土耳其等 12 个国家分别建立了 FAO/WHO 布病中心。这些布病中心的主要作用是制备和检定布病相关的标准抗原、疫苗和其他生物制品，为本国和周围国家提供布病诊断、信息咨询和培训方面的服务。1991—1997 年，WHO 举行了三次会议，对布病疫苗及诊断方法进行了交流。

（四）其他国际组织

世界贸易组织（WTO）成立于 1995 年 1 月 1 日，其前身是关税和贸易总协定（General Agreement on Tariffs and Trade，GATT），多年以来一直是世界上最大的多边贸易组织。1998 年，OIE 与 WTO 就《实施卫生与植物卫生措施协议》（SPS 协议）达成官方协议，OIE 保护动物卫生安全和防控人兽共患疫病所制定的动物和动物产品贸易规则被 WTO/SPS 协议认可，且在 SPS 委员会和国际贸易争端中发挥了重要作用。根据 2014 版《动植物生物安全法案》中关于法定传染病的相关规定，布病（牛布病、羊布病、猪布病）被列为必须上报的多种动物感染传染病之一，患布病的动物不得以任何理由进行贸易。

三、布病防控策略及实施

当前国际通行的布病防控策略可概括为：布病防控知识宣传及普及；对人群和动物群布病流行情况执行报告制度；流行区域和流行地区划分；布病群体检疫；感染动物隔离和扑杀补偿；疫区动物免疫接种；动物引种和转运的产地及途中检疫监管等。上述策略并不互相排斥，只有将上述元素与现场条件有机结合起来应用于布病的防控实践，才能取得理想的效果。只有采取有效的管理与实施，才能最终确保防控策略落到实处。国际上通常的做法包含以下五个相互关联的环节。

(一) 社区防控措施的开始与后续步骤

具体包括：指定负责人；资源分配；每年评估社区计划；与当地政府共同确认下一步具体措施，包括讨论关于流行病学评估和防控议程的行动方案等；要求不同国家部门间合作。

(二) 启动实施社区－政府援助计划

在明确当地政府行动计划的基础上，制定详细的决策指南，如流行病学调查、个人卫生教育和信息传播、免疫规划、动物更替方案等。

(三) 围绕防控策略的设计链条，开展多种活动和服务

具体包括：诊断服务；使用冷链的疫苗供给；动物无害化处理或补偿；报告中央政府项目进展。

(四) 实施国家综合规划

具体包括：建立跨部门的委员会；指定国家项目指挥部；编写指南，用于社区活动、支持服务及国家综合规划；回顾和改进国家规章条例；规划全国布病控制项目；组织必要的防控机构；资源调度；规划实施的不同阶段。

(五) 国际合作

在布病防控技术方面，世界卫生组织、联合国粮农组织、世界动物卫生组织都鼓励和支持上述国际布病控制策略相结合的项目。关于人布病的建议可以来自世界卫生组织，关于农业和国际贸易方面的建议可以来自联合国粮农组织和世界动物卫生组织。

四、我国布病联防联控情况

(一) 区域间布病联防联控情况

2012 年国务院办公厅印发的《国家中长期动物疫病防治规划（2012—2020 年）》中，提出了对布病实行区域化管理的原则：在国家优势畜牧业产业带地区，对中原、东北、西北、西南等肉牛肉羊优势区，加强对口蹄疫、布病等牛羊疫病的防治；对东北、华北、西北及大城市郊区等奶牛优势区，加强口蹄疫、布病和奶牛结核病等疫病的防治；在人兽共患病重点流行区，对北京、天津、河北、山西、内蒙古、辽宁、吉林、黑龙江、山东、河南、陕西、甘肃、青海、宁夏、新疆 15 个省（区、市）和新疆生产建设兵团，重点加强布病防治。2013 年，我国农业部门建立了动物疫病区域联防联控协作机制，各有关省份加大工作力度，创新防控模式，强化联防联控，防控工作取得了显著成效，区域动物疫病防控水平明显提升。2015 年 8 月，在西南、西北片区动物疫病联防联控协作会议上，农业部于康震副部长针对全国布病的严峻形势作出了重要指示，要求各级农牧部门一定要高度重视，加强领导。一要优化防控对策，科学施策。要按照人畜同步、分区防治、分类指导的原则，坚决落实"免、检、消、杀、管"的布病综合性防控措施。二要坚持试点示范，典型带动。全面总结布病综合防控试点的经验，结合区域特点，加快推进防控技术的推广应用。三要加快科技进步，强化支撑。加大布病防控技术的研发和成果转化力度，加快相关疫苗的审批，为防控工作提供有力支持。四要抓好宣传培训，群防群控。加强对基层防疫人员的培训，提高防治技术和卫生防护水平。加强对农牧民防控知识的宣传培训，增强防疫意识，形成群防群控的局面。2016 年农业部、国家卫生计生委关于印发《国家

布鲁氏菌病防治计划（2016—2020 年）》的通知中，提出了"因地制宜、分区防控、人畜同步、区域联防、统筹推进"作为布病防治策略。根据畜间和人间布病发生和流行程度，综合考虑家畜流动实际情况及布病防治整片推进的防控策略，对家畜布病防治实行区域化管理。

（二）部门间布病联防联控情况

自 2012 年《国家中长期动物疫病防治规划（2012—2020 年）》颁布以来，各级畜牧兽医、卫生计生等有关部门在当地党委、政府的领导下，进一步加大工作力度，密切合作，认真落实监测、检疫、消毒、扑杀和无害化处理等综合防治措施，大力推广布病防治试点经验，防治工作取得了积极成效，对迅速遏制疫情上升态势起到了积极作用。近年来我国内蒙古地区的布病防控工作成效显著，多部门协作发挥了积极的作用。自治区兽医与卫生部门根据当地防控实践，建立了有效的工作协调机制和信息通报机制，定期互通信息、分析疫情和研究防控策略，认真调查分析人间疫情和畜间疫点，形成了布病防控工作的合力。

由于我国布病疫源广泛、防治经费投入不足及基层防疫体系薄弱等，因此人畜间布病疫情仍较严重，防治任务依然艰巨，防治工作面临严峻挑战。为进一步做好全国布病的防治工作，有效控制和净化布病，2016 年农业部、国家卫生计生委发布了《关于印发〈国家布鲁氏菌病防治计划（2016—2020 年）〉的通知》，建立和完善"政府领导、部门协作、全社会共同参与"的防治机制，从技术、管理、保障措施多个方面加强两部委间的合作，将农业部与卫生计生委在布病的联防联控推向了新的高度。除此之外，农业部也加强与财政部之间的合作，2016 年两部委发布了《关于调整完善动物疫病防控支持政策的通知》，在布病重疫区省（区）（一类地区）将布病纳入强制免疫范围，将布病、结核病强制扑杀的畜种范围由奶牛扩大到所有牛和羊，同时提高了奶牛、肉牛、羊的扑杀补偿标准。2018 年 7 月，农业农村部于康震副部长在内蒙古自治区出席全国布病防控技术培训班上强调，布病防控是一项系统的工程，需要统筹协调，整合包括防疫、动物卫生监督、屠宰管理等多部门之间的资源，形成我国布病防控的最大合力。

第四节　我国和周边国家布病联防联控策略研究

一、我国与周边国家动物疫病防控合作情况

我国与俄罗斯、蒙古、越南、泰国、柬埔寨、缅甸、老挝、菲律宾、印度尼西亚、吉尔吉斯坦等周边国家在人兽共患病、跨境传播人类重大疫病和动物重大疫病等控制方面建立了联防联控机制、信息沟通和定期磋商机制，积极开展口岸传染病联防联控合作和加强疫情的有效沟通，协调统一口岸卫生检疫查验模式，探索和创建快捷通关的检疫查验新模式，做好边境区域高发传染病的风险预警和信息储备。

2011 年 11 月，我国农业部兽医局、蒙古国食品农业轻工部兽医与动物育种司、联合国粮农组织（FAO）驻中国、蒙古国和朝鲜办事处在北京联合举办了"跨境动物疫病防控研讨会"，探讨了实施跨境动物疫病联防联控的区域项目。会议研究决定，中、蒙两国

以跨境动物疫病防控区域项目为契机，不断加强两国兽医体系能力建设，促进跨境动物疫病联防联控机制的建立与完善。

2011 年 12 月，中国河口-越南老街边境地区野生动物疫源疫病联防联控双方合作会议在河口县召开，中越双方就边境地区野生动物疫源疫病联防联控合作机制达成了五项共识：一是建立和完善监测体系，加强野生动物疫源疫病监测；二是开展野生动物疫源疫病防控技术交流合作；三是通过新闻媒体、网络和发放宣传品等方式，开展公众宣传教育；四是加强对贩卖和走私野生动物的惩处；五是逐步建立野生动物疫病联防联控的长效机制。

自 2011 年以来，为了加强我国与俄罗斯、蒙古、朝鲜边境口岸的传染病疫情监测，防范传染病跨境传播，内蒙古、吉林、黑龙江、辽宁四个省（区）已开始着手建设边境口岸传染病联防联控长效协作机制。经国家质量监督检验检疫总局批准，2011 年初，内蒙古、吉林、黑龙江、辽宁四个省（区）的出入境检验检疫局已经正式成立了边境口岸传染病联防联控协作组。此协作组将建立东北地区边境口岸公共卫生事件风险评估机制，完善边境口岸各类突发公共卫生事件的应急处置方案，以联合应对周边国家发生的重大传染病疫情及突发公共卫生事件。

二、布病联防联控的成功经验

总结动物疫病防控规则策略及其他国家在动物疫病联防联控的成功经验，有以下几点：

第一，应协调中国及其周边国家、FAO 或 OIE 等各方共同沟通疫情状态，制定防控目标，研究探索防控技术手段，培训相关技术人员，以跨境动物布病防控区域项目为契机，从区域内动物布病防控入手，研究建立一个布病防控的成功模型，并在更大范围内推广应用。

第二，从动物布病及其防控特点入手，加强各国内部布病防控体系和能力建设，以区域内技术规范为指导，做好国家内部动物布病净化工作，促进整个区域布病防控和风险分析工作的实施。

第三，加强边境间动物及其产品的检疫力度，加大对发展中国家动物疫病防控的支持力度，通过实施跨境动物疫病防控区域项目来促进跨境动物疫病联防联控机制的建立与完善。

因此，在研究提出我国与周边国家的布病联防策略时，应充分借鉴国际规则和相关防控策略，认识与了解各国不同经济发展状况和国情，吸收成功消除布病国家的经验，以建立与我国及周边国家经济社会发展相适应的科学、有效的布病联防联控策略。

三、我国与周边国家布病联防联控策略研究

（一）建立布病联防联控的工作机制

1. **建立国家之间跨区域的布病联防联控合作工作机制**　目前，我国周边地区人畜间布病疫情形势非常严峻。蒙古、叙利亚人间布病发病率超过 0.05％，疫情极其严重；哈萨克斯坦、塔吉克斯坦、乌兹别克斯坦、土库曼斯坦、伊朗、伊拉克、沙特阿拉伯、土耳

其、阿尔及利亚等国家人间布病的发病率超过 0.005％，疫情也非常严重。

在我国，布病大规模流行区多集中于内蒙古自治区、新疆维吾尔自治区、西藏自治区等地。这些地区分别与蒙古、哈萨克斯坦、印度等国家接壤，边境动物自然流动频繁。而这些国家都是世界上布病发病率相当高的国家，对我国布病根除的影响不可忽视。

目前，FAO 的跨境动物疫病紧急预防系统优先考虑具有重要战略意义或战术意义的跨境动物疫病，布病的联防联控机制符合 FAO 的愿望。国家之间特别是邻国或在同一地理区域内的国家在规划动物疫病应急准备工作时进一步开展深度合作，将促进各国制订出协调统一的预防和应对动物疫病紧急事件的计划，对控制跨越国界传播迅速的动物疫病十分有利，可以使各个国家都能得到客观的共同利益。因此，建立一个由各个国家政府主导、社会参与、各级地方政府负总责、相关部门各尽其责，调动社会力量广泛参与的跨区域的布病联防联控合作组织显得十分必要和迫切。在这个合作组织内，建立各国的政府、行业协会、企业和从业人员分工明确、各司其职的防控机制，可以及时、有效地控制布病疫情扩散和蔓延，保护人民群众的身体健康。

布病联防联控合作组织通过区域协调活动，需要建立以下工作机制：①签订国家之间有关动物疫病防控的双边备忘录，与周边国家共同制订战略计划，以降低疫病通过潜在感染动物跨越共同边界移动而扩散的风险，共同采取区域措施消灭特定跨境疫病。②协调相关国家联合开展风险评估，以促使进口动物检疫政策和其他动物疫病预防策略的协调一致。③定期收集毗邻接壤国家或周边国家布病的相关信息并与这些国家相互交换意见、疫情信息、应急计划、计划草案等，做到早期预警预报、快速反应，可有效遏制和消灭疫情，防止疫情扩散蔓延。④召开研讨会，开展联合培训应急演练，提高布病控制的能力。⑤加强实验室诊断能力的交流，在提高疫病监测能力等其他方面做出互惠安排。⑥实施跨境布病防控区域项目，促进跨境动物疫病联防联控机制的建立与完善。⑦提高和加强跨国和跨机构合作，促进疫病监测信息交流，协调和援助相邻国家或地区建立疫病监测系统，并最终形成统一区域疫病监测系统。⑧建立饲养动物和野生动物流行病学数据库，形成一个真正的综合疫病监测模型。

2. 建立国家内部各部门之间人兽共患病联防联控合作机制　我国内蒙古自治区、新疆维吾尔自治区、辽宁省、吉林省、山西省、河北省等地区布病流行严重。2000 年以来，国内人兽间布病疫情愈演愈烈，流行范围逐渐扩大，防控形势越来越严峻，已经严重威胁着畜牧业健康发展、食品安全和公共卫生安全，事关社会和谐、稳定。因此，在国内建立多部门间的人兽共患病联防联控合作机制符合当前动物疫病防控的形势。

在国内建立多部门间的人兽共患病联防联控合作组织需要建立以下工作机制：①省（市、县）各级人民政府要把布病防控工作纳入本地区经济和社会发展规划，成立由政府主要领导牵头、有关部门参加的联防联控指挥部，负责落实本地区布病防控实施方案，定期召开专题会议，研究、制定和落实各项防控措施，及时协调解决布病防控工作中的重大问题。②国家级联防联控指挥部由中央人民政府主要领导担任指挥长，成员由农业、卫生、发展和改革、财政、公安、商务、工商、科技、民政等有关部门参加，负责研究制定布病防控政策、实施方案，指导、督促各地开展工作，及时协调解决工作中的重大问题。联防联控指挥部下设办公室，负责日常工作。③成员单位主要职责和分工要明确。农业部门具体负责组织实施本方案和防控工作督促检查、评估并提报所需资金使用计划,协调实施疫情控制和扑灭工作;卫生部门负责人间疫情监测、预防和发病人群的治疗及防控工作督促检查;发展和改革部门负责加大兽医和卫生部门布病防控基础设施建设的发展计划安排;财政部门按照本方案目标任务和职责,建立科学、持续的投入保障机制,负责将防控经费列入年度财政预算,适时拨付下达所需经费,并监督检查经费使用情况;科技部门负责根据实际情况和农业部门的建议安排研究项目;其他成员部门按照各自的职责,做好相关工作。

同时,建立由各级政府牵头的督查组,适时进行实地督查。各级政府还要设立布病防控技术专家组,具体负责布病防控技术咨询、理论指导和考核评估等工作。评价现行的布病防控策略,总结有关国内外布病防控的经验教训,结合我国畜牧业发展趋势提出改进布病的防控策略。

3. **建立区域内各部门或机构的联防联控工作机制** 畜牧业生产规模的不断扩大,养殖密度的不断增加,随之带来的是动物感染病原的概率增多、病原变异概率加大、新发疫病发生的风险增加。研究表明,70%的动物疫病可以传染给人,75%的人类新发传染病来源于动物或动物源性食品。如不加强动物疫病防治,将会严重危害公共卫生安全,而布病就属于危害严重的人兽共患病。因此,在国内建立区域内各部门或机构的联防联控工作组具有十分重要的现实意义。

区域内各部门或机构本着"各司其职,各负其责,信息互通、密切配合,协同作战、资源共享"的原则,建立联防联控机制。区域内联防联控机制要建立以下工作机制:①布病防控工作协调机制和信息通报制度,实行定期磋商机制、定期例会制度,定期互通信息和分析疫情。②共同研究防控策略,提出防控规划和防控目标,协调解决布病防控工作中遇到的问题,认真组织落实各项防控措施。③根据各地养殖特点、养殖水平进行区域化管理,有计划地控制、净化、消灭对畜牧业和公共卫生安全危害大的布病,推进布病从免疫临床发病向免疫临床无病例过渡,逐步清除动物机体和环境中存在的布病病原,为实现布病净化奠定基础。④各地按着分类实施、分类指导的原则,采取免疫、监测、流行病学调查、检疫、扑杀、消毒、无害化处理等各项综合措施,及时处理人兽间的布病疫情。⑤要扶持规模化、标准化、集约化养殖,逐步降低家畜散养比例,有序减少活畜跨区域流通。⑥发挥公路、铁路、航空动物卫生监督检查站的作用,完善调入动物和动物产品风险评估、检疫准入、全面消毒、隔离检测、可追溯管理等制度,建立从畜到人、从人到畜的布病追溯性调查制度。⑦联合开展检查指导,共同进行宣传教育与行为干预,形成布病防控工作合力。

(二)形成信息共享的互信机制

1. **建立多层面的信息交流共享机制**

(1)建立跨境国家层面之间的信息交流共享机制 鉴于我国布病的实际感染状况,应与朝鲜、俄罗斯、哈萨克斯坦、吉尔吉斯斯坦、塔吉克斯坦及蒙古等接壤国家建立布病防控信息交流共享机制,各方在防控策略、条件保障、人才建设、体系建设、技术研发、防控经验、专家资源及疫情状况等方面进行信息资源共享,推进各方在更高层次、更广泛领域开展合作,进一步提升我国布病的综合防控能力。

（2）建立部门之间的信息交流共享机制　在国家层面联防联控机构的领导下，农业、卫生计生省委、发展与改革、财政、科技、公安、出入境检验检疫、商务、工商行政管理、交通等部门也应按照本部门职责与跨境国家相应部门开展防控信息交流与共享，共同促进本部门布病防控工作的开展。

（3）建立国内地区之间信息交流共享机制　由农业农村部（或国家防治重大动物疫病指挥部）牵头，卫生计生委、发展与改革、财政等各部门密切配合，各司其职、各负其责，切实落实各项防控措施，并及时、定期交流本部门布病防控工作的有关情况。

（4）建立机构和科研院所之间的信息交流共享机制　农业、卫生计生委等部门也应定期与国内外相关科研院所就布病防控新技术、新成果、新动态等进行信息交流与共享，进一步提高布病防控能力，努力确保我国布病防控工作水平始终处于科技前研。

2. 信息交流共享的内容

（1）国家之间交流共享的主要内容

①农业农村部　共享的主要内容有疫情情况、流行趋势、监测预警，特别是接壤地区疫情情况、流行菌株、菌型及主要防控策略，全国防控力量培训情况，面向社会、基层兽医、养殖场户的布病危害、防治知识宣传情况。

②卫生计生委　共享的主要内容有疫情情况、流行趋势、监测预警，特别是接壤地区疫情情况、流行菌株、菌型及主要防控策略，全国宣传培训教育情况。

③出入境检验检疫局　共享的主要内容有进出境易感牲畜布病检疫情况。

④发展与改革委员会　共享的主要内容有全国布病防控基础设施建设情况。

⑤科技部　共享的主要内容有全国布病有关科研项目列入国家科技计划支持情况。

⑥财政部　共享的主要内容有全国布病防治经费投入情况。

⑦商务部　共享的主要内容有与接壤国家间易感牲畜及其产品贸易情况。

（2）部门之间交流共享的主要内容

①农业农村部　共享的主要内容有易感牲畜免疫、监测、扑杀、无害化处理、消毒、流行病学调查、宣传培训等工作的开展情况，疫情情况、流行趋势、监测预警及存在的问题。

②卫生计生委　共享的主要内容有布病患者管理、治疗情况及疫情情况通报，人间布病流行病学调查、疫情监测等工作开展的情况，高危人群健康教育和健康促进工作的开展情况。

3. 信息交流反馈与合作的内容　跨境国家各部门在国家联防联控机构合作组的统一领导下，建立并完善布病联防联控合作机制、日常工作协调机制、部门联席会议制度、专家资源共享机制，共享布病临床诊断及实验室检测研究的新进展、新成果及防控工作经验，并就存在的问题进行协商，加强合作，推进跨境国家间布病综合防控工作。

（1）成立跨境国家信息交流办公室　为推进跨境国家信息交流工作科学化、规范化，及时、准确、全面地反映跨境国家布病防控真实工作动态，发挥跨境国家各自优势，成立跨境国家布病信息交流办公室，由各部门明确专人负责本部门防控信息，定期或不定期地进行信息交流。为保持畅通的跨境信息交流联络，确保信息交流的客观性、准确性、主动性、及时性和真实性，各部门主要领导要亲自抓信息网络的建设和审核工作。

（2）建立跨境国家信息交流联席会议制度 根据联防联控工作实际情况，定期或不定期召开跨境国家信息交流联席会议，协调解决布病防控工作中出现的新情况、新问题。根据疫情形势及时调整防控策略，及时沟通交换意见，对具有共性和倾向性问题在第一时间内相互通报和上报。根据研究讨论的议题，会后印发会议纪要。

（3）建立专家资源共享机制 跨境国家农业、卫生计生委成立联合专家组，定期召开会议，利用所交流的信息，分析、评估联防联控工作成效，并就跨境国家布病发病趋势进行解析预警，及时提出改进措施和建议。当跨境地区暴发布病疫情时，专家组要同时到达现场，同时开展调查，同时指导疫情处置工作。

（4）建立定期学习交流与考察机制 跨境国家各部门负责人应定期到合作国家考察布病防控基础设施建设、科技、财政、政策支持，交流学习合作国家宣传培训、患者管理、人员防护等情况；防控业务人员学习交流免疫、检测、流行病学调查情况，现场观摩疫情处置等工作，指导、完善、促进各国布病防控工作，维护公共卫生安全。

（三）建立突发疫情联合处置的工作机制

作为人兽共患病，一旦出现布病疫情，可视为突发公共卫生事件。因此牵动机构、部门、人员众多，涉及面较广，迫切需要统一的组织做到互通信息，联合采取措施，及时扑灭疫情。另外当布病疫情发生时，根据地理位置情况，在疫点附近区域可能涉及跨国、跨省等跨疆域的疫情传播，这也需要多国、多省能积极应对，统一行动，将疫情控制在最小范围内，防止疫情扩散、蔓延，以免造成更大的损失和不良的影响。

1. 建立布病疫情联合处置工作组 为了共同应对布病疫情，协调一致地开展疫情扑灭、动物扑杀等系列工作，在跨国布病联防联控合作组织内建立布病疫情联合处置工作组，并建立相应的国家级和省级布病疫情联合处置工作组，各地各相关部门密切配合、分工合作，形成有效的联防联控。

国际布病疫情联合处置工作组可以包括中国与周边国家朝鲜、俄罗斯、哈萨克斯坦、吉尔吉斯斯坦、塔吉克斯坦及蒙古的执行代表，以及 WHO、OIE、FAO 的相关人士参加。

国家级布病疫情联合处置工作组包括政府主管部门、财政部、农业农村部、卫生部、林业部、科技部、商务部，以及公安、交通、工商等部门领导和工作人员。

省级布病疫情联合处置工作组包括政府应急办成员，畜牧兽医局、卫生局、林业局、发改委、财政局、公安局、交通局、工商局、动物疫病预防控制中心、疾病预防控制中心等部门人员。

各级工作组应明确各成员单位的组成、职责及分工，并制定疫情联合处置的政策和规章制度，一旦发生紧急情况可以按部就班地开展工作。各国及各省不同部门分别指定一名联络员，负责定期和不定期的通报及联络工作。

2. 建立国际、国家、省级布病专家资源库 当布病疫情暴发时，根据疫情情况，可以临时组建相应的专家组，进入疫区开展现场流行病学调查及实验室检测，并根据调查结果提出防治对策建议，使疫情的扑灭工作更加高效。专家组可以共同研究讨论布病防治工作中涉及的专业技术问题，并根据需要对疫情发展趋势进行分析预测和风险评估。

3. 建立布病疫情联合处置预备队 预备队由当地畜牧兽医局、卫生局行政管理人员、动物防疫工作人员、疾控中心人员、有关研究机构专家、执业兽医等组成，必要时可以组织动员社会上有一定专业知识的人员参加。公安机关、中国人民武装警察部队应当依法协助其执行任务。预备队应当定期进行技术培训和应急演练，提高应对紧急情况的能力。

4．建立疫情处置的技术和物资交流体系 主要包括以下内容：

（1）根据暴发布病的布鲁氏菌共同开发研究针对疫情的有效疫苗。

（2）建立国际疫苗库、菌毒种库、诊断试剂库等物资储备，并根据疫情控制需要，相互提供所需菌毒种、相关标本、疫苗及试剂。

（3）加强与 WHO、OIE、FAO 等国际组织的交流与合作，吸收、借鉴和推广国际上先进的布病防治技术及成功经验。

5．疫情联合处置工作内容 主要包括以下内容：

（1）疫情的监测、信息收集、报告和通报；

（2）布病确认、疫情分级和制定相应的应急处理工作方案；

（3）疫源追踪溯源和流行病学调查分析；

（4）协调安排预防、控制、扑灭布病所需资金、物资保障，如所需的疫苗、药品、设施设备和防护用品等物资；

（5）协调安排人员和应急处理扑杀地点；

（6）开展病畜扑杀、无害化处理、消毒等工作，采取系列综合性措施控制疫情的蔓延；

（7）整理各项资料，撰写疫情处置报告。

（四）加强边境地区动物及动物产品流通监管合作机制

1．建立国际间的监管合作机制 动物及动物产品的跨境流通是国际贸易、沟通交流的重要组成部分。尤其是我国加入 WTO 后，对于输出、引进过境动物及动物产品检验检疫的技术要求和卫生要求都愈发严格。目前对于技术层面的要求，国际上普遍遵守的是《实施动植物卫生检疫措施的协议》（简称"SPS 协议"）。按照规定，所有可能直接或间接影响国际贸易的动植物卫生检疫措施，都应按本协议的条款来制定和实施。与此同时，为维护良好的国际贸易秩序，保障动物卫生和生物安全，建立一套行之有效的动物及动物产品流通监管机制就显得非常必要。

（1）与周边国家共同建立战略协定 指借鉴我国现有的与周边国家共同制定并实施的动物疫病联防联控办法，有针对性地制定动物及动物产品流通过程中布病的监管办法。动物及动物产品流通过程中的输出地、运输过程、过境地及引入地的各相关负责部门，都应知晓本协定内容，并遵照执行。明确检验检疫的范围、项目；规定统一、严格、规范的检疫办法和标准；确定统一、科学、权威的检验检疫方法；制定严格、有效的处罚措施。最重要的是要确保各国有专门责任人或组织对这一协定的贯彻执行。

（2）定期召开协定负责人会议 本协定的各国负责人，应统一协调各个国家的交通、农业、林业、卫生、出入境检验检疫、海关、公安边防多个相关部门，及时发现具体工作中的不足，以便与其他各国商讨，并对协定内容进行适当修改。同时在技术方法上互援互助，分享交流经验。

（3）第三方监督管理 申请第三方予以监督，以确保协定按标准执行，保证其检验检疫结果的真实、可信，增强各国之间的互信。同时对不遵守协定的国家或部门应按照相关规定，追究责任部门及责任人，予以处罚。建立专门网站，公开本协定内容、办公流程、协定签署成员的动物布病流行情况、疫病发生情况、处罚信息等相关情况，以便公众监督。

2. 建立国内各省、各部门之间的监管合作机制

（1）完善法律法规　目前我国实行的《进出境动植物检疫法》中对重大疫情和国际贸易往来方面的相关条例较少，且内容不明确。对于我国与外国接壤的边境地区，应该建立具有针对性、实用性的相关法规制度，填补目前国内对于动物疫病方面的法律空白，对现有的涉及动物疫病方面的法律法规进行修订、完善。同时，对于各相关部门的职能职责应进一步明确、加强。

（2）加强流通环节的日常监管　我国对于动物疫病的行政管理体制，存在多部门分段管理、内外检分开和农业部门管理机构设置不够明确等弊病。各省（市）应建立一个共同的联防联控指挥部，并进行应急演练，一旦境外接壤国或我国境内临近地区突发疫情，就应启动紧急预案。涉及的农业、交通、公安边防、出入境检验检疫、林业、卫生等相关部门应根据预案，统一调动，通力合作，争取最高效率地应对突发疫情。

（3）加大违法惩治力度　提高各省（市）动物疫病的检疫能力，统一检验检疫方法、标准，加大动物布病的监管力度。在动物及动物产品流通环节出现布病，应按照规定采取相应措施，对于违反规定者，应追究责任人及部门的责任。

（五）布病联防联控需重视的关键措施

1. 持续经费投入和保障　鉴于布病对人和动物的严重危害及在防控方面存在的难度，许多国家将布鲁氏菌列为"B类生物恐怖战剂"和"农业生物恐怖战剂"，政府机关都成立了不同类型的专门管理和协调组织机构。对于我国和周边国家来说，布病的防控将会是一项长期的、专业的、艰巨的任务，需要不断完善补偿机制和激励机制，国家财政、地方财政及其他可用资金等应有长期计划。若各级政府财政支持力度不够，扑杀经费补贴不足或不到位，对于阳性动物的扑杀工作将无法广泛性开展，常常会导致病畜短期内大跨度倒卖，造成疫情扩散蔓延，使防控工作难度加剧。因此强烈呼吁国际组织，各国及地方政府高度重视该病的扑灭工作，积极投入财政支持和政策支持，保障布病防控工作组织到位，取得防控效果。

2. 密切联合广大群众，调动群防群控的积极性　卫生部门与农业部门等通力合作，通过各种媒体、会议、发放宣传材料等形式，开展健康教育和咨询服务，倡导良好的生产、生活环境，禁止人畜共舍，改变徒手接羔等不良的生产饲养方式。要使养殖户知晓布病，懂得如何预防布病，并且能积极配合牲畜布病的免疫、检疫、扑杀等防控工作。对于社会公众，可以通过媒体讲解食用生鲜乳和未熟肉食等习惯的危害，进行不良行为干预。对于兽医、防疫员、屠宰加工等环节的从业人员也应加强培训，增强自我防范意识，积极投入到扑灭布病的行动中来。

3. 采用区域化管理方式控制布病源头　欲降低人间布病的发生率，关键要治理源头，控制或消灭畜间布病。根据各地布病流行状况及社会、经济等因素实行区域化管理。不同地区按照牲畜布病的流行实际情况，采取免疫、检疫、扑杀等不同的防控策略、技术措施及管理措施，分阶段扑灭布病。

4. **联合开展"无布病场"的评估认证** 成立国际和国内"无布病场"评估认证的专家队伍。建立完善的无特定疫病企业的评估认定规范和标准，不断完善认证制度。对于防疫制度健全的规模养殖场或企业，连续多年未发生疫情也未检出阳性畜的，可申请认定"无布病场"。由国家先进行检测认定，颁发国内认定的证书或牌匾。符合国际养殖标准的养殖场也可申请国际"无布病场"的评估认证。

5. **联合把关，强化牲畜移动的检疫监管** 随着家畜养殖业的繁荣及市场流通的加快，加之各国各地布病的防控措施力度不一致，如果双方的动物检疫工作不力，就必然增加了布病的传播机会。因此，建立与周边国家的联防联控机制，共同完善牲畜调运、检疫、监督管理制度，联合把关，将有效控制布病疫情的跨地区传播。

第五节　布鲁氏菌病的日常预防与控制

预防与控制动物布病，应坚持以人为本的原则，按照《中华人民共和国动物防疫法》《国家中长期动物疫病防治规划（2012—2020年）》《国家布鲁氏菌病防治计划（2016—2020年）》《布鲁氏菌病防治技术规范》等规章制度的要求，坚持"预防为主、综合防治，因地制宜、分类管理"的原则，采取"免疫、监测、扑杀、消毒、检疫监管"等综合防控措施，根据布病的流行规律与特点，分步骤、分阶段、分区域实施。目前，根据畜间和人间布病发生及流行程度，将全国划分为三类区域。一类地区，指人间报告发病率超1/10万或畜间疫情未控制县数占总县数30％以上的省（区），包括北京、天津、河北、山西、内蒙古、辽宁、吉林、黑龙江、山东、河南、陕西、甘肃、青海、宁夏、新疆等和新疆生产建设兵团。二类地区，指本地有新发人间病例且报告发病率低于或等于1/10万或畜间疫情未控制县数占总县数30％以下的省（区），包括上海、江苏、浙江、安徽、福建、江西、湖北、湖南、广东、广西、重庆、四川、贵州、云南、西藏。三类地区，指无本地新发人间病例和畜间疫情省份，目前有海南省。只有加强动物布病防控，控制及清除传染源，切断传播途径，才能从根本上消除布病对人类健康和畜牧业发展的危害。

一、日常管理

做好动物的日常管理，引进优良品种，实行标准化、规模化养殖，是提高动物抗病能力、降低外源性病原微生物传入风险的基本措施，主要做好以下工作。

（一）坚持自繁自养，实行封闭式饲养管理

规模养殖场、牧区畜群应坚持自繁自养，不从外地、外场引进牲畜。养殖小区、农村散养户应坚持"全进全出"的养殖方式，防止疫病传入。引种补栏时，不从布病疫区或患病养殖场引入动物。调运的动物必须经严格隔离检疫，运抵的动物应在隔离饲养场（区）进行30d的隔离饲养，确保无布病感染后方可混群饲养。

养殖场（区）的生产区与生活区要严格分开。生产区的门口要设置消毒池、消毒通道。禁止无关人员无故进入生产区，生产人员进出要更衣消毒，进入车辆要严格消毒。在

生产区内，要设立单独的产羔（犊）室，而且要与人的居住环境相隔离。

（二）加强饲养管理

寒冷季节，要确保畜舍保暖通风；高温季节，要做好畜舍的通风和防暑降温工作。饲养圈舍内要提供充足的清洁饮水，保持畜舍干燥，保持合理的饲养密度，以降低应激等因素的影响。牲畜饲养过程中，应保证充足的营养，以增强畜群的抗病能力。饲喂前必须检查饲料质量，防止给畜群饲喂霉变的饲料。体弱、生病的牲畜要精心照料，选择适口性好、营养价值高的饲料饲喂，必要时在兽医的指导下做好疾病的治疗工作。

及时清除畜舍粪便及排泄物，对病死牲畜及污染物品等进行无害化处理；对畜舍、挤奶大厅、运动场及周边环境等定期消毒，做好杀虫、灭鼠工作。产前、产后1d，对产羔（犊）室进行消毒，及时清除产后胎衣、流产的胎儿等，并严格消毒，做好无害化处理工作。

（三）加强繁殖配种环节管理，做好临床观察

奶畜应采用冻精和人工授精的方式配种，拒绝本交，严格做好配种、接产环节的消毒工作。养殖场（户）要注意动物的流产情况，特别是妊娠中后期动物的流产情况。一旦发现动物流产，应立即对其进行隔离观察，并主动向当地兽医部门报告，协助开展相关诊治工作。

（四）做好健康畜群的培养管理

布病病牛所产犊牛应隔离，用巴氏灭菌的初乳人工饲喂5～10d后喂健康牛乳或巴氏灭菌乳。在第5个月及第9个月各进行1次血清学检查，全部呈阴性时即可认为是健康犊牛。培育健康羔羊群则在羔羊断乳后隔离饲养，1个月内做2次血清学试验。如有检测阳性动物则淘汰，其余的饲养1个月后再进行检疫。淘汰阳性动物后直至全群呈阴性，则认为是健康羔群。仔猪在断乳后即隔离饲养，2月龄及4月龄各检验1次，如全为阴性即可视为健康仔猪。

（五）做好易感牲畜的免疫接种工作

疫苗免疫是控制本病的有效方法之一。养殖场（户）要根据本场布病的感染情况及流行菌株，选择最适疫苗采取正确接种途径进行免疫。

（六）建立健全养殖场档案

养殖场（户）应按照有关规定，建立动物养殖档案，包括动物饲养、生产、用药、免疫、监测、发病等记录。对饲养员、专职兽医、配种员和挤奶工等应定期进行布病健康检查，并保留检查结果。

（七）配合兽医部门开展相关工作

动物养殖单位（饲养场）和散养户（个人）是动物防疫的责任主体，应主动配合当地兽医防疫管理工作人员做好国家规定的各项防疫措施。

二、消毒

消毒是指用物理的、化学的或生物的方法清除或杀灭牲畜体表及其生存环境和相关物品中病原微生物的过程，是切断疫病传播途径、预防与控制传染病的重要措施。消毒不能消除患病动物体内的病原体，仅是预防和消灭传染病的重要措施之一，只有配合免疫接

种、隔离、杀虫、灭鼠、扑灭和无害化处理等措施才能取得成效。

（一）消毒种类

根据消毒的具体目标可将消毒分为预防性消毒、随时消毒和终末消毒。

1. **预防性消毒** 是指为了预防传染病和寄生虫病的发生，对畜舍、场地环境、人员、车辆、用具和饲料、饮水等进行的常规定期消毒。

2. **随时消毒** 是指在发生传染病时，为了及时消灭患病动物排出的病原体而采取的应急性消毒措施。消毒对象包括牲畜所在圈舍、隔离场地，以及被病畜分泌物、排泄物污染和可能污染的一切场所、用具及物品。随时消毒应及时进行，并且要多次消毒。

3. **终末消毒** 是指在最后一头病畜痊愈或死亡（扑杀）之后，经过一个潜伏期的监测未出现新的病例，在解除封锁前为了消灭疫区内可能残留的病原体而进行的全面、彻底的大消毒。终末消毒后经验收合格方可解除封锁。

（二）消毒方法

1. **物理消毒法**

（1）**机械消毒** 是指通过清扫、洗刷、通风和过滤等手段机械清除病原体的方法，常与化学消毒方法结合使用。清扫就是清除畜舍、场地、环境和道路等场所的粪便、垫料、剩余饲料、尘土和废弃物等。清扫工作要做到全面彻底，不留任何死角，不遗漏任何地方。洗刷就是对水泥地面、饲槽、水槽、用具或动物体表用清水或消毒液进行洗刷或用高压水龙头冲洗。通风一般是采取开窗、舍内安装天窗和排风扇等使室内空气进行流通并可与室外空气进行交换。通风虽然不能杀灭病原体，但是可以去除牲畜圈舍内污秽的气体和水汽，在短时间内使舍内空气清新，降低湿度，减少空气中病原体的数量，对预防由空气传播的传染病有重要意义。过滤就是在畜舍的门窗、通风口处安装粉尘、微生物过滤网，阻止粉尘、病原微生物进入舍内，防止传染病的发生。

（2）**焚烧消毒** 是指采取直接燃烧或在焚尸炉内燃烧的方法杀灭病原体，常用于病死动物尸体、化验室废弃物、垫料、污染物品等的消毒。

（3）**火焰消毒** 是指以火焰直接烧灼杀死病原微生物的方法，它能快速杀死所有病原微生物。一般用于畜舍的水泥地面、金属网笼的消毒。

（4）**阳光、紫外线和干燥法消毒** 阳光中的紫外线具有较强的杀菌能力。灼热的阳光和由于阳光等热源照射使得水分蒸发造成的干燥也有一定的杀菌作用，可用于牧地、草地、畜栏用具和物品的消毒。一般性病毒及非芽孢性病原菌，在直射的阳光下可以很快被杀死。

人工紫外线进行空气消毒对革兰氏阴性菌的消毒效果较好，革兰氏阳性菌次之，对一些病毒也有效，但对细菌芽孢无效。应用紫外线消毒，必须做到室内清洁，保持一定湿度，人离开现场（紫外线对人体有一定的损害）。

高温除火焰、烧灼、烧烤外，煮沸消毒是经常使用且对杀灭病原微生物有效果的方法。大部分非芽孢病原微生物在100℃的沸水中能够迅速死亡，煮沸15～30min能够杀死大多数芽孢，煮沸1～2h可杀死所有的病原体。另外，蒸汽消毒效果也很好。

2. **化学消毒法** 使用化学药品进行消毒，是日常消毒常用的方法。

（1）化学消毒剂的杀菌原理及特点

①酸、碱类 杀菌机理是使蛋白质变性、沉淀或溶解。杀菌特点是能杀死细菌繁殖体，但不能杀死细菌芽孢等微生物。例如，氢氧化钠、生石灰等，一般具有较高的消毒效果，价格较低，适用于饲养场地消毒。但有一定的刺激性及腐蚀性。

②氧化剂类 杀菌机理是释放出新生态原子氧，氧化菌体中的活性基团。杀菌特点是作用快而强，能杀死所有微生物。但受温度、光线的影响较大，蒸发失效，消毒力受污物的影响最大。该类消毒剂为灭菌剂，包括过氧化氢、高锰酸钾、二氧化氯等。适用于圈舍的熏蒸消毒的，常用高锰酸钾；适用于试验人员手部消毒的，常用过氧化氢。

③卤素类 杀菌机理是氧化菌体中的活性基团，氨基结合后会使蛋白质变性。所有卤素均具有显著的杀菌性能，氟化钠对真菌及芽孢有强大的杀菌力，1%～2%的碘酊常用作皮肤消毒，碘甘油常用于黏膜的消毒。卤素类易受温度、光照、蒸发等条件的影响而失效，而且其消毒力受污物的影响大，需要在强酸下才有效，碱性条件下的效果降低。该类消毒剂为中效消毒剂，包括漂白粉、碘酊、氯胺等。适用于饲养场地消毒的，如漂白粉；适用于人员手部消毒的，如碘酊。

④酚类 杀菌机理是使蛋白质变性、沉淀或使酶系统失活。酚能抑制和杀死大部分细菌的繁殖体。对位、间位、邻位甲酚的杀菌力强，混合物称三甲酚。酚类消毒能力较强，但具有一定的毒性、腐蚀性，能污染环境，价格也较高。该类消毒剂为中效消毒剂，包括苯酚、鱼石脂、甲酚等。

⑤醛类 杀菌机理是使蛋白质变性或烷基化，杀菌特点是对细菌、芽孢、真菌、病毒均有效应。可消毒排泄物、金属器械，也可用于栏舍的熏蒸，可杀菌并使毒素下降。但其缺点是具有刺激性、毒性，长期使用会致癌，易造成皮肤上皮细胞死亡而导致人或动物麻痹死亡。甲醛的消毒力受污物、温度、湿度的影响大。醛类消毒剂包括甲醛、戊二醛、环氧乙烷等，可作为灭菌剂使用。适用于场地消毒、熏蒸消毒等。

⑥表面活性剂 杀菌机理是降低表面张力，吸附到细菌表面后改变其通透性，使细菌细胞内溢出重要物质，从而产生消毒杀菌效果。一般适于皮肤、黏膜、手术器械、污染工作服的消毒。直接杀菌作用主要有两种表面活性剂，即阳离子表面活性剂，如季铵盐类消毒剂及两性表面活性剂中的汰垢类消毒剂。常用的季铵盐类消毒剂主要有：新洁尔灭（化学名为十二烷基二甲基苄基溴化铵）、度米芬（又名消毒宁，化学名为十二烷基二甲基苯氧乙基溴化铵）、消毒净（化学名为十四烷基二甲基吡啶溴化铵）。汰垢类消毒剂的特点是毒性比阳离子型的要小，对化脓球菌、肠道杆菌等及真菌都有很好的杀灭作用。但对细菌芽孢无杀灭作用，对结核杆菌，质量分数为1%的溶液需作用12h；杀菌作用不受血清、牛奶等有机物的影响，但可被肥皂和其他阴离子表面活性剂所中和。

⑦醇类 杀菌机理是使蛋白质变性，干扰病原体代谢。对细菌有效，对芽孢、真菌、病毒无效。该类消毒剂为中效消毒剂，包括乙醇、异丙醇等。

（2）注意事项 影响化学消毒效果的因素很多，包括病原体抵抗力、消毒环境的情况和性质（如环境卫生状况差、清洗不彻底、有机物多时可影响消毒效果）、消毒作用时间、消毒药剂的浓度和用量等。消毒过程中要注意以下几点：

①选择适宜的消毒药 消毒药对微生物有一定选择性，并受环境温度、湿度、酸碱度的影响。因此，应根据消毒对象的特点、所要杀灭的病原微生物的特点、环境温度、湿

度、酸碱度等，选择对病原体消毒力强，但不伤害消毒对象、易溶于水、稳定性高且价廉易得、使用方便的消毒剂。例如，杀灭革兰氏阳性菌时，应选择季铵盐类消毒剂；杀灭细菌芽孢时，应选择杀菌力强的消毒剂；杀灭病毒时，可选择碱性消毒剂；消毒畜禽体表时，可选择消毒效果好且无害的 0.1% 过氧乙酸等。器械、用具消毒可选择低毒、无刺激性的洗必泰；地面、墙壁消毒可不考虑消毒液的刺激性和腐蚀性。

②选择适宜的消毒方法和器械　根据消毒药的性质及消毒对象的特点，可选择喷洒、熏蒸、浸泡、洗刷、擦拭、撒布等方法。在进行化学消毒之前，要按照消毒计划，根据不同的消毒对象，选择合适的消毒器械，如喷雾器、天平、量筒、刷子、抹布和容器等。

③选择适宜浓度的消毒剂　应根据消毒对象的面积或体积，准确计算出所用药量，按要求进行配制。一般情况下，消毒剂的浓度与消毒效果是成正比的。但也略有区别，如酒精只有在 70%～75% 时消毒效果最好。因此，应根据消毒对象及消毒目的，使用适宜的工作浓度，不能随意加大或减少消毒剂的使用浓度。

④消毒剂的使用剂量和作用时间要充足　一般认为，使用剂量即每平方米环境消毒需使用配制好的消毒药剂的量。喷洒消毒时应使地面、墙壁、物品等表面都被一层消毒液覆盖（水泥地面每平方米大概需 1 000mL），熏蒸消毒时应按立方米计算。消毒剂与病原微生物接触时间越长，杀死的病原微生物就越多。因此，消毒时必须确保消毒剂与消毒对象有足够的接触时间。

⑤注意环境温度、湿度和酸碱度条件　环境温度、湿度对消毒效果的影响十分显著。如环境温度每升高 10℃，石炭酸的消毒作用可增加 5～8 倍；又如用过氧乙酸消毒时，湿度以 60%～80% 为宜。酸碱度可改变消毒剂的溶解度，增强或降低药效，另外对微生物的生长也有影响。

⑥将有机物清理干净　粪便、饲料残渣、污物、排泄物、分泌物等含有的有机物，对病原微生物有机械保护作用，并能降低消毒剂的消毒作用。因此，在消毒前须对消毒对象（地面、设备、用具、墙壁）进行清扫、洗刷，使消毒剂充分发挥作用。

⑦做好自身防护　化学消毒剂对人体有一定危害，因此消毒前要准备好防护用品，包括高筒靴、防护服、口罩、护目镜、橡皮手套、毛巾、肥皂等。

3. 生物消毒法

（1）发酵池法　适用于动物养殖场消毒，多用于稀粪便的发酵。发酵池应远离居民区、河池和水源地。池内先垫一层干粪，然后将清除出的粪便、垫草、污物等倒入池内，快满时在粪的表面铺一层干粪或杂草，上面用泥土封好，经 1～3 个月即可出池。

（2）堆积法　将清理出的干粪、垫草、污物等堆积起来至 1～1.5m 高时，外面封上泥土，如粪便太干可适量加水，密封发酵。夏季 2 个月、冬季 3 个月以上，利用其自身发酵产热杀灭病原体。

（三）消毒方法的选择

1. 常见消毒方法简介　常见消毒方法有喷雾消毒法、带畜消毒法、熏蒸消毒法、紫外线照射法、火焰消毒法等，使用者可根据实际情况选择合适的消毒方法。

（1）喷雾消毒法　常用的消毒药有 0.2%～0.5% 过氧乙酸、1∶100 的"84"消毒液、1∶（2 000～4 000）稀释的威特（浓戊二醛溶液）、1∶（500～2 000）稀释的醛毒灭（稀戊二醛溶液）、1％复合酚、2％～3％的氢氧化钠溶液等。

（2）带畜消毒法 是指用刺激性小、残留少的消毒液直接对牛、羊体进行喷雾消毒。常用消毒药有0.1％次氯酸钠、0.2％癸甲溴铵、1％复合酚、0.1％百毒杀（主要成分为戊二醛、丙二醇）、0.05％～0.1％过氧乙酸、1：［1 000（疫病流行）～3 000］（常规预防）醛毒灭等。

（3）熏蒸消毒法 将甲醛和高锰酸钾按2：1混合，即每立方米40％甲醛（福尔马林）水溶液30mL，加入高锰酸钾15g发生反应，产生气体，经过一定时间（一般24h）的熏蒸而起到杀灭病原微生物的目的。在使用此方法时要注意圈舍的密闭性，操作人员要尽量门口附近操作。熏蒸消毒后一定要开窗通风12h，确保圈舍内残留的气体消散殆尽。

（4）紫外线照射法 指用紫外线灯对空气和物体表面进行消毒。在室内安装紫外线灯消毒时，灯管以不超过地面2m为宜，灯管周围1.5～2m处为消毒的有效范围。消毒对象表面与灯管相距以不超过1m为宜。紫外线灯的功率，按每0.5～1m²房舍面积计算，不得低于4W/m²。

（5）火焰消毒法 指直接焚烧或用火焰枪喷火消毒。

2. 日常预防性消毒

（1）人员车辆通道消毒 饲养场门口应设置消毒池或消毒垫，消毒剂可选择2％～3％氢氧化钠溶液、0.3％过氧乙酸或1：100的"84"消毒液、1：3 000威特、1：1 000醛毒灭等。应每天随时向消毒池或消毒垫中补充添加消毒剂，以保持有效的消毒浓度。3～5d应彻底更换一次消毒液。进场车辆应通过消毒池，进场人员经踩踏消毒垫后入场。

（2）场区消毒 养殖场的场地、办公区、饲养人员宿舍、储藏场所等可采用消毒液清洗（如用2％～3％氢氧化钠溶液）、喷洒消毒。夏季每周2～3次，冬季每月2～3次，春、秋季次数介于夏、冬季次数之间，分娩季节每周2～3次。场地周围及场内污水池、排粪坑、下水道出口，每月用漂白粉消毒1次。

（3）圈舍和产房消毒 空舍消毒家畜全部出栏后，应彻底扫清舍内污物，冲洗后用消毒药对围墙、地面、栅栏进行喷洒消毒，密闭圈舍用甲醛＋高锰酸钾熏蒸24h。饲槽、垫板要在消毒药中浸泡，洗净晾干后置紫外线灯下或阳光下暴晒。间隔5～7d方可转入下批新畜。带畜消毒可选用0.1％新洁尔灭、0.3％过氧乙酸、0.1％次氧酸钠等。临产动物生产前后，应分别对分娩室进行一次消毒，可采用2％～3％氢氧化钠溶液喷洒消毒。

（4）用具物品消毒 定期对保温箱、补料槽、饲料车、料箱等进行消毒，可用0.1％新洁尔灭或0.2％～0.5％过氧乙酸溶液消毒，然后在密闭的室内进行熏蒸。饲养场的金属设施、设备可用紫外线灯进行消毒。兽医诊疗器械、配种器械、产房的接产器械每次使用后都要经消毒药浸泡、高压消毒。

（5）人员消毒 进入生产区的工作人员，要更换已经消毒的专用工作服和胶靴，然后用1：500的碘制剂或1：500的季铵盐制剂等药水洗手后方可进入。圈舍门口应设置消毒垫或消毒盆，进入圈舍的人员要踩踏后方可进入。无关人员谢绝进场，如需进入应严格消毒后方可进入。

（6）粪便消毒　牲畜粪便要运往远离场区的储粪场，统一在硬化的水泥池内堆积发酵后方可出售或使用。储粪场周围要定期消毒，可用 2％氢氧化钠溶液或撒生石灰消毒。

（7）病尸、流产物及污染物消毒　牲畜病死后，要进行深埋、焚烧、化制等无害化处理。同时，立即对其原来所在圈舍、隔离饲养区等场所进行彻底消毒，防止疫病蔓延。被污染的饲料、垫料等，可经深埋发酵处理或焚烧处理。家畜的流产胎儿、胎盘、胎衣或死胎等，不能随意丢弃，要进行深埋或焚烧等无害化处理。流产胎儿、羊水污染的场地应用3％氢氧化钠溶液浸透垫草和地面进行消毒。如无消毒条件，则可将杂草烧毁，将被污染的地面泥土集中在一起埋入地下。

（8）皮毛消毒　来自布病疫区的皮毛应在收购地点进行消毒、包装，并经表面消毒后外运，加工前应再次进行消毒，可选用环氧乙烷熏蒸消毒或 4％福尔马林浸渍消毒。

（9）牛乳房、挤奶器械等的消毒　应选用无刺激性和腐蚀性的消毒药，如二氧化氯类药物〔蓝光消毒剂 1∶（200～400），聚维酮碘溶液（PV 碘）100mg/kg〕。

3. 发生动物染疫时的消毒　饲养场内动物发生布病或周边地区发生布病时，应立即对整个饲养场进行大消毒。消毒过程中应扩大消毒面，增加消毒次数，不留任何死角。要及时清除病畜分泌物、排泄物及可能污染的一切用具和物品，可用 3％氢氧化钠溶液浸透垫草和地面。饲养场内的动物应进行带畜消毒，每周消毒 2～3 次。淘汰扑杀阳性畜并进行无害化处理，场地圈舍必须清洗消毒。用过的个人防护物品，如手套、塑料袋、防护服和口罩等应集中销毁，可重复使用的物品须用去污剂清洗 2 次，然后再经过 0.1％苯扎溴铵溶液或者 75％酒精等消毒液浸泡 30min 以上，确保杀灭病菌。将扑杀时穿过的衣服用70℃以上的热水浸泡 10min 以上，再用肥皂水洗涤，然后用 0.1％苯扎溴铵溶液浸泡30min 以上，最后在太阳下晾晒。

三、免疫

免疫是控制动物布病的最重要措施之一。实践证明，疫苗免疫可降低动物布病感染率和传播概率，减少动物因布鲁氏菌感染而流产的数量。

（一）疫苗种类

目前，我国用于动物布病免疫的疫苗主要有猪种布鲁氏菌 2 号弱毒活疫苗（简称"S2疫苗"）、羊种布鲁氏菌 5 号弱毒活疫苗（简称"M5 疫苗"）和牛种布鲁氏菌 19 号弱毒活疫苗（简称"A19 疫苗"）。各疫苗的特点在第八章有详细描述，这里仅作一概述。

1. S2 疫苗　猪种布鲁氏菌 2 号活疫苗的菌种是减毒菌种，毒力较低。S2 疫苗作为弱毒活菌苗，具有免疫效果好和使用方便的特点。可免疫猪、牛、山羊和绵羊等多种动物，副作用小，可采用皮下、肌内、口服等接种途径。缺点是注射接种免疫可能导致妊娠母畜流产，也不能对牛和小尾寒羊进行注射免疫。口服接种简便易行，在农区和牧区广泛应用。使用布病活疫苗口服免疫或者注射免疫专用器具，既减少了生物安全风险，也保证了免疫剂量的准确。

2. M5 疫苗　羊种布鲁氏菌 5 号活疫苗的菌种也是减毒菌种，其特点为免疫原性好，对控制羊布病能起到良好的作用。

本疫苗对非妊娠牛、山羊和绵羊注射免疫一般比较安全，仅部分家畜在接种后1～2d有轻微的体温及局部反应。泌乳牛接种后，产奶量略有下降，5～7d后恢复正常；孕畜注射后，可引起部分流产。因此，妊娠母畜和公畜不要注射此种疫苗。

3. **A19弱毒疫苗** 牛种布鲁氏菌19号活疫苗的菌种也是弱毒菌种。经室温保存驯化牛种布鲁氏菌致弱后，其毒力自行变弱，成为一株毒力稳定的弱毒菌种。1940年后逐渐在各国推广应用。但是与布病S2活疫苗株相比，A19弱毒疫苗的毒力较强，目前主要在我国西北、东北等地区使用。

本疫苗对犊牛及绵羊是安全的，对山羊的反应较重。泌乳牛接种A19活疫苗后，产奶量下降，1周左右才恢复正常，且孕畜经注射接种免疫后可引起流产，故一般也不用于孕畜。A19活疫苗对牛和绵羊的免疫力较好，对山羊的免疫效果不好，对猪无效。牛和绵羊的保护率一般在65%～75%。

（二）推荐性免疫程序

国家对布病流行较重区域的牛、羊等家畜（奶畜和种畜除外）实施活疫苗免疫，不同疫苗的免疫程序存在差异。

1. **S2疫苗** S2疫苗可以用于牛、羊的布病免疫，免疫保护期羊为3年、牛为2年。接种剂量与免疫途径有关。口服免疫时，山羊每只接种100亿个活菌，绵羊每只接种100亿个活菌，黄牛、牦牛和奶牛每头接种500亿个活菌。皮下或肌内注射时，山羊每只接种25亿个活菌，绵羊每只接种50亿个活菌。具体免疫程序参见疫苗说明书。

2. **M5疫苗** 可以用于牛、羊的布病免疫，免疫保护期羊和牛均为3年。该疫苗免疫方式也可分为口服免疫和注射免疫。口服免疫时，山羊、绵羊每只接种200亿个活菌。皮下注射时，山羊、绵羊每只接种10亿个活菌，牛每头接种250亿个活菌。

3. **牛种布鲁氏菌19号弱毒苗** 可以用于牛的布病免疫，免疫持续期为6年。接种剂量为3～8月龄犊牛，每头皮下接种600亿个活菌，可在10～11月龄（第1次配种前）再接种10亿个活菌。妊娠牛、泌乳牛及妊娠羊不推荐免疫。具体免疫程序参见疫苗说明书。

（三）免疫接种注意事项

虽然布病疫苗均为弱毒疫苗，但是对牲畜和免疫接种操作人员仍有一定的危害。因此，实施布病免疫时应注意以下事项：

1. **动物状况** 在疫苗使用前要对动物群体的健康状况进行认真检查。凡精神、食欲、体温不正常，有疾病，体质瘦弱，妊娠动物，都不予接种或暂缓接种。否则，不但不能产生良好的免疫效果，而且可能会因接种应激而诱发疫病，甚至发生疫病流行。留作种用的公畜不得进行免疫，产奶的动物不宜免疫。

2. **免疫用器具、物品的准备** 进行免疫接种之前，应做好下列物品的准备工作，如已消毒的连续注射器及足够的针头、酒精棉、碘酒棉、免疫证明、免疫登记表、保定器或牛鼻钳、耳标、耳标钳及耳标阅读器等。

3. **隔离防护用品的准备** 布病是一种人兽共患病，虽然布病疫苗为弱毒疫苗，但对人仍有一定致病力。因此，应对兽医技术人员、其他协助免疫的人员进行疫苗免疫技术、个人防护和防止疫病传播知识的培训。免疫时操作人员必须穿工作服和胶靴，戴手套、口罩、护目镜等。工作人员一旦感觉不适，应立即就医。

(四) 疫苗贮藏和运输

布病活疫苗一般应存放于 2～8℃或-15℃的冷暗处，运输途中需置于冷藏箱或加冰块的保温桶中，避免受阳光照射。疫苗保存期一般都为 1 年。不应使用过期疫苗或长期置于较高温度或经阳光照射环境中的疫苗。

(五) 疫苗使用

1. 疫苗使用前的注意事项 疫苗在使用前要核对有效期，仔细检查瓶口和铝盖胶塞是否封闭完好，仔细阅读疫苗使用说明书，确定其使用对象、剂量、接种方法、不良反应及注意事项等事宜。禁止使用过期、有裂缝的疫苗。

2. 疫苗稀释 布病疫苗在使用前必须严格按规定稀释，否则疫苗滴度下降，会影响免疫效果。稀释疫苗时，用注射器先吸入少量稀释液注入疫苗瓶中，充分振摇、溶解后，再加入其余稀释液。如果疫苗瓶太小，不能装入全部的稀释液，可将疫苗吸出并放在另一个容器内，再用稀释液冲洗疫苗瓶几次，保证全部疫苗株都被冲洗下来。

用于饮水免疫的疫苗稀释剂，最好是蒸馏水或去离子水，也可是洁净的深井水，但不能是自来水。因为自来水中残留的消毒剂会杀死疫苗株，降低疫苗活性，影响疫苗的实际使用效果。如果能在饮水或气雾的稀释剂中加入 0.1％的脱脂奶粉，则能提高疫苗的活性。

用于气雾免疫的稀释剂，应该用蒸馏水或去离子水。如果稀释水中含有盐分，雾滴喷出后水分蒸发，会导致盐类浓度升高，同时也会降低疫苗活性，影响实际使用效果。

在稀释过程中，由于受温度的影响，疫苗活力也可能会受到不同程度的影响（活力降低），疫苗的免疫效果将减弱。活疫苗的稀释过程可以在冰块上操作，稀释后将待用的疫苗存放于冰块上，稀释后要尽量在 2h 内用完。

3. 疫苗使用后的注意事项

（1）疫苗及器具的处理 已稀释的剩余疫苗应煮沸后倒掉，其他免疫废弃物特别是疫苗瓶应煮沸，切忌在栏舍内乱扔乱放，以防散毒。使用过的器具须煮沸消毒，木槽可以经日光暴晒消毒。

（2）药物使用 提前做好动物舍的消毒工作。在疫苗接种后 3d 内，禁用一切抗菌药、杀虫剂，禁止喷雾消毒。免疫前后的 1 周，不要使用抗菌类药物及饲料添加剂。饮水免疫前后 3d 内不能进行饮水消毒，以免影响免疫效果。

（3）观察动物免疫接种后的反应 动物免疫接种后，要加强饲养管理。在用疫苗免疫后最初几天的反应期内，应对被接种动物的反应情况进行仔细观察，对反应严重或发生过敏反应的动物及时注射肾上腺注射液进行抢救。

（4）免疫登记 免疫结束后，应立即做好有关信息的登记，以便以后查阅和提示下次免疫时间。

四、主要易感动物的防控要点

(一) 牛

牛场应建立健全免疫、监测档案，包括牛耳标号、重大动物疫病免疫情况、疾病诊治情况、消毒情况等。根据日常管理要点，做好牛的日常管理工作。不断提高牛场管理水平和牛的抵抗力，是预防布病发生的有效措施。肉牛一般使用 A19 活疫苗注射免疫，S2 活疫苗口服，免疫牛群应隔离饲养。疫区牛也可使用疫苗进行紧急免疫。免疫牛群不仅要建立完整的布病免疫档案并加挂免疫标识，还要对免疫档案进行规范管理，确保免疫时间、免疫数量、疫苗种类等信息准确、完整，做到免疫牛可查找、可追溯。

对于奶牛和种牛，必须坚持自繁自养这个原则。必须引入的，则应选择从非布病疫区或养殖场引入，且调运的牛要经严格隔离检疫。一般运抵的牛应在隔离饲养场（区）进行30d 的隔离饲养，确保无布鲁氏菌感染后方可混群饲养。对于引进精液的，要对精液进行布鲁氏菌病原学检测，检测为阴性方可引入使用。对流产牛首先要做布病诊断，排除布病后再查其他病因。对流产胎儿和其他排泄物必须要进行无害化处理，并严格消毒产房。

有条件的牛场，要坚持淘汰阳性牛，逐步净化牛群。坚持每年全检 2 次，若连续 2 年监测全群阴性，则为净化牛群。对于监测过程中发病的病牛或布病阳性牛要及时扑杀；对可疑牛要及时隔离，并重复检疫。布病可疑牛经过 3～4 周后进行重检，2 次监测结果均为可疑者可做阳性牛处理，并对其所产牛奶和可能污染的物品等进行消毒和无害化处理。净化牛群在第 3 年以后可每年抽检 1 次。检出的阳性牛，要按规定进行扑杀，并使用检测灵敏度较高的 ELISA 检测方法开展监测，同时加大同群牛的监测频率至 4 次/年，直至连续 2 次监测未检出阳性牛。

饲养员、兽医、配种员和挤奶工等工作人员每年都要进行健康检查，布病感染者严禁从事上述工作。同时，要加强繁殖配种和接产环节的消毒管理，特别要加强对外来技术服务人员，如兽医技术员、配种员、兽药推销员等的管理，严防疫病传入。兽医在免疫过程中要做好布病免疫全程的生物安全防护，穿着隔离服，并佩戴口罩和手套，在封闭条件下进行疫苗稀释、注射、投喂，对被疫苗污染的废弃物进行回收和无害化处理，避免通过呼吸道和消化道等途径感染疫苗株中的活细菌。

（二）羊

日常要做好羊场（群）的管理，建立健全免疫、监测档案，包括羊耳标号、重大动物疫病免疫情况、疾病诊治情况、消毒情况等工作。

羊使用 S2 活疫苗口服或注射免疫，M5 活疫苗注射免疫（因毒力偏强，目前我国仅限于新疆地区使用）。在布病流行区应选择对本地区针对性强的疫苗进行免疫，特别是对重度流行区的羊，要连续免疫 3 次，最好采用口服免疫，使其免疫密度应达到 90%，以覆盖所有应免羊群。在免疫过程中要做好布病免疫全程的生物安全防护，如穿着隔离服，佩戴口罩和手套，在封闭条件下进行疫苗稀释、注射、投喂，对被疫苗污染的废弃物进行回收和无害化处理，避免通过呼吸道和消化道等途径感染活疫苗中的细菌。免疫羊群中最后一次免疫抗体消失后，需开展普检。对规模场每圈都要抽检，如果检测出阳性羊，该圈舍中所有羊均进行检验，阳性羊要及时扑杀并对病羊可能污染的物品等进行消毒和无害化处理。以场为单位，逐场开展检测，净化一场，巩固一场。而对牧区羊则以群为单位，逐群开展检测，逐群净化。

对于有条件的场（群），可以开展净化工作。按照上述技术路线进行日常监测。检测阳性羊必须进行标记，隔离饲养，严格限制移动，并进行扑杀处理，同时做好生物安全管理隔离、无害化处理和消毒等措施。存在阳性羊的场群每季度按照证明无疫的标准采样监测 1 次。若连续 3 次监测没有发现阳性羊，则进入每年日常抽样监测；若连续 3 次监测均发现阳性羊，则扑杀阳性羊后进行全群淘汰。

针对羊布病疫情的严重性，按照《布鲁氏菌病防治技术规范》要求，及时划定疫点、疫区和受威胁区。疫点、疫区实行隔离封锁措施，对病羊及同群羊隔离饲养，专人管理，严防疫情蔓延。在轻度流行区和净化区主要采取检测、扑杀措施，及时扑杀病羊和阳性羊，并进行无害化处理。被病羊污染的圈舍、场地、用具、粪便等要使用消毒药物进行仔细的消毒，对病羊的排泄物、污染的饲草料、粪便等堆积发酵处理。要逐场、逐群净化，逐场、逐群巩固。不论采取何种措施，在重度流行区、轻度流行区或净化区所采取的措施应统一、一致，否则防控效果无法保证。

（三）猪

除做好日常管理工作外，应在抽检的基础上加强消毒措施，特别是抽检出阳性猪或在有流产的情况下，选择高效消毒剂对被病猪可能污染的物品等进行消毒。同时，对可疑病猪进行诊断，对发现有疑似布病猪群开展全面调查，包括畜主、猪种、数量、品种、配种时间，以及患病、流产、免疫、生猪出售购入情况等。收集疫情发生的时间、猪群分布、变动等方面的资料，对猪群进行全群采样监测，发现阳性猪立即隔离并扑杀。如果确诊为布病，应立即对病猪进行扑杀，并对病猪可能污染的物品、器械和设备进行彻底消毒和无害化处理。此外，应加强对正常产或者非正常产胎衣无害化处理的力度，做到及时消毒和无害化处理，同时要严格采取对流产胎儿、胎盘等流产物的隔离、消毒和无害化处理措施。

（四）犬

目前犬布病防控尚未有特效的治疗方法，一般采用淘汰病犬的办法来防止布病的流行和扩散。鉴于犬种布病对人的侵袭力不强，因此防治此病在公共卫生方面不占重要位置。但犬，尤其是牧区的犬同样存在感染光滑型布鲁氏菌并存在传染人的风险。犬的布病防治上可参考以下措施：一是加强检疫，应每年采血 2 次，分别用粗糙型犬种布鲁氏菌凝集抗原及光滑型布鲁氏菌凝集抗原进行血清凝集试验检查，也可采用专门针对犬布病诊断的抗体检测试纸条进行检测；二是对流产犬，应将流产胎儿或血清等采样送检，进行细菌分离培养或血清凝集试验，以查明原因；三是病犬应与其他犬只隔离以防感染；四是病犬污染的场地环境可用 2%～5% 漂白粉溶液、10% 石灰乳或 1%～2% 氢氧化钠溶液进行消毒，对流产的胎儿、胎衣、羊水应进行妥善处理。同时，治愈犬不能再留作种用。为了防止感染人和其他的犬，病犬应予淘汰。在做好犬布病防治工作的同时，应加强对犬（饲养员、主人）布病的检疫、防疫工作。

五、宣传和培训

布病的防控有着保障畜牧业健康发展和公共卫生安全的双重意义，宣传和培训在布病防控中有着重要的作用。多数布病的发生是在无知情况下感染的。宣传和培训可以使人们了解布病的有关知识，熟悉布病的传染途径和预防措施，提高人们对布病的认识，自觉形成良好的防范意识。在布病控制方面，要充分发挥宣传和培训的作用，把宣传和培训作为一项长效工作来开展，形成群防群控的良好防控氛围。

（一）布病防控的宣传

布病防控的宣传和培训需要公共卫生机构、兽医机构和其他相关部门的密切合作，需要群众和政府等社会各界的参与和支持，政府应着力于建立布病防控的长效宣传机制。

一是要加大对从事养殖、屠宰加工等重点人群的宣传力度。充分利用电视、电台、门户网站、公众号、报刊等宣传手段，制作挂图、宣传册（单）等材料，大力宣传普及牛、羊布病危害、诊断和治疗等知识；积极开展健康教育活动，改变落后的生活方式，不断提高特定人群的自我防范意识和能力。

二是要加强对普通群众的宣传力度。积极利用电视、广播、报纸等传统媒体，以及网络新媒体开展宣传活动，提高群众防控布病的意识；同时，编制布病防治宣传手册、挂图等材料，向群众宣传相关知识，培养健康的饮食习惯和良好的个人卫生习惯，包括不食用病死畜肉、不喝生奶、勤洗手等，提高群众的健康水平。

（二）布病防控的培训

布病防控的培训要明确培训目标人群，结合培训目标人群的认知、信念和行为等，选择合适的教材内容及合适的培训方式。

一是加强对防疫技术人员的培训。各级动物疫病预防控制机构要制定布病防控培训大纲和教材，按照逐级、分类培训的原则进行培训，包括：进行法律法规培训，提高防治人员的法律意识；进行采血、免疫、消毒、常规检测技术培训，以提高操作人员的技术水平；进行个人防护等技术培训，杜绝防疫人员感染布病。

二是加强对职业人群的教育。家畜养殖户、畜牧场饲养员、挤奶工人、屠宰人员和临床兽医等都是布病感染的高危人群。开展对高危人群布病防控知识的宣传，尤其要教育生产助产员、实验室检测员和免疫员遵守个人防护制度，采取必要的个人保护措施。

六、检疫监管

检疫监管工作是有效防控动物布病、保障动物产品质量安全和维护公共卫生安全的重要环节。对动物进行检疫，一方面是为了及时检出患病家畜，查清疫情的程度和分布范围，掌握其流行规律和特点，为制定防治对策提供依据；另一方面是为了杜绝传染源的输出和输入，保护清净地区不受污染，达到有计划地全面防治布病的目的。动物饲养、运输、屠宰、产品加工等环节的布病检疫监管，应严格按照《中华人民共和国动物防疫法》《动物检疫管理办法》等法律法规执行，主要有以下几个方面：

（一）防疫监督

1. **动物防疫条件审核** 动物防疫条件是健康养殖的重要内容，良好的动物防疫条件是保障动物不受布鲁氏菌侵害、防止布病扩散的基础。动物养殖场、养殖小区、隔离场、屠宰加工场和无害化处理场等要按照《动物防疫条件审查办法》要求，合理选址、科学布局，配备相应的设施设备与工作人员。动物卫生监督机构要审查动物防疫条件，养殖、屠宰等场所要符合动物防疫条件。

2. **日常防疫管理**

（1）**免疫** 养殖场（户）应按国家规定，结合所在地区情况、本场实际及周边疫情状况做好布病免疫，且免疫效果符合国家规定要求。

按照《国家布病防治计划（2016—2020年）》的有关要求，在全国范围内，种畜禁止免疫，奶畜原则上不免疫。

对于奶畜，一类地区奶畜原则上不免疫。发现阳性奶畜的养殖场可向当地县级以上畜牧兽医主管部门提出免疫申请，经县级以上畜牧兽医主管部门报省级畜牧兽医主管部门备案后，以场群为单位采取免疫措施。二类地区和净化区奶畜禁止实施免疫。对于其他牛和羊，一类地区对牛、羊场群采取全面免疫的措施。对个体检测阳性率＜2％或群体检测阳性率＜5％的区域，可采取非免疫的监测净化措施。可由当地县级以上畜牧兽医主管部门提出申请，经省级畜牧兽医主管部门备案后，以县（市、区）为单位对牛、羊不进行免疫，实施检测和扑杀。二类地区牛、羊原则上禁止免疫。

对牛的个体检测阳性率≥1％或羊的个体检测阳性率≥0.5％的场，可采取免疫措施。养殖场可向当地县级以上畜牧兽医主管部门提出免疫申请，经县级以上畜牧兽医主管部门报省级畜牧兽医主管部门批准后，以场群为单位采取免疫措施。三类地区的牛、羊禁止免疫。通过监测净化，维持无疫状态，发现阳性个体，及时扑杀。

（2）监测 监测是发现布病的重要手段。养殖场（户）在做好规定病种免疫效果的监测外，还应做好布病等主要疫病的疫情监测。例如，奶牛场每年应开展2次布病和结核病监测，发现病牛或阳性牛应及时扑杀并进行无害化处理。

（3）消毒 牛舍每周使用有效消毒剂消毒1次；运动场每2周清理粪便堆积发酵；初生牛犊使用0.1％新洁尔灭等溶液全身擦拭消毒；产奶牛使用0.02％高锰酸钾溶液或其他有效消毒药擦洗乳头；定期对挤奶大厅及挤奶器械进行消毒；配种、接产、采血、检测及免疫等环节也要做好消毒工作。

（4）无害化处理 对病死牲畜的无害化处理必须按照国家动物无害化处理规程进行。在条件不具备的情况下，以尽量防止疫源扩散，保护环境，不污染空气、土壤和水源为原则。病死动物及产品无害化处理的方式一般为化制、焚烧和深埋等。牲畜粪便无害化处理要采取发酵池、堆粪发酵方法。对正常产胎衣、流产胎儿、污染的饲料、排泄物和杂物等物品，也应喷洒消毒剂后与尸体共同深埋发酵处理。深埋的无害化处理场所应在感染的饲养场内或附近，并远离居民区、水源、泄洪区和交通要道。

3. 奶牛场和种畜场的防疫监督 在对奶牛场、种畜场进行防疫条件审查时，必须以布病监测合格为必备条件。动物卫生监督机构要加强对奶牛场、种畜场布病的检疫及净化督查。

布鲁氏菌可随着动物泌乳排到乳汁中。人如果食用了未经巴氏消毒处理的布鲁氏菌污染乳，可引起发病。要想加强乳及乳制品的管理工作，首先就应做好乳用动物的饲养防疫管理，泌乳期动物不应接种布病疫苗。鲜奶收购点（站）必须按乳用动物健康标准收购鲜奶。

（二）检疫监督

按照《动物检疫管理办法》，出售或调运的动物及动物产品必须经动物卫生监督机构检疫，包括产地检疫、屠宰检疫和流通监管三个环节。做好布病防控要加强产地和屠宰等环节的检疫监管，特别要加强对种用、乳用动物和规模化养殖企业的防疫监管。

1. 产地检疫 国家对动物检疫实行报检制度，即动物、动物产品在出售或者调出产地前，货主必须向所在地动物卫生监督机构提前报检，动物产品、供屠宰或者育肥的动物需提前3d报检；种用、乳用或者役用动物需提前15d报检；因生产生活特殊需要出售、调运和携带动物或者动物产品的需随报随检。

（1）动物的产地检疫符合下列条件的，经动物卫生监督机构检疫合格的，出具动物产地检疫合格证明：一是供屠宰和育肥的动物，达到健康标准的种用、乳用、役用和携带的伴侣动物，必须来自非疫区；二是若实施布病免疫，则应在有效期内，并经群体和个体临床健康检查合格；三是必须具备合格的免疫标识。

（2）动物产品的产地检疫符合下列条件的，经动物卫生监督机构检疫合格的，出具动物产品产地检疫合格证明：生皮、原毛、绒等产品的原产地应无布病疫情，或经环氧乙烷消毒；精液、胚胎的供体应为非布病免疫动物，且达到动物健康标准；骨、角等产品的原产地应无布病疫情，或按有关规定进行消毒。

（3）跨省引进种用动物及其精液、胚胎的检疫货主应当填写《跨省引进乳用种用动物检疫审批表》，到输入地省级动物卫生监督机构办理检疫审批手续。经审核同意引种的，货主应当持同意引种决定向输出地县级动物卫生监督机构报检。检疫合格的，应当签发检疫合格证明。到达输入地后，货主凭检疫合格证明向输入地动物防疫监督机构报检。

对检疫过程中发现的染疫或者疑似染疫的动物、动物产品、病死或者死因不明的动物、动物产品，必须按照规定进行无害化处理。

2. **屠宰检疫** 国家对牛、羊等动物实行定点屠宰，集中检疫。动物卫生监督机构对依法设立的定点屠宰场（厂、点）派驻或派出动物检疫员，实施屠宰前和屠宰后检疫。屠宰场应当凭产地检疫合格证明进行收购动物，不得收购患布病的动物。

（1）动物检疫员要仔细查验、收缴产地检疫合格证明和运载工具消毒证明。

（2）对屠宰前的动物进行临床检查，健康的动物方可屠宰，患布病动物和疑似患病动物按照有关规定处理。

（3）动物屠宰过程应实行全流程同步检疫，对头、蹄、胴体、内脏进行统一编号，对照检查。检疫合格的动物产品，加盖验讫印章或加封检疫标志，并出具动物产品检疫合格证明。

（4）经检疫不合格的动物和动物产品，货主应当在动物卫生监督机构的监督下，按照国务院兽医主管部门的规定处理，处理费用由货主承担。

3. **流通监管**

（1）屠宰、经营、运输及参加展览、演出和比赛的动物，应当附有检疫证明；经营和运输的动物产品，应当附有检疫证明、检疫标志。

（2）经铁路、公路、水路、航空等交通工具运输动物和动物产品时，托运人应当提供检疫证明；没有检疫证明的，承运人不得承运。

（3）运载动物和动物产品的车辆、船舶、机舱，以及饲养用具、装载用具，货主或者承运人必须在装货前和卸货后进行清扫、洗刷，并由动物防疫监督机构或其指定单位进行消毒后，凭运载工具消毒证明装载和运输动物及动物产品。清除的垫料、粪便、污物由货主或者承运人在动物防疫监督机构监督下进行无害化处理。

（4）对在运输过程中发现的染疫或者疑似染疫的动物和动物产品，病死或者死因不明的动物和动物产品，必须按照规定进行无害化处理；无法做无害化处理的，予以销毁。

（5）运抵动物应在规定的隔离场、区进行隔离饲养 30d，经检疫合格后方可混群饲养。

（6）跨省、自治区、直辖市引进用于饲养的非乳用、非种用动物到达目的地后，货主或者承运人应当在24h内向所在地县级动物卫生监督机构报告，并接受监督检查。

（7）跨省、自治区、直辖市引进的乳用、种用动物到达输入地后，在所在地动物卫生监督机构的监督下，应当在隔离场或饲养场（养殖小区）内的隔离舍进行隔离观察，大、中型动物隔离期为45d，小型动物隔离期为30d。经隔离观察合格的方可混群饲养，不合格的按照有关规定进行处理。隔离观察合格后需继续在省内运输的，货主应当申请更换申请新的省内活畜运输的动物检疫合格证明。

七、疫情处置

动物的布病疫情处置工作应当坚持"加强领导、密切配合，依靠科学、依法防治，群防群控、果断处置"的方针，做到及时发现、快速反应、严格处理、减少损失。

（一）疫情报告

布病的诊断按照《布病防治技术规范》进行。在重度流行区和轻度流行区发生疫情后，按照动物疫情管理办法上报，净化区发生疫情或监测到阳性动物时实行快报制。

1. **报告程序** 从事动物疫情监测、检验检疫、疫病研究与诊疗，以及动物饲养、屠宰、经营、隔离、运输等活动的单位和个人，发现动物感染布病的或者疑似染疫的，应当立即向当地兽医主管部门、动物卫生监督机构或动物疫病预防控制机构报告，并采取隔离等控制措施，防止动物疫情扩散。

接到报告的单位应当立即赶赴现场调查核实。经确认后，应当及时将情况逐级上报至农业农村部，并同时上报所在地兽医主管部门和当地人民政府，兽医主管部门还应及时通报同级卫生主管部门。

任何单位和个人不得瞒报、谎报、迟报、漏报动物布病疫情，不得授意他人瞒报、谎报、迟报动物布病疫情，不得阻碍他人报告动物布病疫情。

2. **报告内容** 应包括疫情发生的时间、地点；染疫、疑似染疫动物种类和数量、同群动物数量、免疫情况、死亡数量、临床症状、病理变化、诊断情况；流行病学和疫源追踪情况；已采取的控制措施；疫情报告的单位、负责人、报告人及联系方式。

3. **疫情认定** 由县级动物疫病预防控制机构对布病进行确诊，必要时由省级动物疫病预防控制机构确诊，省（区、市）人民政府兽医主管部门根据确诊情况进行布病疫情认定。

4. **疫情发布** 国务院兽医主管部门负责向社会及时公布全国动物疫情，也可以根据需要授权省、自治区、直辖市人民政府兽医主管部门公布本行政区域内的动物疫情，其他单位和个人不得发布动物疫情。

（二）处置程序

1. **疑似患病动物的隔离** 发现疑似布病的，畜主应立即将动物隔离到规定隔离场（区）分开饲养，限制其移动，并按规定及时报告。

2. **患病动物的处置** 确诊为布病的，县级或以上人民政府应组织有关部门采取扑杀、消毒、无害化处理等措施。布病暴发流行时，要启动相应应急预案。

（1）扑杀和无害化处理 对患病动物全部扑杀。患病动物及其胎儿、胎衣、排泄物、乳、乳制品及被污染的其他物品等，按照《病害及病害动物无害化处理技术规范》进行处理。

（2）隔离 对受威胁的畜群（病畜的同群畜）实施隔离，可采用圈养和固定草场放牧两种隔离方式。隔离饲养用草场，不能靠近交通要道、居民点或人畜密集的地区。场地周围最好有自然屏障或人工栅栏。对疑似布病动物，要进行隔离饲养，隔离舍处在下风口，并与健康舍相隔50m以上。疑似病畜隔离30d后，复检结果阴性的解除隔离，复检结果为阳性的按病畜方法处理。

（3）消毒 对被患病动物污染的场所、用具、物品严格进行消毒。饲养场的金属设施设备可采取火焰、熏蒸等方式消毒；养畜场的圈舍、场地、车辆等可选用有效消毒药消毒；饲养场的饲料、垫料等可采取深埋、堆积发酵或焚烧等方法处理；粪便消毒采取堆积密封发酵方式；皮毛消毒采用熏蒸等方法。

（4）流行病学调查及检测 当发生布病疫情时，首先要开展流行病学调查和疫源追踪，包括调查动物的免疫情况、养殖场近期的引种情况、动物布病的监测情况、养殖场内其他动物的饲养情况、养殖场周边动物布病的发生情况等；其次对同群动物（未免疫布病疫苗的动物）进行检测。

（5）紧急免疫 根据布病疫情和畜群受布病威胁程度，兽医部门可对受威胁易感动物实施紧急免疫。

（6）人员防护 实施疫情处置的人员必须穿工作服、胶靴，戴手套、口罩、护目镜等。工作结束后，应及时清洗和消毒。

（董浩 丁家波 彭小薇 张存瑞 徐一）

参考文献

Corbel，2015. 人兽布鲁氏菌病［M］. 李晔，田莉莉译. 北京：人民军医出版社：42-55.

江森林，2009. 中国人间布鲁杆菌病预防与控制［J］. 中华地方病杂志，28（5）：473-475.

龚绍芹，2016. 健康教育措施在布鲁氏菌病防治中的重要作用［J］. 医学信息，29（1）：169.

梁晗玮，塔娜，米景川，等，2019.2009—2018年内蒙古自治区人间布鲁氏菌病流行时空分布特征［J］. 疾病监测，34（12）：1058-1063.

吕永杰，孙养信，刘东立，等，2006. 宣传教育在当前布鲁氏菌病防制中的作用研究［J］. 医学动物防制，22（3）：180-182.

农业部兽医局，2012. 动物布鲁氏菌病防治指导手册［M］. 北京：中国农业出版社.

宋建德，滕翔雁，王栋，等，2014. 重大动物疫病防控国际规则［J］. 中国动物检疫，31（1）：5-11.

隋世杰，罗文生，高春生，等，1994. 养犬布鲁氏菌病防治［J］. 中国人兽共患病学报，10（4）：6.

Abdussalam M，Fein D A，1976. Brucellosis as a world problem［J］. Dev Biol Stand，31：9-23.

Dean A S，Crump L，Greter H，et al，2012. Global burden of human Brucellosis：a systematic review of disease frequency［J］. PLoS Negl Trop Dis，6（10）：e1865.

Deqiu S，Donglou X，Jiming Y，2002. Epidemiology and control of Brucellosis in China［J］. Vet microbiol，90（1/2/3/4）：165-182.

Godfroid J，Al Dahouk S，Pappas G，et al，2013. A "One Health" surveillance and control of Brucellosis in developing countries：moving away from improvisation［J］. Comp Immunol Microb，36（3）：

241-248.

Kansiime C，Atuyambe L M，Asiimwe B B，et al，2015. Community perceptions on integrating animal vaccination and health education by veterinary and public health workers in the prevention of Brucellosis among pastoral communities of south western Uganda ［J］. PLoS One，10（7）：e0132206.

Olsen S C，Stoffregen W S，2005. Essential role of vaccines in Brucellosis control and eradication programs for livestock ［J］. Expert Rev Vaccines，4（6）：915-928.

第十一章　人员防护与生物安全

人感染布病很重要的原因是与布病病畜及其所污染的各种因子相接触，最容易感染的人群是与牲畜及其皮毛、乳、肉加工等相关的职业对象。布病流行的农场人员感染布病的概率是肉食加工人员的6倍，直接接触病牛流产胎儿和产犊时的阴道排出物而发病的人数是接触食物而感染发病的5倍。从感染途径看，经手、皮肤感染发病的是经消化道感染发病的14倍。因此，从事布病防控工作时，要做好个人防护，并注重生物安全，保护好个人健康的同时还要防止动物疫病传播。

第一节　人员防护

人员防护是指为了免遭或减轻在生产过程中可能带来的外来侵害而采取的防护措施。布病的防护措施多种多样，应根据生物安全风险程度选择适当的防护装备，既要适应现地情况，又要避免出现过度防护。

布病的传播因子有很多，主要包括：病畜及其流产物、排泄物，病畜的乳、肉、内脏、皮毛及受污染的水、土壤、尘埃、饲草等。这些传播因子可以通过皮肤、黏膜、消化道、呼吸道入侵机体，从而感染人或动物。受布病威胁的重点人群有饲养、配种、挤奶、屠宰家畜的人员，有畜产品收购、保管、运输及加工人员，有临床兽医及从事布鲁氏菌病防治的科研人员和生物制品的生产人员。在从事布病防控工作时，要做好个人防护，包括穿防护服（工作服）、胶鞋、戴口罩、橡胶手套等防护装备，工作结束后应及时清洗消毒。

一、饲养环节的人员防护

（一）粪污处理

布鲁氏菌可以气溶胶的形式悬浮于空气中，随空气尘埃经呼吸道进入体内。因此，进入圈舍的工作人员应佩戴口罩，防止经呼吸道感染。饲养人员应经常及时清理粪便、污物等，同时经常消毒。及时将家畜粪便运到粪坑或远离水源的地方集中堆放或泥封，经过生物发酵作用，杀灭病原体后再用于农田。

（二）接产

接羔（犊）助产人员，在接羔（犊）助产和处理流产胎儿、死羔（犊）时，尤其应做好个人防护，除穿工作服、橡皮围裙和胶鞋及戴帽子、口罩外，还应戴乳胶手套和线手套，备有接羔（犊）袋和消毒液，严禁裸手抓、拿流产物。接产后，应立即清洗消毒。同时，禁止随意丢弃家畜的流产胎儿、胎盘、胎衣或死胎等。不得食用流产胎羔（犊）或作他用（如作为原料进行加工、销售），禁止用死羔（犊）饲喂其他动物，要通过深埋或焚烧等方法进行无害化处理。流产胎儿和被羊水污染的场地，用2‰氢氧化钠溶液浸透垫草和地面。如无消毒条件，可将杂草烧毁，被污染的地面泥土集中在一起埋入地下。

（三）皮毛处理

剪毛、收购、保管、搬运和加工皮毛的人员，应做好个人防护，不要裸手接触皮毛，工作后应洗手、洗脸和洗澡，工作场地应及时清扫、消毒。如工作时受伤，应及时处理伤口。来自布病疫区的皮、毛应首先在收购地点进行消毒、包装，并经表面消毒后外运，加工前应再次进行消毒。化学药品消毒方法有环氧乙烷消毒法和福尔马林消毒法。消毒时应将皮、毛摊开，不要堆放在一起，注意经常翻动。

（四）水源管理

农牧区的居民应尽量使用自来水。河沟水、池塘水甚至是不流动的水被污染的概率较大。水源地周围要设木栅栏，不让牲畜进入，并定期消毒。建议只用地下水供家畜饮用，防止水源被污染。河渠多的南方，管好水源地更为重要，不要将厕所、粪池设在河、湖、沟等水源地的旁边。布病家畜饮用过的不流动贮水池，须经消毒3个月后才能让健康家畜使用。

二、屠宰加工及奶和奶制品消毒环节的人员防护

（一）屠宰加工

屠宰厂严禁宰杀病畜，畜产品加工企业也严禁加工和销售病畜的肉、乳等。发现布病患畜时，应采取焚烧或深埋等无害化处理措施。屠宰场、产品加工厂应经常进行消毒和清扫，及时处理污水、污物和下脚料等，做好工作间的通风处理。

（二）奶和奶制品的消毒

各种患布病动物的奶中均带有布鲁氏菌，加工企业应凭家畜健康证收购牛奶或羊奶。同时，各种奶及其制品必须经消毒处理后才能食用。消毒方法有加热法、巴氏消毒法和煮沸消毒法等。

三、布病防治环节的人员防护

兽医人员在布病免疫、采样、实验室检测、扑杀病畜、无害化处理等工作中可能接触到布鲁氏菌，故应特别注意穿戴好防护设备。工作结束后应立即清洗胶靴、护目镜等，并用酒精、碘酒、苯扎溴铵溶液等消毒（彩图51）。严禁在工作场所饮食、喝水、抽烟等。培养个人良好的卫生习惯，不得佩戴首饰等。

第二节　生物安全

兽医生物安全有三方面的含义。一是减少或消除兽医工作人员受到感染和污染的可能性。在疫苗免疫、采样、检测过程中，接触的动物或样品有可能带有布鲁氏菌，如果没有个人防护意识，不采取必要的防护措施，很可能造成人员感染。二是防止动物疫病传播。如在疫苗免疫过程中，要消毒注射器，及时更换针头，并仅接种健康动物群，防止造成疫

病传播。三是对废弃物进行无害化处理。在免疫、采样、检测过程中的废弃物必须及时进行无害化处理等，否则都可能造成布病的传播。

一、免疫与采样环节

（一）生物安全隐患

（1）临床表现正常的动物也可能携带布鲁氏菌，可能通过排泄物、分泌物污染环境，对接触人员可能存在感染风险。

（2）由于养殖场内动物的抵抗力不同，在同一个场内可能存在健康动物、隐性带菌动物、感染后处于潜伏期的动物和发病动物。因此，动物引种时检疫不严，就可能将隐性带菌动物等带入新的养殖场，引起新场内人员和同群动物感染发病和布病的流行。

（3）布病疫苗是一种弱毒活菌疫苗，免疫接种时如果操作不当可能对防疫人员造成感染；对于废弃物包括剩余的疫苗、空疫苗瓶等，如果没有进行无害化处理也有散毒的风险。

（4）病死的动物携带病原微生物具有复杂性、未知性，解剖采样过程可能会对工作人员构成威胁，对环境造成污染（污水、血液）及对周围的动物构成威胁。

（二）生物安全措施

1. 具有专业知识　具有动物疫病流行与预防、生物制品的相关知识，熟练掌握动物保定、疫苗免疫和病料样品采集技术，只有这样才能具有防范生物安全风险的意识和基本知识。

2. 规范操作

（1）遵守养殖场（户）出入的隔离消毒规定，防止通过人员活动造成布病传播。出入养殖场必须更换隔离衣和手套，并做好胶靴消毒与清洁工作。

（2）进场前应先穿戴工作服、手套、口罩、防护镜等，做好人员防护。疫苗接种、采样结束后，应及时更换衣服，并清洗与消毒。

（3）尽可能用物理限制设备以保定动物，既能保证操作人员的安全，也能保证动物的安全。

（4）做好采样器械的消毒。注射时每头（只）畜更换一次针头，避免注射过程的交叉污染或样品的交叉污染。

（5）免疫接种后对废弃物进行无害化处理。用不完的疫苗、空疫苗瓶等要采取消毒、烧毁或深埋等措施，注射器械及时进行煮沸消毒，饮水免疫的水槽浸泡消毒。工作结束后及时收集注射用针头及采样用刀片、剪刀和镊子等尖锐物品，并作消毒处理。

（6）剖检、采样病死动物要在隔离区（下铺塑料布）或实验室内进行，采样后的动物尸体、废弃物等采取烧毁或深埋等无害化处理措施。

二、样品保存与运输环节

（一）样品的风险级别

布病病原检测的样品包括动物分泌物、血液、排泄物、组织、组织渗出液等。按照《病原微生物实验室生物安全管理条例》规定，布鲁氏菌为第二类病原微生物，属于高致病性病原微生物，样品的保存、运输应严格按照《高致病性动物病原微生物菌（毒）种或者样本运输包装规范》执行。

（二）样品的包装要求

包装要求的基本原则是：确保样品对容器既不形成直接冲击，也不泄漏到容器内；即使容器被打碎，样品也不会漏出；容器应贴上标签，注明容器内盛放是何种物品。通过航空运输动物病原微生物、病料时按 UN2814（仅培养物）要求进行包装；通过其他交通工具运输动物病原微生物和病料时，按照《高致病性病原微生物菌（毒）种或者样品运输包装规范》进行包装。

（三）运输布鲁氏菌菌种或样本的要求

（1）布鲁氏菌菌种或病料样本的运输必须经过省级以上兽医主管部门批准。省内布鲁氏菌菌种或病料由省级兽医主管部门批准；跨省或运往国外的，经省级兽医主管部门初审后，由农业农村部最后批准。

（2）运输时应当有不少于两人的专人护送，并随身携带消毒剂和纱布等防止溢洒，出现意外时可采取消毒灭菌等防护措施。

（3）运输目的、用途和接收单位应符合有关规定。

（4）运输容器符合规定。

（5）印有生物危险标识、警告用语和提示用语。

（6）原则上通过陆路运输，水路也可。

（7）紧急情况下可以通过民用航空运输。

（8）发生被盗、被抢、丢失的，立即采取有效措施，并在 2h 内向兽医主管部门报告。

（四）布鲁氏菌菌种保藏要求

（1）应制定严格的安全保管制度。

（2）专人负责并做好菌种进出、储存记录和档案工作。

（3）发生泄露的立即采取控制措施，并在 2h 内向兽医主管部门报告。

三、兽医实验室的生物安全

（一）实验室工作要求

2018 年修订版《病原微生物实验室生物安全管理条例》和《动物病原微生物分类名录》规定，布病的试验活动所需实验室生物安全级别分别为：病原分离培养在 BSL-3 实验室、动物感染试验在 ABSL-3 实验室、未经培养的感染性材料试验在 BSL-2 实验室、灭活材料试验在 BSL-2 实验室。实验室应具备相应的生物安全设备设施（如生物安全柜、全封闭、高效过滤器等）、人员防护设施（乳胶手套、N95 口罩、隔离衣或者防护服）、兽医实验室生物安全管理制度、生物安全操作规范等。

试验活动应当按照《病原微生物实验室生物安全管理条例》的规定，做好实验室感染控制、生物安全防护、安全操作、实验室废水和废气及其他废弃物处理等工作。试验活动结束后，应当及时将布鲁氏菌菌种、样本就地销毁或者送交农业农村部指定的保藏机构，并将试验活动结果及工作情况向原批准部门报告。

（二）防护措施

防护原则是防止布鲁氏菌或污染的材料接触眼、鼻、口、黏膜和损伤的皮肤等。一是使受到污染的物品远离口或损伤的皮肤；二是操作布鲁氏菌或处理污染的物品时，尽量使用机器人技术或工具代替人工操作，或使用自动化细菌培养设备。现地操作则需戴乳胶手套、N95 口罩和穿防护服。进行布鲁氏菌菌液的特定操作（如匀浆、捣碎、离心、接种）时，可能发生迸溅并产生飞沫，需要戴防护镜和呼吸罩，在生物安全三级实验室内进行操作。具体如下：

1. 防止经皮肤接触传播的措施

（1）不使用玻璃巴斯德吸管、刺血针，在可能的情况下使用钝端或软插管。

（2）使用有自封套的注射器及其针头。

（3）在可能的情况下可限制使用尖锐物品，并保证尖锐物品在视野范围内。

（4）使用合适的具有防穿刺特性的手套。

（5）使用防穿刺的容器以放置锐器。

（6）小心处理动物，防止试验中被感染动物抓伤或咬伤。

2. 防止摄入接触的传播措施

（1）使用自动移液器，禁止用口吸液。

（2）在实验室中禁止吸烟、进食、饮水和使用化妆品。

（3）保持手和污染的物品远离口部和眼睛，如不要咬铅笔，操作中不要扶眼镜等。

（4）适当使用面罩或面具，防止迸溅物和飞沫进入口、鼻孔或者眼睛结膜内。

3. 防止吸入接触传播的措施

（1）制定防止、控制或减少气溶胶产生或散播的防护程序。

（2）在桌面使用吸收性物质，以收集和吸收迸溅物和液滴等。

（3）用消毒剂/防腐剂杀灭废物收集容器中的微生物。

（4）从移液管中排出最后一滴菌液时要当心；小心移去药水瓶橡胶隔膜上的针头；小心打开离心管；从液体培养物中取样时要小心使用灼热的接种环；小心开启报警的捣碎机、匀浆机等。

（5）选择适当的个人防护装备，保护使用者头部、面部和身体免受迸溅物和飞沫的影响。

（6）Ⅱ级生物安全柜可以提供一定程度的气溶胶防护。需要注意的是，超净工作台不仅不是生物安全防护设备，在操作病原微生物时甚至可能造成额外的操作人员感染的危险。

（7）生物安全型的离心机的安全防护设备（安全杯、有盖转子等）可以防止气溶胶的释放。

（8）处理生物危险因子的工作场所应严格具备相对应安全级别的生物安全操作规范。

（三）废弃物的无害化处理

实验室应该划分专门的废弃物处理区，所有成员都应遵守废弃物处理规章制度。一般来讲，危险废弃物分为：锐器，含有传染性成分的培养物和病料及被这些物品污染的材料，血液和血液制品，病原性污染物，试验感染后处死的动物，污染的动物尸体，感染动物的分离物，接触的饲料及其粪便等。

1. 常规动物废物的处理

（1）所有感染试验的动物尸体都必须在试验完成后立即进行肢解并放入密封、无渗透、抗撕拉且贴有明显标签的废物袋内，在试验后 1h 内进行高压灭菌，待冷却后根据动物废弃物级别进行相应处理。

（2）所有尖锐物品，如针头、毛细管和剃刀等应在动物尸体被放入收集袋中之前，从动物尸体上清除。

（3）储物袋要根据危险等级进行标注（如非传染性或传染性），并进行相应存放。

（4）储物袋应密封并放入容器内，然后存放在适当的、经过批准的冰柜、冰箱或冷室中，防止在运送到外部设施处理之前发生腐烂。

（5）动物用垫料应放入传染性废物袋中进行高压灭菌消毒。

2. 动物全血、血清、动物组织等及实验耗材的处理 动物血清和全血要放在不锈钢筒内，4h 内进行高压灭菌；动物组织、培养物、粪便、棉拭子等在试验后 0.5h 内进行高压灭菌，灭菌、冷却后送至集中处理地点。

3. 金属器械的处理 用于解剖或检查的器械（剪刀、手术刀等）都是高风险的材料，如果条件许可尽可能不重复使用。必须进行处理时应在 2% 碱性或中性戊二醛溶液中浸泡 2h，再经高压蒸汽灭菌消毒。

4. 玻璃器材的消毒

（1）采集标本的器材 玻璃吸管、玻瓶、载玻片、滴管、离心管、平皿等要做到一动物一份，一用一消毒。被污染的玻璃器材应立即浸入含有有效氯 1 000mg/L 的消毒剂中浸泡 4h，清洗、烘干；也可浸入洗涤剂或肥皂液中煮沸 30min，洗刷干净、沥干后 37~60℃烘干。

（2）接种培养过的琼脂平板 采用 121℃高压蒸汽灭菌 30min 后，倒掉热琼脂后再刷洗平板。

（3）用于生化检验或免疫学检验的玻璃器材 刷洗后浸泡于重铬酸钾-浓硫酸清洁液内 24h，反复冲洗，再用纯化水冲洗 3 次，沥干。

（4）用于微生物检测的器材 吸管一端塞少量棉花，不能太紧；管或瓶应有塞子，拧松塞子，用牛皮纸包好，160℃干烤 2h 灭菌。

5. 塑料制品的消毒 一次性的塑料制品，如注射器用后要及时消毒、毁形，一次性手套用后放入防污染袋内集中进行无害化处理；耐热的塑料可用肥皂水或洗涤剂煮沸15~30min，再高压蒸汽灭菌 20~30min；不耐热的塑料可用 0.5% 过氧乙酸或 1 000mg/L 的有效氯溶液浸泡 30~60min，洗净晾干，薄膜或板也可用高强度的紫外线照射消毒 30min；检测血清使用过的塑料板可直接浸入 1% 盐酸溶液内或其他消毒溶液中 2h 以上。

6. 橡胶制品的消毒 橡胶制品，如手套、洗耳球等受污染后可用肥皂水或 0.5% 洗涤剂煮沸 15~30min，再用高压灭菌 30min。

7. 纺织品的消毒 工作服、口罩、帽子等用后放入污染袋内，于 121℃高压灭菌 30min。

8. 有毒有害化学药品的处理 需经化学方法无害化处理后方可弃之。

9. 突发情况的处理 若遇到紧急、突发情况（如污染物不慎洒漏等），应立即封锁现场，并在第一时间报告，对污染程度进行评估，同时采取相应的有效措施。

（池丽娟　秦玉明　韩泰　刘威）

参考文献

韩登峤，陈翠玲，王立明，等，2014. 动物实验室器材消毒技术［J］. 黑龙江畜牧兽医（11）：87-88.
刘海余，2012. 兽医实验室废弃物及污染物的无害化处理程序［J］. 畜牧兽医科技信息（9）：28.
农业部兽医局，中国动物疫病预防控制中心 2009. 人畜共患传染病释义［M］. 北京：中国农业出版社.
王功民，马世春，2011. 兽医公共卫生［M］. 北京：中国农业出版社.
卫生部疾病预防控制局，2008. 布鲁氏菌病防治手册［M］. 北京：人民卫生出版社.

附录 1　《国家布鲁氏菌病防治计划（2016—2020 年）》

为贯彻落实《国家中长期动物疫病防治规划（2012—2020 年）》（以下简称《规划》），进一步做好全国布鲁氏菌病（以下简称布病）防治工作，有效控和净化布病，根据《中华人民共和国动物防疫法》（以下简称《动物防疫法》）、《中华人民共和国传染病防治法》等有关法律法规，制定本计划。

一、防治现状

布病是由布鲁氏菌属细菌引起牛、羊、猪、鹿、犬等哺乳动物和人类共患的一种传染病。我国将其列为二类动物疫病。世界上 170 多个国家和地区曾报告发生人畜布病疫情。20 世纪 50 年代布病曾在我国广泛流行，疫情严重地区人畜感染率达 50%。20 世纪 80—90 年代，由于加大防控力度，因此疫情降至历史最低水平。近年来，随着我国家畜饲养量不断增加，动物及其产品流通频繁，部分地区布病等人畜共患病呈持续上升势头，不仅严重影响畜牧业生产，也严重危及人民身体健康和公共卫生安全。自 2012 年《规划》颁布以来，各级畜牧兽医、卫生计生等有关部门在当地党委政府领导下，进一步加大工作力度，密切合作，认真落实监测、检疫、消毒、扑杀和无害化处理等综合防治措施，大力推广布病防治试点经验，防治工作取得积极成效，对迅速遏制疫情上升态势起到了积极作用。但是受我国布病疫源广泛存在、防治经费投入不足，以及基层防疫体系薄弱等因素的影响，人畜间布病疫情仍较严重，防治任务依然艰巨，防治工作面临严峻挑战。2015 年，全国报告人间布病病例 56 989 例，人间病例仍处于历史高位；畜间布病流行严重地区的 15 个省份，监测阳性率同比上升 0.38%。据对布病重点地区 22 个县 248 个定点场群的监测与流行病学调查结果，牛羊的个体阳性率分别达到 3.1% 和 3.3%，群体阳性率分别达到 29% 和 34%。

二、防治原则、目标和策略

（一）防治原则

坚持预防为主的方针，坚持依法防治、科学防治，建立和完善"政府领导、部门协作、全社会共同参与"的防治机制，采取因地制宜、分区防控、人畜同步、区域联防、统筹推进的防治策略，逐步控制和净化布病。

（二）防治目标

1. 总体目标 到 2020 年，形成更加符合我国动物防疫工作发展要求的布病防治机制，显著提升布病监测预警能力、移动监管和疫情处置能力，迅速遏制布病上升态势，为保障养殖业生产安全、动物产品质量安全、公共卫生安全和生态安全提供有力支持。河北、山西、内蒙古、辽宁、吉林、黑龙江、陕西、甘肃、青海、宁夏、新疆等 11 个省（区）和新疆生产建设兵团达到并维持控制标准；海南省达到消灭标准；其他省份达到净化标准。提高全国人间布病急性期患者治愈率，降低慢性化危害。

2. 工作指标

（1）**检测诊断** 县级动物疫病预防控制机构具备开展布病血清学检测能力，省级动物疫病预防控制机构具备有效开展布病病原学检测工作；一类地区基层医疗卫生机构具备对布病初筛检测能力，县级及以上医疗卫生机构具备对布病确诊能力；

（2）**免疫状况** 免疫地区的家畜应免尽免，畜间布病免疫场群全部建立免疫档案；

（3）**病例治疗** 一类地区人间急性期布病病例治愈率达 85％；

（4）**检疫监管** 各地建立以实验室检测和区域布病风险评估为依托的产地检疫监管机制；

（5）**经费支持** 布病预防、控制、扑灭、检疫和监督管理等畜间和人间布病防治工作所需经费纳入本级财政预算；

（6）**宣传培训** 从事养殖、屠宰、加工等相关高危职业人群的防治知识知晓率 90％以上，布病防治和研究人员的年培训率 100％；基层动物防疫人员和基层医务人员的布病防治知识培训合格率 90％。

（三）防治策略

根据畜间和人间布病发生和流行程度，综合考虑家畜流动实际情况及布病防治整片推进的防控策略，对家畜布病防治实行区域化管理。农业部会同国家卫生计生委将全国划分为三类区域：一类地区，人间报告发病率超过 1/10 万或畜间疫情未控制县数占总县数 30％以上的省（区），包括北京、天津、河北、山西、内蒙古、辽宁、吉林、黑龙江、山东、河南、陕西、甘肃、青海、宁夏、新疆等 15 个省（区）和新疆生产建设兵团。二类地区，本地有新发人间病例发生且报告发病率低于或等于 1/10 万或畜间疫情未控制县数占总县数 30％以下的省（区），包括上海、江苏、浙江、安徽、福建、江西、湖北、湖南、广东、广西、重庆、四川、贵州、云南、西藏等 15 个省（区）。三类地区，无本地新发人间病例和畜间疫情省份，目前有海南省。本计划所指家畜为牛羊，其他易感家畜参照实施。

1. 畜间 在全国范围内，种畜禁止免疫，实施监测净化；奶畜原则上不免疫，实施检测和扑杀为主的措施。一类地区采取以免疫接种为主的防控策略。二类地区采取以监测净化为主的防控策略。三类地区采取以风险防范为主的防控策略。鼓励和支持各地实施牛羊（以下所提"牛羊"均不含种畜）"规模养殖，集中屠宰，冷链流通，冷鲜上市"。

各省（区、市）以县（市、区）为单位，根据当地布病流行率确定未控制区、控制区、稳定控制区和净化区（见附件 1），并进行评估验收。按照国家无疫标准和公布规定要求，开展"布病无疫区"和"布病净化场群"的建设和评估验收，公布相关信息，实行动态管理。根据各省（区、市）提出的申请，农业部会同国家卫生计生委组织对有关省份布病状况进行评估，并根据评估验收结果调整布病区域类别，及时向社会发布。

2. **人间** 全国范围内开展布病监测工作，做好布病病例的发现、报告、治疗和管理工作。及时开展以疫情调查处置，防止疫情传播蔓延。加强基层医务人员培训，提高诊断水平。一类地区重点开展高危人群筛查、健康教育和行为干预工作，增强高危人群自我保护意识、提高患者就诊及时性。二、三类地区重点开展疫情监测，发现疫情及时处置，并深入调查传播因素，及时干预，防治疫情蔓延。

三、技术措施

（一）畜间布病防治

1. 监测与流行病学调查

（1）基线调查 到 2017 年 6 月，各省（区、市）畜牧兽医部门以县（市、区）为单位按照统一的抽样方法（见附件 2）和检测方法（见附件 3）对场群和个体样本数进行采样检测，组织完成基线调查，了解掌握本行政区域牛羊养殖方式、数量和不同牛羊的场群阳性率、个体阳性率等基本情况，并以县（市、区）为单位划分未控制区、控制区、稳定控制区和净化区。

（2）日常监测

①免疫牛羊 当地动物疫病预防控制机构按照调查流行率的方式抽样检测免疫抗体，结合免疫档案，了解布病免疫实施情况。

②非免疫牛羊 当地动物疫病预防控制机构对所有种畜和奶畜每年至少开展 1 次检测。对其他牛羊每年至少开展 1 次抽检，发现阳性畜的场群应进行逐头检测。对早产、流产等疑似病畜，当地动物疫病预防控制机构及时采样开展布病血清学和病原学检测，发现阳性畜的，应当追溯来源场群并进行逐头检测。奶牛、奶山羊场户应当及时向乳品生产加工企业出具地方县级以上动物疫病预防控制机构提供的布病检测报告或相关动物疫病健康合格证明。

2. **免疫接种** 各地畜牧兽医部门在基线调查的基础上开展免疫工作，建立健全免疫档案。

（1）奶畜 一类地区奶畜原则上不免疫。发现阳性奶畜的养殖场可向当地县级以上畜牧兽医主管部门提出免疫申请，经县级以上畜牧兽医主管部门报省级畜牧兽医主管部门备案后，以场群为单位采取免疫措施。二类地区和净化区奶畜禁止实施免疫。

（2）其他牛羊 一类地区对牛羊场群采取全面免疫的措施。对个体检测阳性率＜2％或群体检测阳性率＜5％的区域，可采取非免疫的监测净化措施。可由当地县级以上畜牧兽医主管部门提出申请，经省级畜牧兽医主管部门备案后，以县（市、区）为单位对牛羊不进行免疫，实施检测和扑杀。二类地区牛羊原则上禁止免疫。

当牛的个体检测阳性率≥1％或羊的个体检测阳性率≥0.5％的场，可采取免疫措施，养殖场可向当地县级以上畜牧兽医主管部门提出免疫申请，经县级以上畜牧兽医主管部门报省级畜牧兽医主管部门批准后，以场群为单位采取免疫措施。三类地区的牛羊禁止免疫。通过监测净化，维持无疫状态，发现阳性个体，及时扑杀。

3. **移动控制** 严格限制活畜从高风险地区向低风险地区流动。一类地区免疫牛羊，在免疫45d后可以凭产地检疫证明在一类地区跨省流通。其中，禁止免疫县（市、区）牛羊向非免疫县（市、区）调运，免疫县（市、区）牛羊的调运不得经过非免疫县（市、区）。二类地区免疫场群的牛羊禁止转场饲养。布病无疫区牛羊凭产地检疫证明跨省流通。动物卫生监督机构严格按照《动物防疫法》和《动物检疫管理办法》等相关规定对牛羊及其产品实施检疫。

4. **诊断和报告** 动物疫病预防控制机构按照《布鲁氏菌病防治技术规范》规定开展牛羊布病的诊断。从事牛羊饲养、屠宰、经营、隔离和运输，以及从事布病防治相关活动的单位和个人发现牛羊感染布病或出现早产、流产症状等疑似感染布病的，应该立即向当地畜牧兽医主管部门、动物卫生监督机构或者动物疫病预防控制机构报告，并采取隔离、消毒等防控措施。

5. **扑杀与无害化处理** 各地畜牧兽医部门按照《布鲁氏菌病防治技术规范》规定对感染布病的牛羊进行扑杀。二类和三类地区，必要时可扑杀同群畜。同时，按照《病害动物和病害动物产品生物安全处理规程》（GB 16548—2006）规定对病畜尸体及其流产胎儿、胎衣和排泄物、乳、乳制品等进行无害化处理。

6. **消毒** 各地畜牧兽医部门指导养殖场户做好相关场所和人员的消毒防护工作，对感染布病牛羊污染的场所、用具、物品进行彻底清洗消毒，有效切断布病传播途径。具体消毒方法按照《布鲁氏菌病防治技术规范》规定执行。

（二）人间防治

1. **疫情监测** 医疗卫生机构做好布病病例的诊断和报告工作。疾病预防控制机构做好疫情信息收集、整理、分析、利用及反馈工作，完善与动物疫病预防控制机构的疫情信息通报机制。

2. **疫情调查与处置** 疫情发生后，疾病预防控制机构及时开展流行病学调查，了解人间布病病例的感染来源和暴露危险因素，同时通报动物疫病预防控制机构，开展联合调查处置。构成突发公共卫生事件的，按照相关要求进行报告和处置。

3. **高危人群筛查** 在布病高发季节，一类地区高发县区疾病预防控制机构应当对高危人群开展布病筛查，提高布病早期发现力度。

4. **高危人群行为干预** 调查了解高危人群感染布病的危险因素，对高危人群采取针对性的干预措施，降低感染风险。养殖及畜产品加工企业应对从业人员提供职业防护措施及条件，并接受有关部门的监督检查。

5. **病例规范化治疗** 医疗卫生机构按照《布鲁氏菌病诊疗方案》规定对布病感染病例进行规范治疗和管理。一类地区基层医疗卫生机构应具备对布病初筛检测能力，县级及以上医院应具备对布病确诊能力。加强对医务人员的培训，提高诊疗水平，规范病例治疗与管理。将布病诊疗费用纳入城乡基本医疗保险，对贫困患者进行医疗救助。

四、管理措施

（一）部门合作

农业部和国家卫生计生委按照国务院防治重大疾病工作部际联系会议制度要求，统筹协调全国布病防治工作。地方各级畜牧兽医、卫生计生部门加强部门合作，完善协作机制，按照职责分工，各负其责，建立健全定期会商和信息通报制度，实现资源共享，形成工作合力。

（二）落实责任

从事动物饲养、屠宰、经营、隔离、运输，以及动物产品生产、经营、加工、贮藏等活动的单位和个人，要依法履行义务，切实做好牛羊布病免疫、监测、消毒和疫情报告等工作。各相关行业协会要加强行业自律，积极参与布病防治工作。

（三）监督执法

各级动物卫生监督机构严格执行动物检疫管理规定，加强牛羊产地检疫、屠宰检疫和调运监管，严厉查处相关违规出证行为。

（四）区划管理

农业部会同国家卫生计生委等有关部门加快制定布病无疫区、无布病场群的评估程序和标准，指导各地开展"布病净化场群"和"布病无疫区"建设，推动人畜间布病控制和净化。

（五）人员防护

在从事布病防治、牛羊养殖及其产品加工等相关职业人群中，广泛开展布病防治健康教育。相关企事业单位要建立劳动保护制度，加强职业健康培训，为高危职业人群提供必要的个人卫生防护用品和卫生设施，定期开展布病体检，建立职工健康档案。

（六）信息化管理

各级畜牧兽医、卫生计生部门要建立健全布病防治信息管理平台，适时更新一类、二类和三类地区及布病无疫区、净化场群信息，发布布病分区、免疫状况和防治工作进展情况，切实提升信息化服务能力。

（七）宣传教育

各级畜牧兽医、卫生计生部门要加强宣传培训工作，组织开展相关法律法规、人员防护和防治技术培训。针对不同目标人群，因地制宜，编制健康教育材料，组织开展健康卫生宣传教育，引导群众改变食用未经加工的生鲜奶等生活习惯，增强群众布病防治意识，提高自我防护能力。

五、保障措施

（一）加强组织领导

根据国务院文件规定，地方各级人民政府对辖区内布病防治工作负总责。各地畜牧兽医和卫生计生部门要积极协调有关部门，争取将布病防治计划重要指标和主要任务纳入政府考核评价指标体系，结合当地防治工作进展，实施开展实施效果评估，确保按期实现计划目标。各地畜牧兽医和卫生计生部门应在当地政府的统一领导下，加强部门协调，强化措施联动，及时沟通交流信息，适时调整完善防治策略和措施，全面推动布病预防、控制和消灭工作。

（二）强化技术支撑

各级畜牧兽医和卫生计生部门要加强资源整合，强化科技保障，提高布病防治科学化水平。各地特别是一类地区省份要加强动物疫病预防控制机构和疾病预防控制机构布病防治能力建设，依靠国家布病参考实验室和专业实验室，以及各级动物疫病预防控制机构的技术力量，发挥全国动物防疫专家委员会和各省级布病防治专家组作用，为防治工作提供技术支撑。加强科技创新，积极支持跨部门跨学科联合攻关，研究我国不同地区控制布病传播的策略和措施，探索各类地区布病防治模式。重点加强敏感、特异、快速的疫苗免疫和野毒感染的鉴别检测方法，以及高效、安全疫苗的研发。引导和促进科技成果转化，推动技术集成示范与推广应用，切实提高科技支撑能力。中国动物疫病预防控制中心要组织地方各级动物疫病预防控制机构，以及国家布病参考实验室和专业实验室，开展布病监测诊断工作。中国兽医药品监察所要加强布病疫苗质量监管和免疫效果评价，大力推行诊断试剂标准化，增强试剂稳定性，保证监测结果的可靠性和科学性。国家布病参考实验室和专业实验室要重点跟踪菌株分布和变异情况，研究并提出相关防控对策建议，做好技术支持。

（三）落实经费保障

进一步完善"政府投入为主、分级负责、多渠道筹资"的经费投入机制。各级畜牧兽医、卫生计生部门要加强与发展改革、财政、人力资源和社会保障等有关部门沟通协调，积极争取布病防治工作支持政策，将布病预防、控制、消灭和人员生物安全防护所需经费纳入本级财政预算。协调落实对国家从事布病防治人员和兽医防疫人员卫生津贴政策。同时，积极争取社会支持，广泛动员相关企业、个人和社会力量参与，群防群控。

六、监督与考核

各地畜牧兽医、卫生计生部门要根据部门职责分工，按照本计划要求，认真组织实施，确保各项措施落实到位。各省（区、市）根据布病防治工作进展，以县（市区）为单位组织开展评估验收，并做好相关结果应用。根据各省（区、市）提出的申请，农业部会同国家卫生计生委组织对有关省份布病状况进行评估，并根据评估结果调整布病区域类别，及时向社会发布。对在布病防治工作中做出成绩和贡献的单位和个人，地方各级人民政府和有关部门给予表彰。

附件：1. 术语
　　　　2. 诊断方法
　　　　3. 抽样检测的场群和个体样品数确定方法

附件 1　术　　语

本计划下列用语的含义：

场群，是指同一牧场的或由人工栅栏、天然屏障隔离的一群动物，或属于同一所有者和管理者的一群或多群易感动物的集合。

控制，是指连续 2 年以上，牛布病个体阳性率 1% 以下，羊布病个体阳性率在 0.5% 以下，所有染疫牛羊均已扑杀。本地人间布病新发病例数不超过上一年。以县为单位，达到布病控制标准的区域为控制区，未达到布病控制标准的区域为未控制区。

稳定控制，是指连续年以 3 年上，牛布病个体阳性率在 0.2％以下，羊布病个体阳性率在 0.1％以下，所有染疫牛羊均已扑杀，1 年内无本地人间新发确诊病例。以县为单位，达到布病稳定控制标准的区域为稳定控制区。

净化，是指达到稳定控制标准后，用试管凝集试验、补体结合试验、iELISA 或者 cELISA 检测血清均为阴性，辖区内或牛羊场群连续 2 年无布病疫情。连续 2 年无本地人间新发确诊病例。

以县为单位，达到布病净化标准的区域为净化区。达到布病净化标准的牛羊场群，即为净化场群。

消灭，是指达到净化标准后，连续 3 年以上，用细菌分离鉴定的方法在牛羊场群中检测不出布鲁氏菌。连续 3 年无本地人间新发确诊病例。

知晓率，是指调查人群中对布病科普知识了解的人数占被调查总人数的比例。

附件 2　诊断方法

一、诊断方法

1. 临床症状与病理剖检

（1）临床症状　布病典型症状是怀孕母畜流产。乳腺炎也是常见症状之一，可发生于妊娠母牛的任何时期。流产后可能发生胎衣滞留和子宫内膜炎，多见从阴道流出污秽不洁、恶臭的分泌物。新发病的畜群流产较多。公畜往往发生睾丸炎、附睾炎或关节炎。

（2）病理变化　主要病变为妊娠或流产母畜子宫内膜和胎衣的炎性浸润、渗出、出血及坏死，有的可见关节炎。胎儿主要呈败血症病变，浆膜和黏膜有出血点和出血斑，皮下结缔组织发生浆液性、出血性炎症。组织学检查可见脾、淋巴结、肝、肾等器官形成特性肉芽肿。

2. 实验室诊断

（1）血清学诊断　初筛采用虎红平板凝集试验（RBT）（GB/T 18646—2018），也可采用荧光偏振试验（FPA）和全乳环状试验（MRT）（GB/T 18646—2018）。确诊采用试管凝集试验（SAT）（GB/T 18646—2018），也可采用补体结合试验（CFT）（GB/T 18646—2018）、间接酶联免疫吸附试验（iELISA）和竞争酶联免疫吸附试验（cELISA）。

（2）病原学诊断

①显微镜检查，采集流产胎衣、绒毛膜水肿液、肝、脾、淋巴结、胎儿胃内容物等组织，制成抹片，用柯兹罗夫斯基染色法染色，镜检，布鲁氏菌为红色球杆状，而其他菌为蓝色。

②PCR 等分子生物学诊断方法。

③细菌的分离培养与鉴定。该实验活动必须在生物安全三级实验室进行。

二、结果判定

根据临床症状和病理变化，判定为疑似患病动物，如确诊应当进一步采样送实验室检测。对于未免疫动物，血清学确诊为阳性的，判定为患病动物；若初筛诊断为阳性的，确诊诊断为阴性的，应在 30d 后重新采样检测，复检结果阳性的判定为患病动物，结果阴性的判定为健康动物。对于免疫动物，在免疫抗体消失后，血清学确诊为阳性的，或病原学检测方法结果为阳性的，判断为患病动物。

附件 3　抽样检测的场群和个体样本数确定方法

抽样检测应遵循先确定随机采样检测的场群数再确定个体样本数的原则，具体的随机抽样方法见表 1 和表 2。

表 1　不同置信区间估测场群流行率所需近似样本数量

| 预期流行率 (%) | 置信水平 | | | | | | | | |
| | 90%可接受误差 | | | 95%可接受误差 | | | 99%可接受误差 | | |
	10%	5%	1%	10%	5%	1%	10%	5%	1%
10	24	97	2 435	35	138	3 457	60	239	5 971
20	43	173	4 329	61	246	6 147	106	425	10 616
30	57	227	5 682	81	323	8 067	139	557	13 933
40	65	260	6 494	92	369	9 220	159	637	15 923
50	68	271	6 764	96	384	9 604	166	663	16 578
60	65	260	6 494	92	369	9 220	159	637	15 923
70	57	227	5 682	81	323	8 067	139	557	13 933
80	43	173	4 329	61	246	6 147	106	425	10 616
90	24	97	2 435	35	138	3 457	60	239	5 971

表 2　不同置信区间估测个体流行率所需近似样本数量

| 预期流行率 (%) | 置信水平 | | | | | | | | |
| | 90%可接受误差 | | | 95%可接受误差 | | | 99%可接受误差 | | |
	10%	5%	1%	10%	5%	1%	10%	5%	1%
10	24	97	2 435	35	138	3 457	60	239	5 971
20	43	173	4 329	61	246	6 147	106	425	10 616
30	57	227	5 682	81	323	8 067	139	557	13 933
40	65	260	6 494	92	369	9 220	159	637	15 923
50	68	271	6 764	96	384	9 604	166	663	16 578
60	65	260	6 494	92	369	9 220	159	637	15 923
70	57	227	5 682	81	323	8 067	139	557	13 933
80	43	173	4 329	61	246	6 147	106	425	10 616
90	24	97	2 435	35	138	3 457	60	239	5 971

附录 2　布鲁氏菌病防治技术规范

布鲁氏菌病（Brucellosis，以下简称"布病"），是由布鲁氏菌属细菌引起的以感染家畜为主的人兽共患的传染病。世界动物卫生组织（OIE）将其列为 B 类动物疫病，我国将其列为二类动物疫病。

为了预防、控制和净化布病，依据《中华人民共和国动物防疫法》及有关的法律法规，特制定本规范。

一、适用范围

本规范规定了动物布病的诊断、疫情报告、疫情处理、防治措施、控制和净化标准。

本规范适用于中华人民共和国境内一切从事牛、羊、猪、鹿、犬等布病易感动物的饲养、经营和动物产品的生产、经营，以及从事动物防疫活动的单位和个人。

二、诊断

本病依据流行病学、临床症状、病理变化可做出初步诊断，确诊需做血清学实验或细菌分离。

（一）流行特点

人和多种动物对布鲁氏菌易感。动物中羊、牛、猪的易感性最强。母畜比公畜，成年畜比幼年畜发病多。在母畜中，第一次妊娠母畜发病较多。带菌动物，尤其是病畜、流产胎儿、胎衣是主要传染源。消化道、呼吸道、生殖道是主要的感染途径，也可通过损伤的皮肤、黏膜等感染。常呈地方性流行。人主要通过皮肤、黏膜和呼吸道感染。

（二）临床症状

潜伏期一般为 14～180d。

最显著症状是怀孕母畜发生流产，流产后可能发生胎衣滞留和子宫内膜炎，从阴道流出污秽不洁、恶臭的分泌物。新发病的畜群流产较多，老疫区畜群发生流产的较少，但发生子宫内膜炎、乳房炎、关节炎、胎衣滞留、久配不孕的较多。公畜往往发生睾丸炎、附睾炎或关节炎。

（三）病理变化

主要病变为生殖器官的炎性坏死，淋巴结、肝、肾、脾等器官形成特征性肉芽肿（布病结节）。有的可见关节炎。胎儿主要呈败血症病变，浆膜和黏膜有出血点和出血斑，皮下结缔组织发生浆液性、出血性炎症。

（四）实验室诊断

1. 细菌学诊断

（1）显微镜检查　采集流产胎衣、绒毛膜水肿液、肝、脾、淋巴结、胎儿胃内容物等组织，制成抹片，用柯兹罗夫斯基染色法染色，镜检，如果发现有红色球杆状小杆菌时，而其他菌为蓝色，即可确诊。

（2）分离培养　新鲜病料可用胰蛋白胨琼脂斜面或血液琼脂斜面、肝汤琼脂斜面、

3％甘油 0.5％葡萄糖肝汤琼脂斜面等培养基培养；若为陈旧病料时，可在培养基中加入 1/20 万的龙胆紫培养。培养时，一份在普通条件下，另一份放于含有 5％～10％二氧化碳的环境中，37℃培养 7～10d。然后进行菌落特征检查和单价特异性抗血清凝集试验可确诊布鲁氏菌。

（3）动物试验　如病料被污染或含菌极少时，可将病料用生理盐水稀释 5～10 倍，注射健康豚鼠腹腔内 0.1～0.3mL/只。如果病料腐败时，可接种于豚鼠的股内侧皮下。接种后 4～8 周，将豚鼠扑杀，从肝、脾分离培养布鲁氏菌。

2. 血清学试验

（1）初筛试验

虎红平板凝集试验（RBPT）（见 GB/T 18646）

乳牛布病全乳环状试验（MRT）（见 GB/T 18646）

以上任选一种试验方法。

（2）正式试验

动物布病试管凝集试验（SAT）（见 GB/T 18646）

动物布病补体结合试验（CFT）（见 GB/T 18646）

以上任选一种试验方法。

3. 结果判定

（1）初筛试验出现阳性反应，并有流行病学史和临床症状或分离出布鲁氏菌，判为病畜。

（2）血清学正式试验中试管凝集试验阳性或补体结合试验阳性，判为阳性畜。

判定时应注意排除其他疑似疾病和菌苗接种引起的血清学反应。

三、疫情报告

（一）任何单位和个人发现患有本病或者疑似本病的动物，都应当及时向当地动物防疫监督机构报告。

（二）动物防疫监督机构接到疫情报告后，按《动物疫情报告管理办法》及有关规定及时上报。

四、疫情处理

（一）发现疑似布病病畜后，畜主应立即将其隔离，并限制其移动。动物防疫监督机构要及时派员到现场进行调查核实，包括流行病学调查、临床症状检查、病理解剖、采集病料、实验室诊断等，根据诊断结果采取相应措施。

（二）确诊布病患畜后，必须按下列要求处理：

1. 划定疫点、疫区、受威胁区

（1）疫点　疫点是指患病动物所在的地点。一般是指患病动物及同群畜所在的畜场（户）或其他相关屠宰、经营单位。

（2）疫区　疫区是指以疫点为中心，半径 3～5km 范围内的区域。疫区划分时注意考虑当地的饲养环境和天然屏障（如河流、山脉等）。

（3）受威胁区 受威胁区是指疫区外延 5～30km 范围内的区域。

2. **封锁** 本病呈暴发流行时（一个乡镇 30d 内发现 10 头以上病牛或检出 10 头以上阳性牛，或 50 只以上阳性羊），要对疫区依法实施封锁。在封锁期间，禁止染疫动物和疑似染疫动物、动物产品移动；疫区周围设置警示标志，交通要道建立动物防疫监督检查站，对进出人员、运输工具及有关物品进行消毒；停止疫区内易感动物及其产品的交易活动；对易感动物实行圈养或指定地点放养，役用动物限制在疫区内使役，以及其他限制性措施。

3. **隔离** 对受威胁的畜群（病畜的同群畜）实施隔离，可采用圈养和固定草场放牧两种方式隔离。

隔离饲养用草场，不要靠近交通要道，居民点或人畜密集的地区。场地周围最好有自然屏障或人工栅栏。

4. **扑杀** 病畜和阳性畜全部扑杀。

5. **无害化处理** 病畜和阳性畜及其胎儿、胎衣、排泄物、乳、乳制品等按照《畜禽病害肉尸及其产品无害化处理规程》（GB 16548—1996）进行无害化处理。

6. **紧急监测** 对疫区和受威胁的易感动物进行监测。布病呈暴发流行时，疫区内的易感动物必须全部进行监测。

7. **消毒** 对病畜和阳性畜污染的场所、用具、物品严格进行消毒。

饲养场的金属设施、设备可采取火焰、熏蒸等方式消毒；养畜场的圈舍、场地、车辆等，可选用 2‰氢氧化钠溶液等有效消毒药消毒；饲养场的饲料、垫料等，可采取深埋发酵处理或焚烧处理；粪便消毒采取堆积密封发酵方式。皮毛消毒用环氧乙烷、福尔马林溶液熏蒸等。

8. **紧急免疫接种** 对疫区和受威胁区内所有的易感动物进行紧急免疫接种。

9. **封锁的解除** 封锁的疫区内最后一头染疫动物被扑杀，经彻底无害化处理后，疫区内监测 30d 以上，没有发现新病例；疫区内所有易感动物进行了免疫接种，对所污染场所、设施设备和受污染的其他物品彻底消毒后，经动物防疫监督机构检验合格后，由原发布封锁令机关解除封锁。

五、预防和控制

非疫区以监测为主；稳定控制区以监测净化为主；控制区和疫区实行监测、扑杀和免疫相结合的综合防治措施。

（一）免疫接种

1. **免疫接种的对象** 有牛、羊、猪、鹿等。各省根据当地疫情流行情况，确定重点免疫对象。

2. **免疫接种的范围及疫苗的选择** 疫区内易感畜可选用猪Ⅱ号布鲁氏菌苗（以下简称 S2 菌苗）或羊Ⅴ号布鲁氏菌苗（以下简称 M5 菌苗）或牛 19 号布鲁氏菌苗（以下简称 S19 菌苗）及经农业农村部批准生产的其他菌苗。

3. **免疫接种时间** 牛、羊首免 S2、M5 或 S19 菌苗后，每 2 年免疫一次。猪用 S2 菌苗首免后 3 个月加强免疫一次，以后每年免疫一次。或者按疫苗产品说明要求时间进行接种。

4. **免疫** 种用、乳用动物的免疫按国家有关规定执行。

（二）监测

1. **监测对象和方法**

（1）监测对象 有牛、羊、猪、鹿等动物。

（2）监测方法 采用流行病学调查、血清学方法，结合细菌分离进行监测。

2. **监测范围和数量**

（1）免疫地区 对新生畜、未免疫畜、免疫一年半或口服免疫一年以后的牲畜进行监测（猪可在口服免疫半年后进行）。监测至少每年进行一次，牧区县抽检 500 头（只）以上，农区和半农半牧区抽检 200 头（只）以上，交通不便的边远地区抽检 3 个乡 9 个村 50% 的牲畜进行血清学监测。

（2）非免疫地区 监测至少每年进行一次。达到控制标准的牧区县抽检 1 000 头（只）以上，农区和半农半牧区抽检 500 头（只）以上；达到稳定控制标准的牧区县抽检 500 头（只）以上，农区和半农半牧区抽检 200 头（只）以上。

所有的奶牛、奶山羊和种畜每年必须进行两次血清学监测。

3. **监测时间** 对成年动物监测时，猪、羊在 5 月龄以上，牛在 8 月龄以上，怀孕动物则在第 1 胎产后半个月至 1 个月间进行；对 S2、M5、S19 菌苗免疫接种过的动物，在接种后 18 个月（猪接种后 6 个月）进行。

4. **监测结果的报告** 按要求使用和填写监测结果报告，并及时上报。

（三）种用、乳用、役用动物调运的检疫

异地引种的动物，必须来自于非疫区。调出前须经当地动物防疫监督机构检疫合格并出具检疫证明后，方可起运。调入动物后在隔离饲养 30d，经当地动物防疫监督机构确认健康后，方可离开隔离场。

（四）工作人员

饲养场工作人员，每年要定期进行健康检查。发现有患布鲁氏菌病的应及时调离岗位，隔离治疗。工作人员的工作服、用具要保持清洁，不得带出场。

（五）饲养环境

饲养场生产区应与生活区隔离，奶牛场内禁止饲养猫、狗、猪、鸡、鸭等动物，并禁止其他动物出入。消灭鼠、蝇等传播媒介。

（六）防疫监督

动物防疫监督机构要对辖区内奶牛场、种牛场登记造册，并建立档案；布病结核病监测合格是奶牛场、种牛场《动物防疫合格证》发放或年度审验的必备条件。

鲜奶收购点（站）必须凭《动物防疫合格证》对奶牛场（户）收购鲜奶。

（七）隔离

疑似布病牛须隔离复检。隔离牛舍处在下风口，并与健康牛舍相隔 50m 以上。

（八）消毒

1. **临时消毒** 奶牛群中检出并剔出布病牛后，牛舍、用具及运动场所等应进行紧急消毒。

2. 定期消毒　养牛场每年应进行 2～4 次大消毒，消毒方法同 1。

3. 经常性消毒　饲养场及牛舍出入口处，应设置消毒池，内置有效消毒剂，如 3%～5% 来苏尔溶液或 20% 石灰乳等。消毒药要定期更换，以保证一定的药效。牛舍内的一切用具应定期消毒；产房每周进行一次大消毒，分娩室在临产牛生产前后各进行一次消毒。

六、控制和净化标准

（一）控制标准

1. **县级控制标准**　连续 2 年以上具备以下条件：

（1）对未免疫的牲畜或免疫后 18 个月的育龄畜，牧区抽检 3 000 份血清以上，农区和半农半牧区抽检 1 000 份血清以上，用试管凝集试验或补体结合试验进行检测。

试管凝集试验阳性率：羊、鹿 0.5% 以下，牛 1% 以下，猪 2% 以下。

补体结合试验阳性率：各种动物阳性率均在 0.5% 以下。

（2）抽检羊、牛、猪流产物样品共 200 份以上（流产物数量不足时，补检正常产胎盘、乳汁、阴道分泌物或屠宰畜脾脏）。检不出布鲁氏菌。

（3）病畜和阳性畜都已扑杀，并进行无害化处理。

2. **地级控制标准**　全市（地、盟、州）所有县（市、区、旗）均达到控制标准。

3. **省级控制标准**　全省所有市（地、盟、州）均达到控制标准。

4. **全国控制标准**　全国所有省（市、自治区）均达到控制标准。

（二）稳定控制标准

1. **县（市、区、旗）级稳定控制标准**　按控制标准的要求的方法和数量进行，连续三年以上具备以下条件：

（1）羊血清学检查阳性率在 0.1% 以下、猪在 0.3% 以下；牛、鹿 0.2% 以下。

（2）抽检羊、牛、猪等动物样品材料检不出布鲁氏菌。

（3）所有阳性畜都已扑杀，并进行了无害化处理。

2. **地级稳定控制标准**　全市（地、盟、州）所有县（市、区、旗）均达到稳定控制标准。

3. **省级稳定控制标准**　全省所有市（地、盟、州）均达到稳定控制标准。

4. **全国稳定控制标准**　全国所有省（市、自治区）均达到稳定控制标准。

（三）净化标准

1. **县级净化标准**　按控制标准要求的方法和数量进行，连续 2 年以上具备以下条件：

（1）用试管凝集试验或补体结合试验进行检测，全部阴性。

（2）达到稳定控制标准后，全县（市、区、旗）范围内连续两年无布病疫情。

2. **地级净化标准**　全市（地、盟、州）所有县（市、区、旗）均达到净化标准。

3. **省净化标准**　全省所有市（地、盟、州）均达到净化标准。

4. **全国净化标准**　全国所有省（市、自治区）均达到净化标准。

附录3 动物布鲁氏菌病诊断技术（GB/T 18646—2018）

前 言

本标准按照 GB/T 1.1—2009 给出的规则起草。

本标准代替 GB/T 18646—2002《动物布鲁氏菌病诊断技术》。本标准与 GB/T 18646—2002 相比，主要技术变化如下：

——增加了规范性引用文件（见第 2 章）；

——增加了缩略语（见第 3 章）；

——增加了临床诊断方法，包括流行特点、临床症状和病理变化（见 4.1、4.2、4.3）；

——增加了试管凝集试验中的微量法（见 4.6.1）；

——增加了补体结合试验中的微量法，并规定了其稀释液的制备、溶血素效价的测定、补体效价的测定、溶血标准比色的制备方法（见 4.7.1、附录 B、附录 C、附录 D 和附录 E）；

——增加了间接酶联免疫吸附试验，并规定了酶联免疫吸附试验抗原包被板的制备、酶标抗体的制备、酶联免疫吸附试验用试剂的配制（见 4.8、附录 G、附录 H 和附录 D）；

——增加了竞争酶联免疫吸附试验，并规定了酶联免疫吸附试验抗原包被板的制备、酶标抗体的制备、酶联免疫吸附试验用试剂的配制（见 4.9、附录 G、附录 H 和附录 I）；

——增加了病原的涂片染色镜检（见 4.10）；

——增加了病原的分离培养，规范了培养细菌所用的培养基及病料采集需采集的样本名称（见 4.11、附录 J 和附录 K）；

——增加了病原的生化特性鉴定方法，并规定了不同生化试验的培养基制备（见 4.12.1～4.12.5、附录 L 和附录 M）；

——增加了病原的因子血清试验鉴定方法，以表格形式列出单因子血清试验结果（见 4.12.6 和表 4）；

——增加了病原的噬菌体溶解试验鉴定方法，以表格形式列出各菌种噬菌体溶解试验结果（见 4.12.7 和表 5）；

——增加了布鲁氏菌种的 PCR 扩增图谱鉴定技术，并规范了其 8 对引物序列，以图谱形式列出布鲁氏菌种 10 个种的扩增条带和 3 个疫苗株的扩增条带（见 4.13、附录 N 和图 1）；

——增加了警告内容，对于剖检、采样及实验室开展相关病原活动部分及实验室接触有毒物质部分给以警告。

本标准由中华人民共和国农业部提出。

本标准由全国动物卫生标准化技术委员会（SAC/TC 181）归口。

本标准起草单位：辽宁省动物疫病预防控制中心（辽宁省动物医学研究院）、中国动物卫生与流行病学中心、中国农业科学院哈尔滨兽医研究所。

本标准主要起草人：李璐、赵晓彤、曹东、范伟兴、段亚良、田莉莉、步志高、顾贵波、杨作丰、赵凤菊、谷志大、狄栋栋、闫明媚、张慧、魏澍、郑洪玲、张喜悦、胡森。

引 言

布鲁氏菌病（简称布病）是由布鲁氏菌属细菌感染导致人兽共患的传染病，在全世界范围内严重威胁人类健康并影响畜牧业发展。布鲁氏菌属包括羊种布鲁氏菌（*B. melitensis*）、牛种布鲁氏菌（*B. abortus*）、猪种布鲁氏菌（*B. suis*）、绵羊附睾种布鲁氏菌（*B. ovis*）、犬种布鲁氏菌（*B. canis*）、沙林鼠种布鲁氏菌（*B. neotomae*）、鲸种布鲁氏菌（*B. ceti*）、鳍种布鲁氏菌（*B. pinnipedialis*）和田鼠种布鲁氏菌（*B. microti*）及新报道的 *B. inopinata*，其中动物布病主要是由羊种布鲁氏菌、牛种布鲁氏菌和猪种布鲁氏菌感染羊、牛和猪等动物呈急性或慢性经过，是人布病的主要传染来源。其临床主要特征是生殖器官和胎膜发炎，母畜流产、乳腺炎、不育和各种组织（如睾丸、关节）的炎症。世界动物卫生组织［World Organization for Animal Health（英），Office Intentional des epizootic（法）］将布病列为法定报告的传染病，我国《一、二、三类动物疫病病种名录》规定布病为多种动物共患的二类动物疫病。

本标准参考了 OIE《陆生动物诊断试验和疫苗手册》，转化了其相关的布病诊断方法并引入到本标准中。本标准修订了原有血清学诊断方法，引入了 ELISA 诊断方法，建立了我国微量凝集反应，补充了病原学和分子生物学诊断方法，不仅适用于我国布鲁氏菌病诊断需求，也达到了国际诊断水平。

动物布鲁氏菌病诊断技术

1 范围

本标准规定了动物布鲁氏菌病的临床诊断、血清学和病原学诊断的技术方法、操作程序和判定标准。

本标准规定的流行特点、临床症状、病理变化适用于动物布鲁氏菌病的临床诊断。

虎红平板凝集试验和间接酶联免疫吸附试验，适用于动物布鲁氏菌病的初筛试验。

乳牛全乳环状试验，适用于泌乳母牛布鲁氏菌病的初筛试验。

试管凝集试验、补体结合试验和竞争酶联免疫吸附试验适用于牛种、羊种和猪种布鲁氏菌病的血清学确诊。

病原的显微镜检查、分离培养适用于布鲁氏菌病的病原学初步诊断；病原的鉴定和 PCR 试验适用于动物布鲁氏菌病的病原学确诊。

本标准规定的乳牛全乳环状试验，不适用于检测患乳房炎及其他乳房疾病母牛的乳、初乳、脱脂乳和煮沸过的乳，也不适用于腐败、变酸和冻结过的乳。

本标准规定的虎红平板凝集试验、试管凝集试验和补体结合试验，不适用于犬种和绵羊附睾种布鲁氏菌的检测。

2 规范性引用文件

下列文件对于本文件的应用是必不可少的。凡是注日期的引用文件，仅注日期的版本适用于本文件。凡是不注日期的引用文件，其最新版本（包括所有的修改单）适用于本文件。

GB/T 18088　出入境动物检疫采样

GB 19489—2008　实验室生物安全通用要求

3　缩略语

下列缩略语适用于本文件。

OIE 世界动物卫生组织〔World Organization for Animal Health（英），Office Intentional des Epizootic（法）〕

RBT 虎红平板凝集试验（Rose Bengal Test）

MRT 乳牛全乳环状试验（Milk Ring Test）

SAT 试管凝集试验（Serum Agglutination Test）

CFT 补体结合试验（Complement Fixation Test）

iELISA 间接酶联免疫吸附试验（Indirect Enzyme Linked Immunosorbent Assay）

cELISA 竞争酶联免疫吸附试验（Competitive Enzyme Linked Immunosorbent Assay）

PCR 聚合酶链式反应（Polymerase Chain Reaction）

DNA 脱氧核糖核酸（Deoxyribonucleic Acid）

dNTPs 脱氧核苷三磷酸（Deoxy-Ribonucleoside Triphosphate）

TBE 三羟甲基氨基甲烷硼酸乙二胺四乙酸缓冲液（Tris Boric Acid EDTA）

HRP 辣根过氧化物酶（Horseradish Peroxidase）

4　诊断方法

4.1　流行特点

多种动物对布鲁氏菌易感，羊、牛、猪的易感性最强。母畜比公畜易感，成年畜比幼年畜易感。动物的易感性随着性成熟年龄接近而增高，在母畜中，第一次妊娠母畜发病较多。

患病和带菌动物是主要传染源，尤其是感染的妊娠母畜，在流产或分娩时将大量的布鲁氏菌随着胎儿、胎水和胎衣排出，流产后的阴道分泌物和乳汁中都含有布鲁氏菌。

布鲁氏菌病的传播途径主要是消化道，也可通过皮肤、黏膜、交配等感染，蜱的叮咬可传播本病。

布鲁氏菌病呈现明显的接触传播特征，通过直接接触或间接接触均可造成传播，在牧区或农牧区多发，疾病的发生不具有明显的季节性，在有感染的群体内呈扩散传播特点。一般为散发，羊种布鲁氏菌病可呈地方流行性发生。

4.2　临床症状

潜伏期一般为 14～180d。

显著症状是妊娠母畜发生流产，流产后可能发生胎衣滞留和子宫内膜炎，从阴道流出污秽不洁、恶臭的分泌物。新发病的畜群流产较多；老疫区畜群发生流产的较少，但发生子宫内膜炎、乳房炎、关节炎、局部脓肿、胎衣滞留、久配不孕的较多。公畜往往发生睾丸炎、附睾炎或关节炎。

4.3　病理变化

警示——对本病剖检采样过程当中应当防止病原微生物扩散和感染。

主要病变为妊娠或流产母畜子膜和胎衣的炎性浸润、渗出、出血及坏死，有的可见关节炎。胎儿主要呈败血症病变，浆膜和黏膜有出血点和出血斑，皮下结缔组织发生浆液性、出血性炎症。

组织学检查可见脾、淋巴结肝肾等器官形成特征性肉芽肿。

4.4　虎红平板凝集试验（RBT）

4.4.1　器材

微量移液器，灭菌移液器吸头、牙签或混匀棒，计时器，洁净的玻璃板（其上划分成 $4cm^2$ 的方格）。

4.4.2　试剂

商品化的布鲁氏菌虎红平板凝集试验抗原、布鲁氏菌标准阳性血清和布鲁氏菌标准阴性血清。

4.4.3　操作方法

4.4.3.1　按常规方法采集和分离受检血清。

4.4.3.2　将受检血清、布鲁氏菌标准阴、阳性血清和抗原从冰箱取出平衡至室温。

4.4.3.3　涡旋混匀血清和抗原，分别吸取 $25\mu L$ 的血清和抗原加于玻璃板 $4cm^2$ 方格内的两侧。

4.4.3.4　用灭菌牙签或混匀棒快速混匀血清和抗原，涂成 $2cm$ 直径的圆形，混匀后 $4min$，在自然光下观察。

4.4.3.5　试验应设标准阴、阳性血清对照。

4.4.4　结果判定

4.4.4.1　在标准阴性血清不出现凝集、标准阳性血清出现凝集时，试验成立，方可对受检血清进行判定。

4.4.4.2　出现肉眼可见凝集现象者判定为阳性（＋），无凝集现象且反应混合液呈均匀粉红色者判定为阴性（－）。

4.5　乳牛全乳环状试验（MRT）

4.5.1　器材

微量移液器，灭菌移液器吸头，内径为 $1cm$ 的灭菌试管。

4.5.2　试剂

商品化布鲁氏菌全乳环状试验抗原。

4.5.3　乳样

受检乳样应为新鲜的全乳，或混合奶；采乳样时应将乳牛的乳房用温水洗净、擦干，然后将乳汁（前三把乳不作为检测用）挤入洁净的器皿中；采集的乳样夏季时应于当日内检测。

4.5.4　操作方法

4.5.4.1　将乳样和布鲁氏菌全乳环状试验抗原平衡至室温。

4.5.4.2　取乳样 $1\,000\mu L$，加于灭菌凝集试管内。

4.5.4.3　取充分振荡混合均匀的布鲁氏菌全乳环状试验抗原 $50\mu L$ 加入乳样中充分混匀。

4.5.4.4 置 37～38℃水浴中孵育 60min。

4.5.4.5 孵育后取出试管勿使振荡，立即进行判定。

4.5.5 结果判定

结果判定如下：

a) 强阳性反应（＋＋＋），乳柱上层乳脂形成明显红色的环带，乳柱白色，临界分明；

b) 阳性反应（＋＋），乳脂层的环带呈红色，但不显著，乳柱略带颜色；

c) 弱阳性反应（＋），乳脂层的环带颜色较浅，但比乳柱颜色略深；

d) 疑似反应（±），乳脂层的环带颜色不明显，与乳柱分界不清，乳柱不褪色；

e) 阴性反应（－），乳柱上层无任何变化，乳柱颜色均匀。

4.6 试管凝集试验（SAT）

4.6.1 微量法

4.6.1.1 器材

96孔U型聚苯乙烯板、微量移液器、灭菌移液器吸头、塑料薄膜、湿盒、振荡器、适宜的稀释用器皿及温箱（37℃±1℃）。

4.6.1.2 试剂

商品化试管凝集试验抗原、布鲁氏菌标准阳性血清、布鲁氏菌标准阴性血清、稀释液为含 0.5% 石炭酸的生理盐水（用于检验牛血清时稀释血清和抗原）或含 0.5% 石炭酸的10%氯化钠溶液（用于检验羊血清时稀释血清和抗原）。

4.6.1.3 操作方法

4.6.1.3.1 按常规方法采集和分离受检血清。

4.6.1.3.2 受检血清的稀释：

a) 以羊血清为例，每份血清用 4 个连续的 U 型孔；

b) 在聚苯乙烯反应板的第 1 孔加 184μL 稀释液；

c) 第 2～4 孔各加入 100μL 稀释液；

d) 用微量移液器取受检血清 16μL；加入第 1 孔，并混匀；

e) 从第 1 孔吸取 100μL 混合液加入第 2 孔充分混匀，如此倍比稀释至第 4 孔，从第 4 孔弃去混合液 100μL；

f) 稀释完毕，从第 1 至第 4 孔的血清稀释度分别为 1∶12.5、1∶25、1∶50 和1∶100；

g) 牛血清稀释法与上述基本一致，差异是第 1 孔加 192μL 稀释液和8μL 受检血清，其稀释度分别为 1∶25、1∶50、1∶100 和 1∶200。

4.6.1.3.3 分别取按说明书要求稀释的抗原 100μL 加入上述各孔稀释好的血清中，并震荡混匀。羊的血清稀释度则依次变为 1∶25、1∶50、1∶100 和 1∶200，牛的血清稀释度则依次变为 1∶50、1∶100、1∶200 和 1∶400。

4.6.1.3.4 将加完样的聚苯乙烯反应板各孔用塑料薄膜严密封盖后，放湿盒内置温箱（37℃±1℃）孵育 18～24h，取出检查并记录结果。

4.6.1.3.5 每次试验均应设阳性血清对照、阴性血清对照和抗原对照，即：

a）阴性血清对照：冻干阴性血清按说明书稀释到规定容量后，对照试验中稀释和加抗原的方法与受检血清相同；

b）阳性血清对照：冻干阳性血清按说明书稀释到规定容量后，对照试验中稀释和加抗原的方法与受检血清相同；

c）抗原对照：抗原按说明书稀释到规定容量，取 $100\mu L$，再加 $100\mu L$ 稀释液，观察抗原是否有自凝现象。

4.6.1.4 结果判定及处理

4.6.1.4.1 凝集反应程度

凝集反应程度分为 5 个等级，分别记为"＋＋＋＋""＋＋＋""＋＋""＋""－"，按以下说明判定：

a）＋＋＋＋：菌体完全凝集，1～4 孔凝集物呈伞状均匀铺于孔底；

b）＋＋＋：菌体几乎完全凝集，1～3 孔凝集物呈伞状均匀铺于孔底，第 4 孔孔底呈现白色点状；

c）＋＋：菌体凝集显著，1～2 孔凝集物呈伞状均匀铺于孔底，3～4 孔孔底呈现白色点状；

d）＋：凝集物有沉淀，第 1 孔凝集物呈伞状均匀铺于孔底，2～4 孔孔底呈现白色点状；

e）－：无凝集，1～4 孔孔底均呈现白色点状。

4.6.1.4.2 结果判定

当阳性血清出现完全凝集（＋＋＋＋），而阴性血清无凝集（－），抗原对照无自凝（－）现象时，试验成立，按以下对试验结果判定：

a）受检血清出现"＋＋"及以上凝集现象时，判定为阳性；

b）受检血清出现"＋"凝集现象时，判定为可疑；

c）受检血清出现"－"时，判定为阴性。

4.6.1.4.3 可疑结果的处理

试验结果可疑牛、羊经 30d 后采血重检，如果仍为可疑，该家畜判为阳性。

4.6.2 常量法

4.6.2.1 器材

玻璃试管、试管架、移液器、灭菌移液器吸头及温箱（37℃±1℃）。

4.6.2.2 试剂

商品化布鲁氏菌试管凝集试验抗原、布鲁氏菌标准阳性血清和布鲁氏菌标准阴性血清、稀释液为含 0.5% 石炭酸的生理盐水和（或）含 0.5% 石炭酸的 10% 氯化钠溶液（用于检验羊血清时稀释血清和抗原）。

4.6.2.3 操作方法

4.6.2.3.1 按常规方法采集和分离受检血清。

4.6.2.3.2 受检血清的稀释

a）以羊和猪血清为例，每份血清用 4 支凝集试管；

b）第 1 管标记检验编码后加 $920\mu L$ 稀释液；

c) 第2管～4管各加入500μL稀释液；

d) 然后取受检血清80μL，加入第1管内，并混合均匀；

e) 取500μL混合液加入第2管并充分混匀，如此倍比稀释至第4管，从第4管弃去混匀液500μL；

f) 稀释完毕，从第1至第4管的血清稀释度分别为1：12.5、1：25、1：50和1：100；

g) 牛、马、鹿、骆驼血清稀释法与上述基本一致，差异是第一管加960μL稀释液和40μL受检血清，其稀释度分别为1：25、1：50、1：100和1：200。

4.6.2.3.3 将按说明书要求稀释的抗原液500μL分别加入已稀释好的各管血清中，并振摇均匀，羊和猪的血清稀释度则依次变为1：25、1：50、1：100和1：200，牛、马和骆驼的血清稀释度则依次变为1：50、1：100、1：200和1：400。

大规模检疫时也可只用2个血清稀释度（加抗原后的终稀释度），即牛、马、鹿、骆驼用1：50和1：100，猪、山羊、绵羊和犬用1：25和1：50。

4.6.2.3.4 每次试验均应设阳性血清、阴性血清和抗原对照，即：

a) 阴性血清对照：冻干阴性血清按说明书稀释到规定容量后，对照试验中稀释和加抗原的方法与受检血清相同；

b) 阳性血清对照：冻干阳性血清按说明书稀释到规定容量后，对照试验中稀释和加抗原的方法与受检血清相同；

c) 抗原对照：按说明书要求稀释抗原液500μL，再加500μL稀释液，观察抗原是否有自凝现象。

4.6.2.3.5 将加样后的试管置温箱（37℃±1℃）孵育18～24h，取出检查并记录结果。

4.6.2.4 结果判定及处理

4.6.2.4.1 凝集反应程度

凝集反应程度应根据参照比浊管（制备方法见附录A）来判读，分别记为"＋＋＋＋""＋＋＋""＋＋""＋""－"按以下说明判定：

a) ＋＋＋＋ 菌体完全凝集，100％下沉，上层液体100％清亮；

b) ＋＋＋ 菌体几乎完全凝集，上层液体75％清亮；

c) ＋＋ 菌体凝集显著，液体50％清亮；

d) ＋ 有凝集物沉淀，液体25％清亮；

e) － 无凝集物，液体均匀混浊。

4.6.2.4.2 试验成立条件及结果判定

当阳性对照血清出现完全凝集（＋＋＋＋），阴性对照血清无凝集（－），抗原对照无自凝（－）现象时，试验成立，可对结果进行如下判定：

a) 牛、马、鹿和骆驼1：100血清稀释度，猪、山羊、绵羊和犬1：50血清稀释度，出现"＋＋"及以上凝集现象时，判定为阳性；

b) 牛、马、鹿、骆驼1：50血清稀释度，猪、山羊、绵羊和犬1：25血清稀释度，出现"＋＋"以上凝集现象时，判定为可疑。

4.6.2.4.3 结果处理

试验结果可疑的家畜经 30d 后采血重检,如果仍为可疑,该牛、羊判为阳性。猪和马经重检仍保持可疑水平,而农场的牲畜没有临床症状和大批阳性患畜出现,该畜判为阴性。

猪血清偶有非特异性反应,应结合流行病学调查判定,必要时配合补体结合试验和鉴别诊断,排除耶森氏菌交叉凝集反应。

4.7 补体结合试验(CFT)

4.7.1 微量法

4.7.1.1 器材

96 孔聚苯乙烯板、微量移液器、灭菌移液器吸头、离心机、稀释用器皿、温控范围为 37~38℃和 54~64℃水浴锅、计时器。

4.7.1.2 试剂及其制备

4.7.1.2.1 稀释液

巴比妥缓冲液(pH7.2),配制方法见附录 B。

4.7.1.2.2 受检血清

其采集和处理见附录 B。

4.7.1.2.3 绵羊红细胞悬液

采取成年公绵羊血,按常规方法脱纤、洗涤、离心,用稀释液洗涤至上清无色为止,最后一次以 2 000r/min 离心沉淀 10min,取下沉的红细胞沉积物,以稀释液配制成 2.5%红细胞悬液(2.5mL/100mL)。

4.7.1.2.4 商品化布鲁氏菌补体结合试验抗原、布鲁氏菌标准阳性血清、布鲁氏菌标准阴性血清

商品化布鲁氏菌补体结合试验抗原在有效期内按说明书稀释,稀释前需震荡混匀。

4.7.1.2.5 商品化溶血素

商品化溶血素在有效期内根据标示效价使用,对每批次溶血素都需要进行效价测定,方法见附录 C。将 100%溶血的最高稀释度所用溶血素作为一个单位溶血素工作效价,试验中用 2 倍溶血素工作效价。

4.7.1.2.6 商品化冻干补体

除使用商品化冻干补体外,也可使用新鲜豚鼠血清作为补体。补体制备及效价测定方法见附录 D。一个单位体积的标准红细胞悬液中 50%红细胞发生溶解的补体量为一个补体单位,试验中用 6 倍补体工作效价。

4.7.1.3 操作方法

4.7.1.3.1 受检血清的前处理

按常规方法采集、分离和灭能受检血清,见附录 B。

4.7.1.3.2 血清样品稀释

96 孔板第 1、2 排作为血清抗补体对照,血清稀释度为 1/2、1/4;从第 3 排到第 8 排血清样品稀释度分别为 1/2、1/4、1/8、1/16、1/32、1/64,按如下步骤操作:

a)第 1 排每孔分别加 50μL 稀释液,第 2、4、5、6、7、8 排每孔分别加稀释

液 25μL；

b）第 1 排每孔加 50μL 灭能血清，混匀后吸取 25μL 加入其后的第 2 排孔，混匀后弃去 25μL；

c）从第 1 排孔混匀液体中先后各吸取 25μL 分别加入同列的第 3、4 排孔，混匀；

d）从第 4 排起倍比稀释，即从第 4 排孔吸取液体 25μL 到同列第 5 排孔，混匀，以此类推到第 8 排；

e）第 8 排孔吸取 25μL 液体弃去。

4.7.1.3.3 加抗原

除第 1、2 排外，上述每孔分别加工作量抗原 25μL。

4.7.1.3.4 加补体

上述每孔分别加工作量补体 25μL，轻轻混匀，置 4℃孵育过夜或 37℃孵育 30min。

4.7.1.3.5 制备致敏红细胞

将 2.5%红细胞及溶血素等体积混匀至室温 20min。

4.7.1.3.6 复温孵育

将 4.7.1.3.4 中孵育过夜的 96 孔板从冰箱取出置 37℃孵育 10min。

4.7.1.3.7 加致敏红细胞

上述每孔加入 50μL 致敏红细胞，轻轻混匀，37℃孵育 30min。

4.7.1.3.8 细胞沉降

室温 300g 离心 5～10min 或者在 4℃放置 2～3h 让细胞自然沉降，观察判定。

4.7.1.3.9 设立对照及主试验各要素的添加

每次试验需设阳性血清、阴性血清、抗原、致敏红细胞和补体对照。主试验各要素添加量和顺序如表 1 所示。

表 1 布鲁氏菌补体结合试验的主试验（μL）

血清	受检血清	受检血清抗补体对照	阳性血清	阳性血清抗补体对照	阴性血清	阴性血清抗补体对照	对照管		
							抗原	致敏红细胞	补体
血清稀释度	1/2～1/64	1/2～1/4	1/2～1/64	1/2～1/4	1/2～1/64	1/2～1/4			
血清加入量	25	25	25	25	25	25	0	0	0
稀释液	0	25	0	25	0	25	25	75	50
抗原	25	0	25	0	25	0	25	0	0
工作量补体	25	25	25	25	25	25	25	0	25
轻轻混匀后，置 37℃孵育 30min 或 4℃孵育过夜（以 4℃孵育过夜为例）									
第 2 天：制备致敏红细胞，将提前配好的 2.5%红细胞和溶血素（分别储存在冰箱）等体积混匀，置室温 10min									
10min 后，将 96 孔板从 4℃冰箱取出，置 37℃孵育 10min（保证致敏红细胞置于室温 20min）									
致敏红细胞	50	50	50	50	50	50	50	50	50
轻轻混匀，37℃孵育 30min。									
300g 室温离心 5～10min 或 4℃放置 2～3h 让细胞自然沉降									

4.7.1.4 结果判定

4.7.1.4.1 试验成立条件：阴性血清对照、阴性血清抗补体对照、阳性血清的抗补体对照、抗原对照和补体对照呈完全溶血反应，致敏红细胞对照呈完全抑制溶血。

4.7.1.4.2 上述对照正确无误后即可对受检血清进行判定。受检血清的判定参照溶血标准比色记录结果，溶血标准比色孔的制备方法见附录 E。

4.7.1.4.3 按表 2 判定，溶血抑制程度≥20IU/mL 判为阳性。

表 2　微量补体结合试验判定标准

血清稀释度	溶血抑制			
	25% （+）	50% （++）	75% （+++）	100% （++++）
1/2	8.33	10	11.67	13.33
1/4	16.67	20ᵃ	23.33	26.67
1/8	33.33	40	46.67	53.33
1/16	66.67	80	93.33	106.67
1/32	133.33	160	187	213.33
1/64	266.67	320	373.33	426.67
1/128	533.33	640	746.67	853.33
1/256	1 066.67	1 280	1 493.33	1 706.67

ᵃ溶血抑制程度≥20IU/mL 判为阳性

4.7.2　常量法

4.7.2.1　器材

内口径 1cm 玻璃试管、试管架、移液器、灭菌移液器吸头、适宜的稀释用器皿及温控范围为 37～38℃和 54～64℃水浴锅。

4.7.2.2　试剂及其制备

4.7.2.2.1　稀释液

0.85%生理盐水。

4.7.2.2.2　受检血清

受检血清的采集和处理见附录 B。

4.7.2.2.3　绵羊红细胞悬液

采取成年公绵羊血，按常规方法脱纤、洗涤、离心，用稀释液洗涤至上清无色为止，最后一次以 2 000r/min 离心沉淀 10min，取下沉的红细胞沉积物，以稀释液配制成 2.5%红细胞悬液（25mL/100mL）。

4.7.2.2.4　标准血清

商品化布鲁氏菌标准阳性血清、布鲁氏菌标准阴性血清。

4.7.2.2.5　溶血素

商品化溶血素在有效期内根据标示效价使用，如需进行效价测定见附录 C。

4.7.2.2.6　补体

除使用商品化冻干补体外，也可使用新鲜豚鼠血清作为补体。补体制备方法见附录 D。

4.7.2.2.7 抗原

商品化抗原在有效期内根据标示效价使用，如需进行效价测定见附录 F。

4.7.2.3 操作方法

4.7.2.3.1 按常规方法采集和分离受检血清。

4.7.2.3.2 将 1:10 稀释受检血清灭能（见附录 B）后，分别加入 2 支玻璃试管内，每管 500μL。

4.7.2.3.3 其中一管加工作量抗原 500μL，另一管加稀释液 500μL。

4.7.2.3.4 上述 2 管均加工作量补体，每管 500μL，振荡混匀。

4.7.2.3.5 置 37℃水浴 20min，取出放于室温环境中。每管各加 2 单位的溶血素 500μL 和 2.5%红细胞悬液 500μL。充分振荡混匀。

4.7.2.3.6 再置 37℃水浴 20min，之后取出立即进行第一次判定。

4.7.2.3.7 每次试验应设阳性血清、阴性血清、抗原、溶血素和补体对照。主试验各要素添加量和顺序如表 3。

表 3 布鲁氏菌病补体结合试验的主试验（μL）

血清	被检血清		对照管					
			阳性血清		阴性血清		抗原	溶血素	补体
血清加入量	500	500	500	500	500	500	0	0	0
稀释液	0	500	0	500	0	500	0	1 500	1 500
抗原	500	0	500		500	0	1 000	0	0
工作量补体	500	500	500	500	500	500	500	0	500
37～38 ℃水浴 20min									
二单位溶血素	500	500	500	500	500	500	500	500	0
2.5%红细胞	500	500	500	500	500	500	500	500	500
37～38 ℃水浴 20min									
判定结果举例	++++	−	++++	−	−	−	−	++++	++++

4.7.2.4 判定

4.7.2.4.1 试验成立条件：第一次判定，不加抗原的阳性血清对照管，不加或加抗原的阴性血清对照管，抗原对照管呈完全溶血反应。初判后静置 12h 作第二次判定，第二次判定时溶血素对照管，补体对照管应呈完全抑制溶血。

4.7.2.4.2 对照正确无误即可对受检血清进行判定，受检血清加抗原管的判定参照标准比色管记录结果。标准比色管的制备方法见附录 E。

4.7.2.4.3 结果判定

a）0～40%溶血判为阳性反应；

b）50%～90%溶血判为可疑反应；

c）100%溶血判为阴性反应；

牛、羊和猪补体结合反应判定标准均相同。

4.8 间接酶联免疫吸附试验（iELSA）

实验室可按下列方法进行实验操作和结果判定，或根据商品化试剂盒进行实验操作和结果判定。

4.8.1　器材

96 微孔聚苯乙烯板，单道移液器，多道移液器，灭菌移液器吸头，酶标仪或分光光度计，具备 414nm 或 405nm 波长的滤光片，旋转振荡器，保湿盒，盖板，洗板机等。

4.8.2　试剂

4.8.2.1　牛种布鲁氏菌 S1119-3 株或 S99 株脂多糖抗原，抗原的提取和包被见附录 G。

4.8.2.2　商品化酶标多克隆抗体（兔抗牛或兔抗羊）或酶标单克隆抗体见附录 H。

4.8.2.3　商品化布鲁氏菌标准阳性血清和标准阴性血清。

4.8.2.4　抗原包被缓冲液

0.05mol/L 的 pH 9.6 碳酸盐/碳酸氢盐缓冲体系，配制方法见附录 I 的 I.1。

4.8.2.5　稀释缓冲液（用于稀释酶标抗体和血清）

0.01mol/L 的 pH 7.2 磷酸盐缓冲体系 PBST1，配制方法见 I.2。

4.8.2.6　洗涤缓冲液

0.01mol/L 的 pH7.2 磷酸盐缓冲体系 PBST2，配制方法见 I.3。

4.8.2.7　底物溶液

3%过氧化氢溶液，配制方法见 I.4。

4.8.2.8　底物缓冲液

pH4.5 柠檬酸缓冲液，配制方法见 I.5。

4.8.2.9　显色液

0.16mol/L ABTS［2，2-二氮-双（3-乙基苯并噻唑-6-磺酸）］溶液，配制方法见 I.6。

4.8.2.10　终止液

0.5mol/L 叠氮化钠，配制方法见 I.7。

4.8.3　操作方法

4.8.3.1　所有待检血清和对照血清吸取 25μL 加至 1mL 血清稀释液中做 1/40 初始稀释。

4.8.3.2　取包被酶标板，每孔加入 80μL 稀释液。

4.8.3.3　在第 1~10 列的各孔分别加入 20μL 初始稀释的待检血清（终稀释度为 1/200），在第 11 列的各孔分别加入 20μL 初始稀释的阳性对照血清，在第 12 列的前 7 个孔分别加入 20μL 初始稀释的阴性对照血清，第 12 列的最后 1 孔不加入稀释缓冲液做空白对照（见图 1）。

4.8.3.4　酶标板加盖，在旋转振荡器上室温孵育 30min（或 30℃静置 1h）。

4.8.3.5　甩出微孔中的液体，用洗涤液润洗 5 次，在吸水纸巾上反复拍打酶标板，确保酶标板各孔内无残留液体。

4.8.3.6　每孔加入 100μL 用稀释液稀释至工作浓度的酶标抗体结合物溶液，加盖在旋转振荡器上室温孵育 30min（或 30℃静置 1h）。

4.8.3.7　按 4.8.3.5 进行洗涤。

4.8.3.8 每孔加入 $100\mu L$ 配制好的底物显色混合液（混合液配制见 I.6），在旋转振荡器上室温孵育 $10\sim15min$。

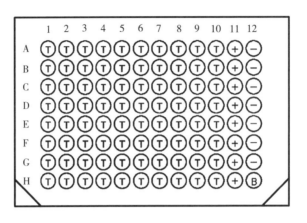

图 1 酶标板微孔排列示意

注：B，空白对照孔；＋，阳性对照孔；T，待检血清孔；－，阴性对照孔。

4.8.3.9 每孔加入 $100\mu L$ 终止液。用吸水纸巾吸去酶标板底部的水珠，在酶标仪 405nm 测定吸光度（OD）值。

4.8.4 结果判定

4.8.4.1 试验成立的条件

a) 空白对照孔的 OD 值和 7 个阴性对照孔的平均 OD 值应＜0.100，8 个阳性孔的平均 OD 值应＞0.700；

b) 结合率应≥10，结合率计算按式（1）。

$$结合率=\frac{8\text{个阳性对照孔的平均 OD 值}}{7\text{个阴性对照孔的平均 OD 值}} \cdots\cdots\cdots\cdots\cdots\cdots\cdots (1)$$

4.8.4.2 判定

8 个阳性对照孔的平均 OD 值×10％定为阴阳性的临界值。待检血清的 OD 值≥临界值判为阳性，待检血清的 OD 值＜临界值判为阴性。

4.9 竞争酶联免疫吸附试验（cELISA）

实验室可按下列方法进行实验操作和结果判定，或根据商品化试剂盒进行实验操作和结果判定。

4.9.1 器材

96 微孔聚苯乙烯板，单道移液器，多道移液器，灭菌移液器吸头，酶标仪或分光光度计，具备 450nm 波长的滤光片，微量振荡器，旋转振荡器，保湿盒，盖板，洗板机等。

4.9.2 试剂

4.9.2.1 牛种布鲁氏菌 S1119-3 或羊种布鲁氏菌 16M（M 表位）脂多糖抗原，抗原的提取和包被见附录 G。

4.9.2.2 酶标单克隆抗体见附录 H。

4.9.2.3 商品化布鲁氏菌标准阳性血清和标准阴性血清。

4.9.2.4 稀释缓冲液（用于稀释结合物）

0.01mol/L pH7.2 磷酸盐缓冲体系（PBST1）配制方法见 I.2。

4.9.2.5 洗涤缓冲液

0.01mol/L 磷酸氢二钠缓冲溶液（PBST2）配制方法见 I.3。

4.9.2.6 底物显色液

邻苯二胺（OPD）与过氧化氢混合溶液配制方法见 I.8。

4.9.2.7 终止液

0.5mol/L 柠檬酸溶液，配制方法见 I.9

4.9.3 操作方法（以检测牛血清为例）

4.9.3.1 取包被酶标板，在 1～10 列每孔加入 20μL 待检血清，在 A11、A12、B11、B12、C11、C12 各孔各加入 20μL 阴性血清，在 F11、F12、G11、G12、H11、H12 各孔各加入 20μL 阳性血清，在 D11、D12、E11、E12 各孔不加入稀释缓冲液，留作酶标结合物对照（见图 2）。

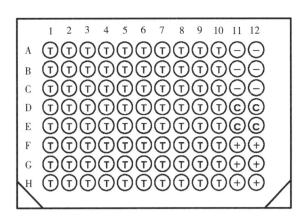

图 2 酶标板微孔排列示意

注：C，酶标结合物对照孔；+，阳性对照孔；T，待检血清孔；一，阴性对照孔。

4.9.3.2 酶标板每孔加入稀释至工作浓度的酶标单克隆抗体 100μL。

4.9.3.3 将酶标板放到微量振荡器上振摇 2min，加盖在旋转振荡器（160 次/min）室温孵育 30min。当没有旋转振荡器时，则需要手动振摇。先振摇 30s，之后每 10min 振摇 10s，时间共持续 1h。手动振摇不应使孔内液体溢出。

4.9.3.4 甩出微孔中的液体，用洗涤液润洗 5 次，在吸水纸巾上反复拍打酶标板，确保酶标板各孔内无残留液体。

4.9.3.5 每孔加入 100μL 现配的底物显色液（混合液配制见 I.6），室温孵育 10～15min。

4.9.3.6 每孔加入 100μL 终止液。用吸水纸巾吸去酶标板底部的水珠，在酶标仪 450nm 测定吸光度（OD）值。

4.9.4 结果判定

4.9.4.1 试验成立的条件

a) 6 个阴性对照孔的平均 OD 值应＞0.700，6 个阳性对照孔的平均 OD 值应＜0.100，4 个酶标结合物对照孔的 OD 值应＞0.700。

b) 结合率应＞10，结合率计算按式（2）。

$$结合率 = \frac{6 个阴性对照孔的平均 OD 值}{6 个阳性对照孔的平均 OD 值} \quad\cdots\cdots\cdots\cdots\cdots\cdots (2)$$

4.9.4.2 判定

4 个酶标结合物对照孔的平均 OD 值×60％定为阴阳性的临界值。待检血清的 OD 值≤临界值判为阳性，待检血清的 OD 值＞临界值判为阴性。

警示——以下的病原学操作包括涂片染色镜检、分离培养、细菌鉴定、布鲁氏菌 **Bruce-Ladder 检测方法中涉及细菌活菌操作等应在满足 GB 19489—2008 的 BSL-3 级生物安全实验室内进行，检测人员应采取针对性防护措施。**

4.10 涂片染色镜检

将组织或生物液体进行涂片，加热或酒精固定后，用改良萋-尼氏（Ziehl-Neelsen）方法染色后镜检，布鲁氏菌菌体染成红色球杆菌或短棒状杆菌，背景为蓝色。革兰氏染色呈阴性，一般不发生两极着染。

4.11 分离培养

4.11.1 细菌分离

对于采集的动物组织及疑似感染病料按以下方法处理并接种于培养基，样品采集符合 GB/T 18088 出入境动物检疫采样。

组织样品：对无菌采集的组织，剔除多余部分（如脂肪）剔除后，取 5g 组织剪成小块，加入 10mL 无菌 PBS 缓冲液进行研磨后，取 $200\mu L$ 接种于选择培养基表面，培养基见附录 J。

阴道冲洗液、精液、关节液、胃内容物等，取 $200\mu L$ 接种于选择培养基表面，培养基见附录 J。

取 15mL 乳样，2 000g 离心 15min，用 $10\mu L$ 接种环取奶油层 2 环，接种于选择培养基表面。培养基见附录 J。

每份样品均一式两份，分别置于普通培养箱和 5％～10％ CO_2 培养箱中，37℃培养 3～10d。

4.11.2 菌落观察

形态观察：布鲁氏菌菌落呈圆形，直径 1～2mm，边缘光滑。透射光下，菌落呈浅黄色有光泽，半透明。从上面看，菌落微隆起，灰白色。随时间推移，菌落变大，颜色变暗。

染色观察：用移液器吸取结晶紫稀释染液（配制方法见附录 K），浸没菌落 15～20s，然后吸取染色液弃置到消毒液中。光滑型菌落不着色，变异菌落被染成紫色或红色。

4.12 细菌鉴定

4.12.1 对 CO_2 需求试验

培养物分离后立即测定，用菌悬液接种 4 支含血清琼脂斜面，2 支置于普通培养箱，2 支于 5％～10％ CO_2 培养箱，37℃培养 2～3d，观察比较 4 支斜面生长情况。

4.12.2 H_2S 试验

将 H_2S 试纸条放入接种培养物的斜面培养基管内，夹在管壁和塞子之间，且不和培养基接触。置于37℃培养箱培养，若有H_2S产生，则试纸条顶端变黑。每天记录结果并更换试纸条，持续4d。

4.12.3 氧化酶试验

新鲜配制氧化酶试剂，配制方法见附录L，取约载玻片大小的滤纸条在该试剂中浸渍后置于平皿中备用。用接种环蘸取一环新鲜培养物，涂压在准备好的滤纸条上，10s后观察颜色变化。氧化酶阳性可使涂压培养物处变为黑色。

4.12.4 脲酶试验

用接种环蘸取一环新鲜培养物，涂压在含2%尿素的培养基上，培养基配制方法见附录M，观察颜色变化。室温保存该培养基24h，约5h观察一次。分解脲的菌株可使培养基由黄色变为粉红色。

4.12.5 对硫堇、复红染料的敏感性试验

用无菌棉拭子浸蘸菌悬液，在分别含硫堇、复红染料的培养基（染料浓度为20μg/mL）上划一横线，置于37℃培养箱培养，3~4d后观察平皿菌落生长情况。每个平皿上的不同菌悬液横线不得交叉、接触。

表4 布鲁氏菌生化反应及单因子血清试验

种	生物型	菌落形态	氧化酶	脲酶	对CO_2需求	H_2S产生	在染料中的生长		单因子血清凝集试验		
							硫堇	复红	A	M	R
羊种	1	光滑	+	+a	—	—	+	+	—	+	—
	2								+	—	—
	3								+	+	—
牛种	1	光滑	+	+b	+d	+	—	+	+	—	
	2				+d	+	—	+	+	—	
	3				+d	+	+	+	+	—	
	4				+d	+	—	+h	—	+	
	5				—	—	+	+	—	+	
	6				—	—	+	+	+	—	—
	9				+/—	—	+	+	—	+	
猪种	1	光滑	+	+c	—	+	+	—e	+	—	
	2				—	—	+	—	+	—	
	3				—	—	+	+	+	—	
	4				—	—	+	—f	+	+	—
	5				—	—	—	+	—	+	
沙林鼠种		光滑	—	+c	—	+	—g	—	+	—	—
绵羊附睾种		粗糙		—	+	—	+	—f	—	—	+
犬种		粗糙	+	+c	—	—	+	—f	—	—	+

注：a 中等速度，有些菌株很快。

b 除参考菌株A544和少数野毒株为阴性外，其余为中等速度。

c 快速。

d 在初级分离时通常为阳性。

e 在南美和东南亚分离出一些对复红有抗性的菌株。

f 大多数为阴性。

g 硫堇浓度为10μg/mL可生长。

h 一些在加拿大、英国和美国分离株不能在染料上生长。

表 5　噬菌体对不同种布鲁氏菌的溶解

布鲁氏菌种	噬菌体种							
	Tb	Wb	Fi	BK2	R	R/O	R/C	Iz
牛种[a]	＋	＋	＋	＋	－	±	－	－[b]
羊种[a]	－	－	－	＋	－	－	－	＋
猪种[a]	－	＋	±	＋	－	±	－	＋
沙林鼠种菌[a]	±	＋	＋	＋	－	－	－	－[b]
绵羊附睾种菌	－	－	－	－	－	＋	＋	＋[c]
犬种	－	－	－	－	－	－	＋	－

注：[a] 为光滑型菌株。

[b] 为噬菌体浓度大于等于 10^5 RTD 时裂解。

[c] 为部分裂解。

4.12.6　特异性血清凝集反应试验

光滑型菌应用布鲁氏菌 A 和 M 表面抗原特异单价血清进行凝集反应试验，粗糙型菌应用布鲁氏菌 R 抗原的单价血清进行凝集反应试验。出现明显的凝集反应可确定菌株为相应种、型的布鲁氏菌（表4）。

4.12.7　噬菌体溶解试验

应用本方法可将布鲁氏菌鉴别到种（表5）。

以无菌生理盐水将待检菌株制成 10 亿/mL 悬液，然后涂布于干燥的琼脂平皿上，稍干后，用直径为 2mm 的铂金耳环勾取标准噬菌体液加于平皿上，置 37℃ 恒温箱中经 24h 初步观察结果，再放置室温下，经 24h 后判定最后结果。

结果判定依据：细菌完全不生长，判为"＋"（阳性）；部分生长，判为"±"（可疑）；细菌生长良好，判为"－"（阴性）。

4.13　布鲁氏菌 Bruce-Ladder 检测方法

4.13.1　布鲁氏菌 DNA 的制备

从平板上选择单个菌落，用灭菌接种环取一环菌，接种到 200μL 生理盐水中，煮沸 30min，12 000g 离心 30s，取 1μL 上清液作为 DNA 模板用于 PCR 扩增（约 0.1μg/μL），或使用商品化的 DNA 提取试剂盒提取 DNA 作为模板，DNA 模板可置－20℃ 保存备用。

4.13.2　PCR 反应体系

PCR 反应体系见表6。

表 6　PCR 反应体系（总体积为 25μL）

成分	终浓度	体积（μL）
10 倍 PCR 缓冲液	1 倍	2.5
dNTPs（2mmol/L）	400μmmol（L/个）	5.0
镁离子（50mmol/L）	3.0mmol/L	1.5
8 对引物混合液（12.5μmol/L）	6.25pmol/条	7.6
超纯水		7.1
Taq DNA 聚合酶	1.5U	0.3
DNA 模板	0.1μg/μL	1

PCR 反应管中依次加入上述成分，充分混匀后，瞬时离心，确保所有反应成分混匀

并集于管底。

4.13.3　PCR 对照

同时设阴性对照、阳性对照，阳性对照为标准菌株 DNA，阴性对照为不含 DNA 的反应体系。

4.13.4　扩增程序

将上述加有 DNA 模板的 PCR 管，置于 PCR 仪内进行反应。反应条件如下：95℃ 7min 预变性；然后进行 25 个循环的扩增（95℃ 变性 35s，64℃ 退火 45s，72℃ 延伸 3min），最后 72℃ 延伸 6min，4℃ 保存。

4.13.5　电泳

用 1 倍 TBE 缓冲液，参见附录 N，配制 1.5% 琼脂糖凝胶平板；同时，加入 0.005% GoldView 核酸染料，取 PCR 产物 7μL 与适量 6 倍溴酚蓝缓冲液混合，加样，7μL/孔，同时，设定 1kb plus DNA ladder 标准分子量标准，120V 稳压电泳 1h，紫外灯下观察条带。

4.13.6　结果判定

4.13.6.1　试验成立的条件

当阴性对照不出现条带、阳性对照出现条带，试验成立时，参照图 3 进行判定。

4.13.6.2　判定

a）牛种布鲁氏菌　电泳同时出现 152bp、450bp、587bp、774bp 和 1 682bp，共 5 条带。

b）羊种布鲁氏菌　电泳同时出现 152bp、450bp、587bp、774bp、1 071bp 和 1 682bp，共 6 条带。

c）绵羊附睾种布鲁氏菌　电泳同时出现 152bp、450bp、587bp、774bp 和 1 071bp，共 5 条带。

d）猪种布鲁氏菌　电泳同时出现 152bp、272bp、450bp、587bp、774bp、1 071bp 和 1 682bp，共 7 条带。

e）S19 疫苗菌株　电泳同时出现 152bp、450bp、774bp 和 1 682bp，共 4 条带。

f）RB51 疫苗菌株　电泳同时出现 152bp、450bp、587bp、774bp 和 2 524bp，共 5 条带。

g）Rev. 1 疫苗菌株　电泳同时出现 152bp、218bp、450bp、587bp、774bp、1 071bp 和 1 682bp，共 7 条带。

h）犬种布鲁氏菌　电泳同时出现 152bp、272bp、450bp、587bp、1 071bp 和 1 682bp，共 6 条带。

i）沙林鼠种布鲁氏菌　电泳同时出现 272bp、450bp、587bp、774bp、1 071bp 和 1 682bp，共 6 条带。

j）海洋种布鲁氏菌（鳍型布鲁氏菌、鲸型布鲁氏菌）　电泳同时出现 152bp、587bp、774bp、1 071bp、1 320bp 和 1 682bp，共 6 条带。

k）田鼠种布鲁氏菌　电泳同时出现 152bp、272bp、450bp、510bp、587bp、774bp、1 071bp 和 1 682bp，共 8 条带。

l）*B. inopinata* 布鲁氏菌　电泳同时出现 152bp、272bp、450bp、587bp、774bp 和 1 682bp，共 6 条带。

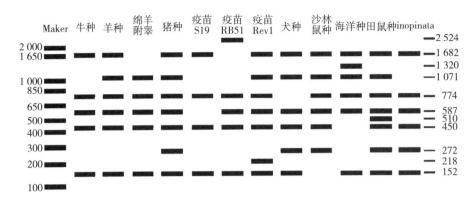

图 3　布鲁氏菌种 PCR 扩增图谱（bp）

附录 A　试管凝集试验参照比浊管的制备

每次试验需配比浊管，作为判定凝集反应程度的依据，先将已经稀释好的工作抗原用等量稀释液作对倍稀释，然后按表 A.1 配制比浊管。

表 A.1　参照比浊管的配制

管号	对倍稀释后的抗原液（μL）	稀释液（μL）	清亮度（%）	记录标记
1	0	1 000	100	++++
2	250	750	75	+++
3	500	500	50	++
4	750	250	25	+
5	1 000	0	0	—

附录 B　补体结合试验试剂配制及受检血清的采集和处理

B.1　巴比妥缓冲液（pH 7.2）

取巴比妥 0.575g，巴比妥钠 0.185g，氯化钠 8.500g，六水氯化镁 0.168g，无水氯化钙 0.028g，加蒸馏水使溶解并稀释至 1 000mL，用 2mol/L 盐酸溶液调节 pH 值至 7.2，过滤即得。

B.2　血清稀释

以常规方法采血和分离血清。微量补体结合试验用巴比妥缓冲液（B.1）将血清作 1：4 稀释（25μL 血清加入 75μL 稀释液）；常量补体结合试验用稀释液（4.7.2.2.1）将血清作 1：10 稀释按表 B.1 规定的水浴灭能。

表 B.1　各种被检动物血清的灭能温度和时间

血清类别	灭能温度（℃）	灭能时间（min）
羊	58～59	30

（续）

血清类别	灭能温度（℃）	灭能时间（min）
马	58～59	30
驴、骡	63～64	30
黄牛、水牛、猪	56～57	30
鹿、骆驼	54	30

附录 C　溶血素的效价测定

C.1　稀释溶血素

取 0.2mL 含等量甘油防腐的溶血素，加 9.8mL 稀释液配成 100 倍稀释的基础稀释液，按表 C.1 方法作进一步稀释。

表 C.1　溶血素稀释法（μL）

稀释	管号										
	1	2	3	4	5	6	7	8	9	10	11
100 倍稀释溶血素加入量	200	100	100	100	100	100	100	100	100	100	100
稀释液加入量	800	900	1 400	1 900	2 400	2 900	3 400	3 900	4 400	4 900	5 400
溶血素稀释倍数	500	1 000	1 500	1 500	2 500	3 000	3 500	4 000	4 500	5 000	5 500

C.2　按表 C.2 加入各成分，而后 37～38 ℃水浴 20min。

表 C.2　微量法溶血素效价测定（μL）

孔	1（溶血素对照）	2	3	4	5	6	7	8	9
溶血素稀释倍数	250	250	500	1 000	2 000	3 000	4 000	5 000	6 000
稀释的溶血素	25	25	25	25	25	25	25	25	25
2.5％红细胞	25	25	25	25	25	25	25	25	25
稀释液	75	50	50	50	50	50	50	50	50
10 倍稀释补体	—	25	25	25	25	25	25	25	25

轻轻震动平板混匀，而后 37℃水浴 30min

300～600g 冷冻离心 5～10min

溶血素对照应完全不溶血。

表 C.3　常量法溶血素效价测定（μL）

管号	溶血素		稀释液	20 倍稀释补体	2.5％红细胞	处理条件		结果（例）
	稀释倍数	加入量						
1	500	500	1 000	500	500	37～38℃	—	全部溶血
2	1 000	500	1 000	500	500	水浴 20min	—	

（续）

管号	溶血素		稀释液	20倍稀释补体	2.5%红细胞	处理条件	结果（例）
	稀释倍数	加入量					
3	1 500	500	1 000	500	500		—
4	2 000	500	1 000	500	500		—
5	2 500	500	1 000	500	500		— 全部溶血
6	3 000	500	1 000	500	500		—
7	3 500	500	1 000	500	500		+
8	4 000	500	1 000	500	500	37~38℃ 水浴20min	+ 部分溶血
9	4 500	500	1 000	500	500		++
10	5 000	500	1 000	500	500		+++
11	5 500	500	1 000	500	500		++++
对照管 溶血素	100	500	1 500	0	500		++++
对照管 补体	—	0	1 500	500	500		++++ 全部不溶血
对照管 稀释液	—	0	1 500	0	500		++++

C.3 溶血素效价

从水浴中取出，立即判定结果，能使2.5%红细胞液25μL（微量法）或500μL（常量法）完全溶血的最小量溶血素为溶血素效价或称一单位溶血素。以表C.3为例，对照管均不溶血，1~6管完全溶血，测定溶血素效价为3 000倍稀释。

在主试验时溶血素的工作效价为滴定效价的倍量或称二单位溶血素，则工作效价为1 500倍稀释。

效价测定后，2~3个月内可按此效价使用，不必重测。

附录D 补体制备

D.1 补体采集

选择健康豚鼠3~5只，于使用前一天早晨喂饲前或停食后6h从心脏采血，分离血清后混合保存于普通冰箱中，也可从兽医生物药品厂购买冻干补体，使用前加稀释液恢复原量后使用。

每次补体结合试验，应于当日测定补体效价。

D.2 补体效价测定

D.2.1 微量法补体效价测定

D.2.1.1 稀释补体并加各种成分

应于补体结合试验当日测定补体效价。按商品使用说明书提供稀释度稀释（以1:100为例）。用稀释液配制1:100稀释补体（如果测定过程中发现补体含量低，可做其他稀释度选择），按表D.1加入各种成分后，前后经37℃ 30min水浴2次。

D.2.1.2 效价测定

经过2次水浴，在二单位溶血素存在情况下，阳性血清加抗原的试管完全不溶血，而在阳性血清未加抗原及阴性血清无论有无抗原的试管发生完全溶血所需要最小补体量，就是所测得的补体效价。以表 D1 为例第 7 管 1∶100 稀释的补体 $100\mu L$ 即为一个补体单位。

表 D.1　微量补体结合试验补体效价测定

管号	1	2	3	4	5	6	7	8	9	10	11	12	13	溶血对照	
稀释度	0.2	0.25	0.3	0.35	0.4	0.45	0.5	0.55	0.6	0.65	0.7	0.75	0.8	完全溶血	完全抑制
补体 1/100	40	50	60	70	80	90	100	110	120	130	140	150	160	400	0
稀释液	160	150	140	130	120	110	100	90	80	70	60	50	40	0	0
抗原	200	200	200	200	200	200	200	200	200	200	200	200	200	200	200
稀释液	200	200	200	200	200	200	200	200	200	200	200	200	200	0	400
震荡混匀后置 37℃水浴 30min															
致敏红细胞	400	400	400	400	400	400	400	400	400	400	400	400	400	400	400
震荡混匀后置 37℃水浴 30min，300g 离心 5～10min															
致敏红细胞：提前红细胞和溶血素等体积混合，放置室温 20min；剩余致敏红细胞可存放 4℃于主试验用															

一单位补体工作效价：将完全溶血及完全抑制各取 $500\mu L$ 至试管中，制备成 50% 溶血补体稀释度；对照准备对比各个补体稀释度，取颜色与 50% 溶血补体相近稀释度的补体量为一单位补体工作效价。

原补体使用时应稀释倍数的计算：对比颜色时以自然光或白色为背景对比。以上表为例，第 7 管 1∶100 稀释的补体 $100\mu L$ 即为一单位补体工作效价。以一个微孔反应板为例，根据以下式计算出所需补体用量：$100/200\times1/100\times6\times25\times100=75\mu L$。

D.2.2　常量法补体效价测定

D.2.2.1　稀释补体并加各种成分

应于补体结合试验当日测定补体效价。用稀释液配制 1∶20 稀释（如果测定过程中发现补体含量低，可做 1∶10 稀释或其他稀释度选择）补体，按表 D.2 加入各种成分后，前后经 37～38℃ 20min 水浴 2 次。

D.2.2.2　效价测定

经过 2 次水浴，在 2 单位溶血素存在情况下，阳性血清加抗原的试管完全不溶血，而在阳性血清未加抗原及阴性血清无论有无抗原的试管发生完全溶血所需要最小补体量，就是所测得的补体效价。以表 D.2 为例，第 6 管 1∶20 稀释的补体 $250\mu L$ 即为一个补体单位。

D.2.2.3　原补体使用时应稀释倍数的计算

原补体使用时应稀释倍数按式（D.1）计算：

$$原补体稀释倍数=\frac{补体稀释倍数}{测得效价}\times使用时每管加入量 \quad\cdots\cdots\cdots\cdots（D.1）$$

式中"补体稀释倍数"为补体效价测定验补体的实际稀释度，"测得效价"为稀释后的补体加入量，使用时每管加入量为主试验时每管需加的含一个工作单位补体的液体量。

以表 D.1 为例，按式（1）计算 $\dfrac{20}{250}\times500=40$ 倍

即此例补体应作 40 倍稀释，每管加 $500\mu L$，即为一个补体单位。考虑补体性质不稳定，操作过程中效价会降低，正式试验时使用浓度比补体效价要大 10% 左右，本例补体工作单位应作 36 倍稀释，每管使用 $500\mu L$。

表 D.2　补体效价测定

管号	1	2	3	4	5	6	7	8	9	10	对照		
											11	12	13
20倍稀释补体加入量	100	130	160	190	220	250	280	310	340	370	500	0	0
稀释液加入量	400	370	340	310	280	250	220	190	160	130	1 500	1 500	2 000
工作量抗原加入量（不加抗原量加稀释液）	500	500	500	500	500	500	500	500	500	500	0	0	0
10倍稀释阳（阴）性血清加入量	500	500	500	500	500	500	500	500	500	500	0	0	0
振荡均匀后置37～38℃水浴20min													
2U溶血素	500	500	500	500	500	500	500	500	500	500	0	500	0
2.5%红细胞悬液	500	500	500	500	500	500	500	500	500	500	500	500	500
振荡均匀后置37～38℃水浴20min													
结果　阳性血清加抗原	++++	++++	++++	++++	++++	++++	++++	++++	++++	++++	++++	++++	++++
阳性血清不加抗原	++++	++++	++++	++	+	-	-	-	-	-	-	-	-
阴性血清加抗原	++++	++++	++++	++	+	-	-	-	-	-	-	-	-
阴性血清不加抗原	++++	++++	++++	++	+	-	-	-	-	-	-	-	-

附录 E　标准比色管/孔

E.1　微量补体结合试验溶血标准比色孔的制备

制备时以完全溶血的对照（抗原对照或补体对照）和完全抑制溶血的对照（致敏红细胞对照）各取 50μL 做 50％溶血对照，见表 E.1。

表 E.1　微量法溶血标准比色孔的制备（μL）

溶血对照％	100	75	50	25	0
	—	+	++	+++	++++
稀释液	0	25	50	75	100
溶血上清a（μL）	100	75	50	25	0

a 可从主试验中 100％溶血的孔中吸取上清液制备

E.2　常量补体结合试验溶血标准比色管的制备

配制方法如表 E.2，牛、羊和猪补体结合反应判定标准均相同。

表 E.2　常量法溶血标准比色管制备（μL）

溶血溶液（％）	0	10	20	30	40	50	60	70	80	90	100
溶血溶液a	0	250	500	750	1 000	1 250	1 500	1 750	2 000	2 250	2 500
2.5％红细胞液	500	450	400	350	300	250	200	150	100	50	0
稀释液	2 000	1 800	1 600	1 400	1 200	1 000	800	600	400	200	0
判定符号	++++++	++++	+++	+++	+++	++	++	++	+	+	—
判定标准	阳性						可疑				阴性

a 试验中全溶血的试管内液体即为溶血溶液

附录 F　抗原效价测定

一般按照兽医制药厂产品说明书的效价使用。在初次使用或过久等其他原因需要测定时按下述步骤进行。

F.1　测定抗原效价

取用两份阳性血清（分别为强阳性和弱阳性血清）和一份阴性血清来测定抗原效价。

F.2　阴性血清和阳性血清稀释

用稀释液对阴性对照血清仅作 1∶10 稀释，阳性血清稀释成 1∶10、1∶25、1∶50、1∶75 和 1∶100，5 个稀释度。

F.3　稀释抗原

用稀释液将抗原稀释成 1∶10、1∶50、1∶75、1∶100、1∶200、1∶300、1∶400 和 1∶500 等稀释度。

F.4　加样

按表 F.1 加入各种成分，并经 37～38℃ 20min 水浴 2 次。

F.5　记录抗原测定结果

从水浴中取出反应管，观察溶血百分数，记录结果。

例举范例如表 F.2。

表 F.1　布鲁氏菌补体结合抗原效价测定（μL）

管号	抗原稀释抗原倍数	抗原加入量	各种血清稀释度加入量	工作量补体	处理条件	二单位溶血素	2.5%红细胞	处理条件
1	10	500	500	500		500	500	
2	50	500	500	500		500	500	
3	75	500	500	500		500	500	
4	100	500	500	500		500	500	
5	150	500	500	500		500	500	
6	200	500	500	500	37～38℃水浴 20min	500	500	37～38℃水浴 20min
7	300	500	500	500		500	500	
8	400	500	500	500		500	500	
9	500	500	500	500		500	500	
对照 10	补体对照	500	0	500		500	500	
对照 11	溶血素对照	0	0	0		500	500	

表 F.2　布鲁氏菌补体结合抗原效价滴定结果（举例）

抗原稀释倍数		10	50	75	100	150	200	300	400	500
血清稀释倍数	10	100	0	0	0	0	0	0	0	0
	25	100	0	0	0	0	0	0	0	0
	50	100	10	0	0	0	0	0	10	20
	75	100	50	20	0	0	0	20	30	80
	100	100	80	50	20	10	20	80	80	100

F.6　抗原效价

抗原对阴性清应完全溶血。对两份阳性血清各稀释度发生抑制溶血最强的抗原最高稀释度为抗原效价。

在正式试验时，抗原的稀释度应比测定的效价浓 25%。以表 F.2 为例，其效价为 1∶150，正式试验时按 1∶112.5 稀释使用。

附录 G　酶联免疫吸附试验抗原包被板的制作

G.1　试剂与材料

G.1.1　菌株　流产布鲁氏菌 S1119-3 或 S99 菌株。

G.1.2　苯酚溶液　称取 90g 苯酚溶于 10mL 水中，混匀。

G.1.3　乙酸钠甲醇溶液　5mL 饱和乙酸钠溶液中加入 495mL 甲醇，混匀。

G.1.4　三氯乙酸

G.1.5　96 微孔聚苯乙烯板

G.2 仪器

恒温水浴锅、转速可达到 10 000g 的低温离心机（4℃±1℃）、冰箱。

G.3 制作步骤

G.3.1 抗原提取

警示——以下操作应为在三级、四级生物安全实验室从事的高致病性病原微生物实验活动。遵从《病原微生物实验室生物安全管理条例》第二十一条

以牛种布鲁氏菌为例：

提取光滑型布鲁氏菌脂多糖（sLPS），将牛种布鲁氏菌 S1119-3 或 S99 株（G.1.1）干重 5g 或湿重 50g 菌细胞溶于 170mL 蒸馏水中，加热到 66℃，然后加入 66℃ 190mL 苯酚溶液（G.1.2），在此温度下持续搅拌 15min，冷却后在 4℃ 条件下以 10 000g 离心 15min。静止分层后吸弃下层棕红色的酚相，过滤（用 Whatman 1 号滤器）以去除大块菌体碎片。

加入 500mL 饱和乙酸钠甲醇溶液（G.1.3）沉淀脂多糖。4℃ 孵育 2h，10 000g 离心 10min，分离沉淀物。沉淀用 80mL 蒸馏水搅拌 18h，10 000g 离心 10min。上清液于 4℃ 保存。沉淀再悬浮于 80mL 灭菌蒸馏水，于 4℃ 再搅拌 2h。依上法离心获上清液，并与前述上清液混合。

随后，在 160mL 粗制脂多糖中加入 8g 三氯乙酸（G.1.4）。搅拌 10min 后，离心除去沉淀，上清液以蒸馏水透析（换 2 次，每一次至少 4 000mL），然后冻干。

对冻干的脂多糖称重，以 1mg/mL 的含量悬浮于抗原包被缓冲液（Ⅰ.1）中，然后于冰浴中用大约 6 瓦超声裂解 3 次，每次 1min。然后以 1mL 量分装冻干，室温保存。

G.3.2 抗原的包被

冻干的脂多糖（G.3.1）重新溶解到 1mL 蒸馏水中，再用抗原包被缓冲液（Ⅰ.1）稀释到 0.5g/mL。用稀释后的脂多糖溶液包被 96 孔聚苯乙烯板（G.1.5），每孔加 100μL，加盖于 4℃ 温孵 18～24h。孵育后，用 PBST1（Ⅰ.2）洗涤微量板 4 次以去除未吸附的抗原。平板可直接使用，也可封起来，于 -20℃ 冻存 1 年以上。用前于 37℃ 30～45min 解冻。

附录 H 酶标抗体的制备

H.1 酶标单克隆抗体的制备

用预定抗原免疫小鼠，通过杂交瘤技术获取分泌特异性单抗的杂交瘤细胞系，将此杂交瘤细胞免疫 Balb/C 小鼠，抽取小鼠腹水制备单克隆抗体（BM40）。

用此单克隆抗体与辣根过氧化物酶（HRP）偶联后，0.2μm 滤膜过滤，储存于 2～8℃。使用时用酶标抗体稀释缓冲液（Ⅰ.2）进行 100 倍稀释。

H.2 酶标多克隆抗体的制备

分离纯化青年牛（或羊）血清中 IgG，以牛（或羊）IgG 免疫新西兰兔，获得兔抗牛（或羊）IgG 的血清，分离纯化，制备兔抗牛（或羊）IgG。将兔抗牛（或羊）IgG 和辣根过氧化物酶（HRP）偶联后，0.2μm 滤膜过滤，储存于 2～8℃。使用时用酶标抗体稀释缓冲液（Ⅰ.2）进行 100 倍稀释。

附录 I 酶联免疫吸附试验用试剂配制

I.1 抗原包被缓冲液（0.05mol/L 的 pH 9.6 碳酸盐缓冲液）

称取 2.93g 碳酸氢钠，1.59g 碳酸钠，0.2g 叠氮钠溶于 1 000mL 蒸馏水中，混匀。121℃，30min 高压灭菌，4℃冰箱保存备用，保存不超过 1 个月。

I.2 稀释缓冲液（0.01mol/L 的 pH 7.2 磷酸盐缓冲体系 PBST1）

称取 1.4g 磷酸氢二钠、0.20g 磷酸二氢钾、8.50g 氯化钠，量取 0.5mL 吐温-20 溶于 1 000mL 蒸馏水中，混匀。调节 pH 值至 7.2，121℃高压灭菌 30min，待其冷却后加入 0.5mL 吐温-20，混匀，4℃冰箱保存备用，保存不超过 1 个月。

I.3 洗涤缓冲液（0.01mol/L 的 pH 7.2 磷酸盐缓冲体系 PBST2）

称取 1.4g 磷酸氢二钠溶于 1 000mL 蒸馏水中，混匀。调节 pH 值至 7.2，121℃高压灭菌 30min，待其冷却后加入 0.1mL 吐温-20，混匀，4℃冰箱保存备用，保存不超过 1 个月。

I.4 底物溶液（3％过氧化氢溶液）

量取 50mL 30％过氧化氢原液溶于 450mL 蒸馏水中，混匀，避光保存，现配现用。

I.5 底物缓冲液（pH 4.4 柠檬酸缓冲液）

称取 7.6g 二水柠檬酸三钠、4.6g 柠檬酸溶于 1 000mL 蒸馏水中，混匀。调节 pH 值至 4.5，121℃高压灭菌 30min。冷却后 4℃冰箱保存备用，保存不超过 1 个月。

I.6 显色液[0.16mol/L ABTS 溶液，即 2，2-二氮-双（3-乙基苯并噻唑-6-磺酸）溶液]

称取 87.79g ABTS 溶于 1 000mL 蒸馏水中，混匀即为 0.16mol/L 的 ABTS。121℃高压灭菌 30min，冷却后 4℃冰箱保存备用，保存不超过 1 个月。

使用时，将 100μL 的 3％过氧化氢、500μL 的 0.16mol/L ABTS 加入 20mL 底物缓冲液中，即得底物显色混合液（含 1.0mmol/L 过氧化氢、4mmol/L ABTS）。

I.7 终止液（0.5mol/L 叠氮化钠）

称取 32.5g 叠氮化钠溶于 1 000mL 蒸馏水中，混匀，4℃冰箱保存备用，保存不超过 1 个月。

I.8 底物显色液［邻苯二胺（OPD）与过氧化氢混合溶液］

称取 30mg 邻苯二胺溶于 75mL 蒸馏水中，加入 30％过氧化氢 0.3mL，混匀，现配现用。

I.9 终止液（0.5mol/L 柠檬酸溶液）

称取 96.07g 柠檬酸溶于 1 000mL 蒸馏水中，混匀，4℃冰箱保存备用，保存不超过 1 个月。

附录 J 布鲁氏菌培养基制作及病料采集

J.1 培养基

J.1.1 培养基配方

琼脂　　　　　15～20g

蛋白胨　　　　10g

氯化钠	5g
肉膏	5g
加水	1 000mL

上述成分混合，加热使琼脂溶化，然后调 pH 至 7.8，再将培养基分装三角瓶中，然后置 20 磅（1 磅≈0.006 89MPa）高压灭菌，顷刻间可析出大量盐类结晶，趁热过滤，再调 pH 至 7.4，10 磅高压 15min。冷却后置 4℃冰箱备用。

J.1.2 血清葡萄糖培养基

将基础培养基（J.1.1）融化，冷却至 50℃，于其中加入除菌并灭活的正常马或小牛血清，以及除菌的葡萄糖溶液，使血清的终浓度为 5%，葡萄糖的终浓度为 1%。

该培养基用于布鲁氏菌的纯培养。

J.1.3 选择培养基

在 1 000mL 血清葡萄糖培养基中加入下列成分，即为选择培养基。

多黏菌素	5mg
杆菌肽	25mg
游霉素	50mg
萘啶酸	5mg
制霉菌素	17.7mg
万古霉素	20mg

若培养羊种布鲁氏菌，需 1 000mL 血清葡萄糖培养基中加入下列成分：

多黏安乃近	7.5mg
万古霉素	3mg
呋喃妥因	10mg
制霉菌素	17.7mg
两性霉素 B	2.5mg

选择培养基用于陈旧性病料和污染性病料的培养。

J.2 病料采集

警示——对本病剖检采样过程当中应当防止病原微生物扩散和人员感染。

对于出现布鲁氏菌病临床症状的动物，采集的样品包括流产的胎儿（胃内容物、脾、肺）、胎衣、阴道分泌物（阴道冲洗物）、奶、精液和关节液。死后采集样品的首选组织为网状内皮组织（乳头、乳腺、生殖器淋巴结、脾）、妊娠后期或生产后早期的子宫、乳腺。

附录 K 结晶紫储备液配制方法

K.1 A 液：称取 2g 结晶紫染料溶于 20mL 无水乙醇中

K.2 B 液：秤取 0.8g 草酸铵溶于 80mL 蒸馏水中。

K.3 A 液和 B 液充分混合后即为储备液。储备液应在密封瓶中保存，可使用 3 个月。

K.4 使用时用蒸馏水按 1∶40 稀释为工作液即可。

附录 L　氧化酶试验试剂配制方法

警示——N，N-二甲基-1，4-苯二胺草酸盐具有毒性，有害健康。

L.1　取 1mL 蒸馏水于带密封盖离心管中。

L.2　加入 N，N-二甲基-1，4 苯二胺草酸盐约 10g。

L.3　盖好密封盖，震荡混匀，配制成氧化酶试剂。

L.4　实验时现用现配。

附录 M　尿素酶活性试验培养基配方及制备方法

M.1　培养基配方

蛋白胨	1g
氯化钠	5g
磷酸氢二钾	2g
葡萄糖	1g
酚红	0.012g
琼脂	10g
尿素	20g
蒸馏水	1 000mL

M.2　制备方法

除葡萄糖、酚红和尿素外，其余各成分按比例混合加热溶解过滤，调 pH 为 6.9，加葡萄糖和酚红，高压灭菌 20min 取出，冷却至 55℃，无菌加入尿素充分混匀，制备成平板或斜面培养基。

附录 N　PCR 引物序列及电泳缓冲液

N.1　PCR 引物序列

N.1.1　上游引物：5′-ATCCTATTGCCCCGATAAGG-3′
　　　　　下游引物：5′-GCTTCGCATTTTCACTGTAGC-3′；

N.1.2　上游引物：5′-GCGCATTCTTCGGTTATGAA-3′
　　　　　下游引物：5′-CGCAGGCGAAAACAGC-TATAA-3′；

N.1.3　上游引物：5′-TTTACACAGGCAATCCAGCA-3′
　　　　　下游引物：5′-GCGTCCAGTTGTTGTTGATG-3′；

N.1.4　上游引物：5′-TCGTCGGTGGACTGGATGAC-3′
　　　　　下游引物：5′-ATGGTCCGCAAGGTGCTTTT-3′；

N.1.5　上游引物：5′-GCCGCTATTATGTGGACTGG-3′
　　　　　下游引物：5′-AATGACTTCACGGTCGTTCG-3′；

N.1.6　上游引物：5′-GGAACACTACGCCACCTTGT-3′
　　　　　下游引物：5′-GATGGAGCAAACGCTGAAG-3′；

N.1.7　上游引物：5′-CAGGCAAACCCTCAGAAGC-3′

下游引物：5′-GATGTGGTAACGCACACCAA-3′；

N.1.8 上游引物：5′-CGCAGACAGTGACCATCAAA-3′

下游引物：5′-GTATTCAGCCCCCGTTACCT-3′。

N.2 10 倍 TBE 缓冲液

N.2.1 组分

89mmol/L Tris-硼酸，2.0mmol/L EDTA，pH8.0。

N.2.2 配制

称取 Tris 108g，Na$_2$EDTA·2H$_2$O 7.44g，硼酸 55g，置于 1L 烧杯中，向烧杯中加入约 800mL 蒸馏水，充分搅拌溶解，调节 pH 至 8.0，加蒸馏水定容至 1L，室温保存。

附录 4　奶牛布鲁氏菌病 PCR 诊断技术
（NY/T 1467—2007）

前　言

目前，我国家畜布鲁氏菌病的诊断方法主要包括虎红平板凝集试验、试管凝集试验、补体结合试验、乳牛全乳环状试验等血清学方法（GB/T 18646—2002），没有列病原诊断的内容。对牛布鲁氏菌病的诊断，OIE 推荐或指定的血清学诊断方法包括血清凝集试验（SAT）、补体结合试验（CFT）、酶联免疫吸附试验（ELISA）；病原诊断采用常规病原分离鉴定技术，并认为 PCR 方法的建立为该病的诊断提供了新的检测手段，可标准化后推广使用。

本标准的附录 A 为资料性附录，附录 B 为规范性附录，附录 C 为规范性附录。

本标准由中华人民共和国农业部提出。

本标准由全国动物防疫标准化技术委员会归口。

本标准起草单位：中国农业科学院兰州兽医研究所。

本标准主要起草人：邱昌庆、曹小安、周继章。

奶牛布鲁氏菌病 PCR 诊断技术

1　范围

本标准规定了检测牛种布鲁氏菌（*B. abortus*）套式聚合酶链反应诊断方法要求。

本标准适用于奶牛布鲁氏菌病的病原诊断、奶牛场检疫、疫情监测和流行病学调查。其他偶蹄动物布鲁氏菌病 PCR 诊断可参照本标准。

2　材料准备

2.1　器材

PCR 扩增仪、1.5mL 离心管、2.0mL 离心管、0.2mL PCR 反应管、水浴箱、台式高速温控离心机、电泳仪、移液器、移液器吸管、紫外凝胶成像仪冰箱。

2.2　试剂

NET 缓冲液自配，配方见附录 A；Rnase A 酶蛋白酶 K、Taq DNA 聚合酶、PCR 缓冲液、dNTPs、DL2000DNA 分子质量标准、无水乙醇、酚-氯仿-异戊醇（25∶24∶1）、Tris、琼脂糖、EDTA、冰乙酸、氯化钠、溴酚蓝、二甲基苯青 FF、溴化乙锭、十二烷基硫酸钠（SDS）、乙酸钠、盐酸、聚蔗糖。

2.3　引物

Bp1：5′-CGTGCCGCAATTACCCTC-3′；

Bp2：5′-CCGTCAGCTTGGCTTCGA-3′；

Bp3：5′-GATGCTGCCCGCCCGATAA-3′；

Bp4：5′-GCACCGAGCGAGCCTTGAAA-3′。

引物在使用时用灭菌双蒸水稀释为 50pmol/L。

2.4　被检材料

奶牛新鲜原乳、流产母牛乳汁、流产母牛阴道分泌物、血液（血清）流产胎儿胃液、种公牛精液。布鲁氏菌病疑似病例病料采集和运输注意事项见附录 B。

2.5　布鲁氏菌总 DNA 的提取

2.5.1　原乳乳样中布鲁氏菌总 DNA 的提取方法

2.5.1.1　在室温下溶解冻存乳样（乳样长期保存应置于−20℃，当日检测可置于 4℃），取 $500\mu L$ 奶样于 2mL 离心管中，加入 $100\mu LNET$ 缓冲液。

2.5.1.2　加入 $100\mu L$ 20％的 SDS（终浓度 3.4％），混匀。在 $95\sim100℃$ 孵育 10min 后，迅速放置于冰上冷却 $10\sim15min$。

2.5.1.3　在样品中加入 Rnase A 酶至终浓度为 $75\mu g/\mu L$，50℃作用 2h。然后加入蛋白酶 K 至终浓度为 $325\mu g/\mu L$，50℃作用 2h。

2.5.1.4　在消化液中加入等体积的酚-氯仿-异戊醇（25：24：1），颠倒 $2\sim3$ 次，摇匀，4℃下 7 000r/min 离心 10min。

2.5.1.5　移上清液于另一离心管中。

2.5.1.6　重复 2.5.1.4、2.5.1.5 操作过程，加入 2.5 倍体积的预冷无水乙醇，−20℃沉淀 30min，12 000r/min 离心 10min，弃去所有液相。

2.5.1.7　用 1mL70％乙醇漂洗，1 200r/min，离心 2min，重复 $2\sim3$ 次。

2.5.1.8　真空或室温干燥，DNA 沉淀物用 $25\mu L$ 无菌双蒸水溶解作为模板，−20℃保存备用。

2.5.2　血液中布鲁氏菌总 DNA 的提取。

2.5.2.1　血液分离血清。

2.5.2.2　布鲁氏菌总 DNA 的提取方法同 2.5.1。

2.5.3　胃液中布鲁氏菌总 DNA 的提取胃液中布鲁氏菌总 DNA 的提取方法同 2.5.1。

2.5.4　流产母牛阴道分泌物中布鲁氏菌总 DNA 的提取。

2.5.4.1　用 NET 缓冲液 2mL 冲洗棉签蘸取的流产母牛阴道分泌物。

2.5.4.2　牛阴道分泌物中布鲁氏菌总 DNA 的提取方法同 2.5.1。

2.5.5　流产胎衣中布鲁氏菌总 DNA 的提取。

2.5.5.1　取病变明显的一小块流产胎衣剪碎或刮下黏膜层，将碎组织块或黏膜层置于 2mL 离心管中，加入 $400\mu L$ NET 裂解缓冲液（pH 7.6）。

2.5.5.2　胎衣中布鲁氏菌总 DNA 的提取方法同 2.5.1。

2.5.6　公牛精液中布鲁氏菌总 DNA 的提取。

2.5.6.1　取 $100\mu L$ 精液，加入 500LNET 裂解缓冲液（pH 7.6）。

2.5.6.2　公牛精液中布鲁氏菌总 DNA 的提取方法同 2.5.1。

3　PCR 试验

3.1　反应体系

第一次 PCR 扩增：

　　　　$10\times PCR$ buffer（含 Mg^{2+}）　　　　　　$5\mu L$

脱氧三磷酸核苷酸混合液（dNTPs）　4μL
BP1 和 BP2 引物　　　　　　　　　各 1μL
模板（被检样品总 DNA）　　　　　4μL
无菌双蒸水　　　　　　　　　　　34.75μL
Taq DNA 聚合酶　　　　　　　　　0.25μL
第二次 PCR 扩增：　　　　　　　　5μL
10×PCR buffer（含 Mg^{2+}）
dNTPs　　　　　　　　　　　　　4μL
BP3 和 BP4 引物　　　　　　　　　各 1μL
模板（一扩产物）　　　　　　　　2μL
无菌双蒸水　　　　　　　　　　　36.75μL
Taq DNA 聚合酶　　　　　　　　　0.25μL
Taq DNA 聚合酶　　　　　　　　　0.25μL

样品检测时，同时要设阳性对照和空白对照，阳性对照模板为布鲁氏菌 omp25 阳性质粒，空白对照为双蒸水。

3.2　反应程序

第一次 PCR 扩增：首先 95℃变性 5min，然后 35 个循环；分别为：94℃变性 1min；49℃退火 1min；72℃延伸 1min。最后 72℃延伸 10min。

第二次 PCR 扩增：20 个循环，分别为：94℃变性 30s；51℃退火 1min；72℃延伸 1min。最后 72℃延伸 6min。

3.3　电泳

3.3.1　制板

1%琼脂糖凝胶板的配方和制备，将 1g 琼脂糖放入 100mL TAE 电泳缓冲液中，加热融化。温度降至 60℃左右时，加入 10mg/mL 溴化乙锭（EB）3～5μL，均匀铺板，厚度为 3～5mm。

3.3.2　加样

PCR 反应结束，取第二次扩增产物各 5μL（包括被检样品、阳性对照空白对照）、DL2000 DNA 分子质量标准 5μL、上样缓冲液 1μL 进行琼脂糖凝胶电泳。

3.3.3　电泳条件

凝胶电泳的条件和操作同常规。

3.3.4　凝胶成像仪观察

扩增产物电泳结束后，用凝胶成像仪观察检测结果、拍照，记录试验结果。

4　PCR 试验结果判定

4.1　判定标准

将扩增产物电泳后用凝胶成像仪观察，DNA 分子质量标准、阳性对照、空白对照为如下结果时试验方成立，否则应重新试验。

DL2000 DNA 分子质量标准（Marker）电泳道，从上到下依次出现 2 000bp、1 000bp、750bp、500bp、250bp、100bp 共 6 条清晰的带。阳性对照电泳道出现一条

419bp 清晰的带。空白对照电泳道不出现任何带。

4.2　被检样品结果判定

在同一块凝胶板上电泳后，当 DNA 分子质量标准、各组对照同时成立时，被检样品电泳道出现条 419bp 的带，判为阳性（＋）；被检样品电泳道没有出现大小为 419bp 的带，判为阴性（－）。结果判定参见附录 C 的图 1。

附录 A　资料性附录

NET 缓冲液（pH7.6）

Tris-HCl	50mmol/L
EDTA	125mmol/L
NaCl	50mmol/L

附录 B　规范性附录

布鲁氏菌病疑似病例病料采集和运输注意事项

B.1　法律依据：《中华人民共和国动物防疫法》《病原微生物实验室生物安全管理条例》《动物检疫管理办法》《国家动物疫情测报体系管理规范》。

B.2　怀孕奶牛发生流产，一律先按布鲁氏菌病疑似病例对待采样。

B.3　现场采样的工作人员要穿工作服和胶鞋、戴上口罩、防风眼镜和一次性塑料手套或乳胶手套，做好个人安全防护。

B.4　采病料用的工具，手术刀、剪、镊子分别包装并提前干烤消毒，灭菌的加盖塑料管、灭菌的塑料袋、一次性注射器、灭菌棉签、胶布、胶带、记号笔，保温桶。使用前要仔细检查塑料管、消毒的塑料袋，有破损者不得使用。

B.5　病料采集：用一次性注射器抽取流产胎儿的胃液 5～8mL；用手术刀、剪、镊子采病变明显的产胎衣 2cm×2cm 两份；用消毒棉签蘸取流产母牛阴道分泌物或排出物取样两份；用一次性注射器采取流产母牛静脉血 3mL 两份；采流产母牛乳汁 5～10mL 两份。一份病料放入一只塑料管，盖好盖子，胶布封口，在塑料管壁记录畜种、编号、病料名、采样时间，然后将同一头牛的各种病料塑料管放入一个塑料袋封口，在塑料袋上同样记录畜种、编号、病料名、采样时间。将装有病料的塑料管竖直口朝上和冰袋一块放入保温桶，盖好盖子，胶带封口。派车专程送往有条件的实验室进行布鲁氏菌 PCR 检测。检测完成后，要及时无害化处理。阳性病料放入密封袋中，登记后冻存在专用柜中，备复检。

B.6　在运送病料的过程，装病料的保温桶不得倾倒，以防液体外溢。到达目的地后，对车体应全面消毒。

B.7　现场采完病料，立即无害化处理胎衣、流产胎儿，现场要用 2％烧碱溶液或其他有效的消毒剂彻底消毒。将流产母牛隔离，由专人饲养，待检测结果出来后，再做进一步处理。如果确诊为布鲁氏菌病，要按相关规定淘汰流产母牛。同时，禁止该畜群外调，并对整个牛群进行布鲁氏菌病检疫，逐头检测，淘汰阳性牛只，半年复检一次，直到全部阴性。

B.8　种公牛每次鲜精采集后的处理分装，应在生物安全柜或生物安全实验室内进行，以防污染，然后随机取两份样品，密封，登记，送往有条件的实验室用 PCR 方法进行布鲁氏菌检测。检测完成后，要及时无害化处理。阳性精液放入密封袋中，登记后冻存在专用柜中，备复检。

附录 C　规范性附录
样品检测结果判定图

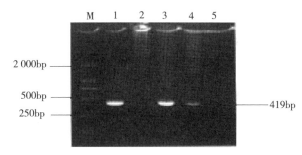

图 1　奶样 PCR 检测结果

注：M，DL2000 Marker；1，阳性对照；2，阴性对照；3、4，检出的阳性样品；5，检出的阴性样品。

附录5 布鲁氏菌病诊断标准（WS 269—2019）

前 言

本标准第 6 章为强制性条款，其余为推荐性条款。

本标准按照 GB/T 1.1—2009 给出的规则起草。

本标准代替 WS 269—2007《布鲁氏菌病诊断标准》。

本标准与 WS 269—2007 相比，主要技术变化如下：

——增加了规范性引用文件（见第 2 章）；

——增加了缩略语（见第 3 章）；

——增加了胶体金免疫层析试验（见 4.3.1.2、附录 C.2）；

——增加了酶联免疫吸附试验（见 4.3.1.3、附录 C.3）；

——增加了布鲁氏菌培养物涂片革兰染色检出疑似布鲁氏菌（见 4.3.1.4）；

——修订了诊断原则，增加了临床诊断（见第 5 章和 6.2）；

——增加了布鲁氏菌的培养，血培养仪培养布鲁氏菌的方法（见 D.1 和 D.1.1）；

——修订了布鲁氏菌的培养中双相血培养瓶培养布鲁氏菌方法（见 D.1.2）；

——修订了布鲁氏菌的培养中病理材料培养布鲁氏菌培养方法（见 D.1.3）；

——增加了布鲁氏菌的鉴定及相关具体试验（见 D.2）；

——增加了布鲁氏菌的核酸检测及 BCSP31 聚合酶链式反应（见 D.2.5 和 D.2.5.1）；

——增加了 AMOS 聚合酶链式反应（见 D.2.5.2）；

——增加了布鲁氏菌基因组 DNA 提取操作方法（见 D.2.6）；

——增加了布鲁氏菌实验生物安全要求（见 D.3）；

——删除了平板凝集试验（PAT）（见 2007 年版的 C.1.1）；

——删除了皮肤过敏试验（见 2007 年版的 C.2）；

——删除了布鲁氏菌培养的接种未受精鸡卵法（见 2007 年版的 C.3.1.2）；

——删除了布鲁氏菌培养的尿液培养法（见 2007 年版的 C.3.2）；

——删除了血培养的生物学分离布氏菌法（见 2007 年版的 C.3.4）。

本标准起草单位：中国疾病预防控制中心传染病预防控制所、北京地坛医院、中国疾病预防控制中心鼠疫布氏菌病预防控制基地、山西省疾病预防控制中心、辽宁省疾病预防控制中心、湖北省疾病预防控制中心、内蒙古自治区综合疾病预防控制中心、杭州市疾病预防控制中心、青海省地方病预防控制所。

本标准主要起草人：崔步云、李兴旺、王大力、姜海、张秋香、毛玲玲、程均福、米景川、徐卫民、徐立青、田国忠、刘熹。

本标准所代替标准的历次版本发布情况为：

——WS 269—2007。

布鲁氏菌病诊断

1 范围

本标准规定了人间布鲁氏菌病的诊断依据、诊断原则、诊断和鉴别诊断。

本标准适用于全国各级各类医疗卫生机构及其医务人员对布鲁氏菌病的诊断。

2 规范性引用文件

下列文件对于本文件的应用是必不可少的。凡是注日期的引用文件，仅注日期的版本适用于本文件。

凡是不注日期的引用文件，其最新版本（包括所有的修改单）适用于本文件。

可感染人类的高致病性病原微生物菌（毒）种或样本运输管理规定 卫生部令第 45 号 2005 年

人间传染的病原微生物名录 卫生部（卫科教发〔2006〕15 号）

危险品航空安全运输技术细则 国际民航组织（Doc9284 号文件）

3 缩略语

下列缩略语适用于本文件。

CFT：补体结合试验（complement fixation test）

DNA：脱氧核糖核酸（deoxyribonucleic acid）

dNTPs：脱氧核苷三磷酸（deoxy-ribonucleoside triphosphate）

ELISA：酶联免疫吸附试验（enzyme linked immunosorbent assay）

GICA：胶体金免疫层析试验（gold immunochromatography assay）

PBS：磷酸盐缓冲液（phosphate buffer saline）

PCR：聚合酶链式反应（polymerase chain reaction）

RBT：虎红平板凝集试验（rose bengalplate agglutination test）

RTD：常规试验稀释度（routine test dilution）

SAT：试管凝集试验（serum agglutination test）

4 诊断依据

4.1 流行病学史

发病前病人与疑似布鲁氏菌感染的家畜、畜产品有密切接触史，或生食过牛、羊乳及肉制品，或生活在布鲁氏菌病疫区；或从事布鲁氏菌培养、检测或布鲁氏菌疫苗生产、使用等工作。其他流行病学参见附录 A。

4.2 临床表现

4.2.1 出现持续数日乃至数周发热（包括低热），多汗，乏力，肌肉和关节疼痛等。

4.2.2 部分患者淋巴结、肝、脾和睾丸肿大，少数患者可出现各种各样的皮疹和黄疸；急慢性期患者可以表现为骨关节系统损害。具体临床表现参见附录 B。

4.3 实验室检查（实验方法见附录 C、附录 D）

4.3.1 实验室初筛

4.3.1.1 虎红平板凝集试验（RBT）结果为阳性。

4.3.1.2 胶体金免疫层析试验（GICA）结果为阳性。

4.3.1.3 酶联免疫吸附试验（ELISA）结果为阳性。

4.3.1.4 布鲁氏菌培养物涂片革兰染色检出疑似布鲁氏菌。

4.3.2 实验室确诊

4.3.2.1 从病人血液、骨髓、其他体液及排泄物等任一种病理材料培养物中分离到布鲁氏菌。

4.3.2.2 试管凝集试验（SAT）滴度为 1：100^{++} 以上，或患者病程持续一年以上且仍有临床症状者滴度为 1：50^{++} 及以上。

4.3.2.3 补体结合试验（CFT）滴度为 1：10^{++} 及以上。

4.3.2.4 抗人免疫球蛋白试验（Coomb's）滴度为 1：400^{++} 及以上。

5 诊断原则

布鲁氏菌病的发生、发展和转归比较复杂，其临床表现多种多样，很难以某一种症状来确定诊断。对布鲁氏菌病的诊断，应结合病人流行病学接触史、临床表现和实验室检查等情况综合判断。

6 诊断

6.1 疑似病例

符合 4.1，并同时符合 4.2。

6.2 临床诊断病例

符合疑似病例并同时符合 4.3.1 中任一项。

6.3 确诊病例

符合疑似或临床诊断病例并同时符合 4.3.2 中任一项。

6.4 隐性感染

符合 4.1，并同时符合 4.3.2 中任一项，且不符合 4.2。

7 鉴别诊断

主要应与风湿热、伤寒、副伤寒、结核病、风湿性关节炎、脊柱炎、脑膜炎、睾丸炎等疾病鉴别诊断，具体参见附录 E。

附录 A 布鲁氏菌病流行病学

A.1 布鲁氏菌病

布鲁氏菌病是由布鲁氏菌属的细菌侵入机体引起的人兽共患的传染——变态反应性疾病。

A.2 贮存宿主及传染源

布鲁氏菌的贮存宿主很多，已知有 60 多种动物（家畜、家禽、野生动物、驯化动物）可以作为布鲁氏菌贮存宿主。布鲁氏菌病往往先在家畜或野生动物中传播，随后波及人类，是人兽共患的传染病。疫畜是布鲁氏菌病的主要传染源，我国大部分地区以羊作为主要传染源，有些地方牛是传染源，南方个别省份的猪可作为传染源。鹿和犬等经济动物也可成为传染源。

A.3 传播途径及传播因子

病原体可以通过体表皮肤黏膜、消化道、呼吸道侵入机体。人的感染途径与职业、饮食、生活习惯有关。

含有布鲁氏菌的各种污染物及食物均可成为传播媒介，主要有病畜流产物、病畜的乳、肉、内脏，被布鲁氏菌污染的皮毛、水、土壤、尘埃等。

A.4　易感人群

人类对布鲁氏菌普遍易感。人群布鲁氏菌病感染率与传染源和传播媒介密切接触的机会、程度有关。

布鲁氏菌病患者可以重复感染布鲁氏菌。

A.5　分布

A.5.1　职业

有明显的职业性，凡与病畜、染菌畜产品接触多者发病率高。农民、牧民、兽医、皮毛和乳、肉加工人员及相关实验人员感染率比一般人高。

A.5.2　性别

人对布鲁氏菌易感，无性别差异，主要取决于接触机会多少。

A.5.3　年龄

各年龄组均可感染发病。由于青壮年是主要劳动力，接触病畜频繁，因而感染率比其他年龄组高。

A.5.4　季节

一年四季各月均可发病。羊种布鲁氏菌流行区有明显的季节性高峰。我国北方农牧区人群发病高峰在4～5月，夏季剪羊毛和乳肉食品增多，也可出现一个小的发病高峰。牛种、猪种布鲁氏菌的布鲁氏菌病季节性不明显。

A.5.5　地区

布鲁氏菌病感染率在农牧区高于城镇，农牧区人与家畜接触频繁，感染机会多，城市病人则多集中在一些皮毛乳肉加工企业。

A.6　不同疫区的流行特点

A.6.1　羊种布鲁氏菌疫区

羊种布鲁氏菌疫区的主要传染源是病羊。羊种布鲁氏菌1、2、3生物型对人、畜均有较强的侵袭力和致病力，易引起人、畜间布鲁氏菌病暴发流行，疫情重。大多出现典型的临床症状和体征。

A.6.2　牛种布鲁氏菌疫区

牛种布鲁氏菌疫区的主要传染源是病牛。牛种布鲁氏菌生物型较多，毒力不一。就总体而言，牛种布鲁氏菌毒力较弱，但有较强的侵袭力，即使是弱毒株，也可使牛发生暴发性流产或不孕，严重影响畜牧业发展。但对人致病较轻，感染率高而发病率低，呈散发性。临床症状和体征多不典型，病程短，后遗症较少。

A.6.3　猪种布鲁氏菌疫区

猪种布鲁氏菌疫区主要传染源是病猪。通常由猪种1型和猪种3型布鲁氏菌致病，毒力介于羊种布鲁氏菌和牛种布鲁氏菌之间。同一生物型菌株，既有强毒株，也有弱毒株。猪种布鲁氏菌对猪致病力强，对羊、牛致病力较弱。对人致病力比牛种布鲁氏菌强，除少数病例病情较重外，大多数无急性期临床表现。

A.6.4　犬种布鲁氏菌疫区

犬种布鲁氏菌疫区主要传染源是病犬。犬种布鲁氏菌除了侵袭犬，引起犬流产外，也可使猫、牛、猪、兔、梅花鹿、鼠等动物感染，产生抗犬种布鲁氏菌抗体。人也可被感染，鲜有发病。

A.6.5　混合型布鲁氏菌疫区

2种或2种以上布鲁氏菌同时在一个疫区存在，这与羊、牛同在一个牧场放牧或圈舍邻近有关。由于彼此接触密切，不同菌种可以发生转移，从羊种布鲁氏菌转移到牛多见，也有羊种布鲁氏菌转移到猪；猪种、牛种布鲁氏菌也可转移到羊。混合型疫区流行特点取决于当地存在的主要菌种。

附录 B　布鲁氏菌病临床表现

B.1　主要症状

B.1.1　发热

是布鲁氏菌病常见的临床表现，典型病例表现为波状热，常伴有寒战等症状，可见于各期患者。部分病例可表现为低热和不规则热型，且多发生在午后或夜间。

布鲁氏菌病患者在高热时神志清醒，痛苦较小，但体温下降时自觉症状加重，这种高热与病况相矛盾的现象为布鲁氏菌病所特有。

B.1.2　多汗

是布鲁氏菌病常见的临床表现，急性期病例出汗尤重，体温下降时加重，可湿透衣裤、被褥，使患者感到紧张和烦躁。

B.1.3　肌肉和关节疼痛

是布鲁氏菌病常见的临床表现，为全身肌肉和多发性、游走性大关节疼痛。一些病例还可有脊柱（腰椎为主）骨关节受累，表现为疼痛、畸形和功能障碍等。

B.1.4　乏力

几乎全部病例都有乏力疲劳的表现。

B.1.5　其他

少数病例可有头痛、心、肾及神经系统受累的表现。

B.2　主要体征

B.2.1　肝、脾及淋巴结肿大

多见于急性期病例，肝、脾肿大的患者恢复较慢。

B.2.2　其他

男性病例可伴有睾丸炎，女性病例可见卵巢炎。急性期患者可以出现各种各样的皮疹，一些患者可以出现黄疸，慢性期患者表现为骨关节系统的损害。

B.3　临床分期

B.3.1　急性期

具有上述临床表现，病程在3个月以内，出现确诊的血清学阳性反应。

B.3.2　亚急性期

具有上述临床表现，病程在3～6个月，出现确诊的血清学阳性反应。

B.3.3 慢性期

病程超过 6 个月仍未痊愈，有布鲁氏菌病的症状和体征，并出现确诊的血清学阳性反应。

B.4 潜伏期

布鲁氏菌病的潜伏期一般为 1～3 周。

附录 C 布鲁氏菌病特异性实验室检查技术

C.1 虎红平板凝集试验（RBT）

C.1.1 器材与试剂

C.1.1.1 器材 清洁玻片、微量加样器、木签、计时器。

C.1.1.2 试剂 虎红平板凝集抗原、已知的阴性和阳性血清、待检血清。

C.1.2 操作方法

在玻片上加 30μL 待检血清，然后加入虎红平板凝集抗原 30μL，摇匀或用木签充分混匀，在 5min 内观察结果。

每批次实验同时用阴性、阳性血清各一份作对照。

C.1.3 结果判定

出现肉眼可见的凝集反应判为阳性；液体均匀混浊、未见到凝集反应判为阴性。

C.2 胶体金免疫层析试验（GICA）

C.2.1 器材及试剂

C.2.1.1 器材 测试卡包被可溶性布鲁氏菌菌体抗原、人 IgG 的硝酸纤维素膜和胶体金标记结合物。0.1mL 吸管或微量加样器。

C.2.1.2 试剂 生理盐水、待检血清。

C.2.2 操作方法

在测试卡加样孔内加入 10μL 待检血清，待渗入。

在加样孔内加入生理盐水 100μL，待渗入。3～20min 内观察结果。

C.2.3 结果判定

测试卡质控区（C）显示红色线条，为此试验结果可信；未显示红色线条，此次试验失败。测试区（T）显示红色线条，试验结果为阳性，只有质控区出现一条红色线条为阴性。

注：胶体金免疫层析试验可能有不同测试卡，实验方法可能有差别，具体实验参照说明书检测和作出实验诊断。

C.3 酶联免疫吸附试验（ELISA）

C.3.1 试剂盒及器材

C.3.1.1 试剂盒组成

试剂盒组成详见表 C.1。

C.3.1.2 器材

酶标仪（吸收波长 450nm，参考波长 600～650nm）、洗板机、移液器、8 道移液器、1mL 移液管、计时器、吸水纸巾、吸头、稀释板、加样槽、记号笔、双蒸馏水或去离子水。

C.3.1.3 检测前准备

按照说明书配制洗涤液、稀释液。

按照说明书稀释待检血清。

表 C.1 ELISA 试剂盒组成

名称	数量/单包装容量	标码	说明
标准 A～D	4×2mL	CALA-D	标准 A～D（1U/mL、10U/mL、40U/mL、150U/mL），即用标准 A＝阴性对照；标准 B＝临界对照；标准 C＝弱阳性对照；标准 D＝阳性对照
酶交联物 IgG	1×14mL	ENZCNJ IgG	用含有抗人的 IgG，结合过氧化物酶，蛋白缓冲液，稳定剂
TMB 底物液	1×14mL	TMB SUBS	即用：内含 TMB
TMB 终止液	1×14mL	TMB STOP	即用：$0.5mol/L\ H_2SO_4$
稀释液	1×60mL	DILBUF	即用：含有 PBS、BSA、<0.1％NaN_3
洗涤液	1×60mL	WASHBUF conc	10 倍浓缩，含有：PBS，Tween-20
酶标板	1×12孔×8孔	MTP	包被好特性性抗原
黏性覆膜	2 张	FOIL	在孵育时盖住酶标板
塑料袋	1 个	BAG	保存没有使用的黏性覆膜

C.3.2 操作方法

步骤如下：

a) 吸取 $100\mu L$ 的各阴阳性对照液和稀释的样品，分别加入到相应酶标板孔中。

b) 用黏性覆膜盖住酶标板，在 18～25℃孵育 60min。

c) 移去覆膜，弃去酶标板液体。每孔加入稀释好的稀释液 $300\mu L$，洗板 3 次，将板倒置在纸巾上除去剩余液体。

d) 使用移液器加入 $100\mu L$ 酶交联物；取新的覆膜盖住酶标板，在 18～25℃孵育 30min；

e) 重复 C.3.2.c)。

f) 使用移液器加底物液和终止液，加底物液和终止液的间隔时间应一样，加样时应避免产生气泡。

g) 每孔加 $100\mu L$ 的 TMB 底物液，取新的黏性覆膜盖住酶标板，在 18～25℃孵育 20min 后，每孔加入 $100\mu L$ TMB 终止液终止酶促反应，轻荡酶标板使其混匀，颜色由蓝变黄为止。

h) 在加入终止液的 60min 内，在 450nm 处检测吸光度。

C.3.3 质量控制

C.3.3.1 阴性、阳性标准品的 OD 值在质控要求的范围内。

C.3.3.2 试验用仪器、加样器必需经过严格的校验或标定。

C.3.3.3 试剂应在规定的储存条件下存储，在有效期内使用。

C.3.4 结果判定

参照说明书使用酶标仪读取样品的 OD 值。以标准的 OD 值为 y 轴，标准品的浓度为 x 轴，在对数坐标纸上做一条标准曲线。然后在曲线上读取相应样品的浓度值。结果判定情况如下：

a) $>12U/mL$ 为试验阳性；

b) $8\sim12U/mL$ 为试验可疑；

c) $<8U/mL$ 为试验阴性。

酶联免疫吸附试验可以检测 IgM（IgM-ELISA）、IgG（IgG-ELISA）等免疫球蛋白，试验原理、方法可能有差别，具体试验参照试剂盒说明书检测和作出试验诊断。

C.4 试管凝集试验（SAT）

C.4.1 器材及试剂

试管凝集抗原、已知的阴性和阳性血清、待检血清、生理盐水、1mL 吸管、血清凝集试管、试管架、37℃温箱等。

C.4.2 操作方法

步骤如下：

a) 待检血清的稀释 在一般情况下，每份血清用 5 支试管，第一管加入 2.3mL 生理盐水，第二管不加，第三、四、五管各加 0.5mL。用吸管吸取待检血清 0.2mL 加入第一只试管中，混匀。混匀后，以吸管吸取第一管中血清加入第二和第三管各 0.5mL，以吸管将第三管混匀，并吸 0.5mL 加入第四管，混匀。从第四管吸取 0.5mL 加入第五管，混匀。再从第五管吸取 0.5mL 弃去。如此稀释后，从第二管到第五管血清稀释度分别为 1：12.5、1：25、1：50 和 1：100。

b) 加入抗原 先以生理盐水将抗原原液作适当稀释成抗原应用液（按照说明书操作，一般作 1：10 稀释），稀释后的抗原应用液加入各稀释的血清管（第一管不加，作为血清对照），每管加 0.5mL，混匀。加入抗原应用液后第二管至第五管，每管总量 1mL，血清稀释度从第二管到第五管分别为 1：25、1：50、1：100 和 1：200。从第一管再吸出 0.5mL 弃去，剩 1mL。

c) 对照 阴性血清对照，血清稀释后加抗原应用液（与待检血清对照相似）；阳性血清对照，其血清稀释到原有滴度，再加抗原应用液；抗原对照，适当稀释的抗原加生理盐水。

C.4.3 结果判定

C.4.3.1 制备参照比浊管 每次试验须配置参照比浊管作为判定的依据。配置方法是：取试验用抗原液，加入生理盐水稀释成抗原应用液，按表 C.2 配置比浊管。

表 C.2 试管凝集试验判定比浊管配制

管号	抗原应用液（mL）	生理盐水（mL）	清亮度（%）	标记
1	0.00	1.00	100	＋＋＋＋
2	0.25	0.75	75	＋＋＋

（续）

管号	抗原应用液（mL）	生理盐水（mL）	清亮度（%）	标记
3	0.50	0.50	50	＋＋
4	0.75	0.25	25	＋
5	1.00	0.00	0	—

C.4.3.2　判定结果　全部试验管，对照管及参照比浊管充分振荡后置 37℃温箱中反应 20～22h，取出后放室温 2h，然后参照比浊管为标准判定结果。

C.4.3.3　记录结果　根据各管中上层液体的清亮度记录结果。特别是 50%清亮度（＋＋）对判定结果关系较大，一定要与比浊管对比判定。

　　＋＋＋＋：完全凝集，上层液 100%清亮。

　　＋＋＋：几乎完全凝集，上层液 75%清亮。

　　＋＋：显著凝集，液体 50%清亮。

　　＋：有微量凝集，液体 25%清亮。

　　—：无凝集，液体不清亮。

确定每份血清滴度是以出现"＋＋"及以上的凝集现象的最高血清稀释度。

　　注：为了获得待检标本的最终阳性滴度效价，可以参考其他试验结果，增加更多的稀释度。

C.5　补体结合试验（CFT）

C.5.1　试剂及器材

C.5.1.1　试剂　生理盐水、补体（豚鼠血清或冻干补体）、2%绵羊红细胞悬液、溶血素、布鲁氏菌补体结合抗原、阴性和阳性血清、被检血清。

C.5.1.2　器材　37℃水浴箱、普通离心机、普通冰箱、0.1mL、1mL 和 10mL 吸管、血清凝集管和试管架。

C.5.2　五种成分的处理和滴定

C.5.2.1　补体

真空干燥补体可保持较长时间活性。亦可以选取数只健康豚鼠，取血分离血清，混合血清后即为所需补体。在 CFT 试验前需要进行补体滴定，确定试验用的补体稀释度。滴定步骤参照表 C.3，如下操作：

　　a）将补体稀释为 1∶20，在 10 支凝集管中分别依次加入不同量的 1∶20 补体稀释液 0.02～0.2mL；

　　b）各管加 2 个单位的抗原液 0.2mL；

　　c）用生理盐水把各管补至 0.6mL；

　　d）混匀后放 37℃水浴 30min；

　　e）加 0.2mL 溶血素（2 个单位）；

　　f）加 2%的绵羊红细胞 0.2mL；

　　g）混匀后放 37℃水浴 30min，判定结果。

结果中产生完全溶血且含补体量最少管为第 8 管，定为 1 个恰定单位，它前 1 管即第

表 C.3 补体滴定程序和结果 (mL)

管号	1	2	3	4	5	6	7	8	9	10	对照 抗原	补体	溶血素
1:20补体	0.2	0.18	0.16	0.14	0.12	0.1	0.08	0.06	0.04	0.02		0.2	
2个单位抗原	0.2	0.2	0.2	0.2	0.2	0.2	0.2	0.2	0.2	0.2	0.2		
生理盐水	0.2	0.22	0.24	0.26	0.28	0.3	0.32	0.34	0.36	0.38	0.4	0.6	0.6
	37℃水浴30min												
2个单位溶血素	0.2	0.2	0.2	0.2	0.2	0.2	0.2	0.2	0.2	0.2	0.2	0.2	0.2
2%SRBC	0.2	0.2	0.2	0.2	0.2	0.2	0.2	0.2	0.2	0.2	0.2	0.2	0.2
	37℃水浴30min												
结果举例	++++	++++	++++	++++	++++	+++	+++	++	++	—	—	—	—

注："++++"表示完全溶血;"++"表示部分溶血;"—"表示不溶血。

7管为1个完全单位，在正式试验时采用2个完全单位的补体量，按下列公式计算出补体的稀释倍数 x。

$20:2y$（$y=1$个完全单位的补体量）$=x:0.2$，$x=20\times0.2/2y=2/y$。

因为 $y=0.08$ 所以即补体作 1:25 稀释。

C.5.2.2　溶血素

滴定溶血素的步骤如下：

a) 首先制备依次递增的溶血素稀释度：

1:10 即 0.1mL 溶血素+0.9mL 生理盐水；

1:100 即 0.1mL（1:10）+0.9mL 生理盐水；

1:1 000 即 0.5mL（1:100）+4.5mL 生理盐水；

1:2 000 即 0.5mL（1:1 000）+0.5mL 生理盐水；

1:3 000 即 0.5mL（1:1 000）+1.0mL 生理盐水；

1:4 000 即 0.5mL（1:1 000）+1.5mL 生理盐水；

1:5 000 即 0.5mL（1:1 000）+2.0mL 生理盐水；

1:6 000 即 0.5mL（1:3 000）+0.5mL 生理盐水；

1:8 000 即 0.5mL（1:4 000）+0.5mL 生理盐水；

1:10 000 即 0.5mL（1:5 000）+0.5mL 生理盐水；

1:12 000 即 0.5mL（1:6 000）+0.5mL 生理盐水；

1:16 000 即 0.5mL（1:8 000）+0.5mL 生理盐水。

b) 稀释完毕后，取 10 支凝集管，参照表 C.4 顺序加入以下各稀释度溶血素 0.2mL，2 个单位补体 0.2mL，2%绵羊红细胞悬液 0.2mL，并用生理盐水补充至总量为 1mL。

c) 另外取 3 支凝集管作对照管。

d) 溶血素对照。1:1 000 溶血素 0.2mL+2%绵羊红细胞 0.2mL+生理盐水 0.6mL。

e) 血球对照。2%绵羊红细胞 0.2mL+生理盐水 0.8mL。

f) 补体对照。2 个单位补体 0.2mL+2%绵羊红细胞 0.2mL+盐水 0.6mL。

g) 放 37℃水浴 30min，取出参照表 C.4 判定结果。以完全溶血的溶血素最高稀释度为 1 个溶血素单位，试验时用 2 个单位。

表 C.4　溶血素滴定及结果（mL）

管号	溶血素稀释倍数	溶血素量	2个单位补体	2%SRBC	生理盐水	作用条件	结果
1	1:1 000	0.2	0.2	0.2	0.4		++++
2	1:2 000	0.2	0.2	0.2	0.4		++++
3	1:3 000	0.2	0.2	0.2	0.4	37℃水浴 30min	++++
4	1:4 000	0.2	0.2	0.2	0.4		++++
5	1:5 000	0.2	0.2	0.2	0.4		++++

（续）

管号	溶血素 稀释倍数	溶血素量	2个单位补体	2%SRBC	生理盐水	作用条件	结果
6	1∶6 000	0.2	0.2	0.2	0.4		＋＋＋＋
7	1∶8 000	0.2	0.2	0.2	0.4		＋＋
8	1∶10 000	0.2	0.2	0.2	0.4		－
9	1∶12 000	0.2	0.2	0.2	0.4	37℃水浴	－
10	1∶16 000	0.2	0.2	0.2	0.4	30min	－
溶血素	1∶1 000	0.2		0.2	0.6		－
2%SRBC				0.2	0.8		－
2个单位补体			0.2	0.2	0.6		－

产生完全溶血的最高稀释度的溶血素量是第6管（1∶6 000），为1个溶血素单位，试验时2个单位，即1∶3 000。对照管应完全不溶血，其结果才能成立。

C.5.2.3 绵羊红细胞

一般用成年的健康公绵羊红细胞，因母羊红细胞抵抗力不稳定。将采集的血清按1∶1放于阿氏液中保存于普通冰箱中，用时以生理盐水离心洗涤3次，再将未压实红细胞配制成2%的红细胞悬液。

C.5.2.4 布鲁氏菌抗原

布鲁氏菌补体结合抗原采用可溶性抗原。采用用棋盘式滴定法滴定抗原，步骤如下：

a) 将抗布鲁氏菌阳性或标准血清灭活，并用生理盐水稀释成1∶5、1∶10、……、1∶1 280；

b) 在每一行各管加同一稀释度血清0.2mL，每一列各管加同一稀释度抗原0.2mL；

c) 所有各管加0.2mL 2个单位的补体；

d) 混匀后放37℃水浴30min；

e) 取出后向各管加0.4mL的溶血系（2个单位的溶血素与2%绵羊红细胞悬液等量混匀）；

f) 血清对照（不加抗原）；抗原对照（不加血清）；补体对照（不加抗原或不加血清）；溶血素对照（不加抗原和血清）；

g) 放37℃水浴30min，参照表C.5判定结果。

表C.5 抗原滴定及结果

血清稀释度	抗原稀释度								
	1∶5	1∶10	1∶20	1∶40	1∶80	1∶160	1∶320	1∶640	1∶1 280
1∶5	＋＋＋＋	＋＋＋＋	＋＋＋＋	＋＋＋＋	＋＋＋＋	＋＋＋＋	＋＋＋	＋＋	－
1∶10	＋＋＋＋	＋＋＋＋	＋＋＋＋	＋＋＋＋	＋＋＋＋	＋＋＋＋	＋＋＋	＋＋	－
1∶20	＋＋＋＋	＋＋＋＋	＋＋＋＋	＋＋＋＋	＋＋＋＋	＋＋＋＋	＋＋	－	－
1∶40	＋＋＋＋	＋＋＋＋	＋＋＋＋	＋＋＋＋	＋＋＋＋	＋＋	＋＋	＋	－
1∶80	＋＋＋＋	＋＋＋＋	＋＋＋＋	＋＋＋＋	＋＋＋＋	＋＋	＋＋	＋	－

血清稀释度	抗原稀释度								
	1:5	1:10	1:20	1:40	1:80	1:160	1:320	1:640	1:1 280
1:160	++++	++++	++++	++++	++++	++	++	—	—
1:320	++++	++++	++++	++++	++++	++	—	—	—
1:640	++++	++++	++++	++++	++++	++	—	—	—
1:1280	+	—	—	—	—	—	—	—	—
血清对照	不加抗原	—							
抗原对照	不加血清	—							
阴性血清对照	1:5	—							

注：++++、+++、++、+、—表示溶血反应的程度由弱到强；—表示全部溶血；空白表示不设此管。

当所有对照管均发生溶血，滴定结果才能成立。在阳性血清最高稀释度中能产生完全不溶血的最高抗原稀释度为1个抗原单位，试验时采用2个抗原单位。在本例中，1个抗原单位为1:80，2个抗原单位为1:40。

C.5.2.5 待检血清

在试验中待查的人或动物血清，应予以灭活。不同动物血清灭活温度如下：

a) 人、牛、骆驼和猪血清在56～58℃ 30min 灭活；

b) 马、羊血清为58～59℃ 30min 灭活；

c) 兔血清为56℃ 30min 灭活；

d) 骡和驴血清为63～64℃ 40min 灭活；

e) 豚鼠血清为57～58℃ 30min 灭活。

C.5.3 补体结合试验

C.5.3.1 操作方法

步骤如下：

a) 取6支凝集管放于试管架上，将灭活的待检血清从1:5开始作对倍稀释直至1:160倍。

b) 另取10支凝集管放于试管架上，其中6支作为反应管，4支作为对照管。取已稀释好的各稀释倍数血清0.2mL分加于反应管中。

c) 每个反应管加2个单位抗原0.2mL，2个单位补体0.2mL。

d) 血清对照管加1:5血清0.2mL+2个单位补体0.2mL+生理盐水0.2mL。

e) 补体及抗原对照如下：

——2个单位抗原0.2mL+2个单位补体0.05mL+生理盐水0.35mL；

——2个单位抗原0.2mL+2个单位补体0.1mL+生理盐水0.3mL；

——2个单位抗原0.2mL+2个单位补体0.2mL+生理盐水0.2mL。

f) 混匀，置37℃水浴30min。

g) 取出各管加入0.4mL溶血系，再放37℃水浴30min，判定结果如下：

++++：无溶血，红细胞沉于管底或为悬液；

＋＋＋：25％溶血，有红细胞沉于管底或为悬液，上清有溶血颜色；

＋＋：50％溶血，少有红细胞沉于管底或为悬液，上清呈明显溶血颜色；

＋：75％溶血，基本没有红细胞沉于管底或为悬液，上清呈明显溶血颜色，尚不透明；

—：100％溶血，无红细胞，上清透明，呈深红色。

h) 补体结合试验参照表 C.6 程序操作，对照反应合于要求，被检血清在 1∶40 滴度处出现 50％溶血，其滴度为 1∶40。为防止判定的错误，可配制表 C.7 溶血标准管。

表 C.6　CFT 试验程序（mL）

成分	血清稀释度				血清对照			补体及抗原对照		
	1∶5	1∶10	1∶20	1∶40	1∶80	1∶160	1∶5	0.5 单位	1 单位	2 单位
被检血清	0.2	0.2	0.2	0.2	0.2	0.2	0.2	0	0	0
2 个单位抗原	0.2	0.2	0.2	0.2	0.2	0.2	0	0.2	0.2	0.2
2 个单位补体	0.2	0.2	0.2	0.2	0.2	0.2	0.2	0.05	0.1	0.2
生理盐水	0	0	0	0	0	0	0.2	0.25	0.3	0.2
37℃水浴 30min										
溶血系（溶血素＋2％SRBC）	0.4	0.4	0.4	0.4	0.4	0.4	0.4	0.4	0.4	0.4
37℃水浴 30min										
结果举例	＋＋＋＋	＋＋＋＋	＋＋＋	＋＋	＋	—	—	≥＋＋	＋＋	—

C.5.3.2　诊断标准

C.5.3.2.1　人及动物血清温热补体结合试验以 1∶10 出现抑制溶血为＋＋＋＋、＋＋＋、＋＋者为阳性。

C.5.3.2.2　影响因素

表 C.7　溶血标准管配制（mL）

管号	2％SRBC	溶血素	抗原	补体	生理盐水	标准
1	0.2	0	0.2	0.2	0.4	＋＋＋＋
2	0.13	0.07	0.2	0.2	0.4	＋＋＋
3	0.1	0.1	0.2	0.2	0.4	＋＋
4	0.07	0.13	0.2	0.2	0.4	＋
5	0	0.2	0.2	0.2	0.4	—

补体结合试验涉及多个试剂的标定，容易对试验造成影响如下：

a) 进行同一试验时应采用同一种抗原。抗原存放时间长或受污染等易出现抗补体现象。

b) 被检血清应进行灭活，如果灭活不彻底也会影响结果。在试验时尽量用新鲜血清，血清的污染及变性都可能出现抗补体现象。

c）补体与溶血素之间有定量关系。当溶血素的含量一定时，增加补体量，溶血增强，但到一定程度不变；补体量一定时，增加溶血素，溶血增强，到一定程度不变。因此在进行补体结合试验时应确定补体当量，或进行补体滴定。

d）盐类影响血清反应是人们都知道的。如果在补体结合反应中 NaCl、巴比妥缓冲液的克分子浓度增加，补体活性下降。Mg^{2+} 缺乏易出现抗补体现象。

C.5.3.3　评价

补体结合试验是人兽医广泛应用的诊断布病的手段，尽管操作繁琐，影响因素多，其试验价值及主要优缺点是：

a）特异性较强。试验结果不仅与布鲁氏菌病临床表现及病期有较好的一致性，而且与牲畜的排菌、带菌均有较高的一致性。

b）试验所查的布鲁氏菌病抗体类别主要是 IgG 类，结合试管凝集实验结果可以用于判断 IgM、IgG 的消长，用作布鲁氏菌病鉴别自然感染和人工免疫的参考试验之一。

c）试验也可用于查布鲁氏菌抗原。

d）试验虽然特异性较好，但敏感性较差，不适于大面积检疫采用。

C.6　抗人免疫球蛋白试验（Coomb's）

C.6.1　器材及试剂

除试管凝集试验所需的一般器材及试剂外，还需抗人免疫球蛋白血清及普通离心机。

C.6.2　操作方法

试管凝集试验阶段：按 C.4 进行试管凝集试验。

抗人球蛋白反应阶段：选取试管凝集试验的可疑反应管及全部阴性反应管，记录管号，经 4 000r/min 离心 15min，用生理盐水反复洗涤、离心 3 次，然后向各管中加入生理盐水 0.5mL、一定稀释度（一般是 1：20 倍稀释）的抗人免疫球蛋白血清 0.5mL，混匀，将反应管置 37℃ 培养箱孵育 20～22h，取出放室温 2h 后判定结果。

C.6.3　判定标准

判定结果的标准，凝集程度等同于试管凝集试验，1：400^{++} 及以上为试验阳性。

附录 D　布鲁氏菌的培养及鉴定

D.1　布鲁氏菌的培养

D.1.1　血培养仪培养布鲁氏菌

D.1.1.1　材料与仪器

用血培养仪培养布鲁氏菌的培养瓶种类：标准成人需氧培养瓶（SA），成人需氧中和抗生素培养瓶（FA），成人厌氧中和抗生素培养瓶（FN），小儿需氧瓶（PF）。

D.1.1.2　操作程序

步骤如下：

a）按照培养瓶需要量无菌采集血液或其他体液，注入培养瓶中。

b）开机启动系统进入初始监视屏幕，待温度达到要求即可开始使用。

c）培养瓶的装载，按主屏幕上装瓶键，出现装瓶界面。可见每个抽屉底部显示出当

前有效单元数量，同时含有效单元的孵育箱指示灯会发出绿光。依次输入培养瓶
ID、登录号、检验号、医院 ID、病人姓名等信息。

d）打开孵育箱，空载单元会亮绿灯。将培养瓶瓶底插入亮灯单元。单元指示灯闪烁
确认培养瓶已被加载。

e）重复步骤 c）、d）加载培养瓶，关闭孵育抽屉，终止装载过程，启动培养系统。
布鲁氏菌一般培养 2～7d。

D.1.1.3 阳性标本处理

血培养仪提示培养瓶有疑似菌生长，应取出培养瓶至符合相应生物安全条件的实验室
进行后续操作：

a）取出显示有细菌生长的培养瓶，用 75％的酒精消毒瓶口，颠倒混匀培养瓶数次。

b）将无菌注射器针头插入瓶口，抽取培养液 0.5mL 接种于血平板、巧克力或布氏琼
脂平板上，37℃培养 24～48h，取培养物进行布鲁氏菌鉴定实验。

c）作为快速诊断参考，抽取少量培养液涂布于玻片上作革兰染色镜检，发现革兰阴
性沙粒状微小细菌，结合相关实验，可以报告检出疑似布鲁氏菌结果。

注：血培养仪有型号的不同，应按照操作说明进行操作。

D.1.2 双相血培养瓶培养布鲁氏菌

D.1.2.1 材料与仪器

D.1.2.1.1 材料 布鲁氏菌的培养采用需氧双相培养瓶。

D.1.2.1.2 仪器 细菌培养箱，设定 37℃，培养物疑似牛种布鲁氏菌等需要 CO_2
时，纯培养应采用 CO_2 培养箱。CO_2 培养箱亦可以用于其他种布鲁氏菌培养。

D.1.2.2 操作程序

操作程序如下：

a）按照体液培养需要量无菌采集，注入双相培养瓶中。

b）将接种的培养瓶放入培养箱，布鲁氏菌一般培养 1～2 周，最长 4 周。

c）阳性标本处理。取出在固相琼脂上显示有细菌生长的培养瓶，用 75％的酒精或酒
精灯消毒瓶口，打开培养瓶盖。接种环插入瓶口，挑取单个菌落接种于血平板、
巧克力、布氏琼脂平板上，37℃培养 18～24h，取培养物进行布鲁氏菌鉴定实验。

D.1.3 病理材料培养布鲁氏菌

从病人的血液、骨髓和其他病理材料直接接种或研磨后接种血平板、巧克力、布氏琼
脂平板上或中试管斜面，37℃培养 1～4 周，取培养物进行布鲁氏菌鉴定实验。

从疑似病人无菌采血 1mL 注入培养容器，使被检血液均匀涂布在培养基上，置 37℃
培养箱中培养，3d 后观察结果，如果没有生长，再次使血液涂在培养基上，继续培养，
隔日观察 1 次。如果有疑似布鲁氏菌生长，则用接种环取出，纯分离和进一步鉴定。如果
培养物疑似牛种布鲁氏菌等需要 CO_2 时，应采用 5％～10％CO_2 培养箱培养。

D.2 布鲁氏菌的鉴定

D.2.1 布鲁氏菌的血清凝集

D.2.1.1 玻片凝集试验

在清洁玻片上各滴一滴 A、M 血清，在另一端再滴一滴生理盐水，然后用接种环勾

取少许待检布鲁氏菌 48h 培养物，在生理盐水中研磨制成菌悬液，用接种环勾取菌悬液分别加入 A 和 M 血清中混匀，在 2min 内出现凝集颗粒为阳性；否则为阴性。

D.2.1.2　血清凝集意义

待检菌株可能出现与 A 凝集而与 M 不凝集，与 M 凝集而与 A 不凝集，与 M 和 A 均凝集或均不凝集四种情况，各情况意义如下：

a）待检菌在 A 血清中凝集，而在 M 血清中不凝集或 A 血清凝集滴度高于 M，可能是羊种 2 型布鲁氏菌、牛种 1～3 型或牛种 6 型布鲁氏菌、猪种 1～3 型布鲁氏菌及沙林鼠种布鲁氏菌。

b）待检菌在 M 血清中凝集，而在 A 血清中不凝集或 M 血清凝集滴度高于 A，可能是羊种 1 型或牛种 4、5、9 型布鲁氏菌。

c）待检菌在 A 和 M 血清中均凝集或滴度相近似，可能是种羊 3 型、牛种 7 型或猪种 4 型布鲁氏菌。

d）待检菌在 A 和 M 血清中均不凝集或滴度很低，可能是绵羊附睾种、犬种或其他粗糙型布鲁氏菌及无凝集原性布鲁氏菌。

e）疑似粗糙型（R）菌，或者菌株疑似发生粗糙型变异，需要进行 R 血清凝集试验。

D.2.2　布鲁氏菌噬菌体裂解试验

D.2.2.1　实验方法

将增殖菌比浊成 10 亿菌体/mL 或 OD 值为 1.5 的菌液浓度，取 0.1mL 此菌液加到溶化并在 52℃ 水浴保温的布氏半固体培养基中，缓缓混匀，然后倾注到底层为布氏琼脂培养基上。菌液半固体凝固后，用加样器分别吸取被测 1RTD 浓度或特定浓度噬菌体 $8\mu L$，分别滴加在菌液半固体琼脂表面的不同位置上，待噬菌体液干后，置 37℃ 温箱中培养，24～48h 观察试验结果。

D.2.2.2　布鲁氏菌噬菌体裂解试验结果判定

在滴加噬菌体处出现透明的噬菌斑即为裂解，否则为不裂解。结果判定如下：

a）Bk 噬菌体在 RTD 下只裂解所有光滑型布鲁氏菌，不裂解粗糙型布鲁氏菌及其他种细菌。

b）Tb 噬菌体在 RTD 下只裂解光滑型牛种布鲁氏菌，不裂解其他种布鲁氏菌。在当浓度增大到 $10^4 \times$RTD 时，还会裂解光滑型猪种布鲁氏菌，不裂解其他种布鲁氏菌及其他种细菌。

c）Wb 噬菌体在 RTD 下只裂解光滑型牛种、猪种和沙林鼠种布鲁氏菌，不裂解其他种布鲁氏菌及其他种细菌。

D.2.3　布鲁氏菌硫化氢产生量测定

D.2.3.1　实验材料

无菌、沾有 10％醋酸铅 8cm×0.8cm 普通滤纸条、pH6.8 的琼脂斜面试管培养基和 48h 培养的待检布鲁氏菌菌株。

D.2.3.2　试验方法

将待检菌 48h 培养物用灭菌生理盐水制成 10 亿菌体/mL 或 OD 值为 1.5 的菌悬液，用加样器吸取 $100\mu L$ 菌液接种在 pH 6.8 的琼脂斜面上，将醋酸铅滤纸条夹于斜面与管壁之间，使滤纸条和斜面保持平行，以不接触斜面为宜。滤纸条留在管外约 1cm，置 37℃温箱培养，经 2d、4d、6d 各观察一次结果，以 cm 计算滤纸条变黑长度。每观察一次更换一个滤纸条，3 次变黑长度总和为最后结果，不变黑为阴性。

D.2.3.3　实验意义

猪种 1 型布鲁氏菌产生硫化氢量最多，持续时间可达 10d，滤纸条变黑部分可达 19mm。牛种布鲁氏菌 1～4 型和 9 型布鲁氏菌，沙林鼠种布鲁氏菌均能产生中等量的硫化氢，滤纸条变黑部分 5～8mm。牛种布鲁氏菌 6 和 7 型的部分菌株也能产生少量的硫化氢。其余种型布鲁氏菌不产生硫化氢。有时猪种 3 型、羊种 1 布鲁氏菌亦可产生微量硫化氢，使滤纸条下端呈现黑褐色一个小边。该实验需要有参考菌株进行对照。

D.2.4　生化鉴定仪鉴定布鲁氏菌属及布鲁氏菌种

D.2.4.1　培养 18～24h 分离纯化布鲁氏菌，配制布鲁氏菌 0.85％NaCl 溶液菌悬液，并用比浊仪测定菌液浓度为 0.5～0.63McF。

D.2.4.2　将革兰阴性细菌鉴定卡片在室温复温，菌液加入鉴定卡中，按顺序放在载卡架上，输样管插入到菌液管中。

D.2.4.3　鉴定卡片装载入仪器孵育仓，输入相应编号。仪器每隔一定时间自动阅读孵育仓内所有卡片，电脑分析所有数据并给予结果，发放检测报告。

D.2.4.4　布鲁氏菌的鉴定时间一般为 6～10h。

D.2.4.5　主要布鲁氏菌种生化反应鉴定结果如下：

a）布鲁氏菌属为 ProA、TyrA、URE、GlyA、1LATK、ELLM 阳性；

b）牛种布鲁氏菌为 1LATK、ProA、TyrA、URE、GlyA 阳性；

c）羊种布鲁氏菌为 ProA、TyrA、URE、GlyA 阳性；

d）布鲁氏菌的生化鉴定有时与人苍白杆菌等细菌交叉。

注：生化鉴定仪有型号的不同，应按照操作说明进行操作。

D.2.5　布鲁氏菌核酸检测

D.2.5.1　BCSP31 聚合酶链式反应（BCSP31-PCR）

D.2.5.1.1　器材及试剂

器材：无菌 0.2mL PCR 管、10μL、20μL、200μL 的移液器及移液器吸头。

试剂：Taq DNA 聚合酶、10×Buffer（不含 $MgCl_2$）、25mmol/L $MgCl_2$、dNTPs、三蒸水、引物、琼脂糖凝胶、待检菌株核酸。

D.2.5.1.2　引物

Primer B4：5′-TGGCTCGGTTGCCAATATCAA-3′（789～809）

Primer B5：5′-CGCGCTTGCCTTTCAGGTCTG-3′（1 012～992）

D.2.5.1.3　实验方法

按照表 D.1 反应体系加入 PCR 管，参照表 D.2 设定扩增参数

表 D.1　BCSP31-PCR 反应体系

成分	体积	浓度
三蒸水	16.5	

成分	体积	浓度
10×Buffer（含 Mg^{2+}）	2.5	1×Buffer
dNTPs	2	0.2mmol
Primer B4	1	10pmol
Primer B5	1	10pmol
DNATemplate	1	
*Taq*DNA 聚合酶	1	1U
总体积	25	

注：混匀，短暂离心，将 PCR 反应管放入 PCR 扩增。

D.2.5.1.4 设置参数

表 D.2 BCSP31-PCR 扩增参数

步骤	温度（℃）	时间（min）	备注
预变性	94	4	
扩增（30 个循环）	94	1	变性
扩增	58	1	退火
扩增	72	1	延伸
末循环	72	5	延伸

注：在不同型号的 PCR 扩增仪上，退火温度可能略有不同。

D.2.5.1.5 结果判定

PCR 产物在 1.5％琼脂糖上电泳，紫外透射仪或凝胶成像系统中观察到扩增目的片段长度为 224bp 判为试验阳性。

D.2.5.2 AMOS 聚合酶链式反应（AMOS-PCR）

D.2.5.2.1 器材及试剂

器材：无菌 0.2mL PCR 管、10μL、20μL、200μL 的移液器及移液器吸头。

试剂：Taq DNA 聚合酶、10×Buffer（含 Mg^{2+}）、dNTPs、三蒸水、引物、琼脂糖凝胶、待检菌株核酸 DNA。

D.2.5.2.2 引物

IS711：5-'TGCCGATCACTTAAGGGCCTTCAT-3'

A：5-'GACGAACGGAATTTTTTCCAATCCC-3'

M：5-'AAATCGCGTCCTTGCTGGTCTGA-3'

O：5-'CGGGTTCTGGCACEATCGTCG-3'

S：5-'GCGCGGTTTTCTGAAGGTTCAGG-3'

D.2.5.2.3 试验方法

AMOS-PCR 反应体系：

25μL 体系：10×Buffer（含 Mg^{2+}）2.5μL；dNTP（2.5mmol/L）2μL；Taq DNA

聚合酶（1U/μL）1μL；primer1 S711（10pmol）1μL；primerA、M、O、S（10pmol）各 0.4μL；待检菌株核酸 DNA 1μL，补足三蒸水至 15.9μL。

D.2.5.2.4 扩增

扩增参数：94℃ 4min；95℃ 1min、60℃ 1min、72℃ 1min，30 个循环；末循环 72℃ 5min。

D.2.5.2.5 结果判定

扩增 PCR 产物经 1.5%琼脂糖凝胶电泳检测，以 DL2000 DNA Ladder 为分子质量标准，均在相应的位置出现预期大小的 DNA 条带。AMOS-PCR 根据条带情况可鉴别布鲁氏菌牛种 1、2、4 型（498bp）、羊种布鲁氏菌（731bp）、猪种 1 型（285bp）、绵羊附睾种（961bp）。AMOS-PCR 检测 4 个种的一些生物型布鲁氏菌是国内主要引起人感染的流行菌种（型）。

D.2.6 布鲁氏菌基因组 DNA 提取操作方法

D.2.6.1 DNA 试剂盒提取布鲁氏菌基因组 DNA

D.2.6.1.1 器材及试剂

细菌基因组 DNA 提取试剂盒（本操作以 1 种商品试剂为例）、TE 缓冲液、1.5mL Eppendorf 无菌管、200～1 000μL 移液器、10μL 接种环、光密度仪、水浴锅。

D.2.6.1.2 实验方法

实验操作方法如下：

a) 在实验室生物安全柜中，将 1.5mL Eppendorf 管编号，并向编号的 Eppendorf 管中加入高压过的生理盐水 500μL，用接种环挑取适量分离培养好的布鲁氏菌至 Eppendorf 管制成 OD＝3.0 菌悬液。

b) 制成的菌悬液加盖密闭，可移至生物安全柜外，在实验室内，置试管架上在水浴锅 80℃，30min，灭活菌液。

c) 将灭活的菌悬液 12 000r/min 离心 30min，弃去上清液。此操作在 BSL-2 实验室内进行。

d) 向菌体沉淀中加入 200μL 缓冲液 GA，使用旋涡混合器，振荡至菌体彻底悬浮。

e) 向管中加入 20μL 蛋白酶 K 溶液，一同混匀。

f) 加入 220μL 缓冲液 GB，旋涡混合器振荡 15s，70℃ 放置 10min，溶液应变清亮，瞬时离心以去除管盖内壁的水珠。加入缓冲液 GB 时可能会产生白色沉淀，一般 70℃ 放置时会消失，不会影响后续实验。如溶液未变清亮，说明细胞裂解不彻底，可能导致提取 DNA 量少和提取出的 DNA 不纯。

g) 加入 220μL 无水乙醇，振荡混匀 15s，此时可能会出现絮状沉淀，瞬时离心以去除管盖内壁的水珠。

h) 将上一步所得溶液和絮状沉淀都加入一个吸附柱 CB3 中（吸附柱放入收集管中），12 000r/min 离心 30s，弃掉废液，吸附柱 CB3 放入收集管中。

i) 向吸附柱 CB3 中加入 500μL 去蛋白液 GD（使用前请先检查是否已加入无水乙醇），12 000r/min 离心 30s，弃掉废液，吸附柱放入收集管中。

j) 向吸附柱 CB3 中加入 700μL 漂洗液 PW（使用前请先检查是否已加入无水乙醇），

12 000r/min 离心 30s，弃掉废液，吸附柱放入收集管中。

k) 向吸附柱 CB3 中加入 500μL 漂洗液 PW，12 000r/min 离心 30s，弃掉废液，将吸附柱 CB3 放入收集管中。

l) 将吸附柱 CB3 放入收集管中，12 000r/min 离心 2min，弃掉废液，将吸附柱 CB3 开盖置于室温放置数分钟，以彻底晾干吸附材料中残余的漂洗液。这一步目的是将吸附柱中残余的漂洗液去除，漂洗液中乙醇的残留会影响后续的酶反应（酶切、PCR 等）实验。

m) 将吸附柱 CB3 转入一个干净的离心管中，向吸附柱的中间部位悬空滴加 50～200μL 洗脱缓冲液 TE，室温放置 2～5min，12 000r/min 离心 2min，将提取的 DNA 溶液收集到离心管中。

n) 为增加基因组 DNA 的获得率，可将离心得到的溶液再加入吸附柱 CB3 中，室温放置 2min，12 000r/min 离心 2min。洗脱缓冲液体积不应少于 50μL，体积过小影响回收效率。洗脱液的 pH 对于洗脱效率有很大影响。

DNA 产物应密闭保存在≤－20℃冰箱，以防 DNA 降解。

注：所有操作严格按照试剂盒说明书进行，如试剂或说明书有变动，则以说明书为准。

D.2.6.2　煮沸裂解法提取布鲁氏菌基因组 DNA

步骤如下：

a) 菌液准备。用生理盐水将布鲁氏菌制备成 OD＝3.0 菌悬液，取 1mL 放入 1.5mL 的 EP 管，13 000r/min 高速离心 1min，弃掉上清液。

b) 菌体裂解。用 1mL 的 TE 缓冲液将菌体悬浮混匀，置沸水中 10min。

c) 菌体 DNA 制备。13 000r/min 高速离心 10min，取上清液即为菌体 DNA。

d) 无菌试验。吸取 1/10 体积的 DNA 溶液接种适宜培养基，放入 37℃培养箱中培养。72h 后观察确认无细菌生长后，为试验用 DNA。

D.3　布鲁氏菌实验生物安全要求

D.3.1 根据卫生部 2006 年发布的《人间传染的病原微生物名录》，涉及抗原制备的大量活菌操作，或易产生气溶胶的病原菌离心、冻干，以及活菌感染的动物等实验需要在生物安全三级实验室操作。布鲁氏菌样本的病原菌分离纯化、药物敏感性实验、生化鉴定、免疫学实验、PCR 核酸提取、涂片、显微镜观察等初步检测在生物安全二级实验室操作。不含布鲁氏菌致病性活菌材料的分子生物学、血清免疫学等实验在生物安全一级实验室操作。

D.3.2　运输包装分类　按卫生部 2005 年第 45 号令《可感染人类的高致病性病原微生物菌（毒）种或样本运输管理规定》和国际民航组织文件 Doc9284《危险品航空安全运输技术细则》的分类包装要求，布鲁氏菌病原菌和标本应按 A 类 UN2814 的要求包装和空运；通过其他交通工具运输的可参照标准包装。

附录 E　鉴别诊断

E.1　伤寒、副伤寒

伤寒、副伤寒患者以持续高热、表情淡漠、相对脉缓、皮肤有玫瑰疹、肝脾肿大为主要表现，而无肌肉、关节疼痛、多汗等布鲁氏菌病表现。实验室检查血清肥达反应阳性，伤寒杆菌培养阳性，布鲁氏菌病特异性检查为阴性或弱阳性。

E.2 风湿热

布鲁氏菌病与风湿热均可出现发热及游走性关节痛，但风湿热可见风湿性结节及红斑，多合并心脏损害，而肝脾肿大、睾丸炎及神经系统损害极为少见。实验室检查抗链球菌溶血素"O"为阳性，布鲁氏菌病特异性检查为阴性。

E.3 风湿性关节炎

慢性布鲁氏菌病和风湿性关节炎均是关节疼痛严重，反复发作、阴天加剧。风湿性关节炎多有风湿热的病史，病变多见于大关节，关节腔积液少见，一般不发生关节畸形，常合并心脏损害，血清抗链球菌溶血素"O"滴度增高，布鲁氏菌病特异性实验室检查阴性有助于鉴别。

E.4 其他

布鲁氏菌病急性期还应与结核病、脊柱炎、脑膜炎、睾丸炎等鉴别，慢性期还应与其他关节损害疾病及神经官能症等鉴别。

附录6 兽医诊断样品采集、保存与运输
技术规范（NY/T 541—2016）

前 言

本标准按照 GB/T 1.1—209 给出的规则起草。

本标准代替 NY/T 541—2002《动物疫病实验室检验采样方法》。与 NY/T 541—2002 相比，除编辑性修改外，主要技术变化如下：

——补充了该标准相关的规范性引用文件；

——补充了动物疫病实验室检验样品、采样、抽样单元、随机抽样等术语和定义；

——对样品采样的基本原则进行了梳理归类，细化和完善了采样的基本则；

——补充了原标准 NY/T 541—2002 未涵盖实验室检测样品（环境和饲料样品、脱纤血样品、扁桃体、牛羊 O-P 液、肠道组织样品、鼻液、唾液等）的采集规定，补充细化了常见畜禽的采血方法，克服了部分标题用词不准确和规定相对笼统的问题；

——细化和完善了样品的包装、保存和运送环节，增强了标准的可操作性、实用性。

本标准由农业部兽医局提出。

本标准由全国动物卫生标准化技术委员会（SAC/TC 181）归口。

本标准起草单位：中国动物卫生与流行病学中心、青岛农业大学。

本标准主要起草人：曲志娜、刘焕奇、孙淑芳、赵思俊、姜雯、王娟、曹旭敏、宋时萍。

本标准的历次版本发布情况为：

——NY/T 541—2002。

兽医诊断样品采集、保存与运输技术规范

1 范围

本标准规定了兽医诊断用样品的采集、保存与运输的技术规范和要求，包括采样基本原则、采样前准备、样品采集与处理方法、样品保存包装与废弃物处理，采样记录和样品运输等。

本标准适用于兽医诊断、疫情监测、畜禽疫病防控和免疫效果评估及卫生认证等动物疫病实验室样品的采集、保存和运输。

2 规范性引用文件

下列文件对于本文件的应用是必不可少的。凡是注日期的引用文件，仅注日期的版本适用于本文件。凡是不注日期的引用文件，其最新版本（包括所有的修改单）适用于本文件。

GB 16548 病害动物和病害动物产品生物安全处理规程

GB/T 16550—2008 新城疫诊断技术

GB/T 16551—2008 猪瘟诊断技术

GB/T 18935—2003 口蹄疫诊断技术

GB/T 18936—2003 高致病性禽流感诊断技术

NY/T 561—2015 动物炭疽诊断技术

中华人民共和国国务院令第 424 号　病原微生物实验室生物安全管理条例

中华人民共和国农业部公告第 302 号　兽医实验室生物安全技术管理规范

中华人民共和国农业部公告第 503 号　高致病性动物病原微生物菌（毒）种或者样本运输包装规范

3　术语和定义

下列术语和定义适用于本文件。

3.1　样品 specimen

取自动物或环境，拟通过检验反映动物个体、群体或环境有关状况的材料或物品。

3.2　采样 sample

按照规定的程序和要求，从动物或环境取得一定量的样本，并经过适当的处理，留做待检样品的过程。

3.3　抽样单元 sampling unit

同一饲养地、同一饲养条件下的畜禽个体或群体。

3.4　随机抽样 random sampling

按照随机化的原则（总体中每一个观察单位都有同等的机会被选入到样本中），从总体中抽取部分观察单位的过程。

3.5　灭菌 sterilization

应用物理或化学方法杀灭物体上所有病原微生物、非病原微生物和芽孢的方法。

4　采样原则

4.1　先排除后采样

凡发现急性死亡的动物，怀疑患有炭疽时，不得解剖。应先按 NY/T 561—2015 中 2.1.2 的规定采集血样，进行血液抹片镜检。确定不是炭疽后，方可解剖采样。

4.2　合理选择采样方法

4.2.1　应根据采样的目的、内容和要求合理选择样品采集的种类、数量、部位与抽样方法。样品数量应满足流行病学调查和生物统计学的要求。

4.2.2　诊断或被动监测时，应选择症状典型或病变明显或有患病征兆的畜禽、疑似污染物；在无法确定病因时，采样种类应尽量全面。

4.2.3　主动监测时，应根据畜禽日龄、季节、周边疫情情况估计其流行率，确定抽样单元。在抽样单元内，应遵循随机取样原则。

4.3　采样时限

采集死亡动物的病料，应于动物死亡后 2h 内采集。无法完成时，夏天不得超过 6h，冬天不得超过 24h。

4.4　无菌操作

采样过程应注意无菌操作，刀、剪、镊子、器皿、注射器、针头等采样用具应事先严格灭菌，每种样品应单独采集。

4.5　尽量减少应激和损害

活体动物采样时，应避免过度刺激或损害动物；也应避免对采样者造成危害。

4.6　生物安全防护

采样人员应加强个人防护，严格遵守生物安全操作的相关规定，严防人兽共患病感染；同时，应做好环境消毒及动物或组织的无害化处理，避免污染环境，防止疫病传播。

5　采样前准备

5.1　采样人员

采样人员应熟悉动物防疫的有关法律规定，具有一定的专业技术知识，熟练掌握采样工作程序和采样操作技术。采样前，应做好个人安全防护准备（穿戴手套、口罩、一次性防护服、鞋套等，必要时戴护目镜或面罩）。

5.2　采样工具和器械

5.2.1　应根据所采集样品种类和数量的需要，选择不同的采样工具、器械及容器等，并进行适量包装。

5.2.2　取样工具和盛样器具应洁净、干燥，且应做灭菌处理：

a) 刀、剪、镊子、穿刺针等用具应经高压蒸汽（103.43kPa）或煮沸灭菌30min，临用时用75％酒精擦拭或进行火焰灭菌处理；

b) 器皿（玻制、陶制等）应经高压蒸汽（103.43kPa）30min或经160℃干烤2h灭菌；或置于1％～2％碳酸氢钠水溶液中煮沸10～15min后，再用无菌纱布擦干，无菌保存备用；

c) 注射器和针头应放于清洁水中煮沸30min，无菌保存备用；也可使用一次性针头和注射器。

5.3　保存液

应根据所采样品的种类和要求，准备不同类型并分装成适量的保存液，如PBS缓冲液、30％甘油磷酸盐缓冲液、灭菌肉汤（pH7.2～7.4）和运输培养基等。

6　样品采集与处理

6.1　血样

6.1.1　采血部位

6.1.1.1　应根据动物种类确定采血部位。对大型哺乳动物，可选择颈静脉、耳静脉或尾静脉采血，也可用肱静脉或乳房静脉；毛皮动物，少量采血可穿刺耳尖或耳壳外侧静脉，多量采血可在隐静脉采集，也可用尖刀划破趾垫0.5cm深或剪断尾尖部采血；啮齿类动物，可从尾尖采血，也可由眼窝内的血管丛采血。

6.1.1.2　猪可前腔静脉或耳静脉采血；羊常采用颈静脉或前后肢皮下静脉采血；犬可选择前肢隐静脉或颈静脉采集；兔可从耳背静脉、颈静脉或心脏采血；禽类通常选择翅静脉采血，也可心脏采血。

6.1.2　采血方法

应对动物采血部位的皮肤先剃毛（拔毛），用1％～2％碘酊消毒后，再用75％的酒精棉球由内向外螺旋式脱碘消毒，干燥后穿刺采血。采血可用采血器或真空采血管（不适合小静脉，适用于大静脉）。少量的血可用三棱针穿刺采集，将血液滴到开口的试管内。

6.1.2.1 猪耳缘静脉采血

按压使猪耳静脉血管怒张，采样针头斜面朝上、呈 15°角沿耳缘静脉由远心端向近心端刺入血管，见有血液回流后放松按压，缓慢抽取血液或接入真空采血管。

6.1.2.2 猪前腔静脉采血

6.1.2.2.1 站立保定采血

将猪的头颈向斜上方拉至与水平面呈 30°以上角度，偏向一侧。选择颈部最低凹处，使针头偏向气管约 15°方向进针，见有血液回流时，即把针芯向外拉使血液流入采血器或接入真空采血管。

6.1.2.2.2 仰卧保定采血

将猪前肢向后方拉直，针头穿刺部位在胸骨端与耳基部连线上胸骨端旁 2cm 的凹陷处，向后内方与地面呈 60°角刺入 2～3cm，见有血液回流时，即把针芯向外拉使血液流入采血器或接入真空采血管。

6.1.2.3 牛尾静脉采血

将牛尾上提，在离尾根 10cm 左右中点凹陷处，将采血器针头垂直刺入约 1cm，见有血液回流时，即可把针芯向外拉使血液流入采血器或接入真空采血管。

6.1.2.4 牛、羊、马颈静脉采血

在采血部位下方压迫颈静脉血管，使之怒张，针头与皮肤呈 45°角由下向上方刺入血管，见有血液回流时，即可把针芯向外拉使血液流入采血器或接入真空采血管。

6.1.2.5 禽翅静脉采血

压迫翅静脉近心端，使血管怒张，针头平行刺入静脉，放松对近心端的按压，缓慢抽取血液；或用针头刺破消毒过的翅静脉，将血液滴到直径为 3～4mm 的塑料管内，将一端封口。

6.1.2.6 禽心脏采血

6.1.2.6.1 雏禽心脏采血

针头平行颈椎从胸腔前口插入，见有血液回流时，即把针芯向外拉使血液流入采血器。

6.1.2.6.2 成年禽心脏采血

右侧卧保定时，在触及心搏动明显处，或胸骨脊前端至背部下凹处连线的 1/2 处，垂直或稍向前方刺入 2～3cm，见有血液回流即可采集。

仰卧保定时，胸骨朝上，压迫嗉囊，露出胸前口，将针头沿其锁骨俯角刺入，顺着体中线方向水平刺入心脏，见有血液回流即可采集。

6.1.2.7 犬猫前臂头静脉采血

压迫犬猫肘部使前臂头静脉怒张，绷紧头静脉两侧皮肤，采样针头斜面朝上、呈 15°角由远心端向近心端刺入静脉血管，见有血液回流时，缓慢抽取血液或接入真空采血管。

6.1.3 血样的处理

6.1.3.1 全血样品

样品容器中应加 0.1%肝素钠、阿氏液（见 A.1，2 份阿氏液可抗 1 份血液）、3.8%～

4‰枸橼酸钠（0.1mL 可抗 1mL 血液）或乙二胺四乙酸（EDTA，PCR 检测血样的首选抗凝剂）等抗凝剂，采血后充分混合。

6.1.3.2 脱纤血样品

应将血液置入装有玻璃珠的容器内，反复振荡，注意防止红细胞破裂。待纤维蛋白凝固后，即可制成脱纤血样品，封存后以冷藏状态立即送至实验室。

6.1.3.3 血清样品

应将血样室温下倾斜 30°静置 2～4h，待血液凝固有血清析出时，无菌剥离血凝块后置 4℃冰箱过夜，待大部分血清析出后即可取出血清，必要时可低速离心（1 000g 离心 10～15min）分离出血清。在不影响检验要求原则下，可以根据需要加入适宜的防腐剂。做病毒中和试验的血清和抗体检测的血清均应避免使用化学防腐剂（如叠氮钠、硼酸、硫柳汞等）。若需长时间保存，应将血清置－20℃以下保存，且应避免反复冻融。

采集双份血清用于比较抗体效价变化的，第一份血清采于疫病初期做冷冻保存，第二份血清采于第一份血清后 3～4 周，双份血清同时送至实验室。

6.1.3.4 血浆样品

应在样品容器内先加入抗凝剂（见 6.1.3.1），采血后充分混合，然后静止，待红细胞自然下沉或离心沉淀后，取上层液体为血浆。

6.2 一般组织样品

应使用常规解剖器械剥离动物的皮肤。体腔应用消毒器械剥开，所需病料应按无菌操作方法从新鲜尸体中采集。剖开腹腔时，应注意不要损坏肠道。

6.2.1 病原分离样品

6.2.1.1 所采组织样品应新鲜，应尽可能地减少污染。且应避免其接触消毒剂、抗菌、抗病毒等药物。

6.2.1.2 应用无菌器械切取做病原（细菌、病毒、寄生虫等）分离用组织块，每个组织块应单独置于无菌容器内或接种于适宜的培养基上，且应注明动物和组织名称及采样日期等。

6.2.2 组织病理学检查样品

6.2.2.1 样品应保证新鲜。处死或病死动物应立刻采样，应选典型、明显的病变部位，采集包括病灶及临近正常组织的组织块，立即放入不低于 10 倍于组织块体积的 10% 中性缓冲福尔马林溶液（见 A.2）中固定，固定时间一般为 16～24h。切取的组织块大小一般厚度不超过 0.5cm，长宽不超过 1.5cm×1.5cm，固定 3～4h 后进行修块，修切为厚度 0.2cm、长宽 1cm×1cm 大小（检查狂犬病则需要较大的组织块）后，更换新的固定液继续固定。组织块切忌挤压、刮摸和用水洗。如做冷冻切片用，则应将组织块放在 0～4℃容器中，送往实验室检验。

6.2.2.2 对于一些可疑疾病，如检查痒病、牛海绵状脑病或其他传染性海绵状脑病（TSEs）时，需要大量的脑组织。采样时，应将脑组织纵向切割，一半新鲜加冰呈送，另一半加 10% 中性缓冲福尔马林溶液固定。

6.2.2.3 福尔马林固定组织应与新鲜组织、血液和涂片分开包装。福尔马林固定组织不能冷冻，固定后可以弃去固定液，应保持组织湿润，送往实验室。

6.3 猪扁桃体样品

打开猪口腔，将采样枪的采样钩紧靠扁桃体，扣动扳机取出扁桃体组织。

6.4 猪鼻腔拭子和家禽咽喉拭子样品

取无菌棉签，插入猪鼻腔2～3cm或家禽口腔至咽的后部直达喉气管，轻轻擦拭并慢慢旋转2～3圈，沾取鼻腔分泌物或气管分泌物取出后，立即将拭子浸入保存液或半固体培养基中，密封低温保存。常用的保存液有pH7.2～7.4的灭菌肉汤（见A.3）或30％甘油磷酸盐缓冲液（见A.4）或PBS缓冲液（见A.5），如准备将待检标本接种组织培养，则保存于含0.5％乳蛋白水解物的Hank's液（见A.6）中。一般每支拭子需保存5mL。

6.5 牛、羊食道—咽部分泌物（O-P液）样品

被检动物在采样前禁食（可饮水）12h，以免反刍胃内容物严重污染O-P液。采样用的特制探杯（probangcup）在使用前经0.2％柠檬酸或2％氢氧化钠浸泡，再用自来冲洗。每采完一头动物，探杯都要重复进行消毒和清洗，采样时物站立保定，操作者左手打开动物空腔，右手握探杯，随吞咽动作将探杯送入食道上部10～15cm，轻轻来回多移动2～3次，然后将探杯拉出，如采集的O-P液被反刍内容物严重污染，要用生理盐水或自来水冲洗口腔后重新采样。在采样现场将采集到的8～10mL O-P液倒入盛有8～10mL细胞培养维持液或0.01mol/L PBS（pH7.4）的灭菌容器中，充分混匀后置于装有冰袋的冷藏箱内，送往实验室或转往－60℃冰箱保存。

6.6 胃液及瘤胃内谷物样品

6.6.1 胃液样品

胃液可用多孔的胃管抽取。将胃管送入胃内，其外露端接在吸引器的负压瓶上，加负压后，胃液即可自动流出。

6.6.2 瘤胃内容物样品

反刍动物在反刍时，当食团从食道逆入口腔时，立即开口拉住舌头，伸入口腔即可取出少量的瘤胃内容物。

6.7 肠道组织、肠内容物样品

6.7.1 肠道组组织样品

应选择病变最明显的肠道部分，弃去内容物并用灭菌生理盐水冲洗，无菌截取肠道组织，置于灭菌容器或塑料袋送检。

6.7.2 肠内容物样品

取肠内容物时，应烧烙肠壁本面，用吸管孔穿肠壁，从肠腔内吸取内容物放入盛有灭菌的30％甘油磷酸盐缓冲液（见A4）或半固体培养基中送检，或将带有粪便的肠管两端结扎，从两端剪断送检。

6.8 粪便和肛拭子样

6.8.1 粪便样品

应选新鲜粪便至少10g，做寄生虫检查的粪便应装入容器，在24h内送达实验室。如运输时间超过24h则应进行冷冻，以防寄生虫虫卵孵化。运送粪便样品可用带螺帽容器或灭菌塑料袋，不得使用带皮塞的试管。

6.8.2 肛拭子样品

采集肛拭子样品时，取无菌棉拭子插入畜禽肛门或泄殖腔中，旋转 2～3 圈，刮取直肠黏液或粪便，放入装有 30％甘油磷酸盐缓冲液（见 A.4）或半固体培养基中送检。粪便样品通常在 4℃下保存和运输。

6.9 皮肤组织及其附属物样品

对于产生水泡病变或其他皮肤病变的疾病，应直接从病变部位采集病变皮肤的碎屑、未破裂水泡的水泡液，水泡皮等作为样品。

6.9.1 皮肤组织样品

无菌采取 2g 感染的上皮组织或水泡皮置于 5mL 30％甘油磷酸盐缓冲液（见 A.4）中送检。

6.9.2 毛发或绒毛样品

拔取毛发或绒毛样品，可用于检查体表的螨虫、跳蚤和真菌感染。用解剖刀片边缘刮取的表层皮屑用于检查皮肤真菌，深层皮屑（刮至轻微出血）可用于检查疥螨。对于禽类，当怀疑为马立克氏病时，可采集羽毛根进行病毒抗原检测。

6.9.3 水泡液样品

水泡液应取自未破裂的水泡。可用灭菌注射器或其他器具吸取水泡液，置于灭菌容器中送检。

6.10 生殖道分泌物和精液样品

6.10.1 生殖道冲洗样品

采集阴道或包皮冲洗液。将消毒好的特制吸管插入子宫颈口或阴道内，向内注射少量营养液或生理盐水，用吸球反复抽吸几次后吸出液体，注入培养液中。用软胶管插入公畜的包皮内，向内注射少量的营养液或生理盐水，多次揉搓，使液体充分冲洗包皮内壁，收集冲洗液注入无菌容器中。

6.10.2 生殖道拭子样品

采用合适的拭子采取阴道或包皮内分泌物，有时也可采集宫颈或尿道拭子。

6.10.3 精液样品

精液样品最好用假阴道挤压阴茎或人工刺激的方法采集。精液样品精子含量要多，不要加入防腐剂，且应避免抗菌冲洗液污染。

6.11 脑、脊髓类样品

应将采集的脑、脊髓样品浸入 30％甘油磷酸盐缓冲液（见 A.4）中或将整个头部割下，置于适宜容器内送检。

6.11.1 牛羊脑组织样品

从延脑腹侧将采样勺插入枕骨大孔中 5～7cm（采羊脑时插入深度约为 4cm），将勺子手柄向上扳，同时往外取出延脑组织。

6.11.2 犬脑组织样品

取内径 0.5cm 的塑料吸管，沿枕骨大孔向一只眼的方向插入，边插边轻轻旋转至不能深入为止，捏紧吸管后端并拔出，将含脑组织部分的吸管用剪刀剪下。

6.11.3 脑脊液样品

6.11.3.1 颈椎穿刺法

穿刺点为环枢孔。动物实施站立保定或横卧保定，使其头部向前下方屈曲，术部经剪毛消毒，穿刺针与皮肤面呈垂直缓慢刺入。将针体刺入蛛网膜下腔，立即拔出针芯，脑脊液自动流出或点滴状流出，盛入消毒容器内。大型动物颈部穿刺一次采集量为35～70mL。

6.11.3.2　腰椎穿刺法

穿刺部位为腰荐孔。动物实施站立保定，术部剪毛消毒后，用专用的穿刺针刺入，当刺入蛛网膜下腔时，即有脊髓液滴状滴出或用消毒注射器抽取，盛入消毒容器内。腰椎穿刺一次采集量为1～30mL。

6.12　眼部组织和分泌物样品

眼结膜表面用拭子轻轻擦拭后，置于灭菌的30%甘油磷酸盐缓冲液（见 A.4，病毒检测加双抗）或运输培养基中送检。

6.13　胚胎和胎儿样品

选取无腐败的胚胎、胎儿或胎儿的实质器官，装入适宜容器内立即送检。如果在 24h 内不能将样品送达实验室，应冷冻运送。

6.14　小家畜及家禽样品

将整个尸体包入不透水塑料薄膜、油纸或油布中，装入结实、不透水和防泄漏的容器内，送往实验室。

6.15　骨骼样品

需要完整的骨标本时，应将附着的肌肉和韧带等全部除去，表面撒上食盐，然后包入浸过 5%石炭酸溶液的纱布中，装入不漏水的容器内送往实验室。

6.16　液体病料样品

采集胆汁、脓、黏液或关节液等样品时，应采用烫烙法消毒采样部位，用灭菌吸管、毛细吸管或注射器经烫烙部位插入，吸取内部液体病料，然后将病料注入灭菌的试管中，塞好棉塞送检。也可用接种环经消毒的部位插入，提取病料直接接种在培养基上。

供显微镜检查的脓、血液及黏液抹片的制备方法：先将材料置玻片上，再用一灭菌玻棒均匀涂抹或另用一玻片推抹。用组织块做触片时，持小镊子将组织块的游离面在玻片上轻轻涂抹即可。

6.17　乳汁样品

乳房应先用消毒药水洗净，并把乳房附近的毛刷湿，最初所挤3～4把乳汁弃去，然后再采集 10mL 左右乳汁于灭菌试管中。进行血清学检验的乳汁不应冻结、加热或强烈震动。

6.18　尿液样品

在动物排尿时，用洁净的容器直接接取；也可使用塑料袋，固定在雌畜外阴部或雄畜的阴茎下接取尿液。采取尿液，宜早晨进行。

6.19　鼻液（唾液）样品

可用棉花或棉纱拭子采取。采样前，最好用运输培养基浸泡拭子。拭子先与分泌物接触 1min，然后置入该运输培养基，在 4℃条件下立即送往实验室。应用长柄、防护式鼻咽拭子采集某些疑似病毒感染的样品。

6.20　环境和饲料样品

环境样品通常采集垃圾、垫草或排泄的粪便或尿液。可用拭子在通风道、饲料槽和下水处采样。这种采样在有特殊设备的孵化场、人工授精中心和屠宰场尤其重要。样品也可在食槽或大容器的动物饲料中采集。水样样品可从饲槽、饮水器、水箱或天然及人工供应水源中采集。

6.21 其他

对于重大动物疫病如新城疫、口蹄疫、禽流感、猪瘟和高致病性猪蓝耳病，样品采集应按照 GB/T 16550—2008 中 4.1.1、GB/T 18935—2003 中附录 A、GB/T 18936—2003 中 2.1.1、GB/T 16551—2008 中 3.2.1 和 3.4.1 的规定执行。

7 样品保存、包装与废弃物处理

7.1 样品保存

7.1.1 采集的样品在无法于 12h 内送检的情况下，应根据不同的检验要求，将样品按所需温度分类保存于冰箱、冰柜中。

7.1.2 血清应放于 −20℃ 冻存，全血应放于 4℃ 冰箱中保存。

7.1.3 供细菌检验的样品应于 4℃ 保存，或用灭菌后浓度为 30%～50% 的甘油生理盐水，4℃ 保存。

7.1.4 供病毒检验的样品应在 0℃ 以下低温保存，也可用灭菌后浓度为 30%～50% 的灭菌甘油生理盐水 0℃ 以下低温保存。长时间 −20℃ 冻存不利于病毒分离。

7.2 样品包装

7.2.1 每个组织样品应仔细分别包装，在样品袋或平皿外贴上标签，标签注明样品名、样品编号和采样日期等，再将各个样品放到塑料包装袋中。

7.2.2 拭子样品的小塑料离心管应放在规定离心管塑料盒内。

7.2.3 血清样品装于小瓶时应用铝盒盛放，盒内加填塞物避免小瓶晃动。若装于小塑料离心管中，则应置于离心管塑料盒内。

7.2.4 包装袋外、塑料盒及铝盒应贴封条，封条上应有采样人的签章，并应注明贴封日期，标注放置方向。

7.2.5 重大动物疫病采样，如高致病性禽流感、口蹄疫、猪瘟、高致病性蓝耳病、新城疫等应按照中华人民共和国农业部公告第 503 号的规定执行。

7.3 废弃物处理

7.3.1 无法达到检测要求的样品做无害化处理，按照 GB 16548、中华人民共和国国务院令第 424 号和中华人民共和国农业部公告第 302 号的规定执行。

7.3.2 采过病料用完后的器械，如一次性器械应进行生物安全无害化处理；可重复使用的器械应先消毒后清洗，检查过疑似牛羊海绵状脑病的器械应放在 2mol/L 的氢氧化钠溶液中浸泡 2h 以上，才可再次使用。

8 采样记录

8.1 采样时，应清晰标识每份样品，同时在采样记录表上填写采样的相关信息。

8.2 应记录疫病发生的地点（如可能，记录所处的精度和纬度）畜禽场的地址和畜主的姓名、地址、电话及传真。

8.3 应记录采样者的姓名、通信地址、邮编、E-mail 地址、电话及传真。

8.4 应记录畜（禽）场里间饲养的动物品种及数量。

8.5 应记录疑似病种及检测要求。

8.6 应记录采样动物畜种、品种、年龄和性别及标识号。

8.7 应记录首发病例和继发病例的日期及造成的损失。

8.8 应记录感染动物在畜群中的分布情况。

8.9 应记录农场的存栏数，死亡动物数、出现临状的动物数量及其日龄。

8.10 应记录临床症状及持续时间，包括口腔、眼睛和腿部情况，产奶或产蛋的记录，死亡时间等。

8.11 应记录受检动物清单、说明及尸检发现。

8.12 应记录饲养类型和标准，包括饲料种类。

8.13 应记录送检样品清单和说明，包括病料的种类、保存方法等。

8.14 应记录动物的免疫和用药情况。

8.15 应记录采样及送检日期。

9 样品运输

9.1 应以最快最直接的途径将所采集的样品送往实验室。

9.2 对于可在采集后24h内送达实验室的样品，可放在4℃左右的容器中冷藏运输；对于不能在24h内送达实验室但不影响检验结果的样品，应以冷冻状态运送。

9.3 运输过程中应避免样品泄漏。

9.4 制成的涂片、触片、玻片上应注明编号。玻片应放入专门的病理切片盒中，在保证不被压碎的条件下运送。

9.5 所有运输包装均应贴上详细标签，并做好记录。

9.6 运送高致病性病原微生物样品，应按照中华人民共和国国务院令第424号的规定执行。

附录A 样品保存液的配制

A.1 阿（Alserer）氏液

葡萄糖	2.05g
柠檬酸钠（$Na_3C_6H_5O_7 \cdot 2H_2O$）	0.80g
氯化钠（NaCl）	0.42g
蒸馏水（或无离子水）	加至100mL

调配方法：溶解后，以10%柠檬酸调至pH为6.1分装后，70kPa，10min灭菌，冷却后4℃保存备用。

A.2 10%中性缓冲福尔马林溶液（pH7.2～7.4）

A.2.1 配方1：

37%～40%甲醛	100mL
磷酸氢二钠（Na_2HPO_4）	6.5g
一水磷酸二氢钠（$NaH_2PO_4 \cdot H_2O$）	4.0g
蒸馏水	900mL

调配方法：加蒸馏水约800mL，充分搅拌，溶解无水磷酸氢二钠6.5g和一水磷酸二

氢钠 4.0g，将溶解液加入到 100mL 37％～40％的甲醛溶液中，定容到 1L。

A.2.2　配方 2：

37％～40％甲醛	100mL
0.01mol/L 磷酸盐缓冲液	900mL

调配方法：首先称取 8g NaCl、0.2g KCl、1.44 g Na_2HPO_4 和 0.24 g KH_2PO_4，溶于 800mL 蒸馏水中。用 HCl 调节溶液的 pH 至 7.4，最后加蒸馏水定容至 1L，即为 0.01mol/L. 的磷酸盐缓冲液（PBS pH7.4）。然后，量取 900mL、0.01mol/L PBS 加入到 100mL.37～40％的甲醛溶液中。

A.3　肉汤（broth）

牛肉膏	3.50g
蛋白胨	10.00g
氯化钠（NaCl）	5.00g

调配方法：充分混合后，加热溶解，校正 pH 为 7.2～7.4。再用流通蒸汽加热 3min，用滤纸过滤，获黄色透明液体，分装于试管或烧瓶中，以 100kPa、20min 灭菌。保存于冰箱中备用。

A.4　30％甘油磷酸盐缓冲液（pH7.6）

甘油	30.00mL
氯化钠（NaCl）	4.20g
磷酸二氢钾（KH_2PO_4）	1.00g
磷酸氢二钾（K_2HPO_4）	3.10g
0.02％酚红	1.50mL
蒸馏水加至	100mL

调配方法：加热溶化，校正 pH 为 7.6，100kPa，15min 灭菌，冰箱保存备用。

A.5　0.01mol/L PBS 缓冲液（pH7.4）

磷酸二氢钾（KH_2PO_4）	0.27g
磷酸氢二钠（Na_2HPO_4）/12 水磷酸氢二钠（$Na_2HPO_4 \cdot 12H_2O$）	1.42g/3.58g
氯化钠（NaCl）	8.00g
氯化钾（KCl）	0.20g

调配方法：加去离子水约 800mL，充分搅拌溶解。然后，用 HCl 溶液或 NaOH 溶液校正 pH 为 7.4，最后定容到 1L。高温高压灭菌后室温保存。

A.6　0.5％乳蛋白水解物的 Hank's 液

甲液：

氯化钠（NaCl）	8.0g
氯化钾（KCl）	0.4g
7 水硫酸镁（$MgSO_4 \cdot 7H_2O$）	0.2g
氯化钙（$CaCl_2$）/2 水氯化钙（$CaCl_2 \cdot 2H_2O$）	0.14g/0.185g

置入 50mL 的容量瓶中，加 40mL 三蒸水充分搅拌溶解，最后定容至 50mL。

乙液：

磷酸氢二钠（Na_2HPO_4）/12 水磷酸氢二钠（$Na_2HPO_4 \cdot 12H_2O$）　0.06g/1.52g

磷酸二氢钾（KH_2PO_4）　0.06g

葡萄糖　1.0g

置入 50mL 的容量瓶中，加 40mL 三蒸水充分搅拌溶解后，再加 0.4％酚红 5mL，混匀，最后定容至 50mL。

调配方法：取甲液 25ml、乙液 25mL 和水解乳蛋白 0.5g，充分混匀，最后加三蒸水定容至 500mL，高压灭菌后 4℃保存备用。

附录7　高致病性动物病原微生物菌（毒）种或者样本运输包装规范

运输高致病性动物病原微生物菌（毒）种或者样本的，其包装应当符合以下要求：

一、内包装

（一）必须是不透水、防泄漏的主容器，保证完全密封。

（二）必须是结实、不透水和防泄漏的辅助包装。

（三）必须在主容器和辅助包装之间填充吸附材料。吸附材料必须充足，能够吸收所有的内装物。多个主容器装入一个辅助包装时，必须将它们分别包装。

（四）主容器的表面贴上标签，表明菌（毒）种或样本类别、编号、名称、数量等信息。

（五）相关文件，例如菌（毒）种或样本数量表格、危险性声明、信件、菌（毒）种或样本鉴定资料、发送者和接收者的信息等应当放入一个防水的袋中，并贴在辅助包装的外面。

二、外包装

（一）外包装的强度应当充分满足对于其容器、重量及预期使用方式的要求；

（二）外包装应当印上生物危险标识并标注"高致病性动物病原微生物，非专业人员严禁拆开！"的警告语。

注：生物危险标识如下图：

三、包装要求

（一）冻干样本

主容器必须是火焰封口的玻璃安瓿或者是用金属封口的胶塞玻璃瓶。

（二）液体或者固体样本

1. 在环境温度或者较高温度下运输的样本：只能用玻璃、金属或者塑料容器作为主容器，向容器中罐装液体时须保留足够的剩余空间，同时采用可靠的防漏封口，如热封、带缘的塞子或者金属卷边封口。如果使用旋盖，必须用胶带加固。

2. 在制冷或者冷冻条件下运输的样本：冰、干冰或者其他冷冻剂必须放在辅助包装周围，或者按照规定放在由一个或者多个完整包装件组成的合成包装件中。内部要有支撑物，当冰或者干冰消耗掉以后，仍可以把辅助包装固定在原位置上。如果使用冰，包装必须不透水；如果使用干冰，外包装必须能排出二氧化碳气体；如果使用冷冻剂，主容器和辅助包装必须保持良好的性能，在冷冻剂消耗完以后，应仍能承受运输中的温度和压力。

四、民用航空运输特殊要求

通过民用航空运输的，应当符合《中国民用航空危险品运输管理规定》（CCAR276）和国际民航组织文件Doc9284《危险物品航空安全运输技术细则》中的有关包装要求。

附录 8　病死及病害动物无害化处理
技术规范（2017 版）

为贯彻落实《中华人民共和国动物防疫法》《生猪屠宰管理条例》《畜禽规模养殖污染防治条例》等有关法律法规，防止动物疫病传播扩散，保障动物产品质量安全，规范病死及病害动物和相关动物产品无害化处理操作技术，制定本规范。

1　适用范围

本规范适用于国家规定的染疫动物及其产品、病死或者死因不明的动物尸体，屠宰前确认的病害动物、屠宰过程中经检疫或肉品品质检验确认为不可食用的动物产品，以及其他应当进行无害化处理的动物及动物产品。

本规范规定了病死及病害动物和相关动物产品无害化处理的技术工艺和操作注意事项，处理过程中病死及病害动物和相关动物产品的包装、暂存、转运、人员防护和记录等要求。

2　引用规范和标准

GB 19217 医疗废物转运车技术要求（试行）

GB 18484 危险废物焚烧污染控制标准

GB 18597 危险废物贮存污染控制标准

GB 16297 大气污染物综合排放标准

GB 14554 恶臭污染物排放标准

GB 8978 污水综合排放标准

GB 5085.3 危险废物鉴别标准

GB/T 16569 畜禽产品消毒规范

GB 19218 医疗废物焚烧炉技术要求（试行）

GB/T 19923 城市污水再生利用工业　用水水质

当上述标准和文件被修订时，应使用其最新版本。

3　术语和定义

3.1　无害化处理

本规范所称无害化处理，是指用物理、化学等方法处理病死及病害动物和相关动物产品，消灭其所携带的病原体，消除危害的过程。

3.2　焚烧法

焚烧法是指在焚烧容器内，使病死及病害动物和相关动物产品在富氧或无氧条件下进行氧化反应或热解反应的方法。

3.3　化制法

化制法是指在密闭的高压容器内，通过向容器夹层或容器内通入高温饱和蒸汽，在干热、压力或蒸汽、压力的作用下，处理病死及病害动物和相关动物产品的方法。

3.4　高温法

高温法是指常压状态下，在封闭系统内利用高温处理病死及病害动物和相关动物产品的方法。

3.5 深埋法

深埋法是指按照相关规定，将病死及病害动物和相关动物产品投入深埋坑中并覆盖、消毒，处理病死及病害动物和相关动物产品的方法。

3.6 硫酸分解法

硫酸分解法是指在密闭的容器内，将病死及病害动物和相关动物产品用硫酸在一定条件下进行分解的方法。

4 病死及病害动物和相关动物产品的处理

4.1 焚烧法

4.1.1 适用对象

国家规定的染疫动物及其产品、病死或者死因不明的动物尸体，屠宰前确认的病害动物、屠宰过程中经检疫或肉品品质检验确认为不可食用的动物产品，以及其他应当进行无害化处理的动物及动物产品。

4.1.2 直接焚烧法

4.1.2.1 技术工艺

4.1.2.1.1 可视情况对病死及病害动物和相关动物产品进行破碎等预处理。

4.1.2.1.2 将病死及病害动物和相关动物产品或破碎产物，投至焚烧炉本体燃烧室，经充分氧化、热解，产生的高温烟气进入二次燃烧室继续燃烧，产生的炉渣经出渣机排出。

4.1.2.1.3 燃烧室温度应≥850℃。燃烧所产生的烟气从最后的助燃空气喷射口或燃烧器出口到换热面或烟道冷风引射口之间的停留时间应≥2s。焚烧炉出口烟气中氧含量应为6%～10%（干气）。

4.1.2.1.4 二次燃烧室出口烟气经余热利用系统、烟气净化系统处理，达到GB16297要求后排放。

4.1.2.1.5 焚烧炉渣与除尘设备收集的焚烧飞灰应分别收集、贮存和运输。焚烧炉渣按一般固体废物处理或作资源化利用；焚烧飞灰和其他尾气净化装置收集的固体废物需按GB 5085.3要求作危险废物鉴定，如属于危险废物，则按GB 18484和GB 18597要求处理。

4.1.2.2 操作注意事项

4.1.2.2.1 严格控制焚烧进料频率和重量，使病死及病害动物和相关动物产品能够充分与空气接触，保证完全燃烧。

4.1.2.2.2 燃烧室内应保持负压状态，避免焚烧过程中发生烟气泄露。

4.1.2.2.3 二次燃烧室顶部设紧急排放烟囱，应急时开启。

4.1.2.2.4 烟气净化系统，包括急冷塔、引风机等设施。

4.1.3 炭化焚烧法

4.1.3.1 技术工艺

4.1.3.1.1 病死及病害动物和相关动物产品投至热解炭化室，在无氧情况下经充分热解，产生的热解烟气进入二次燃烧室继续燃烧，产生的固体炭化物残渣经热解炭化室排出。

4.1.3.1.2 热解温度应≥600℃，二次燃烧室温度≥850℃，焚烧后烟气在850℃以上停留时间≥2s。

4.1.3.1.3 烟气经过热解炭化室热能回收后，降至600℃左右，经烟气净化系统处理，达到GB 16297要求后排放。

4.1.3.2 操作注意事项

4.1.3.2.1 应检查热解炭化系统的炉门密封性，以保证热解炭化室的隔氧状态。

4.1.3.2.2 应定期检查和清理热解气输出管道，以免发生阻塞。

4.1.3.2.3 热解炭化室顶部需设置与大气相连的防爆口，热解炭化室内压力过大时可自动开启泄压。

4.1.3.2.4 应根据处理物种类、体积等严格控制热解的温度、升温速度及物料在热解炭化室里的停留时间。

4.2 化制法

4.2.1 适用对象

不得用于患有炭疽等芽孢杆菌类疫病，以及牛海绵状脑病、痒病的染疫动物及产品、组织的处理。其他适用对象同4.1.1。

4.2.2 干化法

4.2.2.1 技术工艺

4.2.2.1.1 可视情况对病死及病害动物和相关动物产品进行破碎等预处理。

4.2.2.1.2 病死及病害动物和相关动物产品或破碎产物输送入高温高压灭菌容器。

4.2.2.1.3 处理物中心温度≥140℃，压力≥0.5MPa（绝对压力），时间≥4h（具体处理时间随处理物种类和体积大小而设定）。

4.2.2.1.4 加热烘干产生的热蒸汽经废气处理系统后排出。

4.2.2.1.5 加热烘干产生的动物尸体残渣传输至压榨系统处理。

4.2.2.2 操作注意事项

4.2.2.2.1 搅拌系统的工作时间应以烘干剩余物基本不含水分为宜，根据处理物量的多少，适当延长或缩短搅拌时间。

4.2.2.2.2 应使用合理的污水处理系统，有效去除有机物、氨氮，达到GB 8978要求。

4.2.2.2.3 应使用合理的废气处理系统，有效吸收处理过程中动物尸体腐败产生的恶臭气体，达到GB 16297要求后排放。

4.2.2.2.4 高温高压灭菌容器操作人员应符合相关专业要求，持证上岗。

4.2.2.2.5 处理结束后，需对墙面、地面及其相关工具进行彻底清洗消毒。

4.2.3 湿化法

4.2.3.1 技术工艺

4.2.3.1.1 可视情况对病死及病害动物和相关动物产品进行破碎预处理。

4.2.3.1.2 将病死及病害动物和相关动物产品或破碎产物送入高温高压容器，总质量不得超过容器总承受力的五分之四。

4.2.3.1.3 处理物中心温度≥135℃，压力≥0.3MPa（绝对压力），处理时间≥30 min（具体处理时间随处理物种类和体积大小而设定）。

4.2.3.1.4 高温高压结束后，对处理产物进行初次固液分离。

4.2.3.1.5 固体物经破碎处理后，送入烘干系统；液体部分送入油水分离系统处理。

4.2.3.2 操作注意事项

4.2.3.2.1 高温高压容器操作人员应符合相关专业要求，持证上岗。

4.2.3.2.2 处理结束后，需对墙面、地面及其相关工具进行彻底清洗消毒。

4.2.3.2.3 冷凝排放水应冷却后排放，产生的废水应经污水处理系统处理，达到 GB 8978 要求。

4.2.3.2.4 处理车间废气应通过安装自动喷淋消毒系统、排风系统和高效微粒空气过滤器（HEPA 过滤器）等进行处理，达到 GB 16297 要求后排放。

4.3 高温法

4.3.1 适用对象 同 4.2.1。

4.3.2 技术工艺

4.3.2.1 可视情况对病死及病害动物和相关动物产品进行破碎等预处理。处理物或破碎产物体积（长×宽×高）≤125cm³（5cm×5cm×5cm）。

4.3.2.2 向容器内输入油脂，容器夹层经导热油或其他介质加热。

4.3.2.3 将病死及病害动物和相关动物产品或破碎产物输送入容器内，与油脂混合。常压状态下，维持容器内部温度≥180℃，持续时间≥2.5h（具体处理时间随处理物种类和体积大小而设定）。

4.3.2.4 加热产生的热蒸汽经废气处理系统后排出。

4.3.2.5 加热产生的动物尸体残渣传输至压榨系统处理。

4.3.3 操作注意事项

同 4.2.2.2。

4.4 深埋法

4.4.1 适用对象

发生动物疫情或自然灾害等突发事件时病死及病害动物的应急处理，以及边远和交通不便地区零星病死畜禽的处理。不得用于患有炭疽等芽孢杆菌类疫病，以及牛海绵状脑病、痒病的染疫动物及产品、组织的处理。

4.4.2 选址要求

4.4.2.1 应选择地势高燥，处于下风向的地点。

4.4.2.2 应远离学校、公共场所、居民住宅区、村庄、动物饲养和屠宰场所、饮用水源地、河流等地区。

4.4.3 技术工艺

4.4.3.1 深埋坑体容积以实际处理动物尸体及相关动物产品数量确定。

4.4.3.2 深埋坑底应高出地下水位 1.5m 以上，要防渗、防漏。

4.4.3.3 坑底洒一层厚度为 2～5cm 的生石灰或漂白粉等消毒药。

4.4.3.4 将动物尸体及相关动物产品投入坑内，最上层距离地表 1.5m 以上。

4.4.3.5 生石灰或漂白粉等消毒药消毒。

4.4.3.6 覆盖距地表 20～30cm，厚度不少于 1～1.2m 的覆土。

4.4.4　操作注意事项

4.4.4.1 深埋覆土不要太实，以免腐败产气造成气泡冒出和液体渗漏。

4.4.4.2 深埋后，在深埋处设置警示标识。

4.4.4.3 深埋后，第一周内应每日巡查 1 次，第二周起应每周巡查 1 次，连续巡查 3 个月，深埋坑塌陷处应及时加盖覆土。

4.4.4.4 深埋后，立即用氯制剂、漂白粉或生石灰等消毒药对深埋场所进行 1 次彻底消毒。第一周内应每日消毒 1 次，第二周起应每周消毒 1 次，连续消毒三周以上。

4.5　化学处理法

4.5.1　硫酸分解法

4.5.1.1　适用对象　同 4.2.1。

4.5.1.2　技术工艺

4.5.1.2.1 可视情况对病死及病害动物和相关动物产品进行破碎等预处理。

4.5.1.2.2 将病死及病害动物和相关动物产品或破碎产物，投至耐酸的水解罐中，按每吨处理物加入水 150～300kg，后加入 98％的浓硫酸 300～400kg（具体加入水和浓硫酸量随处理物的含水量而设定）。

4.5.1.2.3 密闭水解罐，加热使水解罐内升至 100～108℃，维持压力≥0.15MPa，反应时间≥4h，至罐体内的病死及病害动物和相关动物产品完全分解为液态。

4.5.1.3　操作注意事项

4.5.1.3.1 处理中使用的强酸应按国家危险化学品安全管理、易制毒化学品管理有关规定执行，操作人员应做好个人防护。

4.5.1.3.2 水解过程中要先将水加入到耐酸的水解罐中，然后加入浓硫酸。

4.5.1.3.3 控制处理物总体积不得超过容器容量的 70％。

4.5.1.3.4 酸解反应的容器及储存酸解液的容器均要求耐强酸。

4.5.2　化学消毒法

4.5.2.1　适用对象

适用于被病原微生物污染或可疑被污染的动物皮毛消毒。

4.5.2.2　盐酸食盐溶液消毒法

4.5.2.2.1 用 2.5％盐酸溶液和 15％食盐水溶液等量混合，将皮张浸泡在此溶液中，并使溶液温度保持在 30℃左右，浸泡 40h，1m² 的皮张用 10L 消毒液（或按 100mL25％食盐水溶液中加入盐酸 1mL 配制消毒液，在室温 15℃条件下浸泡 48h，皮张与消毒液之比为 1：4）。

4.5.2.2.2 浸泡后捞出沥干，放入 2％（或 1％）氢氧化钠溶液中，以中和皮张上的酸，再用水冲洗后晾干。

4.5.2.3　过氧乙酸消毒法

4.5.2.3.1 将皮毛放入新鲜配制的 2％过氧乙酸溶液中浸泡 30min。

4.5.2.3.2 将皮毛捞出，用水冲洗后晾干。

4.5.2.4 碱盐液浸泡消毒法

4.5.2.4.1 将皮毛浸入5％碱盐液（饱和盐水内加5％氢氧化钠）中，室温（18～25℃）浸泡24h，并随时加以搅拌。

4.5.2.4.2 取出皮毛挂起，待碱盐液流净，放入5％盐酸液内浸泡，使皮上的酸碱中和。

4.5.2.4.3 将皮毛捞出，用水冲洗后晾干。

5 收集转运要求

5.1 包装

5.1.1 包装材料应符合密闭、防水、防渗、防破损、耐腐蚀等要求。

5.1.2 包装材料的容积、尺寸和数量应与需处理病死及病害动物和相关动物产品的体积、数量相匹配。

5.1.3 包装后应进行密封。

5.1.4 使用后，一次性包装材料应作销毁处理，可循环使用的包装材料应进行清洗消毒。

5.2 暂存

5.2.1 采用冷冻或冷藏方式进行暂存，防止无害化处理前病死及病害动物和相关动物产品腐败。

5.2.2 暂存场所应能防水、防渗、防鼠、防盗，易于清洗和消毒。

5.2.3 暂存场所应设置明显警示标识。

5.2.4 应定期对暂存场所及周边环境进行清洗消毒。

5.3 转运

5.3.1 可选择符合GB 19217条件的车辆或专用封闭厢式运载车辆。车厢四壁及底部应使用耐腐蚀材料，并采取防渗措施。

5.3.2 专用转运车辆应加施明显标识，并加装车载定位系统，记录转运时间和路径等信息。

5.3.3 车辆驶离暂存、养殖等场所前，应对车轮及车厢外部进行消毒。

5.3.4 转运车辆应尽量避免进入人口密集区。

5.3.5 若转运途中发生渗漏，应重新包装、消毒后运输。

5.3.6 卸载后，应对转运车辆及相关工具等进行彻底清洗、消毒。

6 其他要求

6.1 人员防护

6.1.1 病死及病害动物和相关动物产品的收集、暂存、转运、无害化处理操作的工作人员应经过专门培训，掌握相应的动物防疫知识。

6.1.2 工作人员在操作过程中应穿戴防护服、口罩、护目镜、胶鞋及手套等防护用具。

6.1.3 工作人员应使用专用的收集工具、包装用品、转运工具、清洗工具、消毒器材等。

6.1.4 工作完毕后，应对一次性防护用品作销毁处理，对循环使用的防护用品消毒处理。

6.2　记录要求

6.2.1　病死及病害动物和相关动物产品的收集、暂存、转运、无害化处理等环节应建有台账和记录。有条件的地方应保存转运车辆行车信息和相关环节视频记录。

6.2.2　台账和记录

6.2.2.1　暂存环节

6.2.2.1.1　接收台账和记录应包括病死及病害动物和相关动物产品来源场（户）、种类、数量、动物标识号、死亡原因、消毒方法、收集时间、经办人员等。

6.2.2.1.2　运出台账和记录应包括运输人员、联系方式、转运时间、车牌号、病死及病害动物和相关动物产品种类、数量、动物标识号、消毒方法、转运目的地、经办人员等。

6.2.2.2　处理环节

6.2.2.2.1　接收台账和记录应包括病死及病害动物和相关动物产品来源、种类、数量、动物标识号、转运人员、联系方式、车牌号、接收时间及经手人员等。

6.2.2.2.2　处理台账和记录应包括处理时间、处理方式、处理数量及操作人员等。

6.2.2.2.3　涉及病死及病害动物和相关动物产品无害化处理的台账和记录至少要保存两年。

（孙石静　李巧玲）

图书在版编目（CIP）数据

动物布鲁氏菌病/丁家波，董浩主编．—北京：
中国农业出版社，2020.12
ISBN 978-7-109-27641-3

Ⅰ．①动…　Ⅱ．①丁…②董…　Ⅲ．①动物细菌病－
布鲁氏菌病－防治　Ⅳ．①S855.1

中国版本图书馆 CIP 数据核字（2020）第 250868 号

DONGWU BULUSHI JUNBING

中国农业出版社出版

地址：北京市朝阳区麦子店街 18 号楼
邮编：100125
责任编辑：周晓艳
版式设计：杜　然　　责任校对：刘丽香
印刷：北京通州皇家印刷厂
版次：2020 年 12 月第 1 版
印次：2020 年 12 月北京第 1 次印刷
发行：新华书店北京发行所
开本：787mm×1092mm　1/16
印张：22.5　　插页：8
字数：600 千字
定价：168.00 元

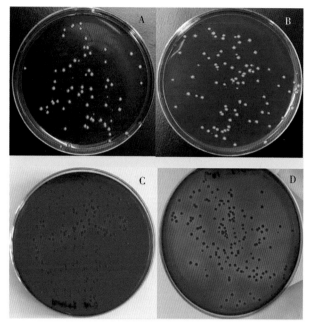

彩图 1　光滑型布鲁氏菌和粗糙型布鲁氏菌的结晶紫染色结果（国家动
　　　　物布鲁氏菌病参考实验室，蒋卉）
A. 猪种布鲁氏菌 S2　B. 羊种布鲁氏菌 M28
C. 牛种布鲁氏菌粗糙型变异株 RA343　D. 犬种布鲁氏菌 6/66

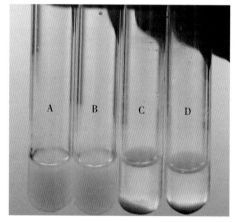

彩图 2　光滑型布鲁氏菌和粗糙型布鲁氏菌的吖啶橙凝
　　　　集试验结果（国家动物布鲁氏菌病参考实验室，
　　　　程君生）
A. 猪种布鲁氏菌 S2　B. 羊种布鲁氏菌 M28
C. 牛种布鲁氏菌粗糙型变异株 RA343　D. 犬种布鲁氏菌 6/66

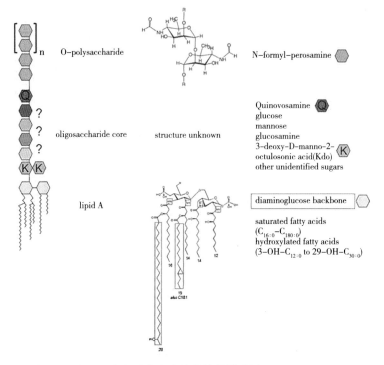

彩图 3　光滑型布鲁氏菌脂多糖的结构模式图（Bargen，2012）

注：O-polysaccharide，O-链多糖；oligosaccharide core，核心多糖；lipid A，类脂 A；N-formyl-perosamine，N-甲酰-过氧化胺；Quinovosamine，奎诺糠胺；glucose，葡萄糖；mannose，甘露糖；glucosamine，葡萄糖胺；3-deoxy-D-manno-2-octulosonic acid（Kdo），3-脱氧-D-甘露-2-辛酮糖酸；other unidentified sugars，其他未知糖类；diaminoglucose backbone，二氨基葡萄糖骨链；saturated fatty acids，饱和脂肪酸；hydroxylated fatty acids，羟基化脂肪酸；structure unknown，未知结构。

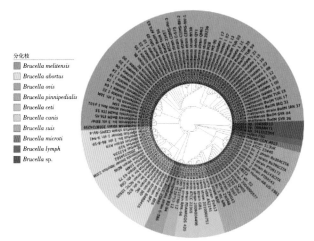

彩图 4　布鲁氏菌全基因组进化树（国家动物布鲁氏菌病参考实验室，张阁）

注：*Brucella melitensis*，羊种布鲁氏菌；*Brucella abortus*，牛种布鲁氏菌；*Brucella ovis*，绵羊附睾种布鲁氏菌；*Brucella pinnipedialis*，鳍型布鲁氏菌；*Brucella ceti*，鲸型布鲁氏菌；*Brucella canis*，犬种布鲁氏菌；*Brucella suis*，猪种布鲁氏菌；*Brucella microti*，田鼠种布鲁氏菌；*Brucella lymph*，赤狐种布鲁氏菌；*Brucella* sp.，布鲁氏菌属。

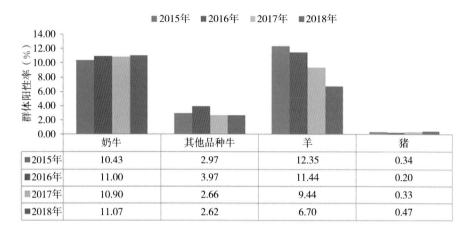

	奶牛	其他品种牛	羊	猪
■2015年	10.43	2.97	12.35	0.34
■2016年	11.00	3.97	11.44	0.20
■2017年	10.90	2.66	9.44	0.33
■2018年	11.07	2.62	6.70	0.47

彩图 5　2015—2018 年各畜种布鲁氏菌病感染抗体群体阳性率

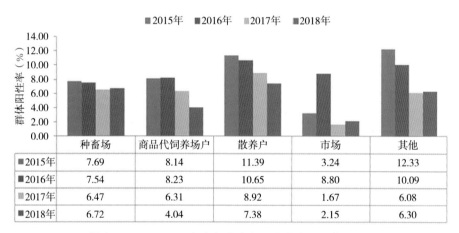

	种畜场	商品代饲养场户	散养户	市场	其他
■2015年	7.69	8.14	11.39	3.24	12.33
■2016年	7.54	8.23	10.65	8.80	10.09
■2017年	6.47	6.31	8.92	1.67	6.08
■2018年	6.72	4.04	7.38	2.15	6.30

彩图 6　2015—2018 年各场点布鲁氏菌病感染抗体阳性率

彩图 7　奶牛产后阴道流出灰白色黏性分泌液（姚智深）

彩图 8　奶牛产后胎衣不下，有恶露（姚智深）

彩图 9　奶牛后肢膝关节不对称，左侧膝关节明显肿大（姚智深）

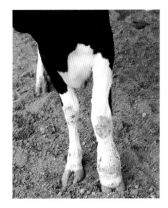

彩图 10　奶牛左前腿腕关节关节炎，病程短，略有肿大（姚智深）

彩图 11　流产胎牛，胎儿尚未完全成形，胎膜下出血（姚智深）

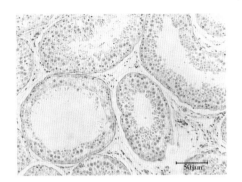

彩图 12　睾丸伴有淋巴细胞浸润，生精细
胞和成熟精子均减少（王团结）

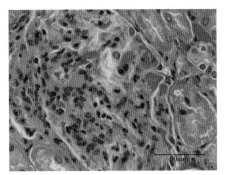

彩图 13　肾脏部分区域上皮样细胞增多，
形成肉芽肿（王团结）

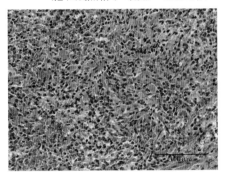

彩图 14　脾脏网状纤维和内皮细胞增生
（王团结）

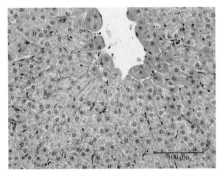

彩图 15　肝脏肝细胞水肿变性，部分肝细胞崩
解，枯否氏细胞数量增多（王团结）

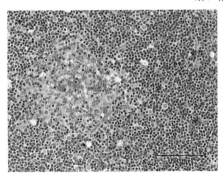

彩图 16　肠系膜淋巴结出血，淋巴细胞数量减少，呈出血性淋巴结炎（王团结）

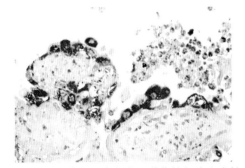

彩图 17　滋养层上皮细胞、脱落的细胞和炎性
渗出物中的牛种布鲁氏菌（S.C.Olsen）

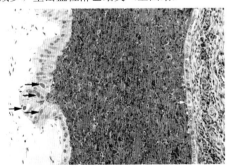

彩图 18　滋养层上皮细胞含有胞内布鲁氏菌
（黑色箭头）（S.C.Olsen）

彩图 19　布病感染的羊临床症状不明显（秦玉明）

彩图 20　流产母羊胎衣不下（曾政）

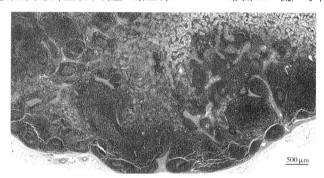
彩图 21　肩前淋巴结生发中心淋巴细胞数量明显增多（秦玉明）

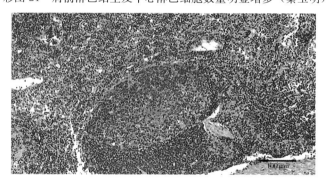
彩图 22　肩前淋巴结生发中心出血（秦玉明）

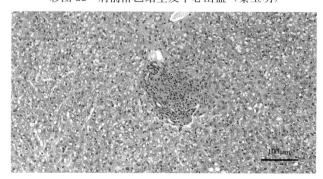
彩图 23　肝脏出现肉芽肿（秦玉明）

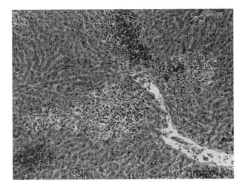

彩图 24 肝脏出现大面积坏死（秦玉明）

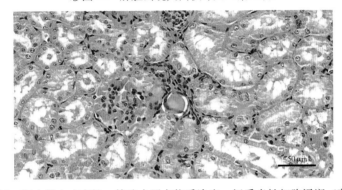

彩图 25 肾小管上皮变性，管腔内蛋白物质渗出，间质炎性细胞浸润（秦玉明）

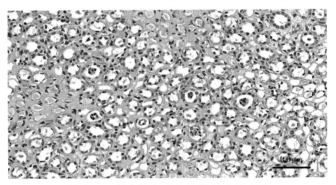

彩图 26 肾小管出现大量管型（秦玉明）

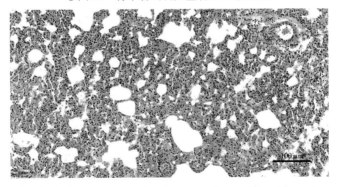

彩图 27 肺脏肺泡壁增重，充血，上皮细胞增生（秦玉明）

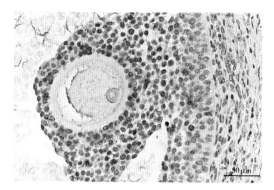

彩图 28　发育成熟的卵泡颗粒细胞内可见布鲁氏菌（IHC，玫红色）（王团结）

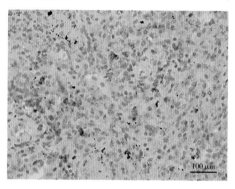

彩图 29　脾脏可见大量布鲁氏菌感染，免疫组化染色（毛开荣）

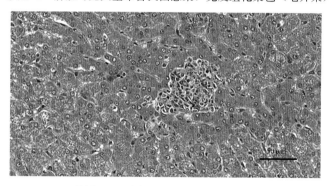

彩图 30　肝脏可见肉芽肿（毛开荣）

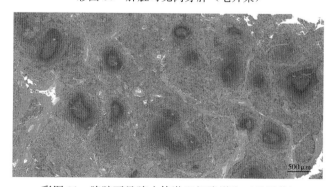

彩图 31　脾脏可见脾小体淋巴细胞增生（毛开荣）

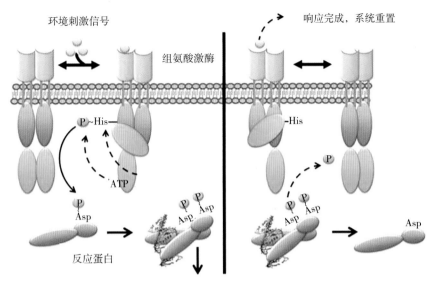

环境刺激信号　　　　　　　　　　响应完成，系统重置

组氨酸激酶

反应蛋白

调控不同基因的表达

彩图 32　二元调控系统（Breland 等，2017）

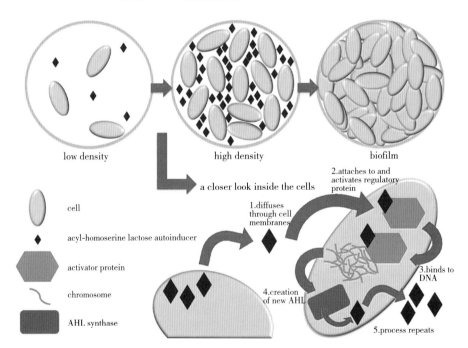

low density　　　　high density　　　　biofilm

a closer look inside the cells

cell

acyl-homoserine lactose autoinducer

activator protein

chromosome

AHL synthase

1.diffuses through cell membranes

2.attaches to and activates regulatory protein

3.binds to DNA

4.creation of new AHL

5.process repeats

彩图 33　群体感应系统调控基因表达示意图

（https：//upload. wikimedia. org/wikipedia/commons/thumb/0/00/Quorum _ sensing _ of _ Gram _ Negative _ cell. pdf/page1-1280px-Quorum _ sensing _ of _ Gram _ Negative _ cell. pdf. jpg）

注：low density，低浓度；high density，高浓度；biofilm，生物膜；cell，细菌菌体；acyl homoserine lactone autoinducer，酰基高丝氨酸内酯自诱导物；activator protein，激活蛋白；chromosome，染色体；AHL synthase，自诱导物合成酶；a closer look inside the cell，更近一步观察细菌菌体内部；diffuses through cell membranes，扩散出细胞膜；attaches to and activates regulatory protein，与调控蛋白结合并激活该调控蛋白；binds to DNA，与DNA 结合；creation of new AHL，合成新的自诱导物；process repeats，重复上述过程。

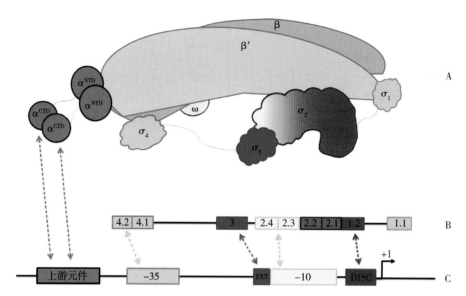

彩图 34　细菌 RNA 聚合酶全酶、sigma 因子和代表性启动子的结构（Davis 等，2016）

　　A. 灰色部分代表 RNA 聚合酶的核心酶，彩色部分为 sigma 因子的 4 个亚基　B. sigma 因子的结构示意图　C. 代表性的 σ^{70} 型启动子与 sigma 因子之间相互作用示意图（EXT 代表延伸的启动子-10 区，DISC 代表识别序列）

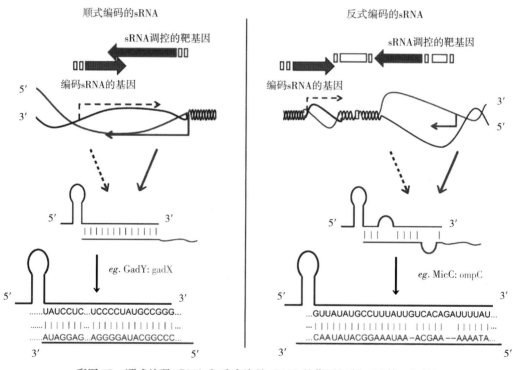

彩图 35　顺式编码 sRNA 和反式编码 sRNA 的作用机制（Li 等，2012）

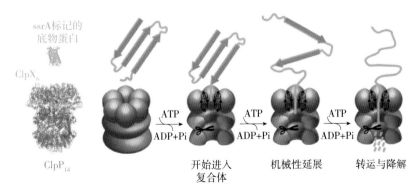

彩图 36　ClpXP 蛋白酶降解细菌蛋白的过程

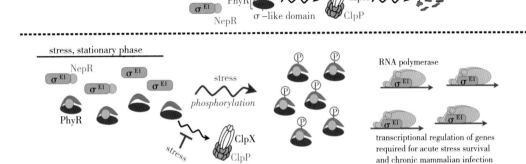

彩图 37　牛种布鲁氏菌的 PhyR-NepR-σ^{EI} GSR 调控系统（Kim 等，2013）

注：no stress，非应激环境；log phase，对数生长期；stress，应激；stationary phase，稳定期；phosphorylation，磷酸化；receiver domain，信号接收功能区；σ-like domain，σ 样功能区；RNA polymerase，RNA 聚合酶；transcripitional regulation of genes required for acute stress survival and chronic mammalian infection，在转录水平调控与耐受应激环境和慢性感染哺乳动物相关基因的表达。

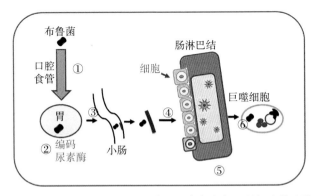

彩图 38　布鲁氏菌通过消化道途径感染宿主巨噬细胞的步骤

注：①布鲁氏菌进入消化道；②编码尿素酶可以抵抗胃酸；③穿过胃进入肠道集合淋巴结；④M 细胞摄取转运抗原；⑤抗原递呈给树突细胞；⑥布鲁氏菌进入巨噬细胞。

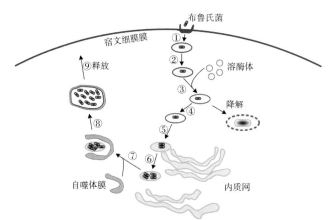

彩图 39　布鲁氏菌在宿主细胞内的转运模型（Ke 等，2015）

注：①指获得早期内吞体标记物；②指获得晚期内吞体标记物；③指与溶酶体融合；④指逃脱溶酶体降解；⑤指到达内质网体；⑥指在内质网中繁殖；⑦指获得自噬泡标志物；⑧指在自噬泡中繁殖；⑨指从自噬泡中释放。

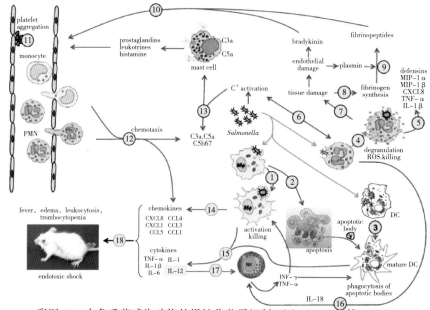

彩图 40　布鲁氏菌感染动物的慢性化分子机制（Martirosyan 等，2011）

注：布鲁氏菌感染小鼠模型早期，不会像沙门氏菌那样引起促炎性细胞因子释放。被细胞吞噬后，布鲁氏菌不会提高巨噬细胞的活性（①），并且保护它们不发生细胞凋亡（②）。布鲁氏菌不会促使树突状细胞（DC）成熟和活化（③），不引起中性粒细胞（PMNs）增多（④），因此细胞外并没有明显的细胞因子释放（⑤）。布鲁氏菌不会直接或间接激活补体系统（⑥），所以引起的组织损伤很轻微（⑦）。由于缺乏白细胞和补体，相应的促炎性蛋白也不会产生，如纤维蛋白原（⑧）和血纤维蛋白肽（⑨），后者能提高血管壁的通透性（⑩）。因此，布鲁氏菌在潜伏期不会引起明显的血液变化，如白细胞增多、中性粒细胞增多、血小板减少和凝血症等现象（⑪）。同样，在布鲁氏菌感染早期，感染部位因为缺少趋化因子（⑫）和补体成分（⑬）而产生很少的促炎性细胞。布病显著的特点之一是巨噬细胞和树突状细胞产生趋化因子和细胞因子的低水平和延迟（⑭和⑮），中性粒细胞产生促炎性细胞因子的低水平（⑯），以及自然杀伤细胞的低活性和低需求（⑰）。先天免疫系统的低活导致的最终结果是缺乏革兰氏阴性菌（如沙门氏菌）显著的内毒素病症（⑱），这与布鲁氏菌病患者和自然宿主的临床观察结果是一致的。platelet aggregation，血小板聚集；monocyte，单核细胞；PMN，中性粒细胞；fever，edema，leukocytosis，trombocytopenia，发热、水肿、白细胞增多、红细胞减少；endotoxic shock，内毒素休克；prostaglandins，前列腺素；leukotrines，白三烯；histamine，组胺；mast cell，肥大细胞；chemotaxis，趋化性；chemokines，趋化因子；cytokines，细胞因子；C'activation，补体系统激活；*Salmonella*，沙门氏菌；activating killing，激活杀伤作用；bradykinin，缓激肽；endothelial damage，内皮损伤；tissue damage，组织损伤；plasmin，纤溶酶；fibrinopeptides，纤维蛋白肽；fibrinogen synthesis，纤维蛋白原合成；defensins，防御素；apoptotic body，凋亡小体；DC，树突状细胞；mature DC，成熟的树突状细胞；phagocytosis of apoptotic bodies，凋亡小体的吞噬作用。

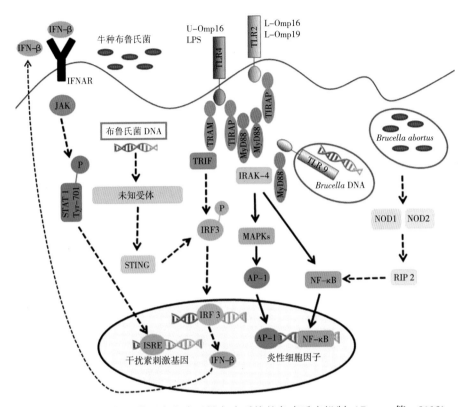

彩图 41　感染布鲁氏菌后宿主先天性免疫系统的免疫反应机制（Gomes 等，2012）

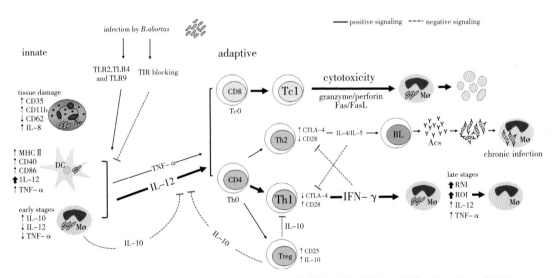

彩图 42　先天性和获得性免疫应答系统在布鲁氏菌感染后的主要免疫机制（Dorneles，2015）

注：innate，先天性免疫；adaptive，适应性免疫；tissue damage，组织损伤；early stages 早期；infecrion by *B. abortus*，牛种布鲁氏菌感染；TIR blocking，TIR 阻断；cytotoxicity，细胞毒性；late stages，晚期；chronic infection，慢性感染；positive signaling，正向信号；negative signaling，负向信号；granzyme，颗粒酶；perforn，穿孔素。

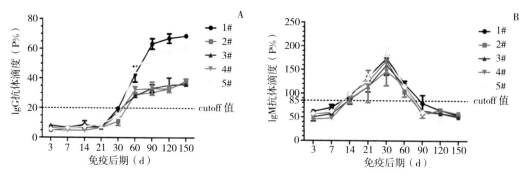

彩图 43　人工感染 2308 后 IgG 和 IgM 的消长规律（冯宇，2017）
A. IgG 的消长规律；B. IgM 的消长规律

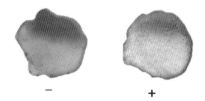

彩图 44　虎红平板凝集试验图

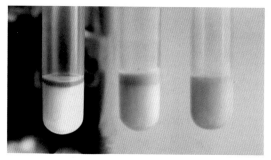

彩图 45　全乳环状反应试验反应结果（国家动物布鲁氏菌病参考实验室，程君生）

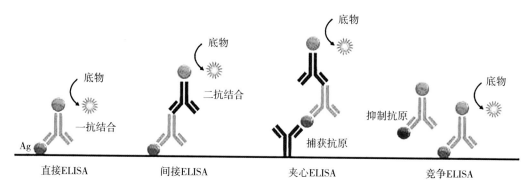

彩图 46　常见 ELISA 方法原理示意图

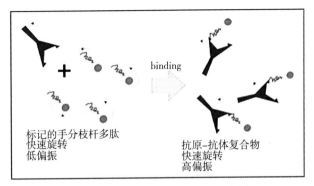

binding

标记的手分枝杆多肽
快速旋转
低偏振

抗原-抗体复合物
快速旋转
高偏振

彩图 47　FPA 检测基本原理示意图

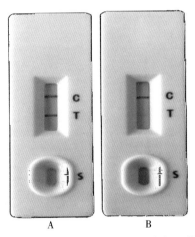

A　　　　　B

彩图 48　布病胶体金试纸条检测结果图（国家动物布鲁氏菌病参考实验室，蒋卉）
A. 阴性样品检测结果　B. 阳性样品检测结果

彩图 49　第四届 FAO-APHCA/OIE 亚太地区布鲁氏菌病诊断和控制
研讨会（2014 年 3 月，泰国清迈）

彩图 50　第一届布鲁氏菌病国际学术交流会部分报告专家合影（2018 年 11 月，中国北京）

彩图 51　疫苗免疫注意事项示意图